Neurologische Pathophysiologie

Dietrich Sturm
Anne-Sophie Biesalski
Oliver Höffken
(Hrsg.)

Neurologische Pathophysiologie

Ursachen und Mechanismen neurologischer
Erkrankungen

Mit 215 überwiegend farbigen Abbildungen

 Springer

Herausgeber:
Dietrich Sturm
Agaplesion Bethesda KH Wuppertal
Wuppertal, Germany

Anne-Sophie Biesalski
Ruhr-Universität Bochum
Bochum, Germany

Oliver Höffken
Ruhr-Universität Bochum
Bochum, Germany

ISBN 978-3-662-56783-8   ISBN 978-3-662-56784-5 (eBook)
https://doi.org/10.1007/978-3-662-56784-5

Die Deutsche Nationalbibliothek verzeichnet diese Publikation in der Deutschen Nationalbibliografie;
detaillierte bibliografische Daten sind im Internet über http://dnb.d-nb.de abrufbar.

Springer

Umschlaggestaltung: deblik Berlin
Fotonachweis Umschlag: © iStock.com/Svisio

Springer ist ein Imprint der eingetragenen Gesellschaft Springer-Verlag GmbH, DE und ist ein Teil von
Springer Nature
Die Anschrift der Gesellschaft ist: Heidelberger Platz 3, 14197 Berlin, Germany

Vorwort

Liebe Kollegin, lieber Kollege,

die Idee zu diesem Buch entstand während unserer eigenen klinischen Arbeit.

In der ersten Zeit der neurologischen Weiterbildung tauchten immer häufiger Fragen nach den pathophysiologischen Mechanismen neurologischer Erkrankungen auf.

Warum kommt es infolge einer SAB so häufig zu Gefäßspasmen?

Wie kommt es vom Thiaminmangel zum Vollbild einer Wernicke-Enzephalopathie?

Nur wenige Kolleginnen und Kollegen und keines unserer Lehrbücher konnten uns derartige Fragen zufriedenstellend beantworten. Nachvollziehbar, da in der Neurologie auch heute noch vieles unverstanden ist und eine *einfache* Zusammenfassung von Ergebnissen aus der Grundlagenforschung kaum möglich scheint. Diese Erkenntnis allein reicht jedoch nicht aus, das Fehlen einer aktuellen und möglichst handlichen Zusammenfassung über die neurologische Pathophysiologie zu akzeptieren.

Unsere Idee, die pathophysiologischen Hintergründe neurologischer Erkrankungen selbst zusammenzutragen und den jungen Kolleginnen und Kollegen zugänglich zu machen, war deshalb schnell geboren.

Es ist eine Herausforderung, einen Überblick über die bekannten Mechanismen und gängigen Theorien bzw. Hypothesen der unterschiedlichen neurologischen Erkrankungen zu erlangen, die Ergebnisse zu bewerten und sie zugleich in ihrer Vollständigkeit didaktisch stringent darzustellen. Die wertvollste Hilfe erhielten wir hierbei von unseren jungen Kolleginnen und Kollegen, die uns – meist vor dem Hintergrund der eigenen klinischen und experimentellen Forschung – als Koautoren zur Seite standen und beherzt an den Kapiteln mitgeschrieben haben. Für diese freundschaftliche und fachliche Unterstützung sei an dieser Stelle ein herzlicher Dank gesagt!

Letztlich haben wir in diesem Buch den aktuellen Wissensstand zur neurologischen Pathophysiologie – anhand ausgewählter Erkrankungen – zusammengetragen. Ganz bewusst haben wir dabei auf Themen aus Grenzbereichen zu anderen Disziplinen (z. B. Onkologie oder HNO) zunächst verzichtet. Wir richten uns damit an interessierte Studierende, (angehende) Neurologinnen und Neurologen und an Interessierte aus anderen Fachbereichen.

Unser Fokus liegt stets auf den *Ursachen* der Erkrankung sowie den *Hintergründen* der jeweils auftretenden Symptomatik. Aus diesem Grund haben wir nahezu vollständig auf Erklärungen zu klinischem Erscheinungsbild, Diagnostik oder Therapie verzichtet und verweisen hierzu auf die gängigen klinischen Lehrbücher. Unser Buch wendet sich dementsprechend an diejenigen Kolleginnen und Kollegen, die „weiterlesen" möchten, und es darf als „Brückenschlag zwischen Wissenschaft und Krankenbett" verstanden werden.

Bestimmt ist auch dieses Buch nicht frei von Fehlern, und mancher hier dargestellte Fakt mag noch Teil des wissenschaftlichen Diskurses sein. Wir freuen uns deshalb über zugesandte Anregungen, Kritik oder Korrekturvorschläge.

Dieses Projekt wäre ohne die Unterstützung vieler gar nicht möglich gewesen.

Insbesondere bedanken wir uns sehr herzlich bei Herrn Dr. Thomas Thiekötter, der unser Vorhaben von Anfang an begleitet und vorangetrieben hat. Seinem ungebrochenen Vertrauen in unser Bestreben und ebenso seiner kritischen Beratung haben wir dieses Buch zu verdanken!

Danken möchten wir zudem unseren Begleiterinnen vom Springer Verlag, allen voran Frau Ute Meyer, die unsere Arbeit während der vergangenen zwei Jahre mit großem Engagement betreute und uns stets zuverlässig zur Seite stand. Zudem Frau Dr. Christine Lerche, die bereits während der konzeptuellen Ausarbeitung eine großartige Betreuerin war.

Ebenso bedanken möchten wir uns für die Hilfe der erfahrenen Kolleginnen und Kollegen, die unsere Ausführungen gegengelesen und uns viele wesentliche Hinweise gegeben haben. Hier seien besonders erwähnt: Herr Professor Thorsten Bartsch, Herr Professor Julian Bösel, Herr Professor Albert Ludolph, Herr Professor Christoph Maier, Herr PD Harald Prüss, Herr Professor Alexander Storch sowie Herr Professor Heinz Wiendl.

Unser größter Dank gilt unseren Familien und Freunden. Sie haben uns nicht nur während unserer Arbeit unterstützt und uns ermutigt, sondern auch an manchen Tagen und Abenden auf uns verzichten müssen.

Anne-Sophie Biesalski
Oliver Höffken
Dietrich Sturm
Bochum im November 2018

Inhaltsverzeichnis

Herausgeber

Sturm, Dietrich, Dr. med.
Agaplesion Bethesda Krankenhaus Wuppertal
Klinik für Neurologie
Wuppertal
dietrich.sturm@bethesda-wuppertal.de

Biesalski, Anne-Sophie, Dr. med.
Ruhr-Universität Bochum
St.-Josef-Hospital
Klinik für Neurologie
Bochum
anne-sophie.biesalski@ruhr-uni-bochum.de

Höffken, Oliver, Priv.-Doz. Dr. med.
Ruhr-Universität Bochum
Berufsgenossenschaftliches Universitätsklinikum
Bergmannsheil gGmbH
Neurologische Klinik und Poliklinik
Bochum
oliver.hoeffken@ruhr-uni-bochum.de

Mitarbeiterverzeichnis

Angermaier, Anselm, Dr. med., MSc
Universitätsmedizin Greifswald
Klinik und Poliklinik für Neurologie
Greifswald
anselm.angermaier@uni-greifswald.de

Bartsch, Thorsten, Prof. Dr. med.
Universitätsklinikum Schleswig-Holstein
Klinik für Neurologie
Neurozentrum
Kiel
t.bartsch@neurologie.uni-kiel.de

Becktepe, Jos, Dr. med.
Universitätsklinikum Schleswig-Holstein
Klinik für Neurologie
Neurozentrum
Kiel
j.becktepe@neurologie.uni-kiel.de

Biesalski, Anne-Sophie, Dr. med.
Ruhr-Universität Bochum
St.-Josef-Hospital
Klinik für Neurologie
Bochum
anne-sophie.biesalski@ruhr-uni-bochum.de

Enax-Krumova, Elena, Dr. med.
Ruhr-Universität Bochum
Berufsgenossenschaftliche Universitätsklinik
Bergmannsheil gGmbH
Neurologische Klinik und Poliklinik
Bochum
elena.krumova@bergmannsheil.de

Franke, Christiana, Dr. med.
Universitätsmedizin Berlin
Campus Benjamin Franklin
Klinik für Neurologie mit experimenteller
Neurologie
Berlin
christiana.franke@charite.de

Geithner, Julia, Dr. med.
Deutsche Gesellschaft für Epileptologie
Berlin
j.geithner@junge-epileptologen.de

Havla, Joachim, Dr. med.
Klinikum der LMU München
Inst. für Klinische Neuroimmunologie
München
joachim.havla@med.lmu.de

Höffken, Oliver, Priv.-Doz. Dr. med.
Ruhr-Universität Bochum
Berufsgenossenschaftliches Universitätsklinikum
Bergmannsheil gGmbH
Neurologische Klinik und Poliklinik
Bochum
oliver.hoeffken@ruhr-uni-bochum.de

Hopfner, Franziska, Dr. med.
Christian-Albrechts-Universität Kiel
Campus Kiel
Klinik für Neurologie
Neurozentrum, Haus 41
Kiel
f.hopfner@neurologie.uni-kiel.de

Kitzrow, Martin, Dr. med.
Agaplesion Bethesda Krankenhaus Wuppertal
Klinik für Neurologie
Wuppertal
martin.kitzrow@bethesda-wuppertal.de

Knauss, Samuel, Dr. med.
Charité Universitätsmedizin Berlin
Berlin
samuel.knauss@charite.de

Morschett, Anna, Dr. med.
Universitätsklinikum Essen
Klinik für Neurologie
Westdeutsches Kopfschmerzzentrum
Essen
anna.morschett@uk-essen.de

Müller, Lorenz, Dr. med.
Universitätsklinikum Würzburg
Neurologische Klinik und Poliklinik
Würzburg
mueller_l5@ukw.de

Nägel, Steffen, Dr. med.
Universitätsklinikum Essen
Klinik für Neurologie
Westdeutsches Kopfschmerzzentrum
Essen
steffen.naegel@uk-essen.de

Pitarokoili, Kalliopi, Dr. med.
Ruhr-Universität Bochum
St.-Josef-Hospital
Klinik für Neurologie
Bochum
Kalliopi.Pitarokoili@ruhr-uni-bochum.de

Podewils von, Felix, Priv.-Doz. Dr. med.
Universitätsmedizin Greifswald
Klinik und Poliklinik für Neurologie
Epilepsiezentrum
Greifswald
felix.podewils@uni-greifswald.de

Rehmann, Robert, Dr. med.
Ruhr-Universität Bochum
Berufsgenossenschaftliche Universitätsklinik
Bergmannsheil gGmbH
Neurologische Klinik und Poliklinik
Bochum
robert.rehmann@ruhr-uni-bochum.de

Rüden von, Eva-Lotta, Dr. med. vet., Ph.D.
Ludwig-Maximilians-Universität München
Tierärztliche Fakultät
Inst. für Pharmakologie, Toxikologie
und Pharmazie
München
el.vonrueden@pharmtox.vetmed.uni-muenchen.de

Strzelczyk, Adam, Priv.-Doz. Dr. med.
Universitätsklinikum Frankfurt
Epilepsiezentrum Frankfurt Rhein-Main
Frankfurt am Main
strzelczyk@med.uni-frankfurt.de

Sturm, Dietrich, Dr. med.
Agaplesion Bethesda Krankenhaus Wuppertal
Klinik für Neurologie
Wuppertal
dietrich.sturm@bethesda-wuppertal.de

Warnke, Clemens, Priv.-Doz. Dr. med.
Universität zu Köln
Klinik und Poliklinik für Neurologie
Köln
clemens.warnke@uk-koeln.de

Abkürzungen

α-KDH	α-Ketoglutarat-Dehydrogenase
20-HETE	20-Hydroxyeicosatetraensäure
5-HT	5-Hydroxytryptamin (Serotonin)
A.	Arteria
ACh	Acetylcholin
AChE	Acetylcholinesterase
AChR	Acetylcholin-Rezeptor
ACI	Arteria carotis interna
AD	Alzheimer's Disease (Alzheimer-Krankheit)
ADAM	„a disintegrin and metalloproteinase"
ADB	anti-DNAase B
ADC	„apparent diffusion coefficient" (Diffusionskoeffizient im Gewebe in MRT-Bildgebung)
ADEM	akute disseminierte Enzephalomyelitis
ADP	Adenosindiphosphat
AE	Astrozyten-Endfüßchen
AED	„antiepileptic drugs"
AGE	„advanced glycation end products"
AIDP	akute inflammatorische demyelinisierende Polyradikuloneuropathie
AIF1	„allograft inflammatory factor 1"
aiLEMS	autoimmunvermitteltes LEMS (Lambert-Eaton-Myasthenie-Syndrom)
AIRE	Autoimmun-Regulator
AJ	„adherence junctions"
ALS	amyotrophe Lateralsklerose (fALS = familiäre ALS, sALS = sporadische ALS)
AMAN	akute motorische axonale Neuropathie
AMPA	„α-amino-3-hydroxy-5-methyl-4-isoxazolepropionic acid"
AMSAN	akute motorische und sensible axonale Neuropathie
ANNA	antineuronukleäre Antikörper
APC	antigenpräsentierende Zellen
Apo-E	Apolipoprotein E
APP	Amyloid-Precursor-Protein
APS	atypisches Parkinson-Syndrom
ARAS	aszendierendes retikulär aktivierendes System
ARDS	„adult respiratory distress syndrome"
AS	Aminosäure
ASO	Anti-Streptolysin-O
ATP	Adenosintriphosphat
BCRs	B-Zell-Rezeptoren
BHS	Blut-Hirn-Schranke
BL	Basallamina
BMBF	Bundesministerium für Bildung und Forschung
BMI	Body-Mass-Index
BvFTD	behaviorale Variante der frontotemporalen Demenz

C9orf72	„chromosome 9 open reading frame 72"
Ca	Karzinom
CAA	zerebrale Amyloidangiopathie
CADASIL	„cerebral autosomal dominant arteriopathy with subcortical infarcts and leukoencephalopathy"
cAMP	zyklisches Adenosinmonophophat
CARASIL	„cerebral autosomal recessive arteriopathy with subcortical infarcts and leukoencephalopathy"
CASPR	„contactin associated protein"
CBD	kortikobasale Degeneration
CBF	„cerebral bloodflow" (zerebraler Blutfluss)
CBS	kortikobasales Syndrom
CCL2	CC-Chemokinligand 2
CCM	korneale konfokale Mikroskopie
cCT	kranielle Computertomographie
cGMP	zyklisches Guanosinmonophosphat
CGRP	„calcitonin gene-related peptide"
CHEPS	„contact heat-evoked potentials" (Kontakthitze-evozierte Potenziale)
CIDP	chronisch inflammatorische demyelinisierende Polyradikuloneuropathie
CK	Cluster-Kopfschmerz
CLB	Lewy-Körperchen-Demenz
cMRT	kranielle Magnetresonanztomographie
CMS	kongenitale Myastheniesyndrome
CMV	Zytomegalievierus
CNTF	„ciliary neurotrophic factor"
COMT	Catechol-O-Methyltransferase
Cox-2	Cyclooxygenase-2
CPE	„cytopathic effect"
CPP	„cerebral perfusion pressure" (zerebraler Perfusionsdruck)
CRPS	komplexes regionales Schmerzsyndrom
CSD	„cortical spreading depolarisation"
CSF	„cerebrospinal fluid" (Liquor cerebrospinalis)
CSI	„cortical spreading ischaemia"
CXCL1	Chemokin (C-X-C) Ligand 1
d	Durchmesser
D2R	Dopamin-2-Rezeptor
DAG	Diacylglycerol
DAMPs	„danger-associated molecular patterns"
DC	dendritische Zelle
DCI	„delayed cerebral ischaemia"
DGN	Deutsche Gesellschaft für Neurologie
DIC	disseminierte intravasale Gerinnung
DLB	„dementia with Lewy bodies"
DM	Diabetes mellitus
DNA	Desoxyribonukleinsäure

DNER	„delta/notch-like epidermal growth factor-related receptor"	GFAP	„glial fibrillary acidic protein" (saures Gliafaserprotein)
DNMT	DNA-Methyltransferase	GFR	glomeruläre Filtrationsrate
dPNP	diabetische Polyneuropathie	GHB	γ-Hydroxybutyrat
DPPX	Dipeptidyl-peptidase-like Protein-6	GKS	Glukokortikosteroid
DPR	„dipeptid repeats"	GluR	Glutamat-Rezeptor
DR	dorsaler Raphe-Kern	GLUT 3	Glukose-Transporter 3
DRG	Diagnosis Related Groups	GlyR	Glycin-Rezeptor
DSM-5	Diagnostic and Statistical Manual of Mental Disorders (Diagnostischer und statistischer Leitfaden psychischer Störungen), 5. Auflage	GRO-1	„growth-regulated oncogene 1"
		GTKSE	generalisierter tonisch-klonischer Anfall
DWI	„diffusion weighted imaging" (diffusions- gewichtete MRT-Bildgebung)	GWAS	„genome-wide association studies" (genomweite Assoziationsstudien)
EAAT2	„excitatory amino acid transporter 2"	HE	Herpes-Enzephalitis
EAE	„experimental autoimmune ence- phalomyelitis"	HERNS	hereditäre Enzephalopathie mit Retinopathie, Nephropathie und Schlaganfall
EAN	experimentelle autoimmune Neuritis	HERV	humanes endogenes Retrovirus
EBI	„early brain injury"	HGNC	Human Genome Organisation (HUGO) Gene Nomenclature Committee
EBV	Epstein-Barr-Virus	HHV6	humanes Herpesvirus 6
EDSS	Expanded Disability Status Scale	Hib	Haemophilus influenzae Typ B
EEG	Elektroenzephalografie	HIF-1	„hypoxia inducible factor-1"
EGMA	Aufwach-Grand mal-Epilepsie	HIV	humanes Immundefizienzvirus
EKG	Elektrokardiographie	HLA	humanes Leukozyten-Antigen
EMG	Elektromyographie	HNO	Hals-Nasen-Ohren-Heilkunde
ENG	Elektroneurographie	HoloTC	Holo-Transcobalamin
eNOS	endotheliale Stickstoffmonoxid- Synthetase	HRCT2	Hypocretin 2-Rezeptor
		HS	Hippocampussklerose
EOAE	„early onset absence epilepsy"	HSV	Herpes-simplex-Virus
EPP	Endplattenpotenzial	HWZ	Halbwertszeit
EPS	extrapyramidales System	HZV	Herz-Zeit-Volumen
ESUS	„embolic stroke of undetermined sources"	i.v.	intravenös
ET	essenzieller Tremor	IASP	International Association for the Study of Pain
ET-1	Endothelin-1	ICAM-1	„intercellular adhesion molecule 1"
EZ	Endothelzellen	ICB	intrazerebrale Blutung
EZR	Extrazellulärraum	ICD-10	International Statistical Classification of Diseases and Related Health Problems (Internationale statistische Klassifikation der Krankheiten und verwandter Gesundheitsprobleme), 10. Auflage
$FADH_2$	reduzierte Form des FAD (Flavin-Adenin-Dinukleotid)		
FBDS	faziobrachialer dystoner Anfall		
FCD	fokale kortikale Dysplasie		
FDG-PET	Fluordesoxyglukose-Positronen- emissionstomographie	ICHD-3β	The International Classification of Headache Disorders, 3. Auflage – Beta Version
FHM	familiäre hemiplegische Migräne		
FLAIR	„fluid attenuated inversion recovery" (MRT-Technik zur Differenzierung zwischen freier und gewebegebun- dener Flüssigkeit)	ICP	„intracranial pressure" (intrakranieller Druck)
		IDE	„insulin-degrading enzyme"
		ienfd	„conditioned pain modulation" (konditionierte Schmerzmodulation)
FSME	Frühsommermeningoenzephalitis		
FTD	frontotemporale Demenz	IENFD	intraepidermale Nervenfaserdichte
FUS	„fused in sarcoma"	IF	„intrinsic factor"
GABA	γ-Aminobuttersäure	IFN	Interferon
GAD	Glutamatdecarboxylase	IGE	idiopathisch generalisierte Epilepsie
GBS	Guillan-Barré-Syndrom	IGE-GTKA	idiopathisch generalisierte Epilepsie mit generalisierten tonisch-klonischen Anfällen
GCSF	„granulocyte-colony stimulating factor" (Granulozyten-Kolonie- stimulierender Faktor)		
		IHIE	invasive Haemophilus-influenzae- Erkrankung

IL	Interleukin
ILAE	International League Against Epilepsy
ILE	invasive Listerienerkrankungen
IME	invasive Meningokokkenerkrankung
iNOS	induzierbare Stickstoffmonoxid-Synthase
IP3	Inositoltrisphosphat
IPE	invasive Pneumokokkenerkrankung
IPS	idiopathisches Parkinson-Syndrom
IPSP	inhibitorisches postsynaptisches Potenzial
IVIG	i.v. Immunglobuline
IZR	Intrazellulärraum
JAE	juvenile Absence-Epilepsie
K	Wandspannung
KG	Körpergewicht
KKNMS	Krankheitsbezogenes Kompetenznetz Multiple Sklerose
KM	Kontrastmittel
KOCT	kortiko-olivo-zerebello-thalamisch
LBD	„Lewy body disease" (Lewy-Körperchen-Erkrankung)
LC	Locus coeruleus
LDH	Laktatdehydrogenase
LDL	„low density lipoprotein"
LE	limbische Enzephalitis
LEMS	Lambert-Eaton-Myasthenie-Syndrom
LEP	Laser-evozierte Potenziale
LFA-1	„lymphocyte function-associated antigene 1"
LGI1	„leucine-rich glioma inactivated 1"
LPA	logopenische Variante einer primär progressiven Aphasie
LR	Laminin-Rezeptor
LRP4	„low density lipoprotein receptor-related protein 4"
LTS	„low threshold spikes"
MAC	Membran-attackierender Komplex
MAD	mittlerer arterieller Druck
MADSAM	multifokale erworbene sensomotorische Neuropathie
MAP	„mean arterial pressure" (mittlerer arterieller Blutdruck)
MAP-1/ MAP-2	„microtubule-associated protein 1 und 2"
MBP	„myelin basic protein"
MCI	„mild cognitive impairment" (leichte kognitive Defizite)
MCP	Metoclopramid
MCP-1	„monocyte chemotactic protein 1"
MELAS	„mitochondrial encephalopathy, lactic acidosis, and stroke-like episodes"
MenC	Meningitits C
MEPP	Miniatur-Endplattenpotenzial
MetHb	Methämoglobin
Methyl-THF	Methyl-Tetrahydrofolat
MG	Myasthenia gravis

MGFA	Amerikanische Myasthenie-gravis-Gesellschaft
mGluR5	„metabotropic glutamate receptor 5"
MHC	„major histocompatibility complex" (Haupthistokompatibiliätskomplex)
MIP-β	„macrophage inflammatory protein β"
MIP-1α	„macrophage inflammatory protein 1α"
MIR	„main immunogenic region"
MKD	milde kognitive Defizite
MMP	Matrix-Metalloproteinase
MOG	Myelin-Oligodendrocyte-Glycoprotein
mPFC	medialer präfrontaler Kortex
MPOA	mediales präoptisches Areal
MPTP	1-Methyl-4-Phenyl-1,2,3,6-Tetrahydro-pyridin
MRT	Magnetresonanztomographie
MRZ	Masern-Röteln-Zoster
MS	Multiple Sklerose
MSA	Multisystematrophie
MSAP	Muskelsummenaktionspotenzial
MSN	„medium spiny neuron"
mTLE	mesiale Temporallappenepilepsie
MuSK	muskelspezifische Rezeptor-Tyrosinkinase
NAD+	Nikotinamidadenindinukleotid (oxidierte Form)
NADH	Nikotinamidadenindinukleotid (reduzierte Form)
Ncl.	Nucleus
NEDA	„no evidence of disease activity"
NF186	„neurofascin-186"
Nf-kB	„nuclear factor 'kappa-light-chain-enhancer' of activated B-cells"
NGF	„beta-nerve growth factor"
NMDA	N-Methyl-D-Aspartat
NMOSD	Neuromyelitis-optica-Spektrum-Erkrankung
NMS	nichtmotorisches Symptom
NO	Stickstoffmonoxid
NOS	Nitritoxidsynthase
NPH	„normal pressure hydrocephalus" (Normaldruckhydrozephalus)
NREM	„non-rapid eye movement"
Nrf2	„nuclear factor E2-related factor 2"
NSS	Nucleus salivatorius superior
NT3	Neurotrophin 3
OCT	optische Kohärenztomographie
OEF	„oxygen extraction fraction"
OKB	oligoklonale Banden
OMS	Opsoklonus-Myoklonus-Syndrom
P2RY11	„purinergic receptor subtype 2Y11"
PACAP	„pituitary adenylate cyclase-activating"
PAFr	„platelet activating factor receptor"
PAG	periaquäduktales Grau
PAGF	„pure akinesia with gait freezing"
PAMPs	„pathogen-associated molecular patterns"

pAVK	periphere arterielle Verschlusskrankheit		SHM	sporadische hemiplegische Migräne
PCA	Antikörper gegen Purkinje-Zellen		SHT	Schädel-Hirn-Trauma
pCO_2	Kohlenstoffdioxidpartialdruck		SIADH	Syndrom der inadäquaten ADH-Sekretion
PDD	„Parkinson's disease with dementia" (Parkinson-Erkrankung mit demenzieller Entwicklung)		SLE	systemischer Lupus erythematodes
			SO_2	Sauerstoffsättigung
			SOD	Superoxid-Dismutase
PDH	Pyruvat-Dehydrogenase		SOREMP	Sleep-onset-rapid-eye-movemet-Periode
PET	Positronenemissionstomographie			
PFO	persistierendes Foramen ovale		Sp-1	„specificity protein 1"
PI	Pulsatilitätsindex		SPECT	Single-Photon-Emissions-Computertomographie
PK	Parkinson-Krankheit			
PKC	Proteinkinase C		SPG	Ganglion sphenopalatinum
PLEDs	periodische lateralisierte Komplexe		SPMS	sekundär chronisch-progrediente multiple Sklerose
pLEMS	paraneoplastisches LEMS (Lambert-Eaton-Myasthenie-Syndrom)		SSRI	selektiver Serotonin-Wiederaufnahmehemmer
PLP	„proteolipid protein"			
PML	progressive multifokale Leukenzephalopathie		SSRNI	selektiver Serotonin- und Noradrenalin-Wiederaufnahmehemmer
PMP 22	„peripheral myelin protein 22"		SSW	Schwangerschaftswoche
PNFA	progressive nicht flüssige Aphasie		STIKO	Ständige Impfkommission
PNP	Polyneuropathie		SUNCT	„short-lasting unilateral neuralgiform headache with conjunctival injection and tearing"
PNS	peripheres Nervensystem			
pO_2	Sauerstoffpartialdruck			
PPA	primär progressive Aphasie		SW	„spike-wave"
PPMS	primär progrediente multiple Sklerose		SWI	„susceptibility-weighted imaging"
PREP	schmerzassoziierte elektrisch-evozierte Potenziale		SZ	Schwann Zelle
PRES	posteriores reversibles Enzephalopathie-syndrom		TAG-1	transientes axonales Glycoprotein-1
			TBK 1	„tank-binding-kinase 1"
proBDNF	„pro-brain-derived neurotrophic factor"		TCA	Tractus corticospinalis anterior
PRR	„pattern recognition receptor"		TCL	Tractus corticospinalis lateralis
PSP	progressive supranukleäre Blickparese		TCR	T-Zell-Rezeptor
PSP-P	progressive supranukleäre Blickparese mit prädominantem Parkinsonismus		TDP	Thiamindiphosphat
			TDP-43	Transactivation-response DNA-binding Protein
PWI	„perfusion weighted imaging" (perfusionsgewichtete MRT-Bildgebung)		TEA	Thrombendarteriektomie
			TEN	toxische epidermale Nekrolyse
PZ	Perizyten		TGF	„transforming growth factor"
			THF	Tetrahydrofolat
QST	quantitative sensorische Testung		THS	tiefe Hirnstimulation
			TJ	„tight junctions"
RAGE	„receptor for advanced glycation end products"		TLE	Temporallappenepilepsie
			TLR	Toll-like-Rezeptor
REM	„rapid eye movement"		TMN	tuberomammillärer Nukleus
RKI	Robert Koch-Institut		TNC	N. caudalis des N. trigeminus
RLS	Restless-legs-Syndrom		TNF	Tumornekrosefaktor
RMS	schubförmige multiple Sklerose		TNFSF4	„tumor necrosis factor (ligand) superfamily member 4"
RNA	Ribonukleinsäure			
RNFL	retinale Nervenfaserschicht		TOAST	Trial of Org 10172 in Acute Stroke Treatment
ROS	reaktive Sauerstoffspezies			
RS	Richardson-Syndrom		TPP	Thiaminpyrophosphat
RTN	Nucleus reticularis thalami		TRC α	T-Zell-Rezeptor-Alpha-Locus
			TRP	„transient receptor potential"
SAB	subarachnoidale Blutung		TRPM 8	„transient receptor potential subfamily Melastatin 8"
SAE	subkortikale, arteriosklerotische Enzephalopathie			
SCLC	„small cell lung cancer" (kleinzelliges Bronchialkarzinom)		TRPV 1	„transient receptor potential subfamily Vanilloid 1"
			TSE	„transmissible spongiform encephalopathy"
SCN	Nucleus suprachiasmaticus			
SE	Status epilepticus		TZK	trigeminozervikaler Komplex
semD	semantische Demenz			

V1	N. ophthalmicus des N. trigeminus
V2	N. maxillaris des N. trigeminus
VCAM 1	„vascular cell adhesion protein 1"
VEP	visuell evozierte Potenziale
VGCC	„voltage-gated calcium channel"
VGKC	„voltage-gated potassium channel" (spannungsabhängiger Kaliumkanal)
VHF	Vorhofflimmern
VIM	Nucleus ventralis intermedius
VIP	vasoaktives intestinales Peptid
VLA-4	„very late antigen-4"
VLPO	ventrolaterale präoptische Gegend
VNS	vegetatives Nervensystem
VZV	Varizella-zoster-Virus
WDR	„wide dynamic range"
WHO	World Health Organisation (Weltgesundheitsorganisation)
ZNS	zentrales Nervensystem

Vaskuläre Erkrankungen

A. Angermaier, R. Rehmann, M. Kitzrow

© Springer-Verlag GmbH Deutschland, ein Teil von Springer Nature 2019
D. Sturm et al. (Hrsg.), *Neurologische Pathophysiologie*
https://doi.org/10.1007/978-3-662-56784-5_1

1.1   Ischämischer Schlaganfall

A. Angermaier

■ ■ **Zum Einstieg**
Der ischämische Schlaganfall ist die gemeinsame Endstrecke unterschiedlichster Grunderkrankungen. Neben akuten ischämischen Veränderungen treten auch immer mehr neuroimmunologische Veränderungen im akuten und vor allem im subakuten Stadium in den Kontext pathophysiologischer Betrachtungen. Im vorliegenden Beitrag werden die grundlegenden Mechanismen zur Regulation des zerebralen Blutflusses dargestellt, zusätzlich wird auf die Entstehung und Dynamik der zerebralen Ischämie nach dem Kern-Penumbra-Modell eingegangen sowie auf das Immunsuppressionsyndrom nach Schlaganfall. Die unterschiedlichen Schlaganfallätiologien werden dargestellt und pathophysiologisch eingeordnet.

> **Ischämischer Schlaganfall**
> — **Definition:** Plötzlich eintretendes fokalneurologisches Defizit, verursacht durch einen intrakraniellen Gefäßverschluss.
> — **Ätiologie:** Sehr variabel, prinzipiell unterscheidbar in Makroangiopathie, Mikroangiopathie, Kardioembolie, andere gesicherte Ätiologien und kryptogene Ursachen.
> — **Klinik:** Je nach Ausmaß und Lokalisation der zerebralen Ischämie von geringen fokal neurologischen Defiziten bis zu ausgeprägten Syndromen.
> — **Therapie:** Akuttherapie innerhalb von 4,5 Stunden nach Symptombeginn systemische Thrombolyse, bei großem proximalem Gefäßverschluss innerhalb von 6 Stunden endovaskuläre Rekanalisation; Sekundärprophylaxe je nach nachgewiesener Ätiologie (Thrombozytenaggregationshemmung oder Antikoagulation).
> — **Mortalität/Morbidität:** Die verschiedenen Subtypen weisen eine sehr unterschiedliche Mortalität und Morbidität auf. Generell ist der ischämische Schlaganfall die häufigste Ursache von bleibender Behinderung.

Der ischämische Schlaganfall (auch: ischämischer Insult, Apoplex, Hirninfarkt) ist die häufigste Ur-

sache für ein akut aufgetretenes fokalneurologisches Defizit. Die Inzidenz liegt bei ca. 220/100.000 Einwohner/Jahr, womit der ischämische Schlaganfall in Deutschland die dritthäufigste Todesursache darstellt.

Zunächst werden die Grundlagen der intrazerebralen Perfusion dargestellt. Anschließend wird auf die Pathophysiologie der zerebralen Ischämie sowie auf deren Ätiopathogenese eingegangen.

1.1.1   Regulation des zerebralen Blutflusses

Die Ischämietoleranz der Gehirnzellen, insbesondere jedoch der Neurone, ist aufgrund einer geringen metabolischen Reserve und des hohen Energiebedarfs (20% der kardialen Auswurfleistung werden allein dem Gehirn zur Verfügung gestellt) sehr gering. Daher kommt der konstanten Blutversorgung des Gehirns eine besondere Bedeutung zu. Zwischen einem systemischen systolischen Blutdruck von 60–150 mm Hg sichern dabei verschiedene Regulationsmechanismen einen ausgeglichenen zerebralen Blutfluss (CBF). Dabei muss der CBF bei Veränderungen im zerebralen Perfusionsdruck, veränderter regionaler metabolischer Aktivität, unterschiedlichen humoralen Faktoren und Veränderungen des autonomen Nervensystems angepasst werden. Dieser Prozess wird in seiner Gesamtheit bis heute nicht vollständig verstanden. Grundlage ist eine Änderung des Widerstandsprofils der zerebralen Gefäße. Dieser wird zu gleichen Teilen von den großen Hirnbasisarterien und der zerebralen Mikrozirkulation bestimmt.

1.1.1.1   Zerebrale Autoregulation
Die zerebrale Autoregulation besteht aus einer in der glatten Gefäßmuskulatur, insbesondere im Bereich der zerebralen Mikrozirkulation lokalisierten, immanenten Regulation des Gefäßtonus. Nach aktueller Vorstellung führen Dehnungs- und/oder Scherkräfte zu einer Aktivierung drucksensitiver Ionenkanäle an der Oberfläche glatter Gefäßmuskelzellen und vermitteln so die Vasodilatation bzw. -konstriktion des Gefäßes (McBryde et al. 2017).

1.1.1.2   Neurovaskuläre Kopplung
Ein weiterer Prozess, der sich am regionalen zerebralen Blutfluss beteiligt, ist die sogenannte neu-

rovaskuläre Kopplung. Hierbei kommt es auf Basis metabolischer und chemischer Stoffwechselmetabolite (pCO_2, pO_2 und pH-Wert) zu einer bedarfsorientierten Regulation der Blutversorgung je nach lokaler Stoffwechsellage. So führt beispielsweise ein erhöhter pCO_2 zu einer Vasodilatation vor allem im Bereich der Arteriolen bzw. ein erniedrigter pCO_2 zu einer Vasokonstriktion (Ainslie und Duffin 2009).

Eine besondere Rolle scheinen hier Astrozyten zu spielen: Es gibt Hinweise darauf, dass sie die Aktivität der glatten Gefäßmuskeln über die Freisetzung von Ca^{2+}-Ionen und vasoaktiven Substanzen und damit letztlich das Widerstandprofil der Arteriolen regulieren können. Astrozyten vermitteln den erhöhten Sauerstoffbedarf als Korrelat einer vermehrten neuronalen Aktivität an das Gefäßsystem (Filosa et al. 2016). Von einigen Autoren werden daher Gefäßkapillare, Astrozyt und Neuron als neurovaskuläre Einheit aufgefasst.

1.1.1.3 Weitere Regulationsmechanismen

Moduliert wird der zerebrale Blutfluss darüber hinaus durch weitere extrinsische und intrinsische Regelkreise. Zum einen ist der **Barorezeptorreflex** zu nennen. In den Zellen des Glomus caroticum wird kontinuierlich die zentralarterielle Sauerstoffsättigung (peripherer Chemorezeptor) gemessen. Ein Abfall des Sauerstoffpartialdrucks führt zu einer starken Aktivierung des sympathischen Nervensystems mit nachfolgendem Anstieg des arteriellen Blutdrucks und der Ventilationsrate.

Neben den Astrozyten – als intrinsischer Regulator des zerebralen Blutflusses – werden zwei weitere (intrinsische) Mechanismen diskutiert. So bestehen Hinweise darauf, dass Neurone selbst ihre Blutversorgung beeinflussen, beispielsweise über den NMDA-Rezeptor, der Glutamat – vermehrt in ischämischen Arealen vorliegend – registriert. In der Folge wird Stickstoffmonoxid (NO), als starker Vasodilatator, freigesetzt. Des Weiteren existieren im Hirnstamm Neurone, die direkt sensitiv für Änderungen des pCO_2 und pH-Wertes sind und aufgrund der räumlichen Nähe zum Atem- und Kreislaufzentrum als Warnsystem für kritische Hypoxie dienen könnten (McBryde et al. 2017). Auf diesem Weg könnten diese Neurone dann auch in die Atemregulation eingreifen.

■■ Einfluss des systemischen Blutdrucks

Neben den beschriebenen ex- und intrinsischen protektiven Regelationsmechanismen bleibt die Blutversorgung des Gehirns natürlich auch vom systemischen Blutdruck abhängig. Der zerebrale Perfusionsdruck (CPP = „cerebral perfusion pressure"), der nicht mit dem regionalen zerebralen Blutfluss gleichzusetzen, jedoch Voraussetzung für diesen ist, setzt sich aus der Differenz des arteriellen Blutdrucks (MAD: mittlerer arterieller Druck) und des intrakraniellen Drucks (ICP) zusammen:

$$CPP = MAD - ICP$$

Nach der **Monro-Kellie-Doktrin** kommt es im Rahmen einer krankhaften Zunahme des Liquorkompartimentes (Hydrozephalus), des Parenchymkompartiments (zerebrales Ödem) oder des vaskulären Kompartimentes (Vasodilation) zu einer Erhöhung des intrakraniellen Druckes und in der Folge zu einer Reduktion des zerebralen Perfusionsdruckes bzw. dann des zerebralen Blutflusses. Unter normalen Umständen beträgt der ICP 5–15 mm Hg und der MAD 80–120 mm Hg.

> **Monro-Kellie-Doktrin**
>
> Die Summe der drei Komponenten Hirngewebe (ca. 80%), Blut (ca. 12%) und Liquor (ca. 8%) muss stets gleich bleiben, um den intrakraniellen Druck konstant zu halten. Die Volumenzunahme einer dieser Komponenten führt zunächst zur Abnahme einer anderen.
>
> $$V_{gesamt} = V_{Hirngewebe} + V_{Blut} + V_{Liquor}$$
>
> (V = Volumen)
>
> Falls eine Volumenverschiebung nicht möglich ist, steigt der intrakranielle Druck. Im Fall einer Raumforderung (z. B. maligner Mediainfarkt) kommt eine vierte Komponente hinzu.

Zerebrale Reservekapazität
Den vasodilatativen Effekt von Kohlenstoffdioxid macht man sich zunutze, um im Rahmen der zerebralen Reservekapazitätsmessung die maximale Steigerung der zerebralen Durchblutung aus der Ruhesituation heraus zu messen. Kohlenstoffdioxid kann dabei inhaliert werden oder per Acetazolamid-Injektion appliziert werden. Der Anstieg des zerebralen Blutflusses kann dann mit verschiedenen Techniken (PET oder SPECT) oder auch der transkraniellen

1

Dopplersonographie gemessen werden und dient als Surrogatparameter für die hämodynamische Relevanz von Stenosen (Stol und Hamann 2002).

1.1.2 Dynamik der akuten zerebralen Ischämie/Kern-Penumbra-Modell

Aus pathophysiologischer Sicht hat sich zur Erklärung der dynamischen Veränderung während einer akuten zerebralen Ischämie das Kern-Penumbra-Modell etabliert.

Das Modell beruht auf der Unterscheidung des Hirnparenchyms in drei Typen (◘ Abb. 1.1) (Muir et al. 2006):

- Infarktkern: Gewebe, das aufgrund des Überschreitens der kritischen Ischämie untergeht/untergehen wird;
- ischämische Penumbra: Gewebe, das mit fortschreitender Zeit infarziert und in den Infarktkern übergeht. Durch Reperfusion kann dieser Prozess gestoppt werden und das restliche Gewebe überleben.
- Oligämie: Gewebe, das die Penumbra umgibt und aufgrund seiner relativ geringen Ischämie überlebt.

1.1.2.1 Entstehung von Infarktkern und Penumbra

Durch einen arteriellen Gefäßverschluss kommt es zu einer Minderperfusion des abhängigen Stromgebiets. Der resultierende Abfall des CBFs kann in Abhängigkeit von der individuellen Gefäßarchitektur und der Rekrutierung von Kollateralsystemen (Leptomeningealgefäße, Circulus Willisi mit A. communicans anterior und posterior, A. opthalmica; ◘ Abb. 1.2) im Rahmen der oben beschriebenen Regulationsmechanismen gegebenenfalls zunächst kompensiert werden (CBF-Normalwerte zwischen 50 und 80 ml/100 g Hirngewebe/min).

Im weiteren Verlauf kommt es zum Versagen der Kompensationsmechanismen und passiv – dem systemischen arteriellen Blutdruck nachfolgend – zum Abfall des CBF. Ein CBF von unter 15 ml/100 g/min resultiert dann im irreversiblen Zusammenbruch des Energiestoffwechsels der Zelle, insbesondere der ATP-abhängigen Ionenpumpen an der Zellmembran. Der dann folgende passive Ionenausgleich im Rahmen der Depolarisation verursacht eine osmotische Zellschwellung mit Verminderung des Extrazellulärraums (**zytotoxisches Ödem**) und entspricht dem Infarktkern (Hossmann 1994).

Der Infarktkern kann von einer Penumbra umgeben sein, in der die Neurone minderperfundiert werden (CBF 15–20 ml/100 g/min), und im Rahmen der damit verbundenen Einschränkung der Proteinsynthese funktionsgestört sind. Für diese Neurone besteht die Gefahr einer Infarzierung. Um die Penumbra herum existiert eine Zone mit beeinträchtigter Perfusion (Zone der Oligämie). Die Perfusion ist jedoch ausreichend, um die Funktion der Neurone aufrechtzuerhalten (◘ Abb. 1.1) (Muir et al. 2006).

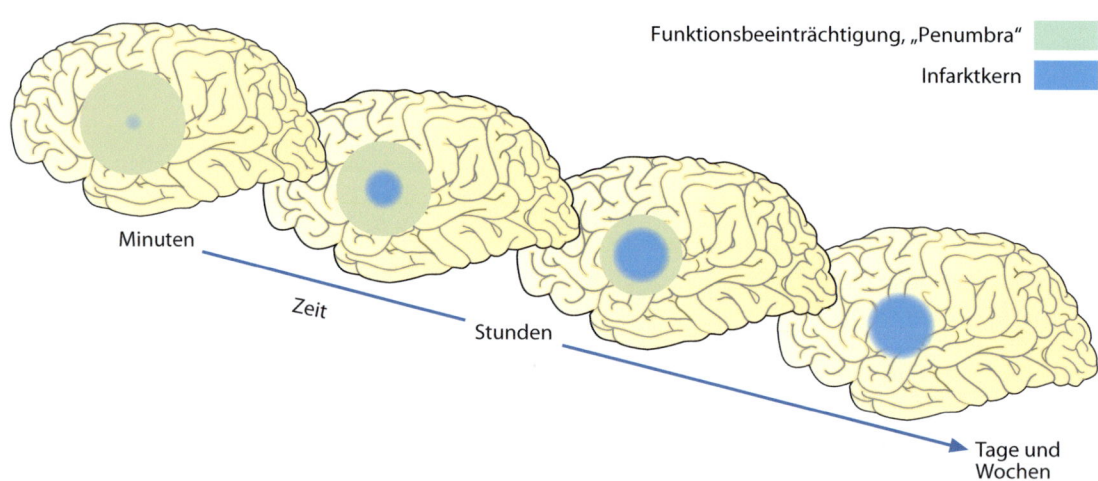

Funktionsbeeinträchtigung, „Penumbra"

Infarktkern

Minuten

Zeit

Stunden

Tage und Wochen

◘ **Abb. 1.1**   Darstellung des Kern-Penumbra-Konzeptes. Der Infarktkern vergrößert sich bei nicht erfolgter Rekanalisation zu Ungunsten der Penumbra, bis schließlich keine Penumbra mehr vorhanden ist. (Modifiziert nach Dirnagl et al. 1999, mit freundlicher Genehmigung des Elsevier-Verlags)

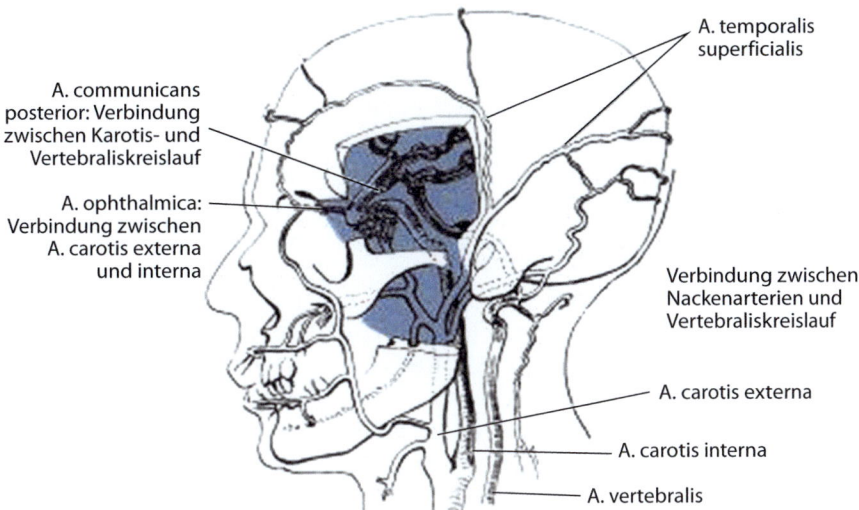

◻ Abb. 1.2 Darstellung des Kollateralsystems der arteriellen Blutversorgung des Gehirns. (Aus: Berlit 2014)

A. communicans posterior: Verbindung zwischen Karotis- und Vertebraliskreislauf

A. ophthalmica: Verbindung zwischen A. carotis externa und interna

A. temporalis superficialis

Verbindung zwischen Nackenarterien und Vertebraliskreislauf

A. carotis externa

A. carotis interna

A. vertebralis

> **Das zytotoxische Ödem ist eine durch den Ausfall von ATP-abhängigen zellmembranständigen Ionenpumpen bedingte osmotische Zellschwellung mit Verminderung des Extrazellulärraums und entspricht dem Infarktkern.**

1.1.2.2 Infarktkernvergrößerung

Innerhalb von Stunden kommt es bei fehlender Reperfusion des arteriellen Gefäßverschlusses zu einer Ausdehnung des Infarktkerns zu Ungunsten der Neurone in der Penumbra. Die Dauer dieses Prozesses ist individuell verschieden und nicht mit Sicherheit prognostizierbar. So konnte in PET- und MRT-Studien bis zu 16 Stunden nach Symptombeginn eine Penumbra nachgewiesen werden. Andere Studien zeigten hingegen, dass die Penumbra kurz nach Symptombeginn des Schlaganfalls nicht mehr nachweisbar war.

> **Die Penumbra ist das therapeutische Ziel der klinischen Rekanalisierungsverfahren wie Thrombolyse und Thrombektomie.**

Es sind verschiedene intra- und extrazelluläre Mechanismen bekannt, die den Neuronenverlust in der Penumbra vermitteln. Dies sind vor allem die sog. „spreading depression" sowie extra- und intrazelluläre Signalkaskaden, die im Folgenden näher beschrieben werden.

1.1.2.3 Spreading depression

Innerhalb von Stunden nach Gefäßverschluss treten an der äußeren Grenze des Infarktkerns Depolarisationswellen auf, die sich erst über die Penumbra, dann über die gesamte Hemisphäre verteilen und daher als „spreading depression" bezeichnet werden. Die Ätiologie dieses Phänomens ist bislang nicht vollständig geklärt (Dohmen et al. 2008) und tritt nicht nur im Rahmen der zerebralen Ischämie, sondern beispielsweise auch bei Migräne (s. auch ▶ Abschn. 8.1) und nach einem traumatischen Hirnschaden auf und könnte damit letztlich auch nur eine unspezifische Reaktion des Hirnparenchyms sein. Andere Studien deuten aber auf eine zentrale Rolle dieses Mechanismus in der Umwandlung von Penumbra zu Infarktkern hin (Strong et al. 2007).

Im Rahmen einer Depolarisationswelle kommt es zu einem Zusammenbrechen des Ionengleichgewichts an der Zellmembran, verbunden mit einer Verringerung des Membranpotenzials (= Depression). Durch die energieabhängige Aktivierung von membranständigen Ionenpumpen gelingt es zunächst, das ursprüngliche Membranpotenzial wiederherzustellen. Die zusätzliche Energie wird dabei durch die Erhöhung des regionalen Blutflusses (nach oben genannten Prinzipien) bereitgestellt.

Durch die chronische Minderperfusion in der Penumbra über dem kritischen Ischämieniveau kommt es zu einem Missverhältnis zwischen Energiebedarf und -angebot, sodass sich bei jeder Depolarisationswelle ein hypoxischer Zustand mit anschließendem Anstieg der Laktatkonzentration einstellt. Im weiteren Verlauf kann die Depolarisation nicht mehr ausgeglichen werden, es folgt die terminale Depolarisation – sprich der Zelltod (Hartings et al. 2016).

1

Die „spreading depressions" (oder auch Peri-infarkt-Depolarisationen) treten in Clustern auf. Studien zeigten eine direkte Korrelation zwischen der Anzahl der „spreading depressions" und dem Infarktvolumen, wobei jede Depolarisationswelle mit einer Zunahme des Infarktkerns um 20% assoziiert war (Shin et al. 2006).

1.1.2.4 Extra- und intrazelluläre Signalkaskaden

Aus tierexperimentellen Studien ist bekannt, dass viele biochemische Substanzen, Mechanismen und Moleküle – extra- und intrazellulär – den Untergang von Neuronen vermitteln. Aufgrund der Vielzahl der Querverbindungen zwischen den Signalkaskaden und der unterschiedlichen interindividuellen Ausprägung kann jedoch bislang kein einheitlicher Ablauf beschrieben werden. Tierexperimentell führte eine pharmakologische Blockade der jeweiligen Signalkaskade häufig zu einem verminderten Infarktvolumen. Im Folgenden werden die wichtigsten Elemente der schädigenden Signaltransduktionen beschrieben, die auch ◻ Abb. 1.3 entnommen werden können.

◼◼ **Laktatazidose**

Aufgrund der chronischen Sauerstoffminderversorgung in der Penumbra kommt es zu einer Umstellung des Energiestoffwechsels auf anaerobe Glykolyse, bei der als Nebenprodukt Laktat anfällt und eine Gewebeazidose entsteht. Das Ausmaß der Gewebeazidose korreliert dabei mit dem Schweregrad der Ischämie (McDonald et al. 1998). Des Weiteren konnte (über den Nachweis säureempfindlicher Ionenkanäle) eine glutamatunabhängige intrazelluläre toxische Erhöhung der Kalziumkonzentration (s. unten: Kalziumtoxizität) gezeigt werden.

◼◼ **Glutamat-Exzitotoxizität**

Im Rahmen der ischämiebedingten Membrandepolarisation kommt es u. a. zur Freisetzung des Neurotransmitters Glutamat, das über die membranständigen NMDA- und AMPA-Rezeptoren zu einem intrazellulären Einstrom von Kalzium führt (Doyle et al. 2008). Zusätzlich kommt es über einen Glutamat-vermittelten IP3-abhängigen Signalweg zu einer Störung der Proteinsynthese im endoplasmatischen Retikulum, einer Freisetzung

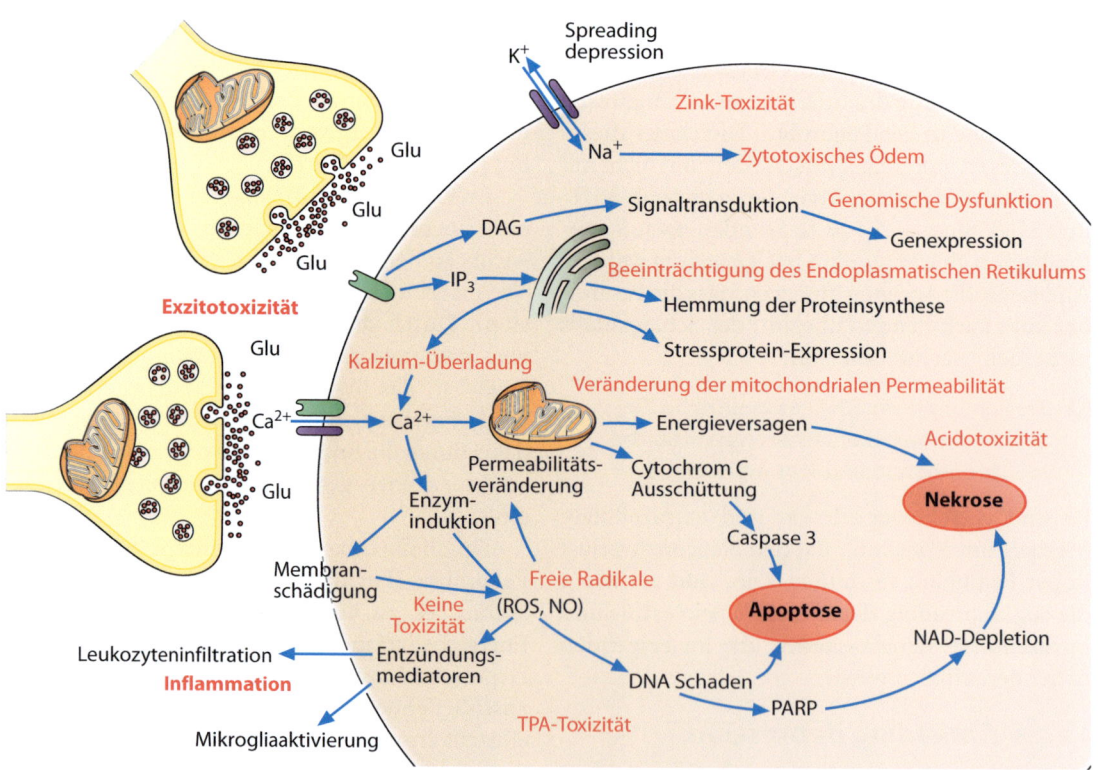

◻ **Abb. 1.3** Darstellung der extra- und intrazellulären Signalkaskaden im Rahmen eines ischämischen Zelltodes.

(Adaptiert nach Hossmann und Heiss 2010; mit freundlicher Genehmigung von Cambridge University Press)

von Kalzium und der Bildung von Stressproteinen. In hohen Konzentrationen bewirkt Glutamat direkt den nekrotischen Zelltod und ist an der Entstehung der Depolarisationswelle im Grenzgebiet zwischen Infarkt und Penumbra beteiligt (Hossmann und Heiss 2010).

■ ■ **Kalziumtoxizität**

Die ischämiebedingte starke Erhöhung der intrazellulären Kalziumkonzentration ist die gemeinsame Endstrecke der Laktazidose und der Exzitotoxizität. Sie liegt dabei weit über dem normalen Konzentrationsgradienten von 1:10.000 zwischen dem extrazellulären Raum bzw. endoplasmatischen Retikulum und dem intrazellulären Raum (Hossmann und Heiss 2010). Es resultiert eine mitochrondriale Dysfunktion mit letztlich Zusammenbruch des Energiestoffwechsels und Aktivierung kataboler Veränderungen und Freisetzung von proapoptotischen Proteinen aus der Mitochrondrienmatrix (Norenberg und Rao 2007).

■ ■ **Freie Radikale**

Freie Radikale oder auch reaktive Sauerstoffspezies (ROS) sind ebenfalls an der intrazellulären Schädigung im Rahmen einer Ischämie beteiligt. Grundsätzlich ist eine geringe Menge an ROS physiologisch, da sie als Signalmoleküle für z. B. den Gefäßtonus oder die Erythropoetin-Produktion dienen (Droge 2002). Kontrolliert wird diese Menge über ein Gleichgewicht von antioxidativen (z. B. Superoxiddismutase, SOD) und prooxidativen Enzymen (v. a. Nitritoxidsynthase, NOS). SOD wirkt dabei über die Reduktion des oxidativen Stresses und die Inhibition von Zelltodsignalkaskaden (Akt, p38, NF-kB, p53, Cytochrom c).

Im Rahmen der durch die Exzitotoxizität vermittelten erhöhten intrazellulären Kalziumkonzentration kommt es zu einer übermäßigen Aktivierung von NOS und einer Verschiebung des Gleichgewichts zugunsten eines prooxidativen Zustandes. Der übermäßige oxidative Stress verursacht Schäden an Plasmamembranen (Schädigung der Blut-Hirn-Schranke über die Aktivierung von Matrix-Metalloproteinasen) und Zellorganellen, insbesondere Mitochondrien, sowie eine Fragmentisierung der DNA. Der oxidative Stress wird dabei von Mikroglia registriert, die ihrerseits eine lokale Entzündungsreaktion auslösen (Chen et al. 2011).

1.1.3 Verzögerte Veränderungen/ Langzeitfolgen

Auch während und nach der akuten Schädigung durch die oben genannten Mechanismen kommt es zu weiteren Neuronenuntergängen, die durch entzündliche Reaktionen, das vasogene Hirnödem und programmierten Zelltod (Apoptose) auf dem Boden der oben genannten Mechanismen vermittelt werden.

Die **entzündlichen Veränderungen** sind komplex und vielschichtig. Aus didaktischen Gründen erfolgt hier eine Einteilung in zelluläre sowie zytokin- und pattern-recognition (PRR)-vermittelte Reaktionen, wobei die Grenzen fließend sind.

1.1.3.1 Zelluläre Reaktionen

Bereits nach kurzer Ischämiezeit kommt es zur Transmigration von Neutrophilen in das ischämische Gewebe, die durch den späteren Zusammenbruch der Blut-Hirn-Schranke noch verstärkt wird. Dieser Prozess wird durch Integrine (E-selectin, ICAM-1, ICAM-2, und VCAM-1) am Endothel vermittelt. Die Adhäsion der Neutrophilen an den Wänden kleinster Gefäße kann dabei selbst zu einem Verschluss auf Kapillarebene führen („No-reflow-Phänomen") (Huang et al. 2006). Im Hirnparenchym führen die durch Zytokine aktivierten Neutrophilen durch die Freisetzung von ROS und proteolytische Enzyme zu einer Schädigung (Doyle et al. 2008).

Des Weiteren wandern T-Lymphozyten in das ischämische Gewebe ein. Man vermutet, dass es entweder im Rahmen der Schädigung der Blut-Hirn-Schranke zu einer direkten Einwanderung kommt oder die Präsentation von Antigenen zu einer Transmigration von aktivierenden T-Lymphozyten führt (Doyle et al. 2008). Zytotoxische T-Zellen (CD8+ T_C) sowie T-Helfer-Zellen (CD4+ T_H1) schädigen das Hirnparenchym dabei durch direkte Zellschädigung (CD8+ T_C) sowie über die Freisetzung von ROS und proinflammatorische Zytokine (z. B. γ-IFN, TNF-α, IL-1, IL-22, IL-17). Regulatorische T-Zellen (CD4+ T_H2) hingegen begrenzen die Entzündungsreaktion durch antiinflammtorische Zytokine (z. B. IL-10, TGF-β). Zusätzlich bestehen Hinweise darauf, dass sie auch an Reparaturprozessen wie der Neurogenese beteiligt sind.

1.1.3.2 Zytokin- und chemokin-vermittelte Reaktionen

Grundsätzlich werden im ischämischen Gebiet Zytokine und Chemokine nicht nur durch T-Lymphozyten, sondern durch eine Reihe anderer Zellen wie Endothelzellen, Neuronen, Mikroglia, Thrombozyten, Makrophagen, Leukozyten und Fibroblasten freigesetzt. Eine Reihe proinflammatorischer Zytokine und Chemokine dient dabei der Aktivierung von Entzündungszellen. Beispielsweise verstärkt IL-1 die Transmigration von Neurotrophilen durch Hochregulation von Adhäsionsmolekülen auf Endothelzellen, hat aber auch zusätzlich zellschädigende Wirkung durch Verstärkung der NMDA-vermittelten Exzitotoxizität und Stimulation der NO-Bildung (s. oben). Daneben regulieren antiinflammatorische Mediatoren wie TGF-β oder G-CSF das Ausmaß der Entzündungsreaktion, durch Verminderung der Adhäsionsmoleküle und Vermittlung von Zellaussprossung, Neurogenese und Angiogenese (Vidale et al. 2017).

1.1.3.3 Pattern-recognition-Rezeptoren (PRR)-vermittelte Reaktionen

Bereits wenige Minuten nach eingetretener Ischämie werden lokale Schädigungen durch sogenannte Mustererkennungsrezeptoren („pattern-recognition receptors"; PRR) registriert, die sowohl auf fremde mikrobielle Strukturen als auch auf körpereigene Gefahrsignalstoffe reagieren. Letztere werden unter anderem von ischämischen Zellen freigesetzt. Bedeutende Vertreter der PRR sind die Toll-Like-Rezeptoren (TLR), die sich innerhalb des ZNS auf Endothelzellen, Mikroglia, Makrophagen, Astrozyten, Oligodendrozyten und Neuronen befinden (Marsh und Stenzel-Poore 2008). Beispiele für Gefahrsignalstoffe sind DAMP, Peroxiredoxin (Aktivierung von TLR 2 und 4) oder freie DNA (Aktivierung von TLR3 und 9) (Doyle et al. 2008). Insbesondere die Aktivierung von TLR auf Neuronen und Mikrogliazellen scheint einen entscheidenden Einfluss auf die Aktivierung des Immunsystems und die Freisetzung von proinflammatorischen Mediatoren zu haben (Fann et al. 2013).

1.1.3.4 Vasogenes Hirnödem

Das **vasogene Hirnödem** entsteht infolge der nekrotischen Schädigung der Basalmembran (Blut-Hirn-Schranke), wodurch nach einigen Stunden osmotisch aktive Serumproteine in das Gehirnparenchym gelangen. Es kommt zu einer Flüssigkeitsverschiebung mit der Entwicklung eines Hirnödems, das vor allem im Extrazellulärraum lokalisiert ist. Das Maximum des Ödems wird ca. 1–2 Tage nach Schlaganfallbeginn erreicht. Im Rahmen eines malignen Mediainfarktes entwickelt sich beispielsweise ein so massives vasogenes Hirnödem, dass es ohne dekompressive Hemikraniektomie zu einer druckbedingten Herniation des Hirnstamms kommen würde.

> Das vasogene Hirnödem ist die osmotisch bedingte Flüssigkeitsverschiebung über die geschädigte Blut-Hirn-Schranke in den Extrazellulärraum.

1.1.3.5 Apoptose

Neben dem direkten Neuronenuntergang durch den Zusammenbruch des Energiestoffwechsels und der Proteinsynthese existieren Hinweise, dass auch der aktive Prozess der Apoptose, bei dem der Zellstoffwechsel noch funktionieren muss, einen Beitrag zum Zelluntergang leistet. Verschiedene Signaltransduktionswege u. a. über die Freisetzung von apoptoseinduziertem Faktor und Cytochrom C aus den Mitochondrien führen letztlich zur Aktivierung von Caspase 3, die dann den aktiven Zelltod vermittelt. Letztlich scheint ein Wechselspiel zwischen Nekrose und Apoptose den ischämischen Zelltod zu bewirken (Doyle et al. 2008).

Insgesamt hat die Inflammation einen höheren Anteil am postischämischen Zelltod als die frühen ischämischen Veränderungen (wie die Exzitotoxizität usw.). Der Untergang der Penumbra ist demnach zu einem Großteil durch entzündliche Veränderungen bedingt (Dirnagl et al. 1999; ◻ Abb. 1.4).

1.1.4 Immunsuppressionssyndrom nach Schlaganfall

Im Rahmen des Schlaganfalls sind häufig Infektionen wie z. B. Pneumonie oder Harnwegsinfektionen zu beobachten, deren Auftrittswahrscheinlichkeit mit der Schwere des Schlaganfalls assoziiert ist. Ein Grund ist dabei eine beeinträchtigte zelluläre Immunantwort, die sich auch tierexperimentell nachweisen lässt und aus der Interaktion zwischen dem Immunsystem und dem ZNS resultiert. Die Kommunikation zwischen Immun- und

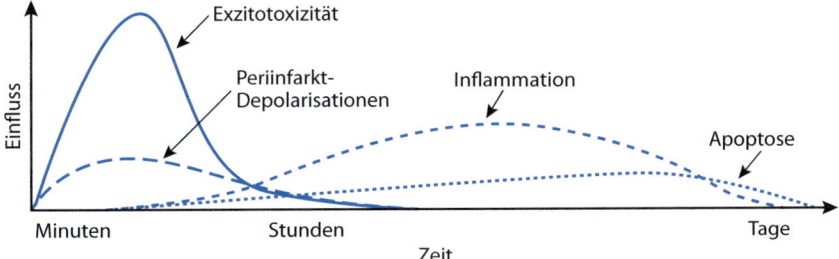

Abb. 1.4 Darstellung des zeitlichen Ablaufs der intra- und extrazellulären Veränderungen bei zerebraler Ischämie. Innerhalb von Minuten zerstören exzitotoxische Mechanismen Neurone und Gliazellen. Hierdurch werden etwas verzögerte Prozesse wie Periinfarktdepolarisatio- nen (= „spreading depression"), Entzündungen und letztlich der programmierte Zelltod stimuliert. Die Y-Achse illustriert dabei den Einfluss der einzelnen Elemente. (Nach Dirnagl et al. 1999)

Nervensystem wird dabei über drei Achsen reguliert:

- 1) die Hypothalamus-Hypophyse-Nebennierenrinde(HPA)-Achse,
- 2) die Sympathikus-Achse und
- 3) die Parasympathikus-Achse.

Alle Achsen werden durch die Registrierung von proinflammatorischen Zytokinen entweder außerhalb des Gehirns durch afferente Fasern des N. vagus oder durch Chemorezeptoren im Bereich des Mittelhirns aktiviert.

Die Endprodukte der HPA-Achse – die Glukokortikoide – bewirken, u. a. durch eine Verschiebung zu antiinflammatorischen Zytokinen (IL-10, TGF-β), Stimulierung von regulatorischen T-Helfer-Zellen (TH$_2$) und der Apoptose von Granulozyten und T-Zellen, einen immunsuppressiven Effekt. Ebenfalls antientzündlich und immunsuppressiv wirken die Effektorstoffe des Sympathikus – Adrenalin und Noradrenalin – u. a. durch Reduktion der peripheren Lymphozyten und Suppression der zytotoxischen T-Zellen (Prass et al. 2003). Auch das durch den Parasympathikus freigesetzte Acetylcholin wirkt, u. a. durch Begrenzung der T-Lymphozyten-Migration ins ZNS (s. oben), antientzündlich und immunsuppressiv (Meisel et al. 2005).

Für das Verständnis des schlaganfallbedingten Immunsuppressionsyndroms ist die Tatsache entscheidend, dass die Immunreaktionen im Körper ausbilanziert sind. Dabei herrscht eine Homöostase zwischen pro- und antiinflammtorischen Mediatoren. Im Rahmen einer zerebralen Ischämie entsteht nun in der Penumbra ein proinflammatorisches Milieu (s. oben), das vom ZNS fälschlicherweise als eine systemische Immunre-

aktion „wahrgenommen" wird. Diese wird dann mit einer peripheren immunsuppressiven Antwort über die drei beschriebenen Achsen „gegenreguliert", was zu einer deutlich gestiegenen Infektanfälligkeit führt.

> **Die Immunantwort nach Schlaganfall korreliert mit dem Ausmaß der zerebralen Ischämie (Meisel et al. 2005).**

1.1.5 Nachweis von Infarktkern und Penumbra

Neben ihrer zentralen Bedeutung in der Schlaganfalldiagnostik und Therapie zeigt die zerebrale Bildgebung auch die zugrundeliegende Pathophysiologie an.

Zum Nachweis von Penumbra und Infarktkern existieren verschiedene Möglichkeiten, wobei zwischen tierexperimentellen, humanwissenschaftlichen (PET), klinisch-praktischen Methoden (diffusionsgewichte (DWI) und perfusionsgewichteter (PWI)-MRT-Bildgebung oder Perfusions-CT) unterschieden werden muss. Jede Nachweismethode hat dabei ihre spezifische Definition von Kern und Penumbra, die nicht zu 100% miteinander übereinstimmen müssen.

Tierexperimentell lassen sich Kern und Penumbra mittels verschiedener biochemischer Marker des Zellstoffwechsels charakterisieren (s. oben). So zeigt der Kern einen Zusammenbruch der ATP-Produktion, während die Penumbra bei noch bestehendem Energiestoffwechsel (vorhandene ATP-Produktion) eine eingeschränkte bis nicht mehr vorhandene Proteinsynthese aufweist. Alternativ wäre die Penumbra auch

1

durch ein Mismatch von Gewebeazidose (in Penumbra und Infarktkern) und ATP-Produktion zu definieren.

Die Positronenemissionstomographie (C_{15}-markiertes CO_2 und O_{15}-markiertes O_2) stellt den Goldstandard der nichtinvasiven Bildgebung dar. Die Penumbra zeichnet sich dabei durch eine Diskrepanz zwischen einem erniedrigten CBF und einer erhöhten metabolischen Rate des Sauerstoffverbrauchs aus. Letzteres zeigt sich durch einen Anstieg in der Sauerstoffextraktionsfraktion (OEF).

In der klinischen Praxis haben sich die Verfahren der diffusionsgewichteten (DWI)- und perfusionsgewichten (PWI)-MRT oder der Perfusions-CT etabliert, wobei hier nur auf erstere eingegangen. Die Penumbra – oder hier besser das „tissue at risk", das in Gefahr steht zu infarzieren – wird durch ein Mismatch von PWI und DWI-MRT-Bildgebung definiert. Die DWI dient der Darstellung des zytotoxischen Ödems, das im Rahmen des Zusammenbruchs des Zellenergiestoffwechsels entsteht (s. oben), und zeigt damit mit hoher Sensitivität und Spezifität den Infarktkern an. Grundlage hierfür ist die im Rahmen des zytotoxischen Ödems auftretende Verschiebung von frei diffundierendem Wasser aus dem extra- in das intrazelluläre Kompartiment. Die resultierende Diffusionseinschränkung im Extrazellulärraum erscheint als Signalanreicherung in der DWI-MRT. Mittels PWI werden Areale der Minderperfusion durch spezifische kontrastmittelangereicherte Parameterbilder dargestellt. Die Kombina-

tion aus DWI und PWI definiert den Infarktkern näherungsweise als DWI-Läsion und das „tissue at risk" als das Gewebe, das eine gestörte Perfusion (PWI), aber normale Diffusivität (DWI) aufweist (Muir et al. 2006) (◘ Abb. 1.5).

1.1.6   Ätiopathogenese

1.1.6.1 Allgemeines

Die Ätiopathogenese beschreibt das mechanistische Entstehungsmodell von Gefäßverschlüssen der hirnversorgenden Gefäße im Rahmen des ischämischen Schlaganfalls. Nach der **TOAST-Klassifikation** werden hierbei die Makroangiopathie (25% aller ischämischen Schlaganfälle), die Mikroangiopathie (25%), die kardioembolisch bedingten Schlaganfälle (20%), die kryptogenen Schlaganfälle (25%) sowie andere gesicherte Ätiologien (5%) unterschieden. Die ätiologische Einordnung ist wichtiger Bestandteil der Schlaganfalldiagnostik und von zentraler Bedeutung für die sekundärprophylaktische Therapie. Im Folgenden wird auf die pathophysiologischen Grundlagen der einzelnen Ätiologien eingegangen und zu jeder beispielhaft die zerebrale Bildgebung dargestellt.

1.1.6.2 Makroangiopathie

Makroangiopathie beschreibt den Prozess der arteriosklerotischen Verengung hirnversorgender Gefäße. Durch eine arterioarterielle Embolie aus dem Plaque selbst, von muralen Thromben bei

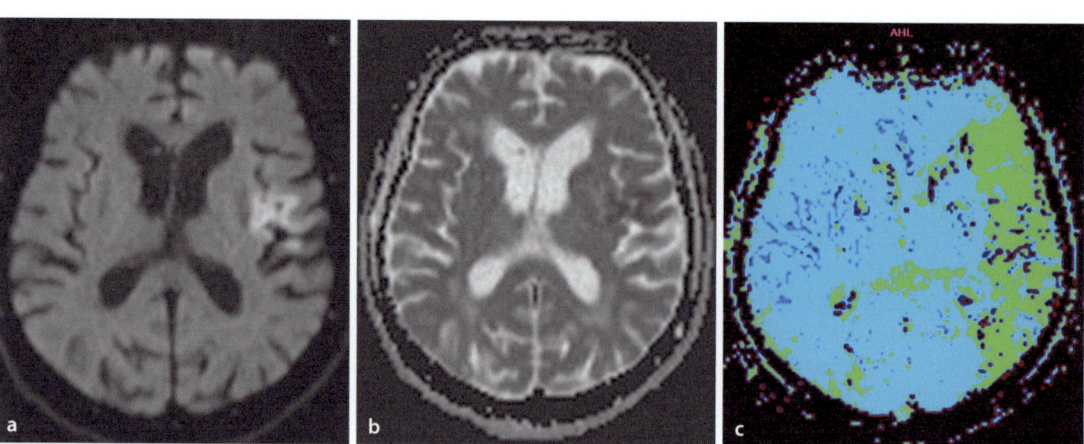

◘ **Abb. 1.5a–c** Mediainfarkt links mit signifikantem „tissue at risk". Hierbei liegt ein deutlicher Größenunterschied zwischen einem kleinen Infarktkern (DWI-Läsion in **a** und korrespondierende ADC-Läsion in **b** und einer gro-

ßen Perfusionseinschränkung (**c**) vor. (Abbildung von Prof. Dr. S. Langner, Universitätsmedizin Greifswald, mit freundlicher Genehmigung)

◧ **Abb. 1.6a, b**   Prädilektionsstellen
arteriosklerotischer Veränderungen
der hirnversorgenden Gefäße. (Aus
Berlit 2014)

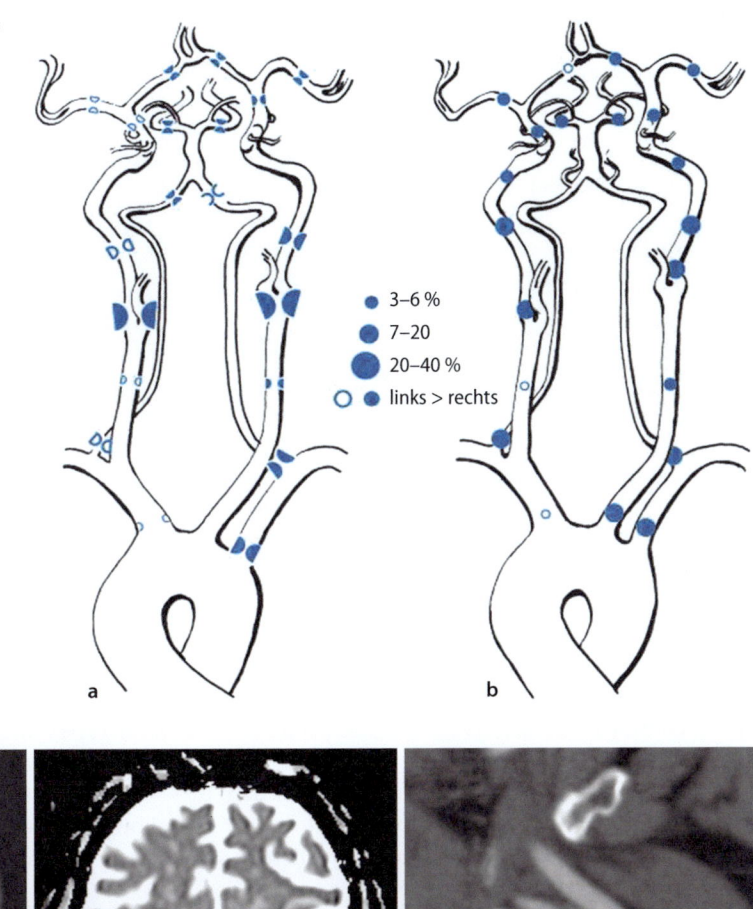

- 3–6 %
- 7–20
- 20–40 %
○ ● links > rechts

a   b

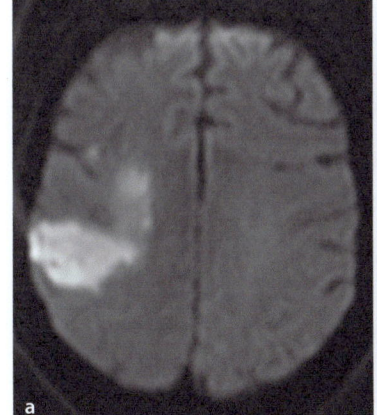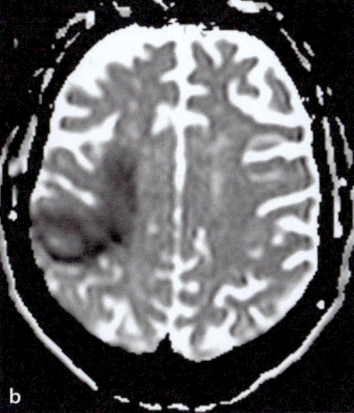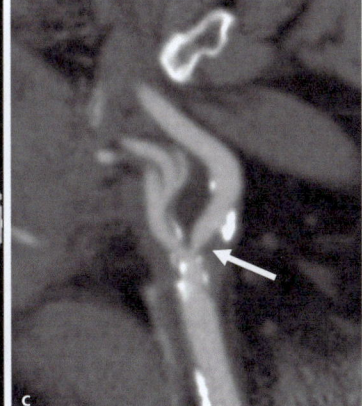

a   b   c

◧ **Abb. 1.7a–c**   Territorialer Mediainfarkt rechts mit Hyperintensität in der MRT-DWI (**a**) und korrespondierender
Hypointensität in der MRT ADC (**b**). Ursächlich war eine
arterioarterielle Embolie im Rahmen einer höhergradigen
sympathischen ACI-Stenose rechts (**c**). (Abbildung von
Prof. Dr. S. Langner, Universitätsmedizin Greifswald, mit
freundlicher Genehmigung)

ulzerierten Plaques oder aus Appositionsthrom-
ben bei extrakraniellen Gefäßverschlüssen kommt
es zu Verschlüssen von intrakraniellen Gefäßen
mit konsekutiver Ischämie. Hierbei existieren bestimmte Prädilektionsstellen, an denen die arteriosklerotischen Läsionen sehr häufig zu finden
sind. So betreffen 60% die Bifurkation der A. carotis, 20% die Vertebralarterien und 20% die großen
intrakraniellen Gefäße (◧ Abb. 1.6, ◧ Abb. 1.7).
Interessanterweise gibt es hierbei herkunftsspezi-
fische Unterschiede. So zeigen beispielweise Asia-
ten einen viel höheren Anteil an intrakraniellen
Stenosen als Kaukasier.

1.1.6.3 Pathogenese der Arteriosklerose

Grundsätzlich kann die Arteriosklerose als entzündliche Immunreaktion auf die Ansammlung
von Lipoproteinen in der Gefäßwand angesehen
werden (Nilsson und Hansson 2015). Dieser

1

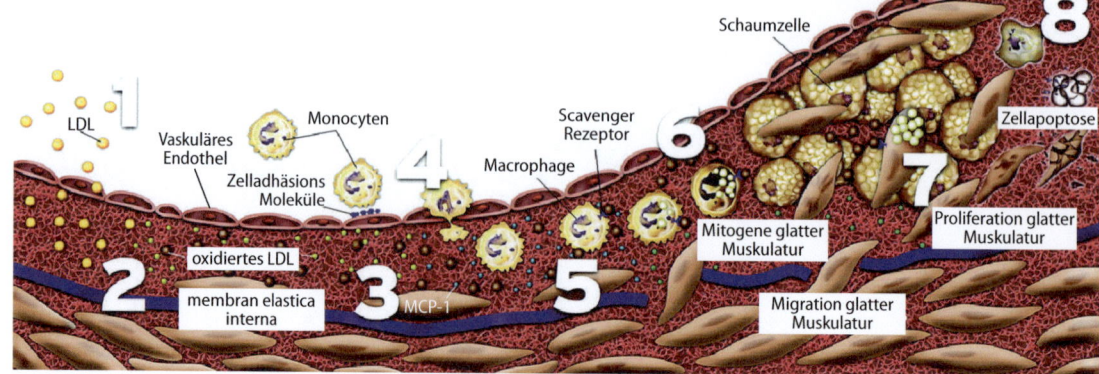

◘ Abb. 1.8   Darstellung des Prozesses der Arterioskle017se. Zunächst dringt LDL in das subendotheliale Gewebe ein und wird durch Makrophagen und glatte Gefäßzellen oxidiert (1 und 2). Die Freisetzung von Wachstumsfaktoren und Zytokinen lockt zusätzlich Monozyten an (3 und 4). Die Akkumulation von Schaumzellen und Proliferation von glatten Gefäßzellen führt zum Plaque-Wachstum (6, 7 und 8). (Modifiziert nach Faxon et al. 2004, mit freundlicher Genehmigung von Wolters Kluwer Health Inc.)

Prozess beginnt bereits im jungen Alter und zeigt sich durch Precursor-Läsionen wie „fatty streaks" (intrazelluläre Lipidansammlung in Makrophagen und Gefäßmuskelzellen). Nach der „Response-to-Injury"-Hypothese kommt es zur Oxidation der vor allem subendothelial akkumulierenden Lipoproteine (v. a. LDL) was durch eine lokale Produktion von Chemokinen und Wachstumfaktoren getriggert wird. Die oxidierten LDL-Moleküle werden wiederum von Makrophagen aufgenommen. Es entstehen sog. „Schaumzellen". Des Weiteren zeigt das oxidierte LDL chemotaktische Eigenschaften, sodass sich vermehrt Entzündungszellen (Monozyten, T-Zellen) in der Gefäßwand lokalisieren und glatte Gefäßmuskelzellen proliferieren. Eine Plaque entsteht (◘ Abb. 1.8).

Ein weiterer zentraler Bestandteil der Arteriosklerose ist die endotheliale Dysfunktion – insbesondere eine Minderproduktion des Vasodilators NO – in deren Folge sich die Wahrscheinlichkeit für Adhäsion und Aggregation von Thrombozyten erhöht. Zusätzlich stellt sich ein Funktionsverlust der endothelialen Barriere ein, sodass im Blut zirkulierende Immunzellen und Lipoproteine in den subendothelialen Raum gelangen und die chronische Entzündungsreaktion weiter stimulieren (s. oben) (Faxon et al. 2004). Eine Hypercholesterinämie erhöht dabei die Wahrscheinlichkeit der Akkumulation von Lipoproteinen. Die klassischen zerebrovaskulären Risikofaktoren (Hypertonie, Diabetes mellitus, Hypercholesterinämie, Rauchen, Übergewicht, Alter, Hyperhomocysteinämie) tragen dabei signifikant zur endothelialen Dysfunktion bei.

Das weitere **Plaquewachstum** kann prinzipiell in zwei Typen unterschieden werden:
- Stabile Plaque mit langsamem, kontinuierlichem Wachstum und
- komplizierte Plaque mit schnellem (nicht linearem), nicht vorhersehbarem Wachstum.

Charakteristisch für die stabile Plaque sind ein hoher Anteil an glatten Gefäßmuskelzellen und Bindegewebe sowie ein kleiner Lipidkern. Durch das langsame Wachstum wird eine mögliche Lumeneinengung des arteriellen Gefäßes durch ein vaskuläres Remodelling kompensiert. Bei letzterem kommt es infolge von hämodynamischen Faktoren (Scheerstress) und der Freisetzung vasoaktiver Substanzen zu einer Veränderung der strukturellen Zusammensetzung von Elastin und Kollagen in der Gefäßwand.

Die komplizierte Plaque entsteht aus der stabilen Verlaufsform, wobei sich im Verlauf Veränderungen in der Zusammensetzung ergeben, die sie für eine Ruptur anfällig machen („vulnerable plaque"), u. a. bedingt durch die Größe des Lipidkerns, der Kappendichte, das Ausmaß der Entzündungsreaktion innerhalb der Plaque mit Produktion destabilisierender Enzyme wie Matrix-Metalloproteinasen (Aikawa und Libby 2004). Mechanische Triggerfaktoren wie hämodynamischer Scheerstress oder Veränderung im Strömungsverhalten des Blutes erhöhen dann die Wahrscheinlichkeit für eine Plaqueruptur (Willeit und Kiechl 2000). Mittels moderner hochauflösender MRT-Bildgebung gelingt eine Darstellung der genauen Plaquemorphologie, wobei diese Verfahren noch nicht in der klinischen Routine etabliert sind.

Im Rahmen einer **Plaqueruptur** kommt es zu einem Kontakt zwischen thrombogenem Kollagen und Blut, sodass die Gerinnungskaskade aktiviert wird. Zugleich beginnt eine Gegenregulation durch ein antithrombotisches und fibrinolytisches System. Je nach Ausmaß dieser Gegenregulation kann es dann zur Thrombusformation kommen.

Risikofaktoren für eine eingeschränkte Gegenregulation und damit für die Bildung eines muralen Thrombus sind z. B. erhöhtes Lipoprotein (a), Faktor-V-Leiden, Antithrombin-III-Mangel sowie die Koagulation beeinflussende Faktoren wie Rauchen, Diabetes und chronische Entzündungsreaktionen. In der klinischen Praxis kommt es seltener zu einer Plaqueruptur als zu einer klinisch nicht manifesten Plaquefissur bzw. -erosion, bei der im Rahmen eines fortwährenden Zusammenspiels aus Plaquewachstum und Zusammenbruch des vaskulären Remodellings schließlich eine Lumeneinengung die Folge ist (Willeit und Kiechl 2000; Aikawa und Libby 2004).

> **Plaquewachstum**
> Das Plaquewachstum im Rahmen der Makroangiopathie kann prinzipiell in zwei Typen unterschieden werden:

> - stabiler Plaque mit langsamem, kontinuierlichem Wachstum und
> - komplizierter Plaque mit schnellem (nicht linearem), nicht vorhersehbarem Wachstum.

1.1.7 Hämodynamischer Infarkt

Einen Sonderfall der makroangiopathischen Ätiologie stellt der hämodynamische Infarkt dar. Bildmorphologisch zeigen sich dabei typische Grenzzoneninfarkte, insbesondere der inneren Grenzzone, die zwischen dem oberflächlichen- und tiefergelegenen Versorgungssystem der A. cerebri media oder zwischen den Gefäßterritorien der A. cerebri anterior und der A. cerebri media in der weißen Substanz lokalisiert und perlenschnurartig konfiguriert sind (◻ Abb. 1.9). Dabei ist zu bemerken, dass die Verteilung der Gefäßterritorien der A. cerebri anterior und media individuell je nach Konfiguration des Circulus arteriosus willisii sehr unterschiedlich ausgeprägt sein kann.

Ätiologisch werden zwei Hypothesen diskutiert: Zum einen existieren klare Hinweise, dass es infolge einer höhergradigen vorgeschalteten Gefäßstenose oder eines plötzlich auftretenden geringen systemischen Blutdrucks (oder eben einer Kombination aus beiden Faktoren) zu einem verminderten zerebralen Perfusionsdruck und konsekutiver Ischämie in den „letzten Wiesen" kommt

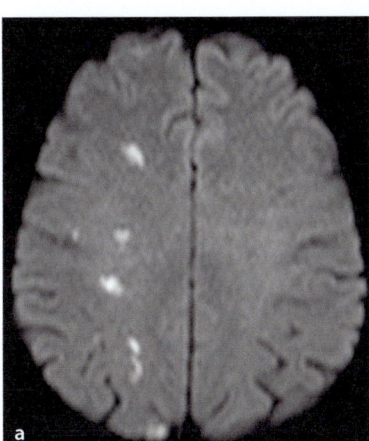
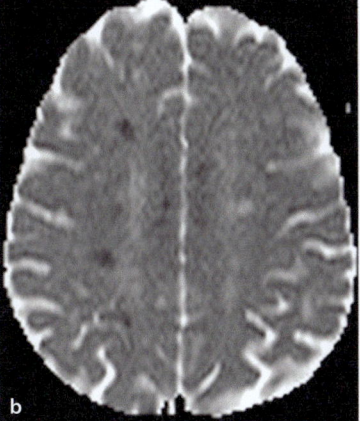
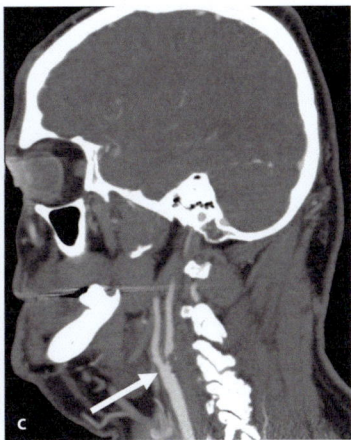

◻ **Abb. 1.9a–c** Hämodynamischer Infarkt (**a, b**) bei hochgradiger ACI-Stenose (**c**) links. Typisch ist die „perlenschnurartige" Konfiguration der Ischämieareale an der Grenze der Versorgungsgebiete zwischen A. cerebri media und anterior. (Abbildung von Prof. Dr. S. Langner, Universitätsmedizin Greifswald, mit freundlicher Genehmigung)

(Del Sette et al. 2000). Andererseits zeigen Studien bei kortikalen Grenzzoneninfarkten auch eine mögliche Mitbeteiligung von Mikroembolien im Rahmen einer arterioarteriellen Embolie, sodass aktuell von einem synergistischen Wirken beider Mechanismen ausgegangen wird (Momjian-Mayor und Baron 2005). Weitere ischämiebestimmende Faktoren sind die individuelle Formation von Kollateralsystemen (s. oben), eine eingeschränkte zerebrale Reservekapazität sowie Faktoren, die den Sauerstofftransport beeinflussen wie z. B. Anämie.

1.1.8 Mikroanagiopathie

Mikroangiopathie beschreibt eine Gruppe von Erkrankungen, die kleine Arterien, Arteriolen, Venolen und Kapillaren betreffen. In der zerebralen Bildgebung sind diese selbst nicht sichtbar, sondern nur die krankhaften Veränderungen des Hirnparenchyms wie z. B. lakunäre Infarkte, white

matter lesions, intrazerebrale Blutungen und Mikroblutungen (◨ Abb. 1.10).

Die zugrundeliegenden Erkrankungen sind dabei sehr vielfältig und lassen sich in 6 unterschiedliche Typen unterteilen (◨ Tab. 1.1).

Die häufigsten Vertreter sind dabei die Arteriolosklerose (Typ 1, nicht amyloide, degenerative Veränderung der Gefäßwände) sowie die zerebrale Amyloidangiopathie (Typ 2), die sporadisch und degenerativ auftreten kann.

Arteriolosklerose (Typ 1) beschreibt einen Prozess, bei dem es zu einer Verdickung der Gefäßwand durch die Einlagerung von Kollagen, Verlust von glatten Gefäßmuskelzellen und letztendlich Lumeneinengung kommt. Des Weiteren können im Rahmen einer Fibrinnekrose Mikroaneurysmen auftreten (Pantoni 2010). Grundsätzlich handelt es sich bei der Arteriolosklerose um einen systemischen Prozess, der kleine Gefäße in sämtlichen Endstromgebieten betrifft (z. B. Niere oder Retina). Im Gehirn sind dabei vor allem die kleinen funktionellen Endarterien der tiefen

◨ **Abb. 1.10a–d** Verschiedene bildmorphologische Aspekte der Mikroangiopathie. **a** Bilaterale lakunäre Infarkte mit typischer Große (<1,5 cm) in der MRT-DWI. **b** Blutung „loco typico" im Bereich der Stammganglien im Nativ-CT. **c** „White mater lesions" (Hyperintensitäten) in MRT-FLAIR. **d** Kortikal dominierende Mikroblutungen bei möglicher zerebraler Amyloidangiopathie (MRT mit Gradientenechosequenz). (Abbildung von Prof. Dr. S. Langner, Universitätsmedizin Greifswald, mit freundlicher Genehmigung)

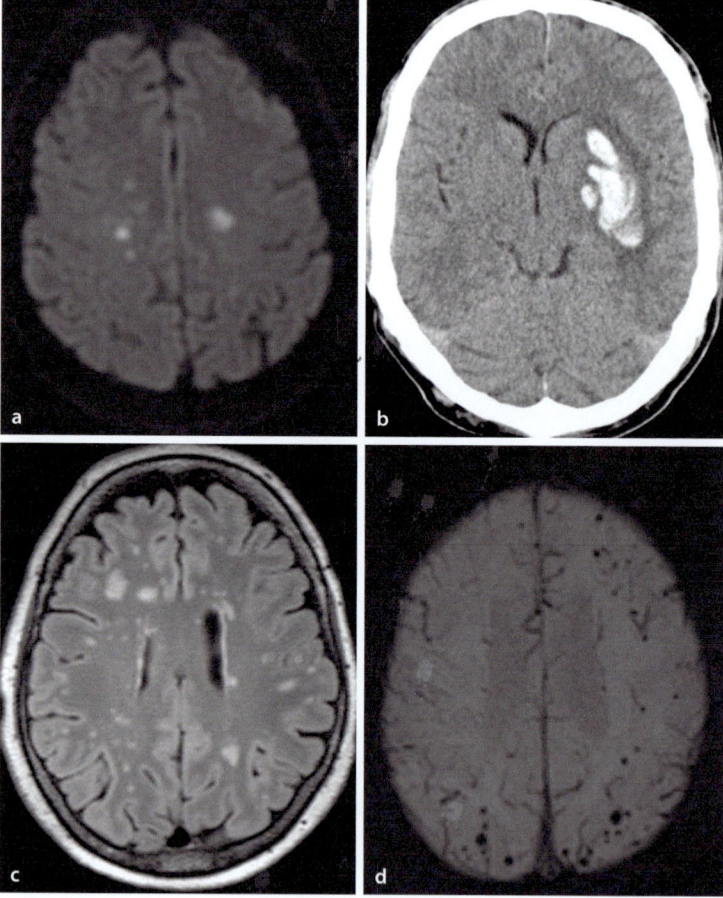

▣ **Tab. 1.1**   Ätiologische Einordnung der Mikroangiopathie. (Modifiziert nach Pantoni 2010; mit freundlicher Genehmigung von Elsevier GmbH)

Ätiopathogenetischer Typ	Beispiele
Typ 1: Arteriolosklerose (alters- und risikofaktorassoziierte Mirkoangiopathie)	Fibridnekrose Lipohyalinose Mikroatherome Mikroaneurysmen Segmentale arterielle Disorganisation
Typ 2: Sporadische und hereditäre zerebrale Amyloidangiopathie (CAA)	
Typ 3: Genetisch determinierte Mikroangiopathie unterschiedlich von CAA	z. B. CADASIL, CARASIL hereditäre Multiinfarktdemenz vom schwedischen Typ MELAS Morbus Fabry hereditäre zerebroretinale Vaskulopathie HERNS (hereditäre Enzephalopathie mit Retinopathie, Nephropathie und Schlaganfall) COL4A1-Mutationen
Typ 4: Entzündliche und immunologisch vermittelte Mikroangiopathie	Wegner-Granulomatose Churg-Strauss-Syndrom mikroskopische Polyangiitis Purpura Schönlein-Hennoch kryoglobulinämische Vaskulitis kutane leukozytoklastische Angiitis primäre Angiitis des ZNS Sneddon-Syndrom Vaskulitis des ZNS infolge Infektionen Vaskulitis des ZNS assoziiert mit systemischem Lupus erythematosus, Sjögren-Syndrom, rheumatoider Arthritis, Sklerodermie und Dermatomyositits
Typ 5: Venöse Kollagenose	
Typ 6: Andere Mikroangiopathien	Postradiatio-Angiopathie nicht amyloid-bedingte Degeneration von kleinen Gefäßen bei Alzheimer-Demenz

grauen und der weißen Substanz betroffen. Der Prozess ist stark mit Alter, Diabetes und arterieller Hypertonie assoziiert.

Im Rahmen der zerebralen Amyloidangiopathie (Typ 2) kommt es zu einer fortschreitenden Ansammlung von kongophilem, βA4-Amyloid-Protein in den Gefäßwänden von kleinen und mittelgroßen Arterien im Kortex, leptomeningealen Raum und teilweise auch in Kapillaren und Venen (Pantoni 2010). Im weiteren Verlauf kommt es zur Gefäßdilatation und später Ruptur; teilweise auch einer lokalen Zerstörung der Gefäßwand mit Blutaustritt („microbleeds") oder auch Verschluss des Gefäßlumens (Charidimou et al. 2017) (▣ Abb. 1.11). Aktuell gibt es keine stichhaltige Erklärung, weshalb manche Gefäße rupturieren und andere nur Microbleeds verursachen. Die Gefäßdicke wird als ein Faktor genannt.

Daneben gibt eine Gruppe von genetisch determinierten Erkrankungen (Typ 3) der kleinen Gefäße, deren prominenteste Vertreter CADASIL und Morbus Fabry sind (Dichgans 2007).

Immunologische Erkrankungen (Typ 4) stellen eine weitere sehr heterogene ätiologische Gruppe dar, wobei die Entzündung der kleinen Gefäße sehr häufig durch systemische Vaskulitiden bedingt ist und eine primäre ZNS-Vaskulitis sehr selten auftritt.

Die venöse Kollagenose (Typ 5) ist ein teilweise in pathologischen Schnitten auffälliger Prozess, bei dem es zu Einlagerung von Kollagen in Venen und Venolen im Bereich der Seitenventrikel kommt und der mit einer generellen Mikroangiopathie assoziiert ist (Keith et al. 2017).

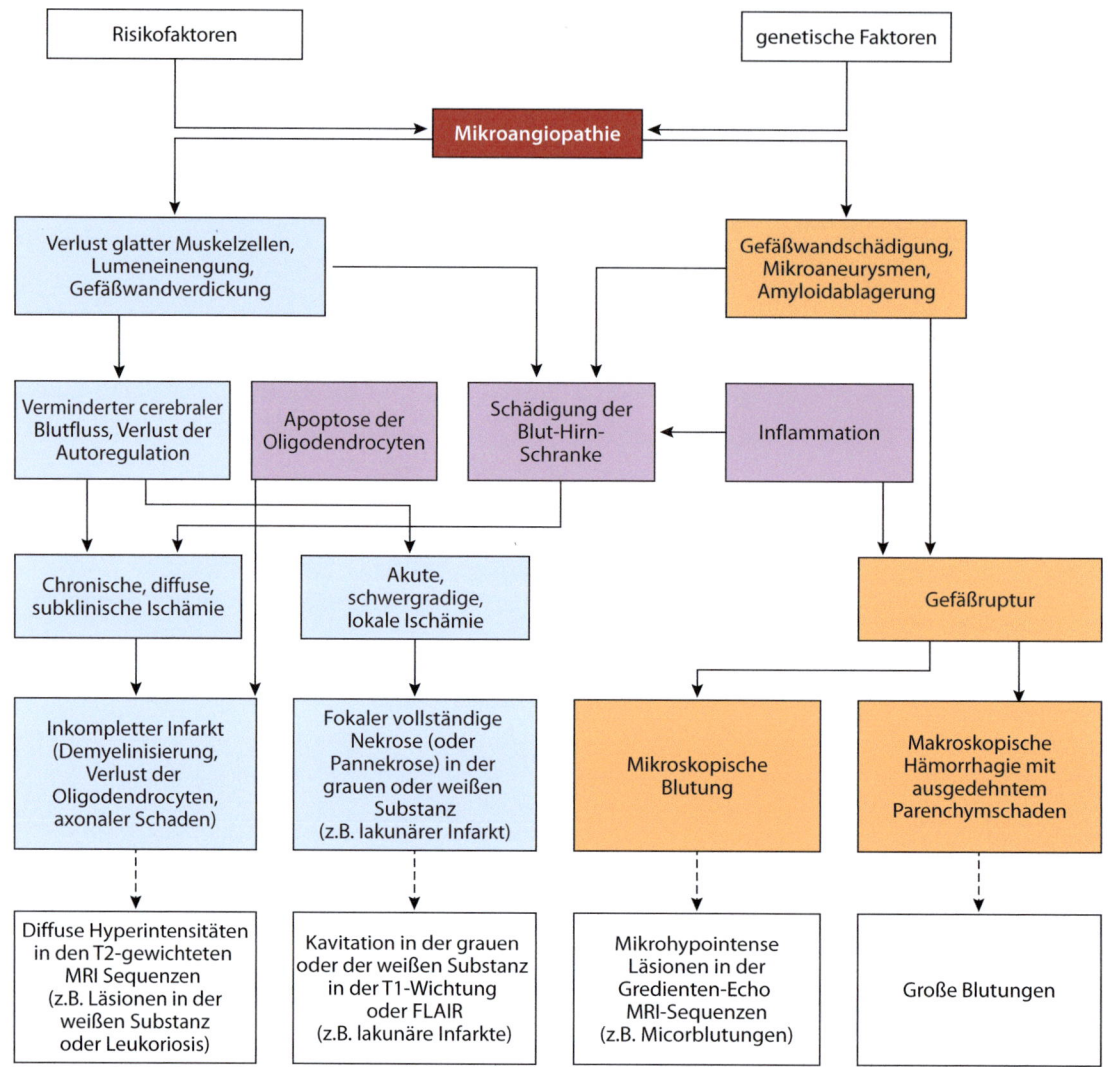

◘ Abb. 1.11   Pathogenese der zerebralen Schädigung bei Mirkoangiopathie. (Modifiziert nach Pantoni 2010)

1.1.8.1 Ischämische Folgen der Mikroangiopathie

Auch die Pathogenese von „white matter lesions" und lakunären Infarkten ist letztlich nicht abschließend geklärt. Nach aktueller Hypothese führt die arteriosklerotisch bedingte Lumenverminderung zu einem reduzierten zerebralen Blutfluss, Verlust der zerebralen Autoregulation und schließlich zu einem Zustand mit chronischer subklinischer Ischämie in der weißen Substanz (◘ Abb. 1.11). In dieser Situation kommt es dann über die Zeit zu progredienter Demyelinisierung und axonalem Verlust, sichtbar als diffuse Hyperintensitäten in der T2-gewichteten MRT-Bildgebung („white matter lesions"), die im klinischen Sprachgebrauch auch als subkortikale arteriosklerotische Enzephalopathie (SAE) bezeichnet werden (Pantoni 2002).

Den lakunären Infarkten wird ursächlich ein akuter Verschluss einer kleinen tiefen Versorgungsarterie zugeschrieben, die zu einer klinisch manifesten Nekrose und im Verlauf zu einer Kavität in tiefen Hirnstrukturen führt (◘ Abb. 1.11). Obwohl lange bekannt, existieren aktuell wenige Beweise für diese Hypothese (Pantoni 2010). In einigen Fällen ist auch beschrieben, dass einzelne lakunäre Infarkte nicht durch mikroangiopathische Ätiologie, sondern auch im Rahmen von arterioarteriellen Embolien bei Makroangiopathie entstehen können. Weitere Faktoren in der Pathogenese der

◻ **Tab. 1.2**   Emboligenes Risiko verschiedener kardialer Erkrankungen nach Lokalisation. (Nach Norrving 2010; mit freundlicher Genehmigung von Cambridge University Press)

Lokalisation	Gering/unbekanntes Risiko	Hohes Risiko
Vorhof	Offenes Foramen ovale (PFO), Vorhof-septumaneursyma	Vorhofflimmern, Vorhofflattern, Sick-Sinus-Syndrom, Thrombus im linken Vorhof/Herzohr, Myxom im linken Vorhof
Klappen	Mitralklappensklerose, Mitralklappen-prolaps, Fibroelastom	Mitralklappenstenose, künstlicher Klappen-ersatz, infektiöse Endokarditis, nichtinfektiöse Endokarditis
Kammer	Akinetische/hypokinetische Wandab-schnitte, Herzinsuffizienz, hypertrophe Kardiomyopathie	Thrombus in der linken Kammer, Myxom in linker Kammer, kürzlicher Vorderwandinfarkt, dilatative Kardiomyopathie

Mikroangiopathie wie Beeinträchtigung der Blut-Hirn-Schranke, subklinische Inflammation und Oligodendrozytenapoptose werden diskutiert.

1.1.9 Kardioembolisch

Kardiale Embolien sind in 25% ursächlich für zerebrale Ischämien. Grundsätzlich können strukturelle Herzerkrankungen und Herzrhythmusstörungen mit unterschiedlichem emboligenem Potenzial unterschieden werden (◻ Tab. 1.2). Allen Erkrankungen ist gemeinsam, dass es durch eine relative Blutstase und daraus resultierende mangelnde Durchmischung von korpuskularen und flüssigen Blutbestandteilen innerhalb des Herzens zu einer Gerinnungsreaktion mit Bildung von Thromben kommt. Diese können dann als Embolus in das Gehirn gelangen.

Relativ häufig kommt es im Rahmen einer kardialen Embolie zu Verschlüssen von großen Hirnbasisarterien, die mit schweren klinischen Syndromen einhergehen. Auch zeitgleiche Ischämien in verschiedenen Stromgebieten (gesichert anhand klinischer oder radiologischer Befunde) bei gleichzeitig ausgeschlossener signifikanter Makroangiopathie sind hinweisend auf einen kardioembolischen Ursprung (◻ Abb. 1.12). Häufig muss im klinischen Setting relativ viel Aufwand betrieben werden (bis hin zur Implantation eines Event-Recorders) um entsprechende Herzrhythmusstörungen zu detektieren. Schlaganfälle, die bildmorphologisch embolisch anmuten und bei denen in der weiteren Diagnostik eine andere Ätiologie ausgeschlossen wurde, werden seit kurzem als „embolic stroke of undetermined sources" (ESUS) bezeichnet (Nouh 2016).

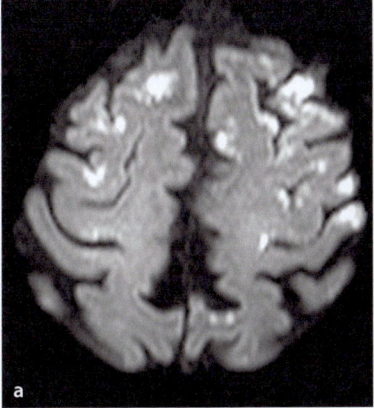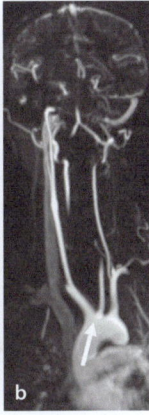

◻ **Abb. 1.12a, b**   Frische, embolisch anmutende zerebrale Ischämien in beiden vorderen Stromgebieten (**a**) bei Vorhofflimmern und Abgang beider Aa. carotis internae aus dem Truncus brachiocephalicus (**b**, Normvariante). (Abbildung von Prof. Dr. S. Langner, Universitätsmedizin Greifswald, mit freundlicher Genehmigung)

1.1.10 Kryptogene Schlaganfälle

Schlaganfälle, bei denen trotz vollständiger apparativer Diagnostik keine Ätiologie nachgewiesen werden konnte, werden als kryptogen bezeichnet. Hierbei handelt es sich nicht um eine abgrenzbare Ätiologieklasse, sondern um eine heterogene Gruppe unterschiedlichster Ursachen. Insbesondere jüngere Schlaganfallpatienten ohne klassische zerebrovaskuläre Risikofaktoren fallen häufig in diese Kategorie (Li et al. 2015). Einige Studien erbrachten Hinweise, dass viele dieser Schlaganfälle thrombembolischer bzw. kardioembolischer Genese sind, sodass auch sie in die Kategorie „embolic stroke of undetermined sources" (ESUS) fallen.

1

1.1.11 Dissektion und andere gesicherte Ätiologien

Die anderen gesicherten Ätiologien sind eine heterogene Gruppe *nachgewiesener* Erkrankungen, wobei hier exemplarisch – aufgrund der Relevanz bei jungen Schlaganfallpatienten – die Dissektion dargestellt wird.

> Dissektionen der hirnversorgenden Arterien sind eine wichtige Ursache von Schlaganfällen zwischen 30 und 50 Jahren (Schievink 2001) und müssen bei diesen „young strokes" immer explizit ausgeschlossen werden.

Prädisponierende Faktoren sind dabei traumatische Schädigung (subklinisch, im Rahmen von größeren Unfällen oder auch iatrogen) und Bindegewebserkrankungen wie die fibromuskuläre Dysplasie, das Ehlers-Danlos- oder das Marfan-Syndrom. Es existieren darüber hinaus weitere klinische Risikokonstellationen (Debette 2014).

Die Pathogenese der Dissektion ist noch nicht abschließend geklärt. Gegenwärtig stehen sich zwei ätiologische Erklärungsmodelle gegenüber. Auf der einen Seite ist die tradionelle „Inside-out"-Hypothese zu nennen, bei der es infolge einer Intimaverletzung zu einer durch den arteriellen Blutdruck getriggerten „Wühlblutung" kommt, die letztlich ein intramurales Hämatom verursacht. Diese Gefäßwandblutung stellt ein falsches Lumen dar, das durch die Intimaverletzung (häufig als Membran in der Gefäßbildgebung sichtbar) mit dem richtigen Gefäßlumen verbunden ist (Schievink 2001). In Bildgebungsstudien konnten jedoch nur sehr wenige Dissektionen mit Intimaverletzungen nachgewiesen werden (Vertinsky et al. 2008).

In den letzten Jahren zeigten pathologische Studien, dass bei Patienten mit Dissektionen eine Gefäßwandschwäche der hirnversorgenden Gefäße im Sinne einer Arteriopathie der äußeren Gefäßwandschichten vorliegt. Nach diesen Befunden wurde die „Outside-in-Hypothese aufgestellt, bei der es im Rahmen von Neoangiogenese der Vasa vasorum an der Grenze zwischen Media und Adventitia zu einer Anhäufung von Mikrohämatomen kommt. Diese verursachen letztlich die Ruptur von neu entstanden Kapillaren und Vasa vasorum und damit das intramurale Hämatom (Volker et al. 2011).

Rezente Ergebnisse lieferten Hinweise, dass möglicherweise grundsätzlich eine Arteriopathie

einer Dissektion zugrunde liegt und dass die Intimaläsion nur eine Folge dieser Gefäßwandschwäche sein könnte (Al-Ali und Perry 2013). So konnte nachgewiesen werden, dass in der A. carotis interna zu einem Großteil Dissektionen mit Intimaläsionen vergesellschaftet waren, während dies in der A. vertebralis nicht der Fall war. Als Erklärung führten die Autoren die hohe Mobilität der A. carotis interna im Vergleich zur A. vertebralis (fest im Canalis vertebralis eingebettet) an, die für traumatische Schädigungen auf dem Boden einer schon bestehenden Arteriopathie prädisponiert. Bei Bestätigung in anderen Studien würde aus pathophysiologischer Sicht die alleinige „Inside-Out"-Hypothese kaum mehr Bestand haben.

Bei einer Dissektion entstehen zerebrale Ischämien durch eine murale Thrombus-/Embolusbildung im Rahmen einer Stenose oder hämodynamisch im Falle einer hochgradigen Stenose oder eines Gefäßverschlusses. Häufigste Lokalisation sind die extrakraniellen Abschnitte der A. carotis interna und der A. vertebralis. Typischerweise ist die extrakranielle A. carotis interna 2 cm distal der Bifurkation mit variabler Ausbreitung nach weiter distal betroffen (◘ Abb. 1.13). Intrakanielle Dissektionen sind dagegen selten (Schievink 2001). Stenosen oder Verschlüssen treten gehäuft bei subintimalen Dissektionen auf, da der raumfordernde Effekt des intramuralen Hämatoms nicht durch die Intima kompensiert werden kann. Dissektionen unterhalb der Adventitia gehen vermehrt mit Pseudoaneurysmen einher (Schievink 2001).

Es existiert noch eine Reihe anderer seltenerer Ätiologien zerebraler Ischämien, insbesondere bei jüngeren Schlaganfallpatienten. Wichtig sei hier zu erwähnen, dass auch im Rahmen erregerspezifischer Erkrankungen wie bakterieller Meningitis oder syphilitischer Meningovaskulitis Schlaganfälle auftreten können (Singhal et al. 2013). Auch Schlaganfälle im Rahmen einer Migräne kommen selten vor (Gryglas und Smigiel 2017).

? **Fragen zur Lernkontrolle**
 — Wie unterscheiden sich das zytotoxische und das vasogene Hirnödem nach Schlaganfall? Wann treten sie auf?
 — Was sind die Hauptätiologien des ischämischen Schlaganfalls?
 — Was beinhaltet das Kern-Penumbra-Modell?

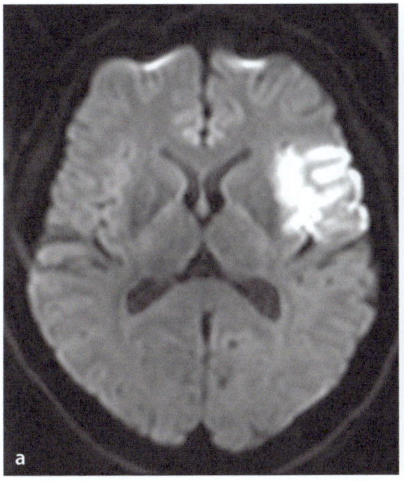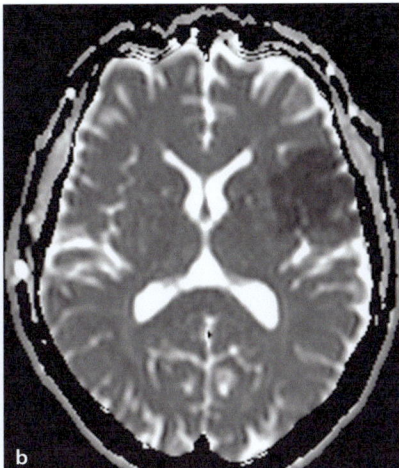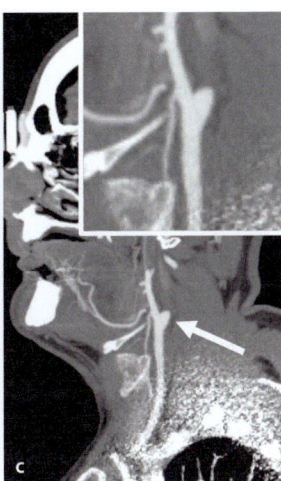

Abb. 1.13a–c Mediainfarkt links mit DWI-Läsion (**a**) und korrespondierender Signalabschwächung in der ADC (= „apparent diffusion coefficient") (**b**) bei Dissektion der A. carotis interna links kurz nach der Bifurkation (**c**). (Abbildung von Prof. Dr. S. Langner, Universitätsmedizin Greifswald, mit freundlicher Genehmigung)

- Wie kommt es zum Immunsupressionssyndrom nach Schlaganfall?
- Welche grundlegenden Mechanismen sind an der Infarktvergrößerung beteiligt?

1.2 Intrazerebrale Blutungen

R. Rehmann, M. Kitzrow

■ ■ Zum Einstieg

Intrazerebrale Blutungen (ICB) haben einen Anteil von ca. 15% an der Gesamtheit der Schlaganfälle. Im Gegensatz zum ischämischen Schlaganfall haben Patienten, die eine ICB erleiden, ein insgesamt schlechteres Outcome mit einer Letalität von fast 60% in den folgenden 12 Monaten. Grund hierfür sind unterschiedliche Komplikationen infolge der Hämorrhagie, die im vorliegenden Beitrag dargestellt werden. Dabei wird grundsätzlich zwischen primären (Ursache unbekannt) und sekundären (Ursache bekannt) ICBs unterschieden. Dieser Beitrag beleuchtet die Pathophysiologie von zwei der häufigsten sekundären ICBs näher:

- der Hypertonus-assoziierten ICB und
- der ICB auf dem Boden einer Amyloidangiopathie.

1.2.1 Intrazerebrale Blutungen:

Intrazerebrale Blutungen (ICB) werden in zwei Hauptkategorien eingeteilt. Es werden primäre und sekundäre ICBs unterschieden. Die primären unterteilen sich weiter in **idiopathische** (Ursache unbekannt) **bzw. kryptogene** (eine spezifische Ursache wird vermutet, ist jedoch noch nicht bewiesen) Blutungen. Die Genese der sekundären Blutungen (Ursache bekannt) ist heterogen, wobei die Ätiologie von vaskulitischen Veränderungen über chronische Gefäßveränderungen bis hin zu hereditären vaskulären Malformationen reicht.

Intrazerebrale Blutungen
- **Inzidenz:** Die Inzidenz der ICB liegt bei 10–30/100.000 Einwohner und Jahr. Der Anteil der ICB am Schlaganfall (ischämisch und hämorrhagisch) liegt bei 10–17%.
- **Einteilung:**
  - Primär: idiopathisch (Ursache unbekannt) vs. kryptogen (vermutete, jedoch nicht bewiesene Ursache).
  - Sekundär (Ursache bekannt).
- **Ätiogenese:** Die häufigsten Ursachen von ICBs ab dem 60. Lebensjahr sind chronische Veränderungen der kleinen Hirngefäße (Mikroangiopathie) als Folge langjährig bestehender kardiovaskulärer

1

Risikofaktoren sowie die zerebrale Amyloidangiopathie.

- **Prognose:** Die Mortalität innerhalb der ersten 7 Tage beträgt bis zu 35% und steigt auf bis zu 59% innerhalb der ersten 12 Monate.
- **Verlauf:** Bei bis zu 39% der Patienten kommt es zu einer Hämatomausdehnung von ≥30% gegenüber dem initialen bildmorphologischen Blutvolumen innerhalb der ersten 3 Stunden. Eine große initiale Hämatomausdehnung ist assoziiert mit einer erhöhten Mortalität und schlechterem funktionellem Outcome.

Die Ätiopathogenese intrazerebraler Blutungen ist komplex. Zusammengenommen kann jede Erkrankung, die zu einer strukturellen Veränderung der Hirngefäße führt, eine ICB (mit) auslösen.

In diesem Beitrag soll die Pathophysiologie von zwei der häufigsten sekundären ICB beleuchtet werden:

- der hypertonusassoziierten ICB,
- der ICB als Folge einer zerebralen Amyloidangiopathie.

1.2.2 Hypertonusassoziierte intrazerebrale Blutung

Ein langjährig bestehender arterieller Hypertonus gehört zu den bedeutendsten Risikofaktoren für eine ICB. Betroffen sind in absteigender Reihenfolge die kleinen, Marklager-penetrierenden Arterien und Arteriolen der Stammganglien (◘ Abb. 1.14, ◘ Abb. 1.15), das subkortikale Marklager, der Thalamus, der Hirnstamm (hier vorwiegend im Pons) und das Kleinhirn.

1.2.2.1 Auswirkungen des arteriellen Hypertonus auf die kleinen Hirngefäße („cerebral small-vessel disease")

Chronischer Bluthochdruck führt zu einer Veränderung der Wandstruktur zerebraler Gefäße, wobei zwischen Veränderungen der großen (z. B.

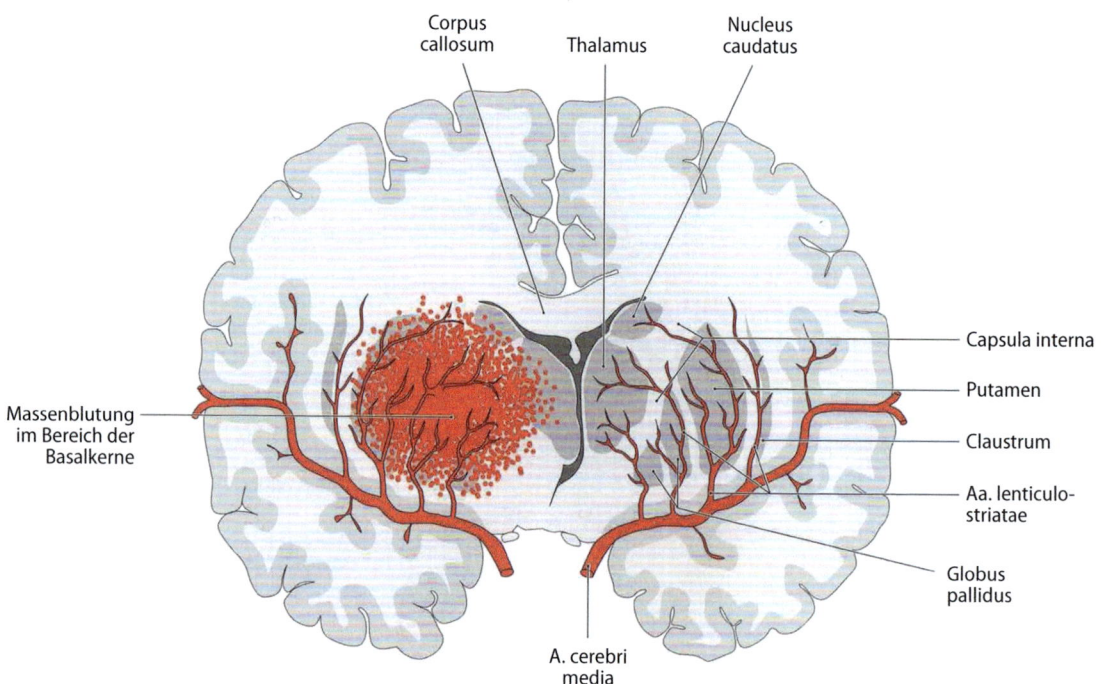

Corpus callosum   Thalamus   Nucleus caudatus

Capsula interna

Putamen

Claustrum

Aa. lenticulo-striatae

Globus pallidus

Massenblutung im Bereich der Basalkerne

A. cerebri media

◘ **Abb. 1.14** Perforierende Arterien des Stammgangliensystems. Aufgrund ihrer anatomischen Besonderheit eines direkten Abgangs aus der großen A. cerebri media sind vor allem die kleinen perforierenden Stammgangliengefäße bei arteriellem Hypertonus einer erhöhten Wandspannung und einer beschleunigten Gefäßdegeneration ausgesetzt. Hinzu kommen chronische Veränderungen der Gefäßarchitektur, die bei langjährigem Hypertonus insbesondere diese kleineren Hirngefäße befallen und zu spontanen Rhexisblutungen führen können. (Aus: Schünke et al. 2006, mit freundlicher Genehmigung des Thieme-Verlags)

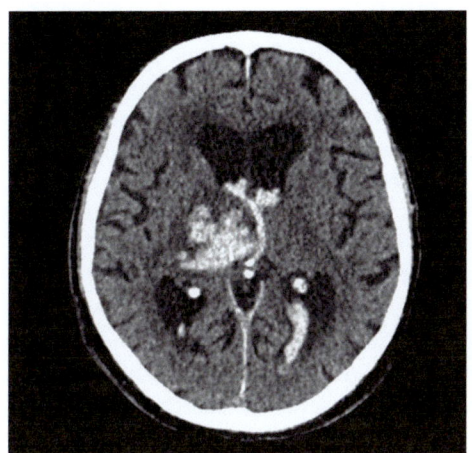

Abb. 1.15 Zerebrale Computertomographie einer akuten intrazerebralen Stammganglienblutung (mit Einbruch in das Ventrikelsystem). Die Blutung wird bereits von einem schmalen Begleitödem umgeben. (Mit freundlicher Genehmigung von Prof. Dr. V. Nicolas, Institut für Radiologische Diagnostik, Berufsgenossenschaftliches Universitätsklinikum Bergmannsheil, Bochum)

A. cerebri media) und der kleinen Hirngefäße (z. B. Aa. lenticulostriatae) unterschieden werden muss. An den großen Gefäßen verursacht ein arterieller Hypertonus die klassischen atherosklerotischen Wandveränderungen mit Bildung von Atheromen und Gefäßplaques sowie eine Hypertrophie der Tunica media. Die Hypertrophie der

Gefäßmuskulatur ist eine Reaktion auf den erhöhten systemischen Blutdruck mit dem Ziel, den zerebralen Perfusionsdruck stabil zu halten (▶ Abschn. 1.1). Dennoch kommt es bei chronischem Hypertonus zu einer Hochregulation des zerebralen Perfusionsdruckes und als Folge zu einer erhöhten Druckbelastung des intrazerebralen Gefäßsystems.

Kleinere Arterien und Arteriolen reagieren auf eine chronische Druckbelastung mit verschiedenen pathologischen Veränderungen: Insbesondere im höheren Lebensalter findet sich eine **hyaline Arteriolosklerose**. Hierbei kommt es durch die erhöhte (Gefäß-) Wandspannung zum Verlust kontraktiler und elastischer Elemente und schließlich zur Degeneration der Tunica media mit Einlagerung von Fibroblasten und Kollagenfasern. Folgen sind die Verengung des Gefäßlumens mit zunehmender Rigidität und Elongation der Gefäße.

Daneben kann es im Rahmen eines arteriellen Hypertonus zu einer fokalen Degeneration und einem nekrotischen Untergang der Gefäßwandstrukturen, vor allem des Gefäßendothels und der glatten Gefäßmuskulatur, kommen (**fibrinoide Nekrose**). In einzelnen Abschnitten ist hierbei eine verstärkte Abfiltration von Plasmabestandteilen und Fibrinogen aus dem Blut in die Gefäßwand zu beobachten. Fibrinogen wird innerhalb der Gefäßwand proteolytisch zu Fibrin gespalten

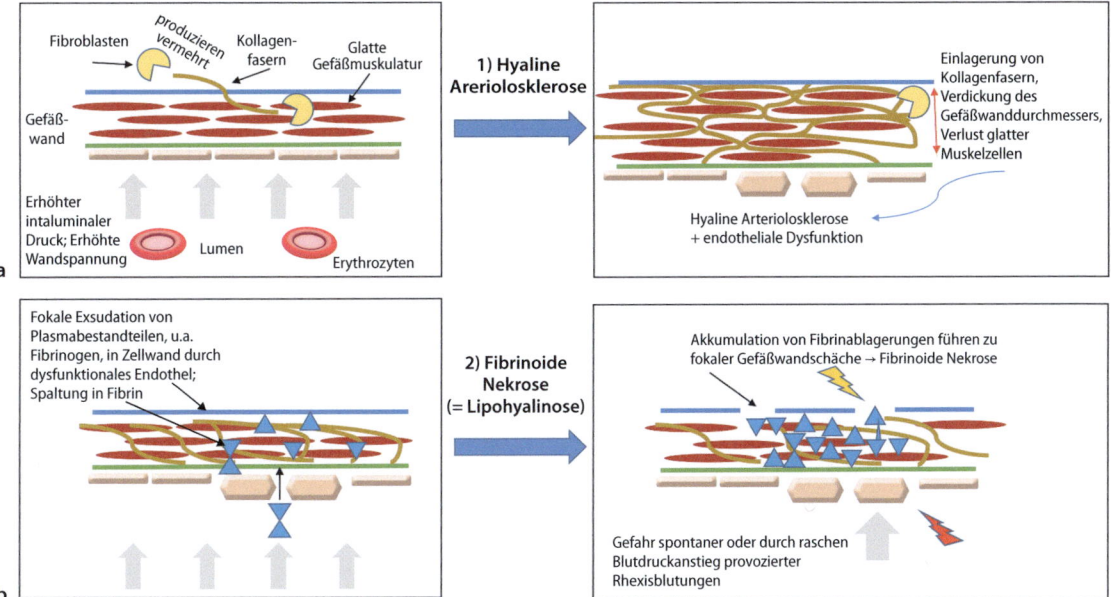

Abb. 1.16a, b Mechanismen der Gefäßwandschädigung bei chronischem Hypertonus: **a** die hyaline Arteriolosklerose, **b** fibrinoide Nekrose (Details s. Text und Übersicht)

1

und verursacht dort fokale Nekrosen (◼ Abb. 1.16 und Übersicht).

> ❱ Während sich infolge des arteriellen Hypertonus in den großen Hirngefäßen typische arteriosklerotische Veränderungen zeigen, kommt es im Bereich der Arterien und Arteriolen zu Hyalin-Einlagerung sowie zur fibrinoiden Nekrose der Wandstrukturen.

Mechanismen der Gefäßwandschädigung bei chronischem Hypertonus

Hyaline Arteriolosklerose

Die hyaline Arteriolosklerose ist histopathologisch gekennzeichnet durch die Einlagerung von Kollagenfasern, degenerierten glatten Muskelzellen und Fibroblasten. Elektronenmikroskopisch zeigt sich die Hyalinisierung zunächst in einer Verdickung der Basalmembran. Im Verlauf kommt es zur Hypertrophie der Media mit Einwanderung glatter Muskelzellen in die Intima. Schließlich folgt eine Atrophie der Muskelzellschicht (◼ Abb. 1.16a).

Fibrinoide Nekrose

Infolge einer erhöhten Permeabilität des Gefäßendothels kommt es zur Abfiltration von Plasmabestandteilen (insbesondere Fibrinogen) in die Gefäßwand. Die Spaltung des Fibrinogens in Fibrin verursacht lokale Nekrosen und begünstigt eine lokale Entzündung. In diesen Bereichen kommt es zu einer besonderen Vulnerabilität der Gefäßwand, sodass spontane Blutungen meist an diesen Regionen auftreten (◼ Abb. 1.16b).

Die Ursache der Extravasation von Plasmabestandteilen scheint eine Störung des Gefäßendothels zu sein. Einerseits wird eine fokale Ischämie der Gefäßwandstrukturen als ursächlich diskutiert, die durch Mikroatherome und eine lokal gestörte Gefäßautoregulation der vorgeschalteten Gefäßabschnitte zu einer lokalen Minderperfusion und Schädigung des entsprechenden Gefäßabschnittes bzw. der Gefäßendothelschicht führen. Andererseits kann auch die hypertonusbedingte erhöhte Gefäßwandspannung zu einer endothelialen Dysfunktion mit Störung der „tight junctions" führen. Durch die proteolytische Spaltung von Fibrinogen in Fibrin kommt es zusätzlich zur Einwanderung von Granulozyten und Makrophagen. Die Gefäßregionen, in denen es zu einer fibrinoiden Nekrose kommt, weisen histopathologisch eine fragile Gefäßwandstruktur auf und prädisponieren zu spontanen Rhexisblutungen. Ob sich infolge der fibrinoiden Nekrose auch Mikroaneurysmen bilden, wird weiterhin kontrovers diskutiert.

1.2.2.2 Folgen der Gefäßruptur

Die chronische Belastung des intrazerebralen arteriellen Gefäßsystems führt zu einer Degeneration von Gefäßwandstrukturen wie oben beschrieben. Hierdurch können strukturell veränderte Gefäßabschnitte infolge einer intrazerebralen Druckerhöhung (hypertensive Krise, Pressen o. Ä.) spontan einreißen. Auch ohne vorherige Druckbelastung kann es aufgrund der fortschreitenden Degeneration zu einem spontanen Einreißen der vorgeschädigten Gefäße kommen.

▪▪ Direkte mechanische Schädigung des Hirngewebes

Nach der Gefäßruptur kommt es zu einem zunächst ungebremsten Einstrom von arteriellem Blut in das umliegende Hirngewebe. In der Frühphase bedeutet das zunächst eine direkte mechanische Schädigung der umliegenden Neuronen und Astrozyten.

▪▪ Frühe Hämatomausdehnung

In der Frühphase der ICB kommt es bei mehr als einem Drittel der Patienten innerhalb der ersten 3 Stunden zu einer raschen Hämatomausbreitung von ≥30% gegenüber der initialen Bildgebung, was mit einem schlechten funktionellen Outcome und einer erhöhten Mortalität einhergeht. Die relevanten Mechanismen der Hämatomexpansion sind noch nicht vollständig aufgeklärt. Einer Hypothese liegt das „Schneeballprinzip" zugrunde, wonach der lokal verdrängende Effekt einer intraparenchymatösen Blutung Scherkräfte verursacht, die ihrerseits eine Ruptur fragiler arterieller Gefäße in der unmittelbaren Nachbarschaft bewirkt und somit ein zentrifugales Hämatomwachstum induziert.

Eine andere mögliche Erklärung ist die herabgesetzte vasomotorische Reagibilität arteriosklerotisch alterierter Gefäße infolge z. B. langjährig bestehender kardiovaskulärer Risikofaktoren. Im Falle einer weiter distal gelegenen Blutung könnte dann die insuffiziente Vasokonstriktion der vorgeschalteten Gefäßabschnitte die Blutstillung erschweren.

▪▪ Kaskade sekundärer Schädigungen durch die Einblutung

Während die zentrifugale Hämatomexpansion durch den arteriellen Blutaustritt zu einer unmittelbaren direkten traumatischen Schädigung von Neuronen und Astrozyten führt, kommt es im weiteren Verlauf durch unterschiedliche Mechanismen zu einer progredienten sekundären Schädigung des die Blutung unmittelbar umgebenden Hirngewebes. Zu den wichtigen Schädigungsmechanismen gehören unter anderem

– der Einstrom von Thrombin und osmotisch wirksamen Blutplasmaproteinen,
– die lokale Inflammation durch eingewanderte humorale Immunzellen und Komplementfaktoren,
– die Exzitotoxizität von Glutamat und
– zytotoxische Effekte durch den Abbau von Hämoglobin.

Im Zentrum dieser Zellschädigung steht die Bildung reaktiver Sauerstoffmetabolite (ROS) unterschiedlicher Genese mit einer in der Folge auftretenden neuronalen und glialen Zellapoptose und Störung der Blut-Hirn-Schranke. Auf dem Boden dieser sekundären Hirnschädigung bildet sich ein Begleitödem aus, das sich um die initiale Blutung entwickelt. Das Begleitödem vereint aufgrund seiner diversen und zeitlich dynamischen Pathophysiologie verschiedene Hirnödemmechanismen (osmotisch, zytotoxisch, vasogen, s. auch ▶ Abschn. 1.1).

Im Folgenden wird zusammengefasst, aus welchen Mechanismen heraus dieses Begleitödem entsteht und welche sekundären Schäden Blut und Blutplasmabestandteile nach einer ICB im Hirngewebe verursachen können. Als gesichert scheint zu gelten, dass die jeweilige Ausdehnung des Begleitödems direkt negativ mit dem funktionellen Outcome der Patienten korreliert. Es wird deutlich, warum neben der Frage, ob und in welchem Ausmaß eine frühe Blutdrucksenkung sinnvoll ist, in der aktuellen Forschung zur frühen Therapie einer ICB auch neuroprotektive Verfahren, z. B. im Sinne einer Reduktion anfallender reaktiver Sauerstoffspezies, durch den Einsatz von Eisenchelatoren oder verschiedene antiinflammatorische Medikamente erforscht werden.

▪▪ Begleitödem und sekundäre Schädigungsmechanismen

Innerhalb der ersten 72 Stunden nach einer intrazerebralen Blutung entwickelt sich ein um die Blutungsregion gelegenes Begleitödem. Pathophysiologisch kann zwischen dem früh auftretenden, osmotisch bedingten Hirnödem sowie einem darauffolgenden zytotoxischen und vasogenen Hirnödem unterschieden werden, die sich zunächst zeitlich aufeinander folgend entwickeln (◘ Abb. 1.17).

In der frühen Phase (<24 Stunden) einer ICB kommt es zum Austritt von Blutplasmabestandteilen mit zahlreichen Proteinen (u. a. Albumin), Glukose und Elektrolyten in den Extrazellulärraum. Osmotisch bedingt folgt hier auch Flüssigkeit und sorgt für die frühe Ausbildung eines die ICB umgebenden Ödemsaumes. Auch die bereits unmittelbar nach dem Beginn einer ICB einsetzende Gerinnungskaskade führt u. a. über die massenhafte Bildung von Fibrin und den Gerinnungsmechanismus an sich zu einem initial **osmotisch bedingten Hirnödem**.

▪▪ Freisetzung des Neurotransmitters Glutamat

Die mechanische Reizung des Hirngewebes führt innerhalb der ersten Stunden (◘ Abb. 1.17) zu einer Freisetzung von exzitatorisch wirkendem Glutamat und nachfolgendem Einstrom von Kalzium in die umgebenden Neurone. Kalzium wird unter anderem in die Mitochondrien aufgenommen und induziert dort die Bildung radikaler Sauerstoffmetaboliten mit einer Schädigung der Mitochondrienmembran und einer darauffolgenden Zellschwellung bis hin zur Apoptose. Eine neuronale Zellschwellung ist das pathophysiologische Korrelat eines lokalen **zytotoxischen Hirnödems** und trägt zur Ausbildung des Begleitödems einer intrakraniellen Blutung bei.

▪▪ Thrombinaktivierung und inflammatorische Reaktion

Der Übertritt von Blut und Plasmabestandteilen in das Hirngewebe führt, neben der Akkumulation von zahlreichen Plasmaproteinen (wie Thrombin), Komplementfaktoren und Immunzellen, auch zu einer Aktivierung der plasmaeigenen Gerinnungskaskade. Der aktivierte Faktor X verursacht eine Spaltung von Prothrombin zu Thrombin, das wiederum die Spaltung von Fibrinogen in Fibrin induziert. Eine Erhöhung der Thrombin-Konzentration führt u. a. zu einer Aktivierung von Matrix-Metalloprotease n (MMP-9). MMPs sind Enzyme, die Bestandteile der extrazellulären Matrix (z. B. Kollagen) proteolytisch aufspalten.

1

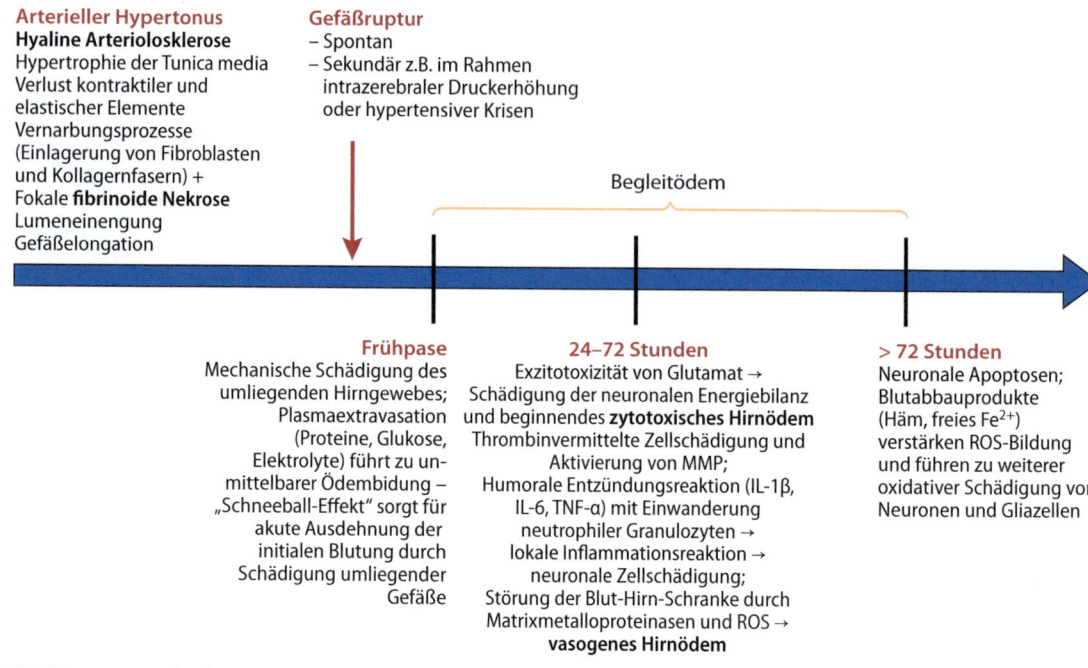

Arterieller Hypertonus
Hyaline Arteriolosklerose
Hypertrophie der Tunica media
Verlust kontraktiler und
elastischer Elemente
Vernarbungsprozesse
(Einlagerung von Fibroblasten
und Kollagernfasern) +
Fokale **fibrinoide Nekrose**
Lumeneinengung
Gefäßelongation

Gefäßruptur
– Spontan
– Sekundär z.B. im Rahmen
  intrazerebraler Druckerhöhung
  oder hypertensiver Krisen

Begleitödem

Frühpase
Mechanische Schädigung des
umliegenden Hirngewebes;
Plasmaextravasation
(Proteine, Glukose,
Elektrolyte) führt zu un-
mittelbarer Ödembidung –
„Schneeball-Effekt" sorgt für
akute Ausdehnung der
initialen Blutung durch
Schädigung umliegender
Gefäße

24–72 Stunden
Exzitotoxizität von Glutamat →
Schädigung der neuronalen Energiebilanz
und beginnendes **zytotoxisches Hirnödem**
Thrombinvermittelte Zellschädigung und
Aktivierung von MMP;
Humorale Entzündungsreaktion (IL-1β,
IL-6, TNF-α) mit Einwanderung
neutrophiler Granulozyten →
lokale Inflammationsreaktion →
neuronale Zellschädigung;
Störung der Blut-Hirn-Schranke durch
Matrixmetalloproteinasen und ROS →
vasogenes Hirnödem

> 72 Stunden
Neuronale Apoptosen;
Blutabbauprodukte
(Häm, freies Fe^{2+})
verstärken ROS-Bildung
und führen zu weiterer
oxidativer Schädigung von
Neuronen und Gliazellen

◼ **Abb. 1.17**   Kaskade sekundärer Schädigungsmechanismen nach intrazerebraler Blutung

Dies führt zu einer Schädigung der Blut-Hirn-Schranke.

Thrombin ist zudem in der Lage, unabhängig von seiner Wirkung im Rahmen der Gerinnungskaskade über verschiedene Protease-aktivierte Rezeptoren (PAR 1, 3, 4) eine neuronale Apoptose zu induzieren und die Aktivität des NMDA-Rezeptors zu stimulieren. Über diese Mechanismen wird eine weitere Schädigung der umgebenen Neurone vermittelt.

Die zerebrale Mikroglia setzt wenige Stunden nach dem Extravasat von Blut eine lokale Entzündungskaskade und die Aktivierung weiterer Immunzellen in Gang. Über die Freisetzung von TNF-α und Interleukin-1β wandern neutrophile Granulozyten in das geschädigte Hirngewebe ein. Zerebrale Mikroglia und die aktivierten neutrophilen Granulozyten verursachen zusätzlich eine erhöhte Produktion freier Sauerstoffradikale. Sowohl die freigesetzten ROS als auch die Mikroglia selbst führen schließlich zu einer vermehrten Synthese und Aktivierung von Matrix-Metalloproteinasen mit konsekutiver Schädigung des umliegenden Bindegewebes und einer Schädigung der Blut-Hirn-Schranke.

Daneben tragen auch die humoralen Komplementfaktoren und die Ausschüttung von pro-apoptotischen Molekülen durch die Mikroglia (z. B. TNF-α) zu einer neuronalen Apoptose bei.

Es wird zudem diskutiert, ob humorale Komplementfaktoren über den sogenannten membranattackierenden Komplex (MAC) Neurone, Endothelzellen und Astrozyten direkt schädigen können und somit ebenfalls u. a. zu einer Störung der Blut-Hirn-Schranke beitragen. Es scheint gesichert zu sein, dass der MAC zumindest an der Lyse von Erythrozyten und der konsekutiven Freisetzung von Hämoglobin beteiligt ist.

Die Folge einer Schädigung der Blut-Hirn-Schranke ist eine erhöhte Permeabilität für Wasser und Plasmaproteine und so die Grundlage des nun ebenfalls einsetzenden **vasogenen Hirnödems**.

▪▪ Zytotoxische Effekte des einströmenden Blutes

Nach ca. 72 Stunden erreicht die Freisetzung von Hämoglobin und Häm aus den intraparenchymatös gelegenen Erythrozyten ihren Höhepunkt. Hämoglobin kann über den Mechanismus der Lipidperoxidation die Zellmembran von Neuronen schädigen. Beim weiteren Abbau von Hämoglobin durch die Häm-Oxygenase werden über das freiwerdende Eisen (Fe^{2+}) ROS erzeugt, die ebenfalls einen direkten zytotoxischen Effekt auf umliegende Neurone und die Funktion der Blut-Hirn-Schranke haben und in dieser Phase wesentlich zu der Aufrechterhaltung des Begleitödems beitragen.

❯ Infolge der Gefäßruptur kommt es primär zu einer druckbedingten Schädigung des umliegenden Nervengewebes mit Ausstrom osmotisch wirksamer Plasmabestandteile. Hieraus entwickelt sich zunächst ein **osmotisch bedingtes Hirnödem.** Infolge des Zelluntergangs und auf dem Boden der begleitenden inflammatorischen Reaktion entwickeln sich zusätzlich ein **vasogenes** sowie **zytotoxisches Hirnödem.**

Rolle der Blutdruckeinstellung in der akuten Phase/ Langzeit-Blutdruckeinstellung und Rezidivrisiko
Die Rolle der frühen Blutdrucksenkung nach einer ICB ist bislang nicht abschließend geklärt. Die INTERACT-II-Studie (Qureshi et al. 2014) konnte vor einigen Jahren zeigen, dass eine forcierte Blutdrucksenkung innerhalb der ersten Stunden auf systolische Blutdruckwerte von ≤140mm Hg (im Vergleich zur Standardblutdrucksenkung erst bei Werten >180mm Hg) keine signifikante Verbesserung des klinischen Outcomes (ermittelt durch die modifizierte Ranking-Skala) innerhalb der ersten 90 Tage nach Blutung mit sich bringt. Ein Effekt auf die Größe des Hämatoms zeigte sich ebenfalls nicht.
Eine parallel angelegte Studie (ATACH-II; Anderson CS et al. 2013) ergab ebenfalls keinen Vorteil einer sehr intensiven RR-Senkung auf Werte von 110–139mm Hg im Vergleich zur Standardtherapie (140–179mm Hg) in Bezug auf das funktionelle Outcome, sodass in der Frühphase einer ICB für eine möglichst rasche Senkung des systolischen Blutdruckes durch Gabe intravenöser Antihypertensiva gegenüber einem moderaten Blutdruckregime gegenwärtig keine Evidenz besteht.
Sicher ist jedoch, dass eine langfristige antihypertensive Therapie *nach* stattgehabter ICB das Rezidivrisiko senkt.

1.2.3 Zerebrale Amyloidangiopathie (CAA)

Die zerebrale Amyloidangiopathie ist ein weiterer häufiger Risikofaktor für spontane intrakranielle Blutungen. Es handelt sich dabei meist um sog. „atypisch" gelegene lobäre Blutungen außerhalb des Stammganglienareals (Abb 5). Überwiegend finden sich CAA-Ablagerungen mit assoziierten (Mikro-)Blutungen in den kortikal-subkortikalen und leptomeningealen Gefäßabschnitten mit besonderer Betonung des Okzipitallappens. Histopathologisch werden zwei Subtypen der CAA unterschieden: Typ 1 geht mit einer Ablagerung von Amyloid in den kortikalen-subkortikalen Kapillargefäßen einher, wobei es bei Typ 2 eher zu Ablagerungen in den leptomeningealen und kortikalen Arteriolen kommt. Das Risiko einer CAA-verursachten Blutung steigt signifikant mit

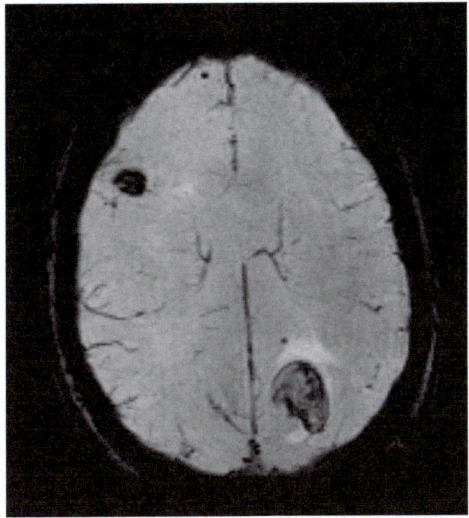

☐ **Abb. 1.18** Links parietookzipital und rechts frontal gelegene lobäre intrazerebrale Blutungen bei zerebraler Amyloidangiopathie. MRT-Bild mit suszeptibilitätsgewichteter Sequenz (*schwarz*: intraparenchymatöser Hämosiderin/Blutnachweis). (Mit freundlicher Genehmigung von Prof. Dr. V. Nicolas, Institut für Radiologische Diagnostik, Berufsgenossenschaftliches Universitätsklinikum Bergmannsheil, Bochum)

dem Lebensalter. Die Folgen des akuten Bluteinstroms in das Hirngewebe sind auf zellulärer Ebene die gleichen wie auch bei der Hypertonus-assoziierten intrakraniellen Blutung, wobei eine frühe Hämatomausdehnung bei der CAA-bedingten ICB nicht so ausgeprägt zu beobachten ist.

1.2.3.1 Amyloid-Precursor-Protein und Amyloid-β40/42

Das Amyloid-Precursor-Protein (APP) ist ein Typ-1- oder Single-pass-Transmembranprotein, das in Neuronen des zentralen Nervensystems vorkommt und dessen genaue Funktion noch nicht bekannt ist (s. auch ▶ Abschn. 4.2). Es soll an der Ausbildung von Synapsen und der Organisation neuronaler Plastizität beteiligt sein. Der Abbau von APP erfolgt durch spezifische Enzyme, sogenannte Sekretasen, auf 2 verschiedenen Wegen (☐ Abb. 1.19). Durch die α-Sekretase wird ein nicht amyloides Abbauprodukt erzeugt (APPα), das durch die γ-Sekretase weiter verstoffwechselt wird. Die β-Sekretase erzeugt das APPβ-Peptid, das durch γ-Sekretasen in das Amyloid-β-Protein umgewandelt wird.

Hiervon existieren zwei Subtypen, die sich hinsichtlich der Länge ihrer Aminosäurensequenzen unterscheiden: Zum einen das Amyloid-β40

1

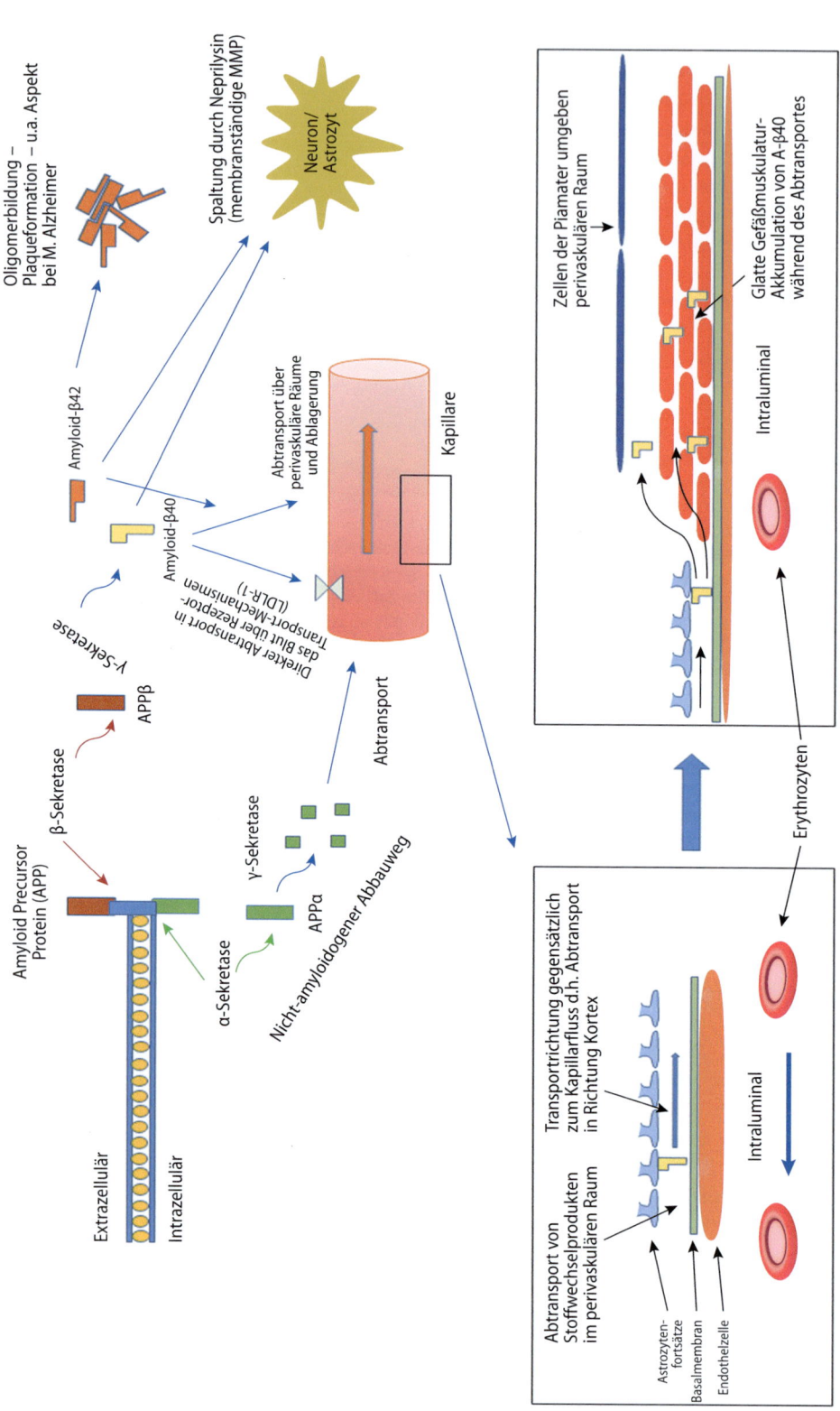

□ **Abb. 1.19** Schematische Darstellung der im Text beschriebenen Abbauvorgänge von Amyloid-Precursor-Protein (APP) zu Amyloid-β 40/42. Vergrößerung auf Kapillarebene und Darstellung des perivaskulären Abtransportes mit Einlagerung von Amyloid-β-(40>>42) in die Gefäßwandschichten mit einer Kettenlänge von 39–40 Aminosäuren (AS), zum andern das Amyloid-β42 (A-β42) mit einer Länge von 41–43 AS. Das A-β42 ist die unlöslichere und das A-β40 die löslichere Form. Physiologisch liegt ein Verhältnis von 1:10 zugunsten des A-β40 vor. Die originäre Rolle von Amyloid-β ist ebenfalls ungeklärt. Die Aggregation von A-β42 spielt eine wichtige Rolle in der Pathophysiologie des Morbus Alzheimer (▶ Abschn. 4.2), wohingegen es bei der CAA infolge eines relativen A-β40-Überschusses zu Amyloidablagerungen vorwiegend in der Tunica media zerebraler Gefäße kommt.

1.2.3.2　Pathophysiologie der zerebralen Amyloidangiopathie

Im zentralen Nervensystem findet eine kontinuierliche neuronale Produktion von Amyloid-β-Polypeptiden durch Spaltung des membranständigen APPs statt. Neben der proteolytischen Aufspaltung durch Sekretasen muss auch ungespaltenes Amyloid-β aus dem ZNS abtransportiert werden. Die Elimination von Amyloid-β-Polypeptiden erfolgt nach aktuellem Kenntnisstand über 3 Wege:

Extrazelluläres Amyloid-β wird direkt über „low-density-lipoprotein-receptor-related-protein 1"- (LRP-1-Rezeptor) vermittelte Vorgänge von extrazellulär nach intravasal in die hirneigenen Kapillaren aufgenommen und mit dem Blutstrom aus dem ZNS abtransportiert.

Amyloid-β kann extrazellulär durch die membranständige Metalloprotease Neprilysin proteolytisch gespalten werden. Die wirksame Domäne dieser Protease ist nach extrazellulär gerichtet und kann zahlreiche Aminosäuren spalten. Neprilysin kommt in der Membran von Neuronen und Astrogliazellen vor. Der Funktionseinschränkung von Neprilysin wird eine wesentliche Rolle bei der Entstehung von A-β42-Plaques im Rahmen der Alzheimer-Erkrankung zugesprochen (▶ Abschn. 4.2).

Im zentralen Nervensystem werden Neurone und Gliazellen von ca. 300 ml Extrazellulärflüssigkeit umgeben, die am Abtransport von Stoffwechselendprodukten des Neuronen- und Gliazellstoffwechsels beteiligt ist. Das Gehirn verfügt über kein eigenes lymphatisches System mit Lymphgefäßen, wie es im übrigen Körper existiert. Deshalb erfolgt die Drainage der Extrazellulärflüssigkeit und der dort gelösten Stoffwechsel(end-)produkte über einen eigenen perivaskulären „lymphoiden" Drainageweg. Dieser Drainageweg beginnt auf ka-

pillärer Ebene, wo zwischen der Basalmembran des Endothels und den Fortsätzen der Astrozyten ein Hohlraum liegt, in dem der Abtransport der Extrazellulärflüssigkeit und des Amyloid-β beginnt (◻ Abb. 1.19).

Im weiteren Verlauf führt dieser Transportweg zu den kortexnahen Arteriolen, die bereits von einer Schicht Pia-mater-Zellen umgeben werden. In diesem perivaskulären Raum und zwischen den glatten Muskelzellen der Tunica media wird die Extrazellulärflüssigkeit weiter in Richtung der perivaskulären Räume der leptomeningealen Gefäße transportiert. Von dort erfolgt der weitere Abtransport wahrscheinlich entlang der Adventitia der großen intrakraniellen Gefäße bis zu den zervikalen Lymphknoten. Obgleich in Maus- und Rattengehirnen nachgewiesen, fehlt beim Menschen bislang der histologische Beleg für eine Verbindung zwischen den perivaskulären Räumen des intrakraniellen Gefäßnetzes und dem extrakraniellen lymphatischen System.

Der pulsatile Blutfluss in den Arteriolen und Kapillaren „drückt" die Extrazellulärflüssigkeit also entlang des oben beschriebenen Weges in die entgegengesetzte Richtung hin zur Hirnoberfläche.

1.2.3.3　Ablagerung von Amyloid-β in die Gefäßwände

Die CAA ist eine Erkrankung des fortgeschrittenen Lebensalters, und Erklärungsversuche hinsichtlich einer progredienten Ablagerung von Amyloid-β in die Gefäßwände folgen dem Grundprinzip einer Abnahme der Eliminationsfähigkeit von Amyloid-β. Die Pathophysiologie der progredienten Ablagerung von Amyloid-β in die Gefäßwände ist jedoch noch nicht abschließend geklärt.

So wird mit steigendem Lebensalter sowohl eine Abnahme der proteolytischen Spaltung von Amyloid-β durch Neprilysin diskutiert als auch eine Veränderung der Gefäßwandflexibilität der intrazerebralen Gefäße. So nimmt einerseits die enzymatische Spaltung von Amyloid-β ab, und andererseits entsteht durch Veränderungen der Gefäßwandstrukturen eine Abnahme des perivaskulären Abtransportes von Amyloid-β mit zunehmender Ablagerung in die Gefäßwände.

> ❯ **Neben dem chronischen arteriellen Hypertonus nimmt die CAA eine wichtige Rolle in der Pathophysiologie der ICB ein. Durch pathologische Ablagerung von Amyloid-β**

1

> kommt es zu Veränderungen der Gefäßarchitektur wie erhöhter Fragilität und Ausbildung von Mikroaneurysmen, die für eine spontane Rhexisblutung prädisponieren.

1.2.3.4 Histopathologische Befunde

Primär lagert sich Amyloid-β (nach aktuellem Kenntnisstand überwiegend A-β40 und zu einem kleineren Teil Aβ-42) vorwiegend in der Tunica media und der Tunica adventitia der Arteriolen ab. Diese Akkumulation führt im Verlauf zu einem Verlust der Muskelzellen der Tunica media. Die Substitution der glatten Muskelzellen durch Amyloid führt zu einer rigiden Gefäßstruktur, kann aber auch eine Dislokation der Tunica media von der Tunica adventitia mit Ausbildung von zwei Gefäßlumina bedingen („Double-barrel-Lumen"). Neben der hierdurch hervorgerufenen, erhöhten Fragilität der Gefäßwand kann auch die Entstehung fibrinoider Nekrosen (s. oben) sowie die Ausbildung von Mikroaneurysmen mit einem erhöhten Risiko für spontane Rhexisblutungen einhergehen.

1.2.3.5 Die Rolle von Apolipoprotein-E

Apolipoprotein-E (ApoE) nimmt eine wichtige Rolle im Fettstoffwechsel und Fettsäuretransport im gesamten Körper ein.

Es gibt drei wichtige Polymorphismen des Apolipoprotein-E-Genes (E 2, E 3, E 4), die durch den Austausch jeweils einzelner Aminosäuren unterschiedliche Isoformen des ApoE kodieren (▶ Abschn. 4.2). ApoE 3 scheint die normal funktionierende und ApoE4 sowie ApoE 2 „dysfunktionale" Isoformen zu kodieren. Bereits der Austausch einer einzelnen Aminosäure führt zu einer veränderten Faltstruktur des Proteins. Aus den oben genannten Allelen ergeben sich nun folgende Genotypen: ApoE 2,2; ApoE 2,3; ApoE 2,4; ApoE 3,4; ApoE 3,3; ApoE 4,4.

Eine genetische Prädisposition für die Entwicklung von Amyloid-β-Ablagerungen in kortikalen und leptomeningealen Gefäßen wird einzelnen Polymorphismen des Apolipoprotein-E-Gens zugesprochen. So zeigen bereits heterozygote Träger des ApoE 2- oder ApoE 4-Allels eine bis zu 4-fach höhere Wahrscheinlichkeit, an einer CAA zu erkranken, als homozygote ApoE 3-Träger. Auch bei homozygoten ApoE 4-Individuen sind eine klare Häufung von Amyloid-β40- und -42-Ablagerungen in den Gefäßwänden und eine hohe Ereignisrate an ICBs belegt.

Menschen, die sowohl das Apolipoprotein-E 2 als auch das E 4-Allel (Genotyp ApoE 2,4) in sich tragen, zeigen ebenfalls eine frühe Ablagerung von Amyloid in den Gefäßwänden, und es wird, da diese Individuen besonders früh betroffen sind, von einem synergistisch pathologischen Effekt beider Polymorphismen ausgegangen. Das ApoE 4-Genprodukt wird mit einer Beschleunigung von Amyloid-β-Ablagerungen im Gefäßsystem assoziiert, wohingegen das ApoE 2 zu einer frühen, pathophysiologisch unklaren Gefäßschädigung führen soll. Der lipidbindende Teil des ApoE 4-Genproduktes scheint, sofern er nicht mit Lipiden beladen ist, zu einer Komplexbildung mit Amyloid-β zu tendieren, wohingegen die ApoE 3-assoziierte Isoform dies nicht verursacht.

1.2.3.6 Radiologische Veränderungen im MRT

Neben den spontanen großen Parenchymblutungen kommt es bei der CAA zu einer Vielzahl kleiner Hämorrhagien. Die erhöhte Gefäßfragilität führt zu zerebralen Mikroblutungen. Das residuelle Hämosiderin verursacht in entsprechenden MRT-Sequenzen (T2*w-Gradientenechosequenz, SWI-Sequenz) Signalveränderungen und dient als Diagnosekriterium einer CAA (◻ Abb. 1.20).

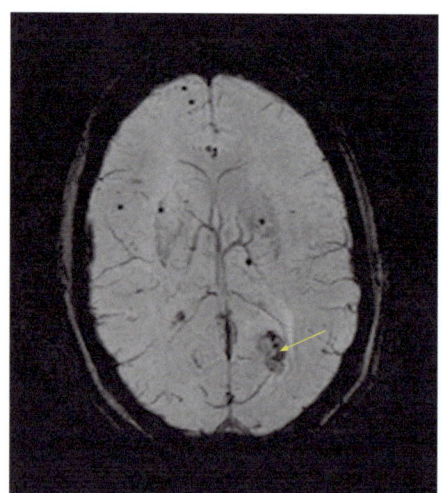

◻ **Abb. 1.20** MRT-Bildgebung mit SWI-Sequenz einer zerebralen Amyloidangiopathie (CAA). Als schwarze Punkte zeigen sich hier zahlreiche Hämosiderinablagerung in disseminierter Verteilung über beide Hemisphären hinweg. Größere Einblutung links okzipital (Pfeil). Typisches Bild einer CAA. (Mit freundlicher Genehmigung von Prof. Dr. V. Nicolas, Institut für Radiologische Diagnostik, Berufsgenossenschaftliches Universitätsklinikum Bergmannsheil, Bochum)

❓ **Fragen zur Lernkontrolle**
- Wie verändert sich das intrazerebrale Gefäßsystem bei chronischem Bluthochdruck?
- Wo sind hypertensive intrazerebrale Blutungen zumeist lokalisiert und wo finden sich intrazerebrale Blutungen auf dem Boden einer Amyloidangiopathie?
- Hat nach aktueller Studienlage eine forcierte Blutdrucksenkung (<140/80 mm Hg) in der Frühphase einen positiven Effekt auf das Outcome, und wenn ja, welchen?
- Wie findet in Grundzügen der Abtransport von Amyloid-β-Polypeptiden aus dem ZNS statt? Welche Wege sind bislang beschrieben?

1.3 Subarachnoidalblutungen

R. Rehmann, M. Kitzrow

■ ■ **Zum Einstieg**

(Nichttraumatische) Subarachnoidalblutungen zeichnen sich durch eine hohe Mortalität und Morbidität aus. In diesem Beitrag werden zunächst die pathophysiologischen Grundlagen der Entstehung eines Aneurysma verum sowie die Prozesse, die zu dessen Ruptur disponieren, dargelegt. Anschließend findet sich eine Beschreibung der frühen zerebralen Schädigungsmechanismen infolge der spontanen intrakraniellen Blutung („early brain injury", EBI) und einer graduell gestörten Hirnperfusion. In engem Zusammenspiel und kausal mit einzelnen Aspekten der EBI verknüpft, gewährt der Beitrag zudem Einblick in die sekundären Folgen der Subarachnoidalblutung. Dies umfasst die pathophysiologischen Grundlagen der Entstehung des Hydrocephalus occlusus und communicans sowie der „delayed zerebral ischemia" auf dem Boden sich entwickelnder Vasospasmen, der „cortical spreading depolarisation" und anderer Faktoren.

Subarachnoidale Blutung
- Nicht traumatische Subarachnoidalblutungen machen ca. 5% aller Schlaganfälle aus, insbesondere junge Menschen sind häufiger von einer SAB als von einem ischämischen Infarkt betroffen.

- **Inzidenz** in Mitteleuropa:
  - 7,8 pro 100.000 Einwohner.
  - Mittleres Erkrankungsalter 50 Jahre.
  - Bis zum 50. Lebensjahr Männer häufiger betroffen, ab dem 50. Lebensjahr Frauen (w:m = 1,6:1)
- Klassische **Symptome**:
  - akut aufgetretener schwerster Kopfschmerz (70–80% der Fälle).
  - In 20% vorausgegangene Synkope oder epileptischer Anfall.
  - In ca. 25% der Fälle „Warning-leak-Blutungen" Tage bis Wochen vorher.
- **Diagnostik**: Aneurysmanachweis durch CT-Angiographie/digitale Subtraktionsangiographie
  - 80–90% aller Aneurysmen in der vorderen Zirkulation (A. cerebri anterior, A. communicans anterior, A. cerebri media, A. carotis interna).
  - 10–20% in der hinteren Zirkulation (A. vertebralis, A. basilaris, A. cerebri posterior)
- **Prognose:**
  - Hohe Mortalität: 15–25% der Patienten versterben in der Prähospitalphase, ca. 10% im Krankenhaus, insgesamt ca. 30–50% im Verlauf.
  - Die Hälfe der Überlebenden trägt langfristig gravierende Hirnschäden davon.

Subarachnoidalblutungen (SAB) lassen sich in traumatische und nichttraumatische SABs einteilen. Von den nichttraumatischen SABs, die im Folgenden behandelt werden, sind 85% auf eine Aneurysmablutung, 10% auf eine perimesenzephale Blutung ohne Aneurysmanachweis und weitere 5% auf unterschiedliche Ursachen zurückzuführen (MacDonald und Schweizer 2017).

1.3.1 Pathophysiologische Grundlagen

1.3.1.1 Entstehung von zerebralen Aneurysmen

Die Pathophysiologie der Entstehung intrazerebraler Aneurysmen ist noch nicht vollständig geklärt. Im Folgenden wird auf die Entwicklung

1

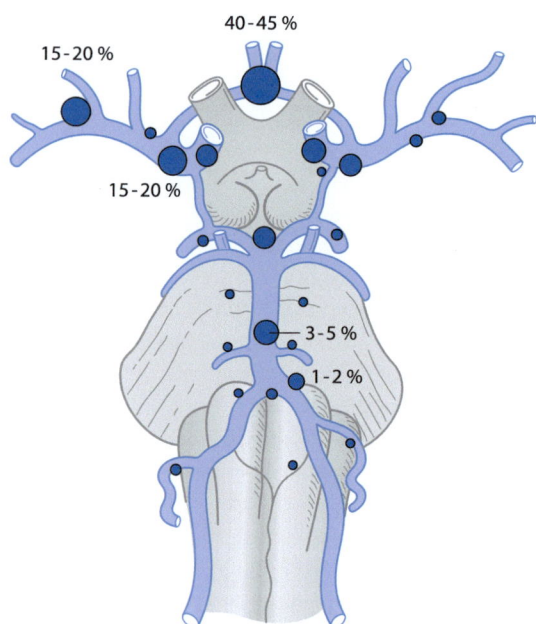

40–45 %
15–20 %
15–20 %
3–5 %
1–2 %

◘ **Abb. 1.21** Typische Lokalisation und prozentuale Häufigkeit von zerebralen Aneurysmen. (Aus: Hacke 2016)

eines Aneurysma verum (Aussackung aller drei Wandschichten der Gefäßwand) eingegangen. Das Aneurysma verum lässt sich morphologisch zwischen sakkulärer (sackförmig) und fusiformer (spindelförmig) Gestalt unterscheiden.

Aktuell gibt es kontroverse Ansichten zum Begriff des sakkulären und des fusiformen Aneurysmas. Einige Autoren sind der Meinung, dass „fusiform" zusätzlich zur – im Wortsinne beschriebenen – äußeren Gestalt auch immer eine symptomatische Genese des betreffenden Aneurysmas impliziert. Das bedeutet, es liegen lokale prädisponierende Faktoren vor. Fusiforme Aneurysmen finden sich somit im Bereich eines Gefäßabgangs (z. B. gegenüber der A. opthalmica) oder an Stellen eines umschrieben gestörten Wandaufbaus.

Dieser Abschnitt zur Entstehung eines zerebralen Aneurysmas konzentriert sich auf die Entwicklung sakkulärer Aneurysmen, die mit >80% den häufigsten Anteil an Aneurysmen im fortgeschrittenen Lebensalter einnehmen. ◘ Abb. 1.21 stellt die Lokalisation und Häufigkeit zerebraler Aneurysmen dar.

Die Entstehung von zerebralen Aneurysmen folgt, aktuellen Vorstellungen nach, einem Zusammenspiel aus **genetischer Prädisposition** und **erworbenen Gefäßrisikofaktoren** wie einem arteriellen Hypertonus (und damit einer einher-

gehenden erhöhten Druckbelastung des zerebralen Gefäßsystems), Rauchen und systemischer Arteriosklerose.

Eine Arteriosklerose ist zumindest teilweise als „physiologische" Alterung des Gefäßsystems mit einhergehender Rarefizierung elastischer Fasern und nachfolgend bindegewebigem Ersatz anzusehen.

Die individuell unterschiedliche Ausprägung dieses Prozesses ist im Wesentlichen anlagebedingt. Die erhöhte Prävalenz und das frühere Rupturrisiko intrazerebraler Aneurysmen bei Patienten mit einer erblich bedingten Bindegewebserkrankung (z.B. polyzystische Nierenerkrankung, Marfan-Syndrom etc.) oder bei Verwandten ersten Grades von Patienten mit einem zerebralen Aneurysma weisen auf eine hereditäre pathogenetische Komponente hin.

Hinzu kommt, dass – im Kontrast zu den extrakraniellen Arterien – bei den intrakraniellen Arterien die Tunica media schwächer ausgebildet ist und eine Lamina elastica externa fehlt, was als Erklärungsgrundlage für überproportionale Häufung von intra- im Vergleich zu extrakraniellen Aneurysmen herangezogen wird.

Auf Gefäßebene scheint die lokale Degradation der Lamina elastica interna und die daraus folgende erhöhte Druckbelastung der darunterliegenden Tunica media der zentrale Entstehungsmechanismus zu sein.

1.3.1.2 Lokale Veränderungen der Gefäßwand/hämodynamischer Effekt und zellulärer Umbau

Der Aufbau von intrazerebralen Gefäßen ist in ◘ Abb. 1.22 dargestellt. In einem gesunden intrazerebralen Gefäßsystem wird der intravasale Druck von der Lamina elastica interna und den darunterliegenden glatten Muskelzellen aufgefangen und reguliert (▶ Abschn. 1.1). Infolge von Gefäßrisikofaktoren, wie u. a. dem arteriellen Hypertonus und einer damit einhergehenden erhöhten hämodynamischen Belastung des Gefäßsystems, dem Zigarettenkonsum und einer genetischen Prädisposition kommt es zu einer Beschleunigung multifaktoriell bedingter Umbauvorgänge der Gefäßwandtextur.

Wesentliches histopathologisches Merkmal ist eine Degeneration der elastischen Fasern innerhalb der Lamina elastica interna und deren Substitution durch Kollagen. Gefäßbifurkationen sind aufgrund einer besonderen Belastung durch die

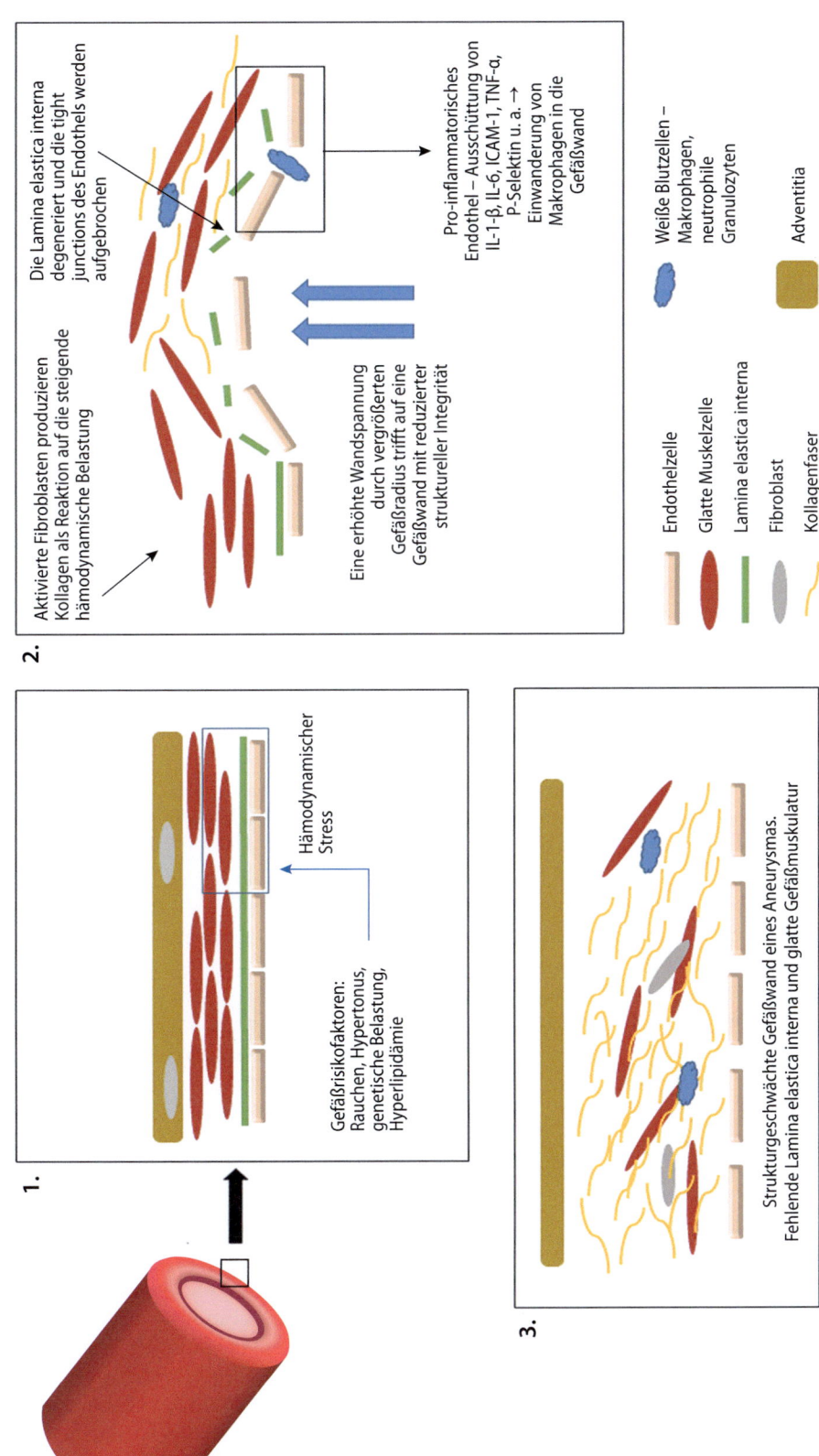

□ Abb. 1.22 Entwicklung eines zerebralen Aneurysmas. Eine erhöhte Wandspannung plus Gefäßrisikofaktoren und/oder eine genetische Prädisposition führen zu einer lokalen Degeneration der Lamina elastica interna. In diesem Bereich steigt die transmurale Wandspannung, die Kontinuität der Endothelzellen wird durchbrochen und es kommt zur Einwanderung von Makrophagen sowie zur Ausschüttung proinflammatorischer Zytokine (s. auch ▶ Abschn. 1.2). Dies führt zu einer weiteren Degeneration der Gefäßwand mit konsekutiver Bildung von Kollagenfasern I und V sowie zur Ausbildung eines Aneurysmas. Modifiziert nach Etminan et al., 2016.

lokale Einwirkung erhöhter hämodynamisch bedingter Scherkräfte Prädilektionsstellen für die Entstehung einer Arteriosklerose. Es wird angenommen, dass die oben genannten Gefäßrisikofaktoren ausgehend vom Gefäßendothel ein proinflammatorisches Remodelling der Gefäßwandstrukturen bedingen. Dabei führt zunächst eine Veränderung der systemischen Hämodynamik zu einer lokalen Veränderung der Gefäßwandkomposition mit Apoptosen von Gefäßendothelzellen und Veränderung von glatten Muskelzellen. Konsekutiv entsteht ein sogenannter **pro-inflammatorischer Status** (Meng et al. 2014).

Der proinflammatorische Status wird initiiert durch die endotheliale Ausschüttung von Entzündungsmediatoren (Zytokinen wie E-Selektin, ICAM-1, TNF-α, IL-1-β, IL-6), die ihrerseits die Einwanderung von Monozyten in die Gefäßwandschichten bewirken. Die – nun als (Gewebs-)Makrophagen bezeichneten – Immunzellen sezernieren u. a. Matrix-Metalloproteinasen mit der Folge der oben beschriebenen Degeneration der Lamina elastica interna .

Der pro-inflammatorische Status wird u. a. durch Rauchen wesentlich beschleunigt. Raucher haben ein 3- bis 10-fach erhöhtes Risiko für eine Subarachnoidalblutung. Es wird angenommen, dass Zigarettenkonsum zu einem systemischen Ungleichgewicht zwischen Proteasen (proteolytischen Enzymen) und Antiproteasen (z. B. α1-Antitripsin) führt und hierüber insbesondere einen beschleunigten Abbau der für die intrazerebrale Gefäßstabilität essenziellen Lamina elastica interna induziert (Etminan und Rinkel 2016).

Folgen der lokalen Veränderungen des Gefäßabschnittes sind eine verminderte Toleranz gegenüber dem intravasalen Druck und eine beginnende lokale Aussackung der Gefäßwandstrukturen mit konsekutiver Verschmälerung der Tunica media. Dies wiederum führt zu einem lokal erhöhten Gefäßradius, und es steigt (gemäß dem **Laplace-Gesetz**, s. unten) auch die transmurale Wandspannung weiter an und führt letztlich zur Ausbildung eines Aneurysmas.

Als Reaktion auf die **steigende Wandspannung** kommt es zu einer Aktivierung von Fibroblasten, die aus der Adventitia in die Tunica media einwandern und mit der Synthese von Kollagenfasern (Typ I und V) beginnen. Halten sich Wandspannung und kompensatorische Wandumbauprozesse mit vermehrter Kollagensynthese die Waage, kommt es im weiteren Verlauf zu einem „steady state"

Das so entstandene Aneurysma kann man sich als bindegewebige Aussackung vorstellen, deren Innenfläche aus einer dünnen Schicht von Endothelzellen und deren äußere Hülle aus kollagenem Bindegewebe besteht. Durch die fehlende Tunica media und die fehlenden elastischen Kollagenfasern der Lamina elastica interna können z. B. spontane Blutdruckspitzen oder eine spontane hämodynamische Belastung innerhalb des Aneurysmas kaum kompensiert werden und zu einer Ruptur mit nachfolgender Subarachnoidalblutung führen (s. unten).

> **Laplace-Gesetz**
> Das Laplace-Gesetz beschreibt den Einfluss des intravasalen Gefäßdruckes (p) auf Wandspannung (K), Wanddicke (d) und Gefäßradius (r). Es kann auch für Hohlorgane wie das Herz zu Rate gezogen werden.
> Für Gefäße gilt:
>
> $K = p \cdot r/d$

1.3.1.3 Wachstum und Ruptur eines zerebralen Aneurysmas

Das Wachstum von zerebralen Aneurysmen wird durch das Wechselspiel von Degradation der Gefäßwandstrukturen und Reparaturvorgängen über die Bildung von Kollagen Typ I und V aus aktivierten Fibroblasten bedingt (s. oben). Aneurysmen wachsen hierbei jedoch nicht kontinuierlich. Nach aktuellem Wissensstand kommt es alternierend zu Phasen akzelerierten Wachstums und Phasen mit relativer Größenkonstanz. Voraussetzung für eine Wachstumsperiode ist eine Verschiebung des Gleichgewichtes hin zur Gefäßdegradation. Diese Veränderungen fußen im Wesentlichen auf zwei synergistischen Pathomechanismen:

Die ursächliche mechanische Komponente beruht auf einer Veränderung der lokalen Hämodynamik mit entsprechender intermittierender Erhöhung der lokalen Wandspannung innerhalb des Aneurysmas. Die dadurch verursachte umschriebene Disruption der Wandstrukturen mit kompensatorischer Neubildung von Kollagenfaserung bewirkt u. a. die weitere Vergrößerung des Aneurysmas.

Zum anderen können durch die erhöhte Wandspannung und den turbulenten Blutfluss lokale Inflammationsreaktionen in Gang gesetzt werden; so lassen sich z. B. eine verstärkte Einwanderung von Leukozyten aus dem Blut in die Aneurysmawand und eine Aktivierung von Gewebsmakrophagen nachweisen.

Die Verschlechterung der lokalen immunologischen Homöostase durch Ausschüttung von Matrix-Metalloproteinasen aus Zellen der körpereigenen Abwehr und die Bildung reaktiver Sauerstoffmetabolite führen ebenfalls zu Wandschädigungen.

Die genannten Mechanismen werden durch Gefäßrisikofaktoren (u. a. Rauchen, Hypertonus) beschleunigt.

Wenn die lokale hämodynamische Belastung die im Bereich des Aneurymas herabgesetzte Kompensationfähigkeit überschreitet, kommt es zur Gefäßruptur. Dies ist besonders häufig in Situationen mit einem schlagartigen Anstieg des Blutdruckes (erhöhte Wandspannung) oder der Herzfrequenz (erhöhte pulsatile Belastungsfrequenz der Aneurysmawand) der Fall, wie z. B. beim Toilettengang, sportlicher Betätigung (Gewichtheben), sexueller Aktivität, Ärger und emotionalem Stress.

Nicht alle Aneurysmen ab einer bestimmten Größe müssen zwangsläufig rupturierten. Andererseits kann es auch bei relativ kleinen Aneurysmen zu spontanen Rupturen kommen.

In einigen Fällen geht einer aneurysmatischen SAB eine kleinere Blutung („**Warning-leak-Blutung**") voraus. Pathophysiologisch ist dieses Ereignis bislang wenig erforscht. Grundlage einer „Warning-leak-Blutung" könnte sein, dass es zunächst zu einer kleineren umschriebenen Disruption der Aneurysmawand in einem Teilbereich des Aneurysmas kommt, an dem, eventuell vermittelt durch einen turbulenten Blutstrom, die lokale Wandspannung noch relativ niedrig ist. So könnten Gerinnungsmechanismen nach einer kurzen Blutungszeit zu einem provisorischen Verschluss der kleinen Ruptur führen. Auch die individuelle Morphologie des jeweiligen Aneurysmas spielt für das Rupturrisiko eine gewisse Rolle. So zeigen irregulär (nicht sphärisch) konfigurierte Aneurysmen mit mehreren Aneurysmasäcken und solche mit einer geraden Einstrombahn in den Aneurysmadom eine erhöhte Rupturrate (Kusaka et al. 2004).

Die individuelle Wachstums- und Rupturprognose eines diagnostizierten Aneurysmas ist zum aktuellen Zeitpunkt Gegenstand der Forschung und noch nicht abschließend geklärt.

1.3.2 Direkte Folgen der Gefäßruptur: „early brain injury"

Die direkten Folgen einer Aneurysmablutung in den Subarachnoidalraum und deren Verlauf über die nachfolgenden 72 Stunden werden aktuell unter dem Begriff der „early brain injury (EBI)" zusammengefasst (Serrone et al. 2015). Hierunter vereinen sich unterschiedliche Schädigungsmechanismen, die sich u. a. in die **direkte mechanische Schädigung** durch den Austritt von Blut, Vasokonstriktion und die Veränderung des zerebralen Perfusionsdruckes sowie die **Veränderung von Neurotransmitterausschüttung**, **Störung der Blut-Hirn-Schranke** und **neuronale Apoptosen** aufteilen lassen (MacDonald und Schweizer 2017). Die Pathophysiologie und insbesondere die Hierarchie der oben genannten Schädigungsmechanismen, die im Rahmen einer SAB-bedingten EBI auftreten, sind jedoch noch nicht vollständig geklärt.

Nach der Ruptur eines intrazerebralen Aneurysmas tritt arterielles Blut in den Subarachnoidalraum ein. In vielen Fällen kommt es nach einer Aneurysmaruptur durch eine Vasokonstriktion der vorgeschalteten Gefäßabschnitte (und weniger durch die Tamponade der Blutung mit einer Erhöhung des intrakraniellen Druckes) zu einem spontanen Sistieren der Blutung und zur Thrombosierung des symptomatischen Aneurysmas (◻ Abb. 1.23) (van Lieshout et al. 2017). Die ausgetretene Blutmenge und die Dauer des Blutungsereignisses korrelieren hierbei weniger mit dem initialen klinischen Zustand des Patienten, sondern mehr mit der mittel- bis langfristigen Prognose.

Der akute Blutaustritt in den Subarachnoidalraum sorgt für einen raschen Anstieg des intrakraniellen Drucks (ICP) innerhalb der ersten Minuten nach dem Ereignis (Chen et al.2014). Der ICP kann schlagartig von seinem Normalwert um 10–15 mm Hg auf bis zu 120 mm Hg ansteigen. Dieser schlagartige Druckanstieg mit einer Distension der umliegenden Meningen führt zu dem klinischen Symptom des plötzlich einsetzenden „donnerschlagartigen" Kopfschmerzes.

Der erhöhte intrakranielle Druck kann sich in den folgenden 10–15 Minuten nach dem Initial-

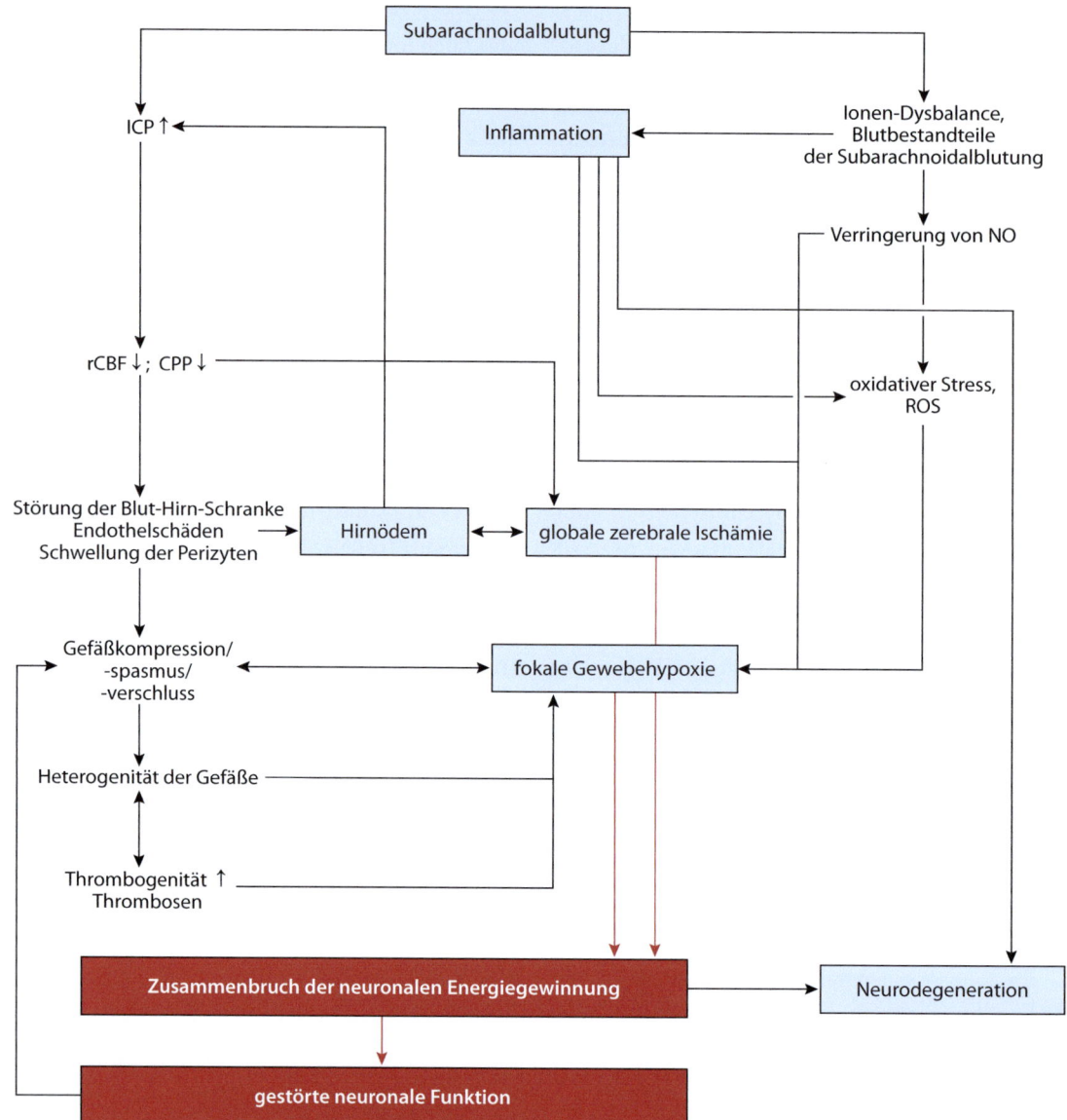

◘ Abb. 1.23 Mechanismen der „early brain injury". Schematische Übersicht der sich wechselseitig beeinflussenden Schädigungsmechanismen in der (Per-)Akutphase einer Subarachnoidalblutung (0–72 Stunden). (Adaptiert nach van Lieshout et al. 2017)

ereignis durch einen kompensatorisch erhöhten Liquorabfluss wieder nahezu normalisieren, wenn das Blutungsvolumen nicht weiter zunimmt und es zu keinem akuten Hydrozephalus kommt (s. „Monroe-Kellie-Doktrin", ▶ Abschn. 1.1). Bei großen Blutvolumina, Ausbildung eines akuten Hydrozephalus und/oder eines vasogenen Hirnödems kommt es aufgrund fehlender Ausgleichsmechanismen zu einem prolongierten Anstieg des ICP mit einer insgesamt schlechten Prognose.

Zerebraler Perfusionsdruck (CPP)
Der zerebrale Perfusionsdruck (CPP) entspricht der Differenz zwischen dem mittleren arteriellen Blutdruck (MAP) und dem intrakraniellen Druck (ICP):

CPP = MAP-ICP

Steigt der ICP, kommt es zu einem Abfall des CPP und, abhängig von der Schwere und Dauer des intrakraniellen Druckanstiegs, sogar bis zum zerebralen Perfusionsstillstand. In der Regel ist bei der SAB der zerebrale Blutfluss (CBF) für viele Stunden nach dem initialen Schädigungsereignis messbar reduziert, auch wenn sich ICP und CPP bereits wieder normalisiert haben (Schmieder et al. 2006). Grund hierfür ist eine früh einsetzende, multifaktorielle Störung der zerebralen Gefäßautoregulation. Als Grundlage hierfür werden unter anderem eine verminderte endotheliale Freisetzung von NO (Friedrich et al. 2012) sowie eine herabgesetzten Sensitivität des Endothels gegenüber NO (Schmieder et al. 2009) diskutiert.

In einem gesunden Gehirn sorgen die dem Kapillarnetz vorgeschalteten Arteriolen durch Kontraktion oder Relaxation für einen dem Energiestoffwechsel des nachgeschalteten Hirngewebes angepassten Perfusionsdruck, wobei die Vasomotorik vorwiegend durch das Gefäßendothel vermittelt wird. Beispielsweise führt ein erhöhter neuronaler Sauerstoffbedarf zu einer reflektorischen Dilatation der zuführenden Arteriolen. Bei einer Schädigung der Endothelzellen fällt dieser Mechanismus aus, und es kann zu einer Gewebeischämie kommen.

Nach einer Aneurysmablutung kommt es infolge der lokalen Minderperfusion bereits nach wenigen Minuten zu Apoptosen und Nekrosen von Gefäßendothelzellen, Neuronen und Astrogliazellen im distal des Aneurysmas liegenden Gefäßnetz (Cahill et al. 2006).

Zusätzlich führt das austretende Blut durch die Verschiebung der intrazerebralen Druckgradienten zu einer Veränderung des globalen zerebralen Blutflusses (s. oben). Hierbei korreliert die Menge und Dauer des Blutaustrittes mit der Dauer und Schwere der Einschränkungen des zerebralen Blutflusses. Hierdurch kommt es – auch über den Bereich der SAB hinaus – zum Untergang von Gefäßendothelien und Nervenzellen, in deren Folge die zerebrale Gefäßautoregulation insgesamt beeinflusst wird.

> **Das Konzept der „early brain injury" beschreibt die früh auftretenden pathophysiologischen Folgen einer aneurysmatischen SAB. Die Veränderungen der intrakraniellen und intrazerebralen Druckverhältnisse (ICP ↑, CPP ↓, CBF ↓) sowie der direkte zytotoxische Effekt von Blut und Blutabbauprodukten initiieren sekundäre Störungen wie eine Schädigung der Blut-Hirn-Schranke, Inflammation und Freisetzung reaktiver Sauerstoffmetabolite, die in ihrer Gesamtheit zum neuronalen Zelltod führen.**

Zusammengenommen treten als Folge der lokalen und/oder auch globalen Minderdurchblutung und der gewebetoxischen Effekte des einströmenden Blutes zahlreiche Schädigungsmechanismen nebeneinander auf. Sie werden im Folgenden ohne chronologische Zuordnung dargestellt (s. auch ◻ Abb. 1.23).

1.3.2.1 Mechanismen der ischämieinduzierten Apoptose

Diverse zentrale Schädigungsmechanismen münden in der Apoptose unterschiedlicher Zelltypen und führen so zum Funktionsverlust (Miller et al. 2014). Besonders hypoxiesensibel sind die Neurone des **Hippocampus**. Hier kommt es infolge der Gewebeischämie besonders früh zu Zelluntergängen, was als Erklärung von kognitiven Leistungseinbußen nach überstandener Subarachnoidalblutung herangezogen wird. Dabei korrelieren die Menge und die Dauer des ausgetretenen Blutes (und die damit korrespondierende Dauer der Verminderung des zerebralen Blutflusses) mit dem klinischen Outcome.

Hinsichtlich der Apoptosemechanismen gibt es unterschiedlich ablaufende molekulare Wege: Es wird zwischen der Caspase-abhängigen und -unabhängigen sowie der mitochondrial vermittelten Apoptose unterschieden. Letztlich setzen sowohl die Minderperfusion als auch das in den Subarachnoidalraum ausgetretene Blut im Sinne eines externen Triggers eine Kaskade an Zelluntergangsmechanismen in Gang, die vor allem Neurone und Endothelzellen, aber auch Astrozyten betrifft (Miller et al. 2014).

▪▪ Neuronale Schädigung und Exzitotoxizität von Glutamat

Bereits wenige Minuten nach dem Blutungsereignis kommt es, als Folge des abnehmenden CBF, zur Schädigung von Neuronen, Zellen der neurovaskulären Einheit und Astrogliazellen.

Eine Astrozytenschädigung führt zu einer unkontrollierten Freisetzung des exzitatorischen Neurotransmitters Glutamat. Hierdurch kommt es zu einer Überaktivierung neuronaler NMDA-Rezeptoren mit einem initial verstärkten Einstrom von Natrium. Durch diese Veränderung des Membranpotenzials und der neuronalen Erregbarkeit kommt es zur Zellschwellung und, bei anhaltender Aktivierung, zu einem verstärkten neuronalen Einstrom von Kalzium mit konsekutiver mitochondrial vermittelter Apoptose.

Die resultierende neuronale Schwellung entspricht pathophysiologisch dem zytotoxischen Hirnödem, was wiederum zu einer Erhöhung des intrakraniellen Drucks führt. Darüber hinausgehend führt eine Störung der neurovaskulären Einheit im Verlauf auch zum Phänomen der „cortical spreading depolarisation" (▶ Abschn. 1.1).

1.3.2.2 Störung der Blut-Hirn-Schranke (BHS)

Unter physiologischen Bedingungen erlaubt die BHS nur den Durchtritt von Wasser, Ionen, kleineren Polypeptiden und anderen Substraten – überwiegend über rezeptorvermittelte Transportvorgänge. Makromoleküle, Blutplasmabestandteile sowie Immunzellen können die BHS praktisch nicht durchdringen. Das Gefäßendothel nimmt dabei eine Schlüsselposition in der Aufrechterhaltung der Schrankenfunktion der „neurovaskulären Einheit" ein.

Durch eine ischämisch bedingte Apoptose der Endothelzellen in den intrazerebralen Arteriolen und Kapillaren kommt es zu einer Störung der BHS. Dies führt zu einer Permeabilitätssteigerung für intravasales Albumin sowie weiterer Makromoleküle und Flüssigkeit. Dies führt zur Ausbildung eines vasogenen Hirnödems.

Eine früh einsetzendes vasogenes Hirnödem trägt zu einer prolongierten intrakraniellen Druckerhöhung bei.

Daneben bildet die Störung der BHS die Grundlage für eine spätere Penetration von Immunzellen und Plasmabestandteilen in das ZNS (Miller et al. 2014; van Liesholt et al. 2017).

▪▪ Zytotoxische Effekte des einströmenden Blutes

Die Anwesenheit von Blut und Blutbestandteilen im Subarachnoidalraum führt zu direkten Schäden an den umliegenden Gefäßen und dem Hirnparenchym (▶ Abschn. 1.2). Die Degradation von Blutbestandteilen und der Abbau von Hämoglobin, Methämoglobin und Oxyhämoglobin führen zu einer Entzündungsreaktion mit Bildung proentzündlicher Zytokine (IL-1a, IL-1b, IL-6, IL-8, TNF-α) sowie konsekutiver Bildung von reaktiven

Sauerstoffmetaboliten und tragen so zur weiteren Schädigung der BHS bei. Bei gestörter Integrität der BHS vermittelt eine zusätzliche Zytokinaktivierung die Einwanderung von Immunzellen wie neutrophilen Granulozyten in das Gehirn. Die Folge ist eine **lokale inflammatorische Reaktion**.

Auch die zerebrale Mikroglia und die aktivierten Leukozyten produzieren freie Sauerstoffradikale.

Sowohl die freigesetzten reaktiven Sauerstoffmetabolite (ROS) als auch die Mikroglia bewirken eine vermehrte Synthese und Aktivierung von Matrix-Metalloproteinasen mit Schädigung des umliegenden Bindegewebes und einer lokalen Störung der Blut-Hirn-Schranke. Zudem bewirken auch die plasmatischen Komplementfaktoren und von Mikrogliazellen sezernierte proapoptotische Moleküle (z. B. TNF-α) eine neuronale Apoptose (Chen et al. 2017).

Durch diese Vorgänge verfestigt sich u. a. die Ausbildung des vasogenen und zytotoxischen Hirnödems. Zudem bilden sie einen fließenden Übergang zu den „sekundären Folgen der aneurysmatischen Subarachnoidalblutung" („delayed zerebral ischaemia, DCI/cerebral infarction") als Folge von Vasospasmen, „cortical spreading depolarisation" (CSD), Mikrothrombosen, Inflammation, oxidativem Stress u. a. m.; s. unten).

1.3.3 Sekundäre Folgen der aneurysmatischen SAB

Innerhalb der ersten 4 Wochen nach stattgehabter aneurysmatischer SAB sind Patienten insbesondere durch spontane Nachblutungen, sekundäre zerebrale Ischämien oder die Entwicklung eines Hydrozephalus gefährdet (◘ Abb. 1.24). Daneben sind auch epileptische Anfälle, Elektrolytstörungen sowie kardiale Dysregulationen schwerwiegende Komplikationen, die eine engmaschige (intensivmedizinische) Überwachung notwendig machen. Im Folgenden soll insbesondere auf die pathophysiologischen Grundlagen von Vasospasmen, kortikalen Depolarisationswellen sowie auf die Entwicklung eines Hydrozephalus eingegangen werden.

1.3.3.1 Hydrozephalus infolge einer aneurysmatischen SAB

Bei rund 25% aller SAB-Patienten bildet sich im frühen Verlauf, meist akut innerhalb der ersten

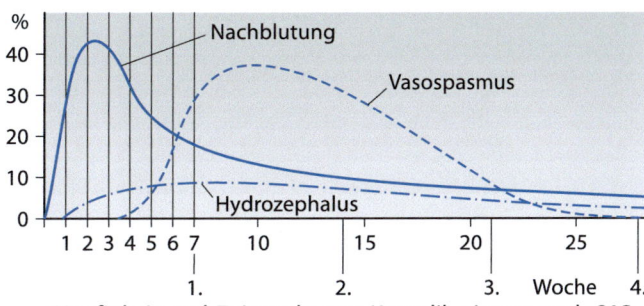

Abb. 1.24 Schematische Darstellung und zeitliche Einordnung der drei häufigsten Komplikationen nach aneurysmatischer SAB. (Aus: Hacke 2016)

Häufigkeit und Zeitpunkt von Komplikationen nach SAB

72 Stunden nach dem Blutungsereignis, ein Hydrozephalus aus. Weitere 10–20% der Betroffenen erkranken jenseits der ersten 2 Wochen an einer chronischen Störung der Liquorhomöostase.

Grundsätzlich kann zwischen dem Hydrocephalus occlusus (besser: Hydrecephalus non-communicans) und – für die SAB bedeutsamer – dem Hydrocephalus communicans unterschieden werden (▶ Abschn. 9.2).

Im Folgenden wird die **gegenwärtig schlüssigste Hypothese** zur Entstehung des SAB-assoziierten Hydrocephalus communicans erörtert. Sie beruht führend auf der Annahme einer **gestörten intrakraniellen Hydrodynamik.**

■ ■ Intrakranielle Hydrodynamik – Grundlagen
Gemäß der auf dem Grundsatz einer fehlenden Komprimierbarkeit von Flüssigkeiten beruhenden Monro-Kellie-Doktrin (▶ Abschn. 1.1) bleibt in der Summe das intrakranielle Volumen, zusammengesetzt aus den vier Hauptbestandteilen Hirngewebe, Liquor, arterielles und venöses Blut, stets konstant, und die Ausdehnung eines Kompartimentes führt zwangsläufig zur Reduktion eines anderen.

Folglich bewirkt die Ausdehnung der (elastischen) arteriellen Gefäße in der Systole kompensatorisch einerseits einen Ausstrom von Liquor über das Foramen magnum in den Spinalsack und andererseits einen nach *exrakraniell* gerichteten Blutfluss in den venösen Sinus der Dura mater. Dabei verhindert die durch den rasch ansteigenden Druck verursachte Kompression der terminalen Abschnitte der Brückenvenen einen Rückstrom von Blut ins Hirngewebe.

Die von der Pulswelle hervorgerufene Ausdehnung der großen intrakraniellen Arterien bewirkt unmittelbar einen lokalen Druckanstieg im umgebenden Liquorraum. Entsprechend dem Pascal'schen Gesetz kommt es jedoch umgehend

zu einem Angleich des ICP im gesamten Schädelinnenraum.

❯ Voraussetzung für einen gleichbleibenden intrakraniellen Druck ist ein (in der Summe) konstantes Volumen von Hirngewebe, arteriellem Blut, venösem Blut und Liquor, also der vier den Hirnschädel ausfüllenden Komponenten.

Unter physiologischen Bedingungen gewährleisten insbesondere die intrakraniellen Venen und der spinale Durasack eine hohe Compliance (s. unten) innerhalb des Hirnschädels. Dadurch wird die Transmissionsgeschwindigkeit der Pulsdruckwelle auf ein 1/300 (5 m/s) gegenüber dem Medium Wasser abgebremst. Naturgemäß ist der zerebrale Blutfluss deutlich langsamer mit einer mittleren Durchgangszeit von 3,5 s von den zerebralen Arterien zu den zerebralen Venen. Diese Periode entspricht ca. 4 Herzschlagzyklen. Daher kann die über den Liquorraum vom Eintritt in den Hirnschädel bis zu den Brückenvenen übertragene Pulsdruckwelle über einen relativ langen Zeitraum mit dem zerebralen Blutfluss interagieren (▶ Abb. 1.25).

Die Kompression der venösen Einmündungsstellen (Brückenvenen) in die duralen Sinus verursacht einen venösen Gegendruck, der zu einer Dilatation des weiter „stromaufwärts" gelegenen venösen Schenkels des Kapillarbettes führt. Zeitgleich erreicht die arteriell fortgeleitete Pulsdruckwelle das Kapillarnetz von der anderen Seite her. Auf diese Weise werden die Kapillaren offengehalten, und der totale zerebrale Gefäßwiderstand sinkt.

Auch während der Diastole verursacht der elastische Gegendruck (ausgehend vom Duralsack) eine leichte Kompression der terminalen Brückenvenen, sodass während des gesamten Herzschlagzyklus kein Kollaps im Niederdruck-

1

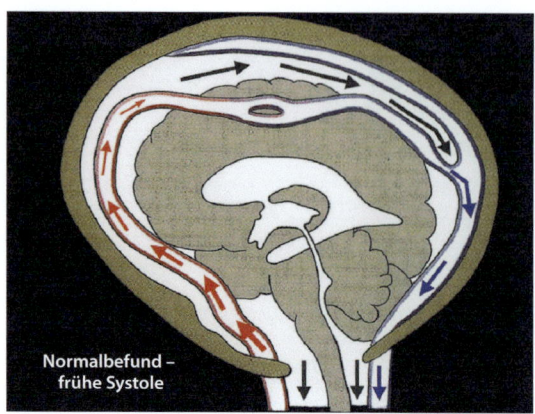

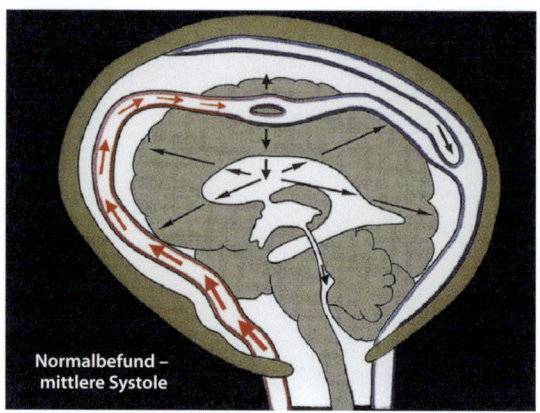

Abb. 1.25 Transmission der Pulsdruckwelle innerhalb des Cavum cranii. Die Dicke der Pfeile entspricht dabei den im jeweiligen Abschnitt der schematischen Zeichnung herrschenden Druckverhältnissen. „Rot" markiert den arteriellen Blutfluss, „blau" den venösen Blutfluss, „schwarz" die Liquorvolumenbewegung. (Aus: Greitz 2004)

Abb. 1.26 Physiologische intrakranielle und spinale Compliance-Verhältnisse. Bei einer ungestörten Compliance verursacht die bei Erreichen des Kapillarnetzes stark abgeschwächte Pulswelle nur eine leichte Ausdehnung des Hirngewebes und somit auch nur einen geringfügigen „pulsatilen Stress". (Aus: Greitz 2004)

system auftritt. Der venöse Gegendruck in Kombination mit einem anhaltenden diastolischen Fluss, aufrechterhalten durch die Windkesselfunktion der Arterien, reduziert den vaskulären Widerstand und ermöglicht dadurch einen kontinuierlich hohen Blutstrom im Kapillarbett.

Die in den Schädel eintretende systolische Pulswelle führt zu einer Expansion der großen Arterien. Dadurch reduziert sich unmittelbar der intraarteriell herrschende Druck. Im Gegenzug wird ein großer Teil der Druckenergie auf den umgebenden Liquor cerebrospinalis des Subarachnoidalraumes übertragen. Der durch die Ausdehnung der Hirnarterien erzeugte Liquor-Volumenshift ist nach okzipital und kaudal gerichtet und verursacht dabei einerseits eine Kompression der terminalen Brückenvenen, andererseits erhöht sich der systolische Blutfluss in den venösen Hirnsinus. Gleichzeitig kommt es zur Verschiebung des Liquors in den Spinalkanal hinein. Auf diese Weise gelangt die Pulswelle unter weitgehender Umgehung des Hirngewebes selbst durch die Schädelhöhle.

> **Die wesentlichen Grundvoraussetzungen für eine intakte intrakranielle Hydrodynamik sind eine hohe Compliance des Duralsacks, die erhaltene elastische Dehnfähigkeit der großen Hirnarterien und die Kompression der Einmündungsstellen der Brückenvenen in die duralen Sinus.**

▪▪ Physiologische hydrodynamische Verhältnisse

Die systolische Volumenzunahme der intrakraniellen, extrazerebral gelegenen Arterien beträgt 1,5 ml und entspricht der Summe des am kraniozervikalen Übergang am Foramen magnum aus dem Schädel ausströmenden Liquors (0,8 ml) und des aus den venösen Sinus abfließenden Blutes (0,7 ml). Demgegenüber beträgt die durch die Erweiterung des Kapillarbetts hervorgerufene Expansion des Hirngewebes während der Systole nur 0,03 ml. Diese Volumenausdehnung ist (überwiegend) einwärts gerichtet und wird durch den Liquorabfluss über das Aquädukt (0,03 ml/Herzschlag) ausgeglichen.

Die physikalische Erklärung für die beschriebene Ausdehnungsrichtung ist, dass sich bei elastisch expandierenden Körpern die auf ihre Oberfläche einwirkende Kraft reziprok zur deren Größe verhält. Da nun die Grenzfläche des Hirngewebes hin zum Ventrikelsystem (kleiner Radius) weitaus geringer ist als die zum Subarachnoidalraum (großer Radius), wirkt sich die durch die hydrodynamischen Effekte hervorgerufene Massenverschiebung primär nach innen aus (**Abb. 1.26**).

Wesentliche Bedingung für eine physiologische intrakranielle Hydrodynamik ist die direkte Weitergabe der durch die Pulswelle hervorgerufenen Volumenausdehnung, ausgehend von den basalen Arterien über den externen Liquorraum, hin zu den duralen (venösen) Sinus und dem Spinalkanal.

Dabei wird das Hirnparenchym einschließlich seiner Kapillaren umgangen (■ Abb. 1.25, ■ Abb. 1.26). Dies erfordert eine intakte Windkesselfunktion der großen Hirnarterien; durch die Elastizität der Gefäßwand kann ein Teil der hydrodynamischen Energie der einlaufenden Pulswelle absorbiert werden. Nachfolgend wird das entstandene „Reservoir" verzögert wieder entleert und auf diese Weise der ursprünglich pulsatile in einen überwiegend kontinuierlichen Blutfluss transformiert.

Des Weiteren ist eine ausreichende intrakranielle (Gesamt-) Compliance erforderlich, damit überhaupt erst eine Ausdehnung der basalen Hirnarterien in den Subarachnoidalraum hinein stattfinden kann.

■■ Gestörte intrakranielle Hydrodynamik beim Hydrocephalus communicans

Grundsätzlich lassen sich alle Mechanismen, die zur Ausbildung eines Hydrocephalus communicans führen, mit einer herabgesetzten intrakraniellen Compliance erklären. Der Verlust der Fähigkeit zum raschen intrakraniellen Volumenausgleich führt zu einer erheblichen Beeinträchtigung oder sogar zum vollständigen Zusammenbruch der Windkesselfunktion der großen Arterien; damit zu einer erhöhten Pulsatilität, Abnahme des diastolischen Blutflusses und, in Kombination mit einem erhöhten Strömungswiderstand, auch zu einer Verringerung des mittleren arteriellen Blutflusses.

Als unmittelbare Folge finden sich bei einlaufender arterieller Pulswelle kurzfristig teils erheblich erhöhte intrakranielle Druckwerte (bei normalem oder nur geringfügig erhöhtem *mittlerem* ICP) und ein verringertes, kompensatorisch am kraniozervikalen Übergang aus dem Hirnschädel austretendes Volumen (Liquor und venöses Blut).

Darstellbar sind die durch die reduzierte Compliance hervorgerufenen Störungen der Hydrodynamik u. a. als erhöhter Pulsatilitätsindex (PI) bei der transkraniellen Doppler-Sonographie oder auch als intermittierend auftretende Phasen erhöhten ICPs, sogenannte A- und B-Wellen (► Abschn. 9.2) bei der intrakraniellen Druckmessung (Rainov et al. 2000).

Des Weiteren führen die veränderten Druckverhältnisse zu einer Kompression der Kapillaren und Venen mit konsekutiv erhöhtem Gefäßwandwiderstand und hierdurch erschwertem Flüssig-

keitsaustausch zwischen Interstitium und Intravasalraum.

MRT-basierte Untersuchungen haben gezeigt, dass unter diesen pathologischen Verhältnissen das zum Ausgleich der Pulswelle in den Spinalkanal austretende Liquorvolumen um 50% und die Menge des den Schädelinnenraum über die Hirnsinus verlassenden venösen Blutes um gut 30% reduziert sind. Gleichzeitig lassen sich gegenüber gesunden Personen bis zu 6-fach erhöhte Pulsdruckspitzen im Subarachnoidalraum messen.

Unter den Gegebenheiten einer verringerten Expansionsmöglichkeiten der Hirnarterien kann weniger Energie der Pulswelle über die Gefäßwand absorbiert werden. Zudem reduziert sich das Ausmaß der direkten Volumenübertragung über den subarachnoidalen Liquorraum und die venösen Sinus unter Umgehung des Hirnparenchyms (s. oben) wesentlich. Gemäß dem Energieerhaltungssatz muss folglich stattdessen ein entsprechend größerer Anteil der hydrodynamischen Energie über das Kapillarnetz fortgeleitet und schlussendlich von der Hirnsubstanz absorbiert werden. Daraus resultiert ein erhöhter Hirngewebedruck mit konsekutiv zunehmenden venösen Druckverhältnissen, verringertem Perfusionsdruck und Abnahme des zerebralen Blutflusses.

Schlussendlich mündet die durch die Kompression der Kapazitätsgefäße (Kapillaren und Venen) hervorgerufene weitere Abnahme der intrakraniellen Compliance in einen Circulus vitiousus.

> ❯ Eine reduzierte intrakranielle (und intraspinale) Compliance behindert die systolische Expansion der Hirnarterien, wodurch ein unphysiologisch großer Anteil der hydrodynamischen Energie über das Kapillarnetz auf das Hirngewebe übertragen wird und dort einen erhöhten Gewebedruck verursacht.

■■ Beeinträchtigung der Liquorabsorption beim Hydrocephalus communicans

Die Übertragung der systolischen hydrodynamischen Energie von den Kapillaren auf die Hirnsubstanz bewirkt eine Verringerung des transkapillären Druckgradienten zwischen umgebendem Hirngewebe und Intravasalraum; der Ausstrom interstitieller Flüssigkeit (u. a. auch Liquor) nimmt folglich ab.

Die reduzierte intrakranielle Compliance verursacht überdies eine Druckübertragung in umgekehrter Richtung – nämlich ausgehend vom Liquorraum hin zum Gefäßsystem. Die Druckverhältnisse in diesen beiden Kompartimenten sind eng aneinandergekoppelt und gleichen sich umso schneller an, je niedriger die Compliance ist. Demzufolge gelingt es kaum, das als treibende Kraft für die Liqourabsorption benötigte Druckgefälle ausreichend lange aufrecht zu erhalten.

Weitere relevante Faktoren für die Malabsorption sind der reduzierte zerebrale Blutfluss und der erhöhte Gefäßwandwiderstand, verursacht durch die Kompression der Hirnkapillaren bei ansteigendem Druck des umgebenden Hirngewebes.

■■ Erklärung der isolierten Erweiterung der inneren Liquorräume beim Hydrocephalus communicans

Die durch den „pulsatilen Stress" hervorgerufene Ausdehnung des Hirngewebes ist, wie oben beschrieben, zentripetal („nach innen") gerichtet. Die Druckübertragung erfolgt daher primär auf den Inhalt der (Seiten-) Ventrikel und verursacht zunächst einen forcierten Liquorfluss durch das Aquädukt (sichtbar als „Flow-void-Zeichen" bei der MRT-Bildgebung). Die intraventrikuläre Drucksteigerung verteilt sich rasch gleichmäßig im gesamten eingeschlossenen Volumen und bewirkt so ein dynamisches Rebound-Phänomen,

das mit jeder Pulswelle eine Verdichtung der Hirnsubstanz an ihrer Grenzfläche zum inneren Liquorraum hervorruft. Dies lässt sich am einfachsten als „systolische Selbstkompression des Gehirns am Ventrikelsystem" beschreiben.

Da im Gegensatz zu nicht komprimierbaren Flüssigkeiten das Hirngewebe leicht verformbar ist, kumulieren diese durch den pulsatilen Stress generierten Effekte mit der Zeit in einer Verschmälerung der Hirnsubstanz, ausgehend von der Seite der größten Druckeinwirkung. Folglich erweitern sich kompensatorisch die Ventrikel, und es kommt zur Ausbildung eines Hydrocephalus communicans (■ Abb. 1.27).

■■ Unmittelbare Ursachen einer gestörten intrakraniellen Hydrodynamik infolge einer SAB

Mehrere Faktoren tragen infolge einer SAB zur gestörten Hydrodynamik – und somit zur Entwicklung eines Hydrocephalus communicans bei:
− Bereits kleinere Einblutungen in den Subarachnoidalraum können dort Adhäsionen („Verklebungen") verursachen, wodurch die Volumenaufnahme erschwert, damit die Compliance reduziert und letztlich die arterielle Expansion behindert wird. In diesem Fall kann als Ausdruck der zugrundeliegenden

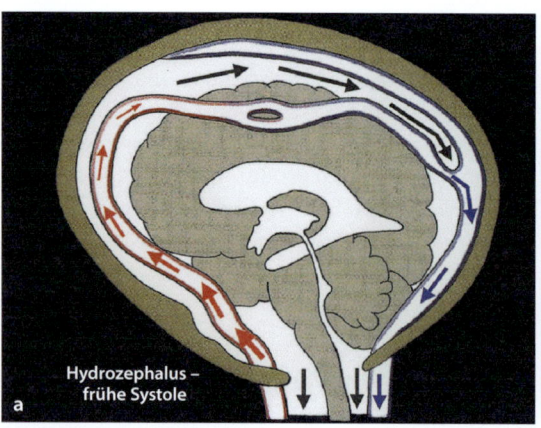

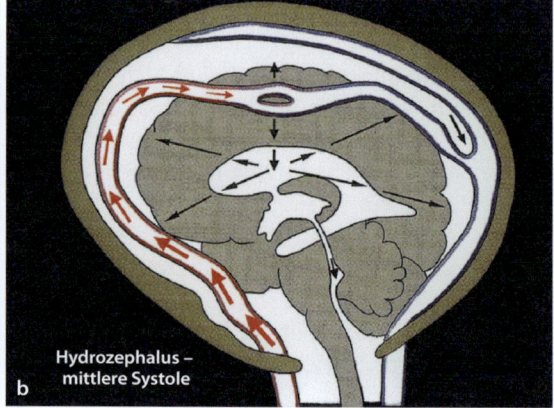

■ Abb. 1.27a, b Übertragung der Pulsdruckwelle auf das Hirngewebe beim Hydrocephalus communicans. a Bei einer herabgesetzten intrakraniellen Compliance wird die systolische Expansion der großen Hirnarterien behindert. Konsekutiv ist die Übertragung der Druckenergie auf den subarachnoidalen Liquorraum vermindert und gleichfalls die Liquor-Volumenverschiebung eingeschränkt. Als Folge kommt es u. a. zu einem reduzierten systolischen Blutfluss in den venösen Hirnsinus und zu einem geringeren Austritt von Liquor am Foramen magnum in den Spinalkanal.

b Stattdessen erreicht die kaum abgeschwächte intraarterielle Pulswelle die Hirnkapillaren und bewirkt dort eine schlagartige Volumenausdehnung. Die so verursachte Expansion des Hirngewebes ist primär nach zentripetal gerichtet und trifft schließlich auf die mit nicht komprimierbarem Liquor gefüllten (Seiten-) Ventrikel. Kompensatorisch steigt die Liquorflussrate im Aquädukt. Schlussendlich bewirkt der (chronische) pulsatile Stress eine Verschmälerung des Hirngewebes mit Ausbildung eines Hydrocephalus communicans. (Aus: Greitz 2004)

Pathophysiologie auch der Begriff **„restricted arterial pulsation hydrocephalus"** verwendet werden. Die von der systolischen Pulswelle induzierten Liquorflüsse und Druckgradienten sind am kraniozervikalen Übergang am ausgeprägtesten. Deshalb haben Hämorrhagien im Bereich der basalen Zisternen/der Fossa cranii posterior besonders gravierende Folgen für die Hydrodynamik. Bei einer Einschränkung der Compliance, ausgehend von dieser Lokalisation, ist meist auch eine Erweiterung des vierten Ventrikels zu beobachten, da der „pulsatile Stress" zusätzlich in transzerebellärer Richtung wirkt und das Kleinhirn schlussendlich verschmälert.

- Naturgemäß verhindert auch ein **Vasospasmus** (s. unten) als Folge einer SAB die Ausdehnung der großen Hirnarterien und verringert konsekutiv ebenfalls die Volumentransmission unter Umgehung des Hirngewebes.

- Als ein weiterer ursächlicher Faktor wird aktuell auch eine **Störung des Gleichgewichtes von gebildetem zu absorbiertem Liquorvolumen** aufgrund veränderter osmotischer Verhältnisse angenommen. Im Zuge einer Einblutung in die Ventrikel und/oder den Subarachnoidalraum kommt es dort zu einem Exzess unterschiedlichster Makromoleküle. Hierdurch erhöht sich schlagartig der kolloidosmotische Druck mit nachfolgend vermehrtem Einstrom von Wasser aus dem Intravasalraum und dem Interstitium. Dieser Zustand bleibt zunächst erhalten, da große Moleküle die Blut-Hirn-Schranke nicht überwinden können und ihre Clearance, vorwiegend entlang des perivaskulären Raums mit anschließender Aufnahme in ortsständige immunkompetente Zellen, erst mit zeitlicher Latenz erfolgt. Übersteigt die Menge des so gebildeten Liquors die Absorptionskapazitätdes Kapillarnetzwerkes, führt dies zu einer intrakraniellen Volumenvermehrung mit konsekutiver Abnahme der Compliance (Krishnamurthy und Li 2014). Entsprechend der dargelegten physikalischen Eigenschaften bewirkt der dadurch erhöhte pulsatile Stress eine vermehrte Kompression des Hirngewebes und schlussendlich auch der Kapazitätsgefäße (Kapillaren und Venen). Insofern kann dieses Phänomen auch als **„venous congestion hydrocephalus"** bezeichnet werden.

- Das gleiche Prinzip lässt sich ebenfalls auf die Entstehung des Hydrocephalus occlusus bei einer Obstruktion im Bereich der inneren Liquorräume anwenden. Beim Übergang in ein chronisches Stadium wird ein neues Äquilibrium mit wieder fast normalen intrakraniellen Druckverhältnissen erreicht (Greitz 2004; Krishnamurthy und Li 2014).

- Des Weiteren setzt subarachnoidales Blut auch **sekundäre inflammatorische Prozesse** in Gang, was zu einer lokalen Fibrosierung und Verdickung der Leptomeninx führen kann. Inwiefern hierdurch in relevantem Umfang die Liquorpassage entlang des perivaskulären Raumes zum Ort der Liquorabsorption, den Hirnkapillaren, kompromittiert wird, ist gegenwärtig noch ungeklärt.

Compliance

Unter Compliance versteht man das Ausmaß der Kapazität eines Systems, sich ändernden Volumenverhältnissen anzupassen. Sie ist definiert als Volumenänderung geteilt durch Druckänderung:

$$\mathrm{d}V/\mathrm{d}p$$

Es handelt sich dabei also um eine dynamische Größe, die nicht direkt gemessen werden kann. Beispielsweise lassen sich durch die Kombination von flusssensitiven MRT-Aufnahmen und zeitgleicher intrakranieller Druckmessung die durch die arterielle Pulsation hervorgerufenen intrakraniellen Volumen- und Druckänderungen bestimmen und so die Compliance ermitteln.

1.3.4 „Delayed cerebral ischaemia (DCI)/cerebral infarction"

Dieser Abschnitt behandelt die wichtigsten Ursachen der DCI nach einer SAB.

Hierzu gehören Vasospasmen, die „cortical spreading depolarisation" (CSD), **Mikrothrombosen**, **Inflammation** und der **oxidativen Stress**.

In der Vergangenheit wurden die frühen sowie die mit einer Latenz einsetzenden Komplikationen nach subarachnoidaler Blutung meist getrennt betrachtet. Nicht zuletzt wegen des Fehlens einer belastbaren wissenschaftlichen Evidenz für Therapiestrategien, die auf die Prävention sekundärer Komplikationen wie beispielsweise den Vasospasmus abzielen, hat ein Paradigmenwechsel in diesem Bereich stattgefunden. Heutzutage fasst man die durch das Blutungsereignis angestoßenen pathophysiologischen Abläufe als ein chronologisches Kontinuum von aufeinander aufbauenden und ineinandergreifenden Prozessen auf, die schlussendlich eine klinisch objektivierbare Verschlechterung des neurologischen Status zu Folge haben. Der Terminus „Early brain injury" (EBI), der die überwiegend stereotypen, unmittelbar innerhalb der ersten 72 Stunden einsetzenden Hirnschädigungen umfasst, hat zwar weiterhin Bestand, wird jedoch nicht mehr als abgeschlossene Erkrankungsphase, sondern vielmehr als Vorbedingung für später auftretenden Defizite und Störungen verstanden.

Eine DCI ist definiert als ein unvorhersehbar auftretendes, ischämiebedingtes klinisches Syndrom mit fokal-neurologischen und/oder kognitiven Defiziten, das sich bei 20–40% aller Patienten mit einer spontanen aneurysmatischen SAB 3–14 Tage nach dem initialen Blutungsereignis beobachten lässt. Sofern die Perakutphase der Erkrankung überstanden wird, bestimmen primär das Auftreten und das Ausmaß dieser mit Latenz einsetzenden Komplikation die weitere individuelle Prognose hinsichtlich Mortalität und (dauerhafter) Behinderung (Dorsch und King 1994).

Die zugrundeliegenden Pathomechanismen sind umfangreich und umfassen u. a. die „cortical spreading depolarisation", verzögert auftretende/prolongierte Vasospasmen, die neuronale und gliale Apoptose, die Entstehung von Mikrothromben, eine anhaltende Störungen der zerebralen Autoregulation/Mikrozirkulationsstörungen, eine zerebrale Ödembildung, anhaltende Elektrolytstörungen sowie eine proinflammatorische Diathese.

Im Folgenden wird daher hier eine Auswahl der verschiedenen Schädigungsfaktoren, die überwiegend erst in ihrem komplementären Zusammenwirken eine sekundäre Hirnschädigung im Sinne einer DCI herbeiführen, explizit dargestellt.

1.3.4.1 Vasospasmen

Im Anschluss an eine SAB lassen sich bei bis zu 70% der Patienten radiographisch Vasospasmen nachweisen, von denen jedoch nur ein geringer Anteil (20–30%) symptomatisch wird (Lin et al. 2014). Lange Zeit wurde diese Komplikation als alleinige, oder zumindest wesentliche Ursache der DCI betrachtet. Allerdings konnte bis heute im Rahmen diverser Therapiestudien weder eine Korrelation zwischen einer effektiven Vasospasmusreduktion und einer positiven Prognose noch umgekehrt die Abhängigkeit eines verbesserten klinischen Outcomes von einer objektivierbaren effektiven Gefäßspasmolyse (u. a. CONSCIOUS-1-Trial) belegt werden (Archavlis und Nievas 2013; MacDonald et al. 2008). Andererseits ist der Nachweis von Gefäßspasmen mit einer 3-fach erhöhten Mortalitätsrate innerhalb der ersten 2 Wochen nach einer akuten SAB assoziiert (Archavlis und Nievas 2013). Als negative Outcome-Prädiktoren gelten der Nachweis eines generalisierten, gefolgt von einem multisegmentalen Verteilungsmuster und hochgradige Lumeneinengungen (Einteilung von Grad I–IV), gemessen im proximalen Abschnitt der A. cerebri media und der A. cerebri anterior.

Des Weiteren bestimmt offensichtlich auch die Menge subarachnoidalen Blutes die Prognose des Patienten.

Die Pathophysiologie der Vasospasmusentstehung ist heterogen und in Teilen kontrovers diskutiert. Im Folgenden werden einige wichtige Einflussfaktoren vorgestellt (◘ Abb. 1.28):

Im Anschluss an eine SAB kommt es unter anderem zu einer **Up-Regulation des vasokonstriktionsvermittelnden Endothelin-Rezeptors** an den Hirngefäßen. Aus diesem Grund können bereits minimal erhöhte Serumkonzentrationen seines Liganden (Endothelin-1, ET-1) eine massive Lumeneinengung der Gefäße verursachen (Archavlis und Nievas 2013; Cossu et al. 2014).

Des Weiteren bewirkt in der Akutphase der SAB die Exposition der zerebralen Arterien gegenüber extravasalem Hämoglobin eine **Erhöhung der Menge an intrazellulärem Ca²⁺**. Dies wiederum führt zu einer vermehrten **Phosphorylierung von Myosin-Leichtketten** mit nachfolgend *transienter* Kontraktion der glatten Gefäßmuskelzellen.

Demgegenüber liegen dem *langanhaltenden* Vasospasmus Mechanismen zugrunde, die nicht mit einer gesteigerten zytosolischen Ca^{2+}-Konzentration einhergehen. Unterschiedliche Proteinkinasen vermitteln im Zusammenspiel mit dem reaktiv freigesetzten ET-1 aus Endothelzellen, Astrozyten und Leukozyten eine **erhöhte Empfindlichkeit der Gefäßmuskelzellen gegenüber Ca²⁺**. Die ET-1-abhängige Wirkung ist extrem langanhaltend, da u. a. das Peptid bis zu 48 Stunden an

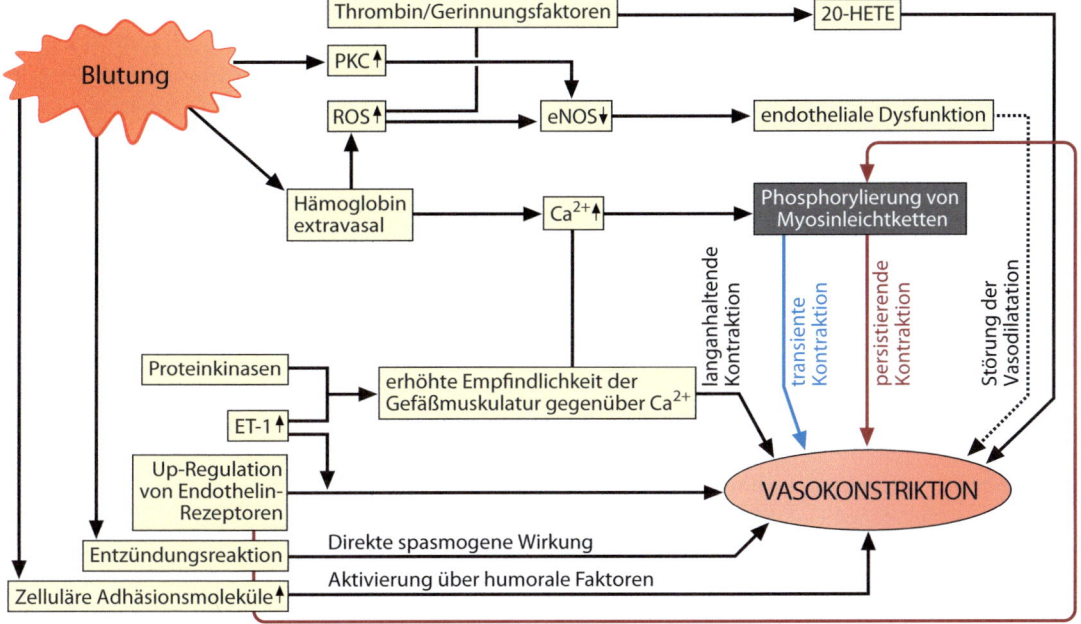

seinen Rezeptor bindet. Verschiedene nachge-
schaltete intrazelluläre Signalwege führen zu einer
Potenzierung der Ca^{2+}-Sensibilisierung mit einer
am Ende stehenden verstärkten Phosphorylierung
von Myosin-Leichtketten, woraus schlussendlich
die *persistierende* Muskelkontraktion resultiert
(Edvinsson 2009; Kikkawa et al. 2012).

Freie Sauerstoffradikale (ROS) fungieren als
ein weiterer wesentlicher Faktor bei der Generierung anhaltender Vasospasmen nach einer SAB:
Ihre enzymatische Bildung erfolgt u. a. unter dem
Einfluss der Autooxidation von extravasalem
Hämoglobin. ROS bewirken eine endotheliale
Dysfunktion, indem sie über den Zwischenschritt
der Bilirubinoxidation die Bildung von eNOS
(endotheliale Stickstoffmonoxidsynthetase) hemmen, sodass die NO-anhängige und von cGMP
(zyklisches Guanosinmonophosphat) vermittelte
Vasodilatation kompromittiert wird (Pluta 2008).
Des Weiteren stimulieren Sauerstoffradikale zusammen mit **Thrombin und anderen Gerinnungs-**
faktoren die Synthese von 20-HETE (20-Hydro-
xyeicosatetraensäure), ein vasokonstriktorisch wir-
kender Metabolit der Arachidonsäure, der kalzium-
aktivierte Kaliumkanäle blockiert (Archavlis und
Nievas 2013).

Darüber hinaus kommt die Depletierung von
NO auch durch eine Schädigung NO-produzie-

render Endothelzellen im Rahmen des Hämoglo-
binabbaus und durch induzierte apoptotische sowie inflammatorische Prozesse zustande. Eine
Down-Regulation der eNOS lässt sich auch unter
dem Einfluss der nach einer SAB vermehrt gebildeten Proteinkinase C (PKC) beobachten
(Archavlis und Nievas 2013).

Die durch extravasales Blut ausgelöste **Ent-**
zündungsreaktion führt zur Einwanderung von
Leukozyten und Thrombozyten in die Gefäßwand. Verschiedene aus diesen Zellen freigesetzte
Mediatoren (u. a. ET-1, Thromboxan A2, Serotonin) wirken direkt spasmogen. Überdies findet
sich lokal eine erhöhte Gewebeexpression unterschiedlicher Proteine, darunter auch Adhäsionsmoleküle, sodass auch die Voraussetzungen für
ein **Mitwirken humoraler Faktoren** an der Vasokonstriktion gegeben sind (Fassbender et al. 2000;
Prunell et al. 2005).

Mit Ausnahme von kleinen Gefäßwandeinris-
sen verursacht eine SAB in der Regel distal der
Rupturstelle eine bedeutsame Hirnischämie mit
Abfall des Gewebesauerstoffpartialdruckes und
des pH-Wertes. Im Perakutstadium gehen von
diesem Mechanismus auch protektive Effekte aus,
indem die Stase der Blutung begünstigt wird. Im
weiteren zeitlichen Verlauf überwiegen jedoch die
negativen Auswirkungen kaskadenhaft induzier-

ter molekularer Prozesse, an deren Ende, überwiegend nach initialer Aktivierung des „hypoxia inducible factor-1" (HIF-1), eine Störung der Blut-Hirn-Schranken-Integrität, eine endotheliale Apoptose und ebenfalls Vasospasmen stehen (Archavlis und Nievas 2013).

> Da traumatische Subarachnoidalblutungen in der Regel durch Rhexisblutungen aus kleineren Gefäßen im Bereich der Großhirnkonvexitäten entstehen, kommen die hier genannten Mechanismen überwiegend nicht zum Tragen, weshalb infolge traumatischer SABs deutlich seltener Vasospasmen auftreten.

Die durch die „cortical spreading depolarisation" (CSD) hervorgerufenen Gefäßkonstriktionen und Zellnekrosen betreffen die kleinen Arterien und Arteriolen und werden deshalb im nachfolgenden Abschnitt gesondert erörtert.

1.3.4.2 „Cortical spreading depolarisation" (≠ „depression")

„Cortical spreading depolarisation" (CSD)
Der Begriff „cortical spreading depolarisation" (CSD) bezeichnet den abrupten, nahezu kompletten Kollaps des Ruhemembranpotenzials von Nervenzellen (sowie Gliazellen). Bei der „cortical spreading depression" hingegen handelt es sich um eine unmittelbare Folge der CSD in Form einer Unterdrückung der spontanen oder evozierten neuronalen Aktivität, die sich im EEG messbar mit einer Geschwindigkeit von 2–5 mm/min über die Hirnoberfläche ausbreitet. Allerdings kann auch bereits der primäre Schädigungsmechanismus das betroffene Hirngewebe elektrisch unerregbar machen. Deshalb sind die Termini nicht synonym zu verwenden.

Das Auftreten des Phänomens der CSD lässt sich einerseits sowohl unmittelbar nach dem Einsetzen der subarachnoidalen Einblutung als auch während der anschließenden 1–2 Wochen nachweisen. Es handelt sich dabei nicht um ein exklusiv SAB-assoziiertes Spezifikum, sondern um einen **dynamischen Prozess**, der auch im Rahmen anderer pathologischer Zustände wie mechanische Hirnverletzungen, Migräneauren, Hirnischämien u. a. nachweisbar ist (Lauritzen et al. 2011).

▪▪ Ablauf der CSD

Die CSD beginnt mit einem (prolongierten) **Zusammenbruch der membranübergreifenden Ionengradienten** und führt so zunächst zu einer **massiven Ionenverschiebung**, der **Ausschüttung von Neurotransmittern** und schlussendlich zur Ausprägung eines **zytotoxischen Ödems**.

In gesundem Hirngewebe folgt auf eine kurze Phase der Vasokonstriktion eine Gefäßdilatation, sodass der für die Zellrepolarisation erforderliche, deutlich erhöhte metabolische Bedarf ausreichend gedeckt werden kann. Diese neurovaskuläre Kopplung ist bei unterschiedlichen Erkrankungen, darunter auch die SAB, nachhaltig gestört oder sogar ganz aufgehoben. Dabei kann der energetische Umsatz einzelner CSDs meist noch kompensiert werden. Die unter pathologischen Gegebenheiten jedoch in Clustern auftretenden Depolarisationswellen hingegen führen zu einer z. T. exzessiven O_2- und Substratdepletion (v. a. Glukose und ATP), wodurch – auch im Zusammenspiel mit weiteren Faktoren – eine Gewebenekrose verursacht werden kann (Winkler et al. 2012; Bosche et al. 2010).

Die genaue Pathophysiologie der CSD-Initiierung ist komplex und noch nicht abschließend verstanden. Im Rahmen einer SAB korreliert die Menge des ausgetretenen Blutes, die Entstehung sulcaler Gerinnsel sowie deren Dicke mit dem Auftreten, der Ausdehnung und der Frequenz kortikaler Depolarisationswellen und in der finalen Konsequenz auch mit der Ausbildung sekundärer (kortikaler) Ischämien/Nekrosen (Hartings et al. 2017).

▪▪ Initialphase der CSD

Der Beginn der CSD-Cluster fällt interessanterweise mit der maximalen Ausprägung der Hämolyse im Subarachnoidalraum zusammen. Insofern scheinen aus Erythrozyten freigesetzte **Abbauprodukte** neben einer ansteigenden **extrazellulären K^+-Gewebekonzentration** wesentliche Trigger des plötzlichen Zusammenbruchs des Membranpotenzials kortikaler Neurone zu sein. Zusätzlich prädisponieren offensichtlich auch hypoxische Zustände im Zuge reaktiver Vasospasmen vorgeschalteter großer Hirnarterien oder eine kompromittierte Perfusion distal der Aneurysmaruptur für die Entstehung von CSDs (Hartings et al. 2017; Claassen 2017).

Die Verschiebung des extrazellulären Gleichstrompotenzials in Richtung eines negativen

Ladungsbereichs (es wurden unter klinischen Bedingungen bei Patienten Werte bis –20 mV gemessen) wird von einem massiven Na^+- und Ca^{2+}-Einstrom in die Zelle eingeleitet. Im Gegenzug erhöht sich auf der Außenseite der Zellmembran die K^+-Konzentration, und die Cl^--Konzentration fällt. Aus dem Überwiegen eines nach intrazellulär gerichteten Nettostroms positiver Ladungsträger resultiert einerseits die **lokale Depolarisation**, andererseits folgt Wasser entlang des entstehenden osmotischen Gradienten. Es bildet sich daraufhin ein **zytotoxisches Ödem** mit konsekutiver Abnahme des Extrazellularraums aus. Zudem fällt der pH-Wert auf Werte unter 7. Der Depolarisation folgt eine exzessive Freisetzung **exzitatorischer Neurotransmitter** wie Glutamat und Aspartat.

Als eine weitere Folge des reduzierten Membranpotenzials kommt es zu einer Aufhebung des spannungsabhängigen Mg^{2+}-Blockes von *N*-Methyl-D-Aspartat- **(NMDA) Rezeptoren**. Dieser Vorgang verursacht eine Sensibilisierung der entsprechenden Neurone gegenüber Glutamat. Bereits eine geringfügig erhöhte extrazelluläre Glutamat-Konzentration ist dann in der Lage, eine weitere Ausschüttung von K^+ und exzitatorischen Neurotransmittern zu triggern. Auf diese Weise werden angrenzende Abschnitte der Hirnoberfläche in den Prozess mit einbezogen, und es resultiert ein **Voranschreiten der Depolarisationswelle** (Dreier et al. 2009).

■ ■ Fehlende oder fehlgeleitete Kompensationsmechanismen im Rahmen der CSD

Astrozyten sind in der Lage, ansteigende extrazelluläre K^+-Konzentrationen abzupuffern sowie Glutamat aufzunehmen. Sie können damit der Initiierung der CSD entgegenwirken. Diese intrinsische „Schutzfunktion" geht jedoch bei begleitender Schädigung dieser Zellen verloren (Munoz-Guilléna et al. 2013).

Unter physiologischen Bedingungen sorgt die umgehende Aktivierung der ATP-abhängigen Na^+- und Ca^{2+}-Pumpen für eine rasche Korrektur des intrazellulären Kationenexzesses. Um eine Depletion der erforderlichen Energieträger sowie von Sauerstoff zu vermeiden, setzt in dieser Phase unmittelbar eine passagere Vasodilatation ein, der regionale zerebrale Blutfluss nimmt zu und damit auch der Sauerstoffpartialdruck im Gewebe ($p_{ti}O_2$). Im Fall einer SAB ist diese neurovaskuläre Kopplung nachhaltig gestört. Es kommt zu einer **inver-**

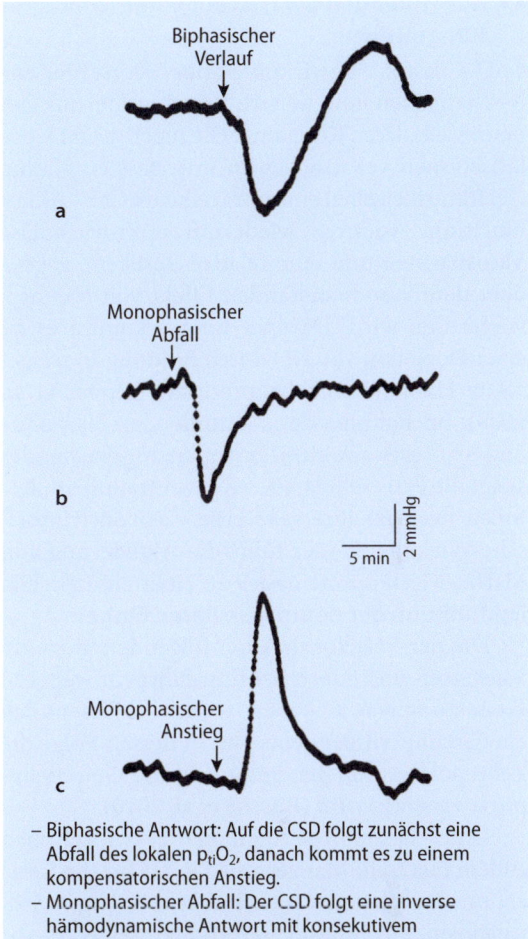

Biphasischer Verlauf

a

Monophasischer Abfall

b

5 min | 2 mmHg

Monophasischer Anstieg

c

– Biphasische Antwort: Auf die CSD folgt zunächst eine Abfall des lokalen $p_{ti}O_2$, danach kommt es zu einem kompensatorischen Anstieg.
– Monophasischer Abfall: Der CSD folgt eine inverse hämodynamische Antwort mit konsekutivem monophasischem Abfall der lokalen $p_{ti}O_2$, dann kommt es wieder zu einem langsamen Anstieg, jedoch nur bis zum Ausgangswert.
– Monophasischer Anstieg: Physiologische Antwort bei der auf die CSD ein passagerer monophasischer Anstieg des lokalen $p_{ti}O_2$ folgt.

■ **Abb. 1.29a–c** Inverse hämodynamische Antwort. Dargestellt sind die drei möglichen Verläufe der Änderung des Sauerstoffpartialdrucks im Hirngewebe ($p_{ti}O_2$) in räumlicher und zeitlicher Assoziation zu jeweils einer durch den Pfeil markierten CSD: **a** biphasische Antwort, **b** monophasischer Abfall, **c** physiologischer monophasischer Anstieg. (Aus Bosche et al. 2010, mit freundlicher Genehmigung von John Wiley and Sons)

sen hämodynamischen Antwort (■ Abb. 1.29 und Übersicht), wobei erst auf eine initiale Vasokonstriktion die Vasodilatation folgt oder als prognostisch ungünstiges Vollbild sogar eine monophasische Vasokonstriktion auftritt (Bosche et al. 2010).

Die Vasomotorenreagibilität gegenüber dem sich ändernden lokalen O_2-Gewebepartialdruck ($p_{ti}O_2$) ist in noch vitalem, jedoch bereits vorgeschädigtem Hirngewebe eingeschränkt.

▪▪ Auswirkungen der CSD auf vorgeschädigtes Hirngewebe

CSD-Cluster bewirken über verschiedene Mechanismen eine weitere Verschlechterung der neurovaskulären Kopplung. Die repetitiven Depolarisationen verursachen in miterfassten glatten Gefäßmuskelzellen eine intrazelluläre Ca^{2+}-Akkumulation, wodurch wiederum mikrovaskuläre Vasospasmen und eine relative Resistenz gegenüber dem vasodilatierenden Effekt von NO hervorgerufen wird. Darüber hinaus kommt es zu einer Depletion von NO durch Bindung an freigesetzte Hämoglobinabbauprodukte (Dreier et al. 2009). Im Rahmen der stattfindenden Hämolyse und als Ausdruck eines Energiemangelzustandes steigt die extrazelluläre K^+-Konzentration an. K^+-Ionen besitzen ihrerseits eine vasokonstriktorische Wirkung. Ferner führt die Aktivierung von Matrix-Metalloproteinase 9 zu einer zusätzlichen **Dysfunktion der neurovaskulären Einheit**.

Die der Vasokonstriktion folgende reduzierte Sauerstoff- und Substratzufuhr führt zur weiteren Freisetzung von K^+-Ionen, sodass schlussendlich ein Circulus vitiosus entsteht, in dessen Folge die Zellrepolarisation gehemmt und die Gewebehypoxie verstärkt wird (Bosche et al. 2010).

Unter Ischämiebedingungen entwickelt sich zudem rasch ein Mangel an ATP, das für die Relaxation der glatten Muskelzellen benötigt wird. Adenosin, ein Intermediärprodukt des ATP-Abbaus, kann bei eingeschränktem Metabolismus wiederum seine physiologische gefäßerweiternde Wirkung im Anschluss an eine Gewebedepolarisation nicht entfalten.

Auf diese Weise führen die durch CSD-Cluster hervorgerufenen repetitiven Vasokonstriktionen in vulnerablen Hirnarealen zu einer **verminderten Vasomotorenreagibilität** mit gradueller Abnahme von Dauer und Ausprägung der kompensatorischen Vasodilatation und damit schlussendlich zu kortikalen Mikrogefäßspasmen. Die sich aufgrund der inversen hämodynamischen Antwort an der Hirnoberfläche ausbreitende Ischämiezone („cortical spreading ischaemia" = CSI) folgt daher in ihrem Verlauf den auslösenden Depolarisationswellen. Das expandierende Perfusionsdefizit bedingt einen zusätzlichen Substratmangel, sodass der für die Repolarisation erforderliche erhöhte Energiebedarf nicht mehr gedeckt werden kann. Die Depletion von Sauerstoff, Glukose und ATP verursacht dabei in letzter Konsequenz, v. a. in Bereichen mit herabgesetzter Ischä-

mietoleranz, sekundäre (kortikale) Infarkte (= DCI). Ein enger räumlicher Bezug zum Ort der Blutung muss dabei nicht bestehen (Lauritzen et al. 2011; Winkler et al. 2012; Bosche et al. 2010; Hartings et al. 2017; Claassen 2017).

1.3.4.3 Mikrothrombosen

Das Auftreten von Mikrothrombosen korreliert mit der Ausdehnung der subarachnoidalen Blutung und dem Vorhandensein kortikaler Ischämien.

Bereits wenige Minuten nach dem Einsetzen einer SAB lässt sich eine **Aktivierung des Gerinnungssystems** nachweisen, was ein früher Prädiktor für die DCI und zerebrale Infarkte ist (Munoz-Guilléna et al. 2013). Kausal verantwortlich sind endotheliale Schädigungen, hervorgerufen durch die Aneurysmaruptur selbst sowie durch Blutabbauprodukte und konsekutive akute Ischämien. Davon ausgehend kommt es zu einer **Aktivierung der humoralen Gerinnungskaskade** bei gleichzeitiger **Hemmung der Fibrinolyse**. Als Reaktion auf das durch die SAB entstandene Trauma werden zudem **inflammatorische Prozesse** in Gang gesetzt, die zur weiteren Eskalation der thrombotischen Diathese beitragen. Die sich daraufhin ausbildenden, fragilen wandständigen Thromben verursachen schließlich eine Embolisation der zerebralen Endstrombahnen.

Der zusätzliche Einfluss intramuraler, thrombozytenaktivierender Faktoren gewinnt demgegenüber offensichtlich erst mit einer gewissen zeitlichen Latenz sowohl in den großen als auch in den kleinen Hirngefäßen an Bedeutung. Innerhalb der ersten 4 Tage nach dem initialen Blutungsereignis lassen sich bei Patienten ansteigende Serum- (und auch Liquor-) Spiegel von von-Willebrand-Faktor und von CSF-tissue-factor nachweisen. Auch dies begünstigt die Ausbildung von Mikrothromben in den distalen Gefäßabschnitten (Pluta et al. 2008).

1.3.4.4 Inflammation und oxidativer Stress

Das in den Subarachnoidalraum ausgetretene Blut führt neben den oben beschriebenen vasoaktiven und membrandepolarisierenden Effekten auch zur Initiierung der Kaskade proinflammatorischer Faktoren. Diese Prozesse umfassen vaskuläre Zelladhäsionsmoleküle für Leukozyten (VCAM 1, ICAM 1, E-Selektin), Zytokine (TNF-α, Interleukin-1 und -6) sowie die Komplementfaktoren C3a und C5a. Dadurch kommt es zu einer Akzeleration der Hämolyse und in der Folge u. a. zu einer verstärkten Freisetzung gefäßspasmogener Mediatoren (s. oben). Die Höhe der bei SAB-Patienten gemessenen Serum- und Liquorspiegel der oben genannten proinflammatorischen Faktoren korreliert positiv mit dem Auftreten einer DCI und einem schlechteren klinischen Outcome (Munoz-Guilléna et al. 2013). Zudem lässt sich eine Verschiebung der physiologischen Balance von *antioxidativ* wirksamen hin zu *prooxidativen* Molekülen nach einer SAB beobachten. Zum einen wird die Freisetzung von Hyperoxidanionen als die wichtigsten freien Radikale (ROS) durch Oxyhämoglobin im Subarachnoidalraum stimuliert, zum anderen entsteht bei der Oxidation von Hämoglobin zu Methämoglobin Wasserstoffperoxid, das quasi einer „Vorstufe" der ROS entspricht.

Der Überschuss an hochreaktiven Sauerstoffradikalen verursacht zelluläre Schäden an Endothelzellen, u. a. mit konsekutiver Störung der Blut-Hirn-Schranke sowie an glatten Gefäßmuskelzellen und induziert eine Apoptose. Darüber hinaus trägt die blutungsassoziierte Schwächung des endogenen antioxidativ wirkenden Systems zu einer weiteren Verschlechterung der neurologischen Symptomatik betroffener Patienten bei (Munoz-Guilléna 2013; Rowland et al. 2012; Brandon et al. 2014).

Zusätzlich begünstigen auch Elektrolytstörungen (v. a. Hyponatriämie und/oder Hypomagnesiämie), eine gestörte oder gar aufgehobene zerebrale Autoregulation, raumfordernde Effekte des entstehenden Hirnödems und eine ggf. bereits vorbestehende eingeschränkte vaskuläre Kollateralkapazität die Entstehung einer DCI mit möglichen dauerhaften Residuen.

1.3.5 Therapie

Aufgrund der Vielschichtigkeit der geschilderten pathophysiologischen Prozesse kann konsequenterweise nur ein multimodaler Therapieansatz effektiv zur Verhinderung oder zumindest Abmilderung SAB-bedingter sekundärer Hirnschädigungen beitragen. Daher verwundert es auch nicht, dass in der Vergangenheit der Nachweis eines klinischen Nutzens einzelner im Rahmen von Therapiestudien getesteter Behandlungsregimes überwiegend ausgeblieben ist.

? Fragen zur Lernkontrolle
— Welche Mechanismen führen zu einem Aneurysmawachstum und welche zur Aneurysmaruptur?
— Was ist unter dem Begriff „early brain injury" zu verstehen und auf welchen Mechanismen basiert diese?
— Was ist gemäß der hydrodynamischen Theorie die wesentliche Voraussetzung für die Entstehung eines Hydrocephalus communicans?
— Was sind die wichtigsten Einflussfaktoren für die Ausbildung zerebraler Vasospasmen nach einer Subarachnoidalblutung (SAB)?

Literatur

Literatur zu ▶ Abschn. 1.1

Aikawa M, Libby P (2004) The vulnerable atherosclerotic plaque. Cardiovasc Pathol 13:125–138. doi:10.1016/S1054–8807(04)00004–3

Ainslie PN, Duffin J (2009) Integration of cerebrovascular CO_2 reactivity and chemoreflex control of breathing: mechanisms of regulation, measurement, and interpretation. Am J Physiol Regul Integr Comp Physiol 296:R1473. doi:10.1152/ajpregu.91008.2008

Al-Ali F, Perry BC (2013) Spontaneous cervical artery dissection: the borgess classification. Frontiers Neur 4:133. doi:10.3389/fneur.2013.00133

Berlit P (Hrsg) (2014) Basiswissen Neurologie. Springer, Berlin Heidelberg New York

Charidimou A, Boulouis G, Gurol ME, Ayata C, Bacskai BJ, Frosch MP, Viswanathan A, Greenberg SM (2017) Emerging concepts in sporadic cerebral amyloid angiopathy. Brain doi:10.1093/brain/awx047

Chen H, Yoshioka H, Kim GS, Jung JE, Okami N, Sakata H, Maier CM, Narasimhan P, Goeders CE, Chan PH (2011) Oxidative stress in ischemic brain damage: mechanisms of cell death and potential molecular targets for neuroprotection. Antioxidants Redox Signaling 14:1505–1517. doi:10.1089/ars.2010.3576

Debette S (2014) Pathophysiology and risk factors of cervical artery dissection: what have we learnt from large hospital-based cohorts? Curr Opinion Neurol 27:20–28. doi:10.1097/WCO.0000000000000056

Del Sette M, Eliasziw M, Streifler JY, Hachinski VC, Fox AJ, Barnett HJ (2000) Internal borderzone infarction: a marker for severe stenosis in patients with symptomatic internal carotid artery disease. For the North American Symptomatic Carotid Endarterectomy (NASCET) Group. Stroke 31:631–636

Dichgans M (2007) Genetics of ischaemic stroke. Lancet Neurol 6:149–161. doi:10.1016/S1474–4422(07)70028–5

Dirnagl U, Iadecola C, Moskowitz MA (1999) Pathobiology of ischaemic stroke; An integrated view. Trends in Neurosciences 22:391–397. doi:10.1016/S0166–2236(99)01401–0

Dohmen C, Sakowitz OW, Fabricius M, Bosche B, Reithmeier T, Ernestus R-I, Brinker G, Dreier JP, Woitzik J, Strong AJ, Graf R (2008) Spreading depolarizations occur in human ischemic stroke with high incidence. Ann Neurol 63:720–728. doi:10.1002/ana.21390

Doyle KP, Simon RP, Stenzel-Poore MP (2008) Mechanisms of ischemic brain damage. Neuropharmacology 55:310–318. doi:10.1016/j.neuropharm.2008.01.005

Droge W (2002) Free radicals in the physiological control of cell function. Physiol Rev 82:47–95. doi:10.1152/physrev.00018.2001

Fann DY-W, Lee S-Y, Manzanero S, Chunduri P, Sobey CG, Arumugam TV (2013) Pathogenesis of acute stroke and the role of inflammasomes. Ageing Res Rev 12:941–966. doi:10.1016/j.arr.2013.09.004

Faxon DP, Fuster V, Libby P, Beckman JA, Hiatt WR, Thompson RW, Topper JN, Annex BH, Rundback JH, Fabunmi RP, Robertson RM, Loscalzo J (2004) Atherosclerotic Vascular Disease Conference: Writing Group III: pathophysiology. Circulation 109:2617–2625. doi:10.1161/01.CIR.0000128520.37674.EF

Filosa JA, Morrison HW, Iddings JA, Du W, Kim KJ (2016) Beyond neurovascular coupling, role of astrocytes in the regulation of vascular tone. Neuroscience 323: 96–109. doi:10.1016/j.neuroscience.2015.03.064

Gryglas A, Smigiel R (2017) Migraine and Stroke: What's the Link? What to Do? Curr Neurol Neurosci Rep 17:22. doi:10.1007/s11910–017–0729-y

Hartings JA, Shuttleworth CW, Kirov SA et al. (2016) The continuum of spreading depolarizations in acute cortical lesion development: Examining Leao's legacy. J Cerebral Blood Flow Metab . doi:10.1177/0271678X16654495

Hossmann KA (1994) Viability thresholds and the penumbra of focal ischemia. Ann Neurol 36:557–565

Hossmann KA, Heiss WD (op. 2010) Neuropathology and pathophysiology of stroke. In: Brainin M, Heiss WD, Heiss S (Hrsg) Textbook of stroke medicine. Cambridge University Press, Cambridge, S 1–27

Huang J, Upadhyay UM, Tamargo RJ (2006) Inflammation in stroke and focal cerebral ischemia. Surg Neurol 66:232–245. doi:10.1016/j.surneu.2005.12.028

Keith J, Gao F-Q, Noor R, Kiss A, Balasubramaniam G, Au K, Rogaeva E, Masellis M, Black SE (2017) Collagenosis of the Deep Medullary Veins: An Underrecognized Pathologic Correlate of White Matter Hyperintensities and Periventricular Infarction? J Neuropathol Exp Neurol 76:299–312. doi:10.1093/jnen/nlx009

Li L, Yiin GS, Geraghty OC, Schulz UG, Kuker W, Mehta Z, Rothwell PM (2015) Incidence, outcome, risk factors, and long-term prognosis of cryptogenic transient ischaemic attack and ischaemic stroke; A population-based study. Lancet Neurol 14:903–913. doi:10.1016/S1474–4422(15)00132–5

Marsh BJ, Stenzel-Poore MP (2008) Toll-like receptors: novel pharmacological targets for the treatment of neurological diseases. Curr Opin Pharmacol 8:8–13. doi:10.1016/j.coph.2007.09.009

McBryde FD, Malpas SC, Paton JFR (2017) Intracranial mechanisms for preserving brain blood flow in health and disease. Acta Physiologica (Oxford, England) 219:274–287. doi:10.1111/apha.12706

McDonald JW, Bhattacharyya T, Sensi SL, Lobner D, Ying HS, Canzoniero LM, Choi DW (1998) Extracellular acidity potentiates AMPA receptor-mediated cortical neuronal death. J Neurosci 18:6290–6299

Meisel C, Schwab JM, Prass K, Meisel A, Dirnagl U (2005) Central nervous system injury-induced immune deficiency syndrome. Nature reviews. Neuroscience 6:775–786. doi:10.1038/nrn1765

Momjian-Mayor I, Baron J-C (2005) The pathophysiology of watershed infarction in internal carotid artery disease; Review of cerebral perfusion studies. Stroke 36:567–577. doi:10.1161/01.STR.0000155727.82242.e1

Muir KW, Buchan AM, Kummer R von, Rother J, Baron J-C (2006) Imaging of acute stroke. Lancet Neurol 5:755–768

Nilsson J, Hansson GK (2015) The changing face of atherosclerotic plaque inflammation. J Intern Med 278:430–432. doi:10.1111/joim.12403

Norenberg MD, Rao KVR (2007) The mitochondrial permeability transition in neurologic disease. Neurochem Int 50:983–997. doi:10.1016/j.neuint.2007.02.008

Norrving B (op. 2010) Common causes of ischemic stroke. In: Brainin M, Heiss WD, Heiss S (Hrsg) Textbook of stroke medicine. Cambridge University Press, Cambridge

Pantoni L (2002) Pathophysiology of age-related cerebral white matter changes. Cerebrovasc Dis (Basel, Switzerland) 13 Suppl 2:7–10

Pantoni L (2010) Cerebral small vessel disease; From pathogenesis and clinical characteristics to therapeutic challenges. Lancet Neurol 9:689–701. doi:10.1016/S1474–4422(10)70104–6

Prass K, Meisel C, Hoflich C, Braun J, Halle E, Wolf T, Ruscher K, Victorov IV, Priller J, Dirnagl U, Volk H-D, Meisel A (2003) Stroke-induced immunodeficiency promotes spontaneous bacterial infections and is mediated by sympathetic activation reversal by poststroke T helper cell type 1-like immunostimulation. J Exp Med 198:725–736. doi:10.1084/jem.20021098

Schievink WI (2001) Spontaneous dissection of the carotid and vertebral arteries. New Engl J Med 344:898–906. doi:10.1056/New Engl J Med200103223441206

Shin HK, Dunn AK, Jones PB, Boas DA, Moskowitz MA, Ayata C (2006) Vasoconstrictive neurovascular coupling during focal ischemic depolarizations. J Cerebral Blood Flow Metab 26:1018–1030. doi:10.1038/sj.jcbfm.9600252

Singhal AB, Biller J, Elkind MS, Fullerton HJ, Jauch EC, Kittner SJ, Levine DA, Levine SR (2013) Recognition and management of stroke in young adults and adolescents. Neurology 81:1089–1097. doi:10.1212/WNL.0b013e3182a4a451

Stol M, Hamann GF (2002) Die zerebrovaskuläre Reservekapazität. Nervenarzt 73:711–718. doi:10.1007/s00115–002–1313–4

Strong AJ, Anderson PJ, Watts HR, Virley DJ, Lloyd A, Irving EA, Nagafuji T, Ninomiya M, Nakamura H, Dunn AK, Graf R (2007) Peri-infarct depolarizations lead to loss of perfusion in ischaemic gyrencephalic cerebral cortex. Brain 130:995–1008. doi:10.1093/brain/awl392

Vertinsky AT, Schwartz NE, Fischbein NJ, Rosenberg J, Albers GW, Zaharchuk G (2008) Comparison of multidetector CT angiography and MR imaging of cervical artery dissection. AJNR. American journal of neuroradiology 29:1753–1760. doi:10.3174/ajnr.A1189

Vidale S, Consoli A, Arnaboldi M, Consoli D (2017) Postischemic Inflammation in Acute Stroke. J Clin Neurol (Seoul, Korea) 13:1–9. doi:10.3988/jcn.2017.13.1.1

Volker W, Dittrich R, Grewe S, Nassenstein I, Csiba L, Herczeg L, Borsay BA, Robenek H, Kuhlenbaumer G, Ringelstein EB (2011) The outer arterial wall layers are primarily affected in spontaneous cervical artery dissection. Neurology 76:1463–1471. doi:10.1212/WNL.0b013e318217e71c

Willeit J, Kiechl S (2000) Biology of arterial atheroma. Cerebrovasc Dis (Basel, Switzerland) 10 Suppl 5:1–8

Literatur zu ► Abschn. 1.2

Anderson CS et al. (2013) Rapid Blood-Pressure Lowering in Patients with Acute Intracerebral Hemorrhage. New England J Medicine 368: 2355–2365

Bergström P et al. (2016) Amyloid precursor protein expression and processing are differentially regulated during cortical neuron differentiation. Sci Rep 6: 29200. doi: 10.1038/srep29200

Boulouis G, Charidimou A, Greenberg SM (2016) Sporadic Cerebral Amyloid Angiopathy: Pathophysiology, Neuroimaging Features, and Clinical Implications. Semin Neurol 36: 233–243

Charidimou A, Boulouis G, Gurol ME, Ayata C, Bacskai BJ, Frosch MP, Viswanathan A, Greenberg SM (2017) Emerging concepts in sporadic cerebral amyloid angiopathy. Brain 140 (7):1829-1850 Review

Charidimou A, Gang Q Werring DJ (2012) Sporadic cerebral amyloid angiopathy revisited: recent insights into pathophysiology and clinical spectrum. J Neurol Neurosurg Psychiat 83: 124–137

Etminan N, Rinkel GJ (2016) Unruptured intracranial aneurysms: development, rupture and preventive management. Nat Rev Neurol 12(12): 699–713

Fisher CM (1971) Pathological observations in hypertensive cerebral hemorrhage. J Neuropathol Exp Neurol 30: 536–550

Greenberg, S. M. et al. (1998) Association of apolipoprotein E epsilon2 and vasculopathy in cerebral amyloid angiopathy. Neurology 50: 961–965

Hu X et al. (2016) Oxidative Stress in Intracerebral Hemorrhage: Sources, Mechanisms, and Therapeutic Targets. Oxid Med Cell Longev 3215391. doi: 10.1155/2016/3215391

Katsu M et al. (2010) Hemoglobin-induced oxidative stress contributes to matrix metalloproteinase activation and blood-brain barrier dysfunction in vivo. J. Cereb. Blood Flow Metab 30: 1939–1950

Lammie G (2002) A. Hypertensive cerebral small vessel disease and stroke. Brain Pathol. 12, 358–370

Lim-Hing K, Rincon F (2017) Secondary Hematoma Expansion and Perihemorrhagic Edema after Intracerebral Hemorrhage: From Bench Work to Practical Aspects. Front Neurol Apr 7; Review

Pantoni L (2010) Cerebral small vessel disease: from pathogenesis and clinical characteristics to therapeutic challenges. Lancet Neurol 9 (7): 689–701. Review

Qureshi AI, Mendelow AD, Hanley DF (2009) Intracerebral haemorrhage. Lancet 373, 1632–1644

Qureshi AI, Palesch YY, Martin R, Toyoda K, Yamamoto H, Wang Y, Wang Y, Hsu CY, Yoon BW, Steiner T, Butcher K, Hanley DF, Suarez JI (2014) Interpretation and Implementation of Intensive Blood Pressure Reduction in Acute Cerebral Hemorrhage Trial (INTERACT II). J Vasc Interv Neurol 7 (2): 34–40

Rosenblum WI (2008) Fibrinoid necrosis of small brain arteries and arterioles and miliary aneurysms as causes of hypertensive hemorrhage: a critical reappraisal. Acta Neuropathol 116 (4): 361–9. doi: 10.1007/s00401–008–0416–9

Schünke M, Schulte E, Schumacher U, Voll M, Wesker K (2006) Prometheus LernAtlas der Anatomie, Kopf und Neuroanatomie. Thieme, Stuttgart

Sun X Chen WD, Wang YD (2015) β-Amyloid: the key peptide in the pathogenesis of Alzheimer's disease. Front Pharmacol 6: 221

Wardlaw JM (2010) Blood-brain barrier and cerebral small vessel disease. J Neurol Sci 299: 66–71

Weller RO, Subash M, Preston SD, Mazanti I, Carare RO (2008) Perivascular drainage of amyloid-beta peptides from the brain and its failure in cerebral amyloid angiopathy and Alzheimer's disease. Brain Pathol 18 (2): 253–66

Wu TY, Sharma G, Strbian D, Putaala J, Desmond PM, Tatlisumak T et al. (2017) Natural history of perihematomal edema and impact on outcome after intracerebral hemorrhage. Stroke 48 (4): 873–879

Xi G Keep RF, Hoff JT (2006) Mechanisms of brain injury after intracerebral haemorrhage. Lancet Neurol 5: 53–63

Literatur zu ► Abschn. 1.3

Archavlis E, Nievas M (2013) Cerebral vasospasm: a review of current developments in drug therapy and research. J Pharm Technol Drug Res 2: 18

Bosche B, Graf R, Ernestus R-I et al. (2010) Recurrent spreading depolarizations after subarachnoid hemorrhage decreases oxygen availability in human cerebral cortex. Ann Neurol 67: 607–617

Brandon A. Miller, Turan N, Chau M et al. (2014) Inflammation, vasospasm and brain Injury after subarachnoid hemorrhage. BioMed Research Int. 2014

Cahill J, Cahill WJ, Calvert JW, Calvert JH, Zhang JH (2006) Mechanisms of early brain injury after subarachnoid hemorrhage. J Cereb Blood Flow Metab Off J Int Soc Cereb Blood Flow Metab (11): 1341–53

Chen S, Feng H, Sherchan P, Klebe D, Zhao G, Sun X et al. (2014) Controversies and evolving new mechanisms in subarachnoid hemorrhage. Prog Neurobiol 115: 64–91

Chen S, Luo J, Reis C et al. (2017) Hydrocephalus after subarachnoid hemorrhage: pathophysiology, diagnosis, and treatment. BioMed Research Int 2017: 8584753. doi: 10.1155/2017/8584753

Claassen J (2017) Spreading depolarization and acute ischaemia in subarachnoid haemorrhage: the role of mass depolarization waves. Brain 140; 2527–2529

Cossu G, Messerer M, Oddo M et al. (2014) To look beyond vasospasm in aneurysmal subarachnoid haemorrhage. BioMed Research Int 2014: 628597. doi: 10.1155/2014/628597

1

Dorsch N, King M (1994) A review of cerebral vasospasm in aneurysmal subarachnoid haemorrhage Part I: incidence and effects. J Clin Neurosci 1: 19–26

Dreier J, Major S, Manning A et al. (2009) Cortical spreading ischaemia is a novel process involved in ischaemic damage in patients with aneurysmal subarachnoid haemorrhage. Brain 132;1866–1881

Edvinsson L (2009) Cerebrovascular endothelin-receptor upregulation in cerebral ischemia. Curr Vasc Pharmacol 7: 26–33

Etminan N, Rinkel GJ (2016) Unruptured intracranial aneurysms: development, rupture and preventive management. Nat Rev Neurol 12 (12): 699–713

Fassbender K, Hodapp B, Rossol S et al. (2000) Endothelin-1 in subarachnoid hemorrhage: An acute-phase-reactant produced by cerebrospinal-fluid leukocytes. Stroke 31: 2971–2975

Fisher C, Roberson G, Ojemann R (1977) Cerebral vasospasm with ruptured saccular aneurysm - the clinical manifestations. Neurosurgery 1 (3): 245–248

Friedrich V, Flores R, Sehba FA (2012) Cell death starts early after subarachnoid hemorrhage. Neurosci Lett 512 (1): 6–11

Greitz D (2002) On the active vascular absorption of plasma proteins from tissue: rethinking the role of the lymphatic system. Med Hypoth 59: 696–702

Greitz D (2004) Radiological assessment of hydrocephalus: new theories and implications for therapy. Neurosurg Rev 27: 145–165

Greitz D (2004) The hydrodynamic hypothesis versus the bulk flow hypothesis. Neurosurg Rev 27: 299–300

Hacke W (Hrsg) (2016) Neurologie, 14. Auflage. Springer, Berlin Heidelberg New York

Hartings J, York J, Carroll C et al. (2017) Subarachnoid blood acutely induces spreading depolarizations and early cortical infarction. Brain 140: 2673–2690

Kikkawa Y, Matsuo S, Kameda K et al. (2012) Mechanisms underlying potentiation of endothelin-1-induced myofilament Ca (2+)-sensitization after subarachnoid hemorrhage. J Cereb Blood Flow Metab 32: 341–52

Krishnamurthy S, Li J (2014) New concepts in the pathogenesis of hydrocephalus. Transl Pediatr 3 (3): 185–194

Kusaka G, Ishikawa M, Nanda A, Granger DN, Zhang JH (2004) Signaling Pathways for Early Brain Injury after Subarachnoid Hemorrhage. J Cereb Blood Flow Metab 24 (8): 916–25

Lauritzen M, Dreier J, Fabricius M et al. (2011) Clinical relevance of cortical spreading depression in neurological disorders: migraine, malignant stroke, subarachnoid and intracranial hemorrhage, and traumatic brain injury. J Cereb Blood Flow Metab 31: 7–35

Lin C-L, Dumont A, Zhang J et al. (2014) Cerebral vasospasm after aneurysmal subarachnoid hemorrhage: mechanism and therapies. BioMed Research Int 2014: 679014. doi: 10.1155/2014/679014

Macdonald L, Kassell N, Mayer S et al. (2008) Clazosentan to overcome neurological ischemia and infarction occurring after subarachnoid hemorrhage (CONSCIOUS-1): randomized, double-blind, placebo-controlled phase 2 dose-finding trial. Stroke 39 (11): 3015–3021

Macdonald RL, Schweizer TA (2017) Spontaneous subarachnoid haemorrhage. Lancet Lond Engl 389 (10069): 655–66

Meng H, Tutino VM, Xiang J, Siddiqui A (2014) High WSS or low WSS? Complex interactions of hemodynamics with intracranial aneurysm initiation, growth, and rupture: toward a unifying hypothesis. AJNR Am J Neuroradiol 35 (7): 1254–62

Miller BA, Turan N, Chau M, Pradilla G (2014) Inflammation, vasospasm, and brain injury after subarachnoid hemorrhage. BioMed Res Int 2014: 384342

Munoz-Guilléna N, León-Lópeza R, Túnez-Finanab I et al. (2013) From vasospasm to early brain injury: New frontiers in subarachnoid haemorrhage research. Neurologia 28 (5): 309–316

Petridis AK, Kamp MA, Cornelius JF, Beez T, Beseoglu K, Turowski B et al. (2017) Aneurysmal Subarachnoid Hemorrhage. Dtsch Ärztebl Int 114 (13): 226–36

Pluta R (2008) Dysfunction of nitric-oxide-synthases as a cause and therapeutic target in delayed cerebral vasospasm after SAH. Acta Neurochir Suppl 104: 139–47

Prunell G, Svendgaard N, Alkass K et al. (2005) Inflammation in the brain after experimental subarachnoid hemorrhage. Neurosurgery 56: 1082–1092

Rainov N, Weise J, Burkert W (2000) Transcranial doppler sonography in adult hydrocephalic patients. Neurosurg Rev 23: 34–38

Rowland M, Hadjipavlou G, Kelly M et al. (2012) Delayed cerebral ischaemia after subarachnoid haemorrhage: looking beyond vasospasm. Br J Anaesth 109 (3): 315–29

Schmieder K, Möller F, Engelhardt M, Scholz M, Schregel W, Christmann A et al. (2006) Dynamic cerebral autoregulation in patients with ruptured and unruptured aneurysms after induction of general anesthesia. Zentralbl Neurochir 67 (2): 81–7

Serrone JC, Maekawa H, Tjahjadi M, Hernesniemi J (2015) Aneurysmal subarachnoid hemorrhage: pathobiology, current treatment and future directions. Expert Rev Neurother 15 (4): 367–80

Stephensen H, Tisell M, Wikkelsö C (2002) There is no transmantle pressure gradient in communicating or noncommunicating hydrocephalus. Neurosurgery 50: 763–771

van Lieshout JH, Dibué-Adjei M, Cornelius JF, Slotty PJ, Schneider T, Restin T et al. (2017) An introduction to the pathophysiology of aneurysmal subarachnoid hemorrhage. Neurosurgery. doi: 10.1007/s10143–017–0827-y

Winkler M, Chassidim Y, Lublinsky et al. (2012) Impaired neurovascular coupling to ictal epileptic activity and spreading depolarization in a patient with subarachnoid hemorrhage: possible link to blood-brain barrier dysfunction. Epilepsia 53: 22–30

Entzündliche Erkrankungen

C. Warnke, J. Havla, M. Kitzrow, A. Biesalski, S. Knauss

© Springer-Verlag GmbH Deutschland, ein Teil von Springer Nature 2019
D. Sturm et al. (Hrsg.), *Neurologische Pathophysiologie*
https://doi.org/10.1007/978-3-662-56784-5_2

2.1 Multiple Sklerose

C. Warnke, J. Havla

▪▪ Zum Einstieg

Die multiple Sklerose (MS) ist eine chronisch-entzündliche, immunvermittelte Erkrankung des zentralen Nervensystems. Während sie in der Frühphase oft von schubförmig auftretenden, häufig reversiblen neurologischen Ausfällen dominiert wird, kommt es mit längerer Erkrankungsdauer zunehmend zu einem progredienten Krankheitsverlauf. Hier steht dann ein nicht mehr reversibler und fortschreitender Verlust von motorischen, sensiblen und kognitiven Fähigkeiten im Zentrum der Erkrankung. Ausgehend von aktuellen Erkenntnissen zur Ätiologie und Pathogenese der MS gibt dieses Kapitel zudem eine Übersicht über die aktuell revidierten Kriterien einer klinischen Diagnosestellung sowie die Grundprinzipien der Wirkungsweise von MS-gerichteter Immuntherapie. Die Herausforderungen und Risiken der immuntherapeutischen Langzeitintervention werden dabei nicht ausgespart.

Multiple Sklerose (MS)
- **Definition:** Chronisch-entzündliche, immunvermittelte Erkrankung des zentralen Nervensystems (Gehirn und Rückenmark).
- **Epidemiologie:**
  - Inzidenz: 8/100.000,
  - Prävalenz: 200/100.000,
  - Mortalität: 1–2/100.000,
  - Lebenszeitverkürzung 7–14 Jahre.
  - mehr als 2 Millionen MS-Kranke weltweit.
- **Ätiologie:**
  - Unklar, komplexe Interaktion von Genetik und Umweltfaktoren, bei der es zu einer fehlgeleiteten Immunantwort gegen Strukturen von Gehirn und Rückenmark kommt.
  - Zielantigen bislang nicht definiert.
- **Diagnostik:** Ausschlussdiagnose basierend auf klinischen Befunden, Magnetresonanztomographie und Labor
- **Therapie:**
  - Akut (Schubtherapie): Glukokortikosteroide und Plasmaseparation/Immunadsorption.

- Verlaufsmodifizierend: immunmodulierende oder immunsuppressive Medikamente.

2.1.1 Definition der MS

Die MS gehört mit geschätzten 200.000 Erkrankten in Deutschland und über 2 Millionen Betroffenen weltweit zu den häufigsten Erkrankungen in der Neurologie. Das Manifestationsalter liegt typischerweise im jungen Erwachsenenalter (20.–40. Lebensjahr), und Frauen sind 2- bis 3-mal häufiger betroffen (Kip et al. 2016), wie man es oft bei Erkrankungen mit vermuteter Immunpathogenese findet, ohne dass die Ursache hierfür geklärt wäre (Reich et al. 2018).

Der Begriff MS ist zunächst deskriptiv und beschreibt die an verschiedenen Stellen auftretenden ("multiple") Vernarbungen ("Sklerose"). Der Terminus „Encephalomyelitis disseminata" wird synonym verwendet. Er bringt zum Ausdruck, dass die MS eine entzündliche Erkrankung („… itis") des zentralen Nervensystems (ZNS: Gehirn und Rückenmark) ist und beinhaltet auch, dass die Erkrankung definitionsgemäß an verschiedenen Stellen (sog. räumliche Dissemination) und zu verschiedenen Zeiten (zeitliche Dissemination) auftritt (Reich et al. 2018) Charakterisiert wird die Erkrankung vor allem in ihrer Frühphase von schubförmig auftretenden, zunächst oft reversiblen neurologischen Störungen (schubförmige MS, RMS).

Schub

Ein Schub ist über eine durch den Patienten berichtete oder objektiv erfasste Episode neurologischer Störungen definiert, die typisch für einen entzündlichen demyelinisierenden Prozess im ZNS ist, mindestens 24 Stunden anhält und nicht von Fieber oder einer Infektion begleitet wird.

Infolge eines Schubes kann es bei unvollständiger Rückbildung zu Behinderung kommen. Eine fortschreitende Behinderung, zumeist gemessen auf der Expanded Disability Status Scale (EDSS) (Kurtzke 1983), kann jedoch auch schubunabhängig eintreten, wobei dies sowohl bei der schubförmigen MS, als auch bei chronisch progredienten Varianten (s. unten) beobachtet wird.

Ein charakteristisches Frühsymptom der MS ist die sog. Neuritis nervi optici (Entzündung des Sehnervs), die typischerweise mit retrobulbären Augenschmerzen, Rotentsättigung sowie Latenzverzögerung in den visuell evozierten Potenzialen (VEPs) einhergeht. Weitere frühe Symptome sind Sensibilitätsstörungen und Schmerzen sowie neurogene Blasenstörungen, Obstipation und/oder Sexualfunktionsstörungen.

Motorische Störungen (Spastik, Muskelschwäche, Ataxie, Tremor) führen oft erst im weiteren Verlauf zu einer progredienten Gangstörung, die in einem deutschen Kollektiv nach einer durchschnittlichen Krankheitsdauer von knapp 13 Jahren bei 28% der Patienten zur Abhängigkeit von einer Gehhilfe führte und in 6% der Fälle zur Rollstuhlpflichtigkeit. Zunehmend werden auch schwerer fassbare Symptome wie kognitive Störungen, neuropsychiatrische Veränderungen und reduzierte Belastbarkeit/Fatigue als wichtige, behindernde Elemente der Erkrankung wahrgenommen (Kip et al. 2016).

Im Verlauf der Erkrankung kommt es häufig zum Übergang in einen progredienten Krankheitsprozess, in dem eine Erholung von einem Schub nicht mehr oder nur noch eingeschränkt stattfindet. Der Übergang in diese als sekundär chronisch-progrediente MS (SPMS) bezeichnete Form tritt im Mittel nach 10–15 Krankheitsjahren ein (Ontaneda et al. 2017). Davon lässt sich eine kleinere Gruppe von etwa 7% aller Patienten abgrenzen, bei der die Erkrankung primär progredient verläuft (PPMS) (Kip et al. 2016).

> Unabhängig von der Verlaufsform ist die Erkrankung mit einem individuell unterschiedlichen und nur bedingt vorhersagbaren, über die Jahre kumulierenden Risiko einer bleibenden Behinderung, mit einer durchschnittlich um 7–14 Jahre verkürzten Lebenserwartung und einer reduzierten Lebensqualität assoziiert.

2.1.2 Diagnostische Kriterien der MS

Für die Diagnose der multiplen Sklerose sind international gegenwärtig die 2001 veröffentlichten (McDonald et al. 2001) und 2017 zuletzt überarbeiteten sogenannten McDonald-Kriterien gültig (Thompson et al. 2018). Die Diagnose MS kann gestellt werden, sofern diese Kriterien erfüllt sind und sich keine Hinweise auf eine konkurrierende, die Beschwerden des Patienten besser erklärende Erkrankung finden. Die McDonald-Kriterien zielen insgesamt auf eine frühere Diagnosestellung ab, sodass inzwischen häufig bereits nach dem ersten klinischen Ereignis (Schub) die Diagnose einer MS gestellt werden kann. Wie im Folgenden ausgeführt, erfolgt die Diagnose bei typischer Klinik in der Regel mit Hilfe des MRTs sowie der Liquordiagnostik.

2.1.2.1 Magnetresonanztomographie (MRT)

Die örtliche und zeitliche Dissemination der Erkrankung wird entweder anhand von objektivierbaren klinischen Läsionen in verschiedenen Arealen des ZNS zu verschiedenen Zeiten oder anhand von Kriterien der Ergebnisse der Zusatzdiagnostik nachgewiesen (s. Übersicht). Diese Kriterien ermöglichen dabei die Diagnose der MS bereits nach einem ersten Schub, der in der klinisch-neurologischen Untersuchung, im VEP bei Patienten mit Sehstörung oder in der MRT objektivierbar ist (Thompson et al. 2018).

Kriterien zur Diagnose der schubförmigen MS anhand von MR und Liquor

- **Örtliche Dissemination:** ≥1 T2-Läsionen in mindestens 2 von 4 der folgenden Regionen:
  - periventrikulär
  - juxtakortikal/kortikal
  - infratentoriell
  - spinal
- **Zeitliche Dissemination** (eines von 3 Kriterien muss erfüllt sein):
  - gleichzeitiger Nachweis von MRT-Läsionen mit und ohne Schrankenstörung
  - neue oder schrankengestörte T2-Läsion in der Verlaufs-MRT, ungeachtet der zeitlichen Abstände
  - Nachweis von isolierten oligoklonalen Banden im Liquor

(nach Thompson et al. 2018)

2.1.2.2 Liquor

Der Untersuchung des Liquor cerebrospinalis kommt bei der Sicherung der zeitlichen Dissemination (Übersicht s. oben) sowie im Rahmen der Ausschlussdiagnostik eine zentrale Bedeutung zu (Thompson et al. 2018). Als alternative Erkrankungen gilt es beispielsweise, die Neuroborreliose, die Neurosyphilis, eine systemische rheumatische Erkrankung (z. B. den SLE mit ZNS-Beteiligung) oder eine Neurosarkoidose von der MS abzugrenzen.

Üblicherweise erfolgt in Deutschland neben der Bestimmung des IgG-Quotienten im Quotientenschema und der Untersuchung auf oligoklonale Banden (OKB) auch die Analyse auf autochthone, intrathekale Produktion von Antikörpern gegen Masern-, Röteln- und Varizellazoster-Viren (sog. MRZ-Reaktion), die bei moderater Sensitivität (etwa 60%) die höchste Spezifität für die Diagnose der MS aller Liquorparameter aufweist (Jarius et al. 2017). Zytologisch findet sich häufig eine milde Pleozytose mit lymphomonozytärem Zellbild.

2.1.2.3 Weitere Zusatzdiagnostik

Evozierte Potenziale bei der Diagnosestellung der MS werden zur Objektivierung von berichteten oder auch klinisch untersuchbaren funktionellen Defiziten eingesetzt. Zunehmend wird auch die optische Kohärenztomographie (OCT) eingesetzt, um eine subklinische oder klinisch nachvollziehbare Pathologie zu objektivieren und insbesondere die retinale Nervenfaserschicht (RNFL) in Verlaufsuntersuchungen darzustellen. Noch spielt die OCT keine Rolle in offiziellen Diagnosekriterien der MS, könnte aber perspektivisch an Bedeutung gewinnen, z. B. auch zum nichtinvasiven Monitoring von therapeutischen Effekten (Petzold et al. 2017).

2.1.3 Ätiologie der MS

Die Ätiologie der MS ist noch unklar ist (Goodin 2016). Bislang ist nicht einmal bekannt, ob eine oder mehrere Ursachen zur MS führen. Im Allgemeinen geht man jedoch von einer komplexen Erkrankung aus, bei der wahrscheinlich genetische Disposition und Umweltfaktoren mit bislang unzureichend definierten zusätzlichen Einflüssen zusammenwirken, wobei die einzelnen Faktoren auch miteinander interagieren können. Somit kann das Erkrankungsrisiko auch bei der Präsenz einzelner Ursachen bislang nicht zuverlässig vorhergesagt werden. Entsprechend liegt das Wiederholungsrisiko für dizygote Zwillinge bei etwa 5% und für monozygoten Zwillinge bei etwa 30%. Aber auch das Risiko für Kinder eines MS-erkrankten Elternteils, eine MS zu bekommen, ist im Vergleich zur allgemeinen Bevölkerung gering erhöht (circa 2–4% vs. 0,1%).

Einen Hinweis auf die Interaktion mit beteiligten Umweltfaktoren geben Ergebnisse der Migrationsstudien. Dabei korreliert das MS-Risiko mit dem Alter bei der Auswanderung. Emigriert ein Mensch erst im Erwachsenenalter, behält er das Erkrankungsrisiko des verlassenen Landes. Wandert er schon als Kind aus, übernimmt er das Erkrankungsrisiko des neuen Ziellandes (Goodin 2016).

Zwillingsstudie
An der Ludwig-Maximilians-Universität München gibt es aktuell eine deutschlandweite Zwillingsstudie, für die bereits >50 monozygote Zwillingspaare rekrutiert wurden (http://www.klinikum.uni-muenchen.de/Institut-fuer-Klinische-Neuroimmunologie/de/aktuelles/neuigkeiten_MS/20161119_Zwillingsstudie.html), bei denen mindestens ein Zwilling an MS erkrankt ist. Die Studie hat sich zum Ziel gesetzt, die Auslösung und Entstehung der multiplen Sklerose und ganz besonders das komplizierte Zusammenspiel von Umweltfaktoren und Erbfaktoren besser zu verstehen. Anhand von detaillierten Interviews, klinischen und kernspintomographischen Untersuchungen sowie Analysen von Proben (Blut-, Liquor- und Stuhlproben) werden in verschiedenen Projekten zahlreiche Fragestellungen untersucht, u. a. der Einfluss der Darmflora (s. unten: Info „Mikrobiom") und anderer Umweltfaktoren auf die Entstehung der MS sowie der Einfluss möglicher Risikogene auf die Krankheitsentstehung.
Derartige Studien sind von großer Bedeutung für ein besseres Verständnis dafür, warum trotz einer identischen genetischen Prädisposition und ähnlichen Umweltfaktoren in den ersten Lebensphasen nur ein Teil der Zwillingspaare hinsichtlich des klinischen Phänotyps MS-konkordant sind.

2.1.3.1 Viren und MS

Mit der Erstbeschreibung der MS Ende des 19. Jahrhunderts kam der weiterhin nicht vollständig ausgeräumte Verdacht auf, dass es sich bei der MS um eine Viruserkrankung handeln könnte. Jedoch gelang es nicht, pathognomonische histopathologische Befunde zu erheben, die für die MS als spezifische Viruserkrankung sprechen, und auch der direkte Nachweis eines spezifischen krankheitsverursachenden Virus gelang nicht (Mentis et al. 2017). Unter den mit einem erhöhten MS-Risiko einhergehenden Faktoren (s. Übersicht) findet sich aber die Infektion mit dem Epstein-Barr Virus (EBV).

Definierte MS-Umweltrisikofaktoren
- Infektion mit Epstein-Barr Virus (EBV) bzw. Anamnese einer infektiösen Mononukleose
- Niedriger Vitamin-D-Spiegel/gemäßigte Klimazonen
- Zigarettenrauchen
- Erhöhter Body-Mass-Index (BMI)

Nahezu alle Patienten mit MS haben eine positive EBV-Serologie (im Vergleich zu etwa 90–95% der Vergleichspopulation), und eine besondere Risikoerhöhung besteht für Individuen, die im Jugendalter eine infektiöse Mononukleose als symptomatische Infektion mit EBV erlitten haben. Somit wird die EBV-Infektion allgemein als Voraussetzung, nicht jedoch als alleinige Ursache für die Entwicklung einer MS betrachtet. Andere Viren der Herpesfamilie (u. a. HHV6, CMV und VZV) wurden ebenfalls als Auslöser der multiplen Sklerose diskutiert, ein möglicher Zusammenhang ließ sich jedoch bislang nicht erhärten (Mentis et al. 2017).

Aufmerksamkeit erlangten zuletzt auch humane endogene Retroviren (HERV), die ihre umgeschriebene RNA in das menschliche Genom integrieren können und unter bestimmten Umständen auch Genprodukte hervorbringen können. Daraus entwickelte sich die Hypothese, dass von HERVs gebildete Eiweiße mögliche Kofaktoren bei der Entstehung der MS darstellen könnten, z. B. durch die Aktivierung von Toll-like-Rezeptoren oder durch die Hemmung von zellulären Reparaturvorgängen. Ein rekombinanter monoklonaler Antikörper gegen ein Hüllprotein von HERV-W verfehlte in einer Phase-IIb-Studie allerdings den Studienendpunkt in Bezug auf kontrastmittelaufnehmende Läsionen in der MRT, sodass sich ein möglicher Zusammenhang zwischen HERV-W und MS bislang nicht durch einen innovativen Therapieansatz belegen ließ.

2.1.3.2 Immunsystem und multiple Sklerose

Ab den 1930-er Jahren bildet sich parallel mit der Entwicklung von experimentellen Tiermodellen verstärkt die Immunhypothese der MS heraus. Gestützt wird diese Hypothese durch genetische Assoziationsstudien, die sog. „genome-wide association studies" (GWASs), die zeigten, dass insbe-

sondere HLA-Klasse-II-Gene und insgesamt mehr als 200 weitere „Immungene" das Risiko der Entwicklung einer MS mit beeinflussen (Axisa und Hafler 2016; Beecham et al. 2013; Andlauer et al. 2016). Der Beitrag jeder Genvariante ist jedoch äußerst klein. Am relevantesten ist der HLA DRB1*1501-Haplotyp mit einer „odds ratio" (QR; Quotenverhältnis) von ungefähr 3. Diese Risikogenvarianten beeinflussen jedoch wahrscheinlich auch nur die Entstehung, nicht aber den Verlauf der MS (Kalincik et al. 2013)

Weitere Argumente für die Immunpathogenese sind nachweisbare Immunzellinfiltrate in MS Läsionen mit zum Teil auch klonal expandierten T-Lymphozyten, entzündliche Veränderungen im Liquor von Patienten mit MS und die weiter unten diskutierte zumindest partielle Wirksamkeit einer Vielzahl von Immuntherapeutika (Hohlfeld und Wekerle 2015; Warnke et al. 2013).

2.1.3.3 Weitere definierte Einflussfaktoren auf die MS

Zu den weiteren definierten MS-Risikofaktoren zählen
- die **geographische Verteilung** mit einer höheren Inzidenz in nördlichen Klimazonen,
- ein **erniedrigter Vitamin-D-Spiegel**,
- das **Zigarettenrauchen** sowie
- **Übergewicht**.

Alle diese Faktoren könnten jeweils über die Beeinflussung von Immunvorgängen wirksam werden, die unten genauer diskutiert werden.

Neben diesen bekannten und gut untersuchten Risikofaktoren geht man davon aus, dass zudem **Ernährungsfaktoren** wie z. B. der Salzgehalt der Nahrung oder Veränderungen im Stoffwechsel bestimmter Fettsäuren sowie das **Mikrobiom** über die Beeinflussung von Immunvorgängen für die Entwicklung einer MS von Bedeutung sein könnte (Hohlfeld und Wekerle 2015; Haase et al. 2018).

Mikrobiom
Man geht gegenwärtig davon aus, dass die individuelle Darmflora, auch „Mikrobiota" genannt, entscheidenden Einfluss auf die Funktion des Immunsystems ausüben könnte. Im Rahmen der nationalen Zwillingsstudie (s. oben) wurde die Darmflora eineiiger Zwillingspaare, bei denen jeweils nur ein Zwilling an MS erkrankt ist, miteinander verglichen. Als wichtigstes Ergebnis dieser Untersuchung zeigte sich, dass genetisch veränderte (transgene) Mäuse (im Modell der spontanen „experimental autoimmune encepahlomyelitis", EAE), die mit Darmbakterien von MS

Zwillingen besiedelt wurden, häufiger eine der menschlichen MS sehr ähnliche Hirnentzündung entwickelten als Mäuse, die mit Darmbakterien gesunder Zwillinge besiedelt wurden (Berer et al. 2017).

Dabei bleibt aber noch unklar, wie die unterschiedliche Zusammensetzung der Darmbakterien eine Autoimmunreaktion auslösen kann, die letztlich zu einer entzündlichen ZNS-Erkrankung führt. Zudem ist die mögliche Bedeutung der Darmflora für die MS-Pathologie noch nicht beim Menschen selbst gezeigt.

2.1.4 Makroskopische Veränderungen der MS

Das pathologische Korrelat der MS sind multiple Entmarkungsherde (Demyelinisierung) sowie die fortschreitende Zerstörung von Nervenzellfasern im ZNS (axonaler Schaden). Prädilektionsstellen sind:

- der Sehnerv,
- der Hirnstamm,
- das Rückenmark,

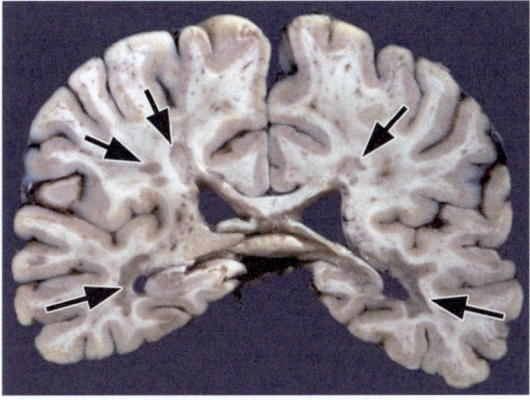

◘ **Abb. 2.1**   Makroskopisch nachweisbare MS-typische Läsionen. (Aus: Paulus und Schröder 2012)

- das Kleinhirn sowie
- die balkennahe weiße Substanz.

Demyelinisierende Herde lassen sich direkt im pathologischen Präparat (◘ Abb. 2.1) oder indirekt in der MRT (◘ Abb. 2.2) darstellen.

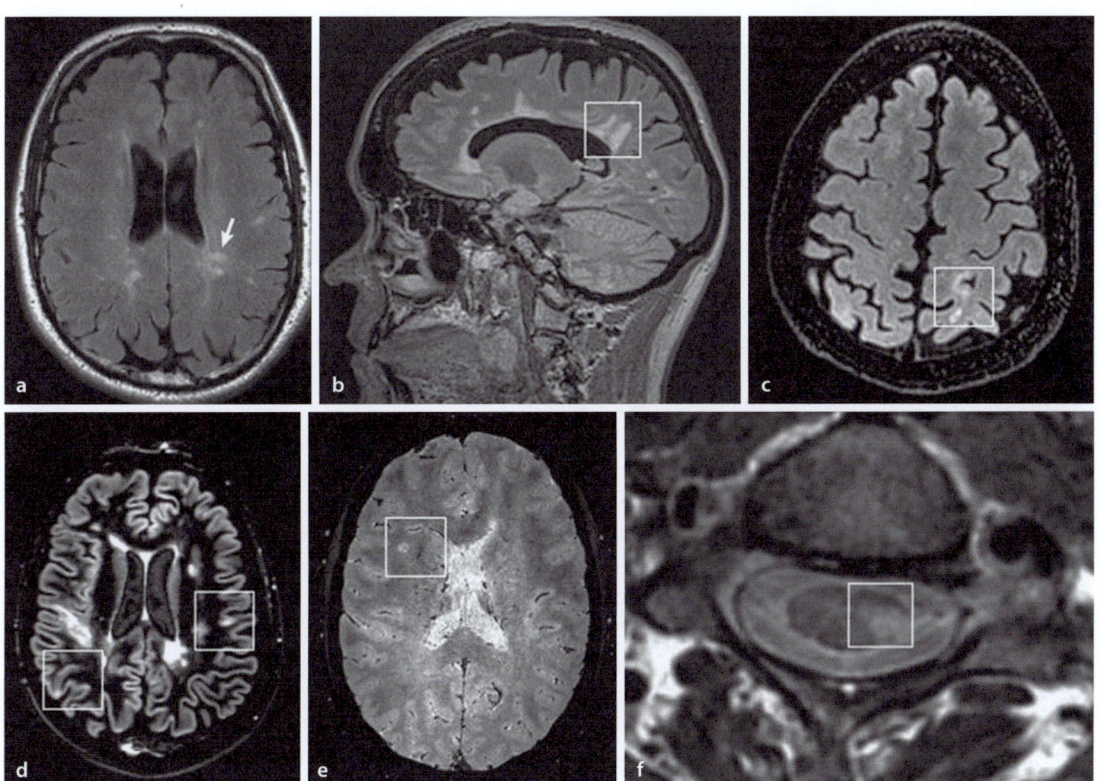

◘ **Abb. 2.2a–f**   Typische Charakteristika einer multiplen Sklerose in der Magnetresonanztomographie. **a** Sogenannte Dawson-Finger (Pfeil, axiale FLAIR-Sequenz). **b** Dawson-Finger (Rahmen, sagittale FLAIR-Sequenz). **c** Juxtakortikale Läsion (Rahmen, axiale FLAIR-Sequenz). **d** Kortikale Läsion (Rahmen, axiale DIR-Sequenz). **e** Zentrales Venenzeichen (Rahmen, axiale T2*-Sequenz). **f** Exzentrische kurze Myelonläsion (Rahmen, axiale T2-Sequenz). (Aus: Geraldes et al. 2018)

2.1.5 Histopathologische Veränderungen der MS

Die MS gilt historisch als Erkrankung der weißen Substanz. In den „aktiven" Plaques der schubförmigen MS findet sich ein ausgeprägter Myelinverlust mit Verlust von Oligodendrozyten, jedoch auch Anzeichen einer akuten axonalen Schädigung sowie eine reaktive Astrogliose (Schumacher et al. 2017). Zudem lassen sich in akuten, demyelinisierenden Läsionen deutlich mehr Zellen des Immunsystems (vor allem aktivierte Mikroglia, Makrophagen und T-Lymphozyten) nachweisen als in zellarmen „ausgebrannten Plaques".

Der Versuch, die durchaus heterogenen histopathologischen Befunde in vier Subtypen einzuteilen, ist weiterhin Gegenstand der wissenschaftlichen Diskussion. Die Subtypen werden neuropathologisch auch in Patterns eingeteilt. Pattern I wird durch eine makrophagenvermittelte, Pattern II durch eine antikörpervermittelte Demyelinisierung definiert. Der Pattern III zeigt neuropathologisch vermehrte Apoptose von Oligodendrozyten, der Pattern IV eine primäre Oligodendropathie (Lucchinetti et al. 2000).

Im Laufe der Erkrankung mit zunehmender klinischer Behinderungsprogression ändert sich auch das histopathologische Erscheinungsbild der weißen Substanz hin zu einer diffusen, zunehmend läsionsunabhängigen Schädigung. Diese Veränderungen entstehen auch in der makroskopisch ansonsten normal erscheinenden weißen Substanz und gelten als Korrelat einer diffusen Mikrogliaaktivierung mit fortscheitendem Axonverlust, einer flächigen Einwanderung von T-Lymphozyten und einer perivaskulären Ansammlung von mononukleären Zellen (Schumacher et al. 2017).

Durch histopathologische Studien ist inzwischen geklärt, dass es bereits frühzeitig bei der MS auch zu einer Schädigung der grauen Substanz kommt. Auch hier kann man fokale Läsionen von einer diffusen Schädigung abgrenzen. Allerdings stellt sich der histopathologische Befund der kortikalen Entzündung mit nur einem vereinzelten Nachweis von Makrophagen oder T-Zellen im Vergleich zu den fokalen Läsionen in der weißen Substanz unterschiedlich dar (Schumacher et al. 2017; ◘ Abb. 2.3). Als Generator der (kortikalen) Entzündung werden hier u. a. auch ektope meningealen Lymphfollikel vermutet, die aus B- oder T-Zellen, Makrophagen sowie Plasmazellen bestehen können (◘ Abb. 2.4).

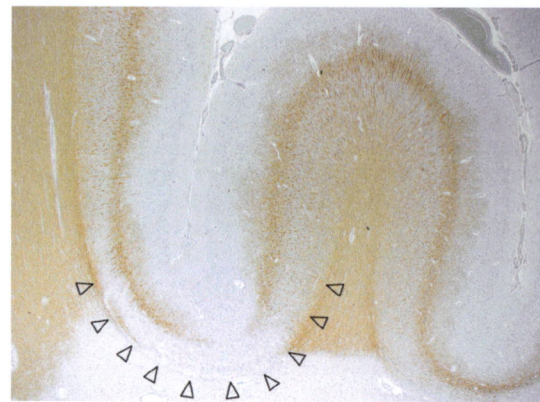

◘ **Abb. 2.3**   Kortikale Läsionen sind ein häufiges Phänomen bei MS-Patienten. Die Pfeilköpfe markieren die Grenze zwischen Marklager und Kortex. (Aus: Paulus und Schröder 2012)

Für die klinische Behinderungsprogression bei MS-Patienten ist die **Atrophie der grauen Substanz** wahrscheinlich von größerer Bedeutung als die fokalen Läsionen der weißen Substanz. Diese Atrophie wird durch neurodegenerative Prozesse angetrieben, d. h. beispielsweise durch den Untergang axonaler Verbindungen oder die Abnahme kortikaler Nervenzellen. Welche pathophysiologischen Ursachen der Atrophie zugrunde liegen, wird derzeit in unterschiedlichen Hypothesen überprüft (Schumacher et al. 2017). Als möglicherweise kausal werden unter anderem diskutiert:

- entzündliche oder zytotoxische Mediatoren wie Zytokine, Chemokine oder Komplementfaktoren,
- freie Radikale und oxidativer Stress,
- Störungen des Glutamathaushaltes.

Diese pathomechanistischen Erklärungsmodelle basieren auf der Annahme einer entzündlichen Reaktion als Antrieb der Neurodegeneration bei MS. Ein primär neurodegenerativer Prozess erscheint weniger wahrscheinlich.

2.1.6 Pathophysiologische Prinzipien der MS

Die Destruktion des Hirngewebes mit fokalen und diffusen Läsionen der weißen und grauen Substanz wird durch eine **fehlgerichtete Immunantwort** ausgelöst. Zellen des adaptiven (T-Lymphozyten, B-Lymphozyten) und des angeborenen Immunsystems (z. B. Makrophagen) wirken dabei

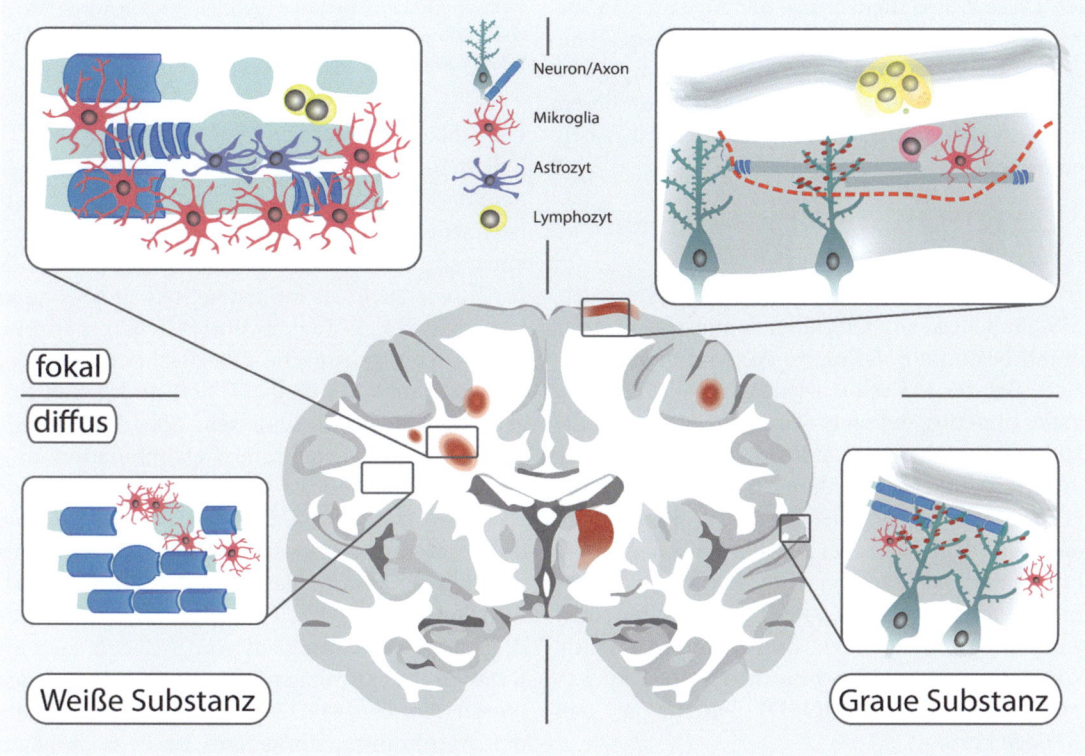

□ **Abb. 2.4**   Fokale und diffuse Schädigung in weißer und grauer Substanz bei der multiplen Sklerose. (Mod. nach Schumacher et al. 2017)

□ **Abb. 2.5**   Vereinfachte Darstellung der Immunpathogenese der MS. In peripheren Organen werden T-Lymphozyten (T, blau) mit Hilfe von Antigen-präsentierenden Zellen (APC, rot) und B-Lymphozyten (B, gelb) aktiviert und moduliert und vice versa. Aktivierte T- (T, orange) und B- (B orange) Lymphozyten können im Gehirn Nervenstrukturen angreifen, wenn sie klonal expandieren und sich der Kontrolle von regulatorischen T-Zellen (T, grün) entziehen. (Mod. nach Warnke et al. 2013)

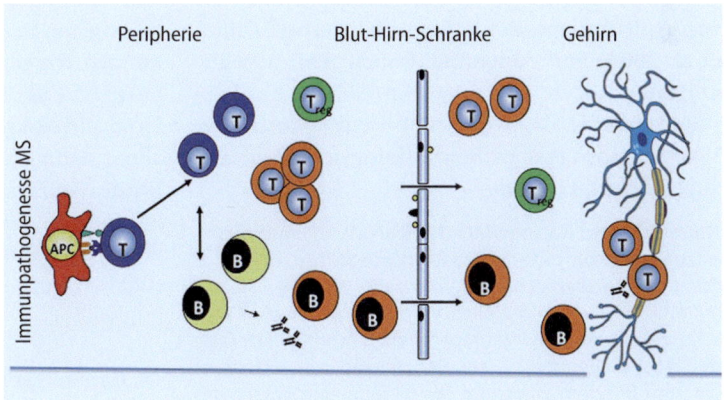

u. a. mit humoralen Faktoren zusammen, sodass schließlich myelinbildende Oligodendrozyten des ZNS ebenso wie Nervenfasern indirekt und direkt geschädigt werden.

Wie in □ Abb. 2.5 illustriert, wird das Gehirn durch die Blut-Hirn-Schranke vom peripheren, systemischen Immunkompartiment relativ abgetrennt. Zellen des adaptiven Immunsystems, unter anderem T-Lymphozyten, befinden sich in der Peripherie und werden über die Interaktion mit Antigen-präsentierenden Zellen aktiviert. B-Lymphozyten werden wiederum durch T-Zellen moduliert und vice versa. Aktivierte, potenziell auch gegen das ZNS gerichtete T- und B-Lymphozyten gehören auch zum physiologischen Immunrepertoire, werden aber durch regulatorische T-Zellen kontrolliert.

Über diese aktivierten Lymphozyten, die die Blut-Hirn-Schranke überwinden können, ist eine lokale Immunüberwachung des ZNS gewährleis-

2

tet. Diese Zellen dienen u. a. der Abwehr von Infektionen und der Verhinderung von Neoplasien. Bei der MS werden derartige T- und B-Lymphozyten jedoch so aktiviert, dass sie klonal expandieren und sich der Kontrolle der regulatorischen Zellen entziehen.

2.1.6.1 Zielstrukturen in der Immunpathogenese der MS

In autoimmunen Tiermodellen der MS werden MS-ähnliche Krankheitsbilder zumeist bei Nagern durch bestimmte definierte Autoantigene induziert. Bei der MS selbst ist dagegen das Antigen nicht eindeutig definiert (Hohlfeld et al. 2016a). Hierin unterscheidet sich die MS von anderen immunvermittelten Erkrankungen, so z. B. der antikörperpositiven Myasthenia gravis (s. Kapitel 7.1) oder auch der Gruppe der Antikörper-assoziierten Enzephalitiden (z. B. der anti-NMDA Rezeptor-Enzephalitis, ▶ Abschn. 2.4). Lediglich bei einer Subgruppe von Patienten, die an einer Autoantikörper-positiven Neuromyelitis-optica-Spektrum-Erkrankung (NMOSD) leiden, ist das Antigen bekannt.

Bei der NMOSD handelt es sich um eine primär die Sehnerven und das Rückenmark betreffende entzündliche Erkrankung des ZNS mit Gemeinsamkeiten zur MS, bei der dem Nachweis von Anti-Aquaporin4-Autoantikörpern (Lennon et al. 2004) und zunehmend auch Anti-Myelin-Oligodendrocyte-Glycoprotein (MOG)-Antikörpern (Jarius et al. 2016) ein hoher diagnostischer Wert wie auch eine pathophysiologische Relevanz zugeschrieben werden.

NationMS und NationNMO des KKNMS (Krankheitsbezogenes Kompetenznetz Multiple Sklerose)
Das *Krankheitsbezogene Kompetenznetz Multiple Sklerose (KKNMS)* ist ein interdisziplinäres, deutschlandweites Forschungsnetzwerk (www.kompetenznetz-multiplesklerose.de). Es ist eines von 21 Kompetenznetzen in der Medizin, die vom Bundesministerium für Bildung und Forschung (BMBF) initiiert wurden. Sie alle verfolgen das Ziel, Forscher zusammenzubringen, um die Patientenversorgung zu verbessern.
Eines der Kernprojekte des KKNMS ist die *Kohortenstudie NationMS*, die seit der ersten Förderperiode besteht und auf eine Gesamtlaufzeit von mindestens 10 Jahren angelegt ist. Der MS-Kohortenstudie wird mit Beginn der dritten Förderperiode eine *NMO-Kohorte (NationNMO)* zur Seite gestellt. Ziel ist es unter anderem, die Patienten beider Kohorten zu vergleichen und so auch die Diagnosekriterien der NMOSD zu verfeinern.
Große Sichtbarkeit hat inzwischen das Qualitätshandbuch des KKNMS erlangt, das ein wichtiger Ratgeber für Neurologen bei der Verschreibung von Immuntherapeutika dar-

stellt und frei im Internet abgerufen werden kann (http://www.kompetenznetz-multiplesklerose.de/fachinformationen/qualitaetshandbuch/).

Die Rolle von CD4+-T-Lymphozyten, CD8+-T-Zellen, B-Zellen und Antikörpern in der Pathogenese der MS wurden in den letzten Jahren detailliert erforscht. Dabei wurden die Erkenntnisse zum einen aus dem autoimmunen Tiermodell der MS (EAE) wie auch aus humanen Studien gewonnen (Hohlfeld et al. 2016a). T- und B-Zellen exprimieren Antigen-spezifische Oberflächenrezeptoren, die sogenannten T-Zell- (TCRs) und B-Zell-Rezeptoren (BCRs), die eine sehr hohe Vielfalt aufweisen. Durch genetische Rekombination und auch zufällige Prozesse können beispielsweise bis zu 10^{15} verschiedene TCRs gebildet werden, wobei das menschliche Immunsystem hieraus mehr als 25 Millionen verschiedene T-Zell-Klone selektiert.

Die Vielfalt der BCRs ist sogar noch höher, bedingt durch die Fähigkeit von B-Zellen, sich im Rahmen der Affinitätsreifung noch weiter anzupassen (Hohlfeld et al. 2016a). Für das Verständnis der Autoimmunpathogenese ist es wichtig zu wissen, dass TCRs viele verschiedene Antigene erkennen können, die allerdings häufig strukturverwandt sind. Diese Polyspezifität erklärt, weshalb Immunantworten, z. B. gegen bestimmte Pathogene, in einigen Fällen Autoimmunerkrankungen triggern können. Zudem ist inzwischen bekannt, dass Autoimmunität zu einem gewissen Grad physiologisch ist und B- und T-Zellen vor allem dann zerstört werden, wenn sie eine hohe Bindungsstärke zu Autoantigenen aufweisen. B- und T-Zellen mit geringerer Bindungsstärke hingegen können überleben und werden von den sogenannten regulatorischen B- und T-Zellen kontrolliert.

▪▪ CD4+-T-Zellen in der MS
Lange Zeit galt diese Zellpopulation ("T-Helferzellen") als Schlüsselelement in der Pathogenese der MS. Die Annahme beruhte auf der Tatsache, dass genetische Studien starke Assoziationen mit HLA-Klasse-II-Genen zeigten, deren Proteinprodukte Antigenfragmente spezifisch gegenüber CD4+-Zellen, nicht jedoch gegenüber CD8+-T-Zellen präsentieren.

Auf der Suche nach Ziel-Antigenen in der Pathogenese der MS wurden im Tiermodell zahlreiche Immunisierungsexperimente durchgeführt, die zeigten, dass Gewebe des ZNS, aber auch verschiedene isolierte Myelinproteine („myelin basic protein" [MBP], MOG oder „proteolipid protein" [PLP]) wie auch der Transfer von aufgereinigten MBP-spezifischen CD4+-T-Zellen eine EAE hervorrufen können (Hohlfeld et al. 2016a). Anschließend konnte auch bei MS-Patienten gezeigt werden, dass z. B. MBP- oder auch MOG-spezifische T-Zellen aus dem Blut kultiviert werden können, und dass das Hauptrisikoallel, HLA-DRB1*1501, unter anderen zu den MBP-präsentierenden HLA-Molekülen zählt.

Da allerdings Myelin-Antigen-spezifische CD4+-T-Zellen auch aus dem Blut von Gesunden isoliert werden können (und Transferexperimente bei Menschen unethisch wären), gibt es bisher keinen direkten Beweis für deren pathogenetische Relevanz für die MS. Indirekte Hinweis für deren Relevanz sind jedoch beispielsweise eine höhere Frequenz dieser Zellen bei Patienten mit MS sowie Ergebnisse aus humanisierten Mausmodellen, wobei diese Mäuse Myelin-Antigen-spezifische humane TCRs zusammen mit humanen HLA Klasse II Molekülen exprimierten und spontan eine EAE entwickeln konnten.

Zusammenfassend kann festgehalten werden, dass Myelin-Antigen-spezifische CD4+-T-Zellen wahrscheinlich eine bedeutende Rolle in der Pathogenese der MS spielen. Da jedoch eine Vielzahl von Antigenen relevant zu sein scheinen und die Antigenprofile sogar beim einzelnen Patienten über die Zeit fluktuieren können, lassen sich bislang nicht ein oder mehrere „MS-Antigene" definieren, was wiederum die Entwicklung von Immunisierungen gegen die MS oder auch die Personalisierung der Therapie der MS erschwert (Hohlfeld et al. 2016a).

■ ■ CD8+-T-Zellen in der MS
CD8+-T-Zellen („zytotoxische T-Zellen") finden sich in aktiven MS-Läsionen häufig in größerer Zahl als CD4+-T-Zellen, und Untersuchungen des TCR-Repertoires zeigen an, dass diese Zellen lokal im ZNS expandieren. Diese Erkenntnisse implizieren eine **hohe Relevanz dieser Zellpopulation** in der MS-Pathogenese. Der experimentelle Beweis hierfür gestaltet sich jedoch schwieriger als für CD4+-T-Zellen, unter anderem weil die Isolation und Kultur von Antigen-spezifischen CD8+-T-Zellen eine Herausforderung darstellt.

Zudem können CD8+-T-Zellen auch vor autoimmuner Erkrankung schützen, indem sie

enzephalogene CD4+-T-Zellen eliminieren. Entsprechend entwickeln beispielsweise CD8+-depletierte Mäuse eine schwerere Form der EAE als der Wild-Typ. Zusammenfassend bleibt daher bislang unklar, ob CD8+-T-Zellen primär pathogene Effektorzellen sind, regulatorische Zellen oder nur nicht-kausale Bystander-Infiltrate (Hohlfeld et al. 2016b).

■ ■ B-Zellen und Antikörper-Antworten in der MS
Insbesondere auch durch die Publikation einer ersten positiven Studie zur Therapie auch primär progredienter Formen der MS mit einem B-Zell-gerichteten Therapeutikum, dem Anti-CD20-Antikörper Ocrelizumab (Montalban et al. 2017), schreibt man den B-Zellen eine zunehmend größere Bedeutung in der MS-Pathogenese zu. B-Zellen sind dabei nicht nur die Antikörper-produzierende Zellpopulation, sondern sie haben auch wichtige Antigen-präsentierende und regulatorische Funktionen. Schon lange ist bekannt, dass sich bei etwa 90% der Patienten mit MS eine intrathekale polyspezifische Antikörper-Antwort im Sinne von OKB finden. Dabei handelt es sich in der Regel um Antikörperantworten der IgG-Klasse.

Bei etwa 40% der Patienten finden sich jedoch auch IgM-Banden. Diese Banden sind im einzelnen Individuum oft über die Zeit stabil. Trotz intensiver Forschung ist es bislang nicht gelungen, die Zielstrukturen dieser Banden eindeutig zu identifizieren.

Ein weiteres Charakteristikum von Patienten mit MS ist der Nachweis der intrathekalen Produktion von Antikörpern gegen häufig vorkommende Virusinfektionen, insbesondere gegen Masern, Röteln und Zoster (sog. MRZ-Reaktion). Diese Reaktion wird jedoch allgemein als Zeichen einer polyspezifischen Immunaktivierung im ZNS gewertet, und eine pathogenetische Relevanz wird dieser Antwort nicht zugeschrieben.

In EAE-Experimenten richten sich Antikörperantworten häufig gegen das an der Myelin-Oberfläche befindliche MOG. Der alleinige Transfer von Anti-MOG-Antikörpern im EAE-Modell ist nicht krankheitsverursachend, da diese Antikörper nicht in hinreichender Konzentration das ZNS erreichen (Hohlfeld et al. 2016b). Allerdings verstärken beispielsweise MOG-spezifische Antikörper die durch MBP-spezifische CD4+-T-Zellen induzierte EAE. Im Blut von Patienten mit MS konnte gezeigt werden, dass sich eine starke anti-MOG-Antikörperantwort bei etwa 20–40% der Kinder mit akuter disseminierter Enzephalomyelitis (ADEM) oder auch kindlicher MS findet. Longitudinale Untersuchungen deuten darauf hin, dass Anti-MOG-Antikörper-Antworten bei Kindern mit einer monophasischen ADEM-Erkrankung im Verlauf nicht mehr, dagegen bei Kindern mit MS länger nachweisbar sind. Bei Erwachsenen mit MS finden sich diese Antikörper in der Regel nicht mehr, wohl aber, wie oben bereits erwähnt, bei einer Subgruppe von etwa 20% aller Patienten mit NMOSD und fehlendem Nachweis von Anti-Aquaporin 4-Antikörpern.

Mittels zahlreicher unterschiedlicher Screeningmethoden wurde auch nach anderen Zielstrukturen von Antikörper-Antworten gesucht, wobei u. a. Antikörper gegen Neurofascin, KIR4.1 und Anotamin2 beschrieben wurden. Die Datenlage ist hier jedoch uneinheitlich, sodass weitere Studien erforderlich bleiben (Hohlfeld et al. 2016 b).

Im Kontext mit der Erforschung der Rolle von B-Zellen in der MS werden zunehmend Analysen des Immunrepertoires mittels „Next-Generation Sequencing" (NGS) durchgeführt, um nachzuvollziehen, wo die Affinitätsreifung stattfindet. Dabei gelten aktuell die zervikalen Lymphknoten, die über durale Lymphgefäße mit dem ZNS-Kompartiment kommunizieren können, ebenso als Kandidaten wie ektopes meningeales lymphatisches Gewebe (Lehmann-Horn et al. 2016).

2.1.7 Therapie

> **Gegenwärtig gibt es keine Heilung der MS. Somit ist das Ziel der Behandlung die Unterdrückung der Krankheitsaktivität.**

Dabei ist die Akutbehandlung im Falle eines klinischen Schubereignisses von der verlaufsmodifizierenden Therapie abzugrenzen.

2.1.7.1 Schubtherapie

Die Schubtherapie erfolgt mittels Glukokortikosteroiden (GKS). Dabei sind die Effekte der intravenösen Pulstherapie auf eine raschere Symptomrückbildung im Rahmen des MS-Schubes besser belegt als die Wirkung auf die funktionelle Erholung/das residuelle Defizit nach einem längeren Beobachtungszeitraum. Im Allgemeinen kommt Methylprednisolon in einer Dosierung von 500–1000 mg/d über 3–5 Tage zum Einsatz.

GKS wirken über verschiedene Mechanismen. Die Effekte werden zum überwiegenden Teil über einen spezifischen Glukokortikoid-Rezeptor vermittelt. Dieser befindet sich ohne die Anwesenheit von GKS inaktiv im Zytosol und wandert nach Substratbindung in den Zellkern, wo er durch Bindung an bestimmten DNA-Sequenzen unter anderem die Expression verschiedener (häufig proinflammatorischer) Zytokine reguliert.

Darüber hinaus beeinflussen GKS über nicht genomische Mechanismen verschiedene zelluläre Transskriptionsfaktoren wie z. B. Nf-κB.κ Nicht zuletzt stärken GKS die Integrität der Blut-Hirn-Schranke und verhindern so eine Migration weiterer Immunzellen in das ZNS. Auch proapoptotische Effekte auf T-Lymphozyten (im Besonderen CD4$^+$-Zellen) sind bekannt (Tischner und Reichhardt 2007).

Bei unzureichender Symptomrückbildung innerhalb von 14 Tagen nach Steroidpulstherapie kommen neben der erneuten, ultrahochdosierten i.v. Glukokortikosteroidgabe (2 g/Tag über 3–5 Tage) die Plasmapherese bzw. Immunadsorption in Frage.

2.1.7.2 Verlaufmodifizierende Therapie

Seit Mitte der 1990-er Jahre wurde eine Vielzahl neuer Medikamente für die Behandlung der MS entwickelt und zugelassen. Dabei haben sich parallel auch die Therapieziele weiterentwickelt. Während zunächst die Reduktion der Schubrate und Verzögerung des Eintritts bzw. Verlangsamung oder Stopp der bestätigten Behinderungsprogression das Therapieziel waren, wird zunehmend ein zusammenfassendes Erfolgskriterium der Therapie („fehlende Evidenz für Krankheitsaktivität", „No Evidence of Disease Activity"; NEDA) als Therapieziel ausgegeben.

Neben Schub- und Progressionsfreiheit wird dabei auch eine fehlende MRT-Aktivität (d. h. keine neuen Gadolinium-anreichernden T1-, keine neuen oder sich vergrößernden T2-Läsionen, keine beschleunigte Hirnvolumenminderung) angestrebt, wobei dieser kombinierte Endpunkt bislang – auch aufgrund praktischer Hürden in der MS-Versorgung (standardisierte MRT-Untersuchungen) – unter Alltagsbedingungen noch keine klinische Relevanz erlangt hat (Havla et al. 2016).

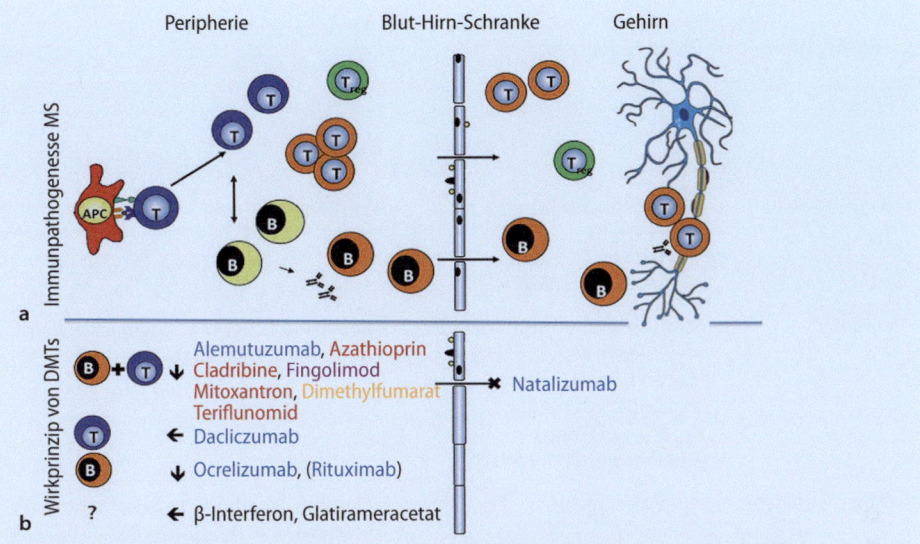

Peripherie   **Blut-Hirn-Schranke**   **Gehirn**

Immunpathogenese MS

a

Wirkprinzip von DMTs

Alemutuzumab, Azathioprin
Cladribine, Fingolimod
Mitoxantron, Dimethylfumarat
Teriflunomid

Natalizumab

← Daclizumab

↓ Ocrelizumab, (Rituximab)

b   ?   ← β-Interferon, Glatirameracetat

Verschiedene Interferon-β-Formulierungen und Glatirameracetat sind Immunmodulatoren ohne gut definierte Zielstruktur (schwarz), die kein bekanntes immunsuppressives Potenzial besitzen. Die immunmodulatorische und teils auch immunsuppressive Wirksamkeit von Dimethylfumarat mit Nachweis einer Lymphopenie bei einem Teil der Patienten ist bislang nur teilweise verstanden (orangefarben), u. a. wird eine Beeinflussung des Nrf2-Signalwegs diskutiert. Substanzen, die mit der DNA- und Zellsynthese interferieren (rot) sind Mitoxantron, Azathioprin, Cladribin und Teriflunomid.

Das kleine Molekül Fingolimod moduliert Sphingosin-1-Phosphat-Rezeptoren und hält darüber Lymphozyten in peripheren lymphatischen Organen zurück (lilafarben), was zu einer ausgeprägten Lymphopenie im peripheren Blut führt. Monoklonale Antikörper (blau) haben selektive Angriffspunkte mit unterschiedlichen zell- oder kompartmentspezifischen Effekten.

Die Depletion von Zellen, die CD52 tragen (Alemutuzumab), führt zu einer temporären Reduktion von T- und B-Zellen. Die Depletion von CD20-positiven Zellen betrifft einen großen Teil der B-Zell-Reihe (Ocrelizumab, Rituximab). Daclizumab wirkt über die Bindung an CD25, eine Untereinheit des IL-2-Rezeptors von T-Zellen, und moduliert darüber deren Funktion. Natalizumab dagegen bindet an eine Untereinheit von Integrinmolekülen, die an der Transmigration von aktivierten Immunzellen über die Blut-Hirn-Schranke beteiligt sind, und führt darüber zu einer Depletion dieser Zellen im Gehirn, nicht jedoch im peripheren Blut.

▣ Abb. 2.6   Vereinfachte Darstellung der Wirkprinzipien der verlaufsmodifizierenden Therapeutika (sog. „disease modifying drugs", DMTs)

> ❯ **Grundprinzip der verlaufmodifizierenden Therapeutika ist es, durch Modulation oder Suppression von fehlgeleiteter Immunantwort, gerichtet gegen Gehirn und Rückenmark, MS-Krankheitsaktivität zu unterdrücken.**

Inzwischen gibt es eine Vielzahl von Therapeutika mit unterschiedlichen Wirkprinzipien (▣ Abb. 2.6. ▣ Tab. 2.1).

Interferon-β liegt in unterschiedlichen Formulierungen vor, muss jedoch ebenso wie Glatirameracetat subkutan oder intramuskulär verabreicht werden (▣ Tab. 2.1). Diese bereits seit den 1990-er Jahren verfügbaren Präparate sind vielfach noch heute Erstlinientherapeutika, obgleich für einige der Nachfolgesubstanzen eine Überlegenheit in

Bezug auf die klinische Wirksamkeit gezeigt wurde. Dies begründet sich in dem guten Langzeitsicherheitsprofil.

Mit der Zulassung des ersten monoklonalen Antikörpers für die MS-Therapie (Natalizumab) wurde rasch erkennbar, dass eine erhöhte Wirksamkeit in Bezug auf die MS-Krankheitsaktivität erreichbar ist. Diese erhöhte Wirksamkeit geht jedoch auch mit einem erhöhten therapeutischen Risiko einher (Warnke et al. 2013). Der vermeidlich selektive Eingriff in das Immunsystem durch Natalizumab, z. B. ohne Absinken der Lymphozytenzahl im peripheren Blut, birgt dennoch ein klinisch relevantes Risiko, da die Immunüberwachung des Gehirns verändert wird (Warnke et al. 2010). Das in Studien erstbeobachtete und nach Zulassung weiter gestiegene Risiko, unter

2

■ **Tab. 2.1** Wirkstoffe und deren Nebenwirkungsprofil (mod. nach Havla et al. 2016, mit Erweiterung um neue Therapeutika) – alphabetische Reihung

Wirkstoff	Administrationsweg/-häufigkeit	Nebenwirkungen (unsystematische Auswahl nach Häufigkeit oder Schwere)
Alemtuzumab	intravenös, jährlich oder: – 5 Tage i.v. (1. Jahr) – 3 Tage i.v. (2. Jahr)	Infusionsreaktionen, sekundäre Autoimmunerkrankungen (z. B. der Schilddrüse, des blutbildenden Systems, der Niere), Herpesreaktivierung, Listerienmeningitis
Cladribin	Oral, Behandlungsphasen über 4–5 Tage in Monat 1 und 2 in 2 Behandlungsjahren oder oder alternativ: 2× 5 Tage /Jahr p.o. über insgesamt 2 Jahre	Kopf- und Extremitätenschmerz, Lymphopenie, Malignomrisiko?, Herpesreaktivierung
Dimethylfumarat	Oral, 2× täglich	Flushing, Diarrhö, Oberbauchschmerzen, Lympho-/Leukopenien, sehr selten PML
Fingolimod	Oral, täglich	Transaminasenerhöhung, Bradyarrhythmie, Makulaödem, selten opportunistische Infektionen (Kryptokokkose, PML), Basalzellkarzinom, Lymphom
Glatiramerazetat	Subkutan, täglich bzw. 3× wöchentlich	Injektionsstellenreaktionen
Interferon-β-1a	Intramuskulär, 1× wöchentlich	Grippeartige Symptome, Transaminasenerhöhung, Injektionsstellenreaktionen, neutralisierende Antikörper, Auftreten oder Verschlechterung depressiver Symptome
Interferon-β-1a	Subkutan, 3× wöchentlich	
Interferon-β-1a pegyliert	Subkutan, 14-tägig	
Interferon-β-1b	Subkutan, jeden 2. Tag	
Mitoxantron	Intravenös, alle 3 Monate	Transaminasenerhöhung, kumulative Kardiotoxizität, (promyelozytische) Leukämie
Natalizumab	Intravenös, monatlich	PML, Hepatotoxizität, Herpesreaktivierung
Ocrelizumab	Intravenös, alle 6 Monate	Infusionsreaktionen, Reaktivierung viraler und bakterieller Infektionen, Mammakarzinom, Basalzellkarzinom
Teriflunomid	Oral, täglich	Lebertoxizität, Teratogenität

PML = progressive multifokale Leukenzephalopathie

Therapie mit Natalizumab eine JC-Polyomavirus-assoziierte, **progressive multifokale Leukenzephalopathie (PML)** zu entwickeln, begrenzt dessen klinischen Einsatz (Warnke et al. 2015, 2016), auch vor dem Hintergrund, dass inzwischen zahlreiche Alternativpräparate zugelassen wurden.

Aber auch diese alternativen Substanzen haben jeweils ein spezifisches Risikoprofil. So ist kürzlich die Zulassung von Daclizumab zurückgenommen worden, nachdem es trotz Notfalltransplantation zu einem tödlichen Fall von Autoimmunhepatitis kam und in der Folge neben wei-

teren Fällen von Autoimmunhepatitis auch mindestens 8 Fälle von Autoimmunenzephalitiden bekannt wurden.

Die Kontraindikationen zum Einsatz von Fingolimod wurden kürzlich um „kardiale Vorerkrankungen" erweitert. Zudem wurde auf ein mögliches Neoplasierisiko bei der Behandlung mit Figolimod hingewiesen, und ähnliche mögliche Risiken werden für kürzlich zugelassene Präparate wie Cladribin und Ocrelizumab erwartet.

Unter dem Einsatz von Alemtuzumab kam es bereits in Studien zu tödlichen Komplikationen,

u. a. aufgrund von häufig beobachteter sekundärer Autoimmunität, die insbesondere dann bedrohlich werden kann, wenn sie das blutbildende System oder die Niere betrifft (Havla et al. 2016).

> ❗ **Cave**
> Da es durch den Einsatz „moderner" MS-Therapeutika zu mitunter letalen Nebenwirkungen kommen kann, ist eine genaue Kenntnis über den Nutzen und die möglichen Risiken der eingesetzten Präparate obligat.

Zusammenfassend kann festgehalten werden, dass die moderne Immuntherapie einen Durchbruch für die Behandlung von Patientinnen und Patienten mit MS bedeutet. Sie macht jedoch umfangreiche Kenntnisse über die eingesetzten Präparate notwendig und häufig ein langfristiges Konzept zum Risikomanagement (bei Alemtuzumab z. B. eine Überwachung über mindestens 5 Jahre nach der letzten Infusion). Dies stellt eine zunehmende Herausforderung für Beteiligte des Gesundheitssystems dar. Als hilfreich für die Praxis erweisen sich in diesem Zusammenhang die Aufklärungsbögen sowie das Qualitätshandbuch zur Therapie der MS sowie der NMOSD (http://www.kompetenznetzmultiplesklerose.de/fachinformationen/qualitaetshandbuch/).

2.1.7.3 Risiko und Nutzen der MS-Therapie

Die Zulassung von Immuntherapeutika zur Behandlung erfolgt in Deutschland nach sorgfältiger Prüfung von Nutzen und Risiken in zulassungsrelevanten Phase-III-Studien durch die europäische Zulassungsbehörde. Auch nach der Zulassung eines Präparates müssen Risiko und Nutzen gegeneinander abgewogen werden, was ◻ Abb. 2.7 verdeutlicht.

Ein schwarzer Punkt in ◻ Abb. 2.7 steht in dieser schematischen Darstellung für 1% aller Patienten, die in der jeweiligen Gruppe (Placebo oder Natalizumab) keine neue Krankheitsaktivität in der MRT (hier gemessen als neue oder sich vergrößernde T2-Läsion über 2 Jahre) zeigten. Ein grauer Punkt steht dagegen für jeweils 1% der Patienten, die weiterhin neue oder sich vergrößernde T2-Läsionen in der MRT zeigten.

Die absolute Risikoreduktion durch die Therapie liegt also – bezogen auf den hier illustrierten MRT-Endpunkt für eine Behandlung über 2 Jahre – bei 42% (Polman et al. 2006), eine Zahl, die im

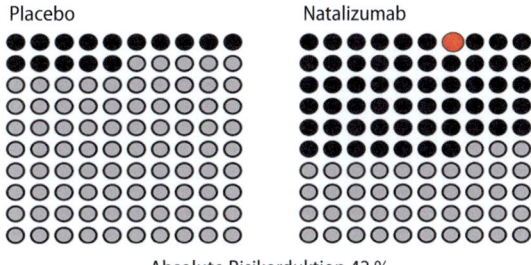

Placebo   Natalizumab

Absolute Risikorduktion 42 %
PML ⬤

◻ **Abb. 2.7** Risiko und Nutzen der MS-Therapie am Beispiel von Natalizumab (Details s. Text)

Vergleich zu zugelassenen Therapien in anderen Indikationen hoch ist. Allerdings korreliert die Kontrolle der Krankheitsaktivität in der MRT nicht zwingend mit klinischen Parametern der Erkrankung wie beispielsweise der Schubaktivität oder einem Stillstand der Behinderungsprogression, weshalb klinische Größen für die Zulassung einer Therapie der MS als Endpunkte primär zu erfassen sind. Dennoch suggerieren die hier dargestellten MRT-Daten, dass ein großer Anteil beispielsweise auch von schub- oder über 2 Jahre progressionsfreien Patienten langfristig einen Nutzen von der Therapie haben könnte, da subklinische MR-Aktivität limitiert wird und weniger „Narben" im Gehirn und Rückenmark entstehen. Dem gegenüber stehen jedoch die möglichen unerwünschten Arzneimittelwirkungen; bei der Natalizumab-Therapie insbesondere das Risiko der Entwicklung einer PML.

Wie also ist der Nettonutzen der Behandlung einzuschätzen unter der Annahme, dass 1 Patient von 100 behandelten Patienten langfristig infolge der Behandlung an einer PML verstirbt oder eine hochgradige neue Behinderung erleidet? Eindeutig kann diese Frage nicht beantwortet werden. Dies liegt unter anderem auch darin begründet, dass der individuelle Nutzen einer Therapie bei zugleich schlecht abzuschätzendem Verlauf bisher nicht ausreichend vorhergesagt werden kann. Wie weiter oben erläutert, ist die unbehandelte MS mit schwerer Behinderung und reduzierter Lebenserwartung assoziiert, sodass es in vielen Fällen unausweichlich ist, dieses Risiko gegen das therapeutische Risiko abzuwägen. Damit ist zu erklären, weshalb eine Behandlung, die per definitionem „gelegentlich bis häufig" mit einer potenziell lebensbedrohlichen Nebenwirkung einhergeht, weiterhin eine – wenn auch eingeschränkte – Zulassung zur Behandlung der MS besitzt.

2

❓ Fragen zur Lernkontrolle
- Welche Umweltfaktoren tragen zum Risiko der Entwicklung einer MS bei?
- Welche Rolle spielt die Genetik bei der MS?
- Welche Viren werden mit der Pathogenese der MS in Verbindung gebracht?
- Für welche „Variante" der MS wurde ein spezifisches Antigen definiert und um welches Antigen handelt es sich?

2.2 Ambulant erworbene bakterielle Meningitis/Meningoenzephalitis

M. Kitzrow

■ ■ Zum Einstieg

Bei der bakteriellen oder auch eitrig (= purulent) genannten Meningitis/Meningoenzephalitis handelt es sich immer um eine potenziell lebensbedrohliche entzündliche Erkrankung des zentralen Nervensystems bzw. seiner Hüllen, verursacht durch Bakterien. Die Virulenz des Erregers und die Immunkompetenz des Wirtsorganismus sind dabei sowohl für die Krankheitsmanifestation als auch für die Prognose entscheidend. Im vorliegenden Beitrag werden zunächst die Charakteristika einiger wichtiger ZNS-pathogener Bakterien und Maßnahmen des Infektionsschutzes zu deren Eindämmung dargestellt. Danach folgt eine Beschreibung der Mechanismen, die die Mikroorganismen zur Überwindung der Blut-Hirn-Schranke befähigen, und schließlich wird die Entstehung und Ausbreitung der Entzündung im Hirngewebe erläutert.

Bakterielle Meningitis/Meningoenzephalitis
- **Epidemiologie:**
  - Aktuelle Inzidenz in den westlichen Industrienationen bei ca. 1/100.000 pro Jahr, mit teils erheblichen Unterschieden im internationalen Vergleich.
  - Höchstes Erkrankungsrisiko während der ersten 2 Lebensjahre und in der Altersgruppe der über 65-Jährigen.
  - Nationale Impfprogramme führen zu abnehmender Erkrankungsinzidenz und Verschiebung des Erregerspektrums.
  - Nachweis vieler potenziell ZNS-pathogener Erreger auf Haut und/oder Schleimhäuten asymptomatischer Träger.
- **Diagnostik:**
  - Bei begründetem Verdacht (ggf. nach Ausschluss eines relevanten Hirndrucks) schnellstmögliche Liquordiagnostik zur Diagnosesicherung und zum Erregernachweis.
- **Therapie:**
  - Bereits bei begründetem Verdacht sofort und noch vor definitiver Diagnosesicherung Beginn einer empirischen systemischen Antibiotikabehandlung.
  - Nach erfolgtem Erregernachweis respektive in Kenntnis des jeweiligen Antibiogramms ist ggf. eine Anpassung der antimikrobiellen Therapie erforderlich.

❯ In der Literatur werden die Begriffe „Meningitis" und „Meningoenzephalitis" vielfach synonym benutzt, wobei letzterer die bereits eingetretene Ausbreitung der Entzündung über die Pia mater hinaus ins Hirnparenchym umfasst und deshalb im folgenden Text Verwendung finden soll. Eine anatomische Barriere zwischen weicher Hirnhaut und dem darunterliegenden Gewebe existiert zudem auch nicht.

Die bakterielle Meningoenzephalitis ist eine der bedrohlichsten Erkrankungen in der Neurologie. Einer raschen (liquorchemischen) Diagnostik und dem zügigen Beginn einer antimikrobiellen Therapie kommt daher ein hoher Stellenwert zu. Dieser Beitrag rekapituliert zunächst die wichtigsten Erreger einer bakteriellen Meningoenzephalitis. Nachfolgend werden der physiologische Aufbau der Blut-Hirn-Schranke sowie die im Rahmen einer Meningoenzephalitis ablaufenden Pathomechanismen dargestellt.

❗ Cave
Eine bakterielle Meningitis/Meningoenzephalitis ist immer eine invasive und lebensbedrohliche Erkrankung. Die Infektion erfolgt meist hämatogen, seltener per continuitatem.

2.2.1 Erregerspektrum

Das bakterielle Erregerspektrum variiert in den unterschiedlichen Altersgruppen. So wird eine bakterielle Meningoenzephalitis bei Kindern und Erwachsenen überwiegend durch Streptococcus pneumoniae („Pneumokokken") und Neisseria meningitidis („Meningokokken") hervorgerufen. Insbesondere mit zunehmendem Lebensalter (>50 Jahre) und bei herabgesetzter Immunkompetenz sind in abnehmender Häufigkeit auch Listeria monocytogenes (<5%), Staphylokokken (1–9%), gramnegative Enterobakterien und Pseudomonas aeroginosa (< 10%) sowie Haemophilus influenzae (1–3%) ursächlich.

Im Säuglingsalter werden innerhalb der ersten 3 Lebensmonate insbesondere Gruppe-B-Streptokokken (Streptococcus agalactiae) und Listeria monocytogenes, seltener auch E. coli als pathogene Erreger nachgewiesen (Al Bekairy et al. 2014; Brouwer et al. 2010)

◘ Tab. 2.2 fasst die wichtigsten Erreger einer eitrigen Meningoenzephalitis zusammen.

Epidemiologische Surveillance (Überwachung) und Auswirkungen nationaler Immunisierungsprogramme

Seit Beginn dieses Jahrtausends hat sich die Häufigkeit der bakteriellen Meningitis/Meningoenzephalitis in den westlichen Industrienationen nahezu halbiert (Castelblanco et al. 2014; European Centre for Disease Prevention and Control 2014). Diese Entwicklung ist das Resultat der konsequenten Durchführung nationaler Immunisierungsprogramme, der prophylaktischen Antibiotikagaben während der Schwangerschaft nach positivem Screeningbefund (Streptokokken der Gruppe B) und, in begrenztem Umfang, auch der Implementierung suffizienter Hygienerichtlinien im Umgang mit potenziell erkrankten Personen. Allerdings sind die publizierten Erkrankungszahlen wegen der in den meisten Ländern (darunter auch Deutschland) nur für die *invasive Meningokokkenerkrankung (IME)* bestehenden, generellen gesetzlichen ärztlichen Meldepflicht (Krankheitsverdacht, Erkrankung, Tod) nur bedingt reliabel.

Nachfolgend werden Aspekte der Immunisierungsprogramme in Bezug auf die in ◘ Tab. 2.2 genannten Erreger aufgeführt:

Streptococcus pneumoniae: Die im Rahmen der nationalen europäischen Immunisierungsprogrammen eingesetzten Impfstoffe sind gegen 10, 13 oder 23 der über 90 bekannten Serotypen gerichtet. In Deutschland empfiehlt die ständige Impfkommission (STIKO) für Kinder im 1. und 2. Lebensjahr generell die Vakzination mit einem Pneumokokkenkonjugatimpfstoff (13-valenter Impfstoff), anschließend sollen nur noch Angehörige einer Risikogruppe eine entsprechende Immunisierung erhalten (Stand: 2017) (Htar et al. 2015).

Neisseria meningitidis: Schon 2006 wurde von der STIKO die Empfehlung zur generellen Durchführung einer Meningitis-C (MenC)-Impfung für Kinder im 2. Lebensjahr ausgesprochen. Daraufhin ist vom Robert Koch-Institut (RKI) bereits für den Berichtszeitraum 2012 bis 2015 gegenüber 2009 bis 2011 eine Abnahme der jährlichen IME-Inzidenz von 0,51 auf 0,40 Erkrankungen/100.000 Einwohner dokumentiert worden. 2014 ließ sich bei den 14 europäischen Staaten, die die MenC-Impfung mit einem Konjugatimpfstoff fest in ihre nationalen Immunisierungsprogramme für Kinder implementiert hatten, eine Halbierung der Rate entsprechender Erkrankungsfällen gegenüber dem Rest Europas beobachten (14% vs. 27%). Allerdings kommt es bereits innerhalb der ersten 12–18 Monate nach erfolgter einmaliger Vakzination im Säuglings- oder Kleinkindesalter (u. a. Deutschland) meist bereits wieder zu einem deutlichen Abfall des individuellen Antikörpertiters, sodass im Falle einer Exposition kein effektiver Schutz mehr gegeben ist. Endemisch betrachtet beruht der protektive Effekt für die Gesamtbevölkerung also darin, durch eine möglichst flächendeckende Immunisierung die Anzahl der (asymptomatischen) Meningokokken-C-Träger weitestgehend zu reduzieren und damit auch das Infektionsrisiko für Risikogruppen.

2013 erhielt ein oberflächenproteinbasierter Impfstoff ($_4$CMenB) gegen Meningokokken der Serogruppe B in Europa seine Zulassung. Die enthaltenen insgesamt 4 immunogenen Epitope werden jedoch nur auf ca. 80% der betreffenden Krankheitserreger exprimiert. Gegenwärtig liegen noch keine Daten zur Wirksamkeit bezüglich klinischer Endpunkte vor. Die Ergebnisse der Zulassungsstudien legen bei Impfungen von Säuglingen und Kleinkindern eine anfänglich sehr gute Wirksamkeit der induzierten Immunantwort gegenüber den abgedeckten Stämmen nahe. Aber auch hier kommt es bereits nach einem Jahr wieder zu einem deutlichen Abfall des Antikörpertiters. Bei Jugendlichen ließ sich eine stabile Persistenz beobachten.

Für Deutschland kommt die STIKO zu dem Schluss, dass aus der rezenten Studienlage (2016) noch keine ausreichende Evidenz resultiert, die eine generelle Impfempfehlung zulässt. Allerdings sollten Menschen mit spezifischen Grunderkrankungen zusätzlich zu einer Vakzination mit einem quadrivalenten Konjugatimpfstoff gegen Meningokokken der Serogruppen A, C, W$_{135}$ und Y auch gegen Meningokokken der Serogruppe B immunisiert werden (Cohn et al. 2013; Borrow et al. 2013; Vogel et al. 2013).

Haemophilus influenzae: Haemophilus influenzae zählte vor Einführung des entsprechenden Konjugatimpfstoffes gegen den Serotyp B (Hib) Anfang der 1990-er Jahre zu den 3 häufigsten Erregern der Meningoenzephalitis bei Kleinkindern und Kindern bis zum Alter von 5 Jahren. Heutzutage kommen invasive Haemophilus-influenzae-Erkrankungen (*IHIE*) in den wirtschaftsstarken Nationen nur noch selten vor. Im Jahr 2014 wurde für Europa eine durchschnittliche Inzidenzrate von nur noch 0,6/100.000 Einwohner dokumentiert. Diese Entwicklung veranschaulicht eindrücklich Sinnhaftigkeit und Nutzen der flächendeckenden Implementierung von Standardimpfungen in die medizinische Grundversorgung der Bevölkerung. Unbekapselte Stämme von Haemophilus influenzae sind nach Einführung dieser nationalen Hib-Vakzinationspro-

Tab. 2.2 Wichtige bakterieller Erreger einer eitrigen Meningoenzephalitis mit spezifischen Charakteristika der einzelnen Erreger*. (Nach Brouwer et al. 2010; RKI Epidemiologisches Bulletin 2016; European Center for Disease Prevention and Control 2016)

Erreger	Charakteristika	
Streptococcus pneumomiae: (grampositive Kokken)	Infektionsweg	I. d. R. endogene Infektionen, ausgehend von den Schleimhäuten des oberen Respirationstraktes (natürliches Habitat!)
	Unterteilung	90 unterschiedliche Serovare, nur ein Teil ist pathogen
	Inzidenz/Jahr	*IPE*: 4,8/100.000, ca. 1/3 davon mit Meningoenzephalitis mit steigender Tendenz seit Einführung der Konjugat-Impfstoffe
	Risikogruppe	V. a. ≥65-Jährige (13,8/100.000), gefolgt von Säuglingen ≤1 Jahr (11,3/100.000)
	Verhältnis m:w	Leichtes Überwiegen des männlichen Geschlechtes
	Saisonales Auftreten	Anstieg der Erkrankungsrate im Herbst, Gipfel im Dezember (wie bei respiratorischen Infektionserkrankungen typisch)
	Letalität der IPE	Bis zu 20%
	Besonderheiten	Häufigster Erreger der bakteriellen Meningoenzephalitis in Europa und Nordamerika; in Deutschland Meldepflicht für IPE nur in den neuen Bundesländern (Stand 2017)
Neisseria meningitidis: (gramnegative Kokken)	Infektionsweg	Über Nasopharynx, entweder als endogene Infektion (ca. 10% der Gesunden sind kolonisiert) oder als „Tröpfcheninfektion"
	Unterteilung	13 unterschiedliche Serogruppen: B (64%, fallende Tendenz) > C (16%) >> Y (cave: bei > 65-Jährigen aber ca. 30%) und W (steigende Tendenz!)
	Inzidenz/Jahr	*IME*: 0,5/100.000, davon ca. 40% mit Meningoenzephalitis
	Risikogruppe	Säuglinge ≤1 Jahr (10,1/100.000) > Kinder von 1–4 Jahren (2,5/100.000) > Adoleszenz (16–24 Jahre) (0,7/100.000)
	Verhältnis m:w	Annähernd ausgeglichen
	Saisonales Auftreten	Maximum der Erkrankungen in den Wintermonaten mit beständigem Rückgang bis Juli/August
	Letalität der IME	Insgesamt bis 10%
	Besonderheiten	Generelle ärztliche Meldepflicht. In 10–20% der Fälle verbleiben relevante neurologisch Langzeitfolgen. Haupterregerreservoir: Altersgruppe der Adoleszenten
Listeria monocytogenes: (grampositive, begeißelte Stäbchen)	Infektionsweg	I. d. R. oral durch Inkorporation kontaminierte Lebensmittel (Rohmilchkäse, rohe und gekochte Fleischwaren, Speiseeis u. a.) Seltener als Weichteilinfektion
	Unterteilung	13 unterschiedliche Serovare
	Inzidenz/Jahr	*ILE*: 0,6/100.000, allerdings werden nur schwere Verläufe erfasst, in 15–30% liegt eine Meningoenzephalitis vor
	Risikogruppe	Säuglinge ≤1 Jahr (2,8/100.000), gefolgt von den ≥65-Jährigen (1,9/100.000 mit steigender Tendenz), immunkompromittierte Personen
	Verhältnis m:w	Männer : Frauen = 1,2 : 1
	Saisonales Auftreten	Höchste Erkrankungsinzidenz im Januar, allerdings zweiter Gipfel im Juli bis September
	Letalität der ILE	9,5%, (20–30% bei Listerien-Meningoenzephalitis), erhebliche Schwankungen in Abhängigkeit von der individuellen Immunkompetenz
	Besonderheiten	Häufig subakute Verläufe mit viral/apurulent anmutendem Liquorbefund. Resistent gegenüber Cephalosporinen („Listerienlücke")

◻ **Tab. 2.2**   (Fortsetzung)

Erreger	Charakteristika	
Haemophilus influenzae (gramnegative Stäbchen)	Infektionsweg	Meist „Tröpfcheninfektion" über den Nasopharynx, selten endogene Infektion (bei 30–50% der Gesunden Bestandteil der Schleimhautflora der oberen Atemwege)
	Unterteilung	6 unterschiedliche Serovare, allerdings auch kapsellose und somit nicht typisierbare Stämme
	Inzidenz/Jahr	*IHIE*: 0,6/100.000, davon ca. 11% mit Meningoenzephalitis
	Risikogruppe	Säuglinge ≤1 Jahr (4,0/100.000), gefolgt von den ≥65-Jährigen (1,7/100.000)
	Verhältnis m:w	Annähernd ausgeglichen
	Saisonales Auftreten	Maximum der Erkrankungen während der Wintermonate mit Abnahme der Fallzahl zum Sommer hin (Minimum im August)
	Letalität	3–8%
	Besonderheiten	Erheblicher Rückgang der Inzidenz, v. a. im Säuglingsalter seit Implementierung der Hib-Schutzimpfung

* Die Angaben entsprechen jeweils den ermittelten (Durchschnitts-) Werten für Gesamteuropa.
Abkürzungen: IPE = invasive Pneumokokkenerkrankung (Pneumonie und Bakteriämie/Sepsis oder Meningitis/Meningoenzephalitis und/oder Bakteriämie/Sepsis), IME = invasive Meningokokkenerkrankung (Meningitis/Meningoenzephalitis und/oder Bakteriämie/Sepsis), ILE = invasive Listerienerkrankungen, IHIE = invasive Haemophilus-influenzae-Erkrankung. Hib = Haemophilus influenzae Typ B

gramme gegenwärtig für ca. 80% aller IHIE (mit vorliegendem Ergebnis eines Typisierungsverfahrens) in Europa verantwortlich. Ihre Quote nahm dabei während der letzten 5 Jahre einen beständig ansteigenden Verlauf. Auf den am stärksten humanpathogenen Serotyp B (bekapselt) entfallen hingegen nur noch 6% aller Erkrankungen, auf den ebenfalls bekapselten Serotyp F 9%. Liegt das Patientenalter allerdings über 25 Jahre, findet sich mit 57% der Fälle weiterhin vorrangig der Serotyp B (Puig et al. 2014; Collins et al. 2016).

Gegen **Listeria monocytogenes** existiert zurzeit keine Impfung.

2.2.2 Aufbau und Funktion der Blut-Hirn-Schranke

Die Blut-Hirn-Schranke (BHS) ist eine physiologische Barriere zwischen dem Gefäßsystem und dem zentralen Nervensystem (ZNS). Ihre Aufgabe ist es, das Hirngewebe vor Krankheitserregern und Toxinen zu schützen.

Im Bereich der Kapillaren des ZNS bilden spezifische Endothelzellen, eine Basallamina (bestehend aus extrazellulären Matrixproteinen), die Perizyten sowie fußartige Fortsätze der Astrozyten gemeinsam die Blut-Hirn-Schranke, die auch „neurovaskuläre Einheit" genannt wird (Daneman

2012; Armulik et al. 2005; Carmignoto et al. 2010) (◻ Abb. 2.8). Diese sowohl strukturelle als auch funktionelle Barriere verhindert die Passage nahezu aller Moleküle, mit Ausnahme sehr kleiner und lipophiler Teilchen, und gewährleistet so ein neutrales Mikromilieu innerhalb des zentralen Kompartimentes. Zwischen den Ausläufern der Astrozyten befindliche, perivaskuläre Makrophagen gewährleisten die erste Stufe der ortsständigen Immunabwehr nach Überwindung der BHS (Carmignoto et al. 2010).

┌─ **Neurovaskuläre Einheit** ─────────
│ Eine neurovaskuläre Einheit besteht aus
│ einer Kapillare im Bereich des ZNS und der
│ sie umgebenden Strukturen (Endothel, Basal-
│ lamina, Perizyten und Astrozyten).
└────────────────────────────────

Die **Endothelzellen** des ZNS unterscheiden sich grundlegend von denen aller anderen Gewebe. Einerseits sind diese mitochondrienreichen Zellen hoch polarisiert, wodurch in Kombination mit den in großer Zahl vorhandenen, durch transmembranöse Proteine gebildeten **„tight junctions"** (TJ) der parazelluläre Transfer selbst für Ionen erheblich begrenzt wird, andererseits fehlen

Kapillaren (neurovaskuläre Einheit)

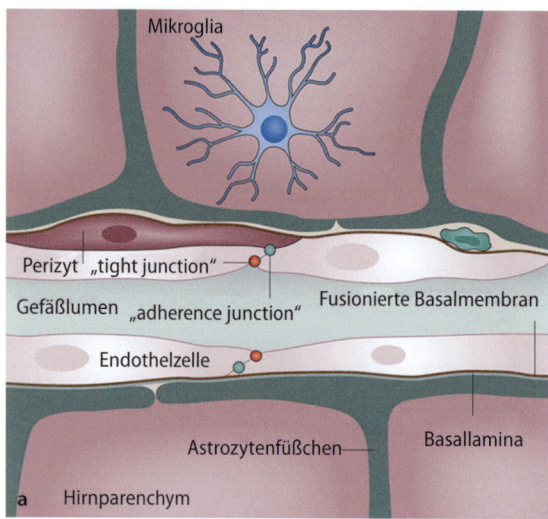

Post-kapilläre Venolen und Venen

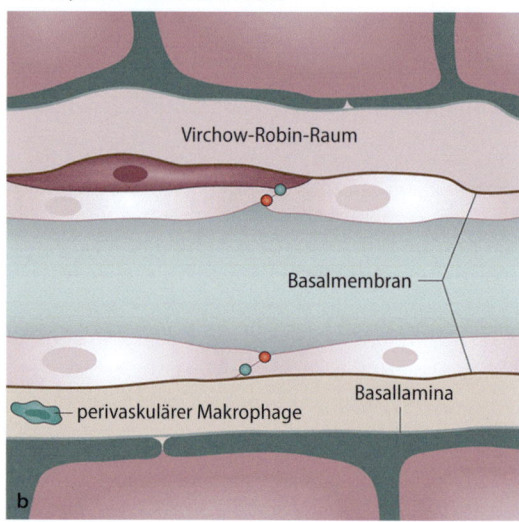

Abb. 2.8a, b Schematischer Aufbau der Blut-Hirn-Schranke: **a** im Bereich der Kapillaren (neurovaskuläre Einheit), **b** Im Bereich postkapillärer Venolen und Venen. (Aus: Coureuil et al. 2017)

Fensterungen im Endothel, und die niedrige Anzahl zytoplasmatischer Vesikel führt zu einer geringen Pino- und Transzytoserate.

Der elektrische Gradient ermöglicht zudem die Ausbildung spezieller transmembranöser Transporteigenschaften; darunter sogenannte Efflux-Carrier für niedermolekulare lipophile Toxine, die zuvor passiv die BHS überwunden haben, sowie Transportmoleküle zur Versorgung des Gehirns mit essenziellen Nährstoffen.

Wie in anderen Bereichen des Körpers verfügen auch die Endothelien des ZNS über **„adherence junctions"** (AJ), die, ähnlich den TJ, über ein Transmembranprotein die Zell-Zell-Adhäsion bewirken. An der Membraninnenseite sind diese Makromoleküle mit den Aktinfilamenten des Zytoskeletts vernetzt und/oder haben Verbindung zu intrazellulären Signalproteinen. Somit sind AJ und TJ in eine Vielzahl von Endothelfunktionen wie der Aufrechterhaltung der Membranpolarität, der Membranstabilität und auch der Permeabilität der BHS involviert. Auch eine direkte Interaktion zwischen diesen beiden Kontaktstrukturen selbst wurde mittlerweile belegt (Daneman 2012; Armulik et al. 2005).

Lumenwärts ist das Endothel von einer Polysaccharidschicht, der **Glykokalyx**, überzogen. Diese innerste Barriere spielt eine entscheidende Rolle beim Aufbau des kolloidosmotischen Druckgradienten und behindert die Interaktion zwischen Blutbestandteilen und der Endotheloberfläche.

Auch **Astrozyten** und **Perizyten** beeinflussen die Funktion der BHS direkt. Zudem sind beide Zelltypen in die Regulierung des Muskeltonus der muralen glatten Muskelzellen involviert und somit auch an der Kontrolle des zerebralen Blutflusses beteiligt (Carmignoto et al. 2010). Ihr Beitrag zur Verhinderung des Eindringens von Mikroorganismen ins ZNS ist jedoch nur ansatzweise bekannt.

Eine besondere Bedeutung bei der Regulation der Wasserhomöostase des Gehirns kommt den Astrozyten zu, deren lumenwärts gerichtete Fortsätze die Aquaporin-4-Wasserkanäle exprimieren (Haj-Yasein et al. 2011).

2.2.3 Pathophysiologie der bakteriellen Meningoenzephalitis

Die an der Entstehung und Entwicklung einer Meningoenzephalitis beteiligten Mechanismen sind äußerst umfangreich. Sie umfassen u. a. Funktionsstörungen der BHS sowie immunologische und erregerinduzierte Reaktionen der neurovaskulären Einheit, direkte und indirekte toxische Wirkungen der ZNS-pathogenen Mikroorganismen selbst, Konsequenzen der Aktivierung der körpereigenen Infektabwehr, Effekte exzitatorischer Neurotransmitter und sekundäre Erkrankungsfolgen wie zerebrale Ischämien oder Gewebehypoxien.

Eine Vielzahl der potenziell Meningoenzephalitis verursachenden Keime, darunter auch N. meningitidis, S. pneumoniae und H. influenzae, besiedeln die Haut, den Nasooropharynx, den oberen Respirationstrakt, den Gastrointestinaltrakt oder auch die vaginale Schleimhaut gesunder Menschen. Die Kolonisation kann permanent, vorübergehend oder intermittierend sein.

In der Regel kommt es nur unter besonderen Umständen (Verletzungen, Immunschwäche) zu einer Penetration der Bakterien durch die äußeren Zellbarrieren und zu einer lokalen Entzündung. Hiervon ausgehend ist eine systemische Aussaat über den Blutkreislauf, in selteneren Fällen auch eine Ausbreitung per continuitatem (z. B. bei Mittelohrprozessen), Voraussetzung für den Befall des ZNS. Für einige Erreger (u. a. Hib und S. pneumoniae) existieren Hinweise auf eine positive Korrelation zwischen dem Ausmaß der Bakteriämie und der Wahrscheinlichkeit, an einer Meningoenzephalitis zu erkranken. Ob hingegen auch für (hochvirulente) Keime wie N. meningitidis eine solche Beziehung mit einem krankheitsauslösenden Schwellenwert existiert, ist bislang ungeklärt.

Das Überleben im Blutstrom des Wirtes – trotz der körpereigenen Immunabwehr (wesentlich in Form von komplement- und antikörpervermittelter Phagozytose) – ist daher ein grundlegendes Virulenzmerkmal solcher ZNS-pathogener Bakterien. Diese Resistenzeigenschaft beruht z. T. darauf, dass schlagartig nach Erreichen des Intravasalraumes bei den Erregern eine Modifikation des (bakteriellen) genomischen Transkriptionsprofils einsetzt und damit eine Veränderung der Zellwandbeschaffenheit, eine gesteigerte Expression von komplementregulierenden Proteinen sowie eine vermehrte Eisenaufnahme bewirkt wird. Andere Mikroorganismen (z. B. E. coli) entziehen sich der Körperabwehr durch die Aufnahme in antigenpräsentierende Zellen (APC, wie Makrophagen, dendritische Zellen) und in neutrophile Granulozyten. Nach der rezeptorvermittelten Phagozytose vermehren sich diese Bakterien dann intrazellulär und damit geschützt vor den Einflüssen des Immunsystems (Van Sorge und Doran 2012).

Die Erreger, die in ausreichender Anzahl im Blutstrom überlebt haben, gelangen schlussendlich mit dem Kreislauf ins Gehirn. Die Mechanismen, über die ZNS-pathogene Keime die zunächst noch intakte BHS überwinden, sind unterschiedlich und zum Teil komplex. Eine genauere Beschreibung folgt im nächsten Abschnitt.

Zunächst kann die bakterielle Entzündung auf die Meningen begrenzt bleiben, häufig folgt jedoch eine Invasion in das angrenzende Hirnparenchym mit daraus resultierender zusätzlicher diffuser oder lokaler Enzephalitis. Als Konsequenz der inflammatorischen Prozesse kommt es zu einer zunehmenden Störung der BHS-Funktion mit erhöhter Permeabilität. Im Zuge des graduellen Zusammenbruchs dieser Barriere gelingt weiteren Bakterien, aber auch zellulären und humoralen Bestandteilen des Immunsystems, nun die Passage aus der Blutbahn ins Gehirn, woraus sich eine Akzeleration und Ausdehnung der Entzündung ergibt. Im Liquor cerebrospinalis bilden sich diese Vorgänge als (granulozytäre) Pleozytose mit >1000 Zellen/µl, begleitet von einer mitunter exzessiven Eiweißvermehrung ab.

2.2.3.1 Eigenschaften pathogener Bakterien zur Überwindung der Blut-Hirn-Schranke

Prinzipiell stellt die Blut-Hirn-Schranke ein unüberwindbares Hindernis für Makromoleküle und damit auch für alle körperfremden Zellen dar. Daher sind ein ausreichendes Ausmaß der Bakteriämie und die Bindung der Erreger an die mikrovaskuläre ZNS-Endothelzell-Schicht sowie deren anschließende Invasion unabdingbare Voraussetzungen für die Entstehung einer Meningoenzephalitis.

Bereits eine intakte zerebrale Mikrozirkulation hat direkte Auswirkungen auf das Erkrankungsrisiko. Ein physiologischer Blutfluss verursacht Scherkräfte, die wiederum die endotheliale Funktion in den Kapillaren und Arteriolen des ZNS verbessern. So ist für N. meningitidis eine schlechtere luminale Adhäsion bei guter lokaler Perfusion belegt (Van Sorge und Doran 2012).

Viele potenzielle Meningoenzephalitis-Erreger weisen Gemeinsamkeiten bei der initialen Interaktion mit der ZNS-Endothelschicht auf:

Zunächst verfügt ein Großteil der entsprechenden Bakterien über Pili (Härchen) oder kleine Fibrillen, über die der erste Kontakt zustande kommt. Im Weiteren erfolgt eine Downregulation der Expression bestimmter bakterieller Kapsel-Polysaccharide, die während des Transports im Blutstrom eine gewisse immunologische Resistenz bewirkt haben, nun aber die Passage der BHS behindern würden. Schließlich schütten diverse Erreger spezifische Toxine aus, die die Endothelzellen schädigen und so die Permeabilität der

2

Barriere erhöhen (Van Sorge und Doran 2012; Kim 2008).

Eine Vielzahl von Liganden auf der Oberfläche von Bakterien und lumenwärts ausgerichtete Rezeptoren des Endothels, die überwiegend durch Kopplung an ein G-Protein intrazelluläre Signalwege aktivieren, wurden bereits identifiziert und ausgiebig untersucht. Trotz einer erheblichen Diversität im Detail zwischen den unterschiedlichen Spezies finden sich doch prinzipielle Übereinstimmungen in Bezug auf die bei der Überwindung der BHS stattfindenden Prozesse (Kim 2008).

▪▪ Bindung ZNS-pathogener Bakterien an die neurovaskuläre Einheit

Die Invasion eines Bakteriums ins ZNS beginnt mit der Bindung zwischen sogenannten mikrobiellen Adhäsinen und Rezeptoren der Endothelzelle. Der Laminin-Rezeptor (LR) und der „platelet activating factor receptor" (PAFr) sind dabei die für die wichtigsten ZNS-pathogenen Keime (N. meningitidis, S. pneumomiae, H. influenzae) gemeinsamen Bindungsstellen.

Die Interaktion mit der BHS erfolgt dabei nicht immer direkt, z. T. sind auch „Bridging-Moleküle" der Extrazellularmatrix involviert (z. B. Fibronectin) (Banerjee et al. 2011; Kim et al. 2011; Kim 2006).

Die sequenzielle Bindung an Rezeptoren setzt endothelial unterschiedliche intrazelluläre Signalwege in Gang. Dies ist eine wesentliche Voraussetzung für den Transfer des Bakteriums durch die BHS (◘ Abb. 2.9).

Die Ausschüttung von inflammatorischen Zytokinen bewirkt eine vermehrte Expression von bakterienbindenden Rezeptoren auf Wirtszellen und/oder von intrazellulären Botenstoffen. Einige Spezies, darunter auch S. pneumoniae, nutzen diesen Mechanismus, indem sie selbst die Chemokinliberation induzieren und so ihre Aufnahme in Endothelzellen forcieren. Wichtig ist in diesem Kontext, dass sich diese durch Mikroorganismen gezielt hervorgerufene Freisetzung von Mediatoren hinsichtlich ihrer Zusammensetzung an Zytokinen von der generellen Immunantwort des Wirtes auf potenzielle Krankheitserreger wesentlich unterscheidet (Kim 2008).

Abgesehen von Infektionen mit N. meningitidis und Hib wird die Ausschüttung der stark proinflammatorisch wirkenden Zytokine TNF-α und Interleukin-1 (IL-1) typischerweise nicht induziert. Hierin ist möglicherweise die Erklärung zu sehen, weshalb die beiden genannten Spezies durch eine außergewöhnlich hohe Virulenz und sehr fulminante Krankheitsverläufe gekennzeichnet sind (Van Sorge und Doran 2012).

▪▪ Passage ZNS-pathogener Bakterien durch die neurovaskuläre Einheit

Grundsätzlich existieren drei Möglichkeiten der Passage durch die BHS: Im Einzelnen handelt es sich um

▬ I – **den transzellulären Transfer** (u. a. S. pneumoniae, N. meningitidis, E. coli) ohne Zerstörung der „tight junctions" und ohne Bakterienvermehrung in der Endothelzelle,

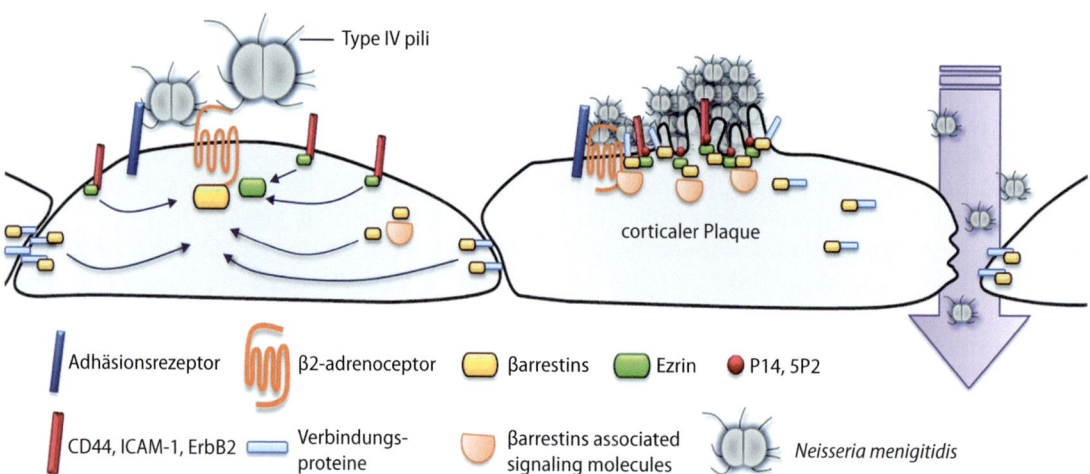

◘ **Abb. 2.9a–c** Liganden-Rezeptor-Bindung, Induktion intrazellulärer Signalwege und deren Effekte auf die BHS-Permeabilität am Beispiel von N. meningitidis. Weitere Details s. Text. (Aus Coureuil et al. 2012)

- **II – den parazellulären Transfer** (u. a. Borrelia spp.) mit oder ohne Zerstörung der „tight junctions" und
- **III – das „Trojanisches-Pferd-Prinzip"** (unter anderem L. monocytogenes), wobei die Transmigration pathogener Mikroorganismen innerhalb einer infizierten phagozytierenden Zelle des Immunsystems erfolgt (◨ Abb. 2.10).

> **Die Passage eines Bakteriums durch die BHS kann auf drei unterschiedliche Arten erfolgen:**
> - **als Transfer direkt durch die Endothelzellen selbst (I)**
> - **zwischen den Zellen der neurovaskulären Einheit hindurch (II) oder**
> - **nach dem Prinzip des „Trojanischen Pferdes" (III), wie (I) ebenfalls über einen transzellulären Transportweg.**

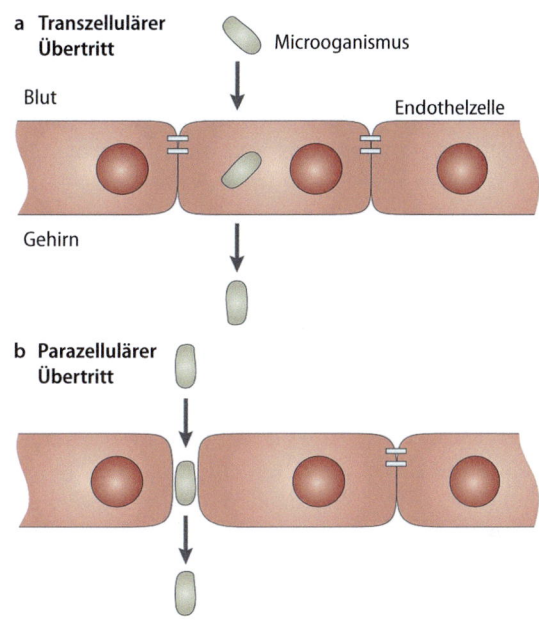

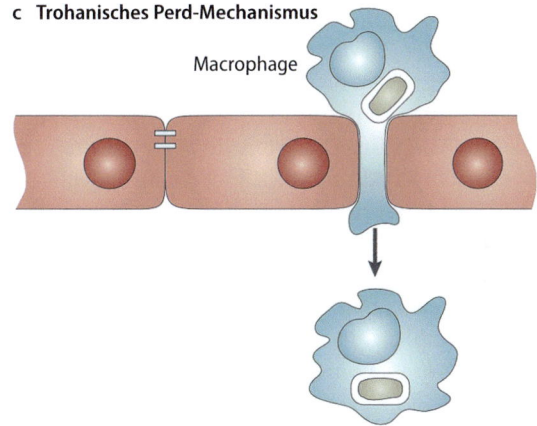

Einige Spezies gelangen auf mehr als eine dieser Arten ins Hirngewebe.

Beim transzellulären Transfer (siehe I) muss zunächst rezeptorvermittelt eine Reorganisation des Aktinzytoskeletts (Aktinpolymerisation) der Endothelzelle induziert werden. Beim sogenannten „Zipper-Mechanismus" wird das Bakterium passiv über eine Membranausstülpung inkorporiert. Beim „Trigger-Mechanismus" sind zusätzlich in die Wirtzelle injizierte Mediatoren für die Einschleusung erforderlich (Kim 2008). Nach der Internalisierung in eine Vakuole, bestehend aus einem Abschnitt der Zellmembran, passieren die Erreger die BHS und verlassen auf der lumenabgewandten Seite wieder die Endothelzelle. Einige Spezies sind in der Lage, während des Transfers zusätzlich intrazelluläre Signalwege zu modulieren. Beispielsweise verhindern Bakterien wie E. coli auf diese Weise ihre eigene Zersetzung während der Passage, indem sie die Fusion der Vakuolen mit Lysosomen unterbinden (Kim 2006, 2008).

◨ **Abb. 2.10**　Passage der Bakterien durch die Blut-Hirn-Schranke (BHS). (Aus: Kim 2008)

2.2.3.2 Zusammenbruch der Blut-Hirn-Schranke

Mit der Progression des Entzündungsprozesses kommt es zu einer zunehmenden Zerstörung der Integrität der BHS. Daran sind eine Vielzahl von Faktoren beteiligt.

Neben der transzellulären Passage gewinnt insbesondere mit fortschreitender Erkrankungsdauer die parazelluläre Translokation ins Hirnparenchym an Bedeutung. Hierfür ist entweder eine Zerstörung der TJ und AJ, überwiegend durch direkte Einwirkung sezernierter Bakterientoxine, erforderlich, oder es bedarf einer spezifischen Interaktion zwischen diesen Strukturen und dem eindringenden Mikroorganismus, sodass die „Schranke" quasi vorübergehend geöffnet wird (Van Sorge und Doran 2012).

Unter anderem schüttet S. pneumoniae Giftstoffe aus, die eine regelrechte „Durchlöcherung" der BHS verursachen. Darüber hinaus bewirken die freigesetzten Toxine eine Verstärkung der Immunantwort des Körpers mit gesteigerter Zytokin-/Chemokin-Ausschüttung, die, wie oben bereits erwähnt, ihrerseits selbst die Schranken-

2

funktion negativ beeinflussen können. Beispielsweise ist für bestimmte Erreger (s. oben) eine gesteigerte systemische Expression von TNF-α mit einer erhöhten Permeabilität der BHS vergesellschaftet, für andere hingegen nicht (Barichello et al. 2011).

Daneben induzieren einige Bakterien (u. a. E. coli, S. pneumoniae) die Bildung von Stickstoffmonoxid-Synthase (iNOS) in ZNS-Endothelzellen, wodurch ebenfalls die Migration der Erreger ins Hirngewebe erleichtert wird.

Neben diesen eher unspezifischen Methoden zur Störung der BHS-Integrität greifen einige Spezies zum Verlassen der Blutbahn auch auf komplexere Strategien zurück. N. meningitidis und E. coli benutzen ihre Oberflächenadhäsionsmoleküle (Typ-IV-Pili bei N. menigitidis, OmpA bei E. coli), um über die Aktivierung intrazellulärer Signalwege schlussendlich eine Konformitätsänderung im Bereich bestimmter AJ-Proteine (u. a. „vascular endothelial cadherin") zu bewirken, wodurch die parazelluläre Translokation ermöglicht wird. Zusätzlich induziert N. meningitidis die Freisetzung von Matrix-Metalloproteinase 8 (MMP 8) aus neutrophilen Granulozyten des Wirtes, die eine spezifische Spaltung des TJ-Proteins Occludin verursacht und zu einer weiteren Schwächung der Barrierestruktur beiträgt.

Andere Mikroorganismen (z. B. Bacillus anthracis) wiederum injizieren Proteasen und/oder Toxinkomplexe in die Endothelzellen und bewirken dadurch eine weitgehende Unterbindung des endosomalen Proteintransportes. Dadurch kommt nicht nur das Recycling von Konnektivitätsstrukturen der AJs und TJs zum Erliegen, sondern mit weiterreichenden Folgen auch die Zell-zu-Zell-Kommunikation (Van Sorge und Doran 2012).

Schlussendlich tragen auch diverse Faktoren der Immunantwort des Wirtsorganismus zum Zusammenbruch der BHS bei. Zwar sind neutrophile Granulozyten entscheidend für die Verhinderung und Eindämmung einer bakteriellen Sepsis, jedoch ist in unterschiedlichen Tiermodellen zur Pneumokokken- und Hib-Meningoenzephalitis die Prävention der Leukozytenmigration ins ZNS mittels Anti-CD18-Antikörpern mit einer signifikant verringerten Letalität vergesellschaftet (Banarjee et al. 2011).

Die o. g. Vorgänge können sich auch im Bereich des die Ventrikel auskleidenden Ependyms abspielen.

2.2.3.3 Aufrechterhaltung und Expansion der Meningoenzephalitis

Die von den Komponenten der BHS vermittelte Immunantwort auf die Bakteriämie und den initialen Kontakt eines pathogenen Agens mit dem ZNS-Endothel ist essenziell für eine effektive Beseitigung des entsprechenden Mikroorganismus, bevor es diesem gelingt, in das Hirnparenchym einzudringen. Zeitpunkt und Ausmaß der Bereitstellung neutrophiler Granulozyten sind entscheidend für den Erkrankungsverlauf (Van Sorge und Doran 2012).

Andererseits verursacht eine anhaltende Exposition gegenüber neurotropen Erregern in vielen Fällen eine inadäquat starke Aktivierung der neurovaskulären Einheit mit konsekutiv überschießender Inflammation, wodurch sowohl die Schrankenfunktion weiter kompromittiert wird, als auch unmittelbar eine neuronale Schädigung hervorgerufen werden kann (Banarjee et al. 2011).

Es gibt jedoch auch konträre Krankheitsverläufe mit einer Down-Regulation der physiologischen Abwehrmechanismen. Die Proliferation und Ausbreitung von B. anthracis im Gehirn wird beispielsweise durch die induzierte Suppression der Chemotaxis neutrophiler Granulozyten begünstigt.

Die Untersuchungen zu den komplexen Abläufen, die der veränderten Regulation der genomischen Transkription in Zellen der neurovaskulären Einheit unter dem Einfluss bakterieller Entzündungsvorgänge zugrunde liegen, stehen erst am Anfang.

Viele Bakterien bewirken nicht erst durch die Invasion der Endothelzellen, sondern bereits durch ihren Kontakt mit lumenseitigen Strukturen der neurovaskulären Einheit die Auslösung der Immunantwort des Wirtsorganismus mit zum Teil exzessiver Zytokinfreisetzung. Daher liegt in der gezielten Blockade spezifischer Ligand-Rezeptor-Bindungen ein erfolgversprechender Ansatz zur Abschwächung insbesondere inflammatorischer Prozesse im Rahmen der Pathogenese der Meningoenzephalitis (Van Sorge und Doran 2012).

■ ■ Zusammenbruch des physiologischen ZNS-Milieus

Die durch ZNS-pathogene Mikroorganismen hervorgerufene Permeabilitätssteigerung der BHS betrifft nicht nur die jeweiligen Krankheitserreger, sondern auch immunkompetente Zellen des peripheren Blutes wie Monozyten und Granulozyten sowie aus dem Blutplasma stammende Mediatoren und Proteine. Hierdurch kommt es zu einer gravierenden Veränderung gegenüber dem physiologischen ZNS-Milieu bei intakter Schrankenfunktion mit der Folge einer Verstärkung und Beschleunigung der Inflammation und damit auch des neuronalen Schadens (Kim 2008). Ein bedeutsamer Faktor ist in diesem Zusammenhang die Freisetzung proteolytischer Enzyme und Entzündungsmediatoren (einschließlich freier Radikale) aus den eingewanderten Leukozyten.

■ ■ **Direkte Gewebetoxizität ZNS-pathogener Bakterien**

Meningoenzephalitiserreger selbst verursachen ebenfalls Gewebeschädigungen im ZNS. Nach der Passage der BHS proliferieren die Bakterien im Subarachnoidalraum und können von dort weiter in das Gehirn vordringen (Nau und Gerber 2003). Unterschiedlichste Substanzen pathogener Mikroorganismen besitzen eine direkt neurotoxische Wirkung. Pneumolysin (aus S. pneumoniae) beispielsweise ist ein porenbildendes Toxin, das u. a. Neurone durch den so vermittelten ungehemmten Einstrom von extrazellulärem Kalzium schädigt.

Neben den im Rahmen des Entzündungsgeschehens aktivierten Granulozyten, Makrophagen, Mikroglia- und Endothelzellen sind auch einige Bakterien selbst in der Lage, freie Radikale zu produzieren, die dann eine Oxidation von Membranlipiden und DNA-Aberrationen bewirken. Der durch den oxidativen Stress hervorgerufene Verlust der Membranintegrität geht mit einem exzessiv hohen Energieverbrauch einher, der schließlich die Apoptose betroffener Zellen einleitet (Koedel und Pfister 1999). Des Weiteren können freie Radikale auch durch Aktivierung des Transkriptionsfaktores NF-κB die Transkription verschiedener Entzündungsmediatoren forcieren.

Auch diverse Bakterienbestandteile (v. a. der subkapsulären Zellwand) wie Lipopolysaccharide, Teichonsäure u. a. m. besitzen eine unmittelbare Toxizität gegenüber Nervengewebe und/oder Gliazellen.

■ ■ **Energiedepletion, Gewebeischämie und Apoptose**

Glutamat und andere exzitatorische Aminosäuren sind im Rahmen bakterieller Meningoenzephali-

tiden deutlich erhöht. Dies führt insbesondere an Nervenzellen zu einer verstärkten Depolarisation der Zellmembran durch Induktion eines Kalziumeinstroms, der seinerseits einen unphysiologisch hohen Energieverbrauch verursacht und damit schlussendlich zur neuronalen Schädigung beiträgt (Nau und Gerber 2003).

Die Effekte unterschiedlicher bereits oben genannter Noxen wie Pneumolysin und exzitatorische Neurotransmitter sowie oxidativer Stress konvergieren u. a. in der Freisetzung von Cytochrom C aus den Mitochondrien. In der weiteren Abfolge der Signalkaskade kommt es dann zur Aktivierung von Caspasen, die ihrerseits maßgeblich apoptotische Abläufe in Gang setzten und unterhalten (Koedel und Pfister 1999).

Ischämische respektive hypoxische Läsionen des Hirngewebes sind bei bakteriell verursachten ZNS-Infektionen verbreitet und überwiegend multifaktoriell bedingt. Ursächlich können – jeweils alleine, meist jedoch in Kombination (Nau und Gerber 2003; Pfister et al. 1992) – sein:

— Vasospasmen oder Vaskulitiden bis hin zum konsekutiven Verschluss arterieller Gefäße,
— ein Hirnödem mit Anstieg des intrakraniellen Drucks, Abfall des zerebralen Perfusionsdrucks und/oder transtentorieller bzw. transforaminaler Herniation und
— eine Kompromittierung der zerebralen Autoregulation

2.2.3.4 Zerebrale Komplikationen der bakteriellen Meningoenzephalitis

In absteigender Häufigkeit erleiden betroffene Patienten im akuten Erkrankungsstadium die nachstehenden, das ZNS einschließlich seiner Gefäße sowie einzelne Nervi craniales betreffende Komplikationen. Anzuführen sind im Einzelnen zerebrovaskuläre Mitbeteiligungen in Form von Vaskulitiden, Vasospasmen und Störungen der zerebralen Autoregulation, daneben aber auch septische Sinus- und Hirnvenenthrombosen, ferner vestibulocochleäre Defekte (Hörstörungen, Schwindel), die Ausbildung eines Hydrozephalus und/oder eines Hirnödems mit der Gefahr der Herniation, Hirnnervenausfälle, symptomatische epileptische (Früh-) Anfälle bis hin zur Manifestation einer sekundären Epilepsie, eine diffuse Zerebritis (Hirnphlegmone) und selten Hirnabszesse oder subdurale Empyeme (Pfister et al. 1992).

2

Die assoziierten Schäden können im individuellen Fall prognosebestimmend sein.

■■ Frühe systemische Komplikationen der bakteriellen Meningoenzephalitis und der Septikämie

In der Akutphase der Erkrankung liegt, je nach Virulenz des Krankheitserregers und immunologischer Kompetenz des Wirtsorganismus, eine hinsichtlich des Schweregrades variabel ausgeprägte Septikämie vor. Die in diesem Rahmen fakultativ auftretenden extrakraniellen Organmanifestationen weisen z. T. ein speziesspezifisches Verteilungsmuster auf. Zu den Erkrankungsbildern zählen der septische Schock, die Verbrauchskoagulopathie (= disseminierte intravasaler Gerinnung, DIC), das „adult respiratory distress syndrome" (ARDS), Arthritiden v. a. großer Gelenke (septisch oder auch reaktiv verursacht), Rhabdomyolysen, Pankreatitiden, die septische einseitige (selten beidseitige) Endophthalmitis oder Panophthalmitis sowie spinale Komplikationen aufgrund einer Myelitis oder Ischämie bei Vaskulitis der rückenmarkversorgenden Arterien.

Im Sinne einer Fernwirkung der durch die entzündlichen Prozesse im Gehirn hervorgerufenen Schäden können sich – unter anderem infolge des Syndroms der inadäquaten ADH-Sekretion (SIADH), des zerebralen Salzverlustsyndroms oder auch eines zentralen Diabetes insipidus – zentralbedingte Elektrolytstörungen, überwiegend in Form der Hyponatriämie, entwickeln (Koedel und Pfister 1999; Pfister et al. 1992).

Bei Nachweis einer Sinusitis, Mastoiditis oder Otitis media handelt es sich nicht um septische Absiedelung, sondern in der Regel um den extrameningealen Infektfokus, den es konsequent zu sanieren gilt.

🛈 Cave
Im Rahmen einer bakteriellen Meningoenzephalitis kann es zu schwerwiegenden systemischen Komplikationen kommen. Hierzu gehören die Verbrauchskoagulapathie ebenso wie der septische Schock oder zentralbedingte Elektrolytstörungen. Eine intensivmedizinische Überwachung ist deshalb obligat!

2.2.4 Perspektiven

Auch zukünftig wird infolge der nun verfügbaren Impfstoffe gegen die beiden häufigsten Auslöser der bakteriellen Meningoenzephalitis (S. pneumoniae, N. meningitidis) sowie gegen H. influenzae eine weitere Änderung des Erregerspektrums zu beobachten sein. Insbesondere ist dabei aber von einem Shift hin zu anderen Serogruppen/Serovaren innerhalb der einzelnen Spezies auszugehen, die nicht von den jeweils eingesetzten, meist polyvalenten Impfstoffen mit abgedeckt werden (Htar et al. 2015). Dies unterstreicht die Sinnhaftigkeit einer nationalen epidemiologischen Surveillance, einschließlich der Dokumentation des jeweiligen klinischen Syndroms als obligates Instrument für die zeitnahe dynamische Anpassung der Impfstoffe und anderer präventiver Maßnahmen.

Für die Entwicklung maßgeschneiderter Therapien der Zukunft ist zudem eine profunde Kenntnis über die genauen Abläufe der immunologischen Antwort der neurovaskulären Einheit auf die Exposition gegenüber potenziell ZNS-pathogenen Bakterien wichtig. Genaue Kenntnisse über die Aktivierung von Signalwegen und die intrazelluläre Informationsweitergabe nehmen dabei eine Schlüsselposition ein. Die Herausforderung besteht darin, durch eine gezielte Modulation der Immunantwort protektive Effekte gegenüber eingedrungenen Krankheitserregern zu fördern und negative Folgen, wie beispielsweise den Verlust der BHS-Integrität und die überschießende Inflammation bis hin zur Generierung eines neuronalen Schadens, zu minimieren.

Dass dieses Konzept prinzipiell anwendbar ist, zeigen die klinischen Studien zum Einsatz von Dexamethason bei der bakteriellen Meningoenzephalitis. Zwar konnte ein signifikanter Nutzen bisher nur für Erkrankungen infolge einer S. pneumoniae-Infektion belegt werden, allerdings lässt sich auch für andere hochvirulente Erreger wie N. meningitidis zumindest ein tendenzieller Vorteil hinsichtlich des Outcomes erkennen (De Gans und van de Beek 2002; Brouwer et al. 2015; Heckenberg et al. 2012). Gegenüber der nur unspezifischen Immunsuppression mit Steroiden ist zukünftig von einer gezielten Blockade oder auch Aktivierung pathophysiologisch bedeutsamer Signalwege der Zellen der neurovaskulären Einheit eine höhere Effektivität bei der Behandlung der bakteriellen Meningoenzephalitis zu erwarten.

Gabe von Dexamethason bei bakterieller Meningoenzephalitis

Die bakterizide Wirkung gängiger Antibiotika zur Behandlung der septischen Meningoenzephalitis hat die Lyse der ursächlichen Bakterien zufolge. Damit ist eine Ausschüttung proinflammatorischer Mediatoren (z. B. Pneumolysin), insbesondere in den Subarachnoidalraum, mit prognostisch ungünstigen Auswirkungen vergesellschaftet. Eine aktuelle Cochrane-Analyse unter Einschluss von 25 Studien belegt für den Einsatz von Dexamethason bei Nachweis von Pneumokokken eine signifikante Reduktion der Letalität und von Hörschäden. Dieser Effekt ist bisher für andere Erreger, darunter auch Meningokokken, weniger eindrücklich oder gar nicht nachzuweisen. Allerdings war bei keiner der Untersuchungen die Steroidbehandlung mit relevanten klinischen Komplikationen vergesellschaftet; vielmehr zeigte sich sogar zusätzlich eine (tendenzielle) Reduktion anderer neurologischer Folgeschäden.

Therapeutische Konsequenzen: Daher wird gegenwärtig beim Verdacht auf das Vorliegen einer bakteriellen Meningoenzephalitis die Gabe von Dexamethason in einer Dosierung von 10 mg alle 6 Stunden, jeweils unmittelbar vor oder mit der antimikrobiellen Therapie empfohlen. Bei positivem Nachweis von S. pneumoniae ist das Regime über 4 Tage so beizubehalten, in allen anderen Fällen sollte die Behandlung beendet werden (De Gans und van de Beek 2002).

? **Fragen zur Lernkontrolle**

- Welches sind die häufigsten ZNS-pathogenen Keime, die im Erwachsenenalter eine bakterielle Meningoenzephalitis verursachen?
- Auf welche drei Arten gelangen pathogene Bakterien prinzipiell durch die Blut-Hirn-Schranke?
- Welche zerebralen und systemischen Komplikationen können im Zuge einer bakteriellen Meningoenzephalitis auftreten?
- Was ist die Rationale für den Einsatz von Dexamethason in Kombination mit Antibiotika zur Behandlung der bakteriellen Meningoenzephalitis?

2.3 Herpes-Enzephalitis

A. Biesalski

■ ■ Zum Einstieg

Verschiedene Virusinfektionen können sich im ZNS manifestieren. Klinisch häufig und zumeist unkompliziert ist die virale, lymphozytäre Meningitis, die mit Kopfschmerz, (mäßigem) Fieber und Nackensteifigkeit einhergeht und innerhalb einiger Tage von alleine wieder abklingt. Treten zusätzlich Bewusstseinsstörungen oder fokal-neurologische Symptome auf, sind sie ein wichtiger Hinweis auf das Übergreifen der Entzündung auf das Hirnparenchym und somit die Entwicklung einer (Meningo-)Enzephalitis. Zu den Viren, die das Nervensystem befallen, gehören – neben einigen Vertretern der Herpesviren – auch Enteroviren (z. B. Poliovirus), Paramyxoviren (z. B. Masern-, Mumpsviren) oder Arboviren (z. B. FSME).

Die Herpes-Enzephalitis, als häufigste sporadisch auftretende Virusenzephalitis in unseren Breiten, stellt eine hochakute und lebensbedrohliche Erkrankung dar, die im Folgenden vorgestellt werden soll.

Herpes-Enzephalitis

- Sporadisch auftretende, viral ausgelöste Entzündung des Hirnparenchyms, die unbehandelt in mindestens 70% der Fälle tödlich verläuft.
- **Inzidenz:** 1–4/1.000.000 Einwohner/Jahr.
- **Erreger:**
  - Herpes-simplex-Virus Typ 1 (HSV 1): > 90%, akuter Beginn, zumeist schwerwiegender Verlauf.
  - Herpes-simplex-Virus Typ 2 (HSV 2): 5–10%, schleichender Beginn, milder Verlauf, „Mollaret-Meningitis".
- **Verlauf:**
  - Bei HSV 1 Prodromalphase über mehrere Tage mit Kopfschmerz, (sub-)febriler Temperatur und Unwohlsein. Dann akutes Auftreten von Bewusstseinsstörung (Somnolenz bis Psychose), fokal-neurologischen Symptomen (Aphasie, Hemiparese, epileptische Anfälle), Temperaturanstieg, Meningismus, Koma.
  - Bei HSV 2 oft schleichender Beginn, Kopfschmerz, ggf. Kaudaradikulitis oder -myelitis.
- **Therapie:** Frühestmögliche virustatische Therapie mit Aciclovir i.v. (in Sonderfällen Foscarnet); ggf. ergänzende Kortison-Gabe.
- **Prognose:** Die Mortalität der HSV 1-Enzephalitiden liegt auch bei rechtzeitiger Therapie bei 20–30%, in fast allen Fällen verbleiben bei Überlebenden neurologische Defizite wie Gedächtnisstörungen. Bei HSV 2-Enzephalitis bzw. -Meningitis ist die Prognose gut.

◻ **Tab. 2.3**   Übersicht über die humanpathogenen Herpesviren. Die mit * gekennzeichneten Viren können generell das ZNS befallen.

Gruppe	Vertreter	Übertragungsweg	Assoziierte Erkrankungen
α-Herpes-viren	Herpes-simplex-Virus Typ 1 und 2 (HSV 1, HSV 2)*	HSV 1: vorwiegend oral über Speichel und Haut/Schleim-hautkontakt HSV 2: sexuelle Übertragung, perinatal	Herpes labialis (HSV 1), Herpes genitalis (HSV 2), Herpes-Enzephalitis (HSV 1), Herpes neonatorum (zumeist HSV 2), Keratokunjunctivitis herpetica
	Varicella-zoster-Virus (VZV)*	Tröpfcheninfektion, Übertra-gung aerogen oder durch Kontakt mit Bläscheninhalt	Primärinfektion (meist Kinder): „Wind-pocken" Rezidiv: „Gürtelrose" (Zoster)
β-Herpes-viren	Zytomegalievirus (CMV)*	Übertragung über Körperflüssigkeiten (Speichel, Urin, Muttermilch) über direkten Schleimhautkontakt, sexuell, iatrogen	Zumeist inapparenter Verlauf mit „grippalen" Symptomen Bei intrauteriner Übertragung oder Immunsuppression schwere, z. T. lebensbedrohliche Verläufe oder Spät-schäden möglich
	Humanes Herpesvirus 6 (HHV 6)	Speichel, enger Haut-/ Schleimhautkontakt	Exanthema subitum („Dreitagefieber"), selten Meningoenzephalitis
	Humanes Herpesvirus 7 (HHV 7)	Speichel, enger Haut-/ Schleimhautkontakt	Häufig inapparenter Verlauf, Exanthema subitum
γ-Herpes-viren	Epstein-Barr-Virus (EBV)*	Orale Übertragung, „kissing disease"	Infektiöse Mononukleose in unter-schiedlicher Ausprägung („Pfeiffer'sches Drüsenfieber"), maligne Tumorerkran-kungen (Magenkarzinom, unterschied-liche Lymphome)
	Kaposi-Sarkom-Herpes-virus (KSHV/HHV 8)	Speichel, sexuelle Übertra-gung	Kaposi-Sarkom, KSHV/HHV8-assoziierte Lymphome

2.3.1   Herpesviren

Es sind neun verschiedene humane Herpesviren bekannt, die in unterschiedlicher Weise pathogen wirken können (◻ Tab. 2.3).

2.3.1.1 Lebenszyklus der Herpes-simplex-Viren

Einige Merkmale sind vielen Viren gemein: Sie nutzen den Stoffwechsel infizierter Wirtszellen zur eigenen Replikation, können vorübergehend in eine Art „Ruhezustand" treten, durch Reakti-vierung eine erneute Virusaussaat verursachen und zur Infektion anderer Individuen führen. Je nach Art des Virus werden unterschiedliche Wirtszellen befallen.

Herpesviren sind große, doppelsträngige DNA-Viren, die gut an den Menschen angepasst sind: Sie verursachen eine lebenslange Infektion, führen in der Mehrzahl der Fälle nicht zum Tod ihres Wirtes und können leicht auf andere Men-schen übertragen werden.

Der Lebenszyklus der Herpes-simplex-Viren ist in ◻ Abb. 2.11 dargestellt: Sie treten über die Schleimhäute des Mund- und Nasen-Rachen-Raumes (HSV 1) oder genital (HSV 2) in den Organismus ein. Im Epithel der Haut oder Schleimhaut erfolgt die Virusreplikation, die sich über Bläschenbildung (HSV 1, Herpes labialis) im Bereich der Mundschleimhaut äußern kann, häu-fig aber unbemerkt bleibt. Das Virus infiziert sensorische Neurone und kann über **retrograden axonalen Transport** in den Nervenzellkörper sen-sibler Ganglien vordringen, wo es eine **Latenz** etabliert (bei oraler Infektion zumeist in Ganglien des N. trigeminus, bei genitaler Infektion in lum-bosakralen Ganglien).

Während der Latenzphase ist die Virusinfek-tion asymptomatisch. Die viralen DNA-Genome persistieren hierbei im Nukleus der Nervenzellen

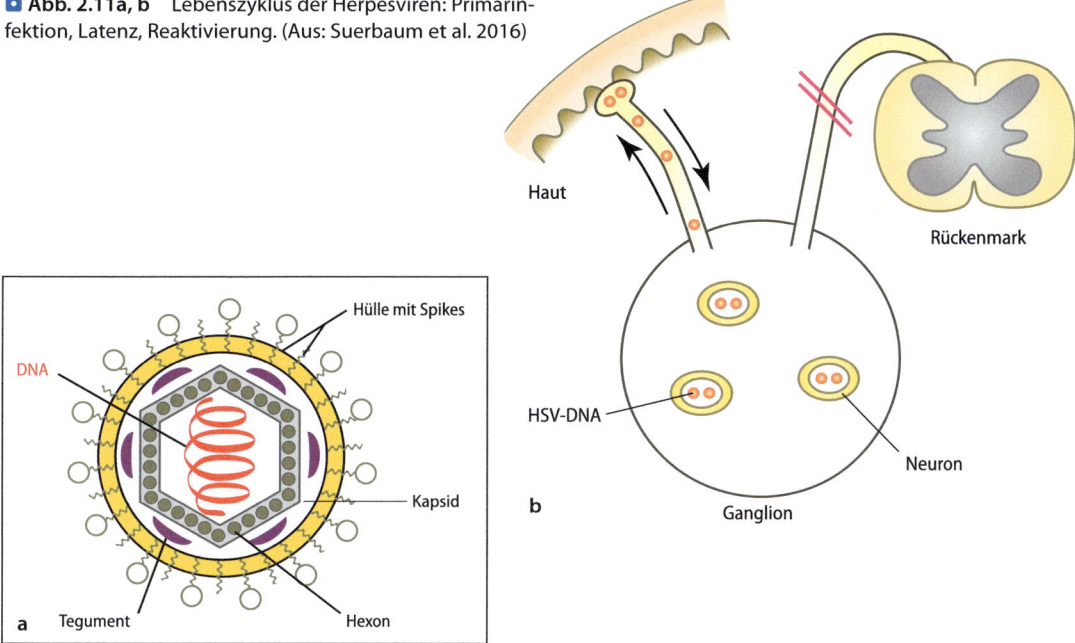

■ **Abb. 2.11a, b**   Lebenszyklus der Herpesviren: Primärinfektion, Latenz, Reaktivierung. (Aus: Suerbaum et al. 2016)

und sind während dieser Phase serologisch nicht nachweisbar. Es kann zu einer **Reaktivierung** und **Replikation** der Viren kommen, die über **anterograden axonalen Transport** zurück in die Peripherie gelangen und dort erneut zur Infektion innervierter Hautareale führen. Treten dann klinische Symptome auf, spricht man von **Rekurrenz** oder Rezidiv. Rezidive treten in der Regel spontan auf, können jedoch durch unterschiedliche Faktoren beeinflusst werden. Hierzu gehören unter anderem emotionaler Stress, Fieber, Gewebeschäden oder Immunsuppression (Whitley et al. 2007).

2.3.1.2 HSV 1

Mit HSV 1, auch bekannt als „orales" Herpessimplex-Virus, sind weltweit mehr als 90% der Erwachsenen infiziert. In der Mehrzahl der Fälle verläuft die Infektion inapparent, bleibt jedoch ein Leben lang als latente Infektion bestehen. Herpes labialis stellt die mit Abstand häufigste Manifestation eines HSV 1-Rezidivs dar und tritt bei bis zu 30% der erwachsenen Bevölkerung ein- oder mehrfach im Leben auf.

Die Herpes-Enzephalitis tritt überwiegend im Rahmen einer Primärinfektion mit HSV 1 auf. Es bestehen Hinweise darauf, dass bei den betroffenen Patienten ein milder Immundefekt vorliegt, der das Erkennen und adäquate Reagieren auf das

Virusantigen erschwert (genetische Mutation von TLR3, s.unten). Patienten, die regelmäßig an Herpes labialis leiden, sind *nicht* häufiger von Herpes-Enzephalitis betroffen. In mindestens der Hälfte der Fälle unterscheidet sich der virale Stamm, der für die Enzephalitis verantwortlich ist, von dem Stamm, der bei demselben Patienten herpetische Hautläsionen verursacht (Bradshaw und Venkatesan 2016). Nach aktuellem Kenntnisstand bestehen keine *beeinflussbaren* Risikofaktoren, die für die Erkrankung prädisponieren.

2.3.1.3 HSV 2

Infektionen mit HSV 2, das als „genitales" Herpessimplex-Virus gilt, gehören zu den sexuell übertragbaren Erkrankungen. Eine Primärinfektion kann zum Herpes genitalis führen, der mit Bläschenbildung am weiblichen Genital oder dem Penis einhergeht. Eine Herpes Mening(oencephal) itis mit HSV 2 ist sehr selten, verläuft meist milde und hat eine gute Prognose.

2.3.2   Pathologie/Histopathologie

Die Herpes-Enzephalitis geht beim Erwachsenen mit Entzündungen, Stauungszeichen der lokalen Gefäße und/oder Blutungen einher, die anfangs asymmetrisch (zumeist links beginnend) im Be-

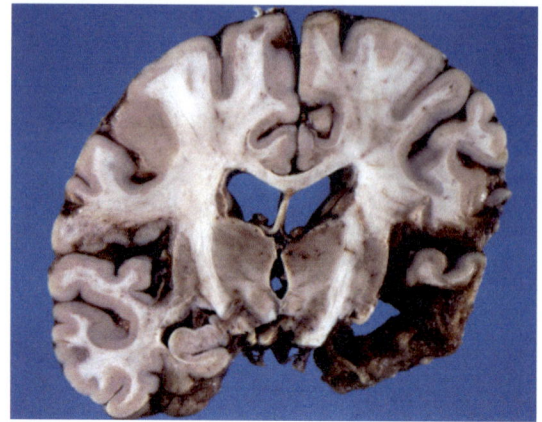

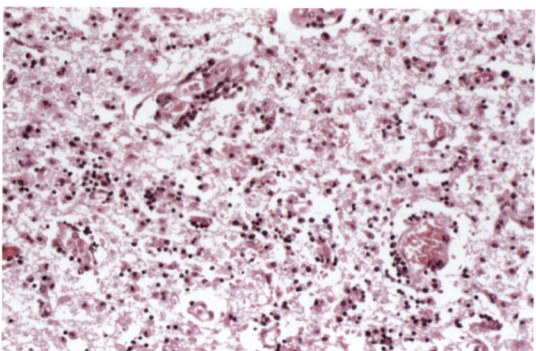

Abb. 2.13   Floride HSV-Enzephalitis des Temporallappens mit hämorrhagischer Nekrose und perivaskulären, diffus das zerfallende Gehirnparenchym durchsetzenden lymphozytären Infiltraten. (Aus: Paulus und Schröder 2012)

Abb. 2.12   Präparat eines Patienten, der in seinem Leben eine HSV 1-Enzephalitis überlebt hatte. Im Temporallappen besteht eine große Defekthöhle mit bräunlich verfärbten Wänden. (Aus: Paulus und Schröder 2012)

reich der Temporallappen auftreten und sich im Verlauf bitemporal und bifrontal ausbreiten. Limbische Strukturen sind ebenso betroffen wie die angrenzenden Meningen.

Bei unzureichender Therapie entstehen innerhalb von zwei Wochen umfangreiche Nekrosen und Hämorrhagien, die (beim Überleben der Erkrankung) resorbiert werden und mit verbleibenden Defekten verheilen (■ Abb. 2.12).

Histologisch zeigen sich bereits früh im Krankheitsverlauf unspezifische Veränderungen. Es bestehen Stauungen von Kapillaren und kleinen Gefäßen sowie kortikale und subkortikale Petechien. In den Meningen sind Makrophagen und Lymphozyten in mäßiger Zahl nachweisbar. In etwa der Hälfte der Fälle lassen sich zu Beginn der Erkrankung typische intranukleäre Einschlüsse, sogenannte Cowdry-Typ A nachweisen, die sich bei unterschiedlichen Herpesinfektionen (auch HSV 2, VZV) zeigen.

Innerhalb der zweiten und dritten Woche entwickeln sich hämorrhagische Nekrosen und eine ausgedehnte Entzündungsreaktion, die weit über das makroskopisch sichtbare Areal hinausgeht und den „wahren" Infektionsbereich widerspiegelt (■ Abb. 2.13). Ab Ende der zweiten Woche treten Mikrogliaknötchen sowie perineuronale leukozytäre Satellitosen auf. Spät im Krankheitsverlauf entwickelt sich eine gliale Nekrose.

2.3.3   Klinischer Verlauf und Pathophysiologie

Die HSV-Enzephalitis zeigt einen meist typischen klinischen Verlauf, der die pathophysiologischen Prozesse der Erkrankung widerspiegelt. Aus diesem Grund werden im Folgenden die klinischen Erkrankungsstadien, die typischen diagnostischen Beobachtungen sowie die pathophysiologischen Mechanismen dargestellt. Einen Überblick über die zeitlichen Zusammenhänge gibt ■ Abb. 2.16.

2.3.3.1   Klinischer Verlauf der Herpes-Enzephalitis

Die Herpes-Enzephalitis beginnt mit einem Prodromalstadium aus unspezifischen Symptomen wie allgemeinem Krankheitsgefühl und Fieber (sehr häufig, 90–100% der Fälle), Bewusstseinsstörungen (recht häufig, 70–90%), epileptischen Anfällen (häufig, 40–70%) Kopfschmerz, Wesensänderung sowie fokalneurologischen Defiziten (z. B. Aphasie, Hemiparese), das mehrere Tage andauern kann. Während dieser Frühphase zeigen sich unauffällige cCT- sowie anfangs auch cMRT-Befunde, ggf. bilden sich im EEG unspezifische Allgemeinveränderungen sowie ein temporaler Herdbefund ab.

Im Liquor besteht anfangs häufig eine gemischtzellige Pleozytose, die sich innerhalb der ersten Tage zu einer lymphozytären Pleozytose entwickelt (bis 500 Zellen/µl, in <5% der Fälle ist auch eine normale Zellzahl möglich). Typischerweise bestehen eine mäßige bis ausgeprägte Eiweißerhöhung (Gesamteiweiß 1,0–1,5 g/l) sowie

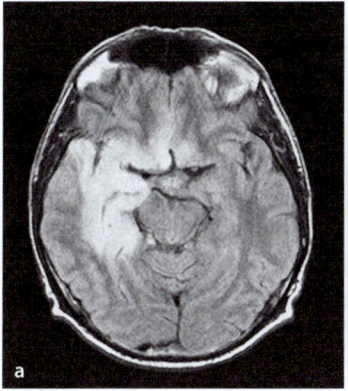 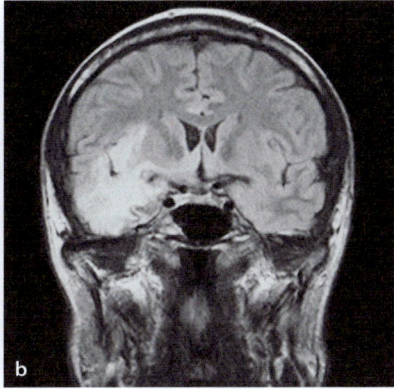 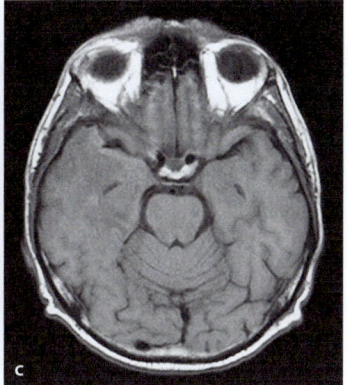

◘ **Abb. 2.14a–c** Rechtsseitige Herpes-Enzephalitis. Die Frontobasis links ist beginnend mitbetroffen. **a, b** FLAIR, **c** T1 nativ. (Aus: Linn et al. 2011)

◘ **Abb. 2.15a, b** Herpes-Enzephalitis bilateral, links ausgedehnter als rechts. **a** FLAIR, **b** T2. (Aus: Linn et al. 2011)

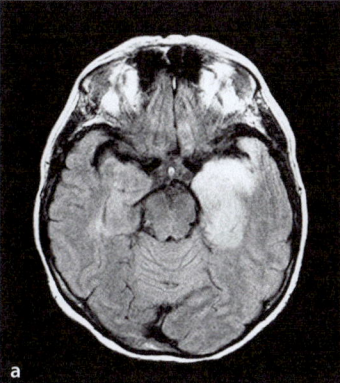 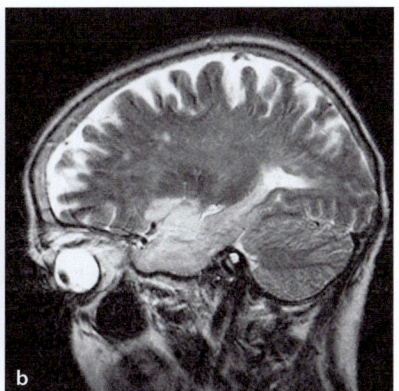

ein leichter Laktatanstieg (bis 4,0 mmol/l). In der Liquor-PCR kann die HSV-Infektion bereits innerhalb der ersten 5 Tage mit hoher Sensitivität nachgewiesen werden, ein Nachweis spezifischer IgG-Antikörper ist jedoch frühestens ab dem 10. Tag möglich.

Im Anschluss an das Prodromalstadium entwickeln sich Fieber und Nackensteifigkeit, es treten manifeste neurologische und/oder neuropsychologische/-psychiatrische Störungen auf, die von einer allgemeinen Verwirrtheit oder Bewusstseinstrübung bin hin zu psychoseähnlichen Zuständen reichen können. Fokale neurologische Symptome (Aphasie, Hemiparese) und insbesondere epileptische Anfälle treten häufig entsprechend der Lokalisation des Virusbefalles auf. Im cCT/cMRT zeigen sich einseitig temporale hypodense Läsionen (◘ Abb. 2.14), im EEG bestehen bereits schwerwiegende diffuse Hirnfunktionsstörungen.

❶ **Cave**
Die CT-Bildgebung ist in den ersten Tagen der Erkrankung häufig unauffällig. Entscheidend ist die frühe MRT-Diagnostik!

Unbehandelt nehmen die Symptome innerhalb von Stunden oder wenigen Tagen fulminant zu, klinisch entwickelt sich dann in der Regel zusätzlich eine schwere quantitative Bewusstseinsstörung. Die Entzündung breitet sich nach kontralateral aus, es entstehen bitemporale und bifrontobasale hämorrhagische Nekrosen (◘ Abb. 2.15), die zu einem massiven Anstieg des intrakraniellen Druckes mit nachfolgender Herniation führen können. Während dieser Phase zeigen sich im EEG charakteristische „periodische lateralisierte Komplexe" (PLEDs), auch Sharp Waves oder Sharp-Slow-Waves können sichtbar werden.

Mehr als zwei Drittel der unbehandelten Patienten versterben während dieser Phase.

2

> Die Herpes-Enzephalitis hat einen typischen rasch-progredienten Verlauf, stellt sich aber in der Frühphase häufig unspezifisch dar. Bereits im Verdachtsfall ist – auch bei unauffälliger Bildgebung – frühestmöglich eine virustatische i.v.-Therapie einzuleiten, um verheerende Spätfolgen zu verhindern.

2.3.3.2 Hirnnerven als Leitstruktur des Virenbefalles

Der Grund für die Lokalisation der charakteristischen mesiotemporalen Hirnläsionen bei der Herpes-Enzephalitis liegt vermutlich in der Neuroanatomie. Es wird angenommen, dass der Virusbefall entweder den N. trigeminus oder den N. olfactorius betrifft und das Virus über retrograden axonalen Transport das Gehirn erreichen kann. Für den N. olfactorius als Leitstruktur der Virusinfektion spricht insbesondere seine direkte Verbindung zu frontalen und mesiotemporalen Gehirnstrukturen sowie dem limbischen System, dessen Schädigung das bereits frühe Auftreten von Bewusstseinsstörungen erklären könnte. Der N. trigeminus andererseits innerviert die Meningen und erreicht den Lobus orbitofrontalis als auch den Lobus temporalis, was ebenfalls eine Eintrittspforte für das Virus sein könnte. Die Ausbreitung des Virusbefalls auf die kontralaterale Seite läuft vermutlich entlang der vorderen Kommissur. Bei Neugeborenen ist die Infektion hingegen üblicherweise nicht auf rhinenzephale Strukturen begrenzt, sondern zeigt eine diffuse Verteilung.

In sehr seltenen Fällen kann auch der Hirnstamm von der Virusinfektion betroffen sein.

2.3.3.3 Mutationen des TLR3-Signalweges

Untersuchungen der vergangenen Jahre konnten Faktoren identifizieren, die für eine Herpes-Enzephalitis prädisponieren. Hierzu gehören unterschiedliche Mutationen in für den Toll-like-Rezeptor-3 (TLR3)-Signalweg kodierenden Genen. TLR3 gehört zu den „Muster-Erkennungsrezeptoren" und wird im zentralen Nervensystem, in epithelialen sowie in dendritischen Zellen exprimiert. Es ist wichtiger Protagonist im Rahmen der angeborenen (unspezifischen) Immunantwort.

Bei einer HSV-Infektion wird die virale DNA durch TLR3 erkannt und löst eine Signalkaskade aus, die (unter anderem) die Produktion proinflammatorischer Zytokine (insbesondere IFN-α, -β und/oder IFN-λ) anregt und die Immunantwort initiiert. Zum gegenwärtigen Zeitpunkt sind 6 Gene bekannt, die am TLR3-Signalweg beteiligt sind (TLR3, UNC93B1, TRIF, TRAF3, TBK1 und IRF3). Die Mutation in einem dieser Gene verursacht eine Störung des TLR3-Signalweges und führt zu einer verminderten Interferonproduktion und damit zu einer inadäquaten Immunantwort. Zugleich ließ sich in mehreren In-vitro-Untersuchungen zeigen, dass die Virusreplikation in genetisch prädisponierten Zellen deutlich schneller verläuft als in Zellpopulationen ohne genetische Mutation. Von unterschiedlichen Gruppen wurde deshalb bereits eine ergänzende Interferonbehandlung von an Herpes-Enzephalitis erkrankten Patienten vorgeschlagen.

Zusammengenommen weisen diese Beobachtungen auf eine genetisch bedingte – möglicherweise erbliche – Immundefizienz hin (Bradshaw und Venkatesan 2016; Zhang und Casanova 2015). Bislang handelt es sich hierbei jedoch insgesamt um Erkenntnisse aus experimentell-wissenschaftlichen Studien, die im klinischen Setting weiterer Überprüfung bedürfen.

2.3.3.4 Pathophysiologie der Herpes-Enzephalitis

Die schwerwiegenden Schäden der HSV 1-Enzephalitis sind auf mindestens zwei Mechanismen zurückzuführen. Einerseits die **direkten Auswirkungen des Virus** auf das infizierte Gewebe, andererseits die Schädigung, die durch die **Immunantwort** des Wirtes hervorgerufen wird.

▪▪ Direkte Auswirkung des Virus

Herpes simplex gehört zu den *lytischen* Viren, die die infizierte Wirtszelle zerstören bzw. ihre Apoptose, also den programmierten Zelltod herbeiführen. Zu Beginn der Erkrankung gelangt das Virus über axonalen Transport (s. oben) in das zentrale Nervensystem. Aufgrund einer angeborenen oder erworbenen Immundefizienz erfolgt in dieser frühen Krankheitsphase allenfalls eine inadäquate Immunantwort – selbst bei beginnendem Zelluntergang von Neuronen und Gliazellen. Während dieser Phase zeigen sich bereits Allgemeinveränderungen im EEG als Ausdruck der schweren Zellschädigung, wohingegen die cCT-Bildgebung – möglicherweise aufgrund der fehlenden Immunreaktion und Ausbleiben eines perifokalen Ödems – noch unauffällig ist.

Interessanterweise korreliert die Viruslast im Liquor nicht mit der Schwere der Erkrankung oder den zerebralen Läsionen in der MRT-Bildgebung. Diese Beobachtung gab bereits früh Hinweise auf einen zusätzlichen, die Krankheit erschwerenden, Immunprozess (Wildemann et al. 1997).

> Der zytopathische Effekt („cytopathic effect", CPE) beschreibt typische morphologische Veränderungen virusinfizierter Wirtszellen, die sich in vitro nachweisen lassen. Hierzu gehören u. a. eine Abkugelung und Lyse der betroffenen Zelle, die Bildung von Riesenzellen (Synzytien) sowie das Auftreten klassischer nukleärer Einschlüsse (z. B. Cowdry-Typ A bei HSV-Infektion). Der zytopathische Effekt ist auch im Falle der HSV-Enzephalitis für den Zelltod der betroffenen Neuronen verantwortlich.

∎∎ Auswirkungen der (überschießenden) Immunantwort

In unterschiedlichen, sowohl klinischen, als auch tierexperimentellen Studien konnte gezeigt werden, dass es bei der HSV-Enzephalitis zu sekundären, Virus-unabhängigen Schädigungen des Hirnparenchyms kommt (Martinez-Torres et al. 2008). Einer der Gründe hierfür ist offenbar die (letztlich) überschießende Immunantwort des Wirtes.

Neben den Effekten der angeborenen und der erworbenen Immunantwort könnten auch sekundäre Autoimmunmechanismen eine Rolle spielen (▶ Abschn. 2.3.4).

Denkbar wäre eine – in erster Instanz – beeinträchtigte angeborene Immunreaktion (genetische Störung des TLR3-Signalweges mit verminderter Ausschüttung proinflammatorischer Zytokine, s. oben), die das Erkennen und adäquate Bekämpfen des eingedrungenen Virus erschwert. Nach Infiltration und Ausbreiten des Virus kommt es vermutlich zu einem Überschießen der spezifischen Immunantwort, die den verheerenden Entzündungsprozess der Akutphase verursacht.

Verschiedene Hinweise sprechen für eine derartig fehlgeleitete, ausufernde Immunreaktion (Martinez-Torres et al. 2008): Hierzu gehört die Beobachtung eines deutlich schwerwiegenderen Krankheitsverlaufes der Herpes-Enzephalitis bei immunkompetenten gegenüber immungeschwächten Patienten. Hinzu kommen Studien, die den Nutzen einer ergänzenden Kortison-Therapie bei ähnlichen Erkrankungen mit überschießender Entzündungsreaktion (z. B. bakterielle Meningitis, herpetische Keratitis) darstellen konnten. Auch die erfolgreiche alleinige Anwendung von Kortison – bevor Aciclovir zur Verfügung stand – gibt Hinweis auf den positiven Effekt einer ergänzenden immunsuppressiven Behandlung der HSV-Enzephalitis.

Vor diesem Hintergrund kann eine Kortison-Gabe aktuell als Ultima Ratio (z. B. bei kritischem Anstieg des Hirndruckes) in Erwägung gezogen werden (s. auch DGN Leitlinie 2015).

Zusammenfassend scheinen der zytopathische Effekt der Virusinfektion und die Folgen der überschießenden Immunantwort gemeinsam für den rasanten und hochdramatischen Verlauf der Erkrankung verantwortlich zu sein (◻ Abb. 2.16).

Die Bedeutung eines sekundären Autoimmunprozesses soll im Folgenden dargestellt werden.

2.3.4 Sekundäre Autoimmunprozesse

Obwohl die HSV-Enzephalitis als monophasische Erkrankung gilt, treten in bis zu 27% der Fälle innerhalb der ersten 4 Monate nach Abklingen der Symptome Rezidive auf (Armangue et al. 2014). Oft zeigt sich hierbei klinisch ein etwas anderes Bild als zuvor: Die Patienten werden auffällig durch Bewegungsstörungen oder psychiatrische Symptome, wohingegen epileptische Anfälle oder fokal-neurologische Störungen in den Hintergrund rücken. Diese Beobachtung, die zumeist negative Virus-PCR in erneuten Liquoruntersuchungen, ein schlechtes Ansprechen auf die wiederholte Aciclovir-Gabe und fehlende Zunahme der MR-tomographischen Läsionen lenkten den Verdacht auf ein autoimmunvermitteltes Geschehen.

Hinzu kommen mehrere Fallberichte der vergangenen Jahre über biphasische Verläufe von HSV-Enzephalitiden, bei denen NMDA-Rezeptor-Antikörper nachgewiesen werden konnten und das erneute Auftreten enzephalitischer Symptome als Autoimmunenzephalitis gewertet – und so therapiert werden konnte.

Ein zufälliges Zusammentreffen von viraler und autoimmuner Enzephalitis erscheint – ob der Seltenheit beider Entitäten – eher unwahrscheinlich, sodass man von einer durch die Virusinfek-

2

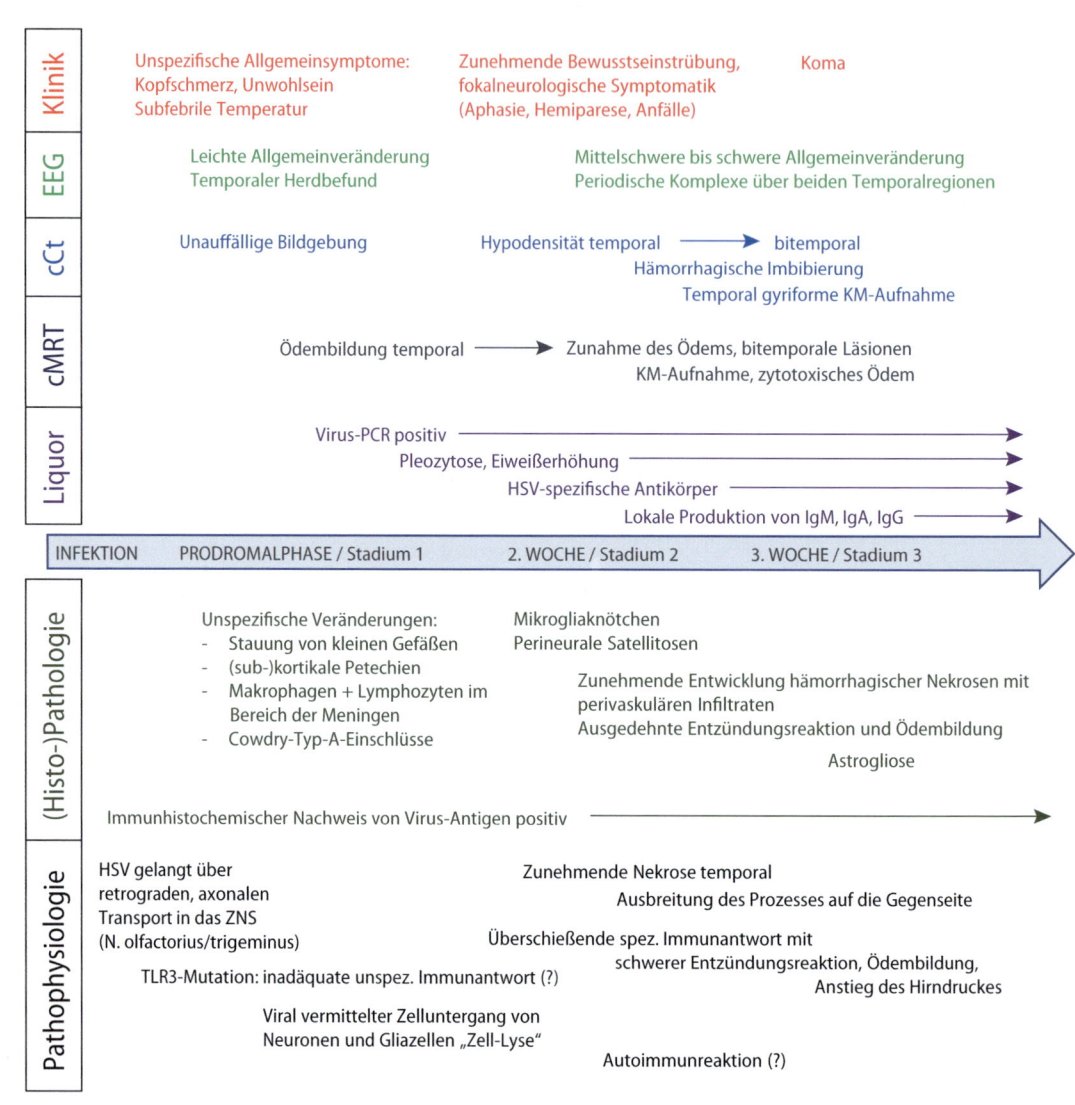

☐ **Abb. 2.16** Klinischer Verlauf, Diagnostik und Pathophysiologie der HSV-Enzephalitis

tion getriggerten Antikörperbildung ausgehen kann. Als Ursachen hierfür wurden unterschiedliche Hypothesen aufgestellt. Hierzu gehören beispielsweise eine gemeinsame genetische Prädisposition oder eine durch die virusinduzierte neuronale Schädigung (mit Freisetzung neuronaler Antigene) angestoßene Autoimmunreaktion. Daneben wurden von verschiedenen Autoren eine unspezifische B-Zell-Aktivierung und/oder ein molekulares Mimikri durch strukturelle Ähnlichkeiten zwischen Virus und Autoantigen in Betracht gezogen.

Bemerkenswerterweise ließen sich NMDA-Rezeptor-Antikörper auch bei einigen Patienten nachweisen, die keine erneute Enzephalitis durchlebten. Welche Rolle die pathologischen Antikörper in diesem Falle spielten, ist gegenwärtig nicht geklärt (Prüss et al. 2012).

2.3.5 Immunsuppressive Therapie bei NMDA-positiver Herpes-Enzephalitis?

In der Mehrzahl der beschriebenen NMDA-Enzephalitis-Fälle infolge einer HSV-Enzephalitis wurde die Therapie um Immunsuppressiva ergänzt oder damit weitergeführt (s. auch ▶ Abschn. 2.4).

Die Beobachtung der zusätzlichen Autoimmunreaktion gibt Hinweise darauf, dass die schwere Hirnschädigung im Rahmen der HSV-Enzephalitis nicht alleine auf die Virusinfektion mit konsekutivem Zelluntergang sowie die überschießende Immunantwort zurückzuführen ist, sondern auch durch Autoimmunmechanismen verstärkt wird. Vor diesem Hintergrund *könnte* eine Therapie mit immunsuppressiven Substanzen – allen voran Kortikosteroiden, in manchen Fallberichten aber auch Cyclophosphamid oder Rituximab – eine *mögliche zusätzliche* Option darstellen. Entgegen der Befürchtung, eine derartige Therapie könnte die HSV-Infektion verstärken, konnte dies weder im Tiermodell noch in einzelnen Fallstudien nachgewiesen werden (Nosadini et al. 2017).

> Bei erneutem Auftreten oder anhaltenden/zunehmenden enzephalitischen Symptomen einer Herpes-Enzephalitis sollte sowohl an eine unzureichende Primärtherapie gedacht als auch eine autoimmun vermittelte Genese in Betracht gezogen werden. Eine Untersuchung auf NMDA-Rezeptor-Antikörper sowie auf andere potenzielle Antikörper (gegen Zelloberflächen/synaptische Antigene) sollte durchgeführt werden, um ggf. eine Immuntherapie einleiten zu können.

2.3.6 Grundprinzipien der Therapie

Bereits beim klinisch begründeten Verdacht auf eine Herpes-Enzephalitis sollte unverzüglich eine virustatische Therapie mit **Aciclovir** eingeleitet werden, da der pathologische Prozess ansonsten nicht aufgehalten werden kann.

Aciclovir wurde bereits in den 1970-er Jahren entwickelt und ist seither in unterschiedlicher Form (Suspension, Tabletten, Infusion) verfügbar. Es ist ein Prodrug, das zunächst in die virusinfizierten (Wirts-)Zellen aufgenommen und dort phosphoryliert – und damit aktiviert – wird. Die erste Phosphorylierung (zu Aciclovir-Monophosphat) erfolgt durch die viruskodierte Thymidinkinase, die weiteren (zu Aciclovir-Triphosphat) durch körpereigene Enzyme.

Nach seiner Aktivierung wird Aciclovir-Triphosphat anstelle von Guanin-Nukleotid in die Virus-DNA eingebaut. Dies hat letztlich einen Kettenabbruch der Virus-DNA zur Folge, da keine weiteren Nukleotide angeknüpft werden können und die virale DNA-Polymerase am Aciclovir fi-

xiert bleibt. Da weder Eppstein-Barr- noch Zytomegalieviren eine Thymidinkinase besitzen, ist Aciclovir bei diesen Erkrankungen nicht wirksam.

❗ Cave
Die Aciclovir-Gabe sollte stets mit Bedacht erfolgen: Durch seine geringe Wasserlöslichkeit und zugleich niedrige Bioverfügbarkeit von unter 50% bei i.v.-Gabe (Plasmahalbwertszeit ca. 2,5–3 Stunden) ist eine hochdosierte Gabe notwendig. Zugleich werden etwa 70% des Pharmakons unverändert renal ausgeschieden. Hier können hohe und zu schnell applizierte Dosierungen auskristallisieren und nephrotoxisch wirken. Es gilt deshalb: strenge Indikationsstellung, langsame i.v.-Gabe, ausreichende Flüssigkeitszufuhr und regelmäßige Kreatinin-Kontrollen!

Sollte eine Aciclovir-Unverträglichkeit oder -Resistenz bestehen, kann auf das Virustatikum **Foscarnet** zurückgegriffen werden. Foscarnet ist ein selektiver Inhibitor viraler Enzyme (durch Blockade der Pyrophosphatbindungsstelle der DNA-Polymerase) und kann so die Replikation und Virusvermehrung unterbrechen.

Eine **Kortison-Gabe** kann bei kritisch erhöhtem Hirndruck als *Ultima Ratio* erwogen werden, bislang existieren keine Ergebnisse zur generellen Wirksamkeit einer ergänzenden Glukokortikoid-Therapie.

❓ Fragen zur Lernkontrolle
— Welche Besonderheit besteht beim Herpes-simplex-Virus gegenüber anderen Herpesviren?
— Welche Faktoren können (mutmaßlich) für eine Herpes-Enzephalitis prädisponieren?
— Welchen klassischen Verlauf nimmt eine Herpes-Enzephalitis und wie lassen sich die unterschiedlichen Phasen pathophysiologisch erklären?
— Welche therapeutischen Optionen bestehen bei Herpes-Enzephalitis und auf welcher Grundlage wirken die Therapeutika?

2

2.4   Limbische Enzephalitis und Autoimmunenzephalitis

S. Knauss

▪▪ Zum Einstieg

Limbische Enzephalitiden (LE) sind eine Gruppe entzündlicher Erkrankungen des ZNS, die überwiegend das limbische System betreffen und lebensbedrohlich sein können. Etwa 60% der Fälle sind mit Neoplasien assoziiert (paraneoplastische LE). Sie werden von den nicht-paraneoplastischen limbischen Enzephalitiden unterschieden. Ein grundsätzliches Verständnis der Pathomechanismen der unterschiedlichen Entitäten ist wichtig, da sich Diagnostik und Therapie in Abhängigkeit von der zugrundeliegenden Ätiologie unterscheiden. Neben der Einteilung paraneoplastisch vs. nicht-paraneopastisch können LE auch nach der Lokalisation des Antigens (extrazellulär vs. intrazellulär) eingeteilt werden. In den letzten Jahren konnten neben einer Neoplasie auch zahlreiche weitere Triggerfaktoren dieser Erkrankung, wie eine Infektion des zentralen Nervensystems, identifiziert werden.

> **Limbische Enzephalitis und Autoimmunenzephalitis**
> - Heterogene Gruppe entzündlicher ZNS-Erkrankungen im Bereich des limbischen Systems.
> - Bislang keine verbindliche Klassifikation, Unterscheidung *hier* in
>   - limbische (paraneoplastische) Enzephalitis,
>   - Autoimmunenzephalitis (fakultativ-paraneoplastisch, z. B. NMADR-Enzephalitis, LGI1-Enzephalitis),
>   - weitere (z. B. infolge einer ZNS-Infektion).
> - **Klinik** der autoimmunen limbischen Enzephalitis: Subakuter Beginn (schnelle Progression innerhalb von weniger als 3 Monaten), Gedächtnisstörung (insbesondere Arbeits- und Kurzzeitgedächtnis), psychiatrische Symptome, Wesensveränderungen, epileptische Anfälle.
> - **Diagnostik:**
>   - MRT: bilaterale Auffälligkeiten der medialen Temporallappen in T2-gewichteten FLAIR-Sequenzen,

> - Liquor: Pleozytose (>5 Zellen/μl),
> - EEG: epileptische oder Slow-Wave-Aktivität im Bereich der Temporallappen, Ausschluss von Differenzialdiagnosen.
> - **Therapie:** Je nach Grunderkrankung; immunsuppressive/-modulatorische Therapie, Tumortherapie nach onkologischer Maßgabe.
> - **Prognose:** Sehr variabel, je nach Grunderkrankung. Prognoseentscheidend ist der möglichst frühe Therapiebeginn.

> **Limbische Enzephalitiden**
> Die limbische Enzephalitis (LE) ist eine Entzündung des Gehirns, die hauptsächlich Strukturen betrifft, die zum limbischen System gehören. Ihre Ätiologie kann vielfältig sein. Die Ursachen einer limbischen Enzephalitis umfassen infektiöse (z. B. im Rahmen einer Herpes-simplex-Enzephalitis, s. ► Abschn. 2.3), aber auch paraneoplastische und nicht-paraneoplastische autoimmune Prozesse.

2.4.1   Grundlagen/Nomenklatur

Klassische paraneoplastische limbische Enzephalitiden treten häufig in Verbindung mit Tumorerkrankungen auf, ohne dass sie direkt durch den Tumor, dessen Metastasen, metabolische oder therapiebedingte Ursachen erklärbar wären. Sie sind typischerweise mit Antikörpern gegen **intrazelluläre Zielantigene** assoziiert. Die Antikörper sind mutmaßlich nicht direkt pathogenetisch relevant. Als primär ursächlich für die neuronale Schädigung wird ein T-Zell-vermittelter Prozess angenommen (Bien et al. 2012).

Im Gegensatz dazu scheinen bei den 2007 erstmals beschriebenen und nur *fakultativ* paraneoplastischen Autoimmunenzephalitiden mit Antikörpern gegen **neuronale Oberflächenantigene** die Antikörper eine entscheidende pathogenetische Rolle zu spielen (Dalmau et al. 2008).

Die klassische Trennung zwischen paraneoplastischen und den neuen *fakultativ* paraneoplastischen Enzephalitiden, häufig synonym als *Autoimmunenzephalitiden* bezeichnet, ist hauptsächlich historischer Natur. Auch therapeutisch relevanter ist eine **Unterscheidung nach pathophysiologischer Relevanz der Antikörper**. In Abhängigkeit vom Antikörpertypen ist bei frühzeitigem Therapiebeginn unter Umständen ein sehr gutes Therapieansprechen zu erwarten (Graus et al. 2009).

In diesem Beitrag wird aus Konventionsgründen eine Trennung in klassische paraneoplastische limbische Enzephalitis und Autoimmunenzephalitis beibehalten. Insbesondere die Autoimmunenzephalitiden mit Antikörpern gegen neuronale Oberflächenantigene stellen ein sich rasch entwickelndes neues Feld der Neurologie dar. Jährlich werden neue Subentitäten beschrieben, und für viele ist der genaue Pathomechanismus unbekannt. Es sollen daher einige Grundprinzipien der Pathophysiologie für die häufigsten autoimmunen Entitäten dargestellt werden.

> **Differenzialdiagnose der autoimmunen und paraneoplastischen limbischen Enzephalitis**
> - Infektiös:
>   - HSV, VZV, HHV6, Lues, HIV, Morbus Whipple, Creutzfeld-Jakob-Krankheit
> - Rheumatologisch:
>   - Lupus erythematodes, Sjögren-Syndrom, Sarkoidose
> - Neoplastisch:
>   - Gliome
> - Metabolisch:
>   - Wernicke-Korsakow-Syndrom, hepatische Enzephalopathie, septische Enzephalopathie
> - Vaskulär:
>   - ischämisch, z. B. Verschluss der Percheron-Arterie mit bithalamischen Infarkten

2.4.2 Das limbische System

Das limbische System ist eine unscharfe Beschreibung von kortikalen und subkortikalen Strukturen und deren Verbindungen, denen insbesondere eine Bedeutung für komplexe assoziative Funktionen (Emotionen, Gedächtnis, Affekt, Antrieb) und die Regulation vegetativer Funktionen zugeschrieben werden. Der zuerst von MacLean ver-

wendete Begriff geht auf Paul Brocas Beschreibung des „grand lobe limbique" (lat. Limbus: Gürtel) zurück, der den Gyrus cinguli und den Gyrus parahippocampalis als Gürtel aneinanderliegender Rindenfelder beschrieb. Da keine eindeutige Definition des limbischen Systems existiert, ist der Begriff weiterhin umstritten, hat sich jedoch als Konzept integrativer Aspekte der beteiligten Regionen und aus didaktischen Gründen durchgesetzt. Regelmäßig dazu gezählt werden:

- der Hippocampus mit seinen Faserverbindungen,
- Gyrus parahippocampalis (mit Area entorhinalis, -perirhinalis, -presubicularis und -parahippocampalis caudalis),
- Gyrus cinguli,
- telenzephale Kerngebiete (Area septalis, Ncl. accumbens, Corpus amygdaloideum),
- thalamische Kerngebiete (Ncll. anteriores),
- hypothalamische Kerngebiete (Corpus mamillare).

Insbesondere die Verbindungen zwischen diesen Strukturen (z. B. Papez-Neuronenkreis) sind von entscheidender Bedeutung für die physiologische Funktion des limbischen Systems. Störungen in diesem System sind als Bestandteil zahlreicher neurologischer Erkrankungen beschrieben (z. B. Korsakow-Syndrom mit amnestischen Konfabulationen bei Schädigung der Corpora mammillaria, Alzheimer-Demenz bei neurodegenerativem hippocampalen Neuronenuntergang, Temporallappenepilepsie bei Hippocampussklerose oder Schizophrenie bei Verminderung der glutamatergen Neurone des Gyrus parahippocampalis und Hippocampus). Eine akute oder subakute Funktionseinschränkung von Strukturen des limbischen Systems kann zum Bild der limbischen Enzephalitis führen.

Papez-Neuronenkreis

Der sogenannte Papez-Neuronenkreis ist einer der wichtigsten Schaltkreise des limbischen Systems. Er wurde von James Papez 1937 beschrieben und als Grundlage der Emotionsregulation postuliert (Papez 1937). Wie heute bekannt ist, sind die tatsächlichen Verschaltungen der beteiligten Hirnstrukturen weitaus komplexer, sodass auch der hier dargestellte Schaltkreis eher als didaktisches Konzept dient.

Ausgehend vom Ammonshorn und dem Subiculum des Hippocampus führt er über den Fornix postcommissuralis zum Corpus mammillare. Von dort zieht er über mammillothalamische Bahnen zu anterioren Thalamuskernen und zum Gyrus cinguli. Über das Cingulum und Presubiculum erreicht er schließlich die Area entorhinalis. Von dort schließt sich der Kreis zum Subiculum und Hippocampus. Alkoholtoxisch und im Rahmen von Polioenzephalitiden kann es zu Schädigungen insbesondere der Corpora mammillaria und damit zu Unterbrechungen dieses Schaltkreises kommen. Klinische Folge ist das sog. Korsakow-Syndrom mit amnestischen Konfabulationen.

2.4.3 Entstehungsmechanismus immunvermittelter Enzephalitiden

Die Pathogenese der einzelnen Unterformen der immunvermittelten Enzephalitiden unterscheiden sich deutlich voneinander. Trotzdem sind die Grundmechanismen für die Entwicklung einer antineuronalen Immunreaktion in beiden Fällen ähnlich.

2.4.3.1 Paraneoplastische limbische Enzephalitis

Im Falle der klassischen paraneoplastischen limbischen Enzephalitis wird angenommen, dass die **ektope Präsentation neuronaler Antigene** ein wichtiger Trigger für eine epitopspezifische Autoimmunität darstellt. Eine den Tumor umgebende Entzündungsreaktion könnte dabei im lymphatischen System eine Immunreaktion induzieren, die sich nicht nur gegen die Antigene des Tumors selbst, sondern auch gegen neuronale Strukturen richtet. Die häufigsten im Zusammenhang mit einer klassischen paraneoplastischen limbischen Enzephalitis gefundenen Antikörper sind Anti-Hu, Anti-Ma/Ta und Anti-CRMP5/CV2, die sich allesamt **gegen intrazelluläre neuronale Antigene** richten (◻ Tab. 2.4).

Die Namen der Antikörper beziehen sich dabei häufig auf die Initialen der Patienten, bei denen sie zuerst gefunden wurden. Die häufigsten assoziierten Tumoren sind kleinzellige Lungentumoren für Anti-Hu und -CRMP5/CV2 bzw. Hoden- und Keimzelltumoren für Anti-Ma/Ta.

Für die assoziierten Tumoren konnte eine ektope Expression der jeweiligen Antigene nachgewiesen werden (Albert et al. 1998). Ein Grund für die Induktion der Immunreaktion gegen diese Tumorantigene könnte daher in der **körpereigenen Tumorabwehr** liegen. Für zahlreiche Fälle konnte gezeigt werden, dass das Auftreten eines paraneoplastischen Syndroms, wie z. B. der limbischen Enzephalitis, mit einem längeren Überleben oder sogar einer Regression des Tumors einher-

geht (Keime-Guibert et al. 1999; Darnell und DeAngelis 1993). Dies vermag womöglich auch zu erklären, warum sich in einer Mehrzahl der Fälle die Tumoren bei Auftreten paraneoplastischer Syndrome noch in einem frühen Stadium befinden oder erst Monate oder Jahre später in Erscheinung treten. Es ist jedoch unklar, ob bereits das Auftreten der Antikörper oder erst eine klinisch relevante Immunreaktion – im Sinne eines paraneoplastischen Syndroms – mit einer relevanten Tumorsuppression einhergeht (Monstad et al. 2004). Diese Diskrepanz ist insbesondere pathophysiologisch interessant, da für die klassischen paraneoplastischen Syndrome ein T-Zell-vermittelter Effekt angenommen wird (s. unten).

> **Die häufigsten Antikörper bei einer paraneoplastischen limbischen Enzephalitis sind Anti-Hu, -YO, -Ri und -Ma2/Ta.**

2.4.3.2 Autoimmunenzephalitis

Im Gegensatz zur klassischen paraneoplastischen limbischen Enzephalitis wird bei den limbischen Enzephalitiden mit **Antikörpern gegen neuronale Oberflächenantigene** ein direkter Effekt durch die Antikörper angenommen (s. unten). Auch für diese Gruppe der Autoimmunenzephalitiden ist jedoch die ektope Expression von neuronalen Antigenen durch Tumoren ein wichtiger Triggerfaktor.

Die NMDAR-Enzephalitis, die mit Abstand am häufigsten vorkommende Autoimmunenzephalitis, ist bei erwachsenen Frauen in ca. 50% der Fälle mit einem Ovarialteratom assoziiert. Ovarialteratome enthalten regelhaft neuronales Gewebe mit Expression von NMDAR-Untereinheiten (Tabata et al. 2014).

Zahlreiche Fallbeschreibungen legen zudem die Vermutung nahe, dass generell die Exposition von neuronalen Antigenen in Zusammenhang mit einer Entzündungsreaktion zur Bildung von antineuronalen Antikörpern führen kann. Die Herpes-simplex-Enzephalitis kann beispielsweise selbst eine limbische Enzephalitis mit NMDA-Rezeptor-Antikörpern triggern (s. ▶ Abschn. 2.3). Als Auslöser wird eine Exposition neuronaler Antigene durch virusinduzierte Zerstörung neuronalen Gewebes angenommen. Ähnliches konnte für eine ZNS-Infektion mit Varicella-zoster-Viren, im Verlauf einer schubförmig remittierenden multiplen Sklerose, Glioblastomen und bei Zerstörung peripheren Nervengewebes beobachtet werden (Prüß 2016).

◘ **Tab. 2.4** Häufige und gut charakterisierte paraneoplastische Antikörper. Der häufigste mit dem Antikörper assoziierte Tumor ist fett gedruckt hervorgehoben

Antikörper	Art des Antigens	Klinische Präsentation	Tumorassoziation
Hu (ANNA-1)	Antigene in neuronalen Zellkernen des zentralen und peripheren Nervensystems	Enzephalomyelitis, Hirnstammenzephalitis, limbische Enzephalitis, zerebelläre Ataxie, Denny-Brown-Syndrom, gastrointestinale Pseudoobstruktion, autonome Neuropathie, Opsoklonus-Myoklonus-Syndrom (OMS)	**SCLC**, [„small cell lung cancer" (kleinzelliges Bronchialkarzinom)], Prostatakarzinom, Neuroblastom, Thymom
Ri (ANNA-2)	Antigene in neuronalen Zellkernen des zentralen Nervensystems	OMS, zerebelläre Ataxie, Encephalomyelitis	**Mamma**-, Ovarialkarzinom, SCLC, Medulloblastom
Yo (PCA-1)	„Yo-Antigen" in Purkinje-Zellen des Kleinhirns	zerebelläre Ataxie	Gynäkologische Tumoren (**Ovarial**-, Mamma-, Endometriumkarzinom)
CV2/CRMP5	Antigen ist das intrazelluläre „collapsing response mediator protein 5", das vor allem im Kortex und im Kleinhirn exprimiert wird	Encephalomyelitis, limbische Enzephalitis, zerebelläre Ataxie, Neuropathie	**SCLC**, Thymom
Ma-1	Antigen in Nucleoli, v. a. von Neuronen des Kleinhirns	Hirnstammenzephalitis, LE und Neuropathie	Mammakarzinom, Bronchialkarzinom, Kolonkarzinom
Ma-2/Ta	Antigen in Nucleoli, v. a. von Neuronen des Kleinhirns	Hirnstammenzephalitis und LE	Keimzelltumoren
Tr (DNER)	Antigen ist der *Delta/notch-like epidermal growth factor-related receptor*	Zerebelläre Ataxie	Hodgkin-Lymphom, Non-Hodgkin-Lymphom

Allen diesen Konstellationen gemeinsam ist die Exposition von neuronalen Proteinen, die ansonsten dem Immunsystem nicht zugänglich sind. Das saisonale Häufigkeitsmuster des Auftretens von Autoimmunenzephalitiden bei Kindern mit einem Peak in den warmen Monaten von April bis September ist zudem eine interessante Beobachtung, die weitere Umweltfaktoren für die Entwicklung einer Autoimmunenzephalitis nahelegt. Denkbar wäre eine saisonale Verbreitung von Infektionserregern als Ursache. Die genauen Mechanismen und mögliche Suszeptibilitätsfaktoren, die in einigen Fällen zur Bildung von antineuronalen Antikörpern und zum klinischen Bild einer autoimmunen limbischen Enzephalitis führen, sind jedoch weiterhin nicht gut verstanden.

2.4.4 Grundprinzipien der Pathophysiologie unterschiedlicher Enzephalitiden

Insbesondere auf der Grundlage histologischer und funktioneller Untersuchungen konnte in den letzten Jahren das Verständnis der Pathomechanismen der autoimmunen und paraneoplastischen limbischen Enzephalitis deutlich erweitert werden. Vor allem die Lokalisation des Zielantigens der Antikörper scheint dabei eine wichtige Rolle zu spielen.

❯ **Die klassische paraneoplastische limbische Enzephalitis ist häufig mit Antikörpern gegen intrazelluläre Zielantigene assoziiert, wohingegen die Gruppe der Autoimmunenzephalitiden typischerweise Antikörper gegen neuronale Oberflächenantigene zeigt.**

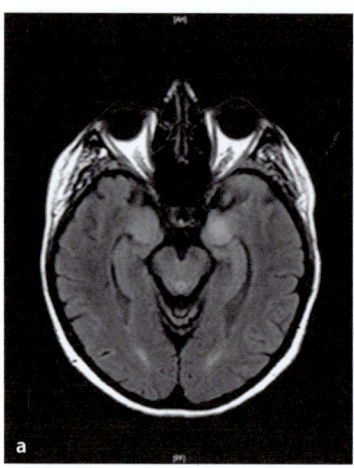 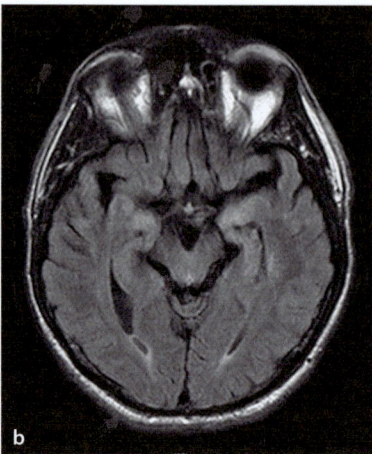 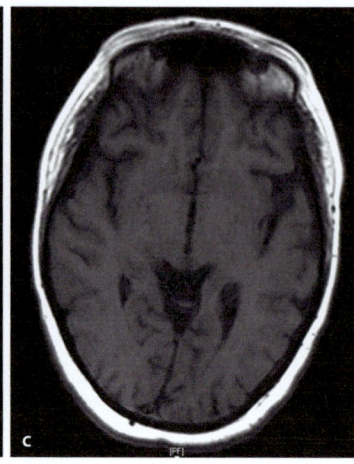

a   b   c

Abb. 2.17 MRT-Bildgebung bei unterschiedlichen limbischen Enzephalitiden. **a** Bei einer Anti-Hu-assoziierten paraneoplastischen Enzephalitis kommt es typischerweise zu einer hyperintensen Signalveränderung der Hippocampi beidseits. **b** Auch bei der LGI1-Enzephalitis sind im Stadium der limbischen Enzephalitis häufig die Hippocampi betroffen. **c** Bei der NMDAR-Enzephalitis finden sich in 50–75% der Fälle keine Signalveränderungen in der MRT. (Abbildung von PD Dr. Harald Prüß, Klinik für Neurologie Charité Universitätsmedizin Berlin, mit freundlicher Genehmigung)

2.4.4.1 Paraneoplastische LE

Mit Ausnahme von Antikörpern gegen die Glutamat-Dehydrogenase (GAD) und Amphiphysin konnte für praktisch keinen Antikörper gegen intrazelluläre Antigene eine direkte Pathogenität im Tiermodell oder im Menschen gezeigt werden.

Histologische Untersuchungen legen vielmehr einen **zytotoxischen T-Zell-vermittelten Effektormechanismus** nahe. Der zum Teil deutliche Neuronenverlust und die erhöhte Dichte eingewanderter T-Zellen in Biopsie- und Autopsiematerial von Patienten mit paraneoplastischen LE gaben erste Hinweise auf eine inflammatorische neuronale Schädigung. Durch die Darstellung der direkten Assoziation von aktivierten zytotoxischen T-Zellen (definiert durch die Expression von CD107a und Granzym-B) mit neuronalen Strukturen wurde der Verdacht auf einen durch zytotoxische T-Zellen vermittelten Neuronenverlust weiter erhärtet. Auch die erhöhte Rate von zytotoxischen T-Zellen (CD8/CD3 Ratio) im Hirngewebe von Patienten mit einer paraneoplastischen limbischen Enzephalitis würde zu diesem Schädigungsmechanismus passen (Bien et al. 2012; Albert et al. 1998).

Sowohl die Fluordesoxyglukose-Positronenemissionstomographie (FDG-PET) als auch die MRT-Bildgebung zeigen in einer Mehrzahl der Fälle typische bildgebende Korrelate einer Entzündungsreaktion in wichtigen Strukturen des limbischen Systems (Abb. 2.17).

Praktisch alle Patienten mit einer LE mit Antikörpern gegen intrazelluläre Antigene zeigen mesiotemporal einen gestörten Glukosemetabolismus in der FDG-PET. Auch im MRT lassen sich in einem Großteil der Fälle meist hyperintense Signalveränderungen in diesen Regionen nachweisen (Baumgartner et al. 2013). Es ist somit davon auszugehen, dass die neurologische Symptomatik direkt durch die inflammatorische Schädigung der Neuronen hervorgerufen wird (Stich und Rauer 2013).

> Bei den klassischen paraneoplastischen limbischen Enzephalitiden sind nicht die Antikörper selbst, sondern wahrscheinlich eine zelluläre Immunantwort zytotoxischer T-Zellen für die Symptome verantwortlich.

2.4.4.2 Autoimmunenzephalitis

Histologische Untersuchungen von Patienten mit einer Autoimmunenzephalitis konnten zeigen, dass das Ausmaß der Infiltration des Hirngewebes durch Entzündungszellen maßgeblich vom jeweiligen Antikörper-Zielantigen abhängig ist. Die Autoimmunenzephalitiden lassen sich hiernach in drei Hauptgruppen aufteilen:

- **Neurotransmitter-Rezeptoren** (NMDAR, AMPAR, mGluR5, GABAAR, GABABR, GlyR),

Antigen	Art des Antigens	Klinische Präsentation	Tumorassoziation	Angenommener Mechanismus
NMDAR	Ionotroper Glutamat-Rezeptor	Enzephalitis mit primär psychiatrischer Präsentation	Altersabhängig, bei erwachsenen Frauen in 50% Ovarialterartom	Internalisierung der Rezeptoren mit reduzierter Oberflächenexpression
LGI1	Extrazelluläres VGKC-assoziiertes Protein	FBDS, LE mit ausgeprägter Gedächtnisstörung	10%, meist Thymom	Störung der transynaptischen Signaltransduktion
AMPAR	Ionotroper Glutamat-Kanal	LE, epileptische Anfälle, Psychosen	70%, v. a. Bronchial- und Mammakarzinom	Internalisierung der Rezeptoren
GABABR	Metabotroper GABA-Rezeptor	LE mit häufigen epileptischen Anfällen	50% der Fälle Bronchialkarzinom, v. a. SCLC (kleinzelliges Bronchialkarzinom)	Blockade des Rezeptors ohne Internalisierung
mGluR5	Metabotroper Glutamat-Rezeptor	LE, Ophelia-Syndrom (Depression, Agitation, Halluzinationen, Gedächtnisstörung, Wesensänderungen)	Hodgkin-Lymphom	Unbekannt
CASPR2	Extrazelluläres VGKC-assoziiertes Protein	LE, zerebelläre Symptomatik, Morvan-Syndrom (Neuromyotonie + LE)	<10% (bei Morvan ca. 40%) dann meist Thymome	Veränderung des Synapsengerüsts (Gephyrin)
GAD	GABA-synthetisierendes Enzym	LE, zerebelläre Ataxie, Stiff-Person-Syndrom	Selten paraneoplastisch (Thymom, Mamma-, Kolonkarzinom)	Unbekannt

◻ **Tab. 2.5**   Übersicht über die wichtigsten Autoimmunenzephalitiden

– **Ionenkanaluntereinheiten bzw. Zelladhäsionsmoleküle** (LGI1, CASPR2, DPPX, IgLON5) sowie
– **gliale Strukturen** (GFAP).

Aussagekräftige Studien liegen hauptsächlich für die beiden häufigsten Subtypen mit Antikörpern gegen NMDAR und LGI1 vor, weshalb sie hier vornehmlich behandelt werden. In ◻ Tab. 2.5 sind zudem die wichtigsten Autoimmunenzephalitiden mit ihren jeweiligen Zielantigenen aufgeführt.

❭ Bei der NMDAR- und der LGI1-Enzephalitis führen die Antikörper direkt zu einer Funktionseinschränkung, die zumindest im frühen Stadium prinzipiell reversibel ist. Der wichtigste Prognosefaktor bei der NMDAR- und LGI1-Enzephalitis ist daher die frühzeitige Diagnose mit ausreichend aggressiver Immuntherapie.

■■ NMDAR-Enzephalitis

Die NMDA-Rezeptor-Antikörper-assoziierte Autoimmunenzephalitis ist mit Abstand die häufigste und am besten verstandene Erkrankung der Gruppe der Autoimmunenzephalitiden. Bei der NMDAR-Enzephalitis, wie auch bei den meisten anderen Autoimmunenzephalitiden mit Antikörpern gegen extrazelluläre Antigene, sind die Antikörper direkt pathogenetisch relevant und führen z. B. durch eine Internalisierung des Rezeptorkomplexes zu einer synaptischen Funktionsstörung.

Auch bei einer NMDAR-Enzephalitis finden sich Entzündungszellinfiltrate im Hirngewebe (◻ Abb. 2.18). Sie sind jedoch deutlich weniger stark ausgeprägt als bei anderen Enzephalitiden. Es dominieren Plasmazellinfiltrate, passend zu der für die Autoimmunenzephalitiden typischen, intrathekalen Immunglobulinsynthese (Martinez-Hernandez et al. 2011). Eine direkte Assoziation

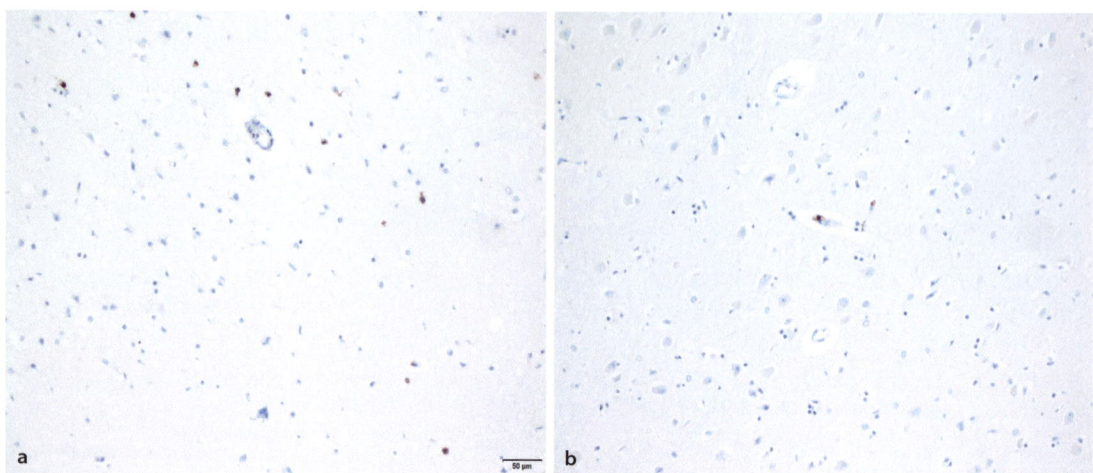

a

b

□ Abb. 2.18a, b   Geringe Infiltration von CD8+-zytotoxischen T Zellen im temporalen Kortex bei NMDAR-Enzephalitis. (Mit freundlicher Genehmigung des Instituts für Neuropathologie der Charité Universitätsmedizin Berlin)

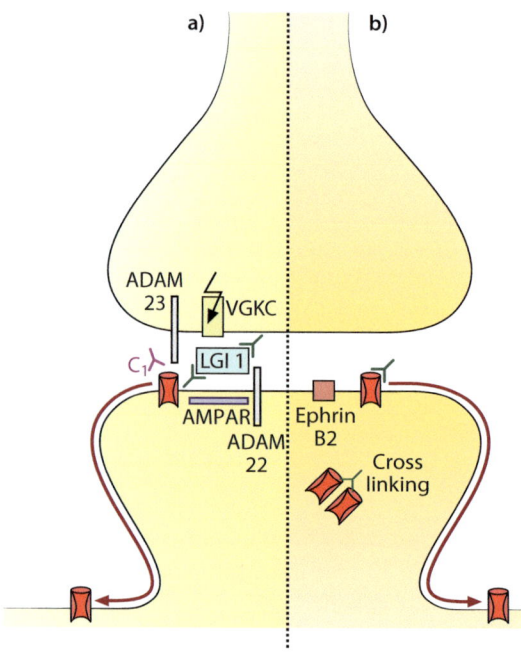

□ Abb. 2.19a, b   Pathogenität der Antikörper bei **a** LGI1- und **b** NMDAR-Enzephalitis. **a** Binden Antikörper an LGI1, kommt es zu einer Störung der transsynaptischen Signaltransduktion der Proteine ADAM22 und ADAM23. Dadurch wird zum einen die Kanalfunktion der VGKC moduliert, zum anderen kommt es zu einer Delokalisation des AMPAR aus der Synapse. **b** Durch Bindung von Antikörpern an die N1-Untereinheit des NMDA-Rezeptors kommt es, nach einer vorübergehenden Aktivierung des Rezeptors und gestörter Ephrin-B2-Interaktion, zur Dislokation und Kreuzvernetzung („cross linking") der NMDA-Rezeptoren, die zur Internalisierung des Komplexes führt. Nach Transport ins Lysosom und Endosom wird der Rezeptor-Antikörper-Komplex abgebaut.

mit Neuronen und ein Neuronenverlust konnten nicht nachgewiesen werden (Bien et al. 2012).

Hippocampale Strukturen weisen die höchste Dichte an NMDA-Rezeptoren auf. So ist es nicht verwunderlich, dass in diesen Regionen auch eine besonders ausgeprägte Bindung der Antikörper an Neurone gezeigt werden konnte. Eine Komplementaktivierung und damit eine irreversible Schädigung der Nervenzellen durch diese Antikörper scheint jedoch nicht oder zumindest nicht unmittelbar stattzufinden (Martinez-Hernandez et al. 2011).

Es stellt sich also die Frage, wie die Antikörper zu diesen teilweise schwerwiegenden neurologischen Symptomen führen, ohne eine ausgeprägte neuronale Schädigung zu hinterlassen. Erste Erkenntnisse dazu beruhen auf neuronalen Zellkulturexperimenten mit Patientenliquor: Die Behandlung von Zellkulturen mit Liquor von Patienten mit einer NMDAR-Enzephalitis führte zu einer selektiven Verminderung der NMDAR-Dichte auf den Dendriten, die nach Auswaschen des Liquors reversibel war (Dalmau et al. 2008). Mittlerweile ist der zugrunde liegende Mechanismus dieser Beobachtung besser verstanden (**□** Abb. 2.19):

Die Bindung der Antikörper an die NR1-Untereinheit des NMDA-Rezeptors scheint u. a. durch eine gestörte Interaktion des Rezeptors mit Ephrin B2 zu einer lateralen Dislokation des Rezeptors aus dem synaptischen Spalt zu führen (Mikasova et al. 2012). Durch eine Kreuzvernetzung („cross-linking") der Rezeptoren durch den

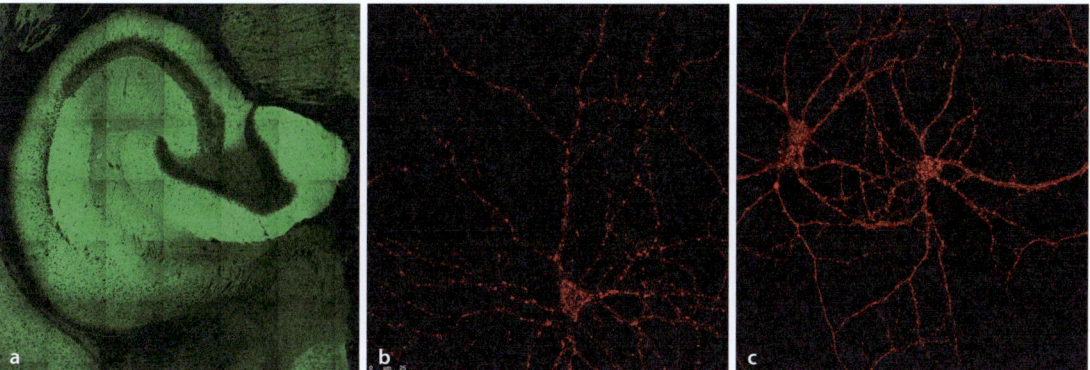

Abb. 2.20a–c Fluoreszenzmikroskopische Darstellung der Antikörperbindung und Verringerung der Clusterdichte nach NMDAR-Antikörperbehandlung. **a** NMDAR-Antikörper binden insbesondere an hippocampale Neurone; Neuronen zeigen nach Behandlung mit NMDAR-Antikörpern (**b**) eine geringere Rezeptorclusterdichte im Vergleich zur Behandlung mit Kontrollantikörpern (**c**). (Abbildung von PD Dr. Harald Prüß, Klinik für Neurologie Charité Universitätsmedizin Berlin, mit freundlicher Genehmigung)

Antikörper kommt es zudem zur Internalisierung des Rezeptorkomplexes und damit zu einer Abnahme der Rezeptorclusterdichte (Abb. 2.20). Nach der Internalisierung folgt der Transport und Abbau des Komplexes im Lysosom und Endosom (Moscato et al. 2014).

Die unveränderte Dichte anderer synaptischer Proteine und der Synapse selbst legt eine hohe Selektivität der Antikörper nahe. Zusätzlich scheint bereits die Mutation einer einzelnen Aminosäure in der Proteinstruktur des Rezeptors zum Verlust der Antikörperbindung zu führen.

Die insgesamt gestörte synaptische Signaltransduktion in Strukturen des limbischen Systems führt also zum klinischen Bild der NMDAR-Enzephalitis. Diese Ergebnisse passen ebenso zu den häufig unauffälligen Befunden der MRT-Bildgebung (Abb. 2.17). Auch wenn die MRT-Bildgebung unauffällig bleibt, kann sich in der FDG-PET das typische Muster eines frontotemporalen Hypermetabolismus und eines okzipitalen Hypometabolismus zeigen. Diese Ergebnisse legen eine über das limbische System hinausgehende Pathologie durch die Antikörper nahe.

Epileptische Anfälle bei NMDAR-Enzephalitis

Interessanterweise konnte in Untersuchungen von Zellkulturen der NMDAR-Enzephalitis durch Behandlung mit Patientenserum eine Abnahme der Dichte inhibitorischer Synapsen auf hippocampalen exzitatorischen Neuronen gezeigt werden, was als Ursache für die häufig beobachteten epileptischen Anfälle bei NMDAR-Enzephalitis angenommen wird.

Auch unabhängig von klinisch manifesten epileptischen Anfällen lässt sich in vielen Fällen im Elektroenzephalogramm ein typisches Muster nachweisen. Charakteristisch für dieses als *„extreme delta brush"* bezeichnete Muster ist eine rhythmische Delta-Aktivität (1–3 Hz) mit aufgelagerten *„bursts"* rhythmischer Beta-Aktivität (20–30 Hz). In allen Fällen waren die synaptischen Veränderungen nach Entfernen der Antikörper vollständig regredient und konnten auch in vivo nachgewiesen werden.

▪▪ LGI1-Enzepehalitis

Die zweithäufigste Subentität der Autoimmunenzephalitiden ist die LGI1-Enzephalitis. LGI1 ist ein mit dem makromolekularen Kanalkomplex des spannungsgesteuerten Kaliumkanals (VGKC) assoziiertes Protein, das im gesamten Gehirn, vor allem jedoch im Hippocampus und Neokortex, exprimiert wird. Ursprünglich wurde aufgrund der Ko-Lokalisation angenommen, dass sich die Antikörper gegen den VGKC selbst richten würden.

Einer limbischen Enzephalitis geht regelhaft eine Phase mit – für die LGI1-Enzephalitis pathognomonischen – faziobrachialen dystonen Anfällen (FBDS) voraus. Die Ursache für dieses klinische Bild ist bislang nicht geklärt, es hat sich jedoch gezeigt, dass es in der Regel nicht durch Antikonvulsiva beeinflussbar ist, wohingegen eine Immuntherapie, z. B. mit Steroiden, die Anfallsfrequenz unmittelbar senken kann. Die zweite Phase der limbischen Enzephalitis ist gekennzeichnet durch ein ausgeprägtes und rasch progredientes demenzielles Syndrom, das auch durch aggressive Immuntherapie häufig nur noch unzureichend behandelt werden kann.

Die beiden Stadien der LGI1-Enzephalitis zeigen vermutlich unterschiedliche vorherrschende Schädigungsmechanismen.

Einerseits scheinen die Antikörper die Funktion des VGKCs und die Dichte von Glutamatrezeptoren vom AMPA-Typ zu modulieren, indem sie die Bindung von LGI1 an die synaptischen, und für eine Zell-Zell-Interaktion wichtigen, Proteine ADAM22 und ADAM23 (◻ Abb. 2.19) und somit die transsynaptische Signalkaskade stören (Ohkawa et al. 2013). Symptome sind vor allem die im Stadium 1 auftretenden FBDS.

Andererseits führt die Antikörperbindung (im Gegensatz zu Anti-NMDAR) zu einer Aktivierung des Komplementsystems und damit zu einer direkten neuronalen Schädigung (Bien et al. 2012) vor allem in hippocampalen und parahippocampalen Strukturen. Klinisches Korrelat ist die im Stadium 2 auftretende limbische Enzephalitis.

Dementsprechend unterscheiden sich auch **bildgebende Befunde** in diesen beiden Stadien. Während im Stadium der FBDS Auffälligkeiten in der Bildgebung eine Seltenheit sind, zeigt der Großteil der Patienten im Stadium der limbischen Enzephalitis uni- oder bilaterale T2/FLAIR-Hyperintensitäten im medialen Temporallappen. Im Verlauf kommt es häufig zu einer Hippocampusatrophie als Korrelat des Neuronenverlustes. Abhängig vom Krankheitsstadium kommt es auch zu einer veränderten Darstellung des Glukosemetabolismus im Temporallappen und den Basalganglien in der FDG-PET (Heine et al. 2015). Bei der LGI1-Enzephalitis scheinen also sowohl eine direkte Funktionseinschränkung durch die Antikörperbindung als auch eine sekundäre neuronale Schädigung durch Komplementaktivierung eine Rolle zu spielen.

2.4.5 Klinische und therapeutische Implikationen

Die frühzeitige Diagnose und ätiologische Zuordnung einer limbischen Enzephalitis sind für die Therapieentscheidung und damit für die Prognose essenziell. Neben klinischer Untersuchung und Bildgebung nimmt die Antikörperdiagnostik aus Liquor und Serum eine Schlüsselrolle ein. Um eine unnötige Verzögerung des Therapiebeginns zu vermeiden, muss jedoch häufig vor allem anhand des klinischen Bildes und nach Ausschluss von Differenzialdiagnosen eine Therapieentscheidung getroffen werden. Sowohl bei Verdacht auf eine klassische paraneoplastische LE als auch bei Hinweisen auf eine Autoimmunenzephalitis sollte so

früh wie möglich mit einer effektiven Immuntherapie begonnen werden.

Paraneoplastische limbische Enzephalitiden sind, insbesondere bei assoziierten Anti-Hu-Antikörpern, häufig von anderen charakteristischen paraneoplastischen neurologischen Syndromen begleitet (◻ Tab. 2.4), die einen Schlüssel zur richtigen Diagnose darstellen können. Trotz der, auf den ersten Blick sehr breit gefächerten Symptomatik, zeigen auch Autoimmunenzephalitiden häufig einen sehr typischen Verlauf.

Die **NMDAR-Enzephalitis** beispielsweise zeigt ein charakteristisches Syndrom, das sich nur mit einer schweren, auch über das limbische System hinausgehenden, zerebralen Affektion erklären lässt: Nach einem Prodromalstadium mit subfebrilen Temperaturen oder Kopfschmerzen kommt es typischerweise zu einem Syndrom mit Wesensveränderungen, Wahn und Halluzinationen, gefolgt von typischen perioralen Dyskinesien, Vigilanzveränderungen, epileptischen Anfällen und vegetativen Störungen bis hin zur Hypoventilation, die eine intensivmedizinische Behandlung notwendig machen.

Auch die **LGI1-Enzephalitis** zeigt ein charakteristisches klinisches Bild: In der Frühphase oft übersehen oder falsch zugeordnet werden die eigentlich für dieses Krankheitsbild pathognomonischen FBDS (s. oben). Die hierauf folgende limbische Enzephalitis ist insbesondere durch ausgeprägte Gedächtnisstörungen, aber auch psychiatrische Auffälligkeiten, epileptische Anfälle und Hyponatriämie gekennzeichnet. Die Ursache für die Hyponatriämie ist bislang nicht eindeutig geklärt. Aufgrund des hohen Vorkommens von LGI1 im Hypothalamus ist eine hypothalamische Ursache – im Sinne einer exzessiven ADH-Ausschüttung – jedoch denkbar.

2.4.5.1 Prognostische Bedeutung der Therapie

Das pathophysiologische Verständnis – insbesondere der Unterschiede – zwischen den klassischen paraneoplastischen limbischen Enzephalitiden (mit zumeist intrazellulären onkoneuronalen Antikörpern) und der neuen Gruppe der Autoimmunenzephalitiden (mit Antikörpern gegen neuronale Oberflächenantigene) ist bei häufig zunächst ähnlicher klinischer Präsentation für die Wahl des richtigen langfristigen Therapiekonzepts entscheidend. Während bei den paraneoplastischen LE die Tumorsuche absolute Priorität hat, da ein

Ansprechen auf eine Immuntherapie in der Regel nicht zu erwarten ist, steht bei den Autoimmunenzephalitiden die Immuntherapie im Vordergrund.

Die neurologische Symptomatik der paraneoplastischen limbischen Enzephalitis wird durch eine inflammatorische neuronale Schädigung hervorgerufen und ist somit zumindest teilweise irreversibel. Selbst bei vollständiger Entfernung des assoziierten Malignoms beträgt die mittlere Überlebensdauer bei einem Anti-Hu-Syndrom lediglich 6–16 Monate (Orange et al. 2012).

Im Gegensatz dazu ist die Funktionseinschränkung bei einem Großteil der Autoimmunenzephalitiden direkt durch die Bindung der Antikörper an neuronale Zielstrukturen verursacht und somit bei frühem Therapiebeginn prinzipiell reversibel. Bei frühem Therapiebeginn und Ansprechen auf die Erstlinientherapie zeigen 97% der Patienten mit NMDAR-Enzephalitis ein gutes Endergebnis nach zwei Jahren.

GAD-Enzephalitis

Enzephalitiden mit Antikörpern gegen Glutamat-Dehydrogenase (GAD) nehmen eine interessante Sonderstellung ein. Zwar handelt es sich bei GAD um ein intrazelluläres Antigen, In-vitro- und In-vivo-Experimente mit gereinigtem IgG von Patienten mit GAD-Antikörpern deuten jedoch auch auf eine direkte Pathogenität der Antikörper hin.

Neben der limbischen Enzephalitis finden sich GAD-Antikörper auch im Zusammenhang mit schwer beherrschbaren Temporallappenepilepsien, dem Stiff-person-Syndrom, zerebellären Ataxien und Diabetes mellitus Typ 1. In seltenen Fällen kommt ein assoziierter Tumor vor. GAD ist ein an der Synthese von GABA, dem wichtigsten inhibitorischen Neurotransmitter, beteiligtes Enzym mit zwei Isoformen – GAD 65 und GAD 67. Meist richten sich die Antikörper gegen GAD 65, das sich vor allem präsynaptisch findet. Obwohl GAD 65 intrazellulär liegt, wird angenommen, dass es während der synaptischen Vesikelfreisetzung zu einer kurzfristigen Antigen-Antikörper-Interaktion kommt. In-vitro-Studien an Hirnschnitten deuten auf eine verminderte inhibitorische synaptische Signaltransmission hin. Allerdings konnte dieser Effekt nur bei Antikörpern von Patienten mit zerebellärer Ataxie und nicht bei solchen mit limbischer Enzephalitis beobachtet werden. Eine mögliche Erklärung hierfür wäre eine unterschiedliche Epitopspezifität, die auch die unterschiedlichen klinischen Präsentationen erklären könnte. Passend zu diesen Befunden ist auch das schlechte Therapieansprechen von Patienten mit limbischer Enzephalitis und Anti-GAD 65 im Gegensatz zu einem 50%igen Therapieansprechen bei GAD 65-assoziierter zerebellärer Ataxie.

Eine direkte pathogenetische Relevanz der GAD 65-Antikörper wird daher hauptsächlich für die GAD 65-assoziierte zerebelläre Ataxie angenommen. Die genaue Rolle der Anti-GAD 65-Antikörper bleibt jedoch weiterhin ungeklärt.

❓ Fragen zur Lernkontrolle
— Welche wichtigen grundsätzlichen Unterscheidungsmerkmale existieren zwischen limbischen Enzepahlitiden?
— Welcher Pathomechanismus wird als Ursache der Symptome einer paraneoplastischen Enzephalitis in erster Linie vermutet?
— Welche Besonderheiten sollte man in der zerebralen Bildgebung bedenken?
— Was sind typische Zielstrukturen der Antikörper einer Autoimmunenzephalitis?

Literatur

Literatur zu ▶ Abschn. 2.1

Andlauer TFM, Buck D, Antony G et al. (2016) Novel multiple sclerosis susceptibility loci implicated in epigenetic regulation. Sci Adv 2: (6): e1501678

Axisa P-P, Hafler DA (2016) Multiple sclerosis. Curr Opin Neurol 29: (3): 345–353

Beecham AH, Patsopoulos NA et al. (2013) International Multiple Sclerosis Genetics Consortium (IMSGC) Analysis of immune-related loci identifies 48 new susceptibility variants for multiple sclerosis. Nat Genet 45 (11): 1353–1360

Berer K, Gerdes LA, Cekanaviciute E et al. (2017) Gut microbiota from multiple sclerosis patients enables spontaneous autoimmune encephalomyelitis in mice. Proceedings of the National Academy of Sciences. 114 (40): 10719–10724

Geraldes R, Ciccarelli O, Barkhof F et al., on behalf of the Magnims study group (2018) The current role of MRI in differentiating multiple sclerosis from its imaging mimics. Nature Rev Neurol 14: 188–213 (https://www.nature.com/articles/nrneurol.2018.14#f1)

Goodin DS (2016) The epidemiology of multiple sclerosis: insights to a causal cascade. Handb Clin Neurol 138: 173–206

Haase S, Haghikia A, Gold R et al. (2018) Dietary fatty acids and susceptibility to multiple sclerosis. Mult Scler. 24 (1): 12–16

Havla J, Warnke C, Derfuss T, Kappos L, Hartung HP, Hohlfeld R (2016) Interdisciplinary Risk Management in the Treatment of Multiple Sclerosis. Dtsch Ärztebl Int 113 (51–52): 879–886

Hohlfeld R, Dornmair K, Meinl E, Wekerle H (2016a) The search for the target antigens of multiple sclerosis, part 1: autoreactive CD4+ T lymphocytes as pathogenic effectors and therapeutic targets. Lancet Neurol 15 (2): 198–209

Hohlfeld R, Dornmair K, Meinl E, Wekerle H (2016b). The search for the target antigens of multiple sclerosis, part 2: CD8+T cells, B cells, and antibodies in the focus of reverse-translational research. Lancet Neurol 15 (3): 317–331

Hohlfeld R, Wekerle H (2015) Multiple sclerosis and microbiota. From genome to metagenome? Nervenarzt 86 (8): 925–933

Jarius S, Eichhorn P, Franciotta D et al. (2017) The MRZ reaction as a highly specific marker of multiple sclerosis: re-evaluation and structured review of the literature. J Neurol 264 (3): 453–466

Jarius S, Ruprecht K, Kleiter I et al. (2016) MOG-IgG in NMO and related disorders: a multicenter study of 50 patients. Part 2: Epidemiology, clinical presentation, radiological and laboratory features, treatment responses, and long-term outcome. J Neuroinflammation 13 (1): 280

Jarius S, Eichhorn P, Franciotta D et al. (2017) The MRZ reaction as a highly specific marker of multiple sclerosis: re-evaluation and structured review of the literature. J Neurol 264 (3): 453–466. doi:10.1007/s00415-016-8360-4

Kalincik T, Guttmann CR, Krasensky J et al. (2013) Multiple sclerosis susceptibility loci do not alter clinical and MRI outcomes in clinically isolated syndrome. Genes Immun 14: 244–248

Kip M, Schönfelder T, Bleß HH (Hrsg) (2016) Weißbuch Multiple Sklerose. Versorgungssituation in Deutschland. Springer, Berlin Heidelberg New York

Kurtzke JF (1983) Rating neurologic impairment in multiple sclerosis: an expanded disability status scale (EDSS). Neurology 33 (11): 1444–1452

Lehmann-Horn K, Wang S-Z, Sagan SA, Zamvil SS, Büdingen von HC (2016) B cell repertoire expansion occurs in meningeal ectopic lymphoid tissue. JCI Insight 1 (20)

Lennon VA, Wingerchuk DM, Kryzer TJ et al. (2004) A serum autoantibody marker of neuromyelitis optica: distinction from multiple sclerosis. Lancet 364 (9451): 2106–2112. doi: 10.1016/S0140–6736 (04)17551-X

Linn J, Wiesmann M, Brückmann H (Hrsg) (2011) Atlas der klinischen Neuroradiologie des Gehirns. Springer, Berlin Heidelberg New York, S 379

Lucchinetti CF, Brück W, Parisi J, Scheithauer B, Rodriguez M, Lassmann H (2000) Heterogeneity of multiple sclerosis lesions: implications for the pathogenesis of demyelination. Ann Neurol 47: 707–717

McDonald WI, Compston A, Edan G et al. (2001) Recommended diagnostic criteria for multiple sclerosis: guidelines from the International Panel on the diagnosis of multiple sclerosis. Ann Neurol 50 (1): 121–127

Mentis A-FA, Dardiotis E, Grigoriadis N, Petinaki E, Hadjigeorgiou GM (2017) Viruses and endogenous retroviruses in multiple sclerosis: From correlation to causation. Acta Neurol Scand 136 (6): 606–616

Montalban X, Hauser SL, Kappos L et al. (2017) Ocrelizumab versus Placebo in Primary Progressive Multiple Sclerosis. N Engl J Med 376 (3): 209–220

Ontaneda D, Thompson AJ, Fox RJ, Cohen JA (2017) Progressive multiple sclerosis: prospects for disease therapy, repair, and restoration of function. Lancet 389 (10076): 1357–1366

Paulus W, Schröder JM (Hrsg) (2012) Pathologie/Neuropathologie. Springer, Berlin Heidelberg New York

Petzold A, Balcer LJ, Calabresi PA et al. (2017) Retinal layer segmentation in multiple sclerosis: a systematic review and meta-analysis. Lancet Neurol 16 (10): 797–812

Polman CH, O'Connor PW, Havrdova E et al. (2006) A randomized, placebo-controlled trial of natalizumab for relapsing multiple sclerosis. N Engl J Med 354 (9): 899–910

Polman CH, Reingold SC, Banwell B et al. (2011) Diagnostic criteria for multiple sclerosis: 2010 revisions to the McDonald criteria. Ann Neurol 69 (2): 292–302

Reich DS, Lucchinetti CF, Calabresi PA (2018) Multiple sclerosis. Longo DL (ed) N Engl J Med 378 (2): 169–180

Schumacher A-M, Mahler C, Kerschensteiner M (2017) Pathologie und Pathogenese der progredienten Multiplen Sklerose: Konzepte und Kontroversen. Aktuelle Neurologie 44 (07): 476–488

Thompson AJ, Banwell BL, Barkhof F et al. (2018) Diagnosis of multiple sclerosis: 2017 revisions of the McDonald criteria. Lancet Neurol 17 (2): 162–173

Tischner D, Reichardt HM (2007) Glucocorticoids in the control of neuroinflammation. Mol Cell Endocrinol 15;275 (1–2): 62–70

Warnke C, Menge T, Hartung HP et al. (2010) Natalizumab and progressive multifocal leukoencephalopathy: what are the causal factors and can it be avoided? Arch Neurol 67 (8): 923–930

Warnke C, Kieseier BC, Hartung HP (2013) Biotherapeutics for the treatment of multiple sclerosis: hopes and hazards. J Neural Transm (Vienna) 120 Suppl 1 (S1): 55–60

Warnke C, Olsson T, Hartung HP (2015) PML: The dark side of immunotherapy in multiple sclerosis. Trends Pharmacol Sci 36 (12): 799–801

Warnke C, Wattjes MP, Adams O et al. (2016) Progressive multifocal leukoencephalopathy. Nervenarzt 87 (12): 1300–1304

Literatur zu ▶ Abschn. 2.2

Al Bekairy AM, Al Harbi S, Alkatheri AM et al. (2014) Bacterial meningitis: An update review. Afr J Pharm Pharmacol 8: (18): 469–478

Armulik A, Abramsson A, Betsholtz C (2005) Endothelial/pericyte interactions. Circ Res 97: 512–523

Banerjee A, Kim B, Carmona E et al. (2011) Bacterial Pili exploit integrin machinery to promote immune activation and efficient blood-brain barrier penetration. Nat. Commun 2: 462

Barichello T, Pereira J, Savi G et al. (2011) A kinetic study of the cytokine/chemokines levels and disruption of blood–brain barrier in infant rats after pneumococcal meningitis. J. Neuroimmunol 233: (1–2): 12–17

Borrow R, Abad R, Trotter C et al. (2013) Effectiveness of meningococcal serogroup C vaccine programmes. Vaccine 31: 4477–4486

Brouwer MC, Tunkel AR, van de Beek D (2010) Epidemiology, diagnosis and antimicrobial treatment of acute bacterial meningitis. Clin Microbiol Rev 23: (3): 467–492

Brouwer M, McIntyre P, Prasad K, van de Beek D (2015) Corticosteroids for acute bacterial meningitis, Cochrane. Database. Syst. Rev 9: CD004405

Carmignoto G, Gomez-Gonzalo M (2010) The contribution of astrocyte signalling to neurovascular coupling. Brain Res Rev 63: 138–148.

Castelblanco RL, Lee M, Hasbun R (2014) Epidemiolgy of bacterial meningitis in the USA from 1997 to 2010: a population-based observational study. Lancet Infect Dis 14: 813–819

Collins S, Vickers A, Ladhani SN et al. (2016) Clinical and molecular epidemiology of childhood invasive non-typeable Haemophilus influenzae disease in England and Wales. Pediatr Infect Dis J 35: (3): e7684

Coureuil M, Join-Lambert OF, Lécuyer H, Bourdoulous S, Marullo S, Nassif X (2012) Mechanism of meningeal invasion by Neisseria meningitidis. Virulence 3 (2): 164–172. doi: 10.4161/viru.18639

Coureuil M, Lécuyer H, Bourdoulous S, Nassif X (2017) A journey into the brain: insight into how bacterial pathogens cross blood-brain barriers. Nat Rev Microbiol 15 (3): 149–159. doi: 10.1038/nrmicro.2016.178

Daneman R (2012) The blood-brain barrier in health and disease. Ann Neurol 72: 648–672

De Gans J, van de Beek D (2002) Dexamethason in adults with bacterial meningitis. New Engl J Med 347: (20): 1549–1556

European Centre for Disease Prevention and Control (2014) Annual Epidemiological Report. Vaccine-preventable diseases – invasive bacterial diseases. Stockholm: ECDC; 2015

European Centre for Disease Prevention and Control (2016) Annual epidemiological report 2016 – Invasive pneumococcal disease. [Internet]. ECDC, Stockholm

Haj-Yasein N, Vindedal G, Eilert-Olsen M et al. (2011) Glial-conditional deletion of aquaporin-4 (Aqp4) reduces blood-brain water uptake and confers barrier function on perivascular astrocyte endfeet. Proc Natl Acad Sci 108: 17815–17820

Heckenberg S, Brouwer M, van der Ende A, van de Beek D (2012) Adjunctive dexamethasone in adults with meningococcal meningitis, Neurology 79: 1563–1569

Htar MT, Christopoulou D, Schmitt HJ (2015) Pneumococcal serotype evolution in Western Europe. BMC Infect Dis 15: 419

Kim KS (2006) Microbial translocation of the blood-brain barrier. Int J Parasitol 36: 607–614

Kim KS (2008) Mechanisms of microbial traversal of the blood–brain barrier. Nat Rev Microbiol 6: 625–634

Kim S, Turnbull J, Guimond S (2011) Extracellular matrix and cell signalling: the dynamic cooperation of integrin, proteoglycan and growth factor receptor. J. Endocrinol 209: (2): 139–151

Koedel U, Pfister HW (1999) Oxidative stress in bacterial meningitis. Brain Pathol 9: 57–67

Nau R, Gerber J (2003) Neuronale Schäden bei der bakteriellen Meningitis – Entstehungsmechanismen und mögliche Konsequenzen für die Behandlung. Neuroforum 1/03

Pfister HW, Borasio G, Dirnagl U et al. (1992) Cerebrovascular complications of bacterial meningitis in adults. Neurology 42: 1497–1504

Prevention and Control of Meningococcal Diseases: Recommendations of the advisory committee on immunization practices (ACIP). Recommendations and reports. Prepared by Cohn AC, McNeil JR, Clark TA et al. 22 March 2013/62: (RR02): 1–2

Puig C, Grau I, Marti S et al. (2014) Clinical and Molecular epidemiology of Haemophilus influenzae causing invasive disease in adult patients. PloS one 9: (11): e112711

RKI – Robert Koch-Institut (2016) Epidemiologisches Bulletin, Ausgabe 43/2016. DOI 10.17886/EpiBull-2016–064.2

Van Sorge N, Doran K (2012) Defense at the border: the blood-brain barrier versus bacterial foreigners. Future Microbiol 7: (3): 383–394

Vogel U, Taha M-K, Vazquez J et al. (2013) Predicted strain coverage of a meningococcal multicomponent vaccine (4CMenB) in Europe: a qualitative and quantitative assessment. Lancet Infect Dis 13: (5): 416–425

Literatur zu ▶ Abschn. 2.3

Armangue T, Leypoldt F, Málaga I, Raspall-Chaure M, Marti I et al. (2014) Herpes simplex virus encephalitis is a trigger of brain autoimmunity. Ann Neurol 75 (2): 317–23

Bradshaw MJ, Venkatesan A (2016) Herpes simplex virus-1 encephalitis in adults: Pathophysiology, diagnosis, management. Neurotherapeutics 13: 493–508

DeBiasi RL, Kleinschmidt-DeMasters BK, Richardson-Burns S, Tyler KL (2002) Central Nervous System Apoptosis in Human Herpes Simplex Virus and Cytomegalovirus Encephalitis. The J Infectious Diseases 186: 1547–57

Hacohen Y, Deiva K, Pettingill P, Waters P, Siddiqui A, Chretien P, Menson E, Lin JP, Tardieu M, Vincent A, Lim MJ (2014) N-methyl-D-aspartate receptor antibodies in post-herpes simplex virus encephalitis neurological relapse. Mov Disord 29 (1): 90–6.

Linn J, Wiesmann M, Brückmann H (Hrsg) (2011) Atlas der klinischen Neuroradiologie des Gehirns. Springer, Berlin Heidelberg New York

Martinez-Torres F, Menon S, Pritsch M, Victor N, Jenetzky E, Jensen K, Schielke E, Schmutzhard E, de Gans J, Chung CH, Luntz S, Hacke W, Meyding-Lamadé U, GACHE Investigators (2008) Protocol for German trial of Acyclovir and corticosteroids in Herpes-simplex-virus-encephalitis (GACHE): a multicenter, multinational, randomized, double-blind, placebo-controlled German, Austrian and Dutch trial. BMC Neurol 29;8: 40

Meyding-Lamadé U et al. (2015) DGN-Leitlinie „Virale Meningoenzephalitis". https://www.dgn.org/images/red_leitlinien/LL_2014/PDFs_Download/030100_DGN_LL_virale_meningoenzephalitis.pdf

Nosadini M, Mohammad SS, Corazalla F, Ruga EM, Kothur K, Perilongo G, Frigo AC, Toldo I, Dale RC, Sartori S (2017) Herpes simplex virus-induced anti-N-methyl-D-aspartate receptor encephalitis: a systematic literature review with analysis of 43 cases. Dev Med Child Neurol 59: 796–805

Prüss H, Finke C, Höltje M, Hofmann J, Klingbeil C, Probst C, Borowski K, Ahnert-Hilger G, Harms L, Schwab JM, Ploner CJ, Komorowski L, Stoecker W, Dalmau J, Wandinger KP (2012) N-methyl-D-aspartate receptor antibodies in herpes simplex encephalitis. Ann Neurol 72 (6): 902–11

Rabinstein AA (2017) Herpes Virus Encephalitis in Adults. Current knowledge and old myths Neurol Clin 35: 695–705

Sköldenberg B, Aurelius E, Hjalmarsson A, Sabri F, Forsgren M, Andersson B, Linde A, Strannegård O, Studahl M, Hagberg L, Rosengren L (2005) Incidence and pathogenesis of clinical relapse after herpes simplex encephalitis in adults. J Neurol 253 (2): 163–70

Smith G (2012) Herpesvirus Transport to the nervous system and back again. Annu Rev Microbiol 66: 1–28

Suerbaum S et al. (2016) Medizinische Mikrobiologie und Infektiologie, 2. Aufl. Springer, Berlin Heidelberg New York

Whitley R, Kimberlin DW, Prober CG (2007) Pathogenesis and disease. In: rvin A, Campidelli-Fiume G, Mocarski E, Moore PS, Roizman B,Whitley R (eds) Human herpesviruses: biology, therapy and immunoprophylaxis. Cambridge University Press, Cambridge, pp 589–601

Wildemann B, Ehrhart K, Storch-Hagenlocher B, Meyding-Lamadé U, Steinvorth S, Hacke W, Haas J (1997) Quantitation of Herpes Simplex Virus Type 1 DNA in cells of cerebrospinal fluid of patients with herpes simplex virus encephalitis. Neurology 48: 1341–1346

Zhang SY, Casanova JL (2015) Inborn errors underlying herpes simplex encephalitis: From TLR3 to IRF3. Exp Med 212 (9): 1342–1343

Zhang SY, Jouanguy E, Ugolini S et al. (2007) TLR3 deficiency in patients with herpes simplex encephalitis. Science 317: 1522–1527

Literatur zu ▶ Abschn. 2.4

Albert ML et al. (1998) Tumor-specific killer cells in paraneoplastic cerebellar degeneration. Nature Med 4 (11): 1321–1324

BaumgartnerA et al. (2013) Cerebral FDG-PET and MRI findings in autoimmune limbic encephalitis: correlation with autoantibody types. J Neurol 260 (11): 2744–2753

Bien CG et al. (2012) Immunopathology of autoantibody-associated encephalitides: clues for pathogenesis. Brain 135 (5): 1622–1638

Dalmau J, Gleichman AJ, Hughes EG, Rossi JE, Peng X, Lai M, Dessain SK, Rosenfeld MR, Balice-Gordon R, Lynch DR (2008) Anti-NMDA-receptor encephalitis: case series and analysis of the effects of antibodies. Lancet Neurol 7 (12): 1091–1098

Darnell RB., DeAngelis LM (1993) Regression of small-cell lung carcinoma in patients with paraneoplastic neuronal antibodies. Lancet 341 (8836): 21–22

Finke, C et al. (2012) N-methyl- D-aspartate receptor antibodies in herpes simplex encephalitis. Ann Neurol 72 (6): 902–911

Graus F et al. (2016) A clinical approach to diagnosis of autoimmune encephalitis. Lancet 15 (4): 391–404

Graus F, Saiz A, Dalmau, J (2009) Antibodies and neuronal autoimmune disorders of the CNS. J Neurol 257 (4): 509–517

Heine J et al. (2015) Imaging of autoimmune encephalitis–Relevance for clinical practice and hippocampal function. Neuroscience 309: 68–83. doi: 10.1016/j.neuroscience.2015.05.037

Keime-Guibert F et al. (1999) Clinical outcome of patients with anti-Hu-associated encephalomyelitis after treatment of the tumor. Neurology 53 (8): 1719–1719

Martinez-Hernandez E et al. (2011) Analysis of complement and plasma cells in the brain of patients with anti-NMDAR encephalitis. Neurology 77 (6): 589–593

Mikasova L et al. (2012) Disrupted surface cross-talk between NMDA and Ephrin-B2 receptors in anti-NMDA encephalitis. Brain 135 (5): 1606–1621

Monstad SE et al. (2004) Hu and voltage-gated calcium channel (VGCC) antibodies related to the prognosis of small-cell lung cancer. J Clin Oncol 22 (5): 795–800

Moscato EH et al. (2014) Acute mechanisms underlying antibody effects in anti-N-methyl-D-aspartate receptor encephalitis. Ann Neurol 76 (1): 108–119

Ohkawa T et al. (2013) Autoantibodies to Epilepsy-Related LGI1 in Limbic Encephalitis Neutralize LGI1-ADAM22 Interaction and Reduce Synaptic AMPA Receptors. J Neuroscience 33 (46): 18161–18174

Orange D et al. (2012) Cellular Immune Suppression in Paraneoplastic Neurologic Syndromes Targeting Intracellular Antigens. Arch Neurol 69 (9): 1–9

Papez JW (1937) A Proposed Mechanism Of Emotion. Arch Neurol Psychiat 38 (4), p.725

Prüß, H (2016) Pathophysiologie und Prognosefaktoren der Autoimmunenzephalitiden. Fortschr Neurol· Psychiat 84 (05), p.264

Stich O, Rauer S (2013) Paraneoplastic neurological syndromes. Nervenarzt 84 (4): 455–460

Tabata E et al. (2014) Immunopathological Significance of Ovarian Teratoma in Patients with Anti-N-Methyl-D-Aspartate Receptor Encephalitis. Eur Neurol 71 (1–2): 42–48

Epilepsien

J. Geithner, F. von Podewils, A. Strzelczyk, E.-L. von Rüden

© Springer-Verlag GmbH Deutschland, ein Teil von Springer Nature 2019
D. Sturm et al. (Hrsg.), Neurologische Pathophysiologie
https://doi.org/10.1007/978-3-662-56784-5_3

3.1 Epileptische Anfälle, Epilepsie und Status epilepticus

Epilepsie
- **Ursachen:** Idiopathisch (genetisch), symptomatisch (strukturell-metabolisch), unbekannt.
- **Prävalenz:** ca. 0,5–0,8% in Industrieländern.
- **Klinik:** Epileptische Anfälle werden nach ihrem Ursprung in fokale, primär generalisierte und nicht klassifizierbare Anfälle unterteilt.
- **Therapie:** Langfristige Gabe von Antikonvulsiva.
- **Mortalität:** ca. 3-fach erhöhte Mortalität gegenüber nicht Betroffenen.

▪▪ Zum Einstieg

Epileptische Anfälle sind ein häufiges klinisches Phänomen, die Lebenszeitprävalenz beträgt bis zu 5%. Epileptische Anfälle dauern in der Regel Sekunden bis 2 Minuten an. Ab einer Dauer von 5 Minuten sinkt die Wahrscheinlichkeit für ein Sistieren der Anfallsaktivität und es ist von einem Status epilepticus (SE) auszugehen (Trinka et al. 2015).

Anfälle werden grundsätzlich nach ihrem Ursprung in fokale, primär generalisierte und nicht klassifizierbare Anfälle unterteilt, das Epilepsiesyndrom wird nach Art der Anfälle und der Ätiologie bestimmt (Scheffer et al. 2017).

Im Folgenden werden die pathophysiologischen Ursachen fokaler und generalisierter Epilepsien, pharmakologische Behandlungsprinzipien sowie die Besonderheiten des Status epilepticus erläutert.

3.2 Grundlagen: synaptische Erregungsübertragung

Die synaptische Erregungsübertragung wird wesentlich durch Veränderungen des Membranpotenzials bestimmt. Präsynaptisch kommt es durch eingehende Aktionspotenziale zur Ausschüttung von Neurotransmittern aus Vesikeln in den intersynaptischen Spalt, wodurch postsynaptisch die Öffnung spezifischer Ionenkanäle induziert wird.

Einer der wesentlichen exzitatorischen Neurotransmitter im zentralen Nervensystem ist **Glutamat**. Die ionotropen Glutamat-Rezeptoren (N-Methyl-D-Aspartat- (NMDA-)), Kainat- und α-Amino-3-Hydroxy-5-Methyl-4-Isoxazolpropionsäure-(AMPA)Rezeptoren sind ligandengesteuerte Ionenkanäle (Dingledine 2012), die bei Aktivierung geöffnet und damit durchlässig für verschiedene Kationen werden. Natrium- und teilweise auch Kalziumionen strömen in die Zelle ein, Kalium strömt von intra- nach extrazellulär. Da insgesamt der Kationeneinstrom in die Zelle überwiegt, wird das Ruhemembranpotenzial in Richtung Depolarisation verschoben. Natriumkanäle liegen in der Umgebung des Axoninitialsegmentes in besonders hoher Dichte vor (im menschlichen Gehirn vor allem die Natriumkanalsubtypen NaV1.1, NaV1.2 und NaV1.6), wodurch die Auslösung und Weiterleitung von Aktionspotenzialen begünstigt wird, was in der Epileptogenese eine entscheidende Rolle spielt (Mantegazza und Catterall 2012).

γ-Aminobutersäure (GABA) ist ein wesentlicher inhibitorischer Transmitter, der an $GABA_A$-, $GABA_B$- oder $GABA_C$-Rezeptoren bindet. Die Aktivierung postsynaptischer $GABA_A$- und $GABA_B$-Rezeptoren führt zu einer Erhöhung der Leitfähigkeit für Chlorid- und geringer auch Bikarbonationen, wodurch das Ruhepotenzial in Richtung Hyperpolarisation verschoben und die Entstehung weiterer Aktionspotenziale verhindert wird.

3.2.1 Epilepsiediagnostik

3.2.1.1 EEG

Die Elektroenzephalographie (EEG) ist ein nichtinvasives Verfahren, mit dem spontane hochsynchronisierte Entladungen kortikaler Neuronengruppen nachgewiesen werden können. Aktionspotenziale einzelner Synapsen können mit dem Oberflächen-EEG nicht dargestellt werden, jedoch summierte postsynaptische Potenziale von Neuronengruppen, die sich beispielsweise als **Spike-Wave-Komplexe** zeigen. Die Spike-Komponente entsteht dabei durch eine hochsynchrone Depolarisation von Neuronengruppen (exzitatorisches Potenzial), was zur Induktion eines umgebenden inhibitorischen Potenzials führt. Diese Hyperpolarisation stellt sich im EEG als langsame Welle („slow wave") dar. Das EEG zu Beginn oder während eines epileptischen Anfalls (iktales EEG)

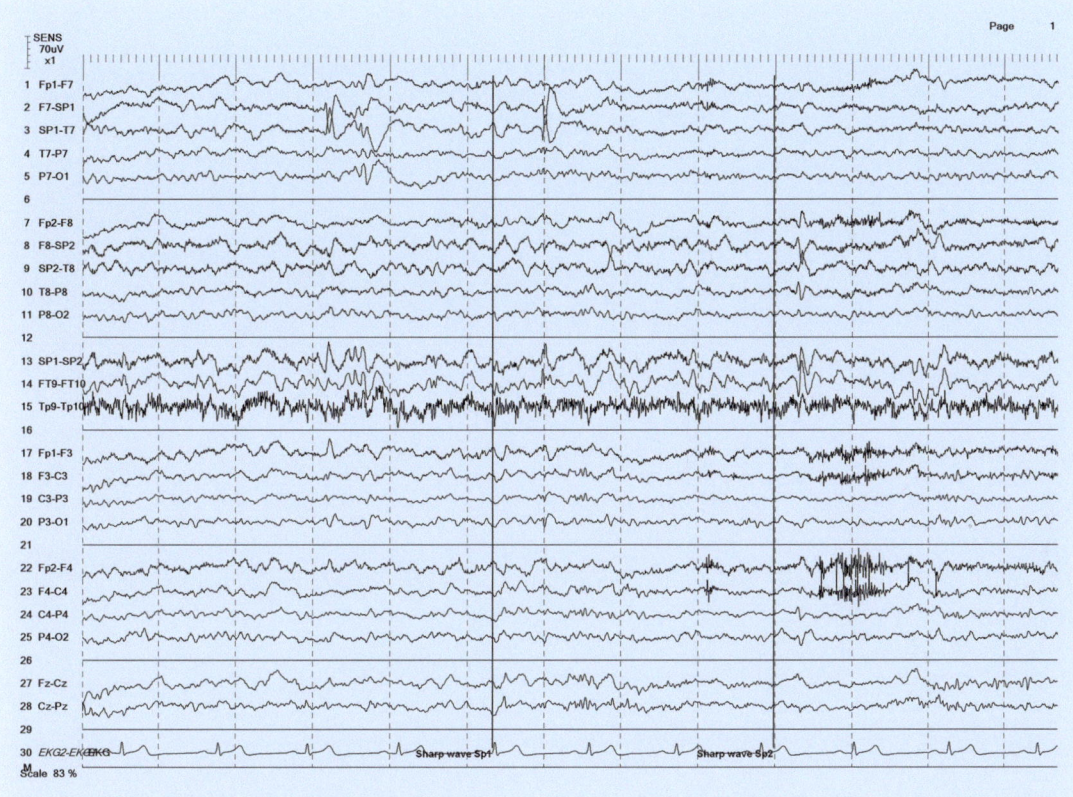

□ **Abb. 3.1** EEG mit Darstellung bitemporaler „sharp waves" mit Phasenumkehr an den Sphenoidalelektroden Sp1 und Sp2. (Aus: Brazel et al. 2016)

ist metamorph und charakterisiert durch eine Evolution der Amplitude, der Frequenz und der Verteilung der pathologischen EEG-Veränderungen. Bei der Temporallappenepilepsie (TLE) zeigen sich beispielsweise interiktale „sharp waves" (□ Abb. 3.1) sowie iktal eine rhythmische Aktivität im α-, θ- oder δ-Frequenzbereich mit räumlicher und zeitlicher Ausbreitung (□ Abb. 3.2).

3.2.1.2 Bildgebende Verfahren

Neben dem EEG ist die radiologische Diagnostik von entscheidender Bedeutung in der Differentialdiagnose fokaler Epilepsien. Die zerebrale CT eignet sich nur zur Diagnostik in der Akutsituation, beispielsweise bei dem Verdacht auf eine akut-symptomatische Ursache des Anfalls wie einer intrazerebralen Blutung oder zum Ausschluss einer anfallsbedingten traumatischen Schädigung. Nur mittels MRT können strukturelle Veränderungen des Gehirns mit hinreichender Sicherheit nachgewiesen werden, weshalb diese in der Epilepsiediagnostik einen hohen Stellenwert hat und nach einem „Epilepsieprotokoll" durchge-

führt werden sollte. Zu diesem gehören in der Regel eine Sequenz in T1-, T2- und FLAIR-Wichtung, senkrecht zum Hippocampus angulierte Schichten in T2 oder FLAIR, blutsensitive Sequenzen sowie eine Schichtdicke von ≤3 mm über das gesamte Gehirn (Wellmer et al. 2013).

Weitere diagnostische Modalitäten wie die Positronenemissionstomographie (PET; mittels 18F-Desoxyglucose) und die Single-Photon-Emissions-Computertomographie (SPECT; mit Hilfe eines radioaktiv markierten Tracers werden regionale Veränderungen der Perfusion des Gehirns nachgewiesen) werden insbesondere im Rahmen der prächirurgischen Epilepsiediagnostik bei pharmakoresistenten fokalen Epilepsien eingesetzt.

3.3 Fokale Epilepsien

Bei fokalen Epilepsien ist die Anfallsursprungszone auf eine umschriebene Region des Kortex zu lokalisieren. Bei der Mehrzahl der Patienten findet sich in der Bildgebung mittels Magnetresonanz-

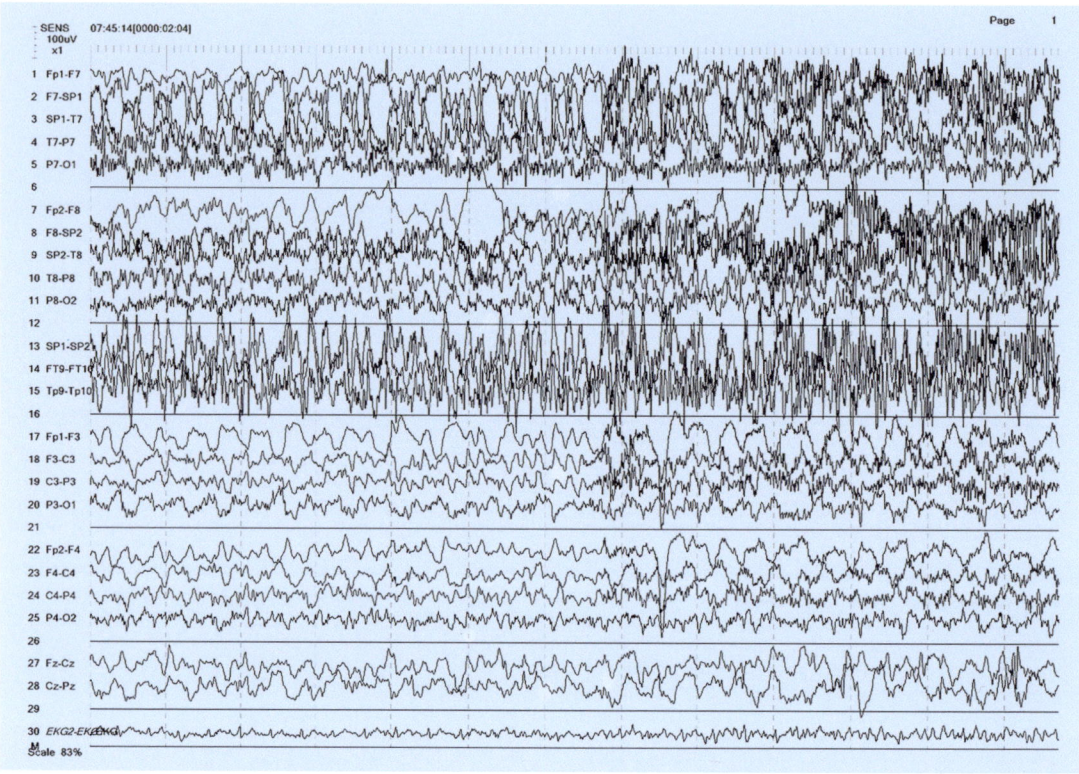

Abb. 3.2   EEG mit Darstellung eines links temporalen Anfallsmusters mit Maximum an der Sphenoidalelektrode Sp1. (Abb. von Prof. Strzelczyk, mit freundlicher Genehmigung)

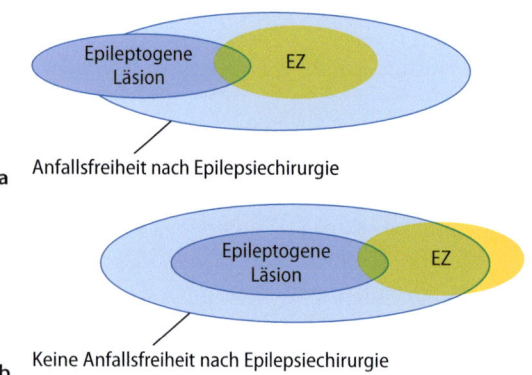

a   Anfallsfreiheit nach Epilepsiechirurgie

b   Keine Anfallsfreiheit nach Epilepsiechirurgie

Abb. 3.3a, b   Prinzip der epileptogenen Zone nach Lüders (EZ = epileptogene Zone, hellblau sind mögliche Resektionsgrenzen beim epilepsiechirurgischen Eingriff eingezeichnet)

Tab. 3.1   Überblick der kortikalen Zonen und der relevanten Diagnostik

Kortikale Zone	Methode
Symptomatogene Zone	Anamnese, Video
Irritative Zone	EEG, MEG, EEG/fMRT
Anfallsursprungszone	EEG, ictales SPECT
Zone des funktionellen Defizits	Untersuchung, Neuropsychologie, EEG, PET, SPECT

tomographie (MRT) oder Computertomographie (CT) eine ursächliche strukturelle Veränderung des Kortex. In diesen Fällen wird von einer symptomatischen Epilepsie (strukturell-metabolisch) gesprochen (Scheffer et al. 2017). Als Ursache struktureller Läsionen kommen beispielsweise kortikale Entwicklungsstörungen, zerebrale Isch-ämien, Traumata, Enzephalitiden und Neoplasien in Frage. Kann eine strukturelle Veränderung als Ursache der fokalen Epilepsie nicht nachgewiesen werden, wird von einer kryptogenen Epilepsie (unbekannter Ursache) gesprochen (Scheffer et al. 2017). Bei fokalen Epilepsien führt die vollständige Resektion der epileptogenen Zone zu Anfallsfreiheit (Abb. 3.3, Tab. 3.1).

Idiopathische fokale Epilepsien des Kindesalters sind an bestimmte Reifungsperioden des Gehirns gebunden und heilen zumeist bis zur

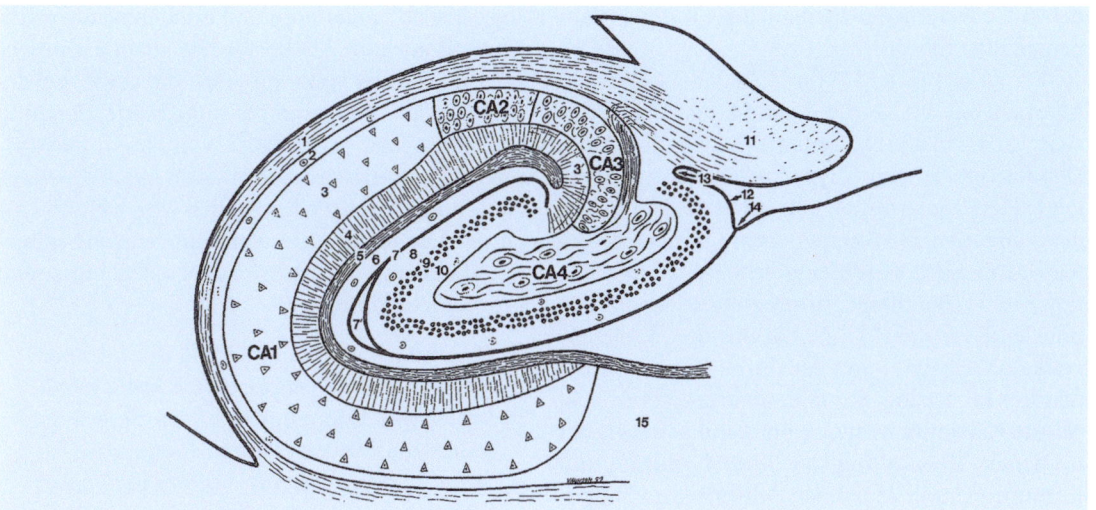

■ **Abb. 3.4**   Der menschliche Hippocampus (CA = Cornu ammonis). (Aus: Duvernoy et al. 2013).
CA1–CA4, fields of the cornu Ammonis. Cornu Ammonis: *1* alveus, *2* stratum oriens, *3* stratum pyramidale, *3′* stratum lucidum, *4* stratum radiatum, *5* stratum lacunosum, *6* stratum moleculare, *7* vestigial hippocampal sulcus (note a residual cavity, *7′*). Gyrus dentatus: *8* stratum moleculare, *9* stratum granulosum, *10* polymorphic layer, *11* fimbria, *12* margo denticulatus, *13* fimbriodentate sulcus, *14* superficial hippocampal sulcus, *15* subiculum, *16* choroid plexuses, *17* tail of caudate nucleus, *18* temporal (inferior) horn of the lateral ventricle

Pubertät aus. Hierzu gehören beispielsweise die Epilepsie mit zentrotemporalen Spikes (Rolando-Epilepsie) oder die benignen okzipitalen Epilepsien des Kindesalters wie das Panayiotopoulos-oder Gastaut-Syndrom.

3.3.1   Pathophysiologie fokaler Anfälle

Bei fokalen Anfällen kommt es durch Aussetzen der physiologischen GABA-vermittelten Inhibition der Interneurone zu einer spontanen paroxysmalen Depolarisation eines lokalen oder regionalen Neuronenverbandes, während die Aktivität glutamaterger Rezeptoren anhält. Dadurch überwiegen exzitatorische Mechanismen. Aufgrund der fehlenden GABA-vermittelten Inhibition kann sich die Depolarisation ausbreiten und kann bei einer ausreichend großen Zahl involvierter Zellen zu einem klinischen Anfall führen. Breitet sich die Aktivität auf das gesamte Gehirn aus, entsteht ein sekundär generalisierter Anfall. Der Kaliumausstrom im Rahmen der Depolarisation führt zudem zu einem Anstieg der extrazellulären Kaliumkonzentration, wodurch das Ruhemembranpotenzial destabilisiert und die Entstehung weiterer Depolarisationen begünstigt wird. Dadurch wird die Ausbreitung des Anfalls gefördert.

3.3.2   Temporallappenepilepsien (TLE)

Die mesiale Temporallappenepilepsie (mTLE) ist das am meisten untersuchte und vermutlich auch häufigste Epilepsiesyndrom unter den fokalen Epilepsien (French et al. 1993). Es kommt zu Anfällen mit einer charakteristischen Semiologie, die orale und manuelle Automatismen sowie komplexere Handlungsabläufe bei gestörtem Bewusstsein einschließt. Über 90 % der Patienten haben Auren, wobei epigastrische Auren besonders häufig berichtet werden (French et al. 1993).

Bei der Entstehung der mTLE kommt dem Hippocampus eine entscheidende Bedeutung zu. Der Hippocampus besteht aus dem Cornu ammonis sowie dem Gyrus dentatus und befindet sich am mesialen Rand des Temporallappens.

Das Ammonshorn wird nach Lorente de Nó in 4 Regionen, CA1-CA4, eingeteilt (■ Abb. 3.4) (Lorente de Nó 1934). Grundlage für diese Gliederung sind die unterschiedlichen Aspekte der Pyramidenzellen. Als besonders vulnerabel gilt die CA1-Region (Sommer-Sektor), geringer auch die CA4-Region, wobei unter anderem vaskuläre Ursachen vermutet werden (Scharrer 1940). Ein Nervenzellverlust speziell in diesen Regionen verursacht das klassische Bild der Ammonshornsklerose oder **Hippocampussklerose** (HS) und kann neben Gedächtnisdefiziten auch zu Temporallappenanfällen führen.

Ferner ist bei der HS die Zahl der GABAergen Interneurone im Gyrus dentatus deutlich reduziert. Im normalen Neuronenverband würde einer Depolarisation eine Hyperpolarisation folgen. Diese Hyperpolarisation fällt bei der HS aufgrund der fehlenden GABAergen Inhibition weg und wird schließlich durch eine erneute Depolarisation ersetzt. Bei dieser paroxysmalen Depolarisation wird vermehrt Glutamat aus den Speichervesikeln freigesetzt und der durch die überschießende Aktivierung von Glutamatrezeptoren ausgelöste Kalziumioneneinstrom kann – wegen der toxischen Überladung der Mitochondrien mit Kalzium – Ursache für einen Zellverlust im Hippocampus sein. Da die CA1-Region besonders viele NMDA-Rezeptoren enthält, ist diese auch vorrangig vom Zelluntergang betroffen. 60–80% aller Patienten mit pharmakoresistenter TLE zeigen das Bild einer HS. Häufig zeigt sich bei einer HS der einen Seite auch eine geringe Affektion des kontralateralen Hippocampus.

Tiermodelle von Temporallappenepilepsien
Tiermodelle dienen der Erforschung der Epileptogenese sowie Iktogenese und können auch eine manifeste Epilepsie widerspiegeln. Die Anforderungen, die ein Tiermodell erfüllen muss, sind zum einen die Reproduktion der menschlichen Pathologie, zum anderen die epileptogene Aktivität in vivo. Für die TLE mit HS finden z. B. die prokonvulsiven Substanzen **Kainat** und **Pilocarpin** Verwendung, die intrazerebral oder systemisch appliziert werden können.
Kindling ist ein weiteres wichtiges Modell, um verschiedene Aspekte der TLE zu untersuchen. Dabei führen wiederholte elektrische intrazerebrale Stimulationen mit unterschwelliger Reizstärke zu einer zunehmenden Dauer der Nachentladungen in bestimmten Kortexarealen und letztendlich stimulusabhängig zu epileptischen Anfällen. Vorteil dieses Modells gegenüber dem Kainat- bzw. Pilocarpin-Modell ist, dass die Lokalisation des epileptogenen Fokus gezielter gewählt werden kann. Zudem kann über die Dauer und die Frequenz der Stimulation die Ausprägung der Anfälle beeinflusst werden (Pitkänen et al. 2006).

3.3.3   Extratemporale Epilepsien

Der Neokortex ist etwa 2–3 mm dick und besteht aus sechs Zellschichten (◻ Abb. 3.5), wobei die laminäre Struktur des Kortex regionale Unterschiede aufweist. In Lamina V befinden sich die neokortikalen Pyramidenzellen, die teilweise den „Intrinsically Bursting Cells" zugeordnet werden. Diese Zellen können auf einen einzelnen Reiz hin hochfrequente Cluster von Aktionspotenzialen,

sog. „bursts", generieren und existieren sowohl im Neo- als auch im Allokortex. Sie adaptieren nicht wie die **„regular spiking pyramidal cells"**, bei denen die Spikefrequenz bei anhaltender Reizung abnimmt. Man spricht auch von einem paroxysmalen Depolarisationsshift. Fällt die GABAerge Hemmung durch die Korbzellen weg, werden synchrone Entladungen der Pyramidenzellen begünstigt, die dann im Kortex vertikal sowie horizontal propagieren können.

> Besonders bei traumatischen Hirnläsionen kommt es einerseits zu einem Verlust inhibitorischer Interneurone und andererseits, durch die kortikale Reorganisation, zu einem Einsprossen von Axonen der Pyramidenzellen aus Lamina V in das geschädigte Gewebe, wodurch spontane Entladungen der Pyramidenzellen begünstigt werden.

3.3.3.1   Frontallappenepilepsien

Epilepsien des Frontallappens stellen unter den extratemporalen Epilepsien die häufigste Lokalisation dar. Semiologisch sind hypermotorische, dyskognitive oder – bei Involvierung der Supplementärregion – asymmetrisch tonische Anfälle charakteristisch. Sind die Sprachregionen der dominanten (in der Regel linken) Hemisphäre beteiligt, können Anfälle mit aphasischen Phänomenen auftreten. Bekannt sind weiterhin Jackson-Anfälle aus dem Gyrus praecentralis, bei denen sich die Kloni von distal nach proximal ausbreiten (engl. „Jackson march").

Nicht selten folgt auf motorische Anfälle eine Parese oder eine Plegie der betroffenen Körperregion (Todd'sche Lähmung) als Ausdruck der postiktalen neuronalen Hyperpolarisation oder als Effekt iktal freigesetzter Peptide. Die **Todd'sche Parese** steht in Beziehung zur Dauer der Anfälle und kann wenige Minuten bis zu 48 Stunden anhalten.

Ätiologisch finden sich bei Frontallappenepilepsien häufig hirneigene Tumoren oder fokale kortikale Dysplasien (FCD). Bei den FCD handelt es sich um regionale oder lokalisierte Störungen der kortikalen Architektur, die durch eine vermehrte Expression von Glutamat-Rezeptoren zur Anfallsgenerierung beitragen.

3.3.3.2   Parietallappenepilepsien

Etwa 5–6% aller Patienten mit fokalen Epilepsien zeigen einen parietalen Fokus. Semiologisch kommt es bei Anfällen aus dem Gyrus postcentra-

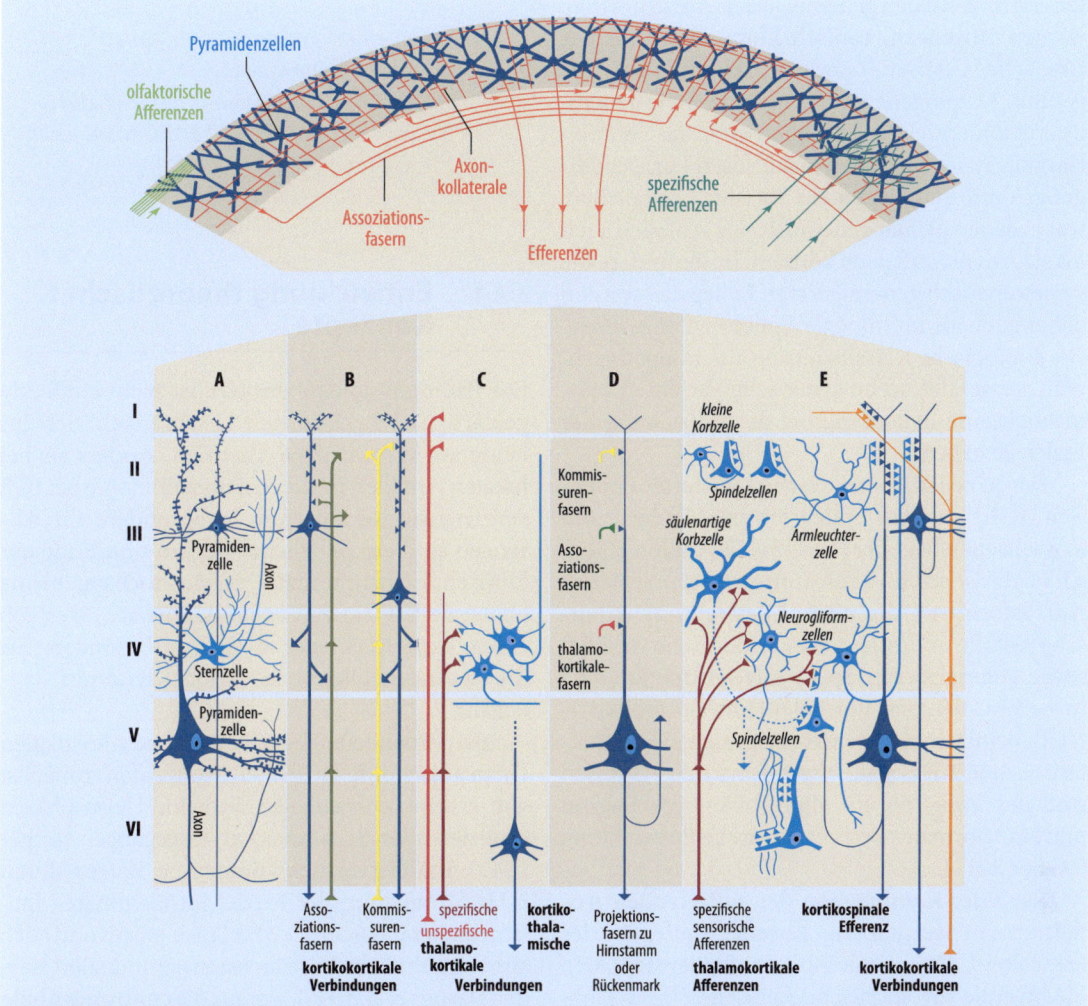

Kortikale Neurone, ihre Schaltkreise und ihre afferenten und efferenten Verbindungen. Stark vereinfachte und schematisierte Darstellung auf dem Hintergrund der Schichtenstruktur der Hirnrinde. **A** Lage und Aussehen der zwei Haupttypen kortikaler Neurone. **B** Eingangs-Ausgangs-Beziehungen kortikokortikaler Verbindungen (Assoziations- und Kommissurenfasern). **C** Charakteristika thalamokortikaler (unspezifischer und spezifischer) und kortikothalamischer Verbindungen. **D** Synaptische Eingangszonen einer Pyramidenzelle, deren Axon zu subthalamischen Hirnregionen projiziert (Hirnstamm, Rückenmark). **E** Zusammenschau der Verknüpfung kortikaler Neurone.

◼ **Abb. 3.5** Laminäre Struktur des Kortex. (Aus: Schmidt et al. 2010)

lis zu somatosensorischen Phänomenen wie z. B. einem Gefühl von Taubheit, Kribbeln oder Schmerz.

3.3.3.3 Okzipitallappenepilepsien

Okzipitallappenepilepsien haben eine Inzidenz von 8%, wobei man zwischen den symptomatischen Okzipitallappenepilepsien und den oben genannten kindlichen Epilepsien unterscheiden muss. Klinisch-semiologisch zeigt sich initial eine visuelle Aura. Aufgrund einer schnellen Ausbreitung nach frontal, temporal oder parietal

generalisieren Okzipitallappenanfälle häufig. Periiktal können bei Okzipitallappenanfällen Kopfschmerzen auftreten, sodass eine Abgrenzung zur Migräne Schwierigkeiten bereiten kann (Strzelczyk et al. 2017).

3.4   Generalisierte Epilepsien

Die Unterscheidung in fokale und generalisierte epileptische Syndrome ist insbesondere aufgrund therapeutischer und prognostischer Besonderhei-

3

ten sinnvoll. Zu den generalisierten Anfallsformen werden Absencen, tonisch-klonische, tonische, atonische (astatische) sowie myoklonische Anfälle gezählt. Kryptogene und symptomatische generalisierte Epilepsien, wie beispielsweise das Lennox-Gastaut-Syndrom, treten bei diffusen Hirnschädigungen auf und zeigen ein variables Anfallsbild, wobei neben primär generalisierten Anfällen auch fokale Anfälle auftreten können. Insbesondere die symptomatisch generalisierten Epilepsien werden daher auch als multifokale Epilepsien angesehen. Die ätiologische Klassifizierung als „idiopathisch" wird verwendet, wenn genetische Varianten mutmaßlich eine Bedeutung bei der Entstehung der Epilepsie haben.

Der Anteil idiopathisch generalisierter Epilepsien (IGE) an allen Epilepsien bei Kindern und Erwachsenen liegt bei etwa 15–20% (Jallon 2005). Charakteristisch sind das Auftreten generalisierter Anfallsformen (Absencen, bilaterale myoklonische Anfälle und/oder tonisch-klonische Anfälle) sowie generalisierter Spike-wave-Aktivität (SW) in der EEG bei sonst normaler Hintergrundaktivität. Bei einfachen Absencen zeigt sich ein charakteristischer 3-Hz-Spike-wave-Rhythmus. Typisch sind des Weiteren ein altersabhängiger Beginn und eine normale psychomotorische Entwicklung (Weber 2011).

Nach der Kombination der auftretenden Anfallsformen werden die Absence-Epilepsie des Schulalters, die juvenile Absence-Epilepsie (JAE), die juvenile myoklonische Epilepsie (JME, Janz-Syndrom), die IGE mit generalisierten tonisch-klonischen Anfällen (IGE-GTKA) und die Aufwach-Grand-mal-Epilepsie (EGMA) unterschieden. Übergänge zwischen diesen Epilepsiesyndromen sind möglich. Im Kindesalter treten zudem die benignen (familiären) Neugeborenenkrämpfe und die benigne myoklonische Epilepsie des Kleinkindalters auf. Eine pathologische Photosensibilität findet sich je nach Epilepsiesyndrom bei 40–90% (Lu et al. 2008).

> **Begriffsbestimmung**
> ▬ Neuere Ansätze der International League Against Epilpesy (ILAE) zur Klassifikation schlagen die Bezeichnung „genetisch" statt „idiopathisch" vor, da zuletzt mehrere Gene mit einer Bedeutung bei der Entstehung der IGE identifiziert werden konnten.

> ▬ Da eine *alleinige* genetische Ursache jedoch nicht nachweisbar ist, wird in den Leitlinien der Deutschen Gesellschaft für Neurologie (DGN; Stand 2017) der Begriff IGE weiterverwendet.

3.4.1 Entwicklung theoretischer Konzepte

Die Pathophysiologie der IGE ist nicht eindeutig geklärt, und Erklärungen beschränken sich bis heute auf verschiedene Theorien. Anders als bei fokalen Anfällen ist die Anfallssemiologie bei IGE vergleichsweise konstant. Insbesondere für Absencen sind ein plötzlicher Beginn und Ende der klinischen Symptomatik sowie hochsynchrone bilaterale SW im EEG charakteristisch, weshalb Daten experimenteller Studien insbesondere für die Absencenepilepsie als „Modellsyndrom" vorliegen.

Bei fehlendem Hinweis auf einen kortikalen Ursprung wurde in frühen Konzepten zunächst von einem subkortikalen, in beide Hemisphären projizierenden Schrittmacher ausgegangen (Jasper 1941). Im Tierversuch konnten an Katzen durch 3-Hz-Stimulation der Nuclei intralaminares thalami bilateral synchrone 3Hz Spike-waves und auch absencenähnliche Verhaltensmuster induziert werden (Jasper et al. 1946), woraus die **centrencephale Theorie** abgeleitet wurde („primäre bilaterale Synchronisierung") (Penfield und Jasper 1954).

Andere Theorien gehen hingegen davon aus, dass kortikale Stimuli bei der SW-Generierung eine besondere Bedeutung haben. Gloor entwickelte das Konzept der **kortikoretikulären Epilepsie**, wonach sowohl kortikale Mechanismen als auch das retikuläre System (Thalamus und Hirnstamm) bei der Generierung von SW involviert sind (Gloor 1969). Unter der Voraussetzung einer diffusen Erregbarkeitssteigerung des Kortex induzieren afferente thalamokortikale Stimuli in kortikalen Neuronen die Generierung von SW (Gloor et al. 1990). Mittels Tiefenelektrodenableitungen am Menschen konnte jedoch auch gezeigt werden, dass bei generalisierten SW initial Potenziale im Kortex nachzuweisen waren, die sich erst dann kortikokortikal und auch auf thalamokortikale Netzwerke ausbreiteten (Bancaud 1969). Dadurch wird die Bedeutung eines „kortikalen Fokus" bei der Generierung generalisierter SW als Trigger der thalamischen Aktivität in den Vordergrund gestellt. Diese **kortikale Theorie** stützend konnten insbesondere im mesiofrontalen Kortex kortikale Mikrodysgenesien bei Patienten mit verschiedenen IGE-Syndromen nachgewiesen werden (Meencke und Janz 1985).

Derzeit wird davon ausgegangen, dass Netzwerke thalamokortikaler Neurone bei der Generierung von generalisierten SW von Bedeutung sind. In simultanen kortikalen und thalamischen Ableitungen bei Menschen konnten äquivalente burstartige neuronale Entladungen im Nucleus reticularis thalami (RTN) und in thalamokortikalen Relais-Zellen nachgewiesen werden, die dann auf den Kortex übergeleitet wurden (Buzsaki 1991).

❯❯ Mittels Diffusion Tensor Imaging (DTI) konnten Störungen der mikrostrukturellen Integrität insbesondere thalamokortikaler und frontaler Netzwerke bei IGE nachgewiesen werden, was eine pathophysiologische Bedeutung dieser strukturellen Veränderungen bei der Generierung von SW und epileptischen Anfällen vermuten lässt.

3.4.2 Pathophysiologische Mechanismen

3.4.2.1 Thalamokortikale Netzwerkneurone

Wie fokale Epilepsien sind auch die IGE durch eine veränderte Funktion bzw. Expression von Ionenkanälen bedingt (Kanalopathie) (Noebels 2003). Die kortikokortikale und kortikothalamische Ausbreitung kortikaler Potenziale als Grundlage der für IGE charakteristischen generalisierten SW ist maßgeblich auf eine mangelnde γ-Aminobuttersäure (GABA)-vermittelte Inhibition zurückzuführen (Meeren et al. 2002). Die neokortikale Aktivierung führt physiologisch zu einer Aktivierung thalamischer Neurone insbesondere im RTN, die daraufhin den inhibitorischen Transmitter GABA ausschütten und dadurch postsynaptische GABA$_A$-Rezeptoren aktivieren. In der Folge wird die Leitfähigkeit insbesondere für Chlorid-, aber auch für Bikarbonationen erhöht, wodurch ein inhibitorisches postsynaptisches Potenzial (IPSP) generiert und damit die Entstehung weiterer Aktionspotenziale verhindert wird (Slow-wave-Komponente der SW).

Zusätzlich zu dieser **phasischen Inhibition** an der postsynaptischen Membran kommt es bei der **tonischen Inhibition** zu einer extrasynaptischen Aktivierung von GABA$_A$-Rezeptoren, bei der auch metabotrope GABA$_B$-Rezeptoren aktiviert werden, die zu einer zusätzlichen Verstärkung des IPSP führen (Walker und Kullmann 2012). Eine Störung dieser GABA-vermittelten Inhibition führt zu einer verminderten Suppression epileptischer Aktivität, was Grundlage für die Generierung von SW bei Absencen und anderen generalisierten Anfallsformen ist.

Die tonische GABA$_A$-Rezeptor-vermittelte Inhibierung kann jedoch, abhängig von der intrazellulären Chloridkonzentration, auch eine vermehrte Depolarisationsneigung bewirken, was die paradoxen exzitatorischen Effekte erklärt. Mit steigender GABA-Konzentration nimmt die Erregbarkeit der Interneurone ab, sodass die phasische Inhibition geringer wird, bis sie letztendlich ganz ausfällt. Da auch die extrasynaptische GABA-Konzentration steigt, kommt es hingegen zu einer Zunahme der tonischen extrasynaptischen Inhibition, was zu einer Öffnung von Ionenkanälen und, abhängig von den elektrochemischen Gradienten für Chlorid- und Bikarbonationen, zu einer Veränderung des Membranpotenzials führt (Rivera 2005).

Ob die Aktivierung der GABA$_A$-Rezeptoren eine Hyper- oder Depolarisation bewirkt, hängt also maßgeblich von den Gradienten ab. Je höher die intrazelluläre Chloridkonzentration, desto höher ist die Depolarisationsneigung und damit der exzitatorische Effekt. Da es mit zunehmender Reifung der Neurone zu einer Zunahme des für den Transport von Chloridionen von intra- nach extrazellulär verantwortlichen Kalium/Chlorid-gekoppelten Ko-Transporter kommt, nimmt die intrazelluläre Chloridkonzentration mit steigendem Alter ab und damit die inhibitorische Wirkung der GABA$_A$-Rezeptoren zu (Rivera 2005; Cossette 2012). In nicht ausgereiften Neuronen ist die Chloridkonzentration hingegen hoch, was mit dem charakteristischen Entstehungsalter der Absencenepilepsien korreliert und eine mögliche Erklärung für die mit steigendem Alter oft beobachtete Verringerung der Epileptogenität der IGE und insbesondere der Absencenepilepsien darstellt.

3.4.2.2 Spannungsabhängige Kalziumkanäle

Bei der Generierung von SW bei primär generalisierten Epilepsien spielen „low-voltage activated" Kalziumkanäle (T-Typ-Kalziumkanäle) eine entscheidende Rolle. In den Neuronen des RTN führen neokortikale Trigger zu einer Öffnung von T-Typ-Kalziumkanälen, wodurch ein Kalziumeinstrom entlang eines elektrochemischen Gradienten in die Zelle einsetzt. Werden ausreichend Kalziumkanäle synchron aktiviert, führt dies zur Generierung von „low threshold spikes" (LTS) (Cain und Snutch 2012). Diese können wiederum durch Depolarisation der Membran zu einer Öffnung von Natrium- und Kaliumkanälen führen, wodurch hochfrequente Aktionspotenziale induziert werden, die sich den LTS überlagern. Dadurch entstehen burst-artige Entladungsmuster, die Grundlage der SW sind (Cain und Snutch 2012; Blumenfeld 2005).

An Rattenmodellen zur Absencenepilepsie konnte gezeigt werden, dass insbesondere die CaV3.1 und CaV3.2 Isoformen der T-Typ Kalziumkanäle hierbei eine besondere Bedeutung ha-

ben. Innerhalb des thalamokortikalen Netzwerkes sind die T-Typ Kalziumkanäle im RTN und in den Neuronen des ventrobasalen Thalmus interiktal und im Wachzustand zumeist inaktiviert (Cain und Snutch 2012). Im Non-REM-Schlaf wie auch bei der Aktivierung durch neokortikale Trigger wird durch die burstartigen Entladungen im RTN eine GABAerg vermittelte Hyperpolarisation in den Neuronen des ventrobasalen Thalamus induziert, was wiederum eine De-Inaktivierung von CaV3.1 T-Typ-Kalziumkanälen zur Folge hat. Dies führt in einem Rückkopplungsmechanismus zu einer neokortikalen Depolarisierung, wodurch die Entstehung von SW und Absencen begünstigt wird (Cain und Snutch 2012; Huguenard und McCormick 2007).

3.4.3 Genetische Grundlagen

Idiopathisch generalisierte Epilepsien stellen sowohl genotypisch als auch phänotypisch eine heterogene Gruppe verschiedener Epilepsiesyndrome dar. Dennoch ließ sich bestimmten Genveränderungen

◘ Tab. 3.2 Relevante molekulargenetische Befunde bei Epilepsien: relevante Genveränderungen, die zu einer IGE prädisponieren

IGE-Syndrom	Gen	Proteinprodukt	Ionenkanal
CAE	CACNA1H	$Ca_V3.2$	Kalziumkanal
	GABRA1	α1-Untereinheit	$GABA_A$-Rezeptor
	GABRG2	γ2-Untereinheit	$GABA_A$-Rezeptor
	GABRB3	β3-Untereinheit	$GABA_A$-Rezeptor
JME	EFHC1		„non-ion channel gene"
	GABRA1	α1-Untereinheit	$GABA_A$-Rezeptor
	CACNB4	β4-Untereinheit	Kalziumkanal
IGE	CACNA1H	CaV3.2	Kalziumkanal
	CACNB4	β4-Untereinheit	$GABA_A$-Rezeptor
	CLCN2	CLC-2	Chloridkanal
	GABRA1	α1-Untereinheit	$GABA_A$-Rezeptor
GEFS+	SCN1A	$Na_V1.1$	Natriumkanal
	SCN1B	β1-Untereinheit	Natriumkanal
	GABRG2	γ2-Untereinheit	$GABA_A$-Rezeptor
	GABRD	δ-Untereinheit	$GABA_A$-Rezeptor
EOAE	SLC2A1	GLUT1	Glucosetransporter Typ I

IGE = Idiopathisch generalisierte Epilepsie; *CAE* = „childhood absence epilepsy"; *JME* = Juvenile myoklonische Epilepsie (Janz-Syndrom); *GEFS+* = Generalisierte Epilepsie mit Fieberkrämpfen plus; *EOAE* = „early onset absence epilepsy".

eine besondere Bedeutung bei der phänotypischen Ausprägung einzelner Syndrome zuordnen. T-Typ-Kalziumkanäle (speziell CaV3.1 und CaV3.2) haben eine entscheidende pathophysiologische Bedeutung bei der Generierung von generalisierten SW. Veränderungen in den kodierenden Genen CACNA1G (CaV3.1) und CACNA1H (CaV3.2) ließen sich hierbei sowohl mit dem sporadischen Auftreten kindlicher Absencenepilepsien als auch mit anderen Subtypen idiopathisch generalisierter Epilepsien in Verbindung bringen (Heron et al. 2007; Singh et al. 2007; Chen et al. 2003).

Tierexperimentell konnte zudem in GAERS (Genetic Absence Epilepsy Rat from Strasbourg) Rattenmodellen gezeigt werden, dass eine Aktivitätssteigerung oder Überexpression dieser Kalziumkanäle in Neuronen des thalamokortikalen Systems durch eine Verkürzung der inaktiven Phase der T-Typ Kalziumkanäle zu einer erhöhten Burstrate und Aktionspotenzialrate pro Burst führt, was die Induktion von SW und auch Absencen fördert (Talley et al. 2000; Tsakiridou et al. 1995; Powell et al. 2009). Ebenso ließ sich ein Zusammenhang zwischen Defekten in Genen der $GABA_A$-Rezeptor-Untereinheiten GABRA1 (α1-Untereinheit), GABRG2 (γ2-Untereinheit), GABRB3 (β3-Untereinheit) und GABRD (δ-Untereinheit) mit verschiedenen IGE Syndromen nachweisen (Weber et al. 2012; Cossette et al. 2012). Aus einer verminderten Funktionsfähigkeit der $GABA_A$-Rezeptoren resultiert hierbei eine verminderte GABAerge Inhibition, wodurch SW und epileptische Anfälle wiederum gefördert werden. Eine Übersicht über relevante Genveränderungen sind in ◻ Tab. 3.2 zusammengefasst.

3.5 Therapeutisches Vorgehen

3.5.1 Antikonvulsiva

Zentrale Säule der Therapie von epileptischen Anfällen ist die Gabe von Antikonvulsiva (engl. „antiepileptic drugs", AEDs). Diese wirken nicht „antiepileptogen", sondern hemmend auf die neuronale Erregung und deren Weiterleitung. Die Erregungsschwelle, die im Falle einer Epilepsie erniedrigt ist, wird somit wieder erhöht, sodass das Risiko für das Auftreten von weiteren epileptischen Anfällen herabgesetzt wird. Daher werden die Medikamente dieser Gruppe auch als Antikonvulsiva bezeichnet.

Eine kausale medikamentöse Therapie der Epilepsie und somit eine Heilung ist nicht möglich. AEDs müssen daher häufig über Jahre oder lebenslang eingenommen werden. Das oberste Ziel einer Behandlung mit AEDs liegt in der **Anfallsfreiheit**, möglichst bei nebenwirkungsfrei vertragener Medikation. Allerdings führen die Medikamente bei ca. einem Drittel der Patienten, die an einer Epilepsie leiden, nicht oder nicht vollständig zu einer Anfallsfreiheit (Brodie et al. 2012), und es kann kein zufriedenstellender Behandlungserfolg erzielt werden. In diesem Fall wird von einer **pharmakoresistenten Epilepsie** gesprochen (Kwan et al. 2010).

In den letzten 150 Jahren wurde eine Vielzahl verschiedener AEDs eingeführt, die historisch gesehen nach Generationen (1., 2., 3. Generation) eingeteilt werden. Diese Einteilung ist jedoch nicht immer eindeutig. Hier werden die AEDs daher in „alte" (Zulassung bis 1980) und „neue" (Zulassung ab 1980) AEDs eingeteilt (◻ Tab. 3.3).

Ebenso wie die große Anzahl der verfügbaren AEDs sind auch deren Wirkmechanismen vielfältig. Besondere Bedeutung hat die Beeinflussung von spannungsabhängigen Natrium-, Kalzium- und Kaliumkanälen sowie des GABAergen Systems und der Glutamatrezeptoren. Häufig wirken die AEDs über eine Kombination aus den oben genannten Wirkmechanismen.

Das Hauptziel – und damit die **erwünschte Wirkung** der AEDs – liegt in der antikonvulsiven Wirkung.

▪▪ Wirkmechanismen
◻ Tab. 3.3 führt die Hauptwirkungsmechanismen für ausgewählte AEDs auf. Im Folgenden wird kurz auf die Grundlagen der verschiedenen Wirkmechanismen eingegangen.

Beeinflussung spannungsabhängiger Natriumkanäle Gut die Hälfte der klinisch genutzten AEDs, z. B. Carbamazepin, Oxcarbazepin, Lacosamid, Lamotrigin, Phenytoin u. v. m., zielen auf die Inaktivierung spannungsabhängiger Natriumkanäle. Dadurch wird ein „hochfrequentes Feuern" der Neurone verhindert. Diese Wirkung ist bei Neuronen mit besonders hohen Aktionspotenzialen und ausgeprägter Depolarisation (= epileptische Entladungen) verstärkt, wohingegen physiologische Entladungen kaum beeinflusst werden. Aus diesem Grund wird auch von einem **„use-dependent-block"** gesprochen.

3

◻ **Tab. 3.3** Wirkungsmechanismen und Einfluss auf den Metabolismus von Antikonvulsiva (AEDs; alphabetische Ordnung)

Antiepileptikum (INN)	Abkürzung	Wirkmechanismus						Einfluss auf Cytochrom-P450-Enzyme in der Leber
		Na^+	Ca^{2+}	K^+	$GABA_A$	GABA↑	Glut	
„Alte" AEDs (Zulassung bis 1980)								
Bromid	Br					?		ohne Enzyminduktion
Carbamazepin	CBZ	++	+ (L)			?		Enzyminduktion
Ethosuximid	ESM		++ (T)		?			Enzyminduktion
Mesuximid	MSM							
Phenobarbital*	PB	++			++		KA/AMPA	Enzyminduktion
Phenytoin*	PHT	++	?					Enzyminduktion
Primidon	PRM				++			Enzyminduktion
Sultiam	STM	Inhibition der Carboanhydrase im Gehirn und Verlangsamung des Natriumeinstroms						
Valproinsäure*	VPA	+	+ (T)		?	+	NMDA	Enzyminhibitor
„Neue" AEDs (Zulassung ab 1980)								
Brivaracetam*	BRV	+				+	++#	Enzyminduktion
Eslicarbazepinacetat	ESC; ESL	++						Enzyminduktion
Felbamat	FBM	+	+ (L)		+	+	NMDA	Enzyminduktion
Gabapentin	GBP	?	++ (N, P/Q)			?		ohne Enzyminduktion
Lacosamid*	LCM	++§						ohne Enzyminduktion
Lamotrigin	LTG	++	++ (N,P/Q,R,T)					Enzyminduktion
Levetiracetam*	LEV		+ (N)		+	?	++#	ohne Enzyminduktion
Oxcarbazepin	OXC	++	+ (N,P)			?		Enzyminduktion
Perampanel	PER						AMPA	Enzyminduktion
Pregabalin	PGB		++ (N,P/Q)					ohne Enzyminduktion
Retigabin	RTG			KCNQ2/3 (M-Typ)	+			ohne Enzyminduktion

Medikament	Abk.	Na+	Ca2+	GABA	Glut	Pharmakokinetik
Rufinamid	RUF	++				Enzyminduktion
Stiripentol	STP	+		++		Enzyminhibitor
Tiagabin	TGB			++	++	ohne Enzyminduktion
Topiramat	TPM	+	+ (L)	+	KA/AMPA	Enzyminduktion
Vigabatrin	VGB			++		ohne Enzyminduktion
Zonisamid	ZNS	++ (N, P, T)			?	Enzyminduktion

++ = Hauptmechanismus; + = Nebenmechanismus; ? = kontrovers; Na+ = Hemmung von Na+ Kanälen; Ca2+ = Hemmung von Ca2+-Kanälen (betroffene Kanaltypen in Klammern); GABAA = Verstärkung von GABAA-Rezeptoren; GABA↑ = Zunahme von GABA; Glut = Glutamat Rezeptoren; GABA = γ-Aminobuttersäure; KA = Kainat; AMPA = α-Amino-3-hydroxy-5-methyl-4-isoxazol-propionate; NMDA = N-Methyl-D-Aspartat.
§Aktiviert die langsame Inaktivierung von spannungsabhängigen Natriumkanälen.
Bindung an das Vesikelprotein SV2A → verminderte Freisetzung von Glutamat aus dem präsynaptischen Vesikel.
* Intravenöse Verabreichungsformen zur Schnellaufsättigung in Notfallsituationen verfügbar.

Beeinflussung spannungsabhängiger Kalzium-kanäle Die spannungsabhängigen Kalziumkanäle werden unterteilt in Kalziumkanäle, die durch hohe Spannungen aktiviert werden (HVA; L-, R-, P/Q- und N-Typ-Kalziumkanäle) und solche, die durch niedrige Spannungen aktiviert werden (LVA; T-Typ, s. oben). Die Regulation der Kalziumspiegel an den neuronalen Membranen ist maßgeblich an der Reizweiterleitung und Neurotransmitterfreisetzung beteiligt. Dies erklärt die antikonvulsiven Effekte von AEDs, die an HVA-Kalziumkanälen hemmend wirken.

Die LVA-Kalziumkanäle vom T-Typ sind involviert in die Regulation neuronaler Entladung und sind insbesondere auf thalamokortikalen Neuronen exprimiert. Diese Neurone zeigen zwei unterschiedliche Erregungsmuster: langsames, gleichförmiges Feuern bei normalem Ruhepotenzial und hochfrequentes Feuern bei Hyperpolarisation.

Diese Erregungsmuster sind auf die Kalziumkanäle vom T-Typ zurückzuführen. Bei einem physiologischen Ruhepotenzial sind die T-Typ-Kanäle inaktiv und nicht aktivierbar. In einen aktivierbaren Zustand gehen sie erst durch eine Hyperpolarisation über. Eine hochfrequente Entladung von diversen thalamokortikalen Neuronen tritt bei epileptischen Anfällen vom Absence-Typ auf. Durch eine Blockade von T-Typ-Kanal-Kalziumströmen kann diese Form der neuronalen Aktivität und damit der Anfall unterdrückt werden. Zu dieser Gruppe der AEDs zählen u. a. Ethosuximid und Pregabalin.

Beeinflussung spannungsabhängiger Kaliumkanäle Kaliumkanäle beeinflussen die Kontrolle der neuronalen Erregbarkeit und stabilisieren das Membranpotenzial. Sie spielen aber als Zielstrukturen für AEDs eher eine untergeordnete Rolle. Retigabin erhöht die Öffnungswahrscheinlichkeit von spannungsabhängigen Kaliumkanalsubtypen KCNQ2/3- und KCNQ3/5 vom M-Typ, stabilisiert die depolarisierten Nervenzellen und wirkt so antikonvulsiv (Barrese et al. 2010).

Beeinflussung der GABAergen Inhibition GABA ist der wichtigste hemmende Neurotransmitter im Gehirn und spielt daher in der Erregungsweiterleitung eine zentrale Rolle. Durch die pharmakologische Inhibition von GABA lassen sich Anfälle generieren, wohingegen mit einer Aktivierung des GABAergen Systems antikonvulsive Effekte erzielt

3

werden können (Löscher 1989). Eine Aktivierung kann über verschiedenste Mechanismen erzeugt werden: So hat eine Hemmung des GABA-Abbaus eine Erhöhung des Neurotransmitters zur Folge (z. B. durch Vigabatrin), eine Hemmung der Wiederaufnahme von GABA aus dem synaptischen Spalt führt ebenfalls zu erhöhten GABA-Konzentrationen (z. B. durch Tiagabin) ebenso wie eine erhöhte GABA-Synthese über eine verstärkte Induktion des synthetisierenden Enzyms (z. B. durch Gabapentin). Darüber hinaus wirken einige AEDs potenzierend auf GABA-Rezeptoren und führen zu erhöhten Öffnungsfrequenzen (z. B. Benzodiazepine) oder zu einer verlängerten Öffnungsdauer (z. B. Barbiturate). Eine Wirkung auf den $GABA_A$-Rezeptor wurde auch für Felbamat und Topiramat nachgewiesen.

Beeinflussung der glutamatergen Exzitation
Glutamat gilt als der wichtigste erregende Neurotransmitter im Gehirn und nimmt daher ebenfalls eine zentrale Position in der Pathophysiologie von Epilepsien ein. Die zentrale Erregung wird über ionotrope (NMDA-, AMPA- und Kainatrezeptoren) und metabotrope Glutamatrezeptorsubtypen vermittelt. Eine Blockade inotroper Glutamatrezeptoren, die eine verminderte Freisetzung des erregenden Neurotransmitters zur Folge hat, wirkt antikonvulsiv (Löscher et al. 1994). Die Entwicklung von Substanzen, die selektiv an nur einem der inotropen Rezeptorsubtypen (z. B. an NMDA-Rezeptoren) hemmend angreifen, führte in der Vergangenheit zu starken Nebenwirkungen und nur geringer antikonvulsiver Wirkung. Daher gilt diese Entwicklungsstrategie als Misserfolg (Löscher et al. 1994).

Dem gegenüber steht der Wirkstoff Perampanel, der bei guter Verträglichkeit als nicht kompetetiver Antagonist selektiv an AMPA-Rezeptoren bindet, damit zu herabgesetzten Glutamatkonzentrationen im ZNS und so zu einer Unterdrückung der epileptischen Anfälle bzw. ihrer Ausbreitung im Gehirn führt (Rogawski 2011; Hanada et al. 2011).

▪▪ Wechselwirkungen
Viele AEDs beeinflussen Enzyme der Cytochrom-P450-Familie. Diese Enzyme sind zumeist in der Leber zu finden und haben eine große Bedeutung in der Biotransformation von Medikamenten (Conner et al. 2011). AEDs können diese Enzyme hemmen oder ihre Aktivität erhöhen und werden somit auch als Enzyminhibitoren bzw.

Enzyminduktoren klassifiziert. ◻ Tab. 3.3 gibt die Eingruppierung der verschiedenen AEDs wieder.

Enzyminhibitoren sind Substanzen, die die Aktivität von Cytochrom-P450-Enzymen reduzieren. Dadurch kann beispielsweise der Abbau eines Wirkstoffs herabgesetzt werden, und das Risiko für dosisabhängige, toxische Nebenwirkungen steigt. **Enzyminduktoren** sind hingegen Substanzen, die die Aktivität von Cytochrom-P450-Enzymen erhöhen. Dies hat eine verstärkte Metabolisierung der Cytochrom-P450-Substrate zur Folge.

Auf Basis der Enzyminduktion/Enzymhemmung durch AEDs lassen sich viele Wechselwirkungen zwischen AEDs und anderen Arzneimitteln erklären. So besteht z. B. eine Wechselwirkung zwischen enzyminduzierenden AEDs mit hormonellen Kontrazeptiva, sodass es zu einem Wirkungsverlust der Pille kommen kann (Reimers et al. 2015). Dies muss in der Aufklärung von jungen Frauen mit Epilepsie berücksichtigt werden. Des Weiteren kann die Metabolisierung von ausgewählten Antidepressiva, Antiinfektiva, Zytostatika, Antipsychotika, Benzodiazepinen, kardiovaskulär wirksamen Substanzen, Immunsuppressiva, Steroiden und anderen AEDs beschleunigt werden.

Eine weitere Wechselwirkung, die durch Enzym-P450-induzierende AEDs hervorgerufen werden kann, ist eine vermehrte Aktivität von Enzymen des Vitamin-D-Stoffwechsels. In der Folge wird Kalzium vermindert resorbiert, und es kann zu einem sekundären Hyperparathyroidismus mit Einfluss auf den Knochenstoffwechsel (Osteopathia antiepileptica) kommen (Meier und Kraenzlin 2011).

▪▪ Antikonvulsiva in der Schwangerschaft
Viele AEDs wirken teratogen (Morrow et al. 2006), sodass hier die Auswahl eines adäquaten AEDs als auch die Aufklärung und Beratung von Frauen im gebärfähigen Alter eine große Rolle spielen.

Insbesondere für Valproinsäure sind während der Schwangerschaft teratogene Effekte und auch eine verminderte kognitive Entwicklung sowie Autismus beschrieben worden (Meador et al. 2009). Für die Verminderung der Teratogenität ist eine Dosisbeziehung beschrieben worden, sodass für Valproinsäure, auf die bei vielen idiopathischen generalisierten Epilepsien nicht verzichtet werden kann, eine Empfehlung zu einer Niedrigdosistherapie besteht (Morrow et al. 2006). Frauen im Fortpflanzungsalter müssen schriftlich über die Teratogenität von Valproat aufgeklärt werden.

Des Weiteren kann eine Schwangerschaft eine Veränderung der Eiweißbindung und der Enzyminduktion hervorrufen und somit einen Einfluss auf die Medikamentenspiegel der AED haben. Diese können in der Schwangerschaft abfallen. Daher wird empfohlen, die Medikamentenspiegel nach der 12. Schwangerschaftswoche monatlich zu kontrollieren und die Dosierung ggf. an die Ausgangswerte anzupassen, dies trifft insbesondere für Lamotrigin zu, das einer beschleunigten Metabolisierung in der Schwangerschaft unterliegt.

3.6   Status epilepticus

Der Status epilepticus gehört zu den wichtigsten neurologischen Notfallsituationen, die eine sofortige medizinische Behandlung erfordern, da er mit einer erheblichen Morbidität und Mortalität von 15–20% assoziiert ist (Strzelczyk et al. 2017). In Deutschland treten bei einer Jahresinzidenz von ca. 20/100.000 mindestens 16.000–20.000 Fälle pro Jahr auf (Knake et al. 2001).

Semiologisch kann es im SE zu jeglicher Form fokaler und generalisierter Anfälle oder der Evolution eines SE aus mehreren Anfallsformen kommen. Die Zeitgrenze für eine Anfallsdauer von über 5 Minuten zur Feststellung eines SE, die in der Leitlinie der DGN verwendet wird, geht auf eine operationale Definition von Lowenstein et al. aus dem Jahr 1999 zurück, die eine schnellstmögliche Behandlung gewährleisten sollte (Lowenstein et al. 1999).

Die aktuelle Definition der ILAE führt zwei Zeitgrenzen (t_1, t_2) auf, die den Übergang eines Anfalls in Abhängigkeit von der Semiologie in einen SE (t_1) definieren und den Beginn (t_2) einer neuronalen Schädigung für wahrscheinlich erachten. Im Hinblick auf den Beginn einer Behandlung des SE (t_1) wird die Zeitgrenze bei 5 Minuten für einen SE generalisierter tonisch-klonischer Anfälle (GTKSE), bei 10 Minuten für einen SE komplex-fokaler Anfälle und bei 10–15 Minuten für einen Abscencenstatus gesetzt (Trinka et al. 2015). Eine neuronale Schädigung durch den SE wird ab einer Dauer (t_2) von 30 Minuten für den GTKSE und ab 60 Minuten für den SE komplex-fokaler Anfälle angenommen (Trinka et al. 2015). Somit hängt die Dringlichkeit der Therapie auch von der Statusform ab und ist beim GTKSE am wichtigsten.

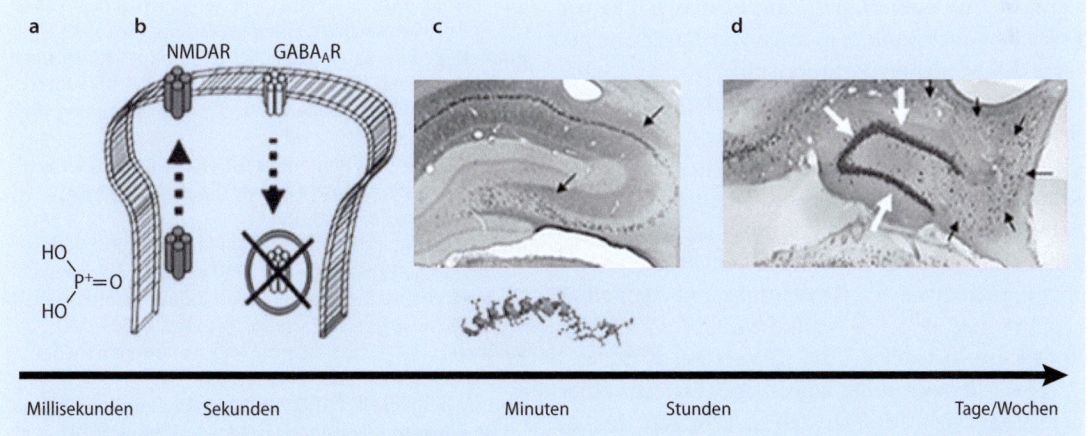

a Innerhalb von Millisekunden bis Sekunden kommt es zu einer Proteinphosphorylierung und Rezeptordesensibilisierung. **b** Binnen weniger Minuten wird ein Rezeptor-Trafficking initialisiert: GABA_A-Rezeptoren werden in Endosomen internalisiert, während NMDA-Rezeptoren auf die Membran übertragen werden, was zu einem Ungleichgewicht zwischen Inhibition und Exzitation führt. **c** Prokonvulsive Neuropeptide wie z. B. Substanz P oder Neurokinin B werden innerhalb von Stunden nach dem Initialereignis freigesetzt. Umgekehrt nimmt die Expression hemmender Neuropeptide wie NPY, Dynorphin, Galanin oder Somatostatin ab. Zu neuronaler Schädigung (schwarze Pfeile) kommt es nach etwa 40 Minuten bei erwachsenen Ratten, bei denen ein SE im Rahmen des Tractus-perforans-Modells erzeugt wurde. Veränderungen der Genexpression sind innerhalb von Stunden bis Wochen nachweisbar. **d** Nach einigen Wochen hat sich eine Hippocampussklerose entwickelt. Im Bereich CA1–3 (schwarze Pfeile) zeigen sich ausgeprägte Verluste von hippocampalen pyramidenförmigen Neuronen, während Körnerzellen des Gyrus dentatus erhalten bleiben (weiße Pfeile).

◼ **Abb. 3.6a–d**   Ablauf der Epileptogenese und neuronalen Schädigung in einem Tiermodell mit initialem Status epilepticus, ausgelöst durch elektrische Stimulation des Tractus perforans. (Aus: Bauer und Norwood 2013)

3.6.1 Pathophysiologie des Status epilepticus

Klinische und experimentelle Daten zeigen, dass ein verspäteter Behandlungsbeginn mit einer geringeren Chance auf eine zeitnahe Durchbrechung des SE mit der ersten Therapie korreliert. Sowohl klinisch (Lowenstein und Alldredge 1993; Alldredge et al. 2001) als auch tierexperimentell (Kapur und Macdonald 1997) ist gesichert, dass eine möglichst frühe Behandlung des SE entscheidend ist, da ein progredienter Rückgang der GABAergen Inhibition im SE das therapeutische Ansprechen der meisten Antikonvulsiva im Verlauf erschwert (Chen und Waterlain 2006; Bauer und Norwood 2013). ◻ Abb. 3.6 zeigt beispielhaft die Veränderungen bei einem SE und deren Folgen. Bei diesem Tractus-perforans-Modell der Epileptogenese wird ein SE induziert, der zu akuten Veränderungen führt und eine Hippocampussklerose erzeugt.

3.6.2 Therapie und Outcome des Status epielpticus

Aus den oben genannten Gründen sollte eine Therapie so früh wie möglich, am besten schon vor Erreichen der Klinik begonnen werden. Zur Therapie des SE stehen mehrere antikonvulsive Substanzen zur Verfügung, die **stufenadaptiert** eingesetzt werden sollten. Neben den für das Outcome nicht beeinflussbaren Prädiktoren wie Ätiologie, Komorbiditäten und Alter des Patienten spielt aus pathophysiologischen und klinischen Überlegungen heraus das schnelle Einleiten einer ausreichend hoch dosierten Behandlung mit Benzodiazepinen und weiteren Antikonvulsiva eine große Rolle (Strzelczyk et al. 2017; Rossetti et al. 2008).

Die Therapie sollte soweit möglich auf einer neurologischen Intensivstation erfolgen, insbesondere wenn Phenytoin, Phenobarbital oder eine Intubationsnarkose notwendig werden. Die Etablierung eines Behandlungspfades vor Ort ist wichtig, um die entsprechende Behandlungsempfehlungen schnell umsetzten zu können.

❔ Fragen zur Lernkontrolle

- Welche grundlegenden theoretischen Konzepte zur Entstehung generalisierter Epilepsien gibt es?
- Welche Rolle wird dem Hippocampus im Rahmen von Epilepsien zugeschrieben?
- Welcher Mechanismus steht hinter der Ausbildung einer Todd'schen Parese?
- Welche AEDs beeinflussen spannungsabhänge Natriumkanäle?

Literatur

Alldredge BK, Gelb AM, Isaacs SM et al. (2001) A comparison of lorazepam, diazepam, and placebo for the treatment of out-of-hospital status epilepticus. N Engl J Med 345: 631–637

Bancaud J (1969) Physiopathogenesis of generalized epilepsies of organic nature (stereoencephalographic study). In: Gastaut H, Jasper HH, Bancaud J et al. (eds) The Physiopathogenesis of the Epilepsies. Charles C Thomas, Springfield, IL:, pp 158–185

Barrese V, Miceli F, Soldovieri MV et al. (2010) Neuronal potassium channel openers in the management of epilepsy: role and potential of retigabine. Clin Pharmacol 2: 225–236

Bauer S, Norwood BA (2013) What can we learn from animal models of convulsive status epilepticus? Z Epileptol 26: 70–74

Blumenfeld H (2005) Cellular and network mechanisms of spike-wave seizures. Epilepsia 46 Suppl 9: 21–33

Brazel H, Reif PS, Bauer S et al. (2016) Erfolgreiche Epilepsiechirurgie bei seit über 20 Jahren therapierefraktärer Temporallappenepilepsie und multiplen Voreingriffen. Z Epileptol 29: 156–160

Brodie MJ, Barry SJ, Bamagous GA et al. (2012) Patterns of treatment response in newly diagnosed epilepsy. Neurology 78: 1548–1554

Bumanglag AV, Sloviter RS (2008) Minimal latency to hippocampal epileptogenesis and clinical epilepsy after perforant pathway stimulation-induced status epilepticus in awake rats. J Compar Neurol 510: 561–580

Buzsaki G (1991) The thalamic clock: emergent network properties. Neuroscience 41: 351–364

Cain SM, Snutch TP (2012) Voltage-Gated Calcium Channels in Epilepsy. In: Noebels JL, Avoli M, Rogawski MA et al. (eds) Jasper's Basic Mechanisms of the Epilepsies 4th edition. Bethesda (MD): National Center for Biotechnology Information (US)

Chen JW, Wasterlain CG (2006) Status epilepticus: pathophysiology and management in adults. Lancet Neurol 2006; 5: 246–256

Chen Y, Lu J, Pan H et al. (2003) Association between genetic variation of CACNA1H and childhood absence epilepsy. Ann Neurol 54: 239–243

Conner KP, Woods C, Atkins WM (2011) Interactions of Cytochrome P450s with their Ligands. Arch Biochem Biophys 507: 56–65

Cossette P, Lachance-Touchette P, Rouleau GA (2012) Mutated GABAA receptor subunits in idiopathic generalized epilepsy. In: Noebels JL, Avoli M, Rogawski MA et al. (eds) Jasper's Basic Mechanisms of the Epilepsies, 4th edn. National Center for Biotechnology Information (US), Bethesda (MD)

Dingledine R (2012) Glutamatergic Mechanisms Related to Epilepsy: Ionotropic Receptors. In: Noebels JL, Avoli M, Rogawski MA et al. (eds) Jasper's Basic Mechanisms of the Epilepsies, 4th edn. National Center for Biotechnology Information (US), Bethesda (MD)

Duvernoy H, Cattin F, Risold P (2013) The Human Hippocampus. Functional Anatomy, Vascularization and Serial Sections with MRI, 4th edn. Springer, Berlin Heidelberg New York, p 18

French JA, Williamson PD, Thadani VM et al. (1993) Characteristics of medial temporal lobe epilepsy: I. Results of history and physical examination. Ann Neurol 34: 774–780

Gloor P, Avoli M, Kostopoulos G (1990) Thalamocortical relationships in generalized epilepsy with bilaterally synchronous spike-and-wave discharge. In: Avoli M, Gloor P, Kostopoulos G et al. (eds) Generalized epilepsy: neurobiological approaches. Birkhauser, Boston, MA:, pp 190–212

Gloor P (1969) Neurophysiological bases of generalized seizures termed centrencephalic. In: Gastaut H, Jasper HH, Bancaud J et al. (eds) The physiopathogenesis of the epilepsies. Charles C Thomas, Springfield, IL, pp 209–236

Hanada T, Hashizume Y, Tokuhara N et al. (2011) Perampanel: A novel, orally active, noncompetitive AMPA-receptor antagonist that reduces seizure activity in rodent models of epilepsy. Epilepsia 52: 1331–1340

Heron SE, Khosravani H, Varela D et al. (2007) Extended spectrum of idiopathic generalized epilepsies associated with CACNA1H functional variants. Ann Neurol 62: 560–568

Huguenard JR, McCormick DA (2007) Thalamic synchrony and dynamic regulation of global forebrain oscillations. Trends Neurosci 30: 350–356

Jallon P, Latour P (2005) Epidemiology of idiopathic generalized epilepsies. Epilepsia 46 Suppl 9: 10–14

Jasper HH, Droogleever-Fortuyn J (1946) Experimental studies on the functional anatomy of petit mal epilepsy. Res Publ Ass Res Nerv Ment Dis 26: 272–298

Jasper HH, Kershman J (1941) Electroencephalographic classification of the epilepsies. Arch Neurol Psychiat 45: 903–943

Kapur J, Macdonald RL (1997) Rapid seizure-induced reduction of benzodiazepine and Zn2+ sensitivity of hippocampal dentate granule cell GABAA receptors. J Neurosci 17: 7532–7540

Knake S, Rosenow F, Vescovi M et al. (2001) Incidence of status epilepticus in adults in Germany: a prospective, population-based study. Epilepsia 42: 714–718

Kwan P, Arzimanoglou A, Berg AT et al. (2010) Definition of drug resistant epilepsy: consensus proposal by the ad hoc Task Force of the ILAE Commission on Therapeutic Strategies. Epilepsia 51: 1069–1077

Lorente de Nó R (1934) Studies on the structure of the cerebral cortex. II. Continuation of the study of the Ammonic system. J Psychol Neurol 46: 113–177

Löscher W, Rogawaski MA (1994) Epilepsy. In: Lodge D, Danysz W, Parsons CG, Hrsg. Ionotropic glutamate receptors as therapeutic target. Graham Publ, Johnson City, TN, pp 91–132

Löscher W, Schmidt D (1994) Strategies in antiepileptic drug development: is rational drug design superior to random screening and structural variation? Epilepsy Res 17: 95–134

Löscher W (1989) GABA and the epilepsies. Experimental and clinical considerations. In: Bowery NG, Nisticò G (eds) Basic research and clinical applications. Pythagora Press, Rome, pp 260–300

Lowenstein DH, Alldredge BK (1993) Status epilepticus at an urban public hospital in the 1980s. Neurology 43: 483–488

Lowenstein DH, Bleck T, Macdonald RL (1999) It's time to revise the definition of status epilepticus. Epilepsia 40: 120–122

Lu Y, Waltz S, Stenzel K et al. (2008) Photosensitivity in epileptic syndromes of childhood and adolescence. Epileptic Disorders: international epilepsy journal with videotape 10: 136–143

Mantegazza M, Catterall WA (2012) Voltage-Gated Na+ Channels: Structure, Function, and Pathophysiology. In: Noebels JL, Avoli M, Rogawski MA et al. (eds) Jasper's Basic Mechanisms of the Epilepsies. 4th ednNational Center for Biotechnology Information (US), Bethesda (MD)

Meador KJ, Baker GA, Browning N et al. (2009) Cognitive Function at 3 Years of Age after Fetal Exposure to Antiepileptic Drugs. New Engl J Med 360: 1597–1605

Meencke HJ, Janz D (1985) The significance of microdysgenesia in primary generalized epilepsy: an answer to the considerations of Lyon and Gastaut. Epilepsia 26: 368–371

Meeren HK, Pijn JP, Van Luijtelaar EL et al. (2002) Cortical focus drives widespread corticothalamic networks during spontaneous absence seizures in rats. J Neurosci 22: 1480–1495

Meier C, Kraenzlin ME (2011) Epilepsie, Antiepileptika und Osteoporose. Epileptologie 28: 42–50

Morrow J, Russell A, Guthrie E et al. (2006) Malformation risks of antiepileptic drugs in pregnancy: a prospective study from the UK Epilepsy and Pregnancy Register. J Neurol Neurosurg Psychiat 77: 193–198

Noebels JL. (2003) The biology of epilepsy genes. Annu Rev Neurosci 26: 599–625

Penfield W, Jasper HH (1954) Epilepsy and the functional anatomy of the human brain. Little Brown & Co., Boston, MA.

Pitkänen A, Schwartzkroin PA, Moshe SL (2006) Models of seizures and epilepsy. Elsevier, London

Powell KL, Cain SM, Ng C et al. (2009) A Cav3.2 T-type calcium channel point mutation has splice-variant-specific effects on function and segregates with seizure expression in a polygenic rat model of absence epilepsy. J Neurosci 29: 371–380

Reimers A, Brodtkorb E, Sabers A (2015) Interactions between hormonal contraception and antiepileptic drugs: Clinical and mechanistic considerations. Seizure 28: 66–70

Rivera C, Voipio J, Kaila K (2005) Two developmental switches in GABAergic signalling: the K+-Cl- cotransporter KCC2 and carbonic anhydrase CAVII. J Physiol 562: 27–36

Rogawski MA (2011) Revisiting AMPA Receptors as an Antiepileptic Drug Target. Epilepsy Curr 11: 56–63

Rossetti AO, Logroscino G, Milligan TA et al. (2008) Status Epilepticus Severity Score (STESS): a tool to orient early treatment strategy. J Neurol 255: 1561–1566

Scharrer E (1940) Vascularization and vulnerability of the cornu ammonis in the opossum. Arch Neurol Psychiat 44: 483–506

Scheffer IE, Berkovic S, Capovilla G et al. (2017) ILAE classification of the epilepsies: Position paper of the ILAE Commission for Classification and Terminology. Epilepsia 58: 512–521

Schmidt RF, Lang F, Heckmann M (Hrsg) (2010) Physiologie des Menschen, 31. Aufl. Springer, Berlin Heidelberg New York, S 165

Singh B, Monteil A, Bidaud I et al. (2007) Mutational analysis of CACNA1G in idiopathic generalized epilepsy. Mutation in brief #962. Online. Human Mutation 28: 524–525

Strzelczyk A, Ansorge S, Hapfelmeier J et al. (2017) Costs, length of stay, and mortality of super-refractory status epilepticus: A population-based study from Germany. Epilepsia 58: 1533–1541

Strzelczyk A, Gaul C, Rosenow F et al. (2017) Visuelle Auren im Grenzgebiet zwischen Epilepsie und Migräne. Z Epileptol 30: 21–27

Strzelczyk A, Kay L, Kellinghaus C et al. (2017) Concepts for Prehospital and Initial In-hospital Therapy of Status Epilepticus. Neurol Int Open 01: E217-E223

Talley EM, Solorzano G, Depaulis A et al. (2000) Low-voltage-activated calcium channel subunit expression in a genetic model of absence epilepsy in the rat. Brain Res Mol Brain Res 75: 159–165

Trinka E, Cock H, Hesdorffer D et al. (2015) A definition and classification of status epilepticus – Report of the ILAE Task Force on Classification of Status Epilepticus. Epilepsia 56: 1515–1523

Tsakiridou E, Bertollini L, de Curtis M et al. (1995) Selective increase in T-type calcium conductance of reticular thalamic neurons in a rat model of absence epilepsy. J Neurosci 15:3110–3117

Walker MC, Kullmann DM (2012) Tonic GABAA Receptor-Mediated Signaling in Epilepsy. In: Noebels JL, Avoli M, Rogawski MA et al. (eds) Jasper's Basic Mechanisms of the Epilepsies, 4th edn. National Center for Biotechnology Information (US), Bethesda (MD)

Weber YG, Sander T, Lerche H (2011) Idiopathische generalisierte Epilepsien. Z Epileptol 24: 100–107

Wellmer J, Quesada CM, Rothe L et al. (2013) Proposal for a magnetic resonance imaging protocol for the detection of epileptogenic lesions at early outpatient stages. Epilepsia 54: 1977–1987

Neurodegenerative Erkrankungen

A. Biesalski, J.S. Becktepe, T. Bartsch, C. Franke

© Springer-Verlag GmbH Deutschland, ein Teil von Springer Nature 2019
D. Sturm et al. (Hrsg.), *Neurologische Pathophysiologie*
https://doi.org/10.1007/978-3-662-56784-5_4

4.1   Amyotrophe Lateralsklerose (ALS)

A. Biesalski

■ ■ **Zum Einstieg**

Die amyotrophe Lateralsklerose (ALS) ist eine rasch progrediente und zum Tode führende neurodegenerative Erkrankung des ersten und zweiten Motoneurons, die mit voranschreitenden Lähmungen der Skelettmuskulatur einhergeht. Bislang ist keine kurative Therapie bekannt. Es sind inzwischen mehrere genetische Mutationen bekannt, die einen Risikofaktor für die meist sporadisch auftretende Erkrankung darstellen. Histologisch lassen sich Einschlusskörperchen im Zytosol der erhaltenen kortikalen Motoneurone, im Vorderhorn sowie im Hirnstamm nachweisen, die man als neuropathologischen Marker der ALS verstehen kann. Es bestehen unterschiedliche Hypothesen zur Ausbreitung der Neurodegeneration, die in diesem Beitrag vorgestellt werden.

Daneben sollen einige der (bislang bekannten) für die ALS typischen Genmutationen aufgeführt sowie aktuelle Erkenntnisse der Pathophysiologie zusammengefasst werden.

Amyotrophe Lateralsklerose
- Rasch-progredient verlaufende und zum Tode führende neurodegenerative Erkrankung des ersten und zweiten Motoneurons, mittlere Überlebenszeit 2–4 Jahre nach Diagnosestellung.
- Etwa 95% sporadisches Auftreten (sALS), 5% familiäre Häufung (fALS).
- Inzidenz ca. 2,5–3,5/100.000.
- Klinik der klassischen ALS:
  - **Bulbäre Verlaufsform** (ca. 30%): Initial Sprech- und Schluckstörungen, im Verlauf sowohl schlaffe als auch spastisch/rigide Paresen der Extremitätenmuskulatur.
  - **Spinale Verlaufsform:** An den Händen/Armen (ca. 25%) oder Füßen/Beinen (ca. 25%) beginnende Muskelatrophien und Faszikulationen mit kontinuierlicher Ausbreitung der Paresen auf benachbarte Körperregionen oder auf die Gegenseite.

- – **Seltenere zusätzliche Symptome:** Störungen der Sensibilität, kognitive Beeinträchtigung (frontale Defizite bis zur frontalen Demenz bei 5%), Verhaltensauffälligkeiten (z. B. Affektlabilität).
- **Therapie:** Keine Heilung möglich, ein lebensverlängernder Effekt ließ sich bislang lediglich für den Glutamatantagonisten Riluzol und zuletzt für Edaravone nachweisen, wobei letzteres in Europa bislang nicht zugelassen ist. Daneben haben symptomatische Therapien (Physiotherapie, Logopädie, Muskelrelaxantien etc.) sowie nichtinvasive Beatmung („Heimbeatmung") und hochkalorische Ernährung einen hohen Stellenwert in der Therapie der ALS.

4.1.1   Genetische Hintergründe

Es konnten inzwischen mehrere genetische Mutationen nachgewiesen werden, die – wenn nicht alleine verantwortlich – doch einen erheblichen Risikofaktor für ALS darstellen können. Die 5 häufigsten „ALS-Gene", die bei über 80% der europäischen familiären ALS-Patienten gefunden wurden, sind *c9orf72*, *SOD1*, *FUS*, *TARDBP* und *TBK1*. Bei der sporadischen ALS können bislang nur <10% der Fälle anhand bekannter Genmutationen erklärt werden (◘ Abb. 4.1, ◘ Tab. 4.1).

Auffällig sind die häufigen Überschneidungen der genetischen Mutationen und gleichartigen Pathogenesen von ALS und frontotemporaler Demenz (FTD) (s. auch ▶ Abschn. 4.2). Die beiden Erkrankungen werden zum gegenwärtigen Zeitpunkt als klinische Manifestationen sich überschneidender genetischer und neuropathologischer Prozesse angesehen. ◘ Abb. 4.2 zeigt exemplarisch die häufigsten ALS/FTD-Gene sowie ihre Schnittmengen.

4.1.1.1   Superoxid-Dismutase 1 (SOD1)

Die wohl bekannteste, da bereits 1993 entdeckte, Genmutation ist die der (Kupfer-Zink-) Superoxiddismutase 1 (SOD1). Ca. 15% der fALS und 1–2% der sALS sind auf Mutationen der SOD1 zurückzuführen. Inzwischen sind weit über 100 verschiedene SOD1-Mutationen bekannt. Die tierexperimentelle Forschung an ALS findet

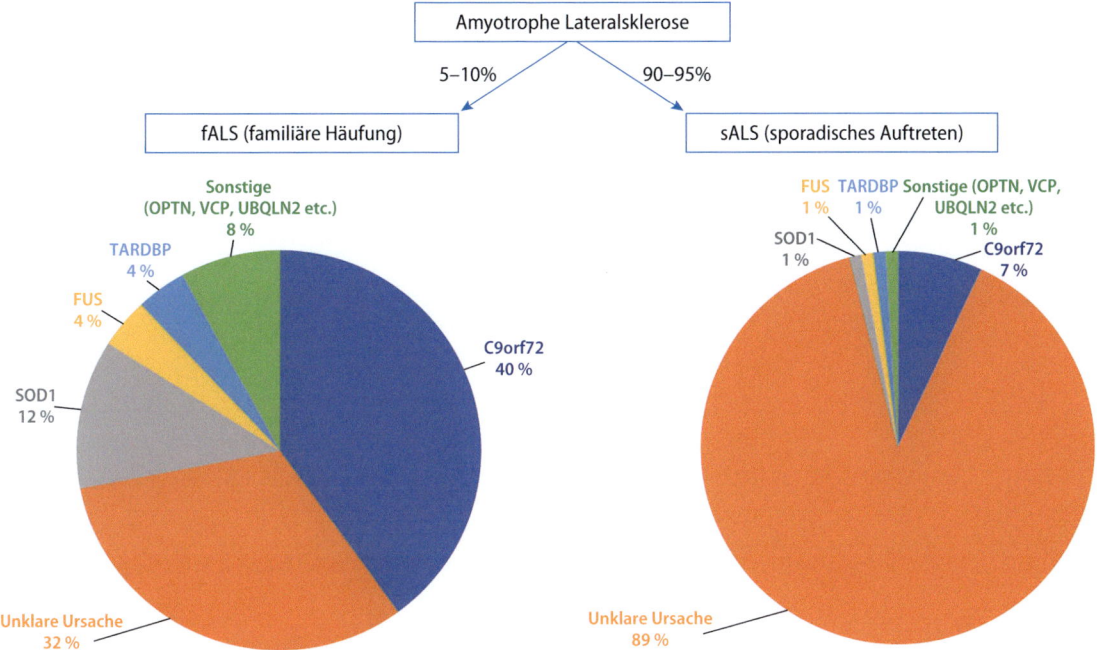

Abb. 4.1   Bislang bekannte genetische Mutationen als Ursache einer ALS. (Nach Renton u. Chiò 2014)

Abb. 4.2   Überschneidungen von ALS und FTD. Die Abbildung zeigt beispielhaft häufige genetische Mutationen sowie gemeinsame neuropathologische Prozesse der beiden Erkrankungen. (Aus: Synofzik et al. 2017)

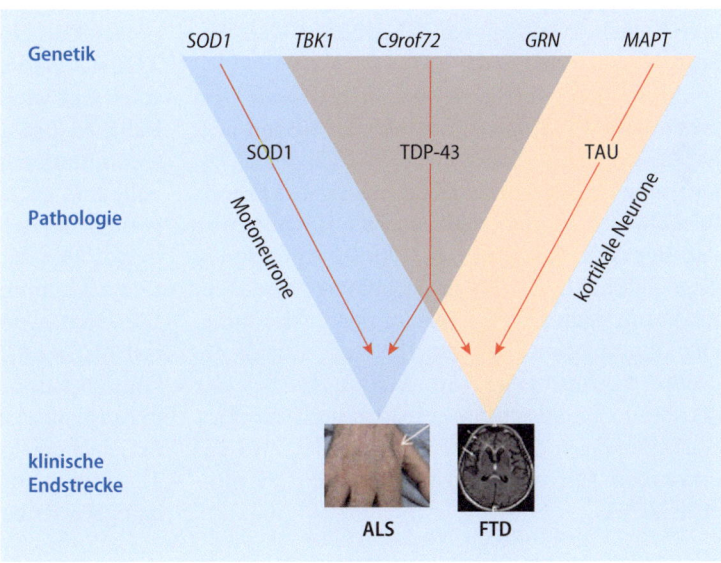

bislang überwiegend am SOD-Mausmodell statt.

Bei SOD handelt es sich um ein im Zytosol vorliegendes Enzym, das freie Sauerstoffradikale in Wasserstoffperoxid umwandelt und die Zelle so entgiftet. Eine Fehlfunktion des Enzyms mit resultierendem Anstieg der Sauerstoffradikale ist jedoch nicht als ursächlich für die Schädigung der Motoneurone anzusehen. Vielmehr kommt es am

ehesten durch den fehlerhaften Aufbau des Proteins zu einer Akkumulation innerhalb des Zytosols mit resultierender Beeinträchtigung und schließlich Schädigung der Zelle.

4.1.1.2 Open-reading-frame 72 auf Chromosom9 (C9orf72)

Das C9orf72-Gen ist auf dem kurzen Arm von Chromosom 9 lokalisiert. Bislang ist nicht ab-

4

◻ Tab. 4.1 Übersicht über die häufigsten „ALS-Gene". Hinweis: Aufgrund der Vielfalt bekannter Mutationen wurden hier nur diejenigen aufgenommen, die jeweils für mindestens 1% der fALS-Fälle identifiziert werden konnten

Gen	Locus (Chromosom)	Funktion des kodierten Proteins	Klinische Ausprägung, Besonderheiten
SOD1	21q22.1	Schutz der Zelle vor oxidativem Stress	Je nach Mutation sehr unterschiedlicher Verlauf; selten auch *keine* Erkrankung *trotz* Mutation
C9orf72	9p21.2	Abbau fehlerhafter Proteine? Autophagie?	Oft rasche Progredienz, häufige FTD-Komorbidität, inkomplette Penetranz
FUS	16q11.2	RNA-Regulation, DNA-Reparatur	Klassische ALS-Verlaufsform
TDP-43	1p36.2	RNA-Regulation	Klassische ALS, teilweise mit kognitiven Defiziten bis hin zum Vollbild einer FTD
TBK1	12q14.2	Autophagie, Immunantwort	z. T. höheres Alter bei Erkrankungsbeginn, ALS, FTD oder ALS/FTD
OPTN	10p15-p14	Proteinhomöostase	Zumeist ALS, Komorbidität mit FTD möglich

schließend geklärt, welche Funktionen das hier kodierte Protein hat. Es findet sich u. a. im Zytoplasma von Neuronen sowie in präsynaptischen Nervenendigungen und spielt möglicherweise eine Rolle beim Abbau von fehlerhaften oder unbrauchbaren Proteinen.

Mutationen im C9orf72-Gen im Sinne von Hexanukleotid-Repeat-Expansionen finden sich bei ca. 25% der fALS und in bis zu 5% der sALS-Patienten und stellen somit das häufigste bekannte ALS-Gen in der kaukasischen Bevölkerung dar. Bei ALS-Patienten mit C9orf72-Mutationen zeigt sich häufiger ein primär bulbärer sowie ein insgesamt aggressiverer Verlauf der Erkrankung. Die Genmutation von C9orf72 stellt aktuell die größte Schnittmenge von ALS und FTD dar (◻ Abb. 4.2). Zugleich gibt es jedoch auch C9orf72-Mutationsräger, die weder an ALS noch an FTD erkranken (unvollständige Penetranz) (Renton et al. 2014).

4.1.1.3 Fused in sarcoma (FUS)

Mutationen im FUS-Gen finden sich in ca. 4% der fALS-Fälle. Das FUS-Protein hat eine Bedeutung für die Synthese, die Prozessierung sowie den Transport von RNA. Es wurden bereits mehr als 40 verschiedene FUS-Genmutationen beschrieben, die meist zu einer klassischen klinischen Verlaufsform der ALS führen. Selten treten zusätzlich kognitive Defizite oder eine begleitende FTD auf.

4.1.1.4 TAR-DNA-bindendes Protein (TDP-43)

Das Gen TAR-DNA-bindendes Protein (TARDBP) kodiert für das Protein TDP-43 („transactive response DNA binding protein 43 kDa"). Das Protein TDP-43 findet sich insbesondere nukleär und spielt eine wichtige Rolle in der RNA-Synthese (im Rahmen des alternativen Spleißens). TARDBP-Genmutationen finden sich in ca. 4% der fALS-Fälle und ca. 1% der sALS-Fälle. Der Krankheitsverlauf infolge der Mutation ist meist der einer klassischen ALS, es können jedoch auch hier zusätzlich kognitive Defizite auftreten, bis hin zum Bild einer schweren FTD (mit oder ohne ALS). Bei fast allen an ALS (oder FTD) erkrankten Patienten können pathologische TDP-43-Proteinaggregate in Einschlusskörperchen im neuronalen Zytoplasma nachgewiesen werden – auch, wenn keine TARDBP-Mutation vorliegt. Hierauf wird im Verlauf genauer eingegangen.

4.1.1.5 Tank-binding-kinase 1 (TBK1)

Die TBK1 gehört zu den jüngsten beschriebenen Genmutationen bei ALS. Die Häufigkeit der Mutation variiert stark – ja nach Kohorte („Founder-Effekt") und liegt zwischen 2–4% der fALS. Das Protein TBK1 übernimmt eine wichtige Rolle in der Autophagozytose sowie im Rahmen der zellulären Immunantwort. Insbesondere die Störung der Autophagie infolge einer TBK1-Mutation wird aktuell als wichtiger Einflussfaktor der ALS-Pathogenese diskutiert (Oakes et al. 2017).

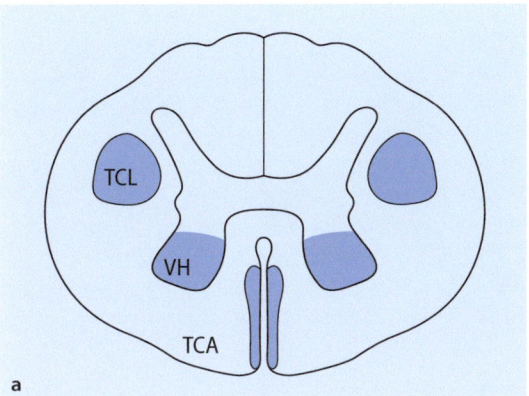
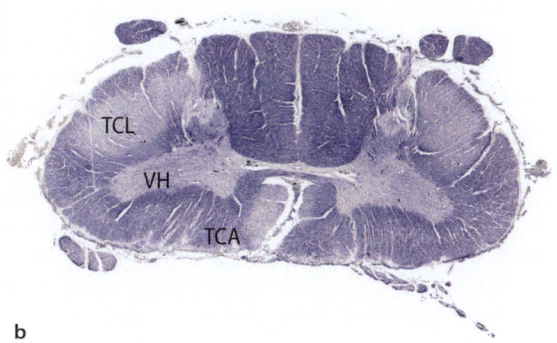

a   **b**

> **Abb. 4.3a, b** Schematische Darstellung der klassischen ALS-Läsionen (**a**): Schädigung des Tractus corticospinalis lateralis (TCL) und anterior (TCA) sowie des Vorderhorns (VH). (Aus Berlit 2012). **b** Deutlich erkennbare Degeneration der absteigenden kortikospinalen Bahnen (Holmes-Luxol) Aus: Remmele 2012)

> Tab. 4.1 gibt eine Übersicht über die häufigsten „ALS-Gene".

4.1.2   Pathologie

Die ALS-Degeneration betrifft vorwiegend das 2. Motoneuron (spinal im Bereich des Vorderhorns und kaudale motorische Hirnnerven) sowie das 1. Motoneuron im Bereich des Motorkortex (Betz-Pyramidenzellen). Die okulomotorischen Hirnnervenkerne (III, IV und VI) bleiben üblicherweise – trotz ihrer motorischen Anteile – ausgespart. Die Okulomotorik ist zumeist nur geringfügig betroffen – und klinisch von nachrangiger Bedeutung.

> ALS wird heute zunehmend als Multisystemdegeneration verstanden. Hinweise auf diese Annahme sind – unter anderem – die häufig zusätzlich auftretenden kognitiven Störungen. Sie können von leichten frontalen Defiziten, wie einer Störung der Wortflüssigkeit (bis zu 50% der Fälle) bis hin zum Vollbild der frontotemporalen Demenz (2–5% der Fälle) reichen. Daneben werden leichtgradige Störungen der Okulomotorik beobachtet und extrapyramidalmotorische Beeinträchtigungen wie ein rigider Muskeltonus (Hübers et al. 2016; Synofzik et al. 2017).

4.1.2.1 Histopathologie

Mikroskopisch lässt sich eine sekundäre Schädigung mit Entmarkung, Einwanderung von Makrophagen sowie einer reaktiven Astro- und Mikrogliose erkennen, die über die Motoneurone hinausgehen und – beispielsweise im Rückenmark – die Vorder- und Seitenstränge betreffen kann (> Abb. 4.3). Häufig zeigt sich ein Mischbild unterschiedlich alter Läsionen. Auffällig ist, dass die Schädigung von motorischen Neuronen mit hoher mitochondrialer Aktivität und hohem Neurofilamentgehalt ausgeprägter ist als die anderer Neurone.

4.1.2.2 Einschlusskörperchen

In bis zu 97% der ALS-Fälle lassen sich in den noch erhaltenen Motoneuronen, im Vorderhorn sowie im Hirnstamm spezifische zytosolische Einschlüsse nachweisen, die man als neuropathologischen Marker der ALS verstehen kann (ähnlich beispielsweise den Synukleineinschlüssen bei Morbus Parkinson oder β-Amyloid- oder Tau-Ablagerungen bei Morbus Alzheimer).

Drei unterschiedliche Einschlüsse seien hier genannt:

- **Bunina-Körper** finden sich in praktisch allen ALS-Fällen im neuronalen Zytoplasma. Hierbei handelt es sich um kleine, eosinophile, hyaline Einschlüsse, die weder für Ubiquitin, noch für TDP-43 immunreaktiv sind
- Daneben zeigen sich **Ubiquitin- und TDP-43-immunreaktive Einschlüsse** im Zytoplasma. Sie stellen sich strähnenartig („skein-like-inclusions") oder kompakt dar und erinnern

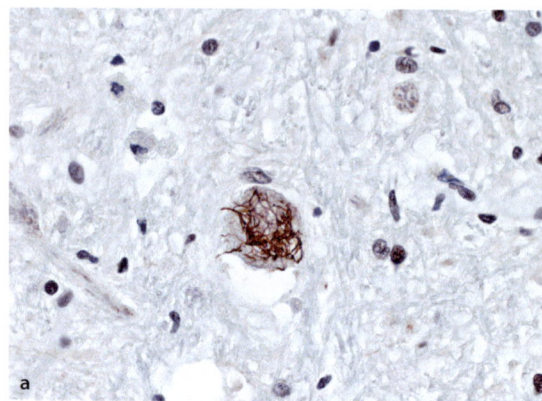
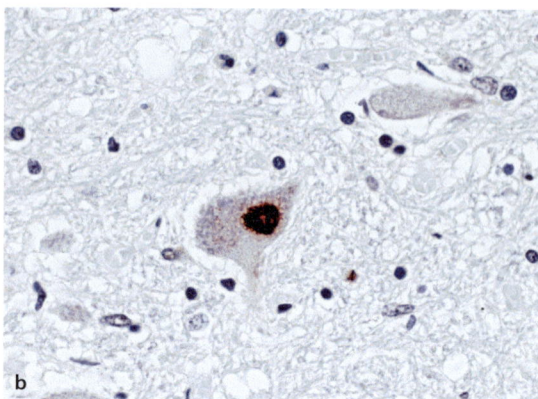

◻ Abb. 4.4a, b   Typische intrazytoplasmatische Einschlüsse in verbliebenen Vorderhornneuronen bei ALS. (**a**) fädig/strähnenartig (skein-like) oder (**b**) kompakt („dense body"). Immunhistochemische Färbung mit einem Antikörper gegen TDP-43. (Aus: Remmele 2012)

an Lewy-Körperchen (◻ Abb. 4.4). Die Einschlüsse konnten lange lediglich mit Hilfe des unspezifischen Markerproteins Ubiquitin dargestellt werden, bis es schließlich 2006 gelang, das Protein TDP-43 als Hauptbestandteil der Einschlüsse zu identifizieren (Neumann et al. 2006).

- In seltenen Fällen finden sich auch **FUS-positive Einschlüsse**. **SOD-Aggregate** können sowohl intra- als auch extrazellulär nachgewiesen werden.

4.1.2.3 Die Rolle von TDP-43

Ein besonderes Augenmerk muss auf die TDP-43-Einschlüsse im Zytoplasma gelegt werden. Wie bereits beschrieben, lassen sie sich bei nahezu allen ALS- sowie einem Teil der FTD-Patienten nachweisen. Beobachtungen zeigten, dass das Maß der Neurodegeneration und die Anzahl der TDP-43-Einschlüsse miteinander korrelieren (Brettschneider et al. 2013). Im Rahmen der Erkrankung findet eine Umverteilung des Kernproteins TDP-43 aus dem Nukleus in das Zytoplasma statt. Zudem liegt das Protein in fehlerhafter Faltung vor. Während des Prozesses der **Delokalisation** und **Fehlfaltung** wird TDP-43 zudem phosphoryliert, ubiquitiniert und verkürzt und findet sich schließlich als *pTDP-43* in Form von **Proteinaggregaten** in den typischen Einschlusskörperchen. Bislang ist nicht geklärt, ob der Neuronenuntergang Folge der Fehlfunktion von TDP-43 ist oder, ob die voranschreitende Akkumulation der TDP-43-Aggregate die neuronale Funktion beeinträchtigt und auf diesem Wege zum vorzeitigen Zelltod führt.

4.1.2.4 Läsionen nicht-motorischer Neurone und Gliazellen

Neben dem Untergang der Motoneurone zeigen sich bei ALS auch Läsionen der angrenzenden Oligodendrozyten, teilweise ebenfalls mit TDP-43-Einschlüssen. Vermutlich kommt es aufgrund der engen Kontakte der beiden Zellarten zum Austausch toxischer Substrate und so zur konsekutiven Schädigung. Es fällt jedoch auf, dass weder weiter entfernt gelegene Oligodendrozyten noch Satellitenzellen, die sich entlang der Zellsoma betroffener Neurone befinden, eine Schädigung erfahren. Dies führte zu der Annahme, dass sich die TDP-43-Pathologie entlang des Axons ausbreitet (▶ Abschn. 4.1.4).

Die Dysfunktion der Oligodendrozyten führt schließlich zur Demyelinisierung und trägt zum weiteren Funktionsverlust der Neurone bei.

Im Bereich des Kortex sind – insbesondere im Frontallappen – auch nicht-motorische Neurone der Pyramidenzellschicht II und III von der Neurodegeneration betroffen (Brettschneider et al. 2013).

> In fast allen ALS-Fällen finden sich Ubiquitin- und TDP-43-positive Einschlusskörperchen im Zytoplasma der noch vorhandenen Motoneurone. Sie können als neuropathologischer Marker der ALS angesehen werden. Treten ALS und FTD als gemeinsame Erkrankung auf, finden sich – neben einer Neuronenschädigung und sekundärer Astrogliose – dieselben Einschlüsse auch im Bereich des temporalen und frontalen Kortex. Die Veränderungen können auch zu einer alleinigen FTD führen.

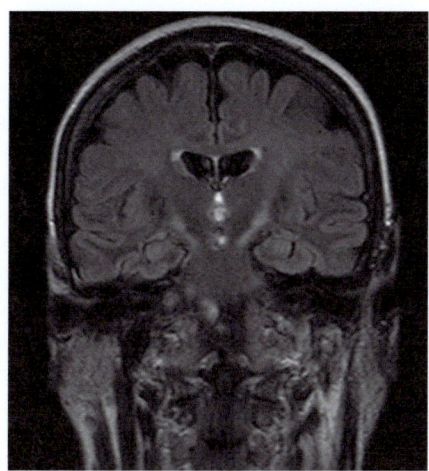

Abb. 4.5 Leichte Hyperintensität der Pyramidenbahn in der FLAIR-gewichteten MRT-Bildgebung. (Aus: Hacke 2016)

4.1.3 Bildgebung

Die Diagnose einer ALS ist eine Ausschlussdiagnose. Bislang bestehen keine Möglichkeiten, die Erkrankung anhand spezifischer Biomarker oder einer charakteristischen Bildgebung sicher zu diagnostizieren.

Dennoch können sich in FLAIR-gewichteten MRT-Aufnahmen spezifische Veränderungen zeigen, die auf eine ALS hinweisen können (◘ Abb. 4.5). Aktuell entwickeln sich Verfahren, ALS auch anhand der Bildgebung diagnostizieren zu können. Hierzu gehört die Diffusionswichtung der Pyramidenbahn ebenso wie die PET-Diagnostik.

4.1.4 Pathophysiologie

Die Mechanismen, die der Neurodegeneration bei ALS zugrunde liegen, sind multifaktoriell. Vermutlich besteht ein komplexes Zusammenspiel zwischen genetischen Mutationen und molekularen Dysfunktionen. Welchen Einfluss zudem Umweltfaktoren spielen, bleibt bislang unklar.

Es ist wichtig, neben Erkenntnissen aus experimentellen Studien auch den klinischen Verlauf der Erkrankung vor Augen zu haben, um die pathophysiologischen Erkenntnisse richtig bewerten zu können.

4.1.4.1 Klinische Beobachtungen

Das klinische Bild der ALS ist heterogen und beinhaltet 4 Subformen, die in unterschiedlicher Weise das 1. oder 2. Motoneuron – oder beide gleichermaßen – betreffen können (◘ Tab. 4.2).

Klinisch schreiten die Paresen betroffener Patienten nach gewissen Regeln voran, die 2014 von Ravits systematisch beschrieben wurden (Ravits 2014):

Hiernach beginnt die Lähmung scheinbar **zufällig an einem definierten Fokus** (z. B. Daumenballenmuskulatur, Zunge o. Ä.), was einen ebenso zufällig lokalisierten Fokus im Nervensystem vermuten lässt.

Es folgt eine **kontinuierliche Ausbreitung** der Paresen, entweder zur Gegenseite oder zu einer benachbarten Körperregion (z. B. linker Arm → linkes Bein oder linker Arm → rechter Arm). Demnach kann man sowohl kortikal als auch spinal von einem Übergreifen der Pathologie auf benach-

◘ **Tab. 4.2** Varianten der ALS gemäß revidierter El-Escorial-Kriterien (2015)		
ALS-Variante	**Pathologische Veränderungen**	**Typische Klinik**
Progressive Bulbärparalyse	Kombinierte Schädigung des 1. und (insbesondere) 2. Motoneurons	Paresen ausschließlich der bulbären Muskulatur, rasche Progredienz
Flail-Arm- bzw. Flail-Leg-Syndrom	Insbesondere Schädigung des 2. Motoneurons	Initial asymmetrische periphere Parese der Arme oder Beine, häufig vergleichsweise langer Krankheitsverlauf ohne funktionelle Beeinträchtigung anderer Regionen
Progressive Muskelatrophie	Insbesondere Schädigung des 2. Motoneurons	Hohe Ähnlichkeit zur klassischen ALS mit rasch progredientem Verlauf. Meist fehlende oder späte Paresen der bulbären Muskulatur
Primäre Lateralsklerose	Insbesondere Schädigung des 1. Motoneurons	Langsam progrediente, zumeist spastische Parese der Skelettmuskulatur mit kontinuierlicher Ausbreitung. Zumeist Übergang in klassische ALS.

4

barte oder funktionell verbundene Motoneurone ausgehen.

Klinisch scheint die Pathologie dabei **vorerst auf eines der Systeme** (1. Motoneuron oder 2. Motoneuron) **begrenzt** zu bleiben.

Zugleich zeigt sich jedoch zu Beginn der Erkrankung, während die Paresen noch fokal begrenzt sind, eine – der fokalen Symptomatik entsprechende – **Degeneration sowohl des 1. als auch des 2. Motoneurons**. Diese Beobachtung deutet darauf hin, dass zu Beginn der Erkrankung die funktionelle Einheit aus Muskel, 1. Motoneuron und 2. Motoneuron – quasi im Sinne eines Netzwerkes – von der fokalen Schädigung betroffen ist.

Zudem scheint die **Art der Ausbreitung** die **Geschwindigkeit der klinischen Progression** zu bestimmen.

4.1.4.2 Hypothesen zur Ausbreitung der Neurodegenration

Angelehnt an den klinischen Verlauf der ALS, bildgebende Verfahren sowie anhand histopathologischer Untersuchungen von TDP-43-Ablagerungen konnten Erkenntnisse zur Ausbreitung der Neurodegeneration gewonnen werden.

▪▪ Zell-zu-Zell-Ausbreitung

Obgleich zwischen den betroffenen Regionen (Motorischer Cortex, Hirnnervenkerne, Vorderhornzellen im Rückenmark) ein beträchtlicher räumlicher Abstand liegt, sind diese Bereiche axonal miteinander verbunden. Dies legt den Schluss nahe, dass sich die Degeneration sowohl axonal als auch durch synaptische Kontakte zwischen den Nervenzellen auszubreiten vermag. Angelehnt an die Prionen-Forschung wurden Hypothesen aufgestellt, wie eine Zell-zu-Zell-Übertragung der TDP-43-Pathologie aussehen kann. Hierzu gehören sogenannte „Nanotunnel", die bei Stress in die Zellmembran eingebaut werden können und den Übertritt der pathologischen Substrate von einer Zelle zur nächsten ermöglichen (Zhang 2011). Daneben wird postuliert, dass der neuronale Schaden, der durch TDP-43 entsteht, zu einer erhöhten Membrandurchlässigkeit führt, was die Verbreitung der pathologischen Proteine erleichtern würde (Ludolph und Brettschneider 2015). Es stellt sich jedoch die Frage, warum in der Hauptsache Motoneurone von der Degeneration betroffen sind und nicht generell benachbarte Zellen in Mitleidenschaft gezogen werden.

▪▪ Axonaler Transport

Es wird angenommen, dass der Ursprung der Neurodegeneration im Bereich des Neokortex liegt und die Ausbreitung anterograd entlang der motorischen Neurone erfolgt. Das Auslassen der okulomotorischen Hirnnervenkerne kann möglicherweise dadurch erklärt werden, dass diese ihre Afferenzen zu einem beträchtlichen Teil aus nichtkortikalen Faserbahnen erhalten. Histopathologisch zeigt sich, dass TDP-43 innerhalb des Zellsoma als auch in den dendritischen Fortsätzen der Neurone, insbesondere in Aggregaten vorkommt, während es im Axon in seiner löslichen Form im Zytosol vorliegt (Braak et al. 2013). Hieraus entwickelte sich die These, dass das intraaxonal lösliche TDP-43 sekundäre Läsionen in topographisch entfernten, aber vom Ursprungneuron innervierten Neuronen anstößt.

▪▪ Stadienhafte Ausbreitung

Braak und Brettschneider konnten 2013 anhand von 76 Autopsien nachweisen, dass die Neurodegeneration der ALS tatsächlich ein geordneter und sequenziell-gerichteter Prozess ist, der sich an neuronalen Netzwerken orientiert und in 4 Stadien unterteilt werden kann (◘ Abb. 4.6).

Dieser stadienhafte Verlauf konnte zuletzt auch in vivo MR-graphisch mittels Faserverfolgungsbildgebung („diffusion tensor imaging", DTI) dargestellt werden (Kassubek et al. 2016).

In **Stadium 1** beginnt die Pathologie im Bereich des Motorkortex in den Brodmann-Arealen 4 und 6. Zugleich zeigt sich TDP-43 in den motorischen Hirnnervenkernen sowie in spinalen Neuronen. Man nimmt an, dass die Schädigung zu Beginn allein auf den Motorkortex beschränkt ist und sich von hier aus über axonalen Transport (s. oben) entlang der Motoneurone ausbreitet.

In **Stadium 2** dehnt sich die Degeneration auch auf die prämotorischen und präfrontalen Kortexareale aus; zudem, im Bereich des Hirnstammes, auf die Formatio reticularis, den Nucleus ruber sowie die präcerebellären Kerne (insbesondere die Ncll. olivares inferiores). Die Schädigung der präcerebellären Kerne ließe klinisch die Symptome einer Kleinhirnläsion erwarten (wie beispielsweise eine cerebelläre Ataxie), was bei ALS jedoch zumeist nicht der Fall ist. Erklärt wird dies – unter anderem – mit den im Vordergrund stehenden Paresen, die eine ataktische Bewegungsstörung möglicherweise maskieren. Darüber hinaus können differenzierte Analysen Okulo-

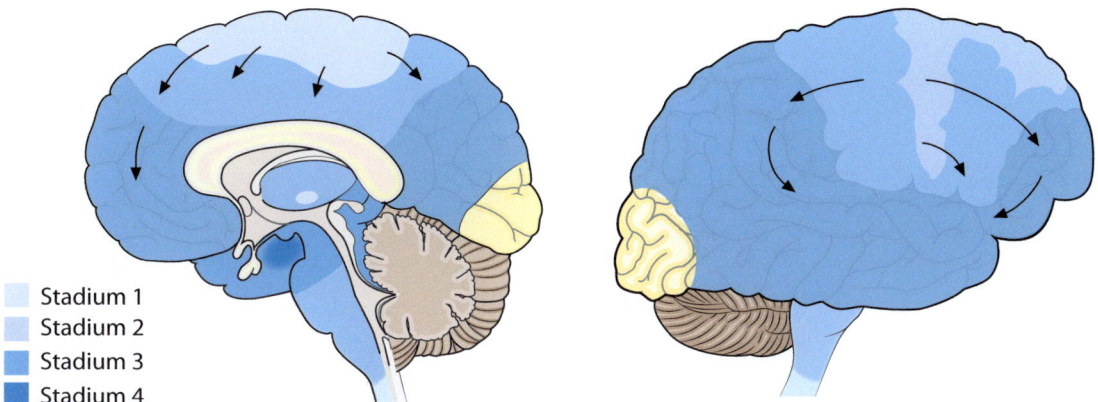

Stadium 1
Stadium 2
Stadium 3
Stadium 4

◘ Abb. 4.6   Stadienhafte Ausbreitung von pTDP-43 bei ALS nach Brettschneider. (Adaptiert nach Braak et al. 2013)

motorikstörungen wie verlangsamte vertikale Sakkaden bis hin zu einer vertikalen Blickparese nachweisen, die sich anhand der präcerebellären Kernläsionen erklären lassen.

Die anderen im Hirnstamm liegenden Kerne, deren Hauptafferenzen aus dem Rückenmark kommen, enthalten kaum oder gar keine TDP-43-Einschlüsse.

In **Stadium 3** sind nahezu alle Kortexareale betroffen – mit einer Betonung des präfrontalen Kortex. Die frontale Ausdehnung der TDP-43-Pathologie könnte erklären, warum bis zu 50% der Patienten mit ALS kognitive Defizite entwickeln, die sich hauptsächlich auf die Exekutivfunktion beziehen. Auch im Rahmen der Autopsien von Brettschneider et al. zeigten sich bei allen Patienten, die im Verlauf der Erkrankung eine Demenz entwickelt hatten, TDP-43-Aggregate im präfrontalen Kortex.

Subkortikal erreicht die Degeneration die Basalganglien: TDP-43 findet sich in Neuronen des Nucleus caudatus und im Putamen, die zusammengenommen das Striatum bilden. Das Striatum erhält seine Afferenzen insbesondere aus dem motorischen Kortex, was die These des axonalen Transportes stützen könnte.

In **Stadium 4** erreicht die Pathologie schließlich den anteromedialen Temporallappen, sowie – vermutlich über Axone aus den temporalen Assoziationsfeldern – den Hippocampus.

■ ■ **Kortikale Übererregbarkeit und Glutamat-Exzitotoxizität**
Es bestehen Hinweise darauf, dass auch eine kortikale Übererregbarkeit ein wichtiger pathophysiologischer Faktor der ALS ist. Sie ist möglicherweise

zurückzuführen auf eine Degeneration inhibitorischer GABAerger Neurone sowie auf eine gesteigerte Aktivität exzitatorischer kortikaler Interneurone. Daneben scheint ein erhöhter Glutamat-Spiegel im synaptischen Spalt – möglicherweise infolge einer verminderten astrozytären Resorption – exzitotoxische Wirkung zu haben und die Neurodegeneration mit anzutreiben. Dies könnte auch die prognoseverbessernde Wirkung des antiglutamatergen Medikaments Riluzol erklären.

Die verschiedenen molekularen Prozesse der Neurodegeneration sind in ◘ Abb. 4.7 im Einzelnen dargestellt.

■ ■ **Dying-forward-Dying-Backward-Hypothese**
Neben der bereits beschriebenen stadienhaften Ausbreitung der TDP-43-Pathologie wurden – ausgehend von der kortikalen Übererregbarkeit – drei Modelle zur Neurodegeneration vorgeschlagen (◘ Abb. 4.8).

– Die **Dying-Forward-Hypothese** schlägt einen zentralen Beginn der ALS vor, bei dem die Glutamat-vermittelte Exzitotoxizität vom Motorkortex ausgeht und zur Degeneration der Vorderhornzellen führt.
– Dem gegenüber steht die **Dying-Backward-Hypothese**, die annimmt, dass die Neurodegeneration am 2. Motoneuron bzw. im Bereich der neuromuskulären Endplatte beginnt und sich retrograd bis zum Kortex ausbreitet.
– Die **unabhängige Degenerationshypothese** geht davon aus, dass Schädigungen unabhängig voneinander an unterschiedlichen Stellen des motorischen Systems auftreten und sich schließlich zu einer Gesamtpathologie zusammenfügen.

4

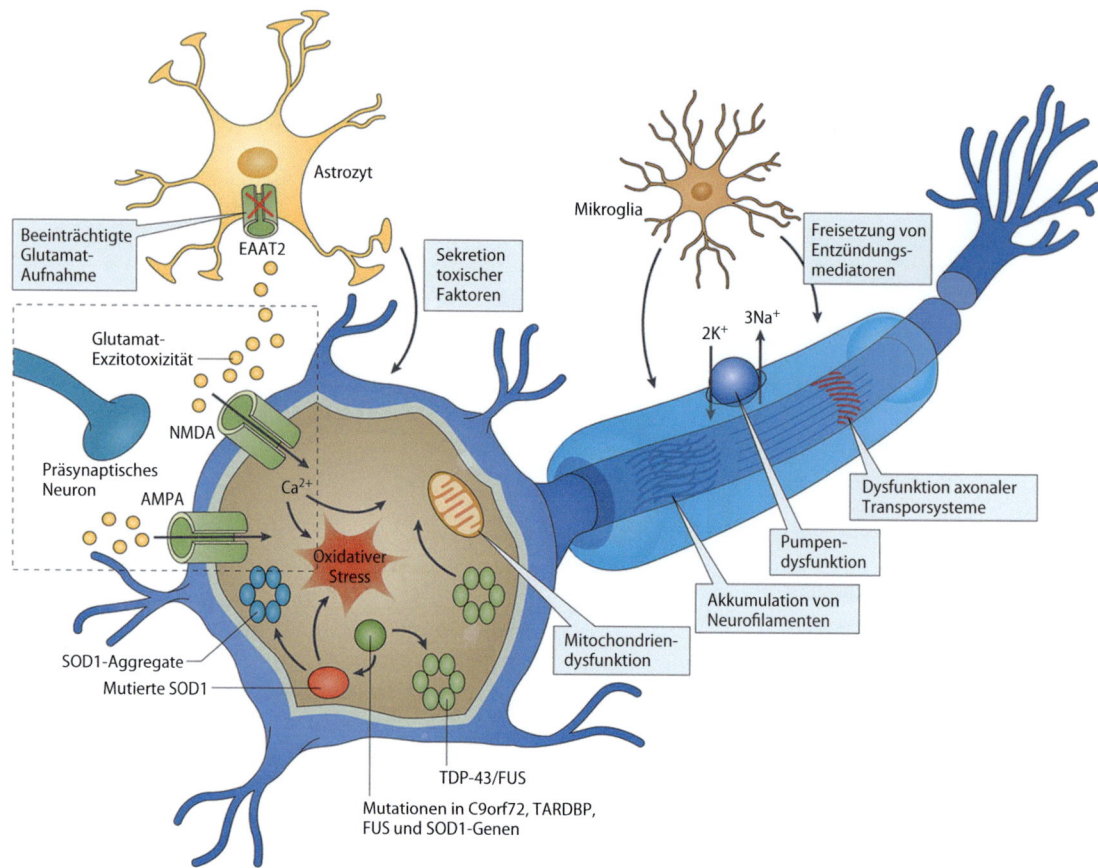

Abb. 4.7 Überblick über die unterschiedlichen Mechanismen der Zellschädigung bei ALS. (Aus Geevasinga et al. 2016)

Ist ALS eine Prionerkrankung?
Betrachtet man die histologischen Befunde der ALS – mit pathologischen Proteinaggregaten im Zytosol –, erscheint die Frage naheliegend, ob es sich um eine durch Prionen verursachte Erkrankung handeln könnte.

Prionerkrankungen (auch „transmissible spongiform encephalopathie" TSE) – als bekannteste unter ihnen sei die Creutzfeld-Jakob-Erkrankung genannt – sind tödlich verlaufende, neurodegenerative Erkrankungen, die Tiere ebenso wie Menschen betreffen können. Prionerkrankungen können genetisch verursacht sein oder sporadisch auftreten. Zudem ist eine infektiöse Übertragung möglich, wie es beispielsweise durch den Verzehr von verseuchtem Rindfleisch in den 1990-er Jahren der Fall gewesen ist. Im Rahmen einer TSE finden sich abnorm gefaltete Proteine (= Prionen) insbesondere im Gehirngewebe der Betroffenen, die Aggregate bilden und sich – durch „Ansteckung" anderer Proteinstrukturen – vermehren. Das Fortschreiten der Erkrankung ist gekennzeichnet durch eine schwammartige (= spongiforme) Degeneration des Gehirns mit fadenförmigen, proteinhaltigen Ablagerungen.

Zwischen Prionerkrankungen und der ALS bestehen einige Ähnlichkeiten. Hierzu gehören in erster Linie die ALS-typischen Einschlusskörperchen, die fehlgefaltete Proteine wie SOD1 oder TDP-43 enthalten. Studien an Zelllinien oder im Tiermodell deuten zudem darauf hin, dass sich die Proteinaggregate innerhalb der Neurone ausbreiten und an benachbarte Zellen übertragen werden können. Auch der fokale Beginn der Erkrankung mit allmählicher Ausbreitung könnte Hinweis auf einen TSE-ähnlichen Verlauf geben. Jüngste Studien konnten außerdem zeigen, dass auch ALS-typische Proteine – vergleichbar den Prionen – eine kettenreaktionsähnliche Proteinfehlfaltung und fortschreitende Aggregation induzieren können (Ludolph und Brettschneider 2015).

Dem gegenüber stehen die Übertragungswege der TSE sowie die Infektiosität der Prione, auf die es bei ALS keinerlei Hinweis gibt, sodass allenfalls der Begriff „prionenähnlich" („prion-like") gebraucht werden sollte.

Die ALS – ebenso wie die anderen neurodegenerativen Erkrankungen, die typische Einschlusskörper zeigen (β-Amyloid, Tau, α-Synuklein etc.) – werden aktuell als *prion-ähnliche Erkrankungen* zusammengefasst und die gemeinsamen Merkmale beider Gruppen intensiv beforscht. Insbesondere die Ähnlichkeiten der zellulären Übertragungsmechanismen können wichtige Ansätze zur Therapie der ALS aufzeigen.

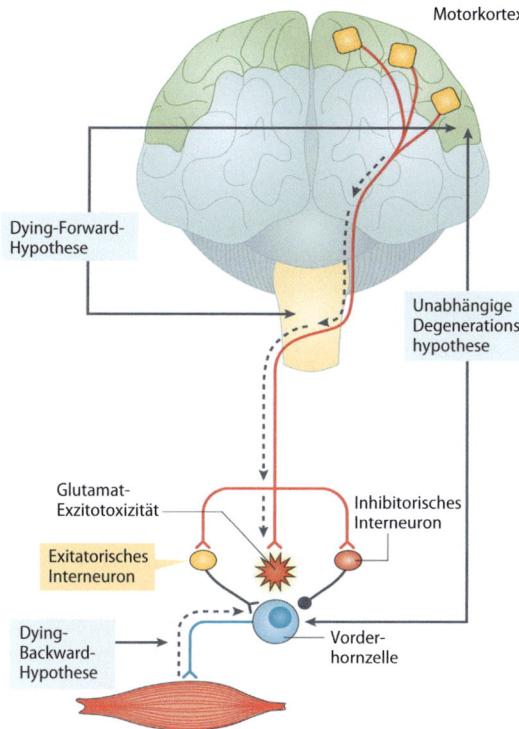

Motorkortex

Dying-Forward-Hypothese

Unabhängige Degenerations-hypothese

Glutamat-Exzitotoxizität

Inhibitorisches Interneuron

Exitatorisches Interneuron

Dying-Backward-Hypothese

Vorder-hornzelle

◘ Abb. 4.8 Verschiedene Hypothesen zum Voranschreiten der Neurodegeneration bei ALS. (Aus Geevasinga et al. 2016)

Hypermetabolismus bei ALS

Ein bekanntes Phänomen der ALS ist der progrediente Gewichtsverlust, der unabhängig vom Verlust der Muskelmasse eintritt. Bislang ist nicht geklärt, welche Mechanismen hierfür die entscheidende Rolle spielen. In einigen Fällen besteht ein erhöhter Ruhestoffwechsel, häufig zeigen sich auch Störungen im Lipidstoffwechsel. Noch ist unklar, ob die metabolischen Veränderungen Folge der Neurodegeneration sind oder als eigene Krankheitsentität angesehen werden müssen.

Tierexperimentelle Daten gaben Hinweise auf einen gestörten Glukose-Stoffwechsel sowohl in der Muskulatur als auch im Nervensystem. Mehrere Studien zeigten zudem einen Zusammenhang zwischen dem Body-Mass-Index (BMI) erkrankter Patienten und der mittleren Überlebenszeit. Zudem zeigte eine prospektive Untersuchung an über 1 Million Menschen, dass das Risiko, an ALS zu erkranken bei adipösen Menschen um 30–40% geringer ist als bei Normalgewichtigen (O'Reilly et al. 2013). Bekannt ist auch,

dass ein hoher Lipidspiegel sich günstig auf die Prognose der Erkrankung auswirkt.

Diesen Beobachtungen folgend erscheint es mehr als vernünftig, ALS-Patienten hochkalorisch zu ernähren, um das Körpergewicht stabil zu halten und den Krankheitsverlauf zu verlangsamen. Sowohl im Tiermodell als auch in ersten klinischen Studien konnte der positive Effekt einer hochkalorischen Ernährung nachgewiesen werden (Dupuis et al. 2011; Tesfaye et al. 2016).

❓ Fragen zur Lernkontrolle

— Welche genetischen Veränderungen sind Risikofaktoren für die Entwicklung einer ALS?
— Welche histopathologischen Veränderungen zeigen sich bei ALS?
— Welchen Regeln folgt die Ausbreitung der ALS – klinisch?
— In welchen Stadien verläuft die Ausbreitung der TDP-43-Pathologie?

4.2   Demenzen

J.S. Becktepe, T. Bartsch

▪▪ Zum Einstieg
Demenzen sind neuropsychiatrische Krankheitsbilder, die mit einer zunehmenden Störung kognitiver Leistungen einhergehen und zu einer deutlichen Beeinträchtigung der Alltagsaktivität führen. Bei den Demenzen wird zwischen primären neurodegenerativen und sekundären, durch „äußere" Einflüsse bedingten Demenzen unterschieden. Die klinischen Symptome resultieren aus der anatomischen Verteilung der Pathologien, den involvierten Transmittersystemen und dem Ausmaß der Zellschädigung, lassen jedoch häufig nur begrenzte Rückschlüsse auf die zugrundeliegende Pathologie zu. In diesem Beitrag wird zunächst auf die Grundlagen von Gedächtnis und Kognition sowie die gemeinsamen zugrundeliegenden pathophysiologischen Mechanismen eingegangen. Anschließend werden die einzelnen Krankheitsentitäten im Einzelnen betrachtet.

4

ICD-10-Definition der Demenz

- **Ursachen:** Primär neurodegenerativ oder sekundär als Folge äußerer Einflüsse (z. B. zerebrovaskuläre Läsionen, metabolische Erkrankungen).
- **Prävalenz:** Mit dem Alter zunehmend, ca. 8% der über 65-Jährigen leiden an einer Demenzerkrankung.
- **Therapie:** Für die primären neurodegenerativen Demenzformen sind bislang nur symptomatische Therapieformen zugelassen.

(Weitere Details in ◘ Abb. 4.9)

ICD-10-Definition der Demenz (F00–F03)

- Folge einer meist chronischen oder fortschreitenden Krankheit des Gehirns
- Störung vieler höherer kortikaler Funktionen (Gedächtnis, Denken, Orientierung, Auffassung etc.)
- Keine Störung des Bewusstseins
- Symptome seit mindestens 6 Monaten
- Sinnesorgane funktionieren im für die Person üblichen Rahmen
- Mögliche begleitende Veränderungen von emotionalen Kontrolle, Sozialverhaltens oder Motivation
- Beeinträchtigung der Alltagsfunktionen

◘ **Abb. 4.9**   ICD-10-Klassifikation der Demenz. (Adaptiert nach Dilling et al. 2015)

Gemäß der ICD-10-Klassifikation wird Demenz anhand der in ◘ Abb. 4.9 aufgeführten Kriterien definiert (Dilling et al. 2015). Im DSM-5 wird der Begriff „Demenz" durch den Begriff „neurokognitive Störung" ersetzt, der eine oder mehrere Beeinträchtigungen in den folgenden kognitiven Domänen zugrunde liegen (APA 2013):

- komplexe Aufmerksamkeit,
- exekutive Funktionen,
- Lernen und Gedächtnis,
- Sprache,
- perzeptuell-motorische Fähigkeiten,
- soziale Kognition.

4.2.1   Gedächtnis

Das Gedächtnis erlaubt uns das Speichern und den Abruf von Informationen, die nicht mehr in der Umwelt präsent sind. In der aktuellen Taxonomie werden anhand der Dimensionen Zeit und Inhalt verschiedene Gedächtnissysteme unterschieden, eine Übersicht gibt ◘ Abb. 4.10 (Bartsch et al. 2014). Den unterschiedlichen Gedächtnisformen liegen verschiedene anatomische Strukturen und Transmittersysteme zugrunde.

4.2.1.1   Das Arbeitsgedächtnis

Funktion   Kurzfristiges und unmittelbares Vorhalten sowie die aktive und verhaltenssteuernde Manipulation von Information, die nicht mehr in der Umwelt vorliegt.

Neurofunktionelle Korrelate   Das Arbeitsgedächtnis ist nicht in einer spezifischen Hirnregion lokalisiert, sondern wird durch eine funktionelle Interaktion des präfrontalen Kortex mit anderen präfrontalen, prämotorischen und parietalen Hirnregionen gewährleistet.

4.2.1.2   Das Langzeitgedächtnis

Funktion   Gewährleistung einer langfristigen Verhaltensmodifikation sowohl durch bewusste als auch unbewusste Lernvorgänge (klassische Konditionierung, Priming, prozedurales Lernen).

Neurofunktionelle Korrelate   Das Langzeitgedächtnis wird in unterschiedliche Gedächtnissysteme unterteilt, an denen verschiedene neuroanatomische Strukturen beteiligt sind (◘ Abb. 4.10). Es gibt dabei mehrere Stufen der Informationsverarbeitung mit Beteiligung spezifischer funktioneller Einheiten. Für das semantische und episodische Gedächtnis sehen diese folgendermaßen aus (Bartsch et al. 2014):

- **Registrierung:** Initiale Wahrnehmung über sensorische Bahnen.
- **Enkodierung:** Frühe Informationsverarbeitung im limbischen System, Corpus amygdaloideum und hippocampaler Formation.
- **Konsolidierung:** Weitere Enkodierung und Einbettung von Informationen in bestehende Repräsentationen (Hippocampus und Neokortex).
- **Speicherung:** Weitergabe der Informationen an neokortikale Speicherregionen, Bildung einer stabilen Repräsentation.
- **Abruf:** Reproduktion von Information und wiederum Re-Enkodierung von abgerufener

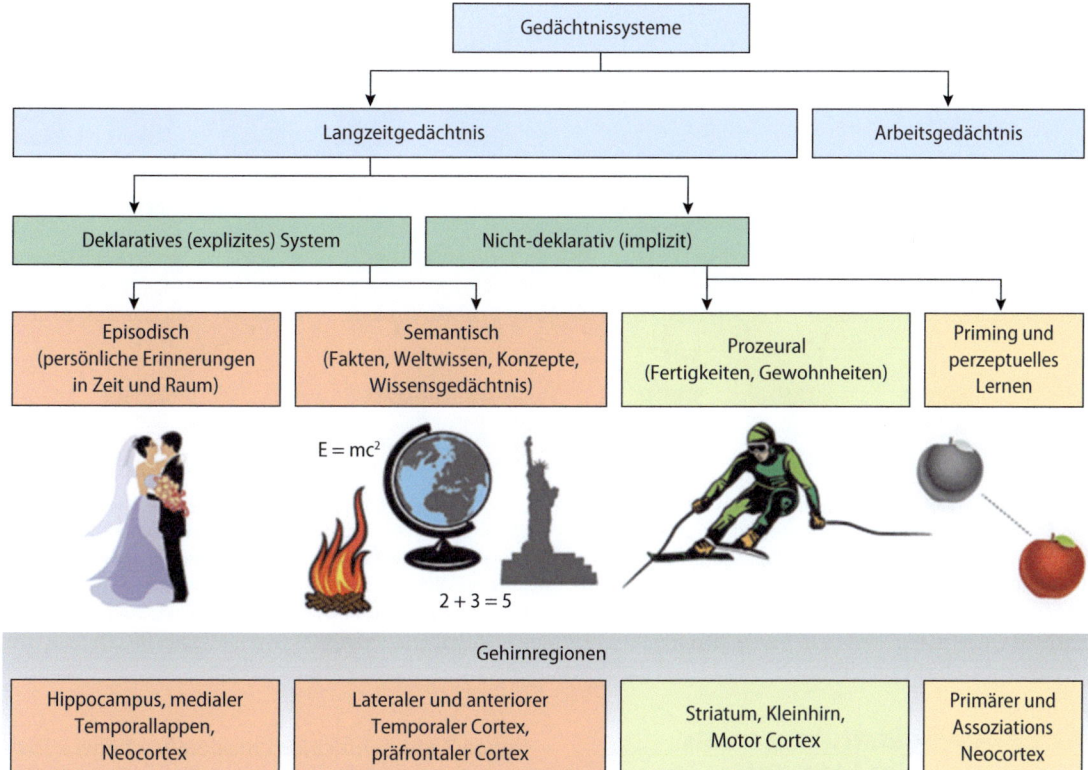

Abb. 4.10 Taxonomie der Gedächtnissysteme und beteiligte Hirnregionen. (Aus: Bartsch 2015)

Information. Dabei beteiligt sind: orbitofrontaler Kortex, präfrontale Regionen, anterolaterale Areale des temporalen Pols, mediale temporale Regionen, posteriorer Gyrus cinguli und retrosplenialer Kortex.

> Komplexe Gedächtnissysteme wie das episodische und semantische Langzeitgedächtnis zeichnen sich durch ihren „Netzwerkcharakter" aus: Als neurofunktionelles Korrelat dienen nicht einzelne Hirnstrukturen, sondern das zeitliche und räumliche Zusammenspiel mehrerer Hirnregionen.

4.2.2 Krankheitsübergreifende pathophysiologische Prinzipien

4.2.2.1 Ablagerung fehlgefalteter Proteine

In der Pathogenese der meisten neurodegenerativen Demenzen spielen abnorme Ablagerungen von fehlgefalteten, krankheitsspezifischen Pro-

teinen eine zentrale Rolle. Dabei ist nicht immer klar, inwieweit die Eiweißablagerungen ursächlich an der Krankheitsgenese beteiligt oder eher ein Begleitprodukt des neurodegenerativen Prozesses sind. Anhand der vorherrschenden Art der Proteinaggregate können die neurodegenerativen Erkrankungen klassifiziert werden. ◻ Abb. 4.11 gibt einen Überblick über die verschiedenen neurodegenerativen Erkrankungen anhand der vorherrschenden Eiweißablagerungen. Dabei kommt es bei vielen Erkrankungen zu Überlappungen der histopathologischen Charakteristika. So zeigen Patienten mit Lewy-Körperchen-Demenz (LBD) regelhaft neben den typischen α-Synuklein-Ablagerungen auch Alzheimer-typische Veränderungen wie Amyloid-Plaques und Tau-Ablagerungen. Etwa ein Drittel der Alzheimer-Patienten weist neben den klassischen Amyloid-β und Tau-Aggregaten auch TDP-43-Ablagerungen auf.

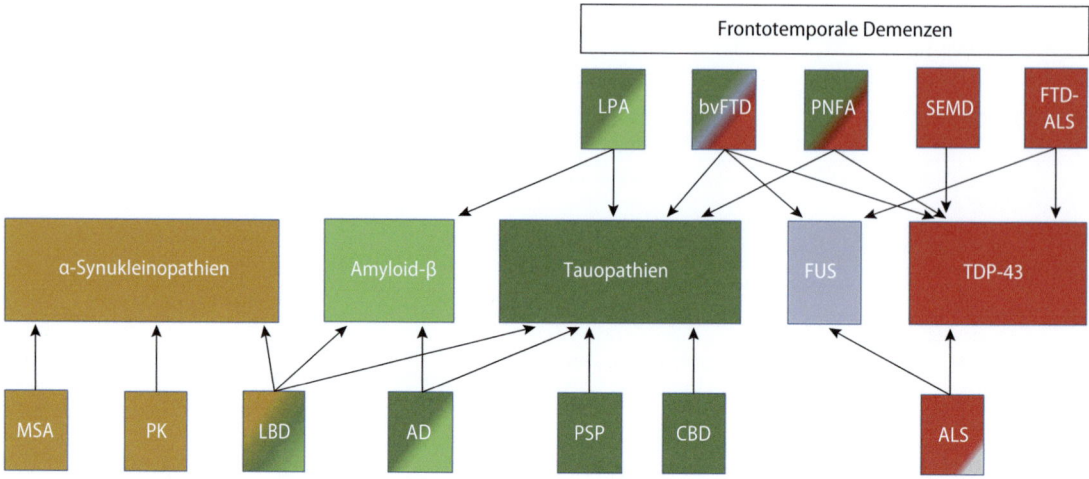

◘ Abb. 4.11 Einteilung verschiedener neurodegenerativer Erkrankungen anhand von histopathologischen Merkmalen. ALS = amyotrophe Lateralsklerose; bvFTD = Verhaltensvariante der frontotemporalen Demenz; CBD = Cortikobasale Degeneration; FTD-ALS = Frontotemporale Demenz mit einer Motoneuronerkrankung; FUS = Fused in sarcoma; LBD = Lewy-Körper-Demenz; LPA = logopenische Variante einer primär progressiven Aphasie; MSA = Multisystematrophie; PK = Parkinson Krankheit; PNFA = progressive nichtflüssige Variante einer primären Aphasie; PSP = progressive supranukleäre Paralyse; SemD = semantische Demenz. (Adaptiert nach Witt et al. 2013)

4.2.2.2 Amyloidstrukturen als zentrales Element

Die bei den verschiedenen neurodegenerativen Erkrankungen beteiligten Eiweiße besitzen trotz unterschiedlicher Primärstrukturen wichtige Gemeinsamkeiten in ihren biophysikalischen Eigenschaften (s. auch ► Abschn. 4.1 und ► Abschn. 4.3). Durch Fehlfaltungen können aus β-Faltblatt-„angereicherten" Proteinen (Monomeren) über oligomere Zwischenstufen letztlich Amyloidfibrillen entstehen. Diese Polypeptidaggregate zeichnen sich durch eine sogenannte Cross-β-Struktur aus, in der regelmäßige Stapel von β-Strängen durch intermolekulare Wasserstoffbrückenbindungen zu β-Faltblättern verbunden sind und die ihnen eine hohe thermodynamische Stabilität verleihen. Mittlerweile sind mindestens 30 verschiedene Vorläuferproteine krankheitsassoziierter Amyloidfibrillen bekannt (Jucker et al. 2013).

4.2.2.3 Toxische Oligomere

Die Amyloidfibrillen selbst besitzen zwar prinzipiell lokale toxische Eigenschaften. Die Ausprägung und Lokalisation der reifen Amyloidablagerungen korrelieren jedoch nicht unbedingt mit der klinischen Beeinträchtigung der jeweiligen Erkrankungen, was gegen eine maßgebliche krankheitsrelevante Toxizität der reifen Amyloidverbünde spricht. Vielmehr scheinen insbesondere die oligo-meren Zwischenformen eine deutlich höhere Toxizität als die reifen Aggregate aufzuweisen.

Durch intrazelluläre Proteinaggregate kommt es wahrscheinlich zu einer Überlastung der zellulären Abbausysteme, was letztlich zum Zelltod führt.

4.2.2.4 Ausbreitung entlang neuro-anatomischer Strukturen

Die charakteristischen pathologischen Veränderungen bei den verschiedenen Erkrankungen treten zunächst an spezifischen Lokalisationen auf. Im Verlauf sind weitere Hirnareale entlang anatomischer Verbindungen in prädeterminierter Sequenz betroffen. Mittlerweile konnte für verschiedene krankheitsspezifische Proteinaggregate häufiger neurodegenerativer Erkrankungen in experimentellen Krankheitsmodellen eine Transmission von Zelle zu Zelle mit Induktion weiterer Fehlfaltungen, sogenanntem „seeding", gezeigt werden. Hierzu zählen α-Synuklein beim idiopathischen Parkinson-Syndrom und der Lewy-Körperchen-Demenz (LBD), β-Amyloid und Tau-Protein bei der Alzheimer-Krankheit (AD) und Tau-Protein sowie „transactivation response dna-binding protein" (TDP-43) bei den frontotemporalen Demenzen sowie der amyotrophen Lateralsklerose (ALS). Dieser Mechanismus ähnelt in wesentlichen Merkmalen der Ausbreitung des

Prionproteins bei den Prionerkrankungen (Goedert 2015) (s. auch Infobox in ▶ Abschn. 4.1.4).

> ❯ **Die klinische Symptomatik unterschiedlicher Demenzformen ist zurückzuführen auf die anatomische Verteilung der Pathologie entlang funktioneller Systeme sowie das Ausmaß der Zellschädigung.**

4.2.2.5 Neuroinflammation

Bei verschiedenen neurodegenerativen Erkrankungen wird eine neuroinflammatorische Reaktion induziert. Hierzu zählen insbesondere die Alzheimer-Erkrankung und die α-Synukleinopathien. Ebenso findet sich bei den FTLD eine ausgeprägte Mikrogliaaktivierung und reaktive Astrogliose. Zunehmend wird die Neuroinflammation als wichtiges Element in der Pathogenese sowie als potenzieller therapeutischer Angriffspunkt angesehen.

Mikrogliazellen stellen die wichtigsten Vertreter des autochthonen Immunsystems im ZNS dar und durchziehen netzartig das Hirnparenchym. Sie sind an ihrer Oberfläche mit zahlreichen Transportern, Kanälen und Rezeptoren für die Erkennung von Neurotransmittern, Neuromodulatoren, Zytokinen und Chemokinen ausgestattet. Zudem besitzen sie sogenannte „pattern recognition receptors" (PRR) zur Erkennung von Gefahrensignalen. Hierzu zählen molekulare Strukturen von Krankheitserregern, sog. „pathogen-associated molecular patterns" (PAMP), jedoch auch körpereigene Strukturen wie ATP oder freie DNA, die im Rahmen von Entzündungen und Zelluntergang freigesetzt werden und als „danger-associated molecular patterns" (DAMP) bezeichnet werden. Auch pathologische Amyloidaggregate (s. oben) können durch Bindung an derartige Rezeptoren eine proinflammatorische Reaktion mit Aktivierung der Mikrogliazellen und nachfolgender Zytokinausschüttung auslösen.

Infolge dieser Neuroinflammation werden die adulte Neurogenese und axonale Transportvorgänge sowie die Freisetzung neurotropher Faktoren gestört. Durch die erhöhte Konzentration bestimmter Zytokine (z. B. Interleukin 1-β) wird die Phagozytoseleistung der Mikroglia reduziert und letztlich auch der Abbau der fehlgefalteten pathologischen Proteine beeinträchtigt (Heneka et al. 2015).

4.2.2.6 Prodromalphase

Typischerweise beginnen die pathologischen Veränderungen auf zellulärer Ebene schon Jahre bis Jahrzehnte, bevor die ersten klinischen Symptome auftreten. Während dieser Prodromalphase findet eine erfolgreiche Kompensation ausgefallener Systeme durch funktionell ähnliche Einheiten statt.

4.2.3 Pathophysiologische Aspekte der Demenz vom Alzheimer-Typ

Demenz vom Alzheimer-Typ
- **ICD-10-Definition:** Primär degenerative zerebrale Krankheit mit unbekannter Ätiologie und charakteristischen neuropathologischen und neurochemischen Merkmalen.
- **Prävalenz:** Steil zunehmend im Alter:
  - 0,5% bei 60-Jährigen,
  - 50% bei 85-Jährigen,
  - 60% bei 100-Jährigen.
- **Symptome:** Störungen des episodischen Langzeitgedächtnisses, visuell-räumliche Störungen, zeitliche und räumliche Desorientierung, Sprachstörung (initial v. a. Dysnomie), im Verlauf auch retrograde Amnesie (Störung des Altgedächtnisses), Apraxie, visuelle Agnosie.
- **Therapie:** Symptomatisch, Acetylcholinesterase-Hemmer, Memantine.

Die Krankheitskaskade der Alzheimer-Demenz mit der Ablagerung von Eiweißfibrillen in den betroffenen Nervenzellen des Gehirns beginnt schon 15–20 Jahre vor Auftreten der ersten klinischen Symptome. Das milde kognitive Defizit (MKD) ist hierbei ein Intermediärstadium zwischen normalen Altersvorgängen und Auftreten einer Demenz. Störungen der Orientierung und Navigation im Raum als auch des räumlichen Lernens sind charakteristische Symptome in der Frühphase eines milden kognitiven Defizits oder einer Alzheimer-Demenz.

Trotz der enormen medizinischen Relevanz existieren derzeit nur begrenzte Behandlungsmöglichkeiten der Alzheimer-Demenz. Derzeitige medikamentöse Therapieverfahren greifen ledig-

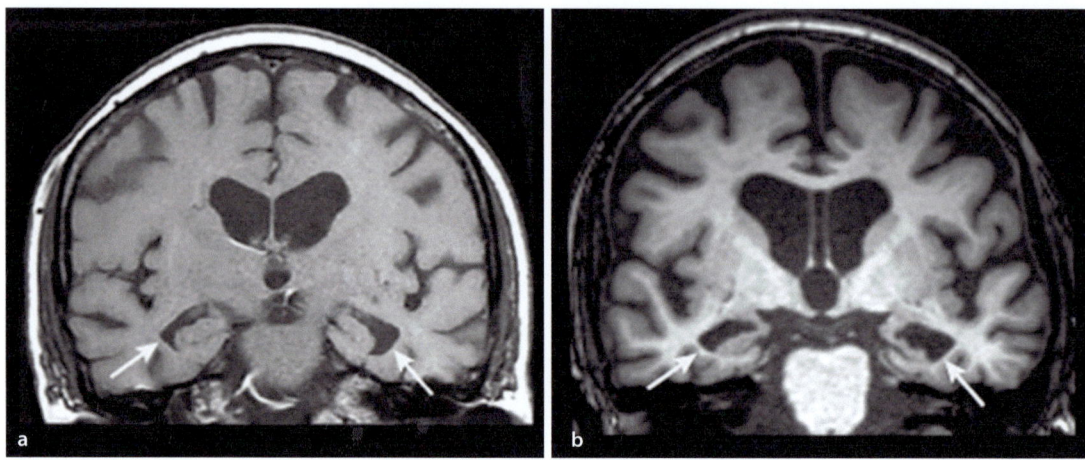

☐ **Abb. 4.12a, b**   In der MRT-Koronaraufnahme des Hippocampus deutlich sichtbare Atrophien bei einem Patienten mit Alzheimer-Demenz.

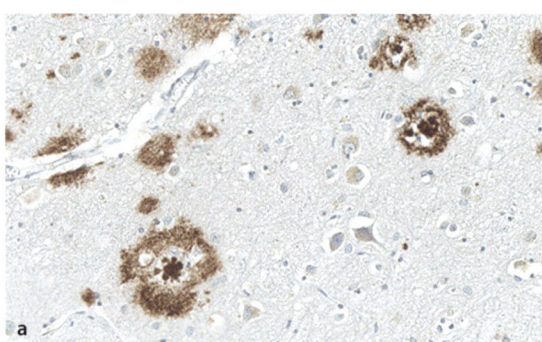 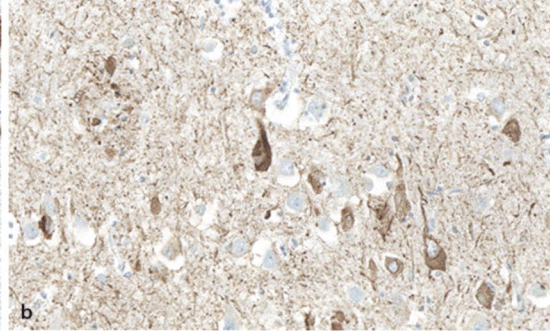

☐ **Abb. 4.13a, b**   Amyloidablagerungen bei Alzheimer-Demenz (**a**). „Neurofibrillary tangles" bei Alzheimer-Demenz (**b**). (Abbildung mit freundlicher Genehmigung

von PD Dr. Matschke, Institut für Neuropathologie, Universitätsklinikum Hamburg-Eppendorf)

lich auf einer symptomatischen Ebene ein und zeigen kleine bis mittlere Wirkeffekte. Die laufende pharmakologische Forschung zielt auf eine Beeinflussung der molekularen Krankheitsprozesse wie die Entstehung und Ablagerung von Amyloid und Tau ab.

■ ■ **Pathologie/Histopathologie**
Bei der Alzheimer-Erkrankung kommt es zu einem zunehmenden Verlust von Nervenzellen in kortikalen und subkortikalen Arealen, mit innerer (Ausweitung des Ventrikelsystems) und äußerer (verschmälerte Gyri und erweiterte Sulci) Atrophie des Gehirns. Am deutlichsten sind temporale und parietale Hirnregionen einschließlich des Hippocampus betroffen (☐ Abb. 4.12), ferner auch der Frontallappen.

Auf histopathologischer Ebene treten bei der AD zwei krankheitsdefinierende Kardinalveränderungen auf (☐ Abb. 4.13):
— Extrazelluläre „senile Plaques": mit Amyloid-β als Hauptproteinkomponente.
— Intraneuronale „neurofibrilläre Bündel": Phosphoryliertes Tau-Protein bildet mit MAP-1 („microtubule associated protein"), MAP-2 und Ubiquitin unlösliche gepaarte helikale Tau-Filamente und neurofibrilläre Bündel.

Daneben zeigen sich charakteristischerweise aktivierte Mikrogliazellen, Synapsen- und Nervenzellverluste sowie eine Amyloidangiopathie.

4.2.3.1 Amyloid-β

Struktur und Funktion   Amyloid-β (Aβ) entsteht als physiologisches Spaltprodukt aus dem transmembranösen Amyloid-Precursor-Protein (APP). Seine physiologische Funktion ist nicht abschließend geklärt. APP ist ein Typ-I-Membranprotein mit einer großen extrazellulären Domäne und einem kurzen zytoplasmatischen Anteil. Die Spaltung von APP erfolgt durch die α-, β- und γ-Sekretasen an jeweils spezifischen Stellen. Die dadurch entstehenden verschiedenen β-Amyloid-Peptide weisen unterschiedliche biologische Eigenschaften auf.

■■ **Abbauwege von APP**

APP kann auf einem „nicht amyloidogenen" und einem „amyloidogenen" Weg prozessiert werden.

Nicht amyloidogener Weg   Durch Spaltung mit Hilfe der α- und γ-Sekretasen wird APP innerhalb der Amyloid-β-Region gespalten, und es entstehen wasserlösliche nicht toxische Peptide, die in den Extrazellulärraum abgegeben werden. Die initiale Spaltung durch die α-Sekretase schließt somit einen nachfolgenden Einsatz der β-Sekretase aus.

Amyloidogener Weg   Durch Proteolyse mit Hilfe der β-Sekretase („beta amyloid cleaving enzyme 1", BACE 1) entsteht zunächst ein 99 Aminosäuren langes membranständiges Fragment (C99), das anschließend durch die γ-Sekretase zu β-Amyloid gespalten wird. Hierbei entstehen unterschiedliche Aβ-Peptide, wobei Fragmente mit 39/40 Aminosäuren (Aβ 1–40) oder 42/43 Aminosäuren (Aβ 1–42) am häufigsten sind. Entscheidend für die Pathogenese ist dabei das Verhältnis von Aβ 1–42 zu Aβ 1–40. Aβ 1–42 enthält zwei hydrophobe Aminosäuren (Alanin und Isoleucin) mehr als die Aβ 1–40-Variante, wodurch sich die Aggregationsneigung erhöht. Im Extrazellulärraum bindet Aβ an die verschiedenen ApoE-Isoformen (s. unten, Abschn. „Genetik") und wird auf verschiedenen Wegen abgebaut:

Durch die Blut-Hirn-Schranke, das Insulin Degrading Enzym (IDE) oder Neprilysin. Störungen in diesem Reaktionsweg, z. B. durch vermehrte Bildung der zur Aggregation neigenden Aβ 1–42-Variante, verminderte Clearance, durch Vorliegen der ApoE4-Isoform oder verminderte Expression von Neprilysin oder IDE können zu einer vermehrten Aβ-Akkumulation und letztlich

Ausbildung einer Alzheimer-Pathologie führen. Die bei einem Großteil der Alzheimer-Patienten nachweisbaren Aβ-Ablagerungen in den zerebralen Blutgefäßen deuten auf die Relevanz eines gestörten Abtransports der Aβ-Spezies aus dem Parenchym in die Blutgefäße hin.

> ❯ In der Liquordiagnostik zeigen sich bei der Alzheimer-Erkrankung erniedrigte Amyloid-β 1–42-Werte und erhöhte Gesamt-Tau-Proteinwerte. Diese Konstellation ist jedoch nicht absolut spezifisch und kann auch bei anderen neurodegenerativen Erkrankungen auftreten. Die Bestimmung von phosphorylierten Tau-Isoformen und Berechnung des Amyloid-β 1–42/1–40-Quotienten soll die Sensitivität in der Differenzialdiagnostik erhöhen

4.2.3.2 Genetik

Die Alzheimer-Erkrankung ist in der überwiegenden Zahl der Fälle multifaktoriell bedingt. Weniger als 3% aller Fälle werden monogen autosomal-dominant vererbt. Bislang sind drei Gene bekannt, die bei autosomal-dominant vererbten Formen der Alzheimer-Erkrankung pathogene Mutationen tragen können. Es handelt sich um die Gene Präsenilin 1 und Präsenilin 2 auf den Chromosomen 14 bzw. 1, sowie um das auf Chromosom 21 gelegene Gen für das Amyloid-Precursor-Protein (◻ Tab. 4.3).

Zusätzlich sind eine Reihe von Suszeptibilitätsgenen bekannt, deren Risikoallele das Erkrankungsrisiko modifizieren, jedoch nicht unbedingt zu einer Erkrankung führen. APOE, das Gen für Apolipoprotein E, ist das Alzheimer-Suszeptibilitätsgen mit dem stärksten Effekt. Daneben gibt es eine Reihe weiterer Suszeptibilitätsgene, die jedoch deutlich weniger zum Erkrankungsrisiko beitragen.

■■ **APP-Mutationen**

Eine Reihe pathogener Punktmutationen im APP Gen machen etwa 17% der autosomal-dominant vererbten Formen der AD aus.

Die Mutationen liegen mehrheitlich in dem Bereich des Gens, der für die Transmembrandomäne von APP kodiert bzw. ihr benachbart ist (Exon 16 und 17). Es resultiert eine vermehrte Bildung von Aβ-Peptiden. Auch eine Duplikation des APP-Gens führt zur Entwicklung einer AD. Beispielsweise entwickeln Patienten mit Trisomie 21

Gen	Chromosom	Protein	Erkrankungsalter	Häufigkeit
◻ Tab. 4.3 Autosomal-dominant vererbte Formen der Alzheimer-Demenz				
PSEN1	14q24.3	Präsenilin 1	Früh	70%
PSEN2	1q31-q42	Präsenilin 2	Früh	4%
APP	21q21.2	Amyloid Precursor Protein	Früh	17%

4

mit hoher Wahrscheinlichkeit bereits im mittleren Lebensalter eine Alzheimer-Erkrankung, was durch die 1,5-fach erhöhte Gendosis des auf Chromosom 21 liegenden APP-Gens erklärt werden kann. Mittlerweile konnte im APP-Gen zudem eine Punktmutation gefunden werden, die zu einer verminderten Produktion von Aβ-Peptiden führt und in Einklang mit der „Amyloid-Kaskaden-Hypothese" (s. unten) einen protektiven Effekt hinsichtlich der Entwicklung einer AD hat (Jonsson et al. 2012).

▪▪ Präsenilin-Mutationen

Präseniline sind eine Familie von Transmembranproteinen, die zusammen mit einigen anderen Proteinen den γ-Sekretase-Komplex bilden. Diese Enzyme sind in der Lage, APP auch innerhalb von Membranen zu schneiden. Mutationen im PSEN1-Gen sind die häufigste Ursache der familiären AD, Mutationen in PSEN2 treten deutlich seltener auf. Die Mutationen führen vorwiegend zu einer vermehrten Bildung von Amyloid-β 1–42, das zur Aggregation neigt. Somit entstehen vermehrt unlösliche Protofibrillen und Amyloidplaques mit Aβ 1–42 als Hauptbestandteil.

▪▪ APOE-Polymorphismus

APOE ist das auf Chromosom 19 liegende Gen für Apolipoprotein E (ApoE). Dabei handelt es sich um ein 299 Aminosäuren langes Protein, das von Bedeutung für den Lipidstoffwechsel ist und zudem als Chaperon eine Rolle beim Abbau von Amyloid-β spielt (s. unten). Das APOE-Gen unterliegt einem Polymorphismus und weist beim Menschen drei häufige Allele, nämlich e2, e3 und e4 auf (somit resultieren 6 Genotypen: e2/e2, e2/e3 etc). Die kodierten Proteine unterscheiden sich in Abhängigkeit des Genotyps nur in einer oder zwei Aminosäuren an den Positionen 112 und/oder 158. Die Aminosäuresubstitutionen beeinflussen jedoch die Gesamtstruktur und -funktion

des Proteins. Somit wird das Bindungsverhalten an zellulären Rezeptoren und Lipoproteinpartikeln verändert. Zudem wird ApoE in Abhängigkeit der vorliegenden Isoform in seiner Funktion als Chaperon und damit die Clearance bzw. Ablagerung von Amyloid-β im ZNS beeinflusst.

Beim Menschen ist der e3/e3-Genotyp mit 60% am häufigsten. Durch Vorliegen des e4-Allels im heterozygoten Zustand erhöht sich das Risiko, an einer Alzheimer-Demenz zu erkranken, um das 4-Fache, bei homozygotem Vorliegen dieses Allels sogar um das 12-Fache. Zudem ist das e4-Allel mit einem früheren Krankheitsbeginn assoziiert. Das e2-Allel hingegen senkt das Risiko für die Entwicklung einer Alzheimer-Erkrankung. Etwa 50% der sporadischen Alzheimer-Erkrankungen werden auf das e4-Allel zurückgeführt (Ashford 2004).

▪▪ Die Amyloid-Kaskaden-Hypothese

Die Amyloid-Kaskaden-Hypothese ist die am meisten favorisierte Hypothese zur Pathogenese der Alzheimer-Erkrankung (Hardy et al. 2002). Sie besagt, dass nicht aggregiertes Aβ am Beginn der Krankheit steht, zur Bildung von Oligomeren und Plaques führt, direkte neurotoxische Effekte besitzt und zur Phosphorylierung und Fibrillenbildung von Tau-Protein führt.

Wichtigstes Argument für die Amyloid-Kaskaden-Hypothese ist, dass ausschließlich Mutationen, die den APP-Abbau betreffen, zu einer AD führen, nicht jedoch Mutationen im MAPTau-Gen, dem Gen für Tau-Protein. Während bei der autosomal-dominanten Form der AD jedoch kausale Mutationen bekannt sind, ist bei der viel häufigeren sporadischen AD die Ursache der vermehrten Aβ-Ablagerungen weniger gut verstanden. Zudem konnte mittlerweile hyperphosphoryliertes Tau bereits im Gehirn von Kindern und Jugendlichen nachgewiesen werden – ohne Hinweise auf eine vorbestehende Aβ-

Pathologie. Dabei ist allerdings nicht klar, ob dies bereits frühe Zeichen einer sich erst viele Jahrzehnte später voll ausprägenden Alzheimer-Pathologie sind.

■■ Insulinerge Signalkaskade

Die insulinerge Signaltransduktion ist an der neuronalen Synapse an Lern- und Gedächtnisprozessen beteiligt. Zudem ist mittlerweile gut belegt, dass sich die vom Insulinrezeptor ausgehende Signalkaskade und der APP-Metabolismus sowie die Tau-Phosphorylierung in relevantem Ausmaß gegenseitig beeinträchtigen. Eine Störung der insulinergen Neurotransmission führt bei der sporadischen AD zu einer vermehrten Bildung von Aβ und hyperphosphoryliertem Tau-Protein. Umgekehrt hemmt Aβ die Bindung von Insulin an die α-Untereinheit des Insulinrezeptors und stört damit die nachfolgende Signalkaskade:

Bei einer Hemmung der neuronalen Isulinrezeptorfunktion werden die Aktivität der Phosphatidylinositol-3-Kinase sowie der Proteinkinase B herabgesetzt. Hierdurch wird über weitere Zwischenschritte sekretiertes APP sowie Aβ vermindert von intra- nach extrazellulär freigesetzt. Durch die intrazelluläre Akkumulation der Derivate kommt es schließlich zur Zelllyse, das freigesetzte Aβ akkumuliert zu extrazellulären Plaques.

Über eine Enthemmung der Glykogensynthasekinasen 3β kommt es letztlich zu einer gesteigerten Phosphorylierung von Tau-Protein.

■■ Regionale und systemische inflammatorische Reaktion

Aggregiertes Amyloid-β stimuliert Mikrogliazellen, vermutlich über eine Aktivierung des CD36-Oberflächenrezeptors. Hierdurch kommt es zu einer Aktivierung des nukleären Faktors κB (NF-κB). Amyloid-β wird durch Phagozytose in die Mikroglia aufgenommen und nach weiterer Aggregation aus brüchigen Lysosomen ins Zytosol freigesetzt. Es kommt zu einer Aktivierung des NLRP3-Inflammasoms und letztlich zu einer Sekretion des Zytokins Interleukin-1β (IL-1β). Dies hemmt die Ausbildung von Synapsen und die Phagozytoseleistung von Mikrogliazellen.

Über den NF-κB-Signalweg induzieren TLR-Liganden und proinflammatorische Zytokine (z. B. IL-1β oder TNF-α) auch die NO-Synthase 2. Das vermehrt entstehende NO besitzt selbst direkte neurotoxische Effekte, indem es Axone und Synapsen schädigt, die mitochondriale Atmungskette beeinträchtigt sowie die Apoptose induziert. Andererseits kann NO auch das Aβ-Peptid, durch eine Nitrierung der Aminosäure Tyrosin an Position 10, posttranslational modifizieren. Durch diese Modifizierung werden die Aggregationsneigung und der negative Einfluss auf die synaptische Plastizität von Amyloid-β gesteigert (Heneka et al. 2015).

■■ Weitere Krankheitsmechanismen

Oxidativer Stress Tierexperimentell führt fehlgefaltetes Amyloid-β zu oxidativem Stress. Bei der AD finden sich im Bereich der Plaques sowie auch systemisch vermehrt Marker, die auf eine oxidative Schädigung durch reaktive Sauerstoffspezies hindeuten.

Mitochondriale Dysfunktion Mitochondrien produzieren ATP und stellen somit den wichtigsten Energielieferanten der Zelle dar, zudem sind sie in der Regulation von oxidativem Stress von Bedeutung. Sowohl Aβ als auch Tau-Protein scheinen in den Mitochondrien eine Deregulation der Atmungskette zu bewirken. In Hirnregionen, die von der AD-Pathologie betroffen sind, kommt es zu einem Defizit der ATP-Produktion.

Gestörte axonale Transportfunktion Einerseits kommt es durch die Tau-assoziierten Pathomechanismen zu einer axonalen Destabilisierung mit Störung des axonalen Transports und letztlich einer Störung der synaptischen Funktion. Andererseits führen wahrscheinlich auch Amyloid-β-Oligomere zu einer Beeinträchtigung des axonalen Transports. Als Folge werden auch Reparaturprozesse direkt gestört, z. B. durch verminderte Freisetzung neurotropher Faktoren.

■■ Störung der Neurotransmission

Im Rahmen der Alzheimer-Demenz kommt es zu komplexen Veränderungen der Neurotransmission:

Acetylcholinerges System Der frontobasal, in der Substantia innominata gelegene Ncl. basalis Meynert stellt eine zentrale Schaltstelle des cholinergen Systems dar und ist relativ früh in der Pathogenese betroffen. Von diesem Kern aus nimmt der Hauptteil der in den Neokortex, die Amygdala und den Hippocampus projizierenden, cholinergen Fasersysteme seinen Ursprung. Im

Rahmen der AD wird zunächst die präsynaptische acetylcholinerge Neurotransmission gestört. Hierdurch wird weniger Acetylcholin gebildet und konsekutiv vermindert in den synaptischen Spalt freigesetzt. Zumindest im frühen Krankheitsverlauf ist die Postsynapse nicht geschädigt, sodass durch die ACh-Esterase weiterhin ACh im synaptischen Spalt abgebaut wird.

Ein Teil der typischen klinischen Symptome der AD wird mit der Dysfunktion dieses Systems in Verbindung gebracht, hierzu zählen:

— Störung der Aufmerksamkeitsleistung und Lernfähigkeit,
— Merkfähigkeitsverlust und
— Orientierungsstörungen.

Die zur symptomatischen Behandlung der AD zugelassenen Acetylcholinesterasehemmer Donepezil, Rivastigmin und Galantamin wirken über eine reversible oder irreversible Hemmung der zentralen ACh-Esterase auf den Abbau von ACh im synaptischen Spalt. Ein positiver Effekt auf die Fähigkeit zur Verrichtung von Alltagsaktivitäten sowie auf die kognitiven Funktionen hierdurch wurde nachgewiesen.

Noradrenerges System   Neben dem cholinergen System werden auch vom Locus coeruleus ausgehende noradrenerge Bahnen sowie von den Raphekernen ausgehende serotonerge Fasersysteme beeinträchtigt. Dopaminerge Systeme scheinen in geringerem Ausmaß zu degenerieren. Bei einem Teil der Alzheimer-Patienten (etwa 25%) kommt es im Spätstadium jedoch zu einer relevanten Beeinträchtigung des dopaminergen Systems, und sie entwickeln im Krankheitsverlauf eine Parkinson-Symptomatik.

Glutamaterges System   Das glutamaterge System stellt das am weitesten verbreitete exzitatorische Neurotransmittersystem dar. Insbesondere ionotrope NMDA-Rezeptoren sind direkt an der Langzeit-Potenzierung (engl.: „long term potentiation", LTP) beteiligt, einer Form der synaptischen Plastizität, bei der es zu einer langanhaltenden Verstärkung der synaptischen Übertragung kommt und die als wichtiger Mechanismus für die Konsolidierung von Gedächtnisinhalten gilt. Bei der AD kommt es vermutlich durch eine Interferenz von Amyloid-β mit Glutamat zu einer Erhöhung der Glutamatspiegel im synaptischen Spalt sowie einer gesteigerten Aktivierung von NMDA-Rezeptoren.

Dies führt zu einer Störung der intraneuronalen Kalziumhomöostase und letztlich einem exzitotoxischen Neuronenuntergang.

Das zur Behandlung der AD zugelassene Präparat Memantin wirkt als selektiver, niedrig-affiner Antagonist des L-Glutamatrezeptors vom NMDA-Typ und moduliert somit die pathologisch gesteigerte glutamaterge Neurotransmission. Die physiologische Signaltransduktion soll jedoch nicht beeinflusst werden, um unerwünschte kognitive Funktionsstörungen oder halluzinogene Effekte zu vermeiden.

■ ■ Anatomische Ausbreitung der Alzheimer-Pathologie und klinische Korrelate

Die pathologischen Veränderungen bei der AD folgen einem prädeterminierten anatomischen Muster und beginnen bereits viele Jahre vor dem Auftreten der ersten klinischen Symptome. Zum Zeitpunkt der Diagnosestellung befindet sich dieser Prozess bereits in seinen Endstadien. Die klinischen Kernsymptome der AD korrelieren mit dem Ausmaß und der anatomischen Verteilung der Tau-Ablagerungen (deutlich geringer hingegen mit der Verteilung der Amyloid-Plaques):

— **Störung des Neu- oder Langzeitgedächtnisses**: Hippokampus, Gyrus parahippocampalis, benachbarte temporomediale Areale.
— **Störung des visuell-räumlichen Denkens**: Parietaler Assoziationskortex beidseits.
— **Sprachstörungen**: Wernicke-Areal und Umgebung im hinteren Drittel der oberen Schläfenhirnwindung links.
— **Apraxie**: Parietallappen links.
— **Visuelle Agnosie**: Okzipitallappen und beidseitiger basaler temporaler Neokortex.

In ◘ Abb. 4.14 ist die neuroanatomische Ausbreitung von Tau-Einschlüssen und Aβ-Plaques bei der Alzheimer-Erkrankung schematisch dargestellt (Brettschneider et al. 2015). Die ersten Tau-Aggregate finden sich im entorhinalen Kortex und Locus coeruleus. Anschließend wird der Hippocampus involviert und in späteren Krankheitsstadien finden sich die beschriebenen Pathologien in weiten Arealen des Neokortex (Braak et al. 1991).

Aβ-Ablagerungen finden sich in frühen Phasen zunächst im parietotemporalen und orbitofrontalen Neokortex (Phase 1). Anschließend treten die Veränderungen im entorhinalen Kortex, der Inselrinde und im Hippocampus auf

Tau-Einschlüsse

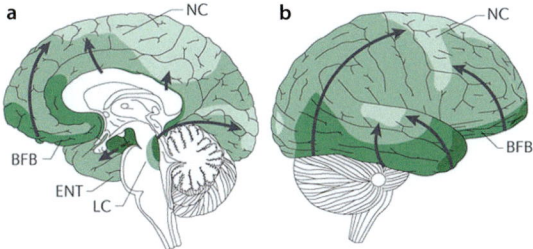

Amyloid-β-Plaques

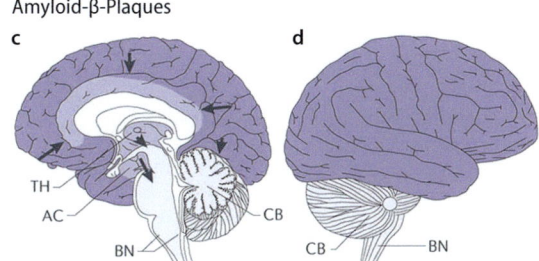

🔲 **Abb. 4.14a–d** Schematische Darstellung der neuro-anatomischen Ausbreitung von Tau-Einschlüssen (**a**, **b**) und Aβ-Plaques (**c**, **d**) bei der Alzheimer-Krankheit. AC = Allocortex; BFB = basal forebrain (basales Vorderhirn); BN = brainstem nuclei (Hirnstammkerne), BSM = brains-tem somatomotor nuclei (=somatomotorische Hirn-stammkerne); ENT = entorhinal cortex (entorhinaler Kor-tex), MTC = mesiotemporal cortex (mesiotemporaler Kor-tex); TH = Thalamus. (Aus: Brettschneider et al. 2015)

(Phase 2). Im Verlauf werden zunehmend auch subkortikale Regionen einbezogen, wie die Basal-ganglien, Thalamus und Hypothalamus sowie die weiße Substanz (Phase 3). Erst spät breiten sich die Amyloidablagerungen auf den Hirnstamm und das Kleinhirn aus (Phasen 4 und 5) (Thal et al. 2002).

4.2.4 Pathophysiologische Aspekte der frontotemporalen Demenzen

Die frontotemporalen Demenzen sind eine Grup-pe von genetisch, pathologisch und klinisch hete-rogenen Erkrankungen, deren gemeinsames Merkmal eine Degeneration des frontalen und anterioren Temporallappens des Gehirns ist (fron-totemporale Lobärdegeneration, FTLD).

Frontotemporale Demenzen
- **Prävalenz:** 10–30 pro 100.000 bei 35- bis 65-Jährigen; somit sind die FTD nach der AD die zweithäufigste Ursache für präse-nile Demenzen.
- Das **klinische Spektrum** der FTD über-lappt mit den atypischen Parkinson-Syndromen, den Motorneuronerkrankun-gen und der Alzheimer-Demenz. Es um-fasst folgende Syndrome:
  - **Behaviorale Variante der frontotem-poralen Demenz** (bvFTD): Enthem-mung, Apathie/Passivität, Verlust von Mitleid/Einfühlungsvermögen, perse-

veratives, stereotypes oder zwanghaf-tes/ritualisiertes Verhalten.
  - **Primär progressive Aphasie** (PPA) mit den Varianten:
    - **agrammatisch/nicht flüssig** (nfvPPA): Agrammatismus in der expressiven Sprache, stockendes Sprechen mit Lautfehlern und Laut-entstellungen (Sprechapraxie),
    - **semantisch** (svPPA): beeinträchtig-tes Benennen, beeinträchtigtes Ein-zelwortverständnis,
    - **logopenisch** (lvPPA): Wortfindungs-störungen für Einzelworte in der Spontansprache und beim Benen-nen, Nachsprechstörung.
  - **FTD mit amyotropher Lateralsklerose** (FTD-ALS): ca. 15% der FTD-Patienten erfüllen die Diagnosekriterien einer ALS, bei 40% lassen sich motorische Defizite nachweisen; umgekehrt erfüllen 15% der ALS-Patienten Diagnosekriterien einer FTD, ca. 50% zeigen frontale Defizite (s. auch ► Abschn. 4.1).
  - **Progressive supranukleäre Blick-parese** (PSP):
    - Meist symmetrische Akinese und axial betonter Rigor, Stand-/Gang-unsicherheit mit Fallneigung, supranukleäre vertikale Blickparese, schlechtes Ansprechen auf L-Dopa;
    - Kognition: Verlangsamung, reduzierte Aufmerksamkeit, herabgesetzte

4

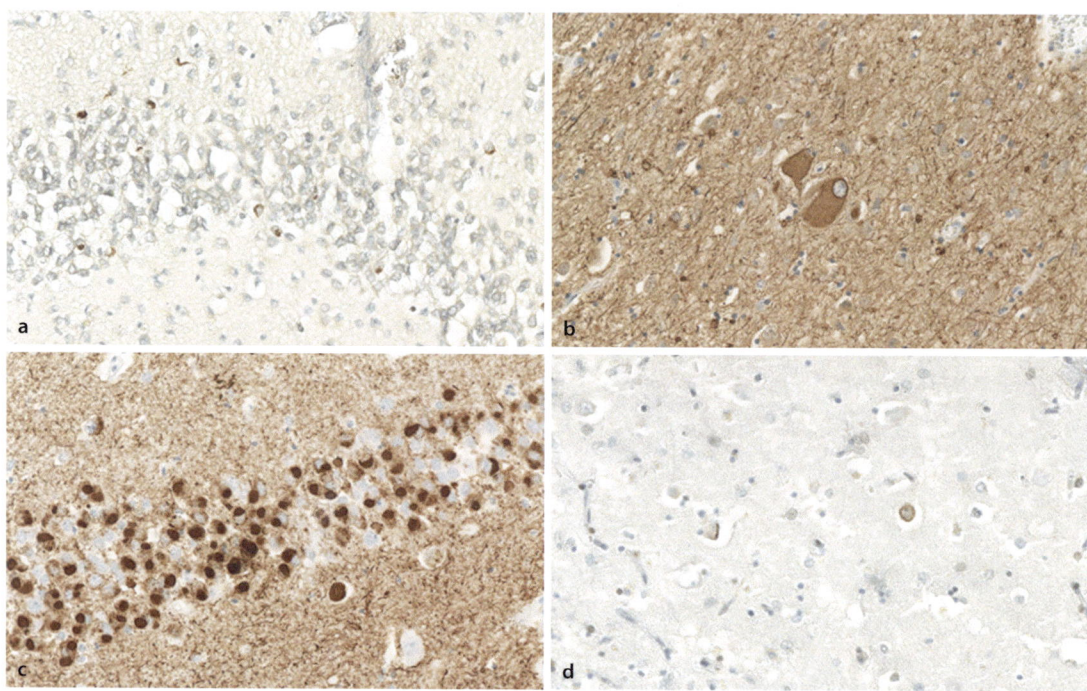

■ **Abb. 4.15a–d**   **a** TDP-43-Ablagerungen bei FTD-TDP; **b** „ballooned neurons" bei Morbus Pick; **c** Tau-Ablagerungen bei Morbus Pick; **d** FUS-Ablagerungen bei FTD-TDP.

(Abbildung von PD Dr. Matschke, Institut für Neuropathologie, Universitätsklinikum Hamburg-Eppendorf, mit freundlicher Genehmigung)

Wortflüssigkeit, erhöhte Interferenzanfälligkeit und Perseverationstendenz, dabei meist gut erhaltene Gedächtnisleistungen (s. auch ▶ Abschn. 4.3).
– **Kortikobasales Syndrom** (CBS):
  – Asymmetrisches akinetisch-rigides Syndrom mit Apraxie, Dystonie, Tremor und Myoklonus, schlechtes Ansprechen auf L-Dopa;
  – Kognition: Störung frontal-exekutiver Funktionen, seltener auch Gedächtnisstörungen und/oder verminderte Sprachproduktion (s. auch ▶ Abschn. 4.3).

Etwa 30–50% der frontotemporalen Demenzen sind genetisch bedingt. Etwa die Hälfte der FTD-Familien lassen sich durch bekannte Mutationen erklären. Im Gegensatz zur Alzheimer-Erkrankung scheint ein zunehmendes Lebensalter kein Risikofaktor für die Entwicklung einer FTD zu sein. Die neuropathologische Einteilung erfolgt anhand der jeweils vorliegenden, ubiquitinierten Proteinaggregate in Zytoplasma und Zellkernen der Neurone und Gliazellen (■ Abb. 4.15). Die Einschlüsse enthalten bei den meisten FTLD-Formen Tau-Protein, TDP-43 oder FUS. Das regionale Ausmaß der TDP-43 und Tau-Ablagerungen korreliert sehr gut mit dem Nervenzellverlust.

■■ **Tau-Protein**

Tauopathien sind eine große Gruppe von mindestens 26 Erkrankungen mit Ablagerungen intrazellulärer Tau-Aggregate. Die Ablagerungen zeigen je nach Art der Tauopathie morphologische Unterschiede, was auf jeweils spezifische Eigenschaften der Tau-Filamente zurückzuführen ist. Zudem können die Ablagerungen verschiedene Zelltypen (Neurone, Gliazellen) betreffen und sich auf unterschiedliche anatomische Regionen ausdehnen.

Struktur und Funktion   Tau-Protein liegt physiologisch im Zytosol von Axonen und Dendriten vor. Über seinen carboxyterminalen Anteil bindet und stabilisiert es die Mikrotubuli und ist somit an der Aufrechterhaltung der zellulären Morphologie sowie dem axonalen Transport von Organellen, Vesikeln oder Molekülen beteiligt. Es wird durch das „Mikrotubuli-assoziierte Protein Tau" (MAPTau)-Gen auf Chromosom 17 kodiert. Im menschlichen Gehirn werden durch alternatives Splicing vornehmlich der Exone 2, 3 und 10 insgesamt 6 Isoformen exprimiert. Anhand des Vorhandenseins von 3 oder 4 „tandem repeats" im carboxyterminalen Ende des Proteins werden jeweils drei 3- und 4-Repeat (3R/4R)- Tau-Isoformen unterschieden. Die 4R-Form hat dabei eine stärkere Affinität zu den Mikrotubuli. Physiologischerweise treten im adulten Gehirn 3R- und 4R-Tau in einem ausgeglichenen Verhältnis auf.

Pathologische Konformationen Während Tau-Protein physiologisch in einem löslichen, entfalteten Zustand vorliegt, finden sich in den pathologischen Tau-Filamenten β-Faltblatt-reiche Strukturen, die charakteristisch für Amyloidfibrillen sind. Aufgrund seiner hydrophilen Natur bildet Tau-Protein unter normalen Bedingungen keine Fibrillen aus. Verschiedene Faktoren können die Aggregationsneigung von Tau-Protein jedoch verstärken. Hierzu zählen die Phosphorylierung oder proteolytische Spaltung des carboxyterminalen Teils, der normalerweise die Bildung von Fibrillen hemmt. Bei den Tauopathien kommt es zu einer Hyperphosphorylierung von Tau.

Genetik des Tau-Proteins Es sind über 40 krankheitsassoziierte Mutationen im MAPT-Gen bekannt. Die Mehrzahl wird autosomal-dominant und mit hoher Penetranz vererbt. Die Pathogenität kann vermutlich aus 3 verschiedenen Mechanismen resultieren (Irwin 2016):
- Störung der Bindung von Tau an Mikrotubuli,
- Steigerung der Aggregationsneigung,
- gestörtes Splicing von Exon 10 und daraus resultierendes Ungleichgewicht von 3R- und 4R- Isoformen.

In Abhängigkeit der zugrundeliegenden Mutation im MAPT-Gen entstehen sowohl neuronale als auch gliale Einschlüsse oder nur neuronale Einschlüsse.

Auch bei sporadischen FTD-Formen mit Tau-Aggregaten kommt es aus nicht vollständig geklärter Ursache zu einer Phosphorylierung des Tau-Proteins und Störung der Mikrotubulibindung. Die Phosphorylierung von Tau ist normalerweise durch ein Gleichgewicht der Aktivitäten von Kinasen (z. B. Glykogensynthasekinase 3β) und Phosphatasen (z. B. PP-1) geregelt. Die Phosphorylierung hemmt die Bindung an die Mikrotubuli, was zu einer Störung des axonalen Transports und Destabilisierung des Zytoskeletts führt („loss of function"). Zudem aggregiert das ungebundene Tau in Zellkörper und Zellfortsätzen und bildet neurotoxische Einschlüsse („gain of function").

■ Tab. 4.4 gibt eine Übersicht über vorherrschende Tau-Isoformen und -Morphologien bei unterschiedlichen neurodegenerativen Erkrankungen.

■■ **TDP-43**
Struktur und Funktion TDP-43 ist ein normalerweise im Zellkern lokalisiertes, 414 Aminosäuren zählendes Protein, das an der Gen-Regulation sowie dem Splicing von mRNA beteiligt ist. Es wird durch das TARDBP-Gen auf Chromosom 1 kodiert.

Pathologische Konformationen Bei den TDP-43-Erkrankungen kommt es letztlich zu einer Umverteilung des Proteins aus dem Zellkern ins Zytoplasma, wo es aggregiert. Wahrscheinlich führt dann eine Kombination aus nukleärem Funktionsverlust und zytoplasmatischer Aggregattoxizität zum Untergang der Zellen mit TDP-43-Einschlüssen. Bei den FTD-TDP korreliert die Dichte der TDP-Einschlüsse in den frontotemporalen Regionen mit der Neurodegeneration und der klinischen Symptomatik (s. auch ▶ Abschn. 4.1).

■■ **Genetik**
TARDBP Direkte Mutationen des TARDBP-Gens, das für TDP-43 kodiert, liegen nur in ca. 1% den FTD-TDP-Fällen zugrunde. Etwas häufiger können diese Mutationen zur ALS führen (s. auch ▶ Abschn. 4.1).

C9orf72 Als häufigste Ursache liegt bei ca. 21% der familiären FTD (und ca. 40% der familiären ALS-Fälle) eine Expansion eines Hexanukleotid-Repeats (GGGCCC) im ersten Intron, also einer nicht kodierenden Sequenz, des C9orf72 (Chromosom 9, Open Reading Frame 72)-Gens zugrunde. Bei Gesunden ist dieses Repeat 2- bis maximal 30-mal vorhanden. Krankheitsverursachend sind Expansionen, die bei deutlich über 50 Repeats (bis hin zu mehr als 1000 Repeats) liegen. Diese Muta-

■ **Tab. 4.4**   Unterschiedliche Tau-Isoformen und Morphologien bei verschiedenen Tauopathien.

Pathologische Diagnose	Dominante Tau-Isoform	Morphologie und Lokalisation der Tau-Ablagerungen
Primäre Tauopathien		
FTD-TAU (MAPT-Mutation)/FTDP-17	4R > 3R	Hyperphosphoryliertes Tau-Protein in glialen und/oder neuronalen Zellen; Verteilungsmuster variiert in Abhängigkeit der Mutation
Silberkornkrank-heit	4R	„Argyrophile Körnchen": Spindelige oder kommaförmige, Tau-positive Einschlüsse in neuronalen Dendriten, im Hippocampus und limbischen Regionen „Coiled Bodies": oligodendrogliale Einschlüsse in der subkortikalen weißen Substanz
Morbus Pick	3R > 4R	Residuale ballonierte Neurone („Pick-Zellen") und argyrophile Einschluss-körperchen („Pick-Kugeln") aus hyperphosphoryliertem Tau; v. a. Frontal- und Temporallappen
Progressive supranukleäre Blickparese (PSP)	4R	Gliofibrilläre Bündel und „coiled bodies": Tau-positive Neurofibrillenbündel, Neuropilfäden und Tau-Ablagerungen in Astrozyten und Oligodendrozyten; v. a. Hirnstamm und Stammganglien
Kortikobasale Degeneration (CBD)	4R	Achromatische, ballonierte, Tau-immunreaktive Neurone sowie Neuro-fibrillenbündel-ähnliche Einschlüsse, Neuropilfäden, Tau-positive Gliaein-schlüsse; v. a. Kortex und Stammganglien
Sekundäre Tauopathien		
Alzheimer-Erkrankung	3R und 4R	„Neurofibrillary tangles" (NFT): Argyrophile fibrilläre Auftreibungen des neuronalen Zytoskeletts, Neuro-pilfäden, zugrunde gegangene Neurone hinterlassen sog. „ghost tangles"

tion scheint auch die häufigste Ursache für – scheinbar – sporadische FTD- und ALS-Fälle zu sein. Das C9orf72-Gen kodiert ein Protein, das vermutlich an der Regulation des Membranaustauschs beteiligt ist. Obwohl die Hexanukleotid-Expansion in einer nicht kodierenden Region des C9orf72-Gens liegt, werden durch alternative Translation mutierte Proteine aus Dipeptid-Repeats (DPR) von erheblicher Länge exprimiert, die zur Aggregation neigen. Die verlängerte Repeat-RNA sequestriert zudem in sog. „Foci" im Zellkern RNA-bindende Proteine und besitzt somit ebenfalls einen „toxischen" Effekt (s. auch ▶ Abschn. 4.1).

Progranulin   In etwa 20% der familiären FTD-TDP Fälle liegt eine Loss-of-Function-Mutation im Progranulin-Gen (GRN) vor. Progranulin fördert als Wachstumsfaktor neuronales Überleben und Axonwachstum und findet sich in Neuronen und Mikroglia. Durch die Mutation kommt es im Sinne einer Haploinsuffizienz zu einer 50%igen Reduktion des Progranulins. Der Pathomechanismus ist nicht genau geklärt, eine inadäquate Ant

wort auf neuronale Schädigungen wird vermutet. Die sehr seltenen homozygoten GRN-Mutationen führen zu einer lysosomalen Speicherkrankheit mit Lipofuszinablagerungen (neuronale Ceroid-Lipofuszinose 11).

Weitere Mutationen   Weitere, deutlich seltenere pathogene Mutationen bei FTD-TDP betreffen die Gene TBK1, VCP, OPTN, UBQLN2 u. a. Einige dieser Gene kodieren für Schlüsselenzyme des Autophagiesystems, was vermutlich ebenfalls in einem gestörten Proteinabbau resultiert (Majcher et al. 2015).

■ ■ **Fused In Sarcoma (FUS)**
Struktur und Funktion   Fused In Sarcoma ist ein aus 526 Aminosäuren bestehendes Protein. Wenn es im Zellkern lokalisiert ist, wirkt es an der Regulation der Transkription sowie am mRNA-Splicing mit. Im Zytoplasma lokalisiert scheint es am mRNA-Transport beteiligt zu sein und in der neuronalen Synapse die Proteinsynthese zu unterstützen.

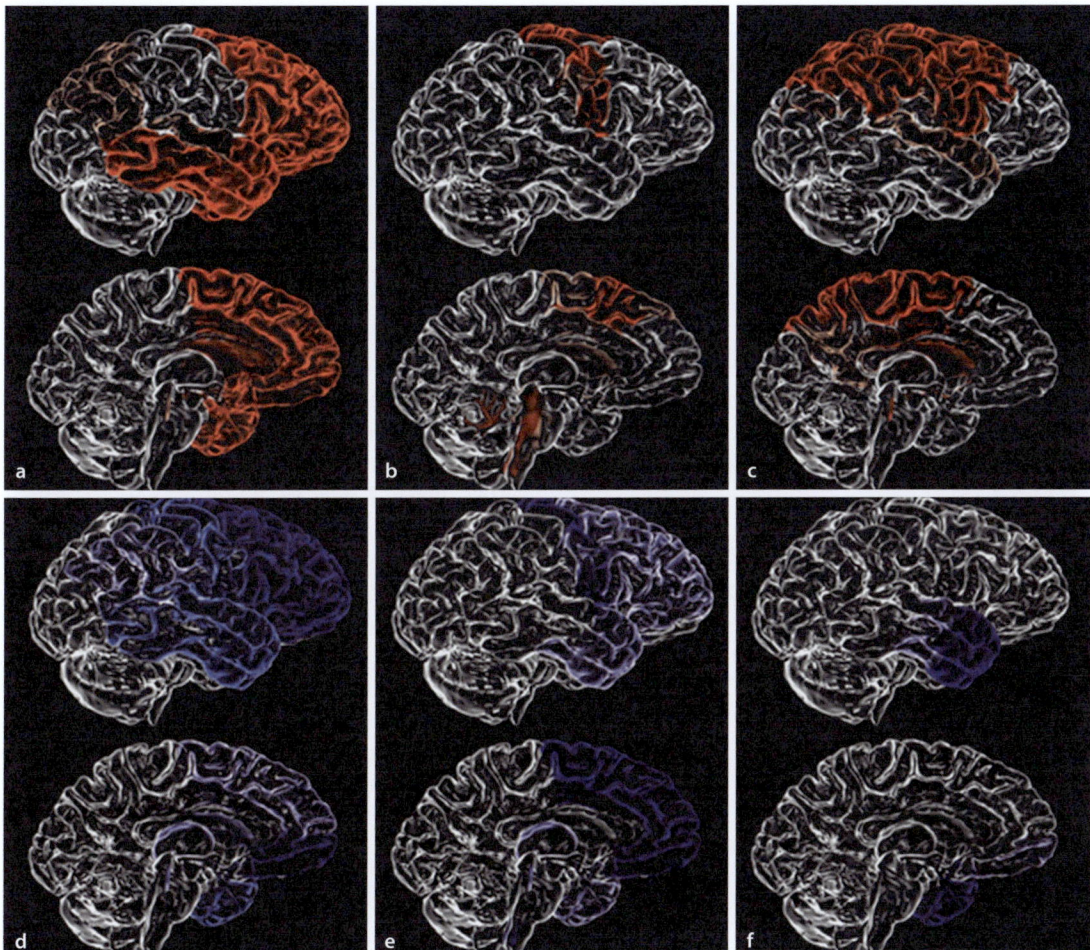

□ Abb. 4.16a–f Atrophiemuster bei Subtypen der FTLD. **a** Morbus Pick; **b** PSP; **c** kortikobasale Degeneration; **d** FTLD-Typ A; **e** FTLD-Typ B; **f** FTLD-Typ C (s. auch Text). (Aus: Bang et al. 2015, mit freundlicher Genehmigung von Elsevier GmbH)

Pathologische Konformationen   Es sind mindestens 14 Mutationen im FUS-Gen bekannt, die etwa 4% der familiären FTD-Fälle ausmachen. Infolge der Mutationen scheint der Transport des FUS-Proteins in den Zellkern gestört zu sein, was zur Akkumulation des Proteins im Zytoplasma führt. Vermutlich tragen sowohl der Funktionsverlust im Zellkern als auch eine Toxizität der Aggregate selbst zur Pathogenese bei.

■■ Anatomische Ausbreitung

Bei der FTD-TDP zeigen sich anhand der histopathologischen Veränderungen und neuroanatomischen Atrophiemuster verschiedene Subtypen, die eine gewisse Korrelation zur klinischen Phänomenologie aufweisen (□ Abb. 4.16) (Bang et al. 2015):

- FTLD-TDP Typ A
  - Atrophiemuster: *asymmetrisch dorsal*, Frontallappen und anteriore, mediale und posteriore Regionen des Temporallappens, orbitofrontaler Kortex, vorderer Gyrus cinguli, Striatum, Pallidum.
  - Klinik: häufig nicht flüssige Variante der PPA, seltener kortikobasale Degeneration oder behaviorale Variante der FTD mit oder ohne Motoneuronerkrankung.
- FTLD-TDP Typ B:
  - Atrophiemuster: *medial*, Einbeziehung des medialen und polaren Temporallappens, anteriorer Insel, Gyrus cinguli, medialer präfrontaler Kortex und orbitofrontaler Kortex.

- Klinik: häufig FTD-ALS, behaviorale Variante der FTD.
- FTLD-TDP Typ C:
  - Atrophiemuster: *unilateral* (links- oder rechtshemisphäral) führende anteriore Temporallappenatrophie, zusätzlich Amygdala, Hippocampus, orbitofrontaler Kortex, insulärer Kortex.
  - Klinik: häufig semantische Variante der PPA, „temporale" bvFTD.

Eine sequenzielle Ausbreitung der Proteinablagerungen konnte bei verschiedenen Subtypen der FTD sowohl für TDP-43 als auch für Tau-Protein gezeigt werden (Brettschneider et al. 2014) (◘ Abb. 4.16).

4.2.5 Pathophysiologische Aspekte der Lewy-Körperchen-Demenz

> **Lewy-Körperchen-Demenz**
> - Demenzielles Syndrom, das durch das Auftreten von Lewy-Körperchen in Hirnstamm und Neokortex definiert ist.
> - **Prävalenz**: Mit dem Alter zunehmende Häufigkeit, etwa 20% aller Demenzen.
> - **Klinik**: Aufmerksamkeitsstörungen, Beeinträchtigungen der exekutiven und visuoperzeptiven Funktionen, Fluktuationen der Aufmerksamkeit und Wachheit, visuelle Halluzinationen sowie Parkinson-Symptome. Die Gedächtnisfunktion ist initial meist noch gut erhalten. Ebenfalls typisch sind Verhaltensstörungen im REM-Schlaf sowie eine ausgeprägte Neuroleptika-Überempfindlichkeit.

Die Lewy-Körperchen-Demenz (lewy body dementia, LBD) zählt gemeinsam mit dem idiopathischen Parkinson-Syndrom (IPS), der Parkinson-Demenz und den Multisystematrophien zu den α-Synukleinopathien, auf die im ▶ Abschn. 4.3.3 ebenfalls näher eingegangen wird. Bei der LBD findet sich α-Synuklein als Hauptbestandteil in intraneuronalen Lewy-Körperchen und Lewy-Neuriten sowie ein Neuronenverlust.

Die bei der LBD im Gegensatz zum IPS klinisch im Vordergrund stehenden kognitiven Defizite

erklären sich durch das unterschiedliche Verteilungsmuster der pathologischen Veränderungen (s. unten). Ein erheblicher Teil der LBD-Patienten weist zudem zusätzliche Alzheimer-typische Aβ-Plaques auf. Letztlich gibt es jedoch keinen klaren Konsens, inwiefern die LBD als eigene Krankheitsentität gegenüber dem IPS abgegrenzt werden kann oder ob es sich eher um ein kontinuierliches Erkrankungsspektrum handelt (Walker et al. 2015).

▪▪ α-Synuklein

Struktur und Funktion   α-Synuklein ist ein aus 140 Aminosäuren bestehendes Protein, das durch das SNCA-Gen auf Chromosom 4 kodiert wird. Unter physiologischen Bedingungen ist es vor allem in den präsynaptischen Nervenendigungen zu finden, wo es an der Neurotransmission und vermutlich der synaptischen Plastizität beteiligt ist.

Pathologische Konformationen   Ähnlich wie Amyloid-β unterliegt α-Synuklein einem Fehlfaltungsprozess, an dessen Ende fibrilläre unlösliche Aggregate stehen. Diese Aggregate besitzen eine Amyloidstruktur und zeigen sich gegenüber proteasomaler Degradierung und Autophagie resistent (Jucker und Walker 2013). Zudem wirken sie wahrscheinlich auch direkt zytotoxisch, indem sie die Bildung von H_2O_2 katalysieren. Die Ursache für das Auftreten der Proteinaggregate bei den mehrheitlich sporadisch auftretenden Krankheitsfällen ist nicht geklärt.

Verschiedene Punktmutationen im SNCA-Gen bewirken eine verstärkte Aggregationsneigung von α-Synuklein und liegen neben anderen Mutationen den hereditären Formen des IPS zugrunde. Dabei sind die hierbei auftretenden neuropathologischen Veränderungen jedoch teilweise eher vergleichbar mit der Pathologie der sporadischen LBD als dem IPS. Auch eine verstärkte Genexpression durch Triplikation oder Duplikation des gesamten α-Synuklein-Gens kann zu einer autosomal-dominant erblichen Form des IPS führen, somit scheint die erhöhte zelluläre Konzentration des Proteins per se seine Aggregationsneigung zu erhöhen.

Ein wichtiger genetischer Risikofaktor für die Entwicklung einer α-Synuklein-Pathologie sind heterozygote Mutationen im Gen für die Glukozerebrosidase. Im homozygoten Zustand verursachen diese Mutationen die autosomal-rezessive lysosomale Speicherkrankheit Morbus Gaucher.

Im heterozygoten Zustand wird das Risiko, an einem Parkinson-Syndrom zu erkranken, um den Faktor 5–10 erhöht. Diese Patienten zeigen deutlich häufiger kognitive Störungen als Patienten mit IPS. Neben dem dopaminergen System ist frühzeitig auch das cholinerge System mit seinen aus den basalen Vorderhirnkernen zu Neokortex und Hippokampus ziehenden Projektionen betroffen. Das Auftreten von visuellen Halluzinationen scheint insbesondere mit der Ausprägung der Lewy-Körperchen-Pathologie im Temporallappen zu korrelieren.

Für das sporadische IPS konnte gezeigt werden, dass die spezifischen histopathologischen Veränderungen im Gehirn auf topographischer Ebene einem prädeterminierten Ausbreitungsmuster entlang axonaler Projektionen in kaudorostraler Orientierung folgen. Für die LBD werden ähnliche Ausbreitungsmuster angenommen, wenngleich auch Abweichungen hiervon bekannt sind (Walker et al. 2015) (s. auch ▶ Abschn. 4.3).

? **Fragen zur Lernkontrolle**
— Nennen Sie die verschiedenen Stufen der Informationsverarbeitung und beteiligte neuroanatomische Strukturen bei basalen Gedächtnisprozessen.
— Welches sind die histopathologischen Kardinalveränderungen bei der Alzheimer-Demenz?
— In welche Neurotransmittersysteme greifen die unterschiedlichen Antidementiva ein?
— Welche Eiweiße lagern sich bei den häufigsten Formen der frontotemporalen Demenzen ab?

4.3   Idiopathisches Parkinson-Syndrom, atypische Parkinson-Syndrome und sekundäre Parkinson-Syndrome

C. Franke

■■ **Zum Einstieg**
Um Parkinson-Syndrome zu verstehen und behandeln zu können, bedarf es der Kenntnisse von Funktion und Funktionsstörungen der Basalganglien. Das Zusammenspiel von afferenten und efferenten Verbindungen zwischen Kortex, Thala-

mus, limbischem System und den Basalganglien, geprägt durch die Ausschüttung exzitatorischer sowie inhibitorischer Neurotransmitter, stellt die Grundlage zum Verständnis der Erkrankung dar. Die Ätiologie und Pathogenese des idiopathischen Parkinson-Syndroms, aber auch der atypischen und sekundären Parkinson-Syndrome ist in vielen Bereichen bislang immer noch unverstanden. Der vorliegende Beitrag soll das klinische Auftreten von Parkinson-Syndromen und die zugrundeliegende Neuropathologie verknüpfen und erläutern.

4.3.1   Parkinson-Syndrome

Im Jahr 2015 wurden durch eine Arbeitsgruppe der International Parkinson and Movement Disorders Society (MDS) neue klinische Diagnosekriterien für die Parkinson-Erkrankung vorgestellt. Das Parkinson-Syndrom wird somit nun definiert durch das gleichzeitige Auftreten einer Akinese/Bradykinese zusammen mit Rigor und/oder Ruhetremor (4–6 Hz) (Postuma et al. 2015). Die Neudefinition des Parkinson-Syndroms trägt der Vielfalt der Erkrankung mit den verschiedenen motorischen und nicht-motorischen Symptomen und Verlaufsformen sowie den genetischen und pathophysiologischen Grundlagen Rechnung. Insbesondere das zunehmende Verständnis von der progredienten Neurodegeneration hat zur Definition verschiedener Phasen der Parkinson-Erkrankung und einer Einteilung in eine präklinische, prodromale und klinische Phase geführt. Hierbei spielen neuropathologische Veränderungen eine elementare Rolle.

Das idiopathische Parkinson-Syndrom (IPS, Morbus Parkinson) ist nach der Alzheimer-Demenz die zweithäufigste neurodegenerative Erkrankung (de Rijk et al. 1997). Neben dem IPS, das nach der klinischen Verlaufsform in mindestens drei Typen unterteilt werden kann (s. Übersicht), gibt es eine Reihe weiterer Erkrankungen, die mit ähnlichen Symptomen einhergehen können. Dazu gehören die familiären/genetischen Formen des Parkinson-Syndroms, die atypischen Parkinson-Syndrome (APS) und eine gemischte Gruppe verschiedener Krankheitsentitäten, die als symptomatische bzw. sekundäre Parkinson-Syndrome bezeichnet werden.

4

Klassifikation der Parkinson-Syndrome

1. Idiopathisches Parkinson-Syndrom (IPS) (Einteilung nach klinischer Verlaufsform)
   - Akinetisch-rigider Typ.
   - Äquivalenz-Typ.
   - Tremordominanz-Typ.

2. Hereditäre (familiäre) Parkinson-Syndrome
   - Aktuell 19 Genloci bekannt (10 autosomal-dominant, 9 autosomal-rezessiv).

3. Atypische Parkinson Syndrome (APS)
   - Multisystematrophie (MSA): Parkinson-Typ (MSA-P) und zerebellärer Typ (MSA-C).
   - Lewy-Körperchen-Erkrankung (Lewy Body Diseases, LBD): Parkinson-Erkrankung mit demenzieller Entwicklung (Parkinson's disease with dementia, PDD) und Lewy-Körperchen-Demenz (Dementia with Lewy bodies, DLB).
   - Progressive supranukleäre Blickparese (PSP):
     - progressive supranukleäre Blickparese mit prädominantem Parkinsonismus (PSP-P) und Richardson-Syndrom (RS),
     - pure Akinesie mit Gang-Freezing (PAGF),
     - progressive nicht flüssige Aphasie (PNFA) und
     - behaviorale Variante der frontotemporalen Demenz (bvFTD), kortikobasales Syndrom (CBS)
   - Kortikobasale Degeneration (CBD, neuropathologische Diagnose): kortikobasales Syndrom (CBS, klinische Manifestation)

4. Symptomatische (sekundäre) Parkinson-Syndrome
   - Vaskulär (subkortikale vaskuläre Enzephalopathie).
   - Medikamenteninduziert (z. B. klassische Neuroleptika, Antiemetika, Lithium, Valproinsäure).
   - Posttraumatisch.
   - Toxininduziert (z. B. durch Kohlenmonoxid, Mangan).
   - Entzündlich.
   - Metabolisch (z. B. Morbus Wilson, Hypoparathyreoidismus).

Auch die Definition der atypischen Parkinson-Syndrome (APS) befindet sich im Wandel. Die bislang noch gültige syndrombasierte Klassifikation in die **Synukleinopathien** mit der Multisystematrophie (MSA) und der Lewy-Körperchen-Erkrankung (LBD) und in die **Tauopathien** mit der kortikobasalen Degeneration (CBD) und der progressiven supranukleären Blickparese (PSP) entspricht nicht mehr dem aktuellen Wissensstand. Zahlreiche klinisch-pathologische Studien konnten zeigen, dass die klinische Diagnose nicht mit der molekularpathologischen Diagnose übereinstimmt und aktuelle therapeutische Studien mit molekularem Angriffspunkt eine pathogenetisch orientierte Diagnose erfordern. Dennoch existieren korrespondierende neuropathologische Krankheitsentitäten für die klinischen Syndrome MSA, DLB und PSP. Bei der klinischen Erkrankung kortikobasales Syndrom (CBS) gibt es eine Vielzahl von pathologischen Entitäten, die zum Teil einer CBD, aber auch anderen Tauopathien oder einer Alzheimer-Pathologie entsprechen (Chahine et al. 2014).

4.3.2 Neuroanatomische und funktionelle Grundlagen

Um die Pathophysiologie akinetisch-rigider Bewegungsstörungen zu verstehen, ist es von zentraler Bedeutung, die beteiligten Strukturen – insbesondere die Basalganglien mit ihren komplexen Verbindungen – zu kennen. Dem vorliegenden Beitrag sei aus diesem Grund eine kurze Wiederholung der neuroanatomischen Grundlagen vorangestellt.

4.3.2.1 Basalganglien

Historisch betrachtet wird das motorische Nervensystem in das pyramidale und das extrapyramidalmotorische System (EPS) unterteilt. Zum pyramidalen System gehören der motorische Cortex mit dem Tractus corticospinalis (= 1. Motoneuron, „Pyramidenbahn") sowie die Vorderhornzellen des Rückenmarks (= 2. Motoneuron). Die Basalganglien bilden das extrapyramidale System. Allerdings sind diese Begrifflichkeiten veraltet und sollen im Folgenden nicht erneut aufgegriffen werden, da es sich insgesamt um ein motorisches System handelt, das funktionell und strukturell miteinander kommuniziert.

Neben ihrer zentralen Bedeutung für die **Motorik**, haben die Basalganglien, durch ihre

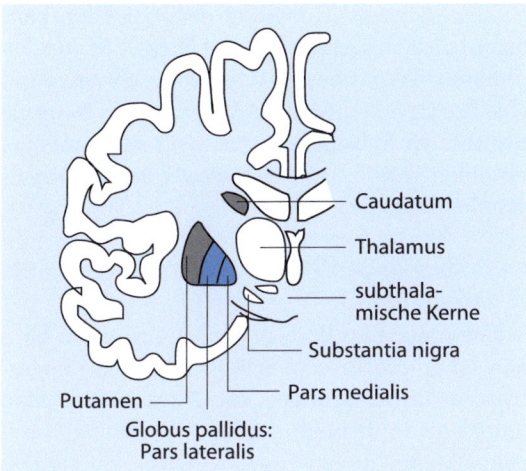

zahlreichen Verbindungen zu umgebenden Strukturen wie dem limbischen System und dem Thalamus, auch **nicht-motorische Funktionen.** Beispielhaft sei die Kognition genannt: Wahrnehmung und Aufmerksamkeit sowie die Verarbeitung von Emotionen und der Affekt werden von den Basalganglien moduliert.

■ ■ Anatomie
Die Basalganglien, als subkortikal gelegene Kerngebiete (■ Abb. 4.17) innerhalb der weißen Substanz des Telenzephalons, sind ein elementarer Bestandteil des motorischen Systems mit besonderer Bedeutung für die **Planung und Umsetzung von Bewegungen** und die **Regulierung des Muskeltonus.**

Die vier Hauptkerngebiete umfassen
- das Striatum, bestehend aus Nucleus caudatus und Putamen (von einigen Autoren wird auch der Nucleus accumbens als Teil des Striatums betrachtet),
- den Globus pallidus, den man in den Globus pallidus, Pars lateralis und den Globus pallidus, Pars medialis unterteilt,
- den Nucleus subthalamicus und
- die Substantia nigra, bestehend aus der Substantia nigra Pars compacta und der Substantia nigra Pars reticulata.

Der hohe Gehalt an Melanin und die daraus resultierende dunkle Färbung führten zur Namensgebung der Substantia nigra. Das Putamen und

der Globus pallidus werden zusammen auch als Nucleus lentiformis bezeichnet.

Die Basalganglien bilden ein essenzielles Verbindungsglied zwischen Neokortex sowie subkortikalen Regionen und dem Thalamus, von dem aus Informationen an frontale Kortexregionen inklusive prä- und supplementärmotorische Regionen weitergeleitet werden.

■ ■ Neurotransmitter und Kommunikationsstruktur der Basalganglien
Dreh- und Angelpunkt der Basalganglienschleifen sind die beteiligten Neurotransmitter und ihre Rezeptoren, die entweder exzitatorisch (erregend) oder inhibitorisch (hemmend) als auch in beide Richtungen wirken können. Wichtige Neurotransmitter innerhalb der Basalganglien sind Glutamat, γ-Aminobuttersäure (GABA), Dopamin, Acetylcholin, Serotonin und Noradrenalin.

> **GABAerge Neurone wirken inhibitorisch, glutamaterge wirken exzitatorisch. Dopaminerge Neurone können – je nach Rezeptortyp – sowohl erregend als auch hemmend wirken.**

Das Striatum stellt die **Eingangsstation** der Basalganglien dar. Über glutamaterge Neurone erhält es (exzitatorische) Informationen aus vielen Regionen des Telenzephalons, insbesondere aus motorischen Anteilen des Frontallappens, aber auch aus dem Thalamus und der Substantia nigra. Vom Striatum aus führen überwiegend GABAerge Bahnen zum Globus pallidus (Pars lateralis et medialis) sowie zur Substantia nigra (Pars reticulata).

Einen wichtigen Einfluss auf die Projektionen des Striatums übt die Pars compacta der Substantia nigra aus, die über dopaminerge Afferenzen sowohl hemmend als auch erregend wirken kann.

Die Pars reticulata der Substantia nigra sowie der Globus pallidus (Pars lateralis) stellen die **Ausgangsstationen** der Basalganglien dar, von denen aus GABAerge Afferenzen zum Thalamus bzw. subthalamischen Kerngebieten ziehen. Der Thalamus projiziert über glutamaterge Neurone zum supplemetärmotorischen Kortex, wodurch sich die kortikothalamokortikale Schleife „schließt" (■ Abb. 4.18).

Obgleich die komplexen Funktionen der Basalganglien noch immer nicht vollständig erforscht sind, bilden der direkte und der indirekte Pfad (Basalganglienschleifen) wichtige Modelle zum Verständnis der Bewegungsmodulation.

4

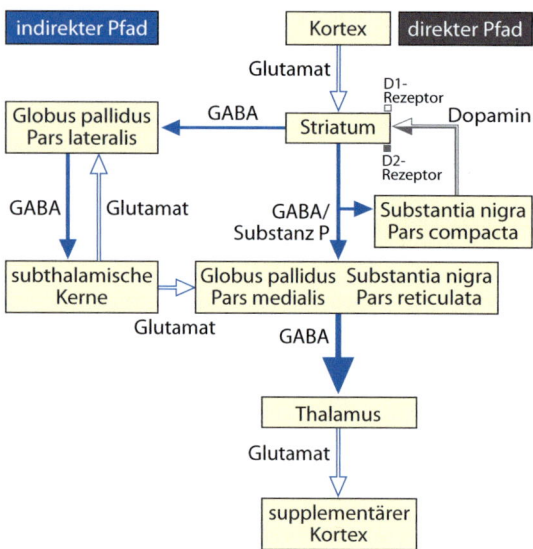

☐ Abb. 4.18   Modell der Basalganglienverschaltung mit jeweiligen Neurotransmittern. *Offene* Pfeile: exzitatorisch; *gefüllte* Pfeile: inhibitorisch. (Adaptiert nach Hacke 2016)

■■ Direkte und indirekte Basalganglienschleife

Die Basalganglien haben, durch ihre efferenten Verbindungen über den Thalamus zum Kortex, einen modulierenden Einfluss auf die Motorik. Hierzu verfügen sie über zwei Wege der Verarbeitung – den direkten, bewegungsfördernden und den indirekten, bewegungshemmenden Pfad (☐ Abb. 4.18).

Vom Kortex erhält das Striatum ständig glutamaterge, exzitatorische Informationen.

Der **direkte Pfad** beschreibt die Projektionsbahn vom Striatum zum Globus pallidus, Pars medialis, über den es zur GABAergen Inhibition des Thalamus kommt. Der Kortex kann somit – über die Stimulation des Striatums und damit eine *verminderte Hemmung* des Thalamus – die Bewegung *fördern*.

Der **indirekte Pfad** führt über den Globus pallidus, Pars lateralis, und den Nucleus subthalamicus. Die hier durchlaufene zweimalige Inhibition führt so zu einer vermehrten Gluatamatfreisetzung aus den subthalamischen Kernen auf den Globus pallidus internus, was eine Inhibition des Thalamus und somit letztlich eine Bewegungshemmung zur Folge hat.

Als drittes wird seit einigen Jahren auch ein **hyperdirekter Pfad** angenommen (in der Abbildung nicht dargestellt), der vom Kortex aus direkt auf den Nucleus subthalamicus projiziert und so letztlich ebenfalls eine Bewegungshemmung bewirkt.

Ein wichtiger Modulator der Projektionsbahnen ist die Substantia nigra, die über Dopamin den direkten Weg über D1-Neurone fördert und gleichzeitig den indirekten Weg über D2-Neurone hemmt. Die Substantia nigra wirkt zusammengenommen also *bewegungsfördernd* auf die Basalganglienschleifen.

■■ Erkrankungen aufgrund von Basalganglienstörungen

Schädigungen im Bereich der Basalganglien können komplexe Bewegungsstörungen und kognitive Beeinträchtigungen zur Folge haben. Man unterscheidet hypokinetische Erkrankungen mit einem Mangel an Bewegung von hyperkinetischen bzw. choreatisch-ballistischen Syndromen, die durch ein Zuviel an Bewegung oder abnorme Bewegungsabläufe gekennzeichnet sind. Zeitgleich zur Hypo- bzw. Hyperkinesie kann eine Veränderung des Muskeltonus auftreten. Dystone Syndrome können Resultat einer isolierten Muskeltonusveränderung sein.

Ein Beispiel für eine hypokinetische Störung ist das idiopathische Parkinson-Syndrom, daneben aber auch die atypischen und die sekundären Parkinson-Syndrome, die durch eine Bewegungsarmut gekennzeichnet sind. Der Morbus Huntington ist ein Beispiel für hyperkinetische Syndrome.

4.3.3   Idiopathisches Parkinson-Syndrom (IPS)

Idiopathisches Parkinson-Syndrom (IPS, Morbus Parkinson)
- Progrediente neurodegenerative Erkrankung des extrapyramidal-motorischen Systems, asymmetrischer Beginn.
- **Prävalenz:** 0,16% der Bevölkerung mit exponentieller Zunahme im höheren Lebensalter (1% der 60-Jährigen, 3% der 80-Jährigen), mittleres Erkrankungsalter 55 Jahre (17–80 Jahre).
- **Klinische Verlaufsformen:** Äquivalenztyp, Tremordominantyp, akinetisch-rigider Typ.
- Klinik:
  - **Motorische Leitsymptome:** zunächst einseitig auftretende Akinese mit Bradykinese, Hypokinese und/oder Rigor und/oder Ruhetremor. Progre-

dienter Verlauf und Übergreifen auf die kontralaterale Seite; gutes Ansprechen der Symptomatik auf L-Dopa.
  - **Nichtmotorische Leitsymptome**: Der motorischen Symptomatik zum Teil schon Jahre vorausgehende neuropsychiatrische, autonome und sensorische Störungen.
- **Diagnostik:** Levodopa-/Apomorphintest, olfaktorische Testung, Hirnparenchymsonographie, ggf. Labor, Tremoranalyse, Bildgebung (cMRT, PET, SPECT, Szintigraphie).
- **Therapie:**
  - **Medikamentös:** Levodopa + Decarboxylasehemmer, Dopaminagonisten, MAO-B-/COMT-Hemmer, Anticholinergika, NMDA-Antagonisten, symptomatische Therapie.
  - **Nichtmedikamentös:** Physiotherapie, Logopädie, Ergotherapie.
  - **Interventionell:** Pumpenbehandlung mit Apomorphin oder Duodopa, Tiefenhirnstimulation (THS).

Das idiopathische Parkinson-Syndrom (IPS, auch Morbus Parkinson) ist mit einem Anteil von ca. 75% das häufigste Parkinson-Syndrom.

Die Ätiologie der Erkrankung ist bislang nicht bekannt, vermutet wird eine multifaktorielle Genese, die sowohl Umwelteinflüsse als auch genetische metabolische, toxische und immunologische Faktoren miteinschließt.

Zum Ausschluss symptomatischer Ursachen eines idiopathischen Parkinson-Syndroms wird bei Diagnosestellung empfohlen, ein kranielle Kernspintomographie durchzuführen. Diese ist beim IPS in der Regel unauffällig. Zur weiteren Diagnostik bei unklarem klinischen Syndrom und zur Abgrenzung von differenzialdiagnostischen Syndromen mit Parkinsonismus können verschiedene hirnszintigraphische Untersuchungen durchgeführt werden, die den Mangel an Dopamin mit Hilfe eines verabreichten Radionuklids nachweisen können Dies geschieht entweder durch Darstellung der präsynaptischen dopaminergen Neurone, z. B. indirekt über die Beurteilung der Dopaminsynthese in den dopaminergen Neuronen mittels ^{18}F-Fluorodopa PET oder durch Messung der spezifischen Bindung an striatale Dopamintransporter mittels Dopamintransporterszintigraphie (DATScan).

Grundlage der Erkrankung – sowie therapeutischer Angriffspunkt – ist ein Mangel an Neurotransmittern innerhalb der Basalganglien – allen voran Dopamin. Daneben sind aber auch weitere Neurotransmitter (z. B. Noradrenalin, Serotonin, Acetylcholin) vermindert. Wie viele dopaminerge Neurone geschädigt sein müssen, bevor es zur klinischen Manifestation des IPS kommt, wird kontrovers diskutiert. Neuropathologische Studien gehen von einem präklinischen Verlust dopaminerger Neurone von bis zu 50% aus. Andere Untersuchungen geben an, dass 30–70% der dopaminergen Neurone untergegangen sein müssen, bevor klinische Symptome auftreten, und bildgebende Untersuchungen zeigten einen Verlust von 30–40% vor dem Auftreten klinischer Symptome (Michel et al. 2002; Antonini und DeNotaris 2004).

4.3.3.1 Pathologie/Histopathologie

Häufig lässt sich bereits **makroskopisch** an Mittelhirnquerschnitten betroffener Patienten eine Abblassung der Substantia nigra erkennen, deren Ausprägung bis hin zum vollständigen Pigmentverlust reichen kann (◘ Abb. 4.19). Sie ist verursacht durch den Untergang melaninhaltiger und Tyrosinhydroxylase-positiver Nervenzellen in der Substantia nigra, die für die physiologische Pigmentierung verantwortlich sind. Residuell zeigen sich Lewy-Körperchen und -Neuriten (s. unten) in den verbliebenen Neuronen.

Histopathologisch zeigt sich ein Untergang der melaninhaltigen, dopaminergen Neurone insbesondere in den zelldichtesten Arealen der Pars compacta der Substantia nigra, seltener auch in der Area retrorubralis und im ventralen Tegmentum. Das freiwerdende Melanin wird zumeist phagozytiert, was das Verblassen der schwarzen Substanz (s. oben) erklären kann. Reaktiv zeigt sich eine Astro- bzw. Mikrogliareaktion (◘ Abb. 4.19b).

Im Zytoplasma der verbleibenden Neuronen der Substantia nigra zeigen sich Einschlusskörperchen aus ubiquitinierten, pathologischen Proteinen, die sogenannten **Lewy-Körperchen** (◘ Abb. 4.20a). Der wesentliche Bestandteil dieser Proteine ist α-Synuklein (s. unten). Daneben finden sich auch Synphilin-1, Ubiquitin, Parkin, Synaptophysin, α-Tubulin und Tau-Protein als Bestandteile der Lewy-Körperchen. Zudem zeigen sich Aggregate in den Neuriten und Axonen, die sogenannten **Lewy-Neuriten**, die typisch für das

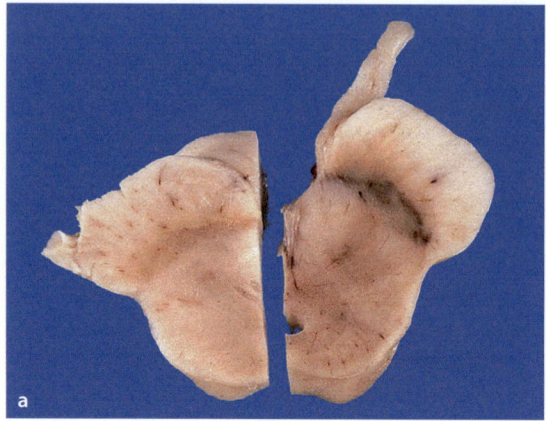
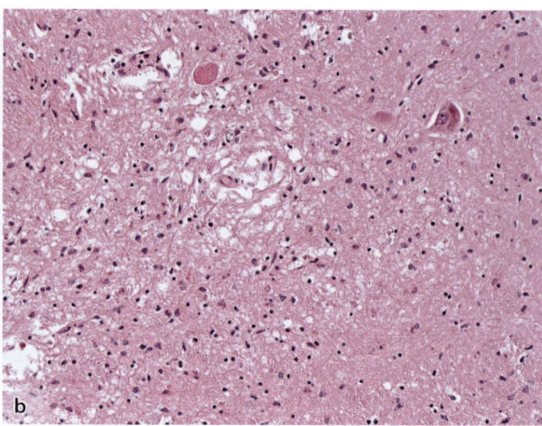

◼ Abb. 4.19a, b   Substantia nigra: **a** Mittelhirnquer-
schnitte: Deutliche Abblassung der Substantia nigra bei
Parkinson-Krankheit (links) im Vergleich zur kräftigen Pigmentierung bei einer Kontrollperson (rechts). **b** Nervenzellverluste und reaktive Gliose in der Pars compacta der
Substantia nigra. (Aus: Remmele 2012)

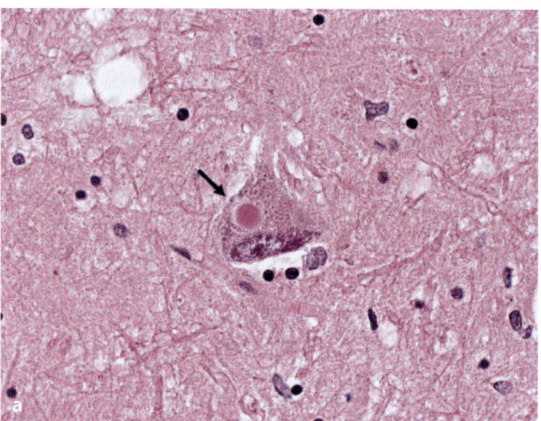
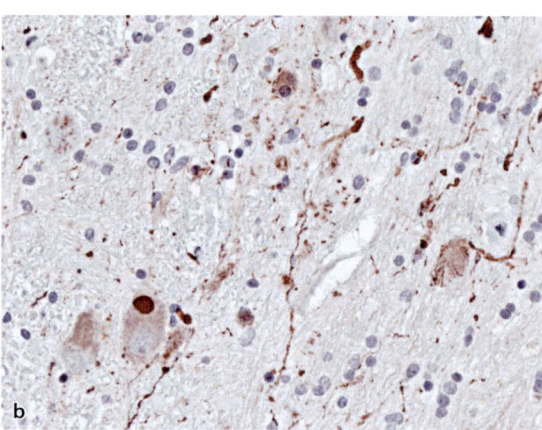

◼ Abb. 4.20a, b   In einer noch verbliebenen Nervenzelle
der Substantia nigra findet sich ein Lewy-Körper (**a**, Pfeil).
In der immunhistochemischen Färbung mit einem Antikörper gegen α-Synuklein zeigen sich Lewy-Körper und
zahlreiche Lewy-Neuriten (**b**). (Aus: Remmele 2012)

IPS und die Demenz mit Lewy-Körperchen sind
(Jenner et al. 1996).

Lewy-Körperchen und -Neuriten sind jedoch
nicht nur in der Substantia nigra, sondern auch in
zahlreichen Kerngebieten des Hirnstammes, im
Neokortex und in Teilen des limbischen Systems
nachweisbar. In späten Stadien der Parkinson-Erkrankung finden sich die Einschlusskörperchen in
zahlreichen Regionen des Großhirns. Auch peripher können Lewy-Körperchen, auch bereits prä-
symptomatisch, auftreten.

> ❯ Ein neuronaler Zelluntergang in der Subs-
> tantia nigra Pars compacta und das Auf-
> treten von Lewy-Körperchen sind pathog-
> nomonisch für das idiopathische Parkinson-

Syndrom. Jedoch lassen sich auch in pathologischen Untersuchungen von Gehirnen
klinisch Gesunder bei bis zu 13% Lewy-
Körperchen nachweisen.

◼◼ Pathogenität der Lewy-Körperchen
Lewy-Körperchen sind pathologische, im Zytosol
der Nervenzellen liegende Einschlusskörperchen,
die vorwiegend fehlgefaltetes α-Synuklein enthalten.

α-Synuklein ist ein hydrophiles, 140 Aminosäuren fassendes Protein, das üblicherweise löslich
im Zytosol vorliegt, jedoch mit hoher Affinität an
die Membran synaptischer Vesikel bindet. Es
findet sich in vielen (jedoch nicht in allen)
menschlichen Nervenzellen.

Die physiologischen Funktionen von α-Synuklein sind nicht vollständig aufgeklärt. Unter anderem wird eine regulierende Rolle in der Dopaminausschüttung vermutet.

Vermutlich kommt es infolge einer fehlerhaften Membraninteraktion zu einer Konformationsänderung des α-Synukleins – hin zu einer pathologischen β-Faltblattstruktur – und Aggregation der fehlerhaften Proteine (Suzuki et al. 2018). Die Proteinaggregate sind umgeben von einem schmalen Saum radiär liegender Neurofilamente – und in ihrer Gesamtheit als Lewy-Körperchen erkennbar.

Bemerkenswert ist die Beobachtung, dass bei Weitem nicht alle Neurone pathologische Proteinaggregate enthalten. Trotz ihrer räumlichen Nähe zueinander bleiben einige Neuronentypen unbeeinträchtigt: Während beispielsweise somato- und viszerosensorische Zentren überwiegend nicht betroffen sind, zeigen sich die Lewy-Einschlusskörperchen insbesondere in Zellen mit langen, dünnen Axonen, die zudem nur eine geringe oder keine Myelinisierung aufweisen – sie gehören überwiegend dem motorischen System an (Braak et al. 2004). Die Ursachen hierfür sind jedoch unbekannt, und es besteht eine sehr große interindividuelle Variabilität.

In welchem Zusammenhang die Lewy-Körperchen mit der Neurodegeneration stehen, ist nicht vollständig aufgeklärt. Unterschiedliche Autoren postulieren, dass es weniger die Einschlusskörperchen selbst sind, sondern vielmehr die übermäßige Synthese und schließlich Fehlfaltung des α-Synukleins, die zum Untergang der betroffenen Nervenzellen führen. Vor diesem Hintergrund könnten die Lewy-Körperchen eher eine zytoprotektive Funktion haben.

> ❯ **Lewy-Einschlusskörperchen bilden sich nur in wenigen der zahlreichen Arten von Nervenzellen des menschliche ZNS. So finden sich die pathologischen Proteinaggregate ausschließlich in nicht oder dünn myelinisierten Projektionsneuronen des motorischen Nervensystems, nicht jedoch in kurzen, „robusten" Axonen anderer Zentren. Eine Ausnahme bildet hier lediglich das olfaktorische System, in dessen Neuronen sich beim IPS grundsätzlich Lewy-Körperchen nachweisen lassen.**

4.3.3.2 Stadienhafte Ausbreitung nach Braak

Unter klinischen Gesichtspunkten unterteilt man das idiopathische Parkinson-Syndrom in eine präsymptomatische und in eine symptomatische Phase. Vor Auftreten der ersten Symptome beginnt ein krankheitsauslösender pathologischer Prozess, der möglicherweise durch ein unbekanntes neurotropes Pathogen induziert wird und dann stetig und unaufhaltsam voranschreitet. Frühe präsymptomatische Stadien dieses Prozesses können mit den bestehenden diagnostischen Möglichkeiten in der klinischen Routine jedoch bislang nicht erkannt werden. Neue wissenschaftliche Untersuchungen konnten allerdings Ablagerungen von phosphoryliertem α-Synuklein in Hautbiopsien Parkinson-Erkrankter nachweisen (Doppler et al. 2017).

Ein neuropathologischer Meilenstein gelang Braak et al. zu Beginn dieses Jahrtausends. Die Arbeitsgruppe konnte anhand neuropathologischer Untersuchungen von Gehirnen mit Lewy-Körperchen und Lewy-Neuriten **6 Stadien** identifizieren, nach denen die Neuronendegeneration bei der Parkinson-Erkrankung voranschreitet (◘ Abb. 4.21). Diese in immer wiederkehrender Weise auftretende Ausbreitung der Erkrankung unterliegt nur geringfügigen interindividuellen Schwankungen. So konnten die Autopsiefälle den verschiedenen neuropathologischen Stadien zugeordnet werden.

Die frühesten Einschlüsse (**Stadium 1**) finden sich im dorsalen, motorischen Vaguskern und zeitgleich im Bereich des Bulbus olfactorius.

In **Stadium 2** sind die Nervenzellen der unteren Raphekerne der Formatio reticularis und des

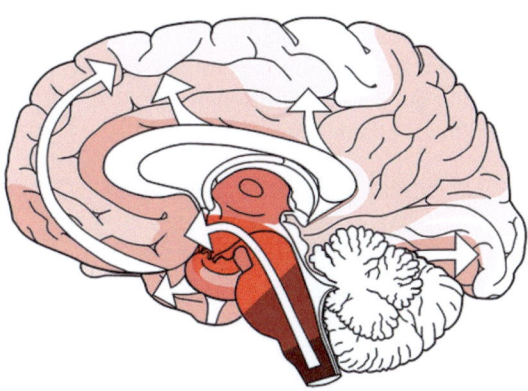

◘ **Abb. 4.21**   Stadien der Ausbreitung der Lewy-Körper-Pathologie nach Braak. (Aus: Braak et al. 2004)

Locus coeruleus betroffen. Efferente Bahnen dieser im Stadium 1 und 2 betroffenen Gebiete erreichen das enterische Nervensystem.

Ab **Stadium 3** sind das Mittel- und Vorderhirn neben den Kerngebieten des unteren Hirnstammes betroffen. In diesem Stadium entwickeln sich auch erste Einschlüsse in den Nervenzellen der Substantia nigra. In den nachfolgenden Stadien kommt es zu einem deutlichen Funktionsverlust dieser für die motorischen Funktionen so wichtigen Nervenzellen. Der Dopaminmangel kann zu diesem Zeitpunkt noch zufriedenstellend durch eine beginnende Substitutionstherapie ausgeglichen werden.

In **Stadium 4** zeigen sich erste Veränderungen der Hirnrinde, insbesondere im Mesokortex des Temporallappens. Bilaterale Beeinträchtigungen begründen die kognitiven Einschränkungen der Patienten. Eine Reduktion des Antriebs bis hin zur Apathie ist durch eine Beteiligung des Frontalhirns zu erklären.

In **Stadium 5** kommt es zum Befall des Neokortex.

Im **Stadium 6** sind die prämotorischen sowie die primär motorischen Felder des Neokortex betroffen. In diesen beiden letzten Stadien besteht das klinische Vollbild der Erkrankung. Neben den autonomen und motorischen Störungen kommt es nun auch zu Beeinträchtigungen der Hirnrinde.

Zusammenfassend stellen die ersten 3 Stadien die präsymptomatischen Phasen dar und zeigen kein klinisches Korrelat. Ab Stadium 3 beginnt die symptomatische, klinische Phase der Erkrankung. Neben den von Braak vorgeschlagenen Stadien finden sich in der Literatur auch andere neuropathologische Einteilungen, die weitere Aspekte der Erkrankung mit einbeziehen (s. nächster Abschnitt). Prinzipiell unterstreichen solche Einteilungen aber den stadienhaften Verlauf der Erkrankung. Die Ausbreitung der Pathologie korreliert zum Teil gut mit der klinischen Symptomatik im Krankheitsverlauf.

4.3.3.3 Pathophysiologie in der präklinischen Phase: die „Dual-hit-Hypothese"

Zu den nicht-motorischen Symptomen, die der Diagnose einer Parkinson-Erkrankung um Jahre vorausgehen können, gehören Verdauungsstörungen mit reduzierter Stuhlfrequenz durch eine verlangsamte Magen-Darm-Passage oder eine anorektale Dysfunktion sowie eine Hyposmie (Tofaris et al. 2007). Ursächlich hierfür sind neurodegenerative Prozesse in autonomen Zentren des enterischen Nervensystems und, in fortgeschrittenen Stadien, die Beteiligung des zentralen Nervensystems (Cersosimo et al. 2008).

Die Gruppe um Braak beschrieb bereits früh, dass sich schon in präklinischen Stadien Lewy-Körperchen im dorsalen, motorischen Vaguskern als auch im Bulbus olfactorius finden lassen und postulierte den „dual hit": Sie schlugen vor, dass ein möglicherweise virales neurotrophes Pathogen über Nasensekret und Speichel (a) in den Bulbus olfactorius und von hier aus über **anterograden Transport** in den Temporallappen als auch (b) aus dem Magen und über den Meissner-Plexus durch transsynaptische Transmission den N. vagus erreicht (Hawkes et al. 2007). Tierexperimentelle Studien legen hingegen nahe, dass die Ausbreitung der Lewy-Pathologie über die parasympathischen und sympathischen Nerven verläuft, indem α-Synuklein durch **Freisetzung in den Extrazellularraum** und dann durch **Endozytose** von Neuron zu Neuron transportiert wird (Desplats et al. 2009).

Zwei große skandinavische Registerstudien konnte zudem zeigen, dass eine vollständige Vagotomie einen protektiven Effekt auf die Entwicklung eines IPS hat und somit das Risiko für eine Parkinson-Erkrankung reduziert (Svensson et al. 2015; Liu et al. 2017).

Es gibt jedoch auch Zweifel an der Dual-hit-Hypothese, da sich in Autopsiestudien anderer Gruppen in knapp 10% keine α-Synukleinpathologien im N. vagus nachweisen ließen (Attems J et al. 2008).

Als gesichert erscheint aktuell die frühe Beteiligung des Bulbus olfactorius, der als primär betroffene Region der Lewy-Pathologie angesehen wird. Adler und Beach schlugen deshalb das *Unified Staging System für Lewy Body Disorders (USSLB)* vor, in dem die Pathologie des Bulbus olfactorius am Anfang steht und die Neurodegeneration von hier aus zu den Strukturen des limbischen Systems, zum Hirnstamm sowie dem Rückenmark voranschreitet (◘ Abb. 4.22). Diese Theorie würde unterschiedliche klinische Verläufe mit zum Teil frühzeitigen kognitiven Beeinträchtigungen erklären (Adler et al. 2016).

Unabhängig vom Ursprungsort und der Art der Ausbreitung erscheint die Zell-zu-Zell Propagation von α-Synuklein ähnlichen Mechanismen wie bei Prionenerkrankungen zu unterliegen (► Abschn. 4.1.4, Hintergrundinformation).

■ **Abb. 4.22**   Unified Staging System for Lewy Body Disorders (USSLB). (Aus: Adler et al. 2016, mit freundlicher Genehmigung von John Wiley & Sons)

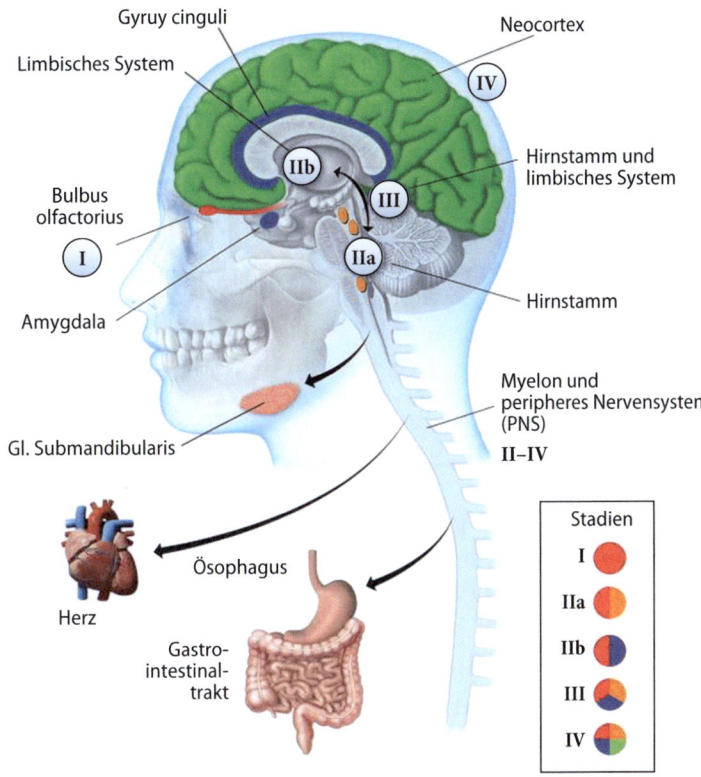

Welche Rolle spielt der Magen-Darm-Trakt zu Beginn der Erkrankung?

Unabhängig von den auf den Magen-Darm-Trakt zu beziehenden Frühsymptomen und der Lewy-Körper-Pathologie bestehen im Hinblick auf das Verdauungssystem weitere interessante Befunde bei Patienten mit einem IPS.

So finden sich bei betroffenen Patienten beispielsweise bestimmte Bakterienstämme und -kolonien in hoher Konzentration im Darm. Externe Faktoren wie Kaffee- und Nikotinkonsum sind mit einem reduzierten Erkrankungsrisiko assoziiert, was wahrscheinlich durch eine durch den Konsum bedingte Veränderung des Darmmikrobioms induziert wird.

Daneben existiert die Hypothese, dass ein neurotropes Pathogen den pathologischen Prozess mit anstößt. Durch die unzureichende Myelinisierung der Nervenzellen des enterischen Nervensystems besteht eine potenzielle Vulnerabilität, durch die Pathogene besonders leicht eindringen könnten. Vom enterischen Nervensystem aus besteht eine Verbindung über motorische vagale Axone, die besonders dicht den Magen innervieren, über den motorischen Kern des N. vagus, zum zentralen Nervensystem. Über diesen Weg könnte einem Pathogen der Eintritt in das ZNS gelingen.

■ ■ **Pathophysiologie medikamentöser Therapieoptionen beim idiopathischen Parkinson-Syndrom**

Ansatzpunkt der medikamentösen Therapie des IPS ist die Gabe von **Levodopa (L-Dopa)** in Kombination mit einem peripheren **Dopa-Decarboxylaseinhibitor**, damit die Blut-Hirn-Schranke überwunden werden kann und der Wirkstoff an die zentralen Dopaminrezeptoren gelangt. Hierbei handelt es sich nicht nur um eine reine Substitutionstherapie, da die genaue Wirkung von L-Dopa nur teilweise verstanden ist (Nutt 2003).

Für die Passage von L-Dopa aus dem gastrointestinalen Trakt ins Blut und vom Blut in das Gehirn bedarf es vielfältiger Transportmechanismen. Diese Transportmechanismen können durch die zeitgleiche Aufnahme von Medikamenten und proteinreicher Nahrung behindert werden, was zu einem verminderten medikamentösen Effekt führt. L-Dopa wird wahrscheinlich primär von den dopaminergen Neuronen, aber auch von anderen Neuronen und Gliazellen aufgenommen.

L-Dopa kann zu zahlreichen peripheren Nebenwirkungen führen. Hinsichtlich der zentralen Nebenwirkungen sind insbesondere das Auftreten von Halluzinationen und Delir zu nennen. Im Langzeitverlauf kommt es klinisch durch das Fortschreiten der Erkrankung und die Gabe von L-Dopa zu dem sogenannten Levodopaspätsyndrom. Dies äußert sich motorisch durch Fluktuationen und Dyskinesien.

Auch durch den zentralen Abbau von L-Dopa können freie Radikale entstehen, die zu einer zellulären Schädigung dopaminerger Neurone führen. Drei Enzyme führen zum Abbau von Dopamin aus dem synaptischen Spalt. Hierbei handelt es sich um die Monoaminoxidase-B (MAO-B), die Catecholamin-O-Methyltransferase (COMT) und die Dopamin-β-Hydroxylase. Die medikamentösen Optionen zur Hemmung des L-Dopa Abbaus umfassen die **MAO-B-Inhibitoren** und die **COMT-Inhibitoren**.

Experimentell wurde wiederholt ein protektiver Effekt von MAO-B Inhibitoren auf dopaminerge Neurone postuliert, der jedoch von anderen Studien widerlegt wurde. Gezeigt werden konnte, dass durch die Hemmung des Enzyms MAO-B vermindert freie Radikale produziert werden, es zugleich aber mutmaßlich zu einer vermehrten Autooxidation von L-Dopa kommt. Auch bei der Behandlung mit COMT-Inhibitoren kommt es zu einer höheren Konzentration von L-Dopa im synaptischen Spalt.

Neben der Therapie mit Levodopa ist die Gabe von Dopaminagonisten ein fest etablierter Bestandteil der Therapie des IPS. Diese Substanzen binden direkt an Dopaminrezeptoren. Die Spezifität der Bindung und somit die Wirksamkeit ist bei den sogenannten **Non-Ergot-Dopaminagonisten** höher im Vergleich zu den **Ergot-Dopaminagonisten**.

Insgesamt ist der klinisch zu erwartende Effekt der Dopaminagonisten und die Verträglichkeit der Medikamente hinsichtlich der Nebenwirkungen geringer im Vergleich mit L-Dopa. Der Einsatz dieser Medikamentengruppe führt jedoch nicht zu einer Schädigung der dopaminergen Neurone (s. oben). Das Nebenwirkungsspektrum umfasst die auch unter L-Dopa berichteten Nebenwirkungen, manche dieser Nebenwirkungen treten aber unter Dopaminagonistentherapie häufiger und schwerer auf. Auch für Glutamatagonisten und Anticholinergika konnte experimentell kein negativer Effekt auf dopaminerge Neurone nachgewiesen werden.

Es versteht sich von selbst, dass *Dopaminantagonisten* bei Patienten mit einem IPS kontraindiziert sind. Dies umfasst auch die klassischen Neuroleptika (z. B. Haloperidol), einige der Kalziumantagonisten (z. B. Flunarizin) und das Analgetikum Indometacin (Mena 2006).

4.3.3.4 Ursachen motorischer Symptome

Durch die progrediente Degeneration der dopaminergen Neurone der Substantia nigra entsteht ein Dopaminmangel mit Folgen für die nachgeschalteten Neurone – also insbesondere im Bereich des Striatums. Es ist davon auszugehen, dass bei Krankheitsmanifestation bereits ca. 70% des striatalen Dopamins und ca. 50% der dopaminergen Neurone der Substantia nigra untergegangen sind (Engelender und Isacson 2017). Bemerkenswert ist die Tatsache, dass sich trotz der im fortgeschrittenen Stadium der Parkinson-Erkrankung weitreichenden Ausbreitung der Lewy-Körper-Pathologie der Neuronenverlust im Wesentlichen auf die dopaminergen Neurone der Substantia nigra beschränkt.

Der Dopaminmangel hat Einfluss auf den direkten und indirekten Weg der Basalganglienschleife und führt letztlich zu einer überschießen-

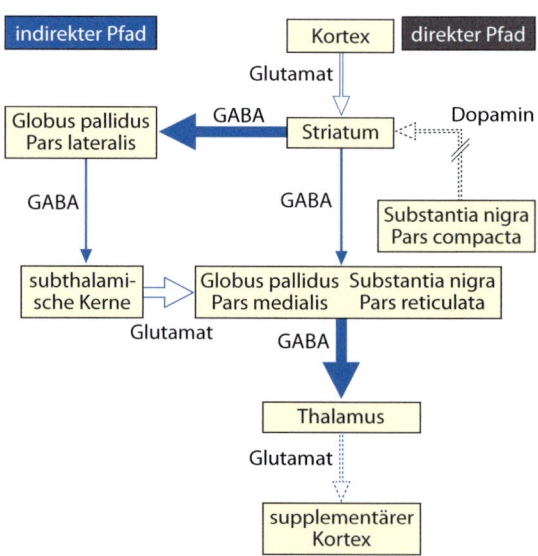

■ **Abb. 4.23**   Vereinfachte Darstellung der Neurotransmitterausschüttung infolge des Dopaminmangels. Durch die verminderte dopaminerge Innervation des Striatums kommt es auf dem indirekten Pfad zur Enthemmung GABAerger striataler Neurone zum Globus pallidus, Pars lateralis, was zu einer verminderte GABAergen Hemmung der subthalamischen Kerne führt. Hieraus entsteht eine übermäßige glutamaterge Erregung des Globus pallidus, Pars medialis, die ihrerseits eine übermäßige Hemmung des Thalamus bewirkt. Auf dem direkten Weg entfällt die direkte striatale Hemmung der Substantia nigra, Pars reticulata, und des Globus pallidus, Pars medialis, was ebenfalls zu einer übermäßigen Hemmung des Thalamus führt. *Dicke Pfeile*: vermehrte Ausschüttung des Transmitters; *dünne Pfeile*: verminderte Ausschüttung des Transmitters

den Hemmung des Thalamus, in deren Folge die thalamokortikale Aktivierung herabgesetzt ist (◘ Abb. 4.23).

Die thalamokortikale Minderaktivierung führt zu einer Unterdrückung der Willkürmotorik. Klinisch besteht eine **Hypo- oder Akinese**.

Über efferente (dopaminerge) Faserverbindungen der Substantia nigra zur Formatio reticularis kann der Kernkomplex hemmenden Einfluss auf Motorik und Muskeltonus nehmen. Das Kardinalsymptom **Rigor** mag durch die fehlende Hemmung retikulospinaler Neurone erklärbar sein.

Der **Tremor** ist vermutlich durch die fehlende Hemmung von in der Formatio reticularis gelegenen „Rhythmusgeneratoren", die pulsatile Signale zum Thalamus senden, zu erklären.

Vielfache neuronale Mechanismen führen insgesamt zu einer Dysfunktion der Basalganglien. Hierbei ist nicht alleine das dopaminerge System betroffen, es bestehen auch Veränderungen der serotonergen, glutaminergen, adrenergen und cannabinoiden Rezeptoren und Signalwege.

L-Dopa-Dyskinesien

In fortgeschrittenen Stadien des IPS zeigen sich neben den genannten Kernsymptomen auch sogenannte Levodopa-induzierte Dyskinesien und Wirkfluktuationen. Ursächlich hierfür ist einerseits die durch die dysfunktionellen Neuronen verursachte präsynaptische Transmitterspeicherung und -freisetzung von exogen zugeführtem Levodopa, die zu einer irregulären Ausschüttung von Dopamin in den synaptischen Spalt führt (Obeso et al. 1989; Cenci und Lundblad 2006). Andererseits wird vermutet, dass eine pulsatile und diskontunierliche Stimulation der Rezeptoren durch Einnahme von exogenem Levodopa zu einer unphysiologischen Erregung und Modifikation der Zielzellen der dopaminergen Innervation, den sogenannten „medium spiny neurons" (MSN) im dorsalen Striatum, führt und somit Dyskinesien und Wirkfluktuationen auslöst (Olanow et al. 2000).
Eine andere Theorie zur Pathophysiologie der Dyskinesien und Wirkfluktuationen stellt die „False-transmitter-Hypothese" dar. Hierbei wird davon ausgegangen, dass serotonerge Neurone versuchen, die Funktion der dopaminergen Neurone zu kompensieren, indem sie die Umwandlung von Levodopa in Dopamin und dessen Freisetzung übernehmen (Arai et al.1995; Maeda et al. 2005). Serotonerge Neurone verfügen aber nicht über die notwendigen Regulationsmechanismen, und es kommt zu einer unphysiologischen irregulären Ausschüttung von Dopamin (Carta et al. 2010). Dieser Befund konnte tierexperimentell durch Schädigung serotonerger Neurone bei IPS Ratten und dadurch reduziertem Auftreten von Dyskinesien gezeigt werden (Tanaka et al. 1999). Die Transplantation serotonerger Raphe-Zellen im Tiermodell führte hingegen zum Auftreten von Dyskinesien (Carta et al. 2007).

4.3.3.5 Ursachen nicht-motorischer Symptome

Im Fokus der klinischen Betrachtung des IPS stehen neben den motorischen Symptomen zunehmend auch die nicht-motorischen Symptome, da sie einen bedeutenden Einfluss auf die Lebensqualität der Patienten haben. Neben dem zentralen Nervensystem (ZNS) kann die typische α-Synukleinopathie auch im peripheren Nervensystem (PNS) nachgewiesen werden (s. oben). Im Folgenden sollen die Hypothesen zu Pathomechanismen einiger spezifischer nicht-motorischer Störungen vorgestellt werden.

▪▪ Hyposmie

Als frühes, den motorischen Symptomen meist um Jahre vorausgehendes Symptom ist die Hyposmie zu nennen. Wie bereits beschrieben finden sich bei nahezu allen Patienten α-Synukleinablagerung im Bulbus olfactorius sowie im primären olfactorischen Kortex. Darüber hinaus ist die Hyposmie auch mit der REM-Schlaf-Verhaltensstörung assoziiert (s. unten: „Die REM-Schlaf-Verhaltensstörung als Vorbote des Morbus Parkinson").

▪▪ Autonome Störungen

Auch **Darmmotilitätsstörungen** werden von der überwiegenden Anzahl der IPS-Patienten berichtet. α-Synukleinablagerungen konnten im gastrointestinalen Trakt mit Betonung auf den myenterischen Plexus sowie im motorischen Kern des N. vagus und im Seitenstrang des sakralen Rückenmarks nachgewiesen werden. In welchem Ausmaß dies ursächlich für die Darmmotilitätsstörungen beim idiopathischen Parkinson-Syndrom ist, bleibt nach aktueller Studienlage offen.

Die häufig berichtete und für die Patienten sehr störende **Hypersalivation** ist bedingt durch eine **Dysphagie**. Pathologisch finden sich auch hierbei α-Synukleinablagerungen in den pharyngealen Nerven (insbesondere im N. laryngeus internus superior, Mu et al. 2013), die eine neurogene Dysphagie verursachen. Allerdings fördern auch andere Störungen, wie neuropsychiatrische Symptome, die Dysphagie bei Parkinson-Patienten.

Im Hinterhorn des spinalen Rückenmarks konnten α-Synuklein-Ablagerungen gefunden werden, was ursächlich für die Entwicklung von **Blasenstörungen** sein könnte (Schapira et al. 2017).

Die **orthostatische Hypotension** kann beim idiopathischen Parkinson-Syndrom, aber auch bei atypischen Parkinson-Syndromen (insbesondere bei der MSA), auftreten und ist wahrscheinlich multifaktoriell bedingt. Bei IPS-Patienten konnten sowohl eine kardiale **sympathische Denervierung** als auch α-Synuklein-Ablagerungen in sympathischen Ganglien der Nebenniere und im Herzgewebe nachgewiesen werden (Adler et al. 2016)

■■ Neuropsychiatrische Symptome

Die neuropsychiatrischen, nicht-motorischen Symptome umfassen Störungen wie **Angst, Apathie, Depression, Impulskontrollstörung, Dysthymie, psychotische Symptome und kognitive Defizite bis hin zur Demenz** (Ehgoetz et al. 2017; Gallagher und Schrag 2012).

40–70% aller IPS Patienten leiden unter **Depressionen** oder **Angststörungen**, die häufig den motorischen Symptomen vorausgehen können und nicht adäquat auf eine dopaminerge Medikation ansprechen (Barone et al. 2009; Weintraub et al. 2015). Ursächlich hierfür sind Störungen der serotonergen und noradrenergen Signalwege aufgrund der Degeneration dopaminerger Neurone der frontalen und subkortikalen Regionen. Hierbei sind insbesondere die Raphekerne sowie der Locus coeruleus betroffen (Ferreira und Guerra 2015). Zuletzt wurde postuliert, dass neuroinflammatorische Prozesse eine serotonerge Störung auslösen und somit eine Depression beim IPS verursachen könnten (Santiago et al. 2016).

Fatigue tritt häufig bei IPS Patienten auf und ist gekennzeichnet durch starke Ermüdbarkeit und fehlende Energie. In neuronalen Ruhenetzwerken zeigen sich metabolische Änderungen in kortikalen Regionen sowie Störungen in Verbindungen zwischen Neostriatum und präfrontalem Kortex (Cho et al. 2017; Pauletti et al. 2017), die in Zusammenhang mit dem Auftreten einer Fatigue-Symtomatik gebracht werden.

Die **Apathie** ist häufig assoziiert mit Depression, Fatigue und Demenz und klinisch gekennzeichnet durch fehlende Erregbarkeit und Reaktion auf äußere Reize (Fitts et al. 2015). Eine reduzierte Aktivität konnte u. a. in den Parietalregionen sowie in der Verbindung zwischen präfrontalem Kortex und den Basalganglien nachgewiesen werden (Levy und Dubois 2006). Andererseits besteht wohl eine gesteigerte Aktivität im orbitofrontalen Kortex (Aminian und Strafella 2013).

Kognitive Beeinträchtigungen beim IPS umfassen **leichte kognitive Defizite** („mild cognitive impairment", MCI) bis hin zur **Demenz**. Das neu-

ropathologische Korrelat sind wahrscheinlich α-Synukleinablagerungen im Bereich des Neokortex (Aarsland et al. 2005), im Bereich des Hirnstamms oder in limbischen Regionen (Jellinger et al. 2010). Bislang konnte nicht nachgewiesen werden, ob noch weitere Faktoren eine übergeordnete pathophysiologische Rolle bei der Entwicklung dieser Symptome spielen.

Pathologisch zeigen sich Überlappungen zwischen der Demenz beim IPS und der Alzheimer-Demenz.

Drei pathologische Subgruppen konnten bei der „Parkinson-Demenz" identifiziert werden:
— überwiegend Synukleinopathie, vereinbar mit den Braak-Stadien 5 und 6 (ca. 38% der untersuchten Fälle),
— Synukleinopathie mit Amyloid-β-Ablagerung und geringer Tauopathie (56% der untersuchten Fälle),
— Synukleinopathie mit neokortikaler Tauopathie (3% der untersuchten Fälle) (Buddhala et al. 2015).

Es besteht also eine deutliche neuropathologische Heterogenität bei der Parkinson-Demenz (Toledo et al. 2016).

Die REM-Schlaf-Verhaltensstörung als Vorbote des Morbus Parkinson

Die REM-Schlaf-Verhaltensstörung wurde erstmals in den 1980er-Jahren beschrieben und erst später in Zusammenhang mit neurodegenerativen Erkrankungen gebracht. REM steht für „rapid eye movement" und ist mit der Traumphase des Schlafs assoziiert. Im physiologischen REM-Schlaf besteht eine generelle Muskelatonie. Eine REM-Schlaf-Verhaltensstörung zeigt im Gegensatz dazu einen erhöhten Tonus. Gemessen wird dies mittels polysomnographischer Ableitung an der Kinnmuskulatur. Zudem können bei betroffenen Patienten während dieser Schlafphase ausgeprägte Bewegungen, insbesondere der Extremitäten auftreten, die auch zu Selbstverletzungen oder zu Verletzungen des Bettnachbarn führen können. Auch ein begleitendes Sprechen, Schreien oder Lachen im Schlaf ist nicht selten.

Als Ursache der REM-Schlaf-Verhaltensstörung wird eine Dysfunktion im Hirnstamm und insbesondere im dorsolateralen pontinen Tegmentum vermutet.

Gagnon et al. konnten zeigen, dass in einem Beobachtungszeitraum von 12 Jahren 50% der Patienten mit einer REM-Schlaf-Verhaltensstörung eine neurodegenerative Erkrankung entwickelten (Gagnon et al. 2002). Bezüglich des Auftretens von REM-Schlaf-Verhaltensstörung bei idiopathischem Parkinson-Syndrom liegen die Angaben je nach Studie bei bis zu 46% der untersuchten IPS-Patienten (Sixel-Döring et al. 2011).

Bildgebend konnte bei Patienten mit einer REM-Schlaf-Verhaltensstörung ein pathologischer DaTSCAN nachgewiesen werden, was auf eine Überschneidung zum IPS hinweist. Des Weiteren ist ein gehäuftes Auftreten einer REM-Schlaf-Verhaltensstörung mit anderen Frühzeichen eines IPS wie einer Riechstörung, kognitiven Beeinträchtigungen und anderen Schlafstörungen bekannt.

Unter einer Behandlung mit Clonazepam in einer Dosierung von 0,5–1,0 mg zur Nacht kann eine Besserung der Patienten mit REM-Schlaf-Verhaltensstörung verzeichnet werden. Die Erhöhung der dopaminergen Medikation scheint hingegen keinen Effekt auf die Symptomatik zu haben.

4.3.4 Hereditäre (familiäre) Parkinson-Syndrome

In den letzten 20 Jahren wurden immer weitere genetische Mutationen, die mit dem Auftreten eines Parkinson-Syndroms assoziiert sind, beschrieben. Aktuell sind 23 Loci und 19 krankheitsauslösende Gene für Parkinsonismus bekannt und werden durch das HUGO Gene Nomenclature Commitee (HGNC) systematisiert. Die genetischen Veränderungen werden nach ihrem Vererbungsmodus unterteilt. Aktuell sind 10 autosomal-dominante und 9 autosomal-rezessiv vererbte Gene bekannt (eine X-chromosomale Vererbung wurde bis heute nur in einem Fall berichtet (◘ Tab. 4.5).

4.3.5 Atypische Parkinson-Syndrome

Unter dem Überbegriff der atypischen Parkinson-Syndrome (APS) fasst man neurodegenerative Erkrankungen mit einer extrapyramidal-motorischen Bewegungsstörung im Sinne einer Parkinson-Erkrankung und zusätzlichem Auftreten krankheitsspezifischer Charakteristika und Begleitsymptomatiken zusammen. Neuropathologisch werden die APS in **Synukleinopathien** und **Tauopathien** unterteilt. Die Terminologie befindet sich zurzeit in einem deutlichen Wandel, da zwischen klinischem Syndrom und den der Erkrankung zugrundeliegenden Neuropathologien unterschieden werden muss.

Im Folgenden soll jedoch auf die bekannten neuropathologischen Besonderheiten eingegangen werden.

4.3.5.1 Synukleinopathien

Bereits 1912 wurden Lewy-Körperchen (s. auch ▶ Abschn. 4.3.3.1) erstmals durch den Neuropathologen Friedrich Lewy (1885–1950) beschrieben. Er konnte die eosinophilen Einschlüsse im Zytoplasma des dorsalen Vaguskernes von Parkinson-Patienten nachweisen. Im Verlauf wurde α-Synuklein als Hauptbestandteil der pathologischen Einschlüsse erkannt.

α-Synuklein stellt eine Vorstufe des Nicht-Amyloid-β-Proteins dar. Dem Protein wird – wenn es zur Ablagerung durch eine Konformitätsänderung im Nervensystem kommt – eine neurotoxische Wirkung, insbesondere auf Neurone, zugeschrieben.

Zu den Synukleinopathien zählen die Demenz mit Lewy-Körperchen (DLB) sowie die Multisystematrophie (MSA). Analog zum IPS finden sich neuronale Ablagerungen von α-Synuklein. Die Ätiologie und Pathogenese der Synukleinopathien ist überwiegend unverstanden (Dickinson 2017).

■ ■ **Multisystematrophie (MSA)**

> **Multisystematrophie (MSA)**
> ▬ Parkinson-Typ (MSA-P).
> ▬ Zerebellärer Typ (MSA-C).
> ▬ **Prävalenz, Inzidenz:** 5/100.000 Personen, mittleres Erkrankungsalter 60.–70. Lebensjahr.
> ▬ **Klinische Leitsymptomatik:**
> – MSA-P: vorherrschend eher symmetrisches, hypokinetisch-rigides Parkinson-Syndrom, reduzierte Levodopa-Responsivität, häufiger irregulärer, höherfrequenter Haltetremor.
> – MSA-C: Gang- und Extremitätenataxie, Okulomotorikstörung, skandierende Dysarthrie, Intentionstremor, begleitend Dysarthrie, inspiratorischer Stridor, Dysphagie, Dystonie.
> ▬ **Diagnostik:** Vorhandensein von mindestens einem Symptom der vegetativen Dysfunktion, progrediente Parkinson-Symptomatik (MSA-P) oder Ataxie (MSA-C).
> ▬ **Bildgebung:** cMRT (Atrophie von Putamen, mittlerem Kleinhirnstiel, Pons und Cerebellum, „hot cross bun"-Zeichen (kreuzförmige Hypointensität im Pons) und Putamen-Randzeichen (hypointenses Putamen mit hyperintensem Randsaum).
> ▬ **Therapie:** Levodopa in höheren Dosierungen (bis maximal 1,5 g/Tag), Logopädie, Ergotherapie und Physiotherapie.

4

■ **Tab. 4.5**   Bekannte Genloci und krankheitsauslösende Gene bei der Parkinson-Krankheit

Gen	Locus (Chromosom)	Vererbungsmodus
SNCA (synuklein alpha gene)	PARK1/PARK 4 4q22.1	AD
PRKN	PARK 2 6q26	AR
PARK3	PARK 3 2p13	AD
Ubiquitin C-terminal hydrolase L1gene (UCHL1)	PARK 5 4p13	AD
PINK1	PARK 6 1p36	AR
PARK7	PARK7 1p36.23	AR
Leucine rich repeat kinase 2 (LRRK2)	PARK8 12q12	AD
PARK9	ATP13A2 1p36.13	AR
PARK10	PARK 10 1p32	unklar
GRB10 interacting GYF protein 2	PARK11 2Q37.1	AD
PARK12	PARK12 Xq21-q25	X-chromosomal
HTRA2	PARK13 2P13.1	AD
Phospholipase A2 group VI (PLA2G6)	PARK14 22q13.1	AR
F-box protein 7 (FBX07)	PARK15 22q12.3	AR
PARK 16	PARK 16 1q32	unklar
VPS35 retromer complex component	PARK17 16q11.2	AD
Eukaryotic translation initiation factor 4 gamma 1 (EIF4G1)	PARK18 3q27.1	AD
DnaJ heat shock protein family (HSP40) member C6 (DNAJC6)	PARK19 1p31.3	AR
Synaptojanin 1 (SYNJ1)	PARK 20 21q22.1	AR
Transmembrane protein 230 (TMEM230)	PARK 21 20p13	AD
Coiled-coil-helix-coiled-coil-helix domain containing 2 (CHCHD2)	PARK 22 7p11.2	AD
Vacuolar protein sorting 13 homolog C (VPS13C)	PARK 23 15q22.2	AR
RIC3 acetycholine receptor chaperone (RIC3)	11p15.4	AD

AR = autosomal-rezessiv, AD = autosomal-dominant.

α-Synukleinablagerungen finden sich bei der Multisystematrophie in unterschiedlichem Verteilungsmuster; insbesondere als gliale Zytoplasmaeinschlüsse in Oligodendrozyten, aber auch in den Neuronen selbst. Die Degeneration der spezifischen Hirnregionen (Zerebellum, Pons, Basalganglien) hat Auswirkungen auf die im Vordergrund stehende klinische Symptomatik. Die autonome Dysfunktion ist durch einen supraspinalen Zelluntergang gekennzeichnet. Der Untergang der parasympathischen und sympathischen präganglionären Nervenzellen führt zu vegetativen Symptomen wie Blasen- und Mastdarmstörungen bzw. orthostatischer Dysregulation.

■■ Lewy-Körperchen-Erkrankung (Lewy Body Diseases, LBD)

> **Lewy-Körperchen-Erkrankung (Lewy Body Diseases, LBD)**
> ▬ Parkinson-Erkrankung mit demenzieller Entwicklung (Parkinson's disease with dementia, PDD).
> ▬ Lewy-Körperchen Demenz („dementia with Lewy bodies", DLB).
> ▬ **Prävalenz/Inzidenz:** 0,4% der über 65-Jährigen Personen, mittleres Erkrankungsalter: 50.–80. Lebensjahr
> ▬ **Klinische Leitsymptomatik:** progrediente Minderung der kognitiven Leistungen (insbesondere Aufmerksamkeit, Exekutivfunktion und visuell-räumliche Fähigkeit) mit Fluktuation der Symptomatik, optische Sinnestäuschungen/Halluzinationen, hypokinetisch-rigides Parkinson-Syndrom.
> ▬ **Diagnostik:** Anamnese, klinische Untersuchung, neuropsychologische Testung.
> ▬ **Bildgebung:** cMRT (Atrophie in Caudatum, Putamen und Thalamus), ggf. SPECT oder PET.
> ▬ **Therapie:**
>   – Demenz: Cholinesterase-Inhibitoren (z. B. Donepezil, Rivastigmin),
>   – hypokinetisch-rigides Parkinson-Syndrom: Levodopa,
>   – psychotische Symptomatik: Clozapin, Quetiapin.

Bei der DLB finden sich in unterschiedlichen Hirnarealen Lewy-Körper mit einem hohen Anteil an α-Synuklein-Aggregaten in den Neuronen

(◘ Abb. 4.24). Hierzu zählen der Neokortex, das limbische System und der Hirnstamm. Die Verteilung der Lewy-Körper zeigt Ähnlichkeiten und mitunter fließende Übergänge zum IPS, und eine rein morphologische Abgrenzung der beiden Erkrankungen ist nicht möglich. Pathologisch kann man die Erkrankungsformen nach der Verteilung ihrer Proteinablagerungen in hirnspezifische Verlaufsformen unterteilen, die jedoch keine Korrelation mit der klinischen Symptomatik zeigen. Selten können auch neurofibrilläre „tangles" und Amyloidplaques auftreten, wie man sie bei der senilen Demenz vom Alzheimer-Typ findet.

4.3.5.2 Tauopathien

Die Tauopathien umfassen eine Gruppe von Krankheitsbildern, deren gemeinsames Merkmal eine Ansammlung von Tau-Protein in Neuronen, Oligodendrozyten und Astrozyten ist. Das Tau-Protein ist ein zytosolisches Protein, das Mikrotubuli bindet. Sechs Isoformen des Proteins sind bekannt und unterscheiden sich in der Anzahl bestimmter Domänen ab dem C- bzw. N-terminalen Ende. C-terminal verfügen die Isoformen über drei (3Repeat, 3R) oder vier (4Repeat, 4R) Mikrotubulibindende Domänen. Das Tau Protein tritt überwiegend in der 4R-Form auf (Litvan 2003) und wird daher als 4R-Tauopathie gekennzeichnet.

Zu den Tauopathien zählen unter anderem die progressive supranukleäre Blickparese (PSP) und die kortikobasale Degeneration (CBD), die hier dargestellt werden sollen. Morphologisch zeigen sich Unterschiede der astrozytären Tau-Ablagerungen bei der PSP im Vergleich zur CBD. Die weiteren neurodegenerativen Erkrankungen mit zugrundeliegender Tauopathie werden in ▶ Abschn. 4.2 („Demenzen") besprochen.

■■ Progressive supranukleäre Blickparese (PSP)

> **Progressive supranukleäre Blickparese (PSP)**
> ▬ Progressive supranukleäre Blickparese mit prädominantem Parkinsonismus (PSP-P).
> ▬ Richardson-Syndrom (RS).
> ▬ Pure Akinesie mit Gang-Freezing (PAGF).
> ▬ Progressive nicht flüssige Aphasie (PNFA).
> ▬ Behaviorale Variante der frontotemporalen Demenz (bvFTD).

158 A. Biesalski et al.

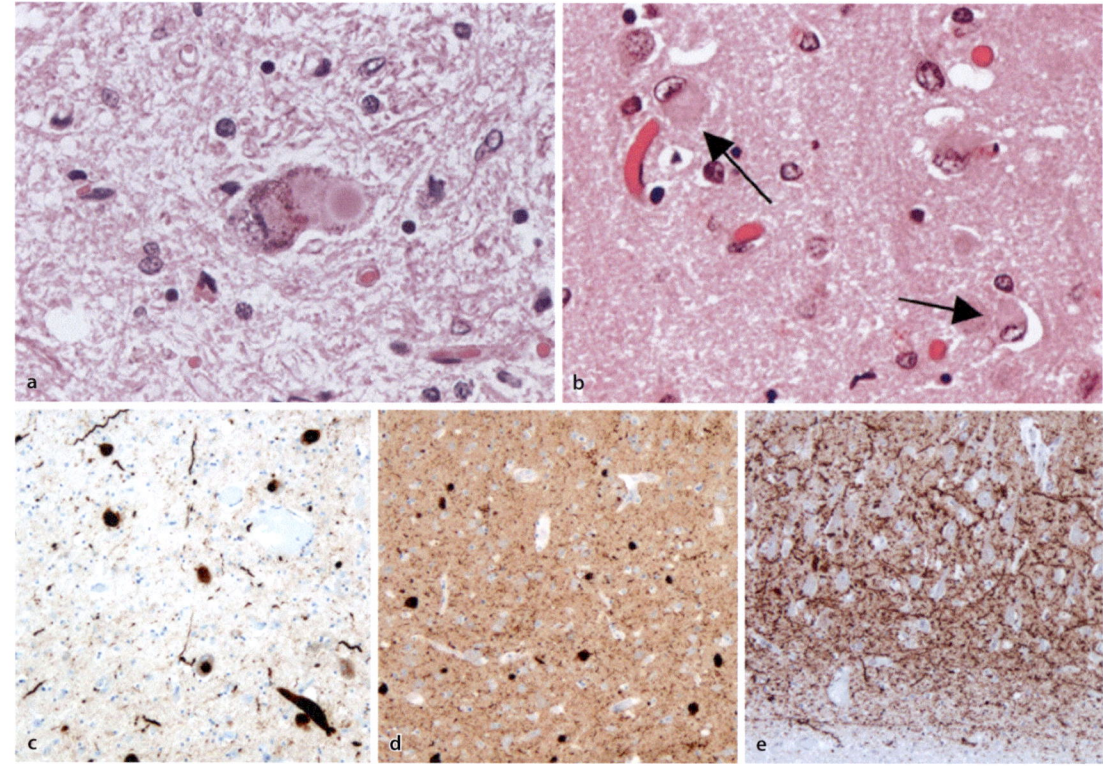

Abb. 4.24a–e Lewy-Körper-Demenz. **a** Lewy-Körperchen vom Hirnstamm-Typ, **b** Kortikale Lewy-Körperchen *(Pfeile)*, c– Immunhistochemie für α-Synuklein mit Darstellung von Lewy-Körperchen und Lewy-Neuriten. (Aus: Remmele 2012)

- Kortikobasales Syndrom (CBS).
- **Prävalenz/Inzidenz**: 5–10/100.000 Personen, mittleres Erkrankungsalter: 60.–70. Lebensjahr.
- **Klinische Leitsymptomatik**:
  - Richardson-Syndrom (40%): levodoparesistentes, axiales, hypokinetisch-rigides Parkinson-Syndrom mit posturaler Instabilität und vertikal betonter supranukleärer Blickparese, Frontalhirnsyndrom mit Apathie, Exekutivfunktionsstörung, pseudobulbäre Sprech- und Schluckstörung,
  - PSP-P (20%): vorherrschend eher symmetrisches, hypokinetisch-rigides Parkinson-Syndrom, mit später auftretender zusätzlicher Symptomatik wie Okulomotorikstörung,
  - PAGF (5%): hypokinetisches Parkinson-Syndrom mit plötzlichen Gangblockaden ohne Rigor und Tremor,
  - PNFA (5%): im Vordergrund stehende Aphasie,
  - bvFTD (15%): ► Abschn. 4.2 („Demenzen"),
  - CBS (10%): s. unten.
- **Bildgebung**: cMRT (Atrophie des Frontal- und Mittelhirns („Kolibri-Zeichen"), ggf. SPECT/PET.
- **Therapie**: Levodopa in höheren Dosierungen (bis maximal 1,5 g/Tag), Logopädie, Ergotherapie, Physiotherapie.

Bei der PSP zeigen sich 4R-Tau-Aggregate in den Basalganglien und im Hirnstamm, insbesondere in der Formatio reticularis. In den degenerierten Neuronen befinden sich neurofibrilläre Stäbchen, in den Oligodendrozyten imponieren die Tau-Ablagerungen in Form von „coiled bodies" und in den Astrozyten in Form von Büscheln, den sogenannten „tufts" (■ Abb. 4.25).

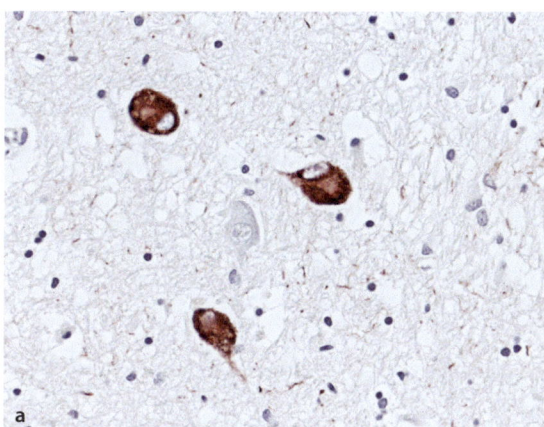
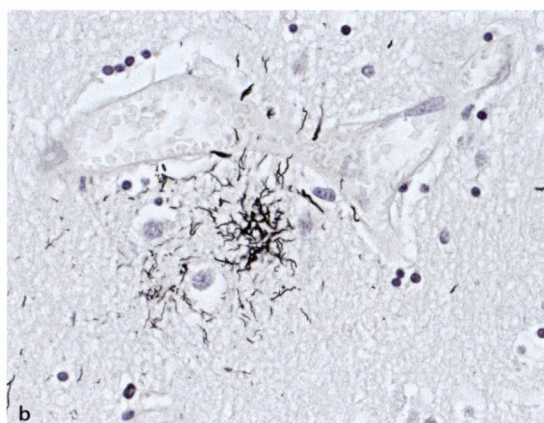

⏹ Abb. 4.25a, b Histopathologie bei PSP (Gallyas-Versilberung): **a** „globose tangles" im Striatum (phosphorylie- rungsabhängiger Antikörper gegen Tau). **b** „Tufted astrocyte". (Aus: Remmele 2012)

■■ Kortikobasale Degeneration

> **Kortikobasale Degeneration (CBD, neuropathologische Diagnose): kortikobasales Syndrom (CBS, klinische Manifestation)**
> - **Prävalenz/Inzidenz:** 1/100.000 Personen, mittleres Erkrankungsalter: 60.–70. Lebensjahr.
> - **Klinische Leitsymptomatik:** hypokinetisch-rigides Parkinson-Syndrom mit Dystonie und Myoklonus, reduzierte Levodopa-Responsivität, Alien-limb-Phänomen, Apraxie, kortikaler Sensibilitätsverlust, Aphasie, Verhaltensstörung.
> - **Diagnostik:** Mindestens ein kortikales und ein extrapyramidales Symptom, neuropsychologische Testung.
> - **Bildgebung:** cMRT (Parietallappenatrophie), SPECT oder PET.
> - **Therapie:** Levodopa in höheren Dosierungen (bis maximal 1,5 g/Tag), Logopädie, Ergotherapie, Physiotherapie.

Die kortikobasale Degeneration ist ausschließlich eine pathologische Diagnose. Bei der CBD treten die Tau-Aggregate in den Astrozyten in Form von Plaques auf und ermöglichen somit pathologisch eine Abgrenzung zur PSP (Dickson 2002). Auch hier finden sich „coiled bodies" in den Oligodendrozyten und neurofibrillären Stäbchen sowie zusätzlich ballonierte, achromatische Neurone (⏹ Abb. 4.26).

Der Neuronenuntergang umfasst überwiegend die Basalganglien. Die klinische Diagnose eines kortikobasalen Syndroms (CBS) kann auch mit anderen neuropathologischen Befunden vergesellschaftet sein. Die klinisch-pathologische Zuordnung ist somit nur eingeschränkt möglich und führt zum Auftreten zahlreicher, teilweise überlappender klinischer Syndrome.

4.3.6 Symptomatische (sekundäre) Parkinson-Syndrome

Den sekundären Parkinson-Syndromen liegt primär eine nicht neurologisch bedingte Störung zugrunde. Die klinische Symptomatik ist exogen ausgelöst oder Begleiterscheinung einer spezifischen Therapie oder Erkrankung.

4.3.6.1 Medikamenteninduzierte Parkinson-Syndrome

Medikamenteninduzierte Parkinson-Syndrome werden insbesondere durch Medikamente ausgelöst, die antagonistisch an Dopaminrezeptoren wirken. Hierzu zählen insbesondere die klassischen und atypischen Neuroleptika. Das Parkinson-Syndrom tritt meist in zeitlich engem Zusammenhang zur Einnahme des auslösenden Medikamentes auf. Die Kalziumkanalblocker Flunarizin und Cinarizin verfügen ebenfalls über eine antagonistische Wirkung an Dopaminrezeptoren. Die Liste der Medikamente, die ein symptomatisches Parkinson-Syndrom auslösen, ist lang und umfasst auch häufig verordnete Medikamente, wie die Gruppe der Serotonin-Wiederaufnahmehemmer sowie verschiedene Antikonvulsiva. Viele dieser Medikamente lösen jedoch nur sehr selten ein

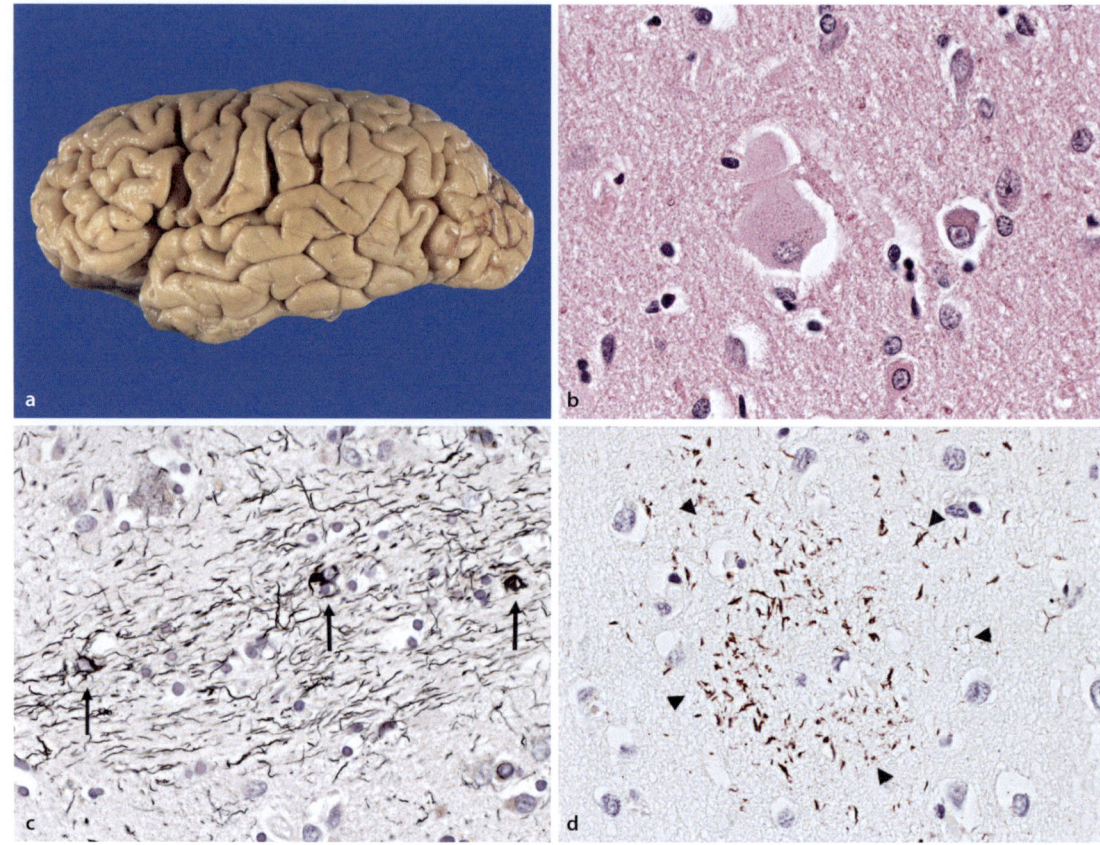

☐ **Abb. 4.26**   Kortikobasale Degeneration: **a** Rindenatrophie in der Präzentralregion. **b** Balloniertes Neuron im prämotorischen Kortex. **c** Zahlreiche fadenförmige neuritische Einschlüsse („threads") und oligodendrogliale Einschlüsse (Gallyas-Versilberung). **d** „Astrocytic plaque" markiert durch *Pfeilspitzen* (phosphorylierungsunabhängiger Antikörper gegen Tau). (Aus: Remmele 2012)

Parkinson-Syndrom aus. Die zugrundeliegenden Pathomechanismen sind zumeist unverstanden. Medikamenteninduzierte Parkinson-Syndrome sind grundsätzlich reversibel (Mena M 2006).

4.3.6.2 Toxininduzierte Parkinson-Syndrome

Auch die Exposition gegenüber Giftstoffen kann zum Auftreten eines sekundär ausgelösten Parkinson-Syndroms führen. Allen voran ist hier 1-Methyl-4-Phenyl-1,2,3,6-Tetrahydropyridin (MPTP) zu nennen. MPTP führt zu einem umschriebenen Untergang von dopaminergen Neuronen der Substantia nigra. Traurige Berühmtheit erlangte MPTP durch die Intoxikation von Drogenabhängigen in Kalifornien zu Beginn der 1980-er Jahre (Langston 1983). Den Effekt von MPTP macht man sich im Tiermodell der Parkinson-Erkrankung zu Nutze. Vergiftungen mit Mangan, Zyanid, Methanol und Kohlenmonoxid führen zu Schä-

den im Striatum und Globus pallidus und können dadurch ebenfalls ein Parkinson-Syndrom induzieren. Ein Therapieversuch mit Levodopa sollte bei diesen irreversiblen Schädigungen probatorisch erfolgen.

4.3.6.3 Metabolisch bedingte Parkinson-Syndrome

Ein klinisches Parkinson-Syndrom kann in seltenen Fällen auch als Begleitsymptomatik bei einer (neuro-)metabolischen Erkrankung auftreten. Bei der posthypoxischen Enzephalopathie kann man bildgebend Läsionen in Striatum und Globus pallidus nachweisen. Als weitere metabolische Ursachen von Parkinson-Syndromen sind der Morbus Gaucher, Morbus Niemann-Pick-Typ C, die Gangliosidosen und Mitochondriopathien zu nennen (Stern 2014).

4.3.6.4 Sonstige sekundäre Parkinson-Syndrome

Die subkortikale, arteriosklerotische Enzephalopathie (SAE) kann durch Gefäßveränderungen klinisch zu einem vaskulären Parkinson-Syndrom führen. Auch posttraumatisch, z. B. infolge eines Schädel-Hirn-Traumas, kann durch Schädigung der Basalganglien ein Parkinson-Syndrom entstehen. Nicht zuletzt können auch Entzündungen des ZNS klinisch zum Bild eines Parkinson-Syndroms führen.

❓ Fragen zur Lernkontrolle

- Welche Funktion hat Dopamin in der Basalganglienschleife?
- Wie viele Genloci sind beim hereditären (familiären) Parkinson-Syndrom bekannt?
- Was besagt die „False-Transmitter-Hypothese"?
- Was ist der Unterschied zwischen einem kortikobasalen Syndrom (CBS) und einer kortikobasalen Degeneration (CBD)?

Literatur

Literatur zu ▶ Abschn. 4.1

Berlit P (Hrsg) (2012) Klinische Neurologie 3. Aufl. Springer, Berlin Heidelberg New York, S. 507

Braak H, Brettschneider J, Ludolph AC, Lee VM, Trojanowski JQ, Del Tredici K (2013) Amyotrophic lateral sclerosis – a model of corticofugal axonal spread. Nat Rev Neurol 9 (12): 708–14

Brettschneider J, Arai K, Del Tredici K et al. (2014) TDP-43 pathology and neuronal loss in amyotrophic lateral sclerosis spinal cord. Acta Neuropathol 128 (3): 423–37

Brettschneider J, Del Tredici K, Toledo JB et al. (2013) Stages of pTDP-43 pathology in amyotrophic lateral sclerosis. Ann Neurol 74 (1): 20–38

Chiò A, Pagani M, Agosta F, Calvo A, Cistaro A, Filippi M (2014). Neuroimaging in amyotrophic lateral sclerosis: Insights into structural and functional changes. Lancet Neurol 13: 1228–1240

Dupuis L, Pradat PF, Ludolph AC, Loeffler JP (2011) Energy metabolism in amyotrophic lateral sclerosis. Lancet Neurol 10: 75–82

Hacke W (Hrsg) (2016) Neurologie, 14. Auflage. Springer, Berlin Heidelberg New York, Abb. 33.3

Geevasinga N, Menon P, Özdinler PH, Kiernan MC, Vucic S (2016) Pathophysiological and diagnostic implications of cortical dysfunction in ALS. Nat Rev Neurol 12 (11): 651–661

Hübers A, Ludolph AC, Rosenbohm A, Pinkhardt EH, Weishaupt JH, Dorst J (2016) Amyotrophe Lateralsklerose. Eine Multisystemdegeneration. Nervenarzt 87: 179–188

Hübers A, Weishaupt JH, Ludolph AC (2013) Genetik der Amyotrophen Lateralsklerose. Nervenarzt 84: 1213–1219

Kassubek J, Müller HP, Del Tredici K et al. (2014) Diffusion tensor imaging analysis of sequential spreading of disease in amyotrophic lateral sclerosis confirms patterns of TDP-43 pathology. Brain 137 (Pt 6): 1733–40

Kiernan MC, Vucic S, Cheah BC, Turner MR, Eisen A, Hardiman O, Burrell JR, Zoing MC (2011) Amypotrophic lateral sclerosis. Lancet 377: 942–955

Klöppel G, Kreipe HH, Remmele W, Paulus W Schröder JM (Hrsg.) Neuropathologie 3. Aufl. Springer-Verlag 2011

Ludolph AC, Brettschneider J (2015) TDP-43 in amyotrophic lateral sclerosis – is it a prion disease? Eur J Neurol 22: 753–761

Neumann M, Sampathu DM et al. (2006) Ubiquitinated TDP-43 in frontotemporal lobar degeneration and amyotrophic lateral sclerosis. Science 314 (5796): 130–133

Oakes JA, Davies MC, Collins MO (2017) TBK1: a new player in ALS linking autophagy and neuroinflammation. Mol Brain10 (1): 5

O'Reilly ÉJ, Wang H, Weisskopf MG, Fitzgerald KC, Falcone G, McCullough ML et al. (2013). Premorbid body mass index and risk of amyotrophic lateral sclerosis. Amyotroph Lateral Scler Frontotemporal Degener 14, 205–211

Ravits J (2014) Focality, stochasticity and neuroanatomic propagation in ALS pathogenesis. Exp Neurol 262: 121–126

Renton AE, Chiò A, Traynor BJ (2014) State of play in amyotrophic lateral sclerosis genetics. Nature Neurosci 17: 17–23

Remmele W (2012) Neuropathologie, 3. Aufl. Springer, Berlin Heidelberg New York, S. 231

Shynrye L, Hyung-Jun K (2014) Prion-like Mechanism in Amyotrophic Lateral Sclerosis: are Protein Aggregates the Key? Exp Neurobiol 24 (1): 1–7

Synofzik M, Otto M, Ludolph AC, Weishaupt JH (2017) Genetische Architektur der amyotrophen Lateralsklerose und frontotemporalen Demenz. Überlappung und Unterschiede. Nervenarzt 88: 728–735

Tesfaye W. Tefera TW, Borges K (2016) Metabolic Dysfunctions in Amyotrophic Lateral Sclerosis Pathogenesis and Potential Metabolic Treatments. Front Neurosci. 2016; 10: 611

Zhang Y (2011) Tunneling-nanotube. A new way of cell-cell communication. Commun Integr Biol 4 (3): 324–325

Literatur zu ▶ Abschn. 4.2

American Psychiatric Association – APA (2013). Diagnostic and statistical manual of mental disorders. Arlington: American Psychiatric Publishing

Ashford JW (2004) APOE genotype effects on Alzheimer's disease onset and epidemiology. J Mol Neurosci 23 (3): 157–165

Bang J, Spina S, Miller BL (2015) Frontotemporal dementia. Lancet 386 (10004): 1672–1682

Bartsch TP (2015) Störungen der Gedächtnisfunktion: Ein Überblick. Springer, Berlin Heidelberg New York

Bartsch T, Falkai P (2014) Gedächtnisstörungen: Diagnostik und Rehabilitation, Springer, Berlin Heidelberg New York

Braak H, Braak E (1991) Neuropathological stageing of Alzheimer-related changes. Acta Neuropathol 82 (4): 239–259

Brettschneider J, Del Tredici K, Irwin DJ et al. (2014) Sequential distribution of pTDP-43 pathology in behavioral variant frontotemporal dementia (bvFTD) Acta Neuropathol 127 (3): 423–439

Brettschneider J, Del Tredici K, Lee VM,Trojanowski JQ (2015) Spreading of pathology in neurodegenerative diseases: a focus on human studies. Nat Rev Neurosci 16 (2): 109–120

Dilling H, Mombour W, Schmidt MH; WHO (1991) Internationale Klassifikation psychischer Störungen: ICD-10, Kapitel V (F, klinisch-diagnostische Leitlinien)

Goedert M (2015) Neurodegeneration. Alzheimer's and Parkinson's diseases: The prion concept in relation to assembled Abeta, tau, and alpha-synuclein. Science 349 (6248): 1255555

Hardy J, Selkoe DJ (2002) The amyloid hypothesis of Alzheimer's disease: progress and problems on the road to therapeutics. Science 297 (5580): 353–356

Heneka MT, Carson MJ, El Khoury J et al. (2015) Neuroinflammation in Alzheimer‹s disease. Lancet Neurol 14 (4): 388–405

Irwin DJ (2016) Tauopathies as clinicopathological entities. Parkinsonism Relat Disord 22 Suppl 1: S29–33

Jonsson T, Atwal JK, Steinberg S et al. (2012) A mutation in APP protects against Alzheimer's disease and age-related cognitive decline. Nature 488 (7409): 96–99

Jucker M, Walker LC (2013) Self-propagation of pathogenic protein aggregates in neurodegenerative diseases. Nature 501 (7465): 45–51

Majcher V, Goode A, James V, Layfield R (2015) Autophagy receptor defects and ALS-FTLD. Molecular and Cellular Neuroscience 66: 43–52

Schneider F, Fink GR (2013) Funktionelle MRT in Psychiatrie und Neurologie. Springer, Berlin Heidelberg New York

Thal DR, Rub U, Orantes M, Braak H (2002) Phases of A beta-deposition in the human brain and its relevance for the development of AD. Neurology 58 (12): 1791–1800

Walker Z, Possin KL, Boeve BF, Aarsland D (2015) Lewy body dementias. Lancet 386 (10004): 1683–1697

Witt K, Deuschl G, Bartsch T (2013) Frontotemporal dementias. Nervenarzt 84 (1): 20–32

Literatur zu ▶ Abschn. 4.3

Aarsland D, Perry R, Brown A, Larsen JP, Ballard C (2005) Neuropathology of dementia in Parkinson's disease: a prospective, community-based study. Ann Neurol 58 (5): 773–6

Adler CH, Beach TG (2016) Neuropathological basis of nonmotor manifestations of Parkinson's disease. Mov Disord 31 (8): 1114–9

Aminian KS, Strafella, AP (2013) Affective disorders in Parkinson's disease. Current Opinion in Neurology 26 (4): 339–44

Antonini A, DeNotaris R (2004) PET and SPECT functional imaging in Parkinson's disease. Sleep Med 5 (2): 201–6

Arai R, Karasawa N, Geffard M, Nagatsu I (1995) L-DOPA is converted to dopamine in serotonergic fibers of the striatum of the rat: a double-labeling immunofluorescence study. Neurosci Lett 11;195 (3): 195–8

Attems J and Jellinger KA (2008) The dorsal motor nucleus of the vagus is not an obligatory trigger site of Parkinson's disease. Neuropathol. Appl. Neurobiol 34 (4): 466–7

Barone P, Antonini A, Colosimo C et al. (2009) The PRIAMO study: A multicenter assessment of nonmotor symptoms and their impact on quality of life in Parkinson's disease. Mov Disord 15;24 (11): 1641–9

Braak H, Ghebremedhin E, Rub U, Bratzke H, Del Tredici K (2004)Stages in the development of Parkinson's disease-related pathology. Cell Tissue Res 318: 121–134

Braak H, de Vos RA, Bohl J, Del Tredici K (2006) Gastric a-synuclein immunoreactive inclusions in Meissner's and Auerbach's plexuses in cases staged for Parkinson's disease-related brain pathology. Neurosci Lett 20;396 (1): 67–72

Buddhala C, Loftin SK, Kuley BM, Cairns NJ, Campbell MC, Perlmutter JS (2015) Dopaminergic, serotonergic, and noradrenergic deficits in Parkinson disease. Annals of Clinical Translational Neurology 2 (10): 949–959

Carta M, Carlsson T, Kirik D, Björklund A (2007) Dopamine released from 5-HT terminals is the cause of L-DOPA-induced dyskinesia in parkinsonian rats. Brain 130 (Pt 7): 1819–33

Carta M, Carlsson T, Muñoz A, Kirik D, Björklund A (2010) Role of serotonin neurons in the induction of levodopa- and graft-induced dyskinesias in Parkinson's disease. Mov Disord 25 Suppl 1: 174–9

Cenci MA, Lundblad M (2006) Post- versus presynaptic plasticity in L-DOPA-induced dyskinesia. J Neurochem 99 (2): 381–92

Cersosimo MG, Benarroch EE (2008) Neural control of the gastrointestinal ract: implications for Parkinson disease. Mov Disord 15;23 (8): 1065–75

Chahine LM, Rebeiz J, Rebeiz JJ et al. (2014) Corticobasal syndrome: Five new things. Neurol Clin Pract 4 (4): 304–312

Cho SS, Aminian K, Li C, Lang AE, Houle S, Strafella AP (2017) Fatigue in Parkinson's disease: The contribution of cerebral metabolic changes. Human Brain Mapping 38 (1): 283–292

de Rijk MC, Tzourio C, Breteler MM, Dartigues JF, Amaducci L, Lopez-Pousa S et al. (1997) Prevalence of parkinsonism and Parkinson's disease in Europe: the EUROPARKINSON Collaborative Study. European Community Concerted Action on the Epidemiology of Parkinson's disease. J Neurol Neurosurg Psychiatry 1997 62 (1): 10–5

Deng H, Wang P, Jankovic J (2017) The genetics of Parkinson disease. Ageing Res Rev 42: 72–85

Desplats P, Lee HJ, Bae EJ, Patrick C et al. (2009) Inclusion formation and neuronal cell death through neuron-to-neuron transmission of alpha-synuclein. Proc Natl Acad Sci USA 4;106 (31): 13010–5

Dickinson DW (2017) Neuropathology of Parkinson disease. Parkinsonism Relat Disord 46 Suppl 1: 30–33

Dickson DW, Bergeron C, Chin SS et al. (2002) Office of Rare Diseases neuropathologic criteria for corticobasal degeneration. J Neuropathol Exp Neurol 61 (11): 935–46

Dilling H, Mombour W, Schmidt M (Hrsg) (2015) ICD-10 – Internationale Klassifikation psychischer Störungen, 10. Aufl. Hogrefe Verlag, Göttingen

Doppler K (2017) Dermal phospho-alpha-synuclein deposits confirm REM sleep behaviour disorder as prodromal Parkinson's disease. Acta Neuropathol 133 (4): 535–545

Ehgoetz Martens, KA & Lewis, SJ (2017) Pathology of behavior in PD: What is known and what is not? J Neurol Sci 15;374: 9–16

Engelender S, Isacson O (2017) The Threshold Theory for Parkinson's Disease. Trends Neursci 40 (1): 4–14

Fahn S, Cohen G (1992) The oxidant stress hypothesis in Parkinson's disease: evidence supporting it. Ann Neurol 32 (6): 804–12

Ferreira D, Guerra A (2015) Depression and Parkinson's disease: Role of the locus coeruleus. European Psychiatry 30, Suppl 1; 28–31

Fitts W, Weintraub D, Massimo L, Chahine L, Chen-Plotkin A, Duda JE (2015) Caregiver report of apathy predicts dementia in Parkinson's disease. Parkinsonism & Related Disord 21 (8): 992–5

Gagnon JF, Bedard MA, Fantini ML, Petit D, Panisset M, Rompré S, Carrier J, Montplaisir J (2002) REM sleep behaviour disorder and REM sleep without atonia in Parkinson's disease. Neurology 27;59 (4): 585–9

Gallagher DA, Schrag A (2012) Psychosis, apathy, depression and anxiety in Parkinson's disease. Neurobiol Dis 46 (3): 581–9

Gasser T (2005) Genetics of Parkinson's Disease. Curr Opin Neurol 18 (4): 363–9

Hacke W (Hrsg) (2016) Neurologie, 14. Auflage. Springer, Berlin Heidelberg New York, Abb. 24.1, 33.3

Hawkes CH, Del Tredici K, Braak H (2007) Parkinson's disease: a dual hit hypothesis. Neuropathol Appl Neurobiol 33 (6): 599–614

Jellinger KA (2010) Neuropathology in Parkinson's disease with mild cognitive impairment. Acta Neuropathol 20 (6): 829–30

Jenner P, Olanow CW (1996) Oxidative stress and the pathogenesis of Parkinson's disease. Neurology 47 (6 Suppl 3): 161–70

Kaufmann H, Nahm K, Purohit D, Wolfe D (2004) Autonomic failure as the initial manifestation of Parkinson's disease and dementia with Lewy bodies. Neurology 28;63 (6): 1093–5

Langston JW, Ballard P, Irwin I (1983) Chronic parkinsonism in humans due to a product of meperidine-analog synthesis. Science 25;219 (4587): 979–80

Levy R, Dubois B (2006) Apathy and the functional anatomy of the prefrontal cortexbasal ganglia circuits. Cerebral Cortex 16 (7): 916–28

Litvan I (2003) Update on epidemiological aspects of progressive supranuclear palsy. Mov Disord 18 Suppl 6: S43–50

Liu B, Fang F, Pedersen NL, Tillander A, Ludvigsson JF, Ekbom A, Svenningsson P, Chen H, Wirdefeldt K (2017) Vagotomy and Parkinson disease. A Swedish register-based match-cohort study. Neurology 23;88 (21): 1996–2002

Maede T, Nagata K, Yoshida Y, Kannari K (2005) Serotonergic hyperinnervation into the dopaminergic denervated striatum compensates for dopamine conversion from exogenously administered L-DOPA. Brain Res 7;1046 (1–2): 230–3

Mena MA, de Yébenes JG (2006) Drug-induced parkinsonism. Expert Opin Drug Saf 5 (6): 759–71

Michel PP, Hirsch EC, Agid Y (2002) Parkinson's disease: cell death mechanisms. Rev Neurol 158 (122): 24–32

Mu L, Sobotka S, Chen J et al. (2013) Arizona Parkinson's Disease Consortium. Parkisnon disease affects peripheral sensory nerves in the pharynx. J Neuropathol Exp Neurol 72 (7): 614–23

Nutt JG (2003) Long-term L-DOPA therapy: challenges to our understanding and for the care of people with Parkinson's disease. Exp Neurol 184 (1): 9–13

Obeso JA, Grandas F, Vaamonde J, Luquin MR, Artieda J, Lera G, Rodriguez ME, Martinez-Lage JM (1989) Motor complications associated with chronic levodopa therapy in Parkinson's disease. Neurology 39 (11 Suppl 2): 11–9

Olanow W, Schapira AH, Rascol O (2000) Continuous dopamine-receptor stimulation in early Parkinson's disease. Trends Neurosci 23 (10 Suppl): 117–26

Pauletti C, Mannarelli D, Locuratolo N, Pollini L, Curra A, Marinelli L (2017) Attention in Parkinson's disease with fatigue: Evidence from the attention network test. J Neural Transmission 124 (3): 335–345

Postuma RB, Berg D, Stern M et al. (2015) MDS clinical diagnostic criteria for Parkinson's disease. Mov Disord 30 (12): 1591–601

Remmele W (2012) Neuropathologie, 3. Aufl. Springer, Berlin Heidelberg New York

Santiago, RM, Vital, MABF, Sato, MDO, Adam, GP (2016) Depression in Parkinson's disease is associated with a serotoninergic system change secondary to neuroinflammation. Int J Neurol Neurother 3: 061

Schapira AHV, Chaudhuri KR, Jenner P (2017) Non-motor features of Parkinson disease. Nat Rev Neurosci 18 (7): 435–450

Sixel-Döring F, Trautmann E, Mollenhauer B, Trenkwalder C (2011) Associated factors for REM sleep behavior disorder in Parkinson disease. Neurology 13;77 (11): 1048–54

Stern G (2014) Niemann-Pick's and Gaucher's diseases. Parkinsonism Relat Disord 20 Suppl 1: 143–6

Suzuki M, Sango K, Wada K, Nagai Y (2018) Pathological role of lipid interaction with a-Synuclein in Parkinsons disease. NeurochemInt 3: 197–186 (17)30445-X

Svensson E, Horváth-Puhó E, Thomsen RW, Djurhuus JC, Pedersen L, Borghammer P, Sorenson HT (2015) Vagotomy and subsequent risk of Parkinson's disease. Ann Neurol 78 (4): 522–9

Tanaka H, Kannari K, Maeda T, Tomiyama M, Suda T, Matsunaga M (1999) Role of serotonergic neurons in L-DOPA-derived extracellular dopamine in the striatum of 6-OHDA-lesioned rats. Neuroreport 25;10 (3): 631–4

Tofaris GK, Spillantini MG (2007) Physiological and pathological properties of alpha-synuclein. Cell Life Mol Sci 64 (17): 2194–201

Toledo JB, Gopal P, Raible K, Irwin DJ, Brettschneider J, Sedor S (2016) Pathological alpha-synuclein distri-

bution in subjects with coincident Alzheimer's and
Lewy body pathology. Acta Neuropathologica 131 (3):
393–409

Weintraub D, Simuni T, Caspell-Garcia C, Coffey C, Lasch S,
Siderowf A (2015) Cognitive performance and neuropsychiatric symptoms in early, untreated Parkinson's
disease. Mov Disord 30 (7): 919–27

4

Vitaminmangel-Erkrankungen

A. Biesalski, D. Sturm

© Springer-Verlag GmbH Deutschland, ein Teil von Springer Nature 2019
D. Sturm et al. (Hrsg.), *Neurologische Pathophysiologie*
https://doi.org/10.1007/978-3-662-56784-5_5

5.1   Wernicke-Enzephalopathie

A. Biesalski, D. Sturm

■■ **Zum Einstieg**
Die Wernicke-Enzephalopathie ist ein klinisch heterogenes Krankheitsbild, das durch einen Mangel an Vitamin B_1 (Thiamin) hervorgerufen wird. Die typische Symptomtrias besteht aus Augenbewegungsstörung, Bewusstseinsstörungen und einer Ataxie. Durch die zentrale Rolle des B-Vitamins im zellulären Energiestoffwechsel setzen Mangelzustände unterschiedliche zellschädigende Mechanismen in Gang, die in diesem Beitrag näher betrachtet werden. Zudem wird eine Verknüpfung zu histopathologischen Befunden der Erkrankung hergestellt. Nur eine frühzeitige Substitutionstherapie dieser potenziell letal verlaufenden Erkrankung verringert das Risiko residualer neurologischer Störungen.

Wernicke-Enzephalopathie
- Neurodegenerative Erkrankung, durch einen Mangel an Vitamin B_1 (Thiamin)
- **Ursachen:** Alkoholismus, gastrointestinale Operationen, medikamenteninduziert.
- **Prävalenz:** In der BRD auf 0,3–0,8% geschätzt.
- **Klinik:** Charakteristische Symptomtrias aus Augenbewegungsstörungen, Bewusstseinsstörungen und Ataxie. Das Spektrum an Symptomen ist jedoch bedeutend weiter; rund 20% aller Patienten mit Wernicke-Enzephalopathie weisen keines der Kardinalsymptome auf. Die vollständige Trias zeigt sich nur bei 16–20% der Patienten.
- **Therapie:** (intravenöse oder intramuskuläre) Gabe von Thiamin.
- **Mortalität:** Unbehandelt wird die Mortalität auf 17% geschätzt, eine vollständige Restitutio ad integrum ist selten, insbesondere mnestische Störungen haben eine schlechte Rückbildungstendenz (Korsakow-Syndrom).

Die Wernicke-Enzephalopathie ist eine neurodegenerative Erkrankung, die auf einen Mangel an Vitamin B_1 (Thiamin) zurückzuführen ist. In westlichen Industrienationen sind insbesondere alkoholabhängige Menschen von der Erkrankung betroffen, die Mangelerscheinung kann jedoch ebenfalls Folge gastrointestinaler Operationen oder medikamenteninduziert sein (Rodriguez-Pardo et al. 2015; Kröll et al. 2015). Neben zentralnervösen Strukturen kann sich ein Vitamin B_1-Mangel auch am peripheren Nervensystem und kardial manifestieren (Beriberi).

Die Mortalität der Erkrankung wird auf 17% geschätzt – im Akutfall kann es zu lebensbedrohlichen Zuständen kommen, sie gehen einher mit vegetativer Dysregulation (Tachykardien, Hypo-/Hyperthermie) und können zum Koma führen. In diesem Beitrag werden die Grundlagen des Thiaminstoffwechsels dargestellt. Anschließend wird auf die pathophysiologischen Folgen eines Thiaminmangels eingegangen.

5.1.1   Thiamin

Vitamin B_1 (Thiamin) ist ein lebenswichtiges, wasserlösliches Vitamin, das mit der Nahrung aufgenommen wird (◘ Abb. 5.1).
- Gesamtkörperbestand 25–30 mg,
- 40% in der Muskulatur,
- normaler Serumspiegel 5–12 μg/dl,
- täglicher Bedarf 1,1–1,4 mg/Tag,
- biologische Halbwertszeit 9,5–18,5 Tage,
- keine Speicherung möglich, Ausscheidung renal,
- erhöhter Bedarf bei kritisch erkrankten Menschen, schwangeren/stillenden Frauen und Kindern.

5.1.2   Wichtige Thiaminquellen

Thiamin ist nahezu in allen pflanzlichen und tierischen Nahrungsmitteln vorhanden.
- **Pflanzlich** (nicht phosphorylierte Form) findet es sich inbesondere in ungemahlenem Getreide, Nüssen, Sonnenblumenkernen und Bohnen.
- **Tierisch** (überwiegend als biologisch aktives Thiaminpyrophosphat, TPP (= Thiamindiphosphat, TDP) zeigen sich hohe Konzentrationen in Leber, Nieren oder magerem Schweinefleisch.

Durch Kochen der Nahrung wird das hitzeempfindliche Vitamin zerstört.

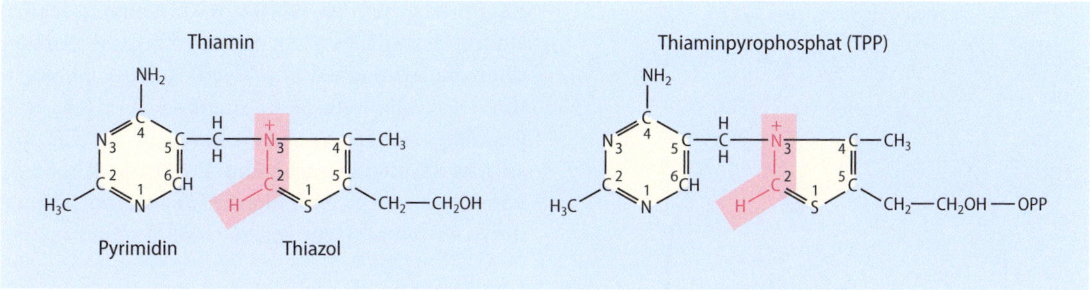

Thiamin

NH₂

Pyrimidin   Thiazol

Thiaminpyrophosphat (TPP)

NH₂

■ **Abb. 5.1a, b**   Thiamin (**a**) besteht aus einem Thiazol- und einem Pyrimidinring, die über eine Methylengruppe miteinander verbunden sind. Durch Phosphorylierung wird es in seine biologisch aktive Form Thiaminpyrophosphat (TPP) umgewandelt (**b**).

5.1.3   Thiaminstoffwechsel

Im menschlichen Körper kann Vitamin B₁ nur in Form von TPP genutzt werden. Im Blut liegt das Vitamin innerhalb der Erythrozyten (75%), Leukozyten (15%) oder plasmatisch, (z. B. an Albumin gebunden) vor. Es gelangt über die Pfortader in die Leber und von dort zu den Zielorganen (■ Abb. 5.2). Das Vitamin wird insbesondere in Leber, Niere, Gehirn (hier vor allem in Astrozyten) und im Herzmuskel gebraucht – dort finden sich Zellen, die zur Aufrechterhaltung ihres Stoffwechsels auf eine besonders hohe Glukosezufuhr angewiesen sind. Um die Gehirnzellen zu erreichen, überwindet Thiamin die Blut-Hirn-Schranke sowohl durch aktive als auch durch passive Transportmechanismen.

Thiaminpyrophosphat (TPP) ist Ko-Enzym aller oxidativen Decarboxylierungen (■ Abb. 5.3). Insbesondere in drei Reaktionen übernimmt TPP eine wichtige Funktion in der Kohlehydrat- bzw. Glukoseverwertung. Sie sind innerhalb der Mitochondrien lokalisiert und dienen der Energiebereitstellung für die Zelle.

— TPP wirkt als Ko-Enzym der α-Ketoglutarat-Dehydrogenase. Dabei wird α-Ketoglutarat im Zitratzyklus zu Succinyl-CoA und CO_2 verstoffwechselt. Succinyl-CoA wird zudem zur Bildung von Häm gebraucht, was antioxidative Wirkung hat. Eine der ersten Folgen eines TPP-Mangels ist ein Funktionsverlust dieses Enzyms.

— TPP ist Ko-Enzym der Pyruvat-Dehydrogenase. Es katalysiert die Umwandlung von Pyruvat zu Acetyl-CoA und CO_2

— TPP ist Ko-Enzym der Transketolase. Dieses Enzym wird an verschiedenen Stellen im Pentosephosphatweg gebraucht

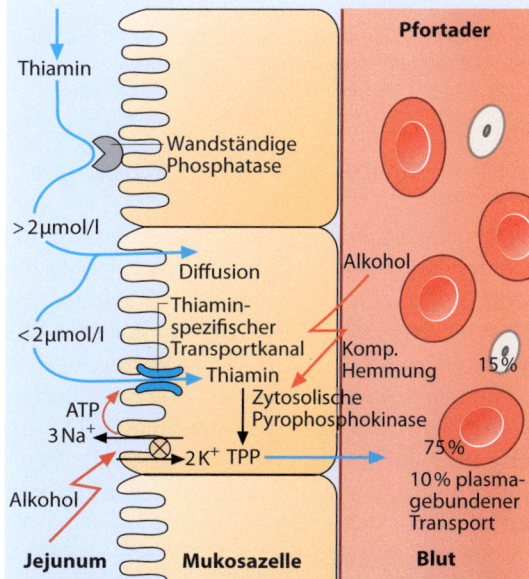

Die Resorption von Thiamin erfolgt konzentrationsabhängig insbesondere im Jejunum. Nach Dephosporylierung durch Phosphatasen in der Darmwand gelangt es ab jejunalen Konzentrationen >2 µmol/l) über (passive) Diffusion in die Mukosazellen. Bei Konzentrationen <2 µmol/l wird Thiamin über ATP-abhängige, Thiamin-spezifische Transportkanäle aufgenommen. Intrazellulär wird das Thiamin durch die zytosolische Pyrophosphokinase zum ko-enzymatisch wirksamen TPP phosphoryliert. Der Konsum von Alkohol vermindert die Thiaminresorption durch Hemmung der Na+/K+-ATPase. Dies führt zur Down-Regulation der Thiamin-spezifischen Transportkanäle. Auch die intrazelluläre Aktivierung des Vitamins kann von Alkohol durch kompetetive Hemmung der zytosolischen Pyrophosphokinase verhindert werden.

■ **Abb. 5.2**   Thiaminstoffwechsel

— Darüber hinaus hat TPP einen Einfluss auf den Stoffwechsel verzweigtkettiger Aminosäuren (Ko-Enzym der verzweigtkettigen Ketosäuren-Dehydrogenase).

5

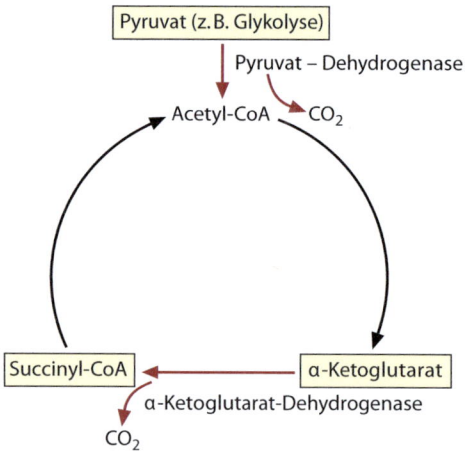

◨ Abb. 5.3 Thiaminpyrophosphat (TPP) ist Ko-Enzym für Schlüsselreaktionen innerhalb des Zitratzyklus. Dargestellt sind nur die für Thiamin relevanten Teilschritte

5.1.4   Pathologie/Histopathologie

Von einem Thiaminmangel sind in erster Linie die hypoglykämieempfindlichen Hirnregionen betroffen. Zu ihnen gehören der Thalamus, die Mammillarkörper, die Colliculi inferiores im Mesencephalon sowie die im Hirnstamm gelegenen Vestibularis- und Olivenkerne (Hazell und Butterworth 2009). Es zeigen sich petechiale Einblutungen und ein spongiöser Gewebezerfall dieser Bereiche, die Corpora mamillaria stellen sich verkleinert und rostbraun verfärbt dar.

Mikroskopisch zeigen sich Ischämien im Bereich des Thalamus und der Olivenkerne. Die Schädigungen betreffen überwiegend Gliazellen. Daneben finden sich spongiöse Einblutungen in Teilen des Hirnstammes, insbesondere des Colliculus inferior, als Folge der lokalisierten Blutungsneigung, sowie eine Proliferation der Mikroglia (Alfadlal et al. 2014).

Die neuropathologischen Veränderungen betreffen jedoch nicht jeden Patienten in gleicher Weise: Lediglich Läsionen der dorsomedialen Anteile des Thalamus sind in großer Regelmäßigkeit nachweisbar. Schädigungen der Mammillarkörper betreffen nur 50% der Patienten, und nur in etwa einem Drittel der Fälle sind auch Teile des Kleinhirnwurmes (Vermis cerebelli) geschädigt (Sechi und Serra 2007). Diese Heterogenität erklärt das nur selten einheitliche klinische Bild der Wernicke-Enzephalopathie.

MR-tomographisch lassen sich typischerweise symmetrische Veränderungen der betroffenen Regionen erkennen (◨ Abb. 5.4). Anhand der Läsionen lässt sich bildmorphologisch keine Aussage über die Ätiologie einer Wernicke-Enzephalopathie (z. B. alkoholisch vs. nicht alkoholisch) treffen. Zeigt sich im MRT eine kortikale Beteiligung, spricht das für eine schlechte Prognose. Abhängig von einer schnellen Thiaminsubstituion können die MRT-Veränderungen reversibel sein.

5.1.5   Pathophysiologische Folgen des Thiaminmangels

Sind die Thiaminvorräte des Körpers aufgebraucht, leiden alle Körperzellen, die auf Energie aus den Mitochondrien angewiesen sind, darunter. Im Gehirn sind insbesondere hypoglykämieempfindliche Regionen wie der Thalamus oder die Corpora mammilaria von dem Vitaminmangel betroffen. Die resultierenden Schädigungen lassen sich in **vier wichtige pathophysiologische Wege** einteilen, die im Folgenden beschrieben sind (s. auch ◨ Abb. 5.5).

❯ Astrozyten als zentrale, Glukose verstoffwechselnde Zellen sind besonders früh von einem Thiaminmangel betroffen. Fast alle Enzyme des Zitratzyklus bzw. thiaminabhänge Enzyme sind in Astrozyten in wesentlich höheren Konzentrationen enthalten als in Neuronen. Fehlt TPP als Ko-Enzym der α-Ketoglutarat-Dehydrogenase, entfällt der Zitratzyklus als Energielieferant. Das Fehlen von ATP führt zu einer Störung der Membran- und Zellfunktion der Astrozyten.

■■ Die Rolle der Astrozyten in der Wernicke-Enzephalopathie

Astrozyten sind wesentlich mehr als die „Stützzellen des Nervensystems". Sie haben eine zentrale Rolle innerhalb des Kohlehydratstoffwechsels. Fast alle Enzyme des Zitratzyklus (wie die Alpha-Ketoglutarat-DH und Pyruvat-DH) als auch die Transketolase, sind in Astrozyten in wesentlich höheren Konzentrationen enthalten als in Neuronen. Dadurch sind sie von einem Thiaminmangel in erster Linie betroffen.

Zu den Aufgaben der Astrozyten gehören (u. a.):
- Regulierung der Kaliumkonzentration im extrazellulären Raum,
- Aufnahme und Inaktivierung freigesetzter Neurotransmitter (z. B.: Glutamat via GLT-1

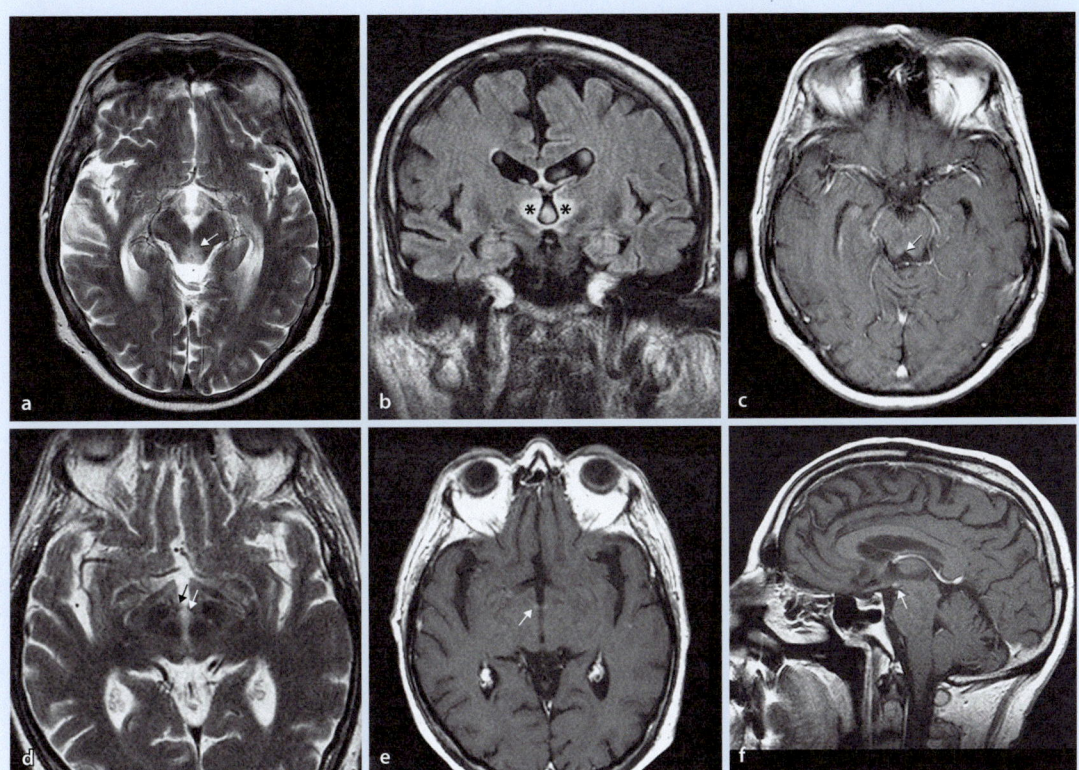

Bei der Wernicke-Enzephalopathie zeigen sich charakteristische Veränderungen in der MRT-Untersuchung des Gehirns. Sie finden sich sowohl in T2-gewichteten Sequenzen (T2w und FLAIR), als auch in (kontrastmittelgestützten) T1-gewichteten Sequenzen. T2-Hyperintesitäten korrelieren neuropathologisch mit einer spongiformen Degeneration des Neuropils. Kontrastmittelaufnehmende Läsionen in T1-gewichteten Bildern hingegen stellen das bildmorphologische Korrelat einer gestörten Blut-Hirn-Schranke dar. Häufig treten symmetrische Veränderungen auf, die typischerweise in den Thalami, den Corpora mamillaria, dem Tegmentum mesencephali und periaquäduktalen Regionen lokalisiert sind.

Pathologische Befunde finden sich auch in den diffusionsgewichteten Sequenzen der MRT. Dabei entsprechen Hyperintensitäten mit einem parallel vorliegenden normalen oder gesteigerten ADC einem vasogenen Ödem und Hyperintensitäten mit einem erniedrigtem ADC einem zytotoxischen Ödem.

◨ **Abb. 5.4a–f a–c** Wernicke-Enzephalopathie bei Alkoholabusus. Signalsteigerung und KM-Aufnahme im perimesenzephalen Grau (Pfeile in **a** und **c**), sowie Signalsteigerungen im medialen Thalamus bilateral (Sterne in **b**).

(**a** T2w; **b** FLAIRw; **c** T1w + KM). **d–f** Chronische Wernicke-Enzephalopathie. Atrophie und KM-Aufnahme der Corpora mammilaria (Pfeile). (**a** T2w; b, **c** T1w+KM). (Aus Linn et al. 2011)

und GLAST in der Astrozytenmembran) und Kommunikation mit Neuronen (z. B. über den Austausch von Laktat oder Glutamin),
– Aufrechterhaltung der Flüssigkeits- und Elektrolythomöostase (z. B. über Aquaporin-4-Kanäle),
– Bildung der Blut-Hirn-Schranke.

5.1.5.1 Störung der Zellfunktion

Durch die Störung der Membranfunktion wird die Na⁺/K⁺-ATPase in ihrer Funktion beeinträchtigt. Folge ist ein Anstieg der Kaliumkonzentration im extrazellulären Raum. Darüber hinaus kommt es

zur Down-Regulation der Glutamatrezeptoren GLT-1 und GLAST in der Astrozytenmembran, deren Aufgabe normalerweise die Aufnahme des Neurotransmitters ist: Der resultierende Anstieg des Glutamats im extrazellulären Raum geht einher mit einer exzitotoxischen Wirkung des Neurotransmitters auf umliegende Zellen. Daneben kommt es zu einer gestörten Zellkommunikation zwischen Astrozyten und Neuronen.

5.1.5.2 Lokale Gerinnungsstörung

Es wird eine lokale Gerinnungshemmung beobachtet. Sie ist möglicherweise Ursache der neuro-

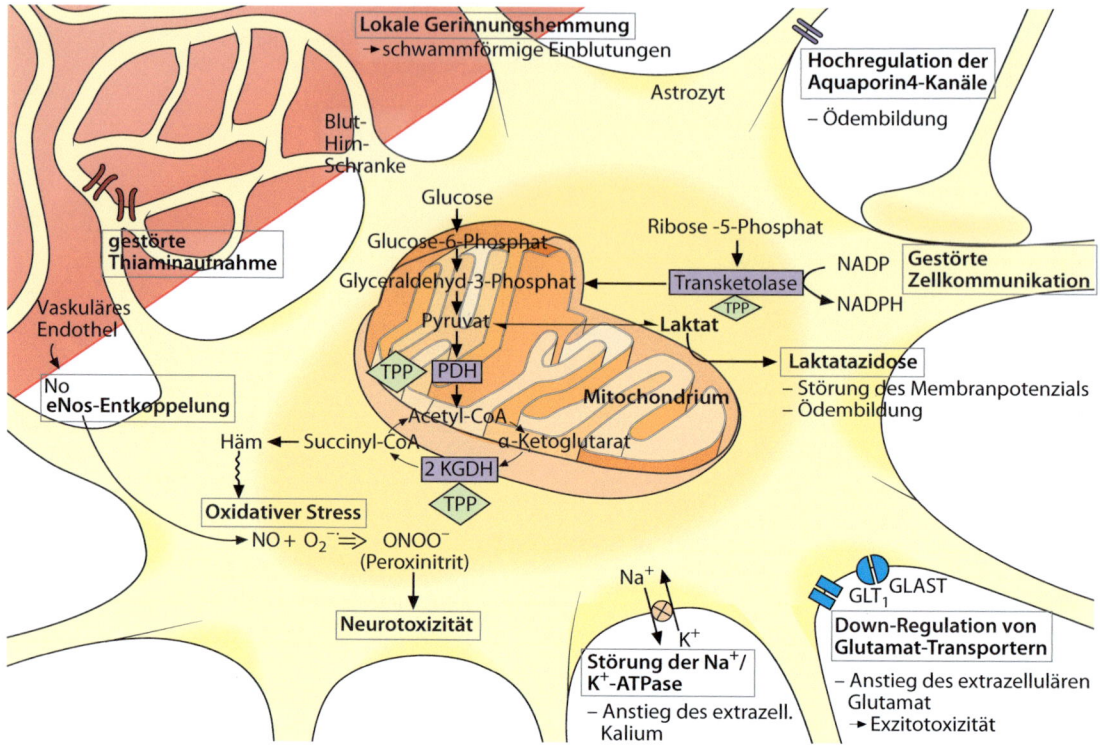

◻ Abb. 5.5   Übersicht über pathophysiologische Vorgänge bei der Wernicke-Enzephalopathie

pathologisch beschriebenen, spongiösen Hämorrhagien.

5.1.5.3 Ausbildung eines Zellödems
Daneben wurde eine verstärkte Expression der Aquaporin-4-Wasserkanäle in der Membran betroffener Astrozyten beobachtet, die letztlich zum Einstrom von Wasser in die Zelle führt und so die Bildung eines Zellödems verstärkt.

5.1.5.4 Immunreaktion/Inflammation
Neben der schwerwiegenden Beeinträchtigung der Astrozyten wurde eine Proliferation der Mikroglia beobachtet, die sich auf eine frühe Immunreaktion zurückführen lässt. Es kommt zur Ausschüttung proinflammatorischer Zytokine (IL-6, IL-18, TNF-α, AIF1, Osteopontin), Chemokine (MCP-1, MIP-1α, MIP-β, GRO-1) und Interferone (IFNs), die die lokale Entzündungsreaktion und Bildung eines zytotoxischen Ödems weiter fördern. Möglicherweise sind genetische Ursachen für eine gesteigerte Entzündungsreaktion in den hypoglykämieempfindlichen Hirnregionen verantwortlich.

Durch den gestörten Ablauf des Zitratzyklus (bzw. konsekutiv auch der Atmungskette) fallen zusätzlich freie Radikale an. Es entsteht oxidativer Stress. Durch die Bildung von Peroxinitrit ($ONOO^-$) verstärkt sich die Entzündungsreaktion der betroffenen Zellen.

Glukosegabe bei Verdacht auf einen Thiaminmangel: ja oder nein?
In vielen Lehrbüchern wird zu einer Thiaminsubstitution *vor* einer Glukosegabe geraten. Die theoretische Idee dahinter ist, dass eine primäre Gabe von Glukose durch Ankurbelung der Stoffwechselwege, in denen Thiamin als Ko-Faktor benötigt wird, das letzte im Körper befindliche Thiamin verbraucht. Als Folge wird das beschleunigte Auftreten einer Wernicke-Enzephalopathie postuliert.
Tatsächlich gibt es dafür keine überzeugenden wissenschaftlichen Belege. Seit den 1950-er Jahren wurden nur wenige Case Reports und Fallserien zu diesem Thema publiziert. Darin wurden intensivmedizinisch betreute Patienten beschrieben, die über mehrere Tage hinweg ausschließlich parenteral Glukoselösungen erhielten und in der Folge eine schwere Wernicke-Enzephalopathie entwickelten. Die heutzutage eingesetzten Produkte zur Ernährung schwerkranker Patienten enthalten in der Regel ausreichende Mengen zugesetzter Vitamine.

❯ In Notfallsituationen sollte zunächst eine Hypoglykämie ausgeglichen werden und insbesondere bei mangelernährten oder alkoholkranken Patienten generell auf eine sofortige, ergänzende Thiaminsubstituion geachtet werden.

? Fragen zur Lernkontrolle
- Für welche Enzyme ist Thiamin von essenzieller Bedeutung?
- Warum sind insbesondere alkoholabhängige Menschen gefährdet, an einer Wernicke-Enzephalopathie zu erkranken?
- Was sind wesentliche pathophysiologische Mechanismen der Wernicke-Enzephalopathie auf zellulärer Ebene?
- Welche neuropathologischen Befunde finden sich bei der Wernicke-Enzephalopathie?

5.2   Funikuläre Myelose

A. Biesalski

▪ ▪ Zum Einstieg

Die funikuläre Myelose ist die neurologische Manifestation eines Vitamin B_{12}-Mangels und geht mit einer subakuten bis akuten Degeneration der Hinter- und zum Teil auch der Seitenstränge des Rückenmarks einher. Die Vitamin B_{12}-Mangelerkrankung kann im Rahmen unterschiedlicher gastrointestinaler Resorptionsstörungen, nach Magen-Darm-Operationen, durch Mangelernährung, infolge eines gesteigerten Bedarfs oder durch Medikamentennebenwirkungen hervorgerufen werden. Selbst bei frühzeitiger Diagnosestellung und Vitaminsubstitution verbleiben bei ca. 50% der Patienten Residuen bis hin zu schweren Behinderungen. Im vorliegenden Beitrag werden die Ursachen des Vitaminmangels sowie die Pathomechanismen der spinalen Degeneration dargestellt. Auch parallel auftretende Symptome wie hämatologische und gastrointestinale Störungen werden am Rande behandelt.

Funikuläre Myelose
- Ein Mangel an Vitamin B_{12} führt zu einem Nebeneinander hämatologischer, gastrointestinaler sowie neurologischer und/oder psychiatrischer Symptome. Sie können sowohl gemeinsam als auch einzeln in Erscheinung treten.
- **Ursachen:** Gastrointestinale Erkrankungen/Resorptionsstörungen, gesteigerter Bedarf, vegane Ernährung, chronischer Alkoholabusus, Medikamentennebenwirkungen.

- Beide Geschlechter gleichermaßen betroffen, selten unterhalb des 40. Lebensjahres.
- **Klinik:** Etwa 40–50% der Patienten mit niedrigem Vitamin B_{12}-Serumspiegel zeigen neurologische Symptome. Daneben finden sich häufig Veränderungen des Blutbildes, meist in Form einer makrozytären Anämie. Nur ca. 1/3 der neurologisch erkrankten Patienten weist zugleich hämatologische Veränderungen auf.
- **Therapie:** Gabe von Vitamin B_{12} in Kombination mit Folsäure.
- **Prognose:** Bei frühzeitigem Therapiebeginn können sich v. a. sensible Beschwerden innerhalb von wenigen Wochen vollständig zurückbilden. In mindestens 50% der Fälle wird *keine* Restitutio ad integrum erreicht.

Der Begriff funikuläre Myelose beschreibt die subakute Degeneration von Hinter- und Seitensträngen des Rückenmarks infolge eines Vitamin B_{12}-Mangels. Die Mangelerkrankung hat nicht nur neurologische Folgen, sondern betrifft ebenso das hämatologische sowie gastrointestinale Organsystem. In diesem Beitrag wird zunächst auf den Cobalaminstoffwechsel sowie die Ursachen eines erworbenen Vitamin B_{12}-Mangels eingegangen. Anschließend werden die pathophysiologischen Auswirkungen der Mangelerkrankung betrachtet. Schwerpunkt ist hierbei die spinale Degeneration.

5.2.1   Cobalamin (Vitamin B_{12})

Vitamin B_{12} ist ein lebenswichtiges, wasserlösliches Vitamin, das mit der Nahrung aufgenommen wird (◘ Abb. 5.6).
- Gesamtkörperbestand 2–5 mg, täglicher Bedarf 2–3 µg/Tag,
- Speicherung zu ca. 60% in der Leber, ca. 30% in der Skelettmuskulatur,
- normaler Serumspiegel 150–300 ng/l,
- biologische Halbwertszeit 1–2 Jahre,
- kaum renale Ausscheidung, überwiegende Rückresorption des Vitamins im terminalen Ileum,
- erhöhter Bedarf bei schwangeren/stillenden Frauen, alten sowie kritisch erkrankten Menschen.

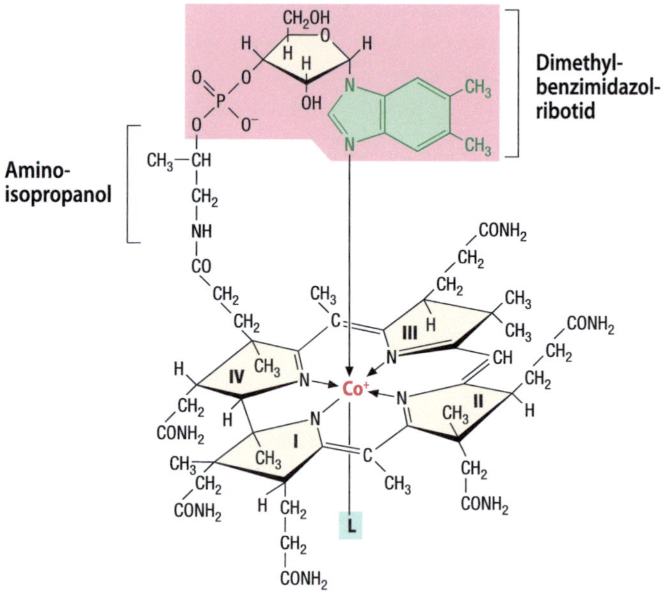

5

Abb. 5.6 Vitamin B$_{12}$ enthält ein zentralgelegenes Cobalt-Atom sowie mehrere Aminogruppen, was ihm den Namen Cobalamin einbrachte. Die biologisch aktiven Derivate des Vitamins enthalten zusätzlich eine Methylgruppe (Methylcobalamin) oder eine Adenosylgruppe (Adenosylcobalamin). (Aus: Heinrich et al. 2014)

5.2.2 Wichtige Cobalaminquellen

Cobalamin wird von Mikroorganismen des Darms produziert. Die Aufnahme erfolgt ausschließlich über tierische Produkte. Innereien wie Leber oder Niere, aber auch Muskelfleisch oder Fisch enthalten ausreichende Mengen des Vitamins. Auch Milch, Käse oder Eier vermögen den Bedarf an Cobalamin zu decken. Auch im menschlichen Kolon finden sich Bakterien, die das B-Vitamin produzieren. Da dies jedoch distal des terminalen Ileums geschieht, geht das Vitamin durch die Ausscheidung verloren.

5.2.3 Ursachen eines Cobalaminmangels

Die häufigste Ursache eines Cobalaminmangels ist die mangelnde Resorption des B-Vitamins infolge eines absoluten oder relativen Mangels an „intrinsic factor" (IF). Ausgangspunkt hierfür ist häufig eine atrophische Gastritis Typ A mit Bildung von Antikörpern gegen Parietalzellen der Magenschleimhaut. Auch mildere Gastritisformen oder eine Achlorhydrie mit verminderter Magensäureproduktion können die Aufnahme von Cobalamin negativ beeinflussen (■ Abb. 5.7). Hinzu kommen gestörte Resorptionsmechanismen durch Erkrankungen des Ileums (beispielsweise Colitis ulcerosa, Divertikulose u. v. m.), die die Aufnahme des Cobalamin-IF-Komplexes erschweren.

Ebenso können Medikamenteninteraktionen (z. B. H1-Blocker) die Aufnahme von Cobalamin negativ beeinflussen. Essstörungen, chronischer Alkoholismus oder Mangelernährung im Alter können ebenfalls zum Cobalaminmangel führen. Hereditäre (genetische) Störungen des Vitamin B12-Stoffwechsels sind seltener.

Da die menschliche Leber eine hohe Speicherkapazität für Cobalamin besitzt, führt ein Cobalaminmangel häufig erst nach mehreren Jahren zu manifesten neurologischen Symptomen.

■ Abb. 5.7 zeigt die Aufnahme und Resorption von Cobalamin sowie mögliche Störfaktoren.

5.2.4 Cobalaminstoffwechsel

Im menschlichen Körper sind ca. 10–30% des Cobalamins an Transcobalamin II (Holo-TC) gebunden. Lediglich das gebundene Vitamin ist für den Körper nutzbar. Die verbleibenden bis zu 90% liegen in freier Form vor und sind somit inaktiv. Bei Verdacht auf eine Vitamin B$_{12}$-Mangelerkrankung ist eine alleinige Testung des Vitamin B$_{12}$-Serumspiegels dementsprechend nur bedingt sinnvoll. Vielmehr lohnt sich die Untersuchung des Holo-TC-Spiegels. Sie erlaubt, aufgrund der kurzen Halbwertszeit des Transportkomplexes von nur wenigen Stunden die sehr frühe Diagnostik eines Vitamin B$_{12}$-Mangels.

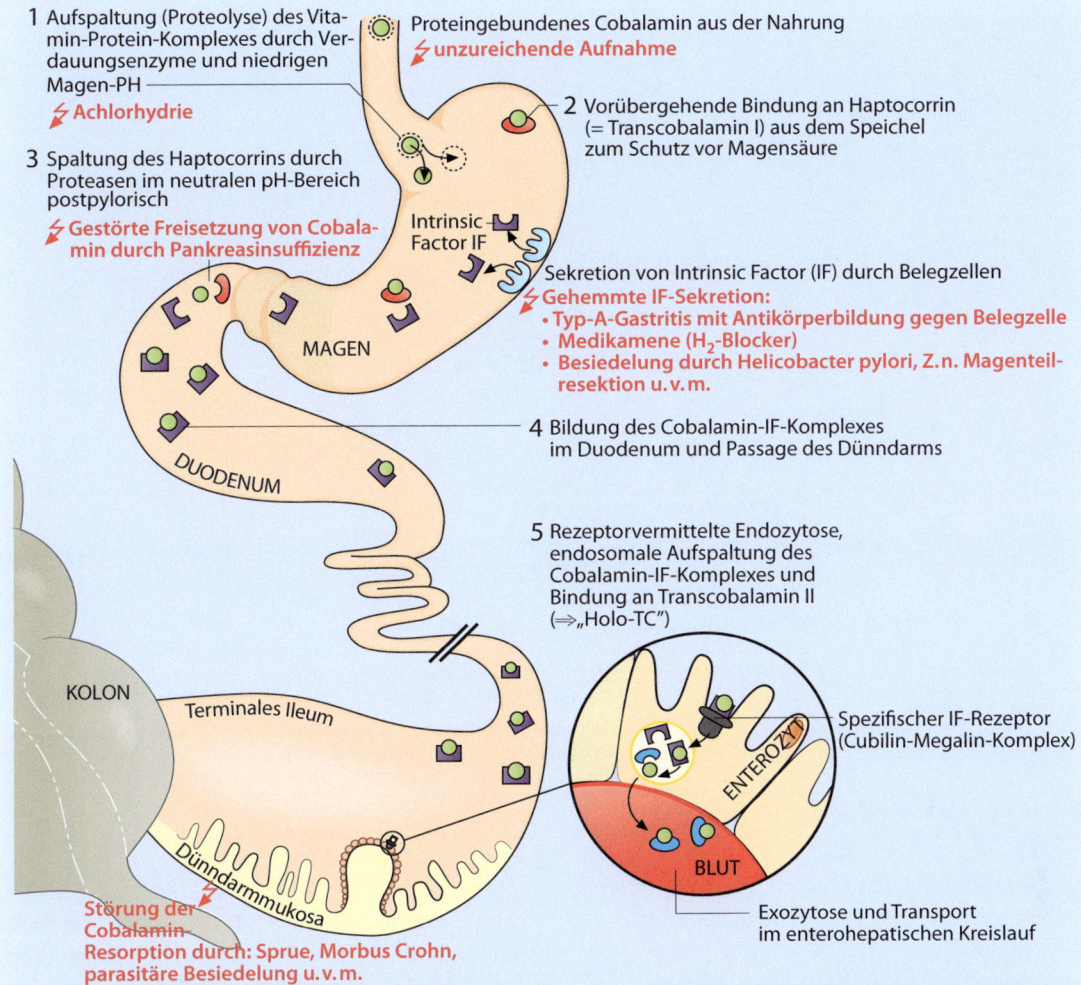

1 Aufspaltung (Proteolyse) des Vitamin-Protein-Komplexes durch Verdauungsenzyme und niedrigen Magen-PH
  ⚡ **Achlorhydrie**

Proteingebundenes Cobalamin aus der Nahrung
⚡ **unzureichende Aufnahme**

2 Vorübergehende Bindung an Haptocorrin (= Transcobalamin I) aus dem Speichel zum Schutz vor Magensäure

3 Spaltung des Haptocorrins durch Proteasen im neutralen pH-Bereich postpylorisch
  ⚡ **Gestörte Freisetzung von Cobalamin durch Pankreasinsuffizienz**

Intrinsic-Factor IF

MAGEN

Sekretion von Intrinsic Factor (IF) durch Belegzellen
⚡ **Gehemmte IF-Sekretion:**
• **Typ-A-Gastritis mit Antikörperbildung gegen Belegzelle**
• **Medikamene (H_2-Blocker)**
• **Besiedelung durch Helicobacter pylori, Z.n. Magenteilresektion u.v.m.**

4 Bildung des Cobalamin-IF-Komplexes im Duodenum und Passage des Dünndarms

DUODENUM

5 Rezeptorvermittelte Endozytose, endosomale Aufspaltung des Cobalamin-IF-Komplexes und Bindung an Transcobalamin II (⇒„Holo-TC")

KOLON

Terminales Ileum

ENTEROZYT

Spezifischer IF-Rezeptor (Cubilin-Megalin-Komplex)

BLUT

Dünndarmmukosa

⚡ **Störung der Cobalamin-Resorption durch: Sprue, Morbus Crohn, parasitäre Besiedelung u.v.m.**

Exozytose und Transport im enterohepatischen Kreislauf

Cobalamin liegt in der Nahrung überwiegend an Proteine gebunden vor. Durch die Magensäure sowie Verdauungsenzyme in Speichel und Magensaft (Pepsin, Trypsin) kommt es zunächst zur Freisetzung des Vitamins. Zum Schutz vor dem sauren Milieu des Magens wird es vorübergehend an Haptocorrin (= Transcobalamin I) gebunden. Nach Passage des Pylorus wird das Vitamin schließlich im neutralen bis alkalischen pH-Bereich des Duodenums erneut freigesetzt und bindet an den von den Belegzellen (= Parietalzellen) des Magens produzierten intrinsischen Faktor (IF).

Der Cobalamin-IF-Komplex passiert den Dünndarm bis zum terminalen Ileum. Hier erfolgt die aktive Resorption des Komplexes über rezeptorvermittelte Endozytose in die Enterozyten. Intrazellulär wird der Cobalamin-IF-Komplex lysosomal aufgespalten und das Vitamin an das Transportprotein Transcobalamin II (= Holo-TC) gebunden. Über den Pfortaderkreislauf gelangt es zu den Zielzellen.

Die roten Pfeile markieren mögliche Störfaktoren der Aufnahme und der Resorption des B-Vitamins.

▫ **Abb. 5.7**   Aufnahme und Resorption von Cobalamin (die roten Pfeile markieren mögliche Störfaktoren der Aufnahme und der Resorption des B-Vitamins)

5.2.4.1 Intrazellulärer Cobalaminstoffwechsel

Das in Holo-TC gebundene Cobalamin gelangt über den Pfortaderkreislauf zu den Zielzellen. Nahezu alle Zellen des menschlichen Körpers besitzen spezifische Rezeptoren zur Aufnahme des Vitamins (▫ Abb. 5.8). Intrazellulär ist Cobalamin

(bzw. seine Derivate Methylcobalamin und Adenosylcobalamin) an zwei wichtigen Stoffwechselwegen beteiligt:

– **Methylcobalamin** ist ein Ko-Faktor der Methioninsynthase im Zytosol. Die Methioninsynthase katalysiert den Abbau von Homozystein und hilft zugleich bei der

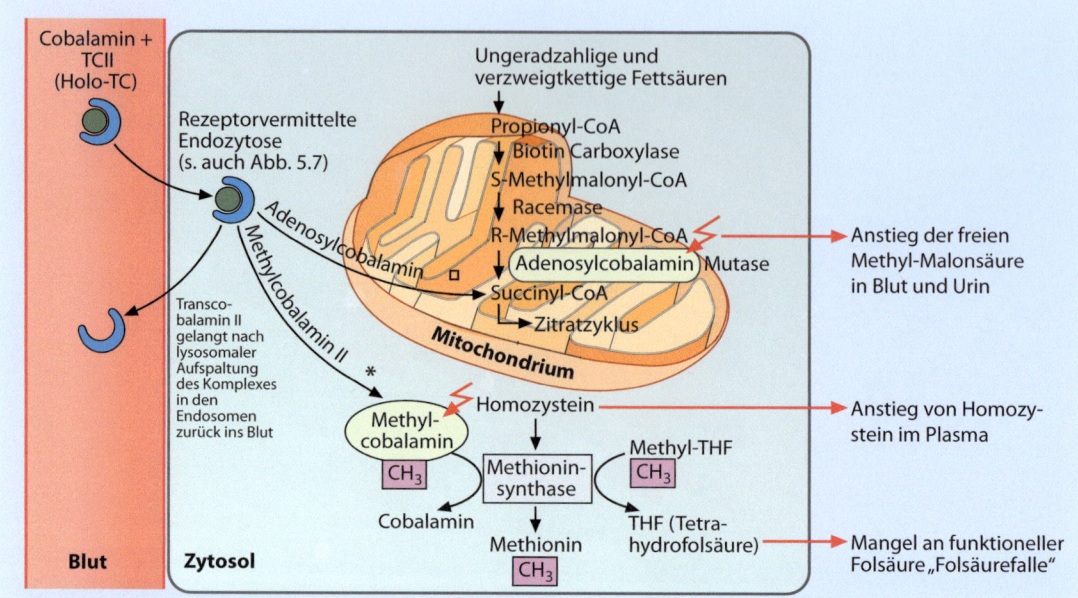

Nur das im Blut zirkulierende, an Transcobalamin II gebundene Cobalamin (Holo-TC) gelangt über rezeptorvermittelte Endozytose in die Zielzellen. Nach lysosomaler Abspaltung des Transportproteins beschreitet das B-Vitamin zwei unterschiedliche Stoffwechselwege: Als Methylcobalamin (★) ist es Teil des Methioninstoffwechsels. Ein gestörter Ablauf dieses Stoffwechsels führt zum Anstieg von Homozystein im Blut sowie einer verminderten Aktivierung von Folsäure.

In Form von Adenosylcobalamin (□) unterstützt das Vitamin den Abbau ungeradzahliger Fettsäuren (Teil der β-Oxidation) in den Mitochondrien. Eine Störung dieses Stoffwechsels führt zu einem Anstieg von Methylmalonsäure in Blut und Urin.

■ **Abb. 5.8**   Intrazellulärer Cobalaminstoffwechsel

Umwandlung von Methyl-Tetrahydrofolat in Tetrahydrofolat (THF) – auch bekannt als aktive Folsäure.

— **Adenosylcobalamin** ist Ko-Enzym der Methylmalonyl-CoA-Mutase im Mitochondrium. Dieses Enzym ist ein essenzieller Ko-Faktor beim Abbau von ungeradzahligen Fettsäuren, Cholesterin und Aminosäuren.

❯ Zur Diagnostik eines Vitamin B_{12}-Mangels eignet sich die Laboruntersuchung von Holo-TC (im Serum, erniedrigt) sowie der Metabolite Methylmalonsäure (im Serum, erhöht) und Homozystein (im Plasma, erhöht). Bei alleiniger Testung des Vitamin B_{12}-Serumspiegels kann ein Mangel übersehen werden.

5.2.5   Pathophysiologische Auswirkungen des Cobalaminmangels

Eine Herausforderung bei der Beurteilung der neuropathophysiologischen Folgen eines Cobala-

minmangels stellt die Vielfalt der wissenschaftlichen Erkenntnisse dar: Untersuchungen an Menschen als auch Tieren sowie in vitro zeigen zum Teil sehr unterschiedliche Ergebnisse. Während sich neurologische Folgen des Cobalaminmangels beim Erwachsenen klassischerweise primär an Hintersträngen und Pyramidenbahnen finden, zeigen sich beim Kind mit einer angeborenen Störung des Cobalaminstoffwechsels überwiegend Läsionen des Gehirns. Im Tierversuch bestehen zudem Unterschiede hinsichtlich der Symptome zwischen verschiedenen Tierarten.

■ Abb. 5.9 zeigt eine Synopsis der vielfältigen Pathomechanismen des Cobalminmangels. Der gestörte Methioninstoffwechsel verursacht einerseits einen funktionellen Folsäuremangel mit schwerwiegenden Folgen für die Hämatopoese und DNA-Synthese, andererseits führt er zum Anstieg von Homozystein, das als Risikofaktor mehrerer neurodegenerativer Erkrankungen angesehen wird. Daneben kommt es durch die Störung im Fettsäureabbau zum Anstieg der Methylmalonsäure, die als myelinschädigend gilt. Weitere Studien weisen zudem darauf hin, dass

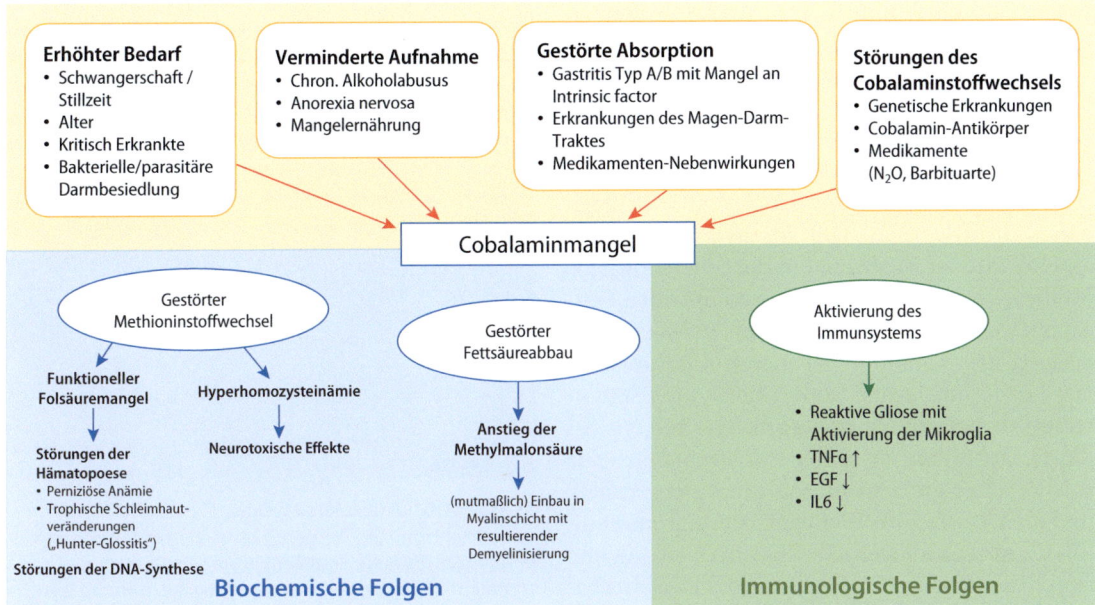

Abb. 5.9 Der Cobalaminmangel hat biochemische wie auch immunologische Folgen: Der gestörte Methioninstoffwechsel verursacht einerseits einen funktionellen Folsäuremangel mit schwerwiegenden Folgen für die Hämatopoese und DNA-Synthese, andererseits führt er zum Anstieg von Homozystein, das als Risikofaktor mehrerer neurodegenerativer Erkrankungen angesehen wird

der Cobalaminmangel in direktem Zusammenhang mit Fehlregulationen des Immunsystems steht (Battaglia-Hsu et al. 2009; Scalabrino 2001; Scalabrino 2005).

5.2.5.1 Störungen des Methioninstoffwechsels

■■ Die Folsäurefalle

Aufgrund der oben genannten Verknüpfungen ist es nicht sinnvoll, den Cobalaminstoffwechsel unabhängig vom Folsäure-Metabolismus zu betrachten.

Nach Aufnahme von Folsäure über die Nahrung liegt das Molekül in den Zellen überwiegend als Methyl-Tetrahydrofolat (Methyl-THF) vor. Um es in seine aktive Form, das Tetrahydrofolat (THF), zu überführen, gibt es seine Methylgruppe an Cobalamin ab. Fehlt Cobalamin, kann dieser essenzielle Schritt nicht erfolgen. Es entsteht die sogenannte **Folsäurefalle**, bei der zwar ausreichend Methyl-THF vorhanden ist, es jedoch nicht genutzt werden kann. Hierdurch werden wichtige Schritte in der Biosynthese u. a. der Nukleinsäuren Purin und Pyrimidin beeinträchtigt (Abb. 5.8). Folge ist eine Störung der DNA-Synthese, die sich primär im blutbildenden System bemerkbar macht. Laborchemisch findet sich häufig eine megaloblastäre (perniziöse) Anämie.

Das Vorliegen einer hämatologischen Störung infolge eines Vitamin B_{12}-Mangels ist indes nicht zwangsläufig mit einer neurologischen Symptomatik vergesellschaftet. Nur etwa ein Drittel der Patienten mit Vitamin B_{12}- und/oder Folsäuremangel weisen *sowohl* neurologische *als auch* hämatologische Störungen auf. Zudem können sich neurologische Symptome infolge eines Vitamin B_{12}-Mangels bereits lange vor hämatologischen Störungen bemerkbar machen.

❯ Der Vitamin B_{12}-Stoffwechsel ist von einer ausreichenden Folsäureaufnahme abhängig. Beim Mangel *eines* der beiden Vitamine ist deshalb eine *kombinierte* Gabe von Vitamin B_{12} und Folsäure sinnvoll.

■■ Hyperhomozysteinämie

Infolge des gestörten Methioninstoffwechsels kommt es zum Anstieg von Homozystein im Blut (Abb. 5.8). Homozystein wird als unabhängiger Risikofaktor für neurodegenerative Erkrankungen sowie Erkrankungen der (zerebralen) Gefäße angesehen. Es bestehen unterschiedliche Hypothesen zu den möglichen neurotoxischen und inflammatorischen Effekten einer Hyperhomozysteinämie. Welche Rolle die Hyperhomozysteinämie bei der

Entstehung einer funikulären Myelose spielt, ist bislang nicht aufgeklärt.

▪▪ Störung des Fettsäureabbaus

In Form von Adenosylcobalamin ist Vitamin B_{12} Ko-Enzym im Rahmen der β-Oxidation. Kommt es infolge des Cobalaminmangels zu Störungen dieses Stoffwechsels, fällt Methylmalonyl-CoA an und wird zu Methylmalonsäure metabolisiert. Methylmalonsäure wie auch die anfallenden Fettsäuren werden möglichweise direkt in Myelin eingelagert und könnten über diesen Mechanismus zur Demyelinisierung von Hinter- und Seitensträngen maßgeblich beitragen. Hierfür spricht die Tatsache, dass ein reiner Folsäuremangel eine solche Schädigung nicht hervorzurufen vermag und die Ursachen der Demyelinisierung somit im folsäureunabhängigen Stoffwechsel zu suchen sind (Guéant et al. 2013). Allerdings ließ sich diese Theorie nicht im Tierversuch bestätigen: Im Rückenmark gastrektomierter Ratten finden sich keine Lipidablagerungen (Scalabrino 2005).

5.2.5.2 Immunologische Veränderungen

Auch immunologische Veränderungen stehen im Fokus der Aufmerksamkeit. Ausschlaggebend hierfür ist unter anderem die Beobachtung einer reaktiven Gliose in Rückenmarkpräpararaten verstorbener Patienten mit funikulärer Myelose infolge eines erworbenen Cobalaminmangels. Zudem ließen sich im Tierversuch eine Zunahme der Immunaktivität von Astrozyten als auch eine Aktivierung von Gliazellen nachweisen. Ebenso zeigten sich Veränderungen in der Ausschüttung neuroprotektiver sowie neurotoxischer Immunmodulatoren: Infolge eines Cobalaminmangels kommt es einerseits zu einer vermehrten Produktion des myelinschädigenden Tumornekrosefaktor alpha (TNF-α) und andererseits zu einer Abnahme der neuroprotektiven Zytokine IL-6 und „epidermal growth factor" (EGF) (Scalabrino 2005).

5.2.6   Pathologie/Histopathologie

▪▪ Pathologie

Die neuropathologischen Folgen des Cobalaminmangels betreffen in erster Linie die Hinter- und Seitenstränge des Zervikal- und Thorakalbereichs, was sich auch MR-tomographisch darstellen lässt

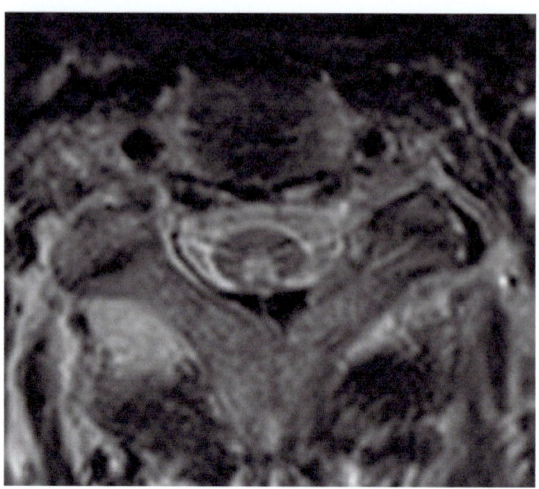

◪ **Abb. 5.10**   Funikuläre Myelose. Die axiale T2-w Sequenz auf Höhe des mittleren zervikalen Myelons zeigt eine dreicksförmige Signalanhebung im Bereich der Hinterstränge ohne Volumenzunahme. (Aus: Hacke 2016)

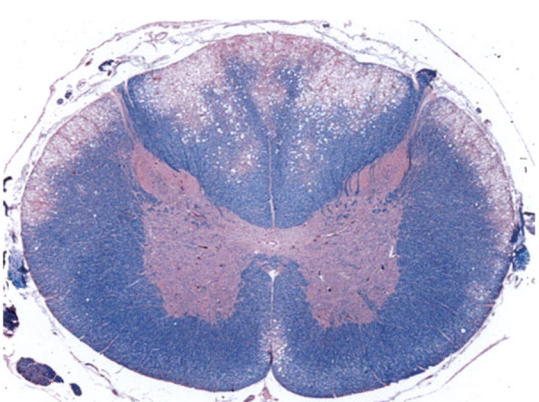

◪ **Abb. 5.11**   Querschnitt des Rückenmarks mit spongiformer Degeneration der weißen Substanz von Hinter- und Seitensträngen. (Abbildung von Dimitri P. Agamanolis, mit freundlicher Genehmigung [http://neuropathology-web.org/chapter8/chapter8Nutritional.html])

(◪ Abb. 5.10). Makroskopisch zeigt sich die Demyelinisierung zumeist als symmetrisch auftretende, unscharf begrenzte, herdförmige Degeneration der weißen Substanz, die im Verlauf konfluieren kann (◪ Abb. 5.11, ◪ Abb. 5.12).

▪▪ Histopathologie

Mikroskopisch besteht eine spongiforme Vakuolisierung der Myelinschicht. Mit Voranschreiten der Erkrankung kommt es – im Sinne einer Waller'schen Degeneration – zu phagozytären Abräumreaktionen, axonaler Degeneration und letztlich zur gliotischen Vernarbung. In sehr selte-

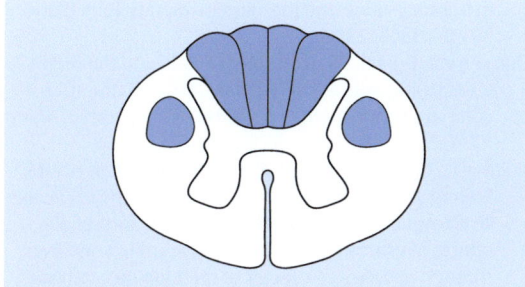

Abb. 5.12 Schematische Darstellung der Läsionen bei funikulärer Myelose. (Aus: Berlit 2014)

nen Fällen können auch anteriore Anteile des Rückenmarks, Teile des Großhirns oder die Nervi optici von der Degeneration betroffen sein.

5.2.7 Neurologische Manifestation

Die Schädigungen infolge des erworbenen Cobalaminmangels betreffen beim Erwachsenen primär die Hinterstränge und Pyramidenbahnen und breiten sich, ausgehend vom Thorakal- und den kaudalen Anteilen des Zervikalmarks, aus. Vor diesem Hintergrund ist nachvollziehbar, dass sensible Störungen wie Parästhesien und eine ataktische Gangstörung zu den Initialsymptomen gehören. Klinisch bestehen zu Beginn meist eine Pallhyp- oder Pallanästhesie, Störungen der Lageempfindung und Stereognosie sowie eine sensible Ataxie. Paresen sowie gesteigerte Muskeleigenreflexe bzw. das Auftreten pathologischer Reflexe (Babinski-Zeichen) als Zeichen der geschädigten Pyramidenbahn können sich innerhalb weniger Wochen ausbilden.

Etwa 25% der Patienten leiden zudem an einer Blasenstörung. Autonome Dysfunktionen und psychiatrische Störungen sind seltener, können das „bunte Bild" der funikulären Myelose jedoch ergänzen.

❗ Cave

Im Rahmen einer funikulären Myelose können die Muskeleigenreflexe sowohl gesteigert – als Zeichen der geschädigten Pyramidenbahnen – als auch vermindert sein oder gänzlich fehlen – infolge einer begleitenden Polyneuropathie

Funktioneller Cobalaminmangel durch Lachgasinhalation

Distickstoffmonoxid (N_2O), auch bekannt als Lachgas, ist als inhalatives Analgetikum und Sedativum in der Anästhesie und der Geburtshilfe weit verbreitet, wird aufgrund seiner euphorisierenden und anxiolytischen Wirkung jedoch auch als Partydroge missbraucht. Das farb- und geruchlose Gas führt im Organismus zur irreversiblen Oxidation des Cobaltzentrums von Cobalamin und inaktiviert es. Es kommt zum funktionellen Cobalaminmangel.

In der Literatur finden sich wiederholt Berichte von durch Lachgasnarkose ausgelösten funikulären Myelosen. Hier waren zumeist latente Cobalaminmangelzustände im Vorfeld nicht erkannt worden. Hinzugekommen sind in den vergangenen Jahren außerdem Fallberichte von Patienten, die infolge eines dauerhaften Lachgasmissbrauchs an schweren neurologischen sowie hämatologischen Störungen erkrankten (Linn et al. 2011; Singer et al. 2008).

Die biochemische Wirkung von Lachgas wird in Tierversuchen genutzt, um einen Cobalaminmangel gezielt hervorzurufen.

❓ Fragen zur Lernkontrolle

- Warum ist die alleinige Labordiagnostik des Vitamin B_{12}-Serumspiegels bei Verdacht auf einen Mangel nicht sinnvoll?
- Warum sollte Vitamin B_{12} stets in Kombination mit Folsäure substituiert werden?
- Welche Bereiche des Zellstoffwechsels werden durch Cobalaminmangel beeinträchtigt?
- Welche Theorien bestehen zur Neuropathophysiologie der funikulären Myelose?

Literatur

Literatur zu ▶ Abschn. 5.1

Afadlal S, Labetoulle R, Hazell AS. Role of Astrocytes in thiamine deficiency (2014) Metab Brain Dis 29: 1061–1068

Baker KG, Harding AJ, Halliday GM, Kril JJ, Harper CG (1999) Neuronal loss in functional zones of the cerebellum of chronic alcoholics with and without Wernicke's encephalopathy. Neuroscience 91 (2): 429–438

Desjardins P, Butterworth F (2005) Role of Mitochondrial Dysfunction and oxidative stress in the pathogenesis of selectve neuronal loss in Wernicke's encephalopathy. Molecular Neurobiology 2005; 31: 17–25

Galvin R, Brathen G, Ivashynka A, Hillbom M, Tanasescu R, Leone MA (2010) EFNS guidelines for diagnosis, therapy and prevention of Wernicke encephalopathy. Eur J Neurol 17 (12): 1408–1418

Harper C. Wernicke's encephalopathy: a more common disease than realised. (1979) A neuropathological study of 51 cases. J Neurol Neurosurg Psychiat 42 (3): 226–231

Harper CG, Giles M, Finlay-Jones R (1986) Clinical signs in the Wernicke-Korsakoff complex: a retrospective analysis of 131 cases diagnosed at necropsy. J Neurol Neurosurg Psychiat 49 (4): 341–345

Hazell AS, Rama Rao KV, Canbolt NC, Pow DV, Butterworth RF (2001) Selective down-regulation of the astrocyte transporters GLT-1 and GLAST within the medial thalamus in experimental Wernicke's encephalopathy. J Neurochem 78: 560–568

Kröll D, Laimer M, Borbely MB, Laederach K, Candinas D, Nett PC (2015) Wernicke Encephalopathy: A future problem even after sleeve Gastrectomy? A systematic review. Obes Surg 26 (1): 2015–212

Latt N, Dore G (2014) Thiamine in the treatment of Wernicke encephalopathy in patients with alcohol use disorders. Intern Med J 44 (9): 911–5.

Manzanares W, Hardy G (2011) Thiamine supplementation in the critically ill. Curr Opin Clin Nutr Metab Care 14 (6): 610–617

Pittella JEH, Giannetti AV (1994) Morphometric study of the neurons in the medical mammillary nucleus in acute and chronic Wernicke's encephalopathy. Clin Neuropathol 13 (1): 26–31

Qin L, Crews FT (2014) Focal thalamic degeneration from ethanol and thiamine deficiency is associated with neuroimmune gene induction, microglial activation and lack of Monocarboxylic Acid Transporters. Alcohol Clin Exp Res 38, 3: 657–671

Rodríguez-Pardo J, Puertas-Muñoz I, Martínez-Sánchez P, Díaz de Terán J, Pulido-Valdeolivas I, Fuentes B (2015) Putamina involvement in Wernicke encephalopathy induced by Janus Kinase 2 inhibitor. Clin Neuropharmacol 38 (3): 117–8

Scalzo SJ, Bowden SC, Ambrose ML, Whelan G, Cook MJ (2015) Wernicke-Korsakoff syndrome not related to alcohol use: a systematic review. J Neurol Neurosurg Psychiatry

Schabelmann E, Kuo D (2012) Glucose before thiamine for Wernicke encephalopathy: A literature review. J Emerg Med 42 (4): 488–494

Sechi G, Serra A (2007) Wernicke's encephalopathie: new clinical setting and recent advances in diagnosis and management. Lancet Neurol 6 (5): 442–55

Tran ND, Correale J, Schreiber SS, Fisher M (1999) Tranforming growth factor-beta mediates astrocyte-specific regulation of brain endothelial anticoagulant factors. Stroke 30: 1671–1678

Literatur zu ▶ Abschn. 5.2

Andrès E, Loukili NH, Noel E, Kaltenbach G, Abdelgheni MB, Perrin AE, Noblet-Dick M, Maloisel F, Schlienger JL, Blicklé JF (2004) Vitamin B_{12} (cobalamin) deficiency in elderly patients. CMAJ 171 (3): 251–259

Biesalski HK, Fürst P, Kasper H et al. (2004) Ernährungsmedizin. Nach dem Curriculum Ernährungsmedizin der Bundesärztekammer, 3. Aufl. Georg Thieme Verlag, Stuttgart

Biesalski HK, Köhrle J, Schümann K (2002) Vitamine, Spurenelemente und Mineralstoffe. Prävention und Therapie mit Mikronährstoffen. Georg Thieme Verlag, Stuttgart

Carmel R, Melnyk S, James SJ (2003) Cobalamin deficiency with and without neurologic abnormalities: differences in homocysteine and methionine metabolism. Blood 101 (8), 3302–3308

Durga J, van Boxtel MP et al. (2006) Folate and the methylenetetrahydrofolate reductase 677C -> T mutation correlate with cognitive performance. Neurobiol Aging 27 (2),334–343

Guéant JL, Caillerez-Fofou M, Battaglia-Hsu S, Alberto JM, Freund JN, Dulluc I, Adjalla C, Maury F, Merle C, Nicolas JP, Namour F, Daval JL (2013) Molecular and cellular effects of vitamin B12 in brain, myocardium and liver through its role as co-factor of methionine synthase. Biochimie 95 (5): 1033–40

Healton, EB, Savage, DG, Brust, JC, Garrett, TJ, Lindenbaum, J (1991) Neurologic aspects of cobalamin deficiency. Medicine70 (4), 229–245

Hacke W (Hrsg) (2016) Neurologie, 14. Auflage. Springer, Berlin Heidelberg New York

Heinrich PC, Müller M, Graeve L (Hrsg) (2014) Löffler/Petrides: Biochemie und Pathobiochemie, 9. Aufl. Springer, Berlin Heidelberg New York

Herrmann W, Lorenzl S, Obeid R (2007) Hyperhomocysteinämie und B-Vitaminmangel bei neurologischen und psychiatrischen Erkrankungen. Aktueller Kenntnisstand und vorläufige Empfehlungen. Fortschr Neurol Psychiatr 75 (9): e1-e18

Lindenbaum J, Healton EB et al. (1988) Neuropsychiatric disorders caused by cobalamin deficiency in the absence of anemia or acrocytosis. New Engl J Med 318 (26): 1720–1728

Linn J, Wiesmann M, Brückmann H (Hrsg) (2011) Atlas der klinischen Neuroradiologie des Gehirns. Springer, Berlin Heidelberg New York

Mattson MP, Shea TB (2003) Folate and homocysteine metabolism in neural plasticity and neurodegenerative disorders. Trends Neurosci 26 (3): 137–146

Renard D, Dutray A, Remy A, Castelnovo G, Labauge P (2009) Subacute combined degeneration of the spinal cord caused by nitrous oxide anaesthesia. Neurological Sci 30 (1), 75–76

Reynolds E (2006) Vitamin B_{12}, folic acid, and the nervous system. Lancet Neurol 5 (11): 949–60

Saperstein DS, Wolfe GI, Gronseth GS, Nations SP, Herbelin LL, Bryan WW, Barohn RJ (2003). Challenges in the identification of cobalamin-deficiency polyneuropathy. Archives of neurology,60 (9)1296–1301

Scalabrino G (2005) Cobalamin (vitamin B 12) in subacute combined degeneration and beyond: traditional interpretations and novel theories. Exp Neurol 192 (2): 463–479

Singer MA, Lazaridis C, Nations SP, Wolfe GI (2008) Reversible nitrous oxide-induces myelinopathy with pernicious anemia: case report and literature review. Muscle Nerve 37: 125–129

Solomon LR (2007) Disorders of cobalamin (vitamin B12) metabolism: emerging concepts in pathophysiology, diagnosis and treatment. Blood Rev 21: 113–130

Troen AM (2005) The central nervous system in animal models of hyperhomocysteinemia. Prog Neuro-Psychopharmacol Biol Psychiat 29 (7):1140–1151

Erkrankungen peripherer Nerven

D. Sturm, K. Pitarokoili

© Springer-Verlag GmbH Deutschland, ein Teil von Springer Nature 2019
D. Sturm et al. (Hrsg.), *Neurologische Pathophysiologie*
https://doi.org/10.1007/978-3-662-56784-5_6

6.1   Diabetische Polyneuropathie

D. Sturm

▪ ▪ Zum Einstieg

Der Diabetes mellitus ist eine der häufigsten Ursachen für eine Polyneuropathie (PNP). Klinisch stehen dabei symmetrische, distal-sensible Symptome im Vordergrund. Im Rahmen der Diabeteserkrankung kommt es auf neuronaler Ebene zu einer Störung verschiedener Stoffwechselwege und zellulärer Signalkaskaden unter Einbeziehung unterschiedlicher zellulärer Strukturen. Alle Prozesse münden in einer gemeinsamen Endstrecke, deren Folge eine neuronale Funktionsstörung ist. Dieser Beitrag stellt sowohl die beteiligten zellulären Strukturen als auch die auftretenden Störungen im Kohlenhydrat- und Lipidstoffwechsel vor und beleuchtet auch die in diesem Kontext auftretenden Störungen der Zellhomöostase.

Diabetische Polyneuropathie
- **Epidemiologie:** Prävalenz der symptomatischen Polyneuropathie (PNP) bei Typ-1- und Typ-2-Diabetikern 15–30%. Häufigste (metabolische) PNP der „westlichen Welt".
- **Risikofaktoren:**
  – erhöhtes Lebensalter,
  – Dauer der Diabeteserkrankung,
  – Höhe des HbA_{1c}.
- Typischer **klinischer Befund:** distal-symmetrische PNP mit im Vordergrund stehenden sensiblen Symptomen.
- **Sonderformen:**
  – diabetische Amyotrophie,
  – Monoparesen,
  – Hirnnervenparesen,
  – autonome Neuropathie,
  – Small-fiber-Neuropathie.

Die diabetische Polyneuropathie (dPNP) ist mit Abstand die häufigste metabolische Polyneuropathie und stellt (neben der äthyltoxischen PNP) die häufigste Form einer PNP überhaupt dar. Klinisch findet sich in der klassischen (und somit häufigsten) Form eine distal-symmetrische Symptomatik. Im Vordergrund stehen sensible Symptome. Dabei kann zwischen „Plus"- (z. B. Parästhesien) und „Minus"-Symptomen (z. B. Hypästhesie) unterschieden werden. Motorische Ausfälle treten in der Regel erst nach längeren Krankheitsverläufen

auf. Elektrophysiologisch finden sich führend axonale Läsionen sensibler Nerven, wobei prinzipiell auch Mischbilder möglich sind.

Neben der klassischen Verlaufsform (s. oben) gibt es auch Sonderformen der dPNP (diabetische Amyotrophie, Monoparesen, Hirnnervenparesen, autonome Neuropathie, Small-fiber-Neuropathie). Dieser Beitrag stellt pathophysiologische Mechanismen der klassischen Verlaufsform dar. Zwischen den unterschiedlichen Subtypen der Diabeteserkrankung wird hierbei keine Unterscheidung vorgenommen. Zunächst werden die beteiligten zellulären Strukturen des peripheren Nervensystems dargestellt. Nachfolgend wird auf die beteiligten Stoffwechselwege eingegangen, denen eine Beteiligung an pathophysiologischen Mechanismen zugeschrieben wird. Obwohl viele der hier vorgestellten Mechanismen auch im Rahmen der dPNP beim Menschen eine Rolle spielen dürften, ließen sich viele Befunde bis heute nur im Tierversuch nachweisen und nicht auf humane Modelle der Erkrankung übertragen.

6.1.1   Pathophysiologie zellulärer Strukturen

6.1.1.1 Neurone/Axone

Viele periphere Nerven sind gemischte Nerven. Das heißt, sie können sowohl efferent als auch afferent bzw. motorische und sensible Informationen übermitteln. Grundsätzlich können bis zu 6 Fasertypen in peripheren Nerven unterschieden werden. Die Ausführungen dieses Beitrags umfassen die (mutmaßlich) im Rahmen einer dPNP relevantesten Fasern (Aα-, Aβ-β, Aδ- und C-Fasern).

Unter anatomischen Gesichtspunkten ist es wichtig, dass die Nervenzellkörper motorischer Axone (Aα-Fasern) im Vorderhorn des Rückenmarks liegen und damit im Gegensatz zu den Nervenzellkörpern sensibler Neurone (Aβ-, Aδ- und C-Fasern) durch die Blut-Hirn-Schranke effektiver vor systemisch-metabolischen Veränderungen geschützt werden, was in Zusammenhang mit der typischen klinischen Symptomatik der dPNP gebracht werden kann.

▪ ▪ Histopathologische Veränderungen an Axonen im Rahmen einer dPNP

Unmyelinisierte C-Fasern bzw. dünnmyelinisierte Aδ-Fasern machen einen Großteil der Fasern in peripheren Nerven aus. Histopathologische degenerative Veränderungen werden zuerst bei diesem Fasertyp beobachtet. In der Folge finden sich (der klinischen Symptomatik folgend, von distal nach proximal) **fokale De-/Remyeliniserungen** (s. unten). In Biopsien des N. suralis wurde in späteren Krankheitsstadien auch eine Abnahme der Anzahl myelinisierter Axone nachgewiesen. Auch Strukturen, die auf eine erhöhte Autophagierate (Lysosomen, Phagophoren, Autophagosomen) hinweisen, ließen sich detektieren.

Axone haben einen hohen Energiebedarf, der sich in einer großen Anzahl an Mitochondrien widerspiegelt. Sie finden sich vor allem in den terminalen Nervenendigungen oder paranodalen Regionen. Im Rahmen eines Diabetes mellitus zeigen sich nicht nur Veränderungen in der Expression mitochondrialer Gene, sondern auch morphologische Zeichen einer beeinträchtigten mitochondrialen Integrität innerhalb des Axons. Viele der hier beschriebenen Stoffwechselstörungen münden in einer **mitochondrialen Dysfunktion**.

Bei der dPNP tragen verschiedene Faktoren zu einer gestörten (Neu-)Aussprossung von Axonen bei. Beispielsweise führt eine Aktivierung des Polyolweges (s. unten) im Tierversuch zu einer **Störung der Synthese von Neurofilamenten und Mikrotubuli**.

Darüber hinaus gibt es Hinweise, dass auch Veränderungen innerhalb verschiedener zellulärer Signalkaskaden (z. B. Rho/ROCK) oder Veränderungen der extrazellulären Matrix (verringerte Expression von Matrix-Metalloproteinase Typ 2) eine **axonale Aussprossung** modulieren können. Insulin hingegen stellt einen potenten neurotrophischen Faktor dar. Diese Beobachtung wird durch die prinzipielle Möglichkeit einer Stabilisation oder Verbesserung verschiedener Befunde, wie vor allem sensibler Symptome einer dPNP unter einer optimierten Insulintherapie (im Typ-1-Diabetes) unterstrichen. Insulinrezeptoren werden unter anderem in sensiblen und motorischen Neuronen sowie an neuronalen Mitochondrien exprimiert, wo sie innerhalb verschiedener Signalkaskaden wirken. Ihre genaue Rolle ist dabei noch weitestgehend unverstanden.

Axone exprimieren in hoher Anzahl Ionenkanäle wie spannungsabhängige Natriumkanäle oder Natrium/Kalzium-Austauscher. Störungen des Energiestoffwechsels führen über einen Ausfall der Natrium/Kalium-ATPase zu einer konsekutiven **Anhäufung von intrazellulärem Kalzium mit sekundärer axonaler Schädigung**. Axone

sensibler Neuronen scheinen über das exprimierte „Profil" von spannungsabhängigen Natriumkanälen ebenfalls anfällig für diesen Mechanismus zu sein.

Schmerzhafte diabetische PNP
Mindestens 25% aller Patienten mit einer dPNP entwickeln Schmerzen. Diese Beschwerden entsprechen einem neuropathischen Schmerz (s. auch ▶ Abschn. 8.3). Obwohl die genauen Entstehungsmechanismen einer schmerzhaften dPNP noch nicht vollständig verstanden sind, ließen sich in den vergangenen Jahrzehnten viele Einzelbefunde erheben, die mit einer schmerzhaften dPNP assoziiert sind. Auf Ebene des peripheren Nervensystems findet sich führend eine veränderte Expression von Ionenkanälen. Neben Kalzium- und (in geringerem Umfang) auch spannungsabhängigen Kaliumkanälen sind hier in erster Linie spannungsabhängige Natriumkanäle betroffen, deren Expression entweder gesteigert oder herabreguliert ist. Zudem kann die Funktion dieser Ionenkanäle moduliert sein. Ein möglicher Modulator ist Methylglyoxal. Methylglyoxal kann im Rahmen der Glykolyse aus verschiedenen Zwischenschritten als Nebenprodukt entstehen und ist neben posttranslationalen Modifikationen an Ionenkanälen auch an der Bildung von „advanced glycation end products" (AGEs, s. unten) beteiligt. In der Summe führen Veränderungen in der Ionenkanalexpression zu einer Hyperexzitabilität sensibler Neurone.

Daneben scheinen verschiedene Prozesse des zentralen Nervensystems an der Entstehung einer schmerzhaften dPNP beteiligt zu sein. Diese finden sich sowohl auf spinaler als auch auf supraspinaler Ebene. Ein Kernbefund auf spinaler Ebene ist die Hyperexzitabilität spinaler Neurone im Hinterhorn des Rückenmarks (hier erfolgt die synaptische Umschaltung der C- und Aδ-Fasern auf ein zentrales Neuron). Dieser Prozess ist mit einer Modulation der NMDA-/GABA Transmittersysteme vergesellschaftet („zentrale Sensibilisierung").

Auf supraspinaler Ebene ließen sich veränderte Aktivitätsmuster in verschiedenen zentralen Strukturen nachweisen. Wichtige beteiligte Strukturen sind neben dem Thalamus (im Besonderen der Nucleus ventralis posterolateralis) und Teilen des Hirnstammes (rostroventromediale Medulla oblongata) unterschiedliche kortikale Areale, wie z. B. der cinguläre Kortex. Möglicherweise spielt zudem die Aktivierung von Migroglia auf zentraler Ebene eine Rolle, wobei die zugrunde liegenden Mechanismen dabei weitestgehend unverstanden sind.

6.1.1.2 Schwann-Zellen

Die Rolle der Schwann-Zellen (SZ) im Rahmen einer dPNP ist komplex. Störungen im Stoffwechsel der SZ führen direkt oder indirekt zu axonalen Störungen oder einer endothelialen Dysfunktion auf mikrovaskulärer Ebene. Obwohl eine wesentliche Funktion der SZ die Myelinisierung von Axonen und die Sicherstellung der saltatorischen Erregungsweiterleitung im peripheren Nervensystem ist, übernehmen nicht alle SZ diese Rolle.

Nichtmyelinisierte C-Fasern (s. oben) werden zwar auch von SZ umschlossen, liegen aber in „Rillen" der SZ-Membran ohne eigentliche Myelinschicht.

> **Remak-Bündel**
>
> Unterschiedliche C-Fasern, die von der Membran einer SZ umschlossen sind, bezeichnet man als „Remak-Bündel".

■ ■ **Histopathologische Veränderungen von Schwann-Zellen im Rahmen einer dPNP**

In histopathologischen Präparaten des N. suralis finden sich sowohl eine **zu dünne Myelinisierung** als auch eine fokale **Demyelinisierung**, die bei gleichzeitig normaler Textur des Axons eigenständige pathophysiologische Abläufe der Schwann-Zellen nahelegen. Als weiterer Befund findet sich in Schwann-Zellen eine **Verdickung der Basalmembran**. Ultrastrukturell lassen sich zudem vergrößerte Mitochondrien, Glykogeneinschlüsse und Akkumulationen von Lipiden und Lysosomen im Zytoplasma von SZ nachweisen.

Die Ursachen der gestörten Bildung von Myelin durch die Schwann-Zellen sind noch nicht vollständig verstanden. Denkbar ist jedoch, dass die verminderte Expression bestimmter Proteine (Myelin Glykoprotein 0, Myelin-assoziiertes Glykoprotein, Caveolin-1) in Schwann-Zellen unter diabetischen Bedingungen damit in Zusammenhang steht.

Schwann-Zellen sezernieren eine Reihe von Faktoren, wie „beta-nerve growth factor" (NGF) oder NT-3, die für die Aussprossung von Axonen eine Rolle spielen. Im Tierversuch war die Produktion dieser Faktoren im Rahmen einer diabetischen Stoffwechsellage herabgesetzt. Auf die Schwann-Zellen selbst scheinen hohe Glukosekonzentrationen in vitro eine Apoptose zu induzieren oder zumindest fundamentale Einflüsse auf die normale Zellfunktion auszuüben.

6.1.1.3 Endothel und vaskuläre Dysfunktion

Mikrovaskuläre Veränderungen sind ein weiterer Baustein im pathophysiologischen Modell der dPNP. Im Unterschied zu anderen neurologischer Komplikationen im Rahmen einer Diabeteserkrankung, wie z. B. kranialen Mononeuropathien, wo sie als wesentliche Ursache der Störung gelten, sind sie im Rahmen der dPNP mit verschiedenen weiteren Mechanismen eng verknüpft.

■ ■ **Histopathologisch-vaskuläre Veränderungen**

Histopathologisch-vaskuläre Veränderungen an peripheren Nerven im Kontext eines Diabetes mellitus sind schon seit Jahrzehnten bekannt. Dabei weisen Patienten mit einer dPNP in Biopsaten des N. suralis eine **Zunahme der Dicke der Basalmembran**, eine **Degeneration der Perizyten** sowie eine **Endothelzellhyperplasie** auf (◘ Abb. 6.1). Nachweisbar ist zudem eine **gestörte Textur der**

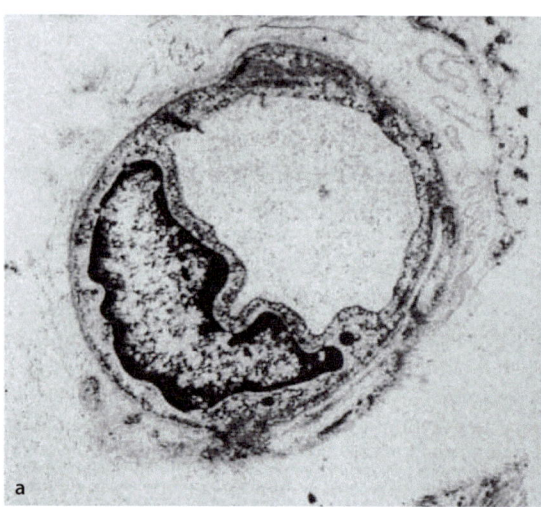
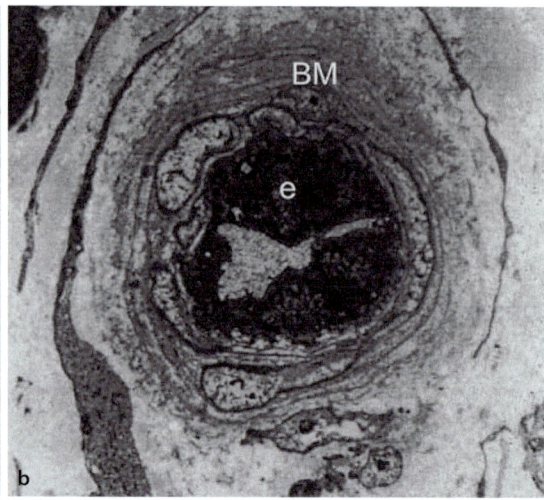

◘ **Abb. 6.1a, b** Endoneurale Kapillare aus einem N.-suralis-Biopsat. **a** Patient mit Diabetes ohne dPNP. **b** Patient mit dPNP. Die Verdickung der Basalmembran (*BM*) sowie die Endothelzellproliferation (*e*) führen zu einem verkleinerten vaskulären Lumen. (Aus: Cameron et al. 2001)

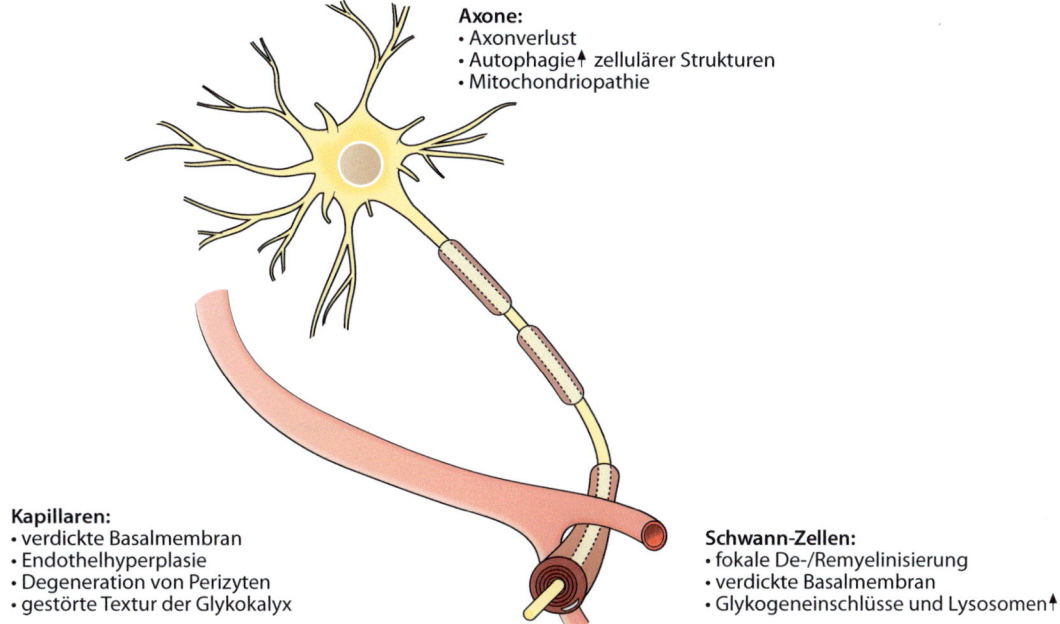

Axone:
• Axonverlust
• Autophagie↑ zellulärer Strukturen
• Mitochondriopathie

Kapillaren:
• verdickte Basalmembran
• Endothelhyperplasie
• Degeneration von Perizyten
• gestörte Textur der Glykokalyx

Schwann-Zellen:
• fokale De-/Remyelinisierung
• verdickte Basalmembran
• Glykogeneinschlüsse und Lysosomen↑

◘ **Abb. 6.2** Wichtige histopathologische Befunde von Axonen, Schwann-Zellen und Kapillaren im Rahmen einer dPNP.

Glykokalyx, der eine Funktion in der Homöostase des kapillären Blutflusses zugeschrieben wird.

Die genannten histologischen Veränderungen sind bei Patienten mit einem Diabetes und einer dPNP wesentlich deutlicher ausgeprägt als bei Patienten mit einem Diabetes ohne eine dPNP. Daneben fand sich auch eine veränderte Zusammensetzung der extrazellulären Matrix (gemeint ist hier das Kompartiment zwischen vaskulären und nervalen Strukturen). Bei Patienten mit einer dPNP wurde in diesem Raum eine verstärkte **Ablagerung verschiedener Kollagentypen** nachgewiesen.

Die Folge dieser Veränderungen ist ein verkleinertes Lumen der Kapillaren. Verschiedene weitere Faktoren (Fibrinablagerungen, Thrombozytenaktivierung, Erythrozytenaggregation) können zu einer kapillären Okklusion führen. Histologische Zeichen einer eigentlichen Ischämie finden sich nur selten.

Als Kernbefund verschiedener Studien wurde lange Zeit ein verminderter (absoluter) endoneuraler Blutfluss angenommen. Neuere Befunden legen jedoch nahe, dass eine **ungleichmäßige kapilläre Perfusion** zur Störung der Sauerstoffversorgung mit konsekutiver **Hypoxie der Nervenfaser** führt. Bereits die Hypoxie alleine ohne zusätzliche metabolische Einflüsse scheint ein Faktor für die Entwicklung einer neuronalen Dysfunktion zu

sein. Neben einer Störung der zellulären Energiegewinnung (oxidative Phosphorylierung) stellen auch ein hypoxieinduzierter „**inflammatorischer Stimulus**", die Bildung reaktiver Sauerstoffspezies (ROS) bis hin zu Störungen der Neurotrophik und die Induktion einer neuronalen Apoptose wesentliche Schädigungsmechanismen dar.

Unmyelinisierte Nervenfasern besitzen zudem eine Steuerungsmöglichkeit arteriovenöser Shuntsysteme und haben somit Einfluss auf den endoneuralen Blutfluss. Ein Funktionsverlust dieser Fasern (typischerweise früh im Rahmen einer dPNP) kann eine endoneurale Hypoxie daher noch verstärken.

Auf Ebene des Endothels beeinflusst eine Diabeteserkrankung das Gleichgewicht vasodilatatorischer und vaskonstriktorischer Systeme (z. B. über Veränderungen der endothelialen NO-Freisetzung bzw. einer veränderten Endothelin-1-Freisetzung). Zudem existiert ein Zusammenspiel mit verschiedenen Stoffwechselwegen (unterschiedliche Mechanismen im Glukosestoffwechsel, AGEs, ROS), was eine weitere endotheliale Dysfunktion auf mikrovaskulärer Ebene begünstigt. Nicht zuletzt ist von den Veränderungen auf vaskulärer Ebene auch die Funktion der Schwann-Zellen kompromittiert.

◘ Abb. 6.2 fasst die histologischen Kernbefunde aller beteiligten Strukturen zusammen.

■ **Abb. 6.3**   Schematische Darstellung einzelner Teilschritte des Glukosestoffwechsels im Rahmen der dPNP (weitere Details s. Text).

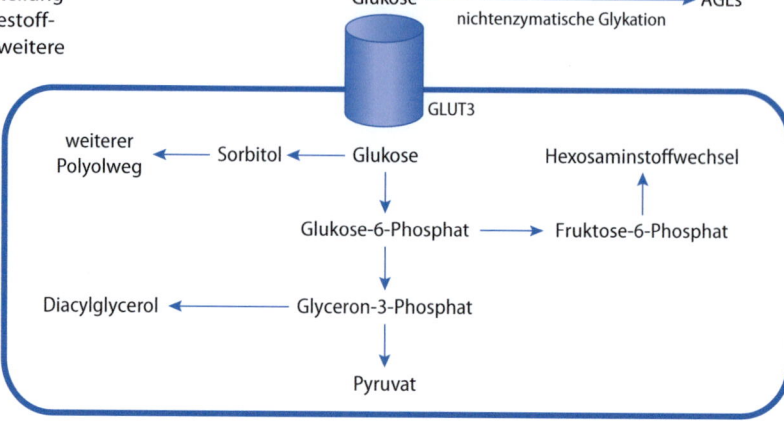

6

6.1.2   Pathophysiologie beteiligter Stoffwechselwege

Obwohl sich alle vorgestellten Mechanismen prinzipiell auch alleine schädigend auswirken können, laufen viele der nachfolgenden Prozesse parallel ab.

❯ Die beteiligten Stoffwechselwege laufen nicht exklusiv im axonalen Kompartiment ab. Prinzipiell können alle oben genannten zellulären Strukturen betroffen sein.

6.1.2.1   Glukosestoffwechsel

Glukose wird über spezielle Transporter in die Zelle aufgenommen. Prinzipiell kann dabei zwischen *insulinabhängigen* und *insulinunabhängigen* Glukosetransportern unterschieden werden. Die Aufnahme von Glukose in Axone und Schwann-Zellen erfolgt insulinunabhängig per erleichterter Diffusion, vor allem über den Glukosetransporter 3 (GLUT 3). Intrazellulär erfolgt die Phosphorylierung des Glukose-Moleküls mit Bildung von Glukose-6-Phosphat, sodass – einem Konzentrationsgradienten folgend (auch bei Insulinmangel) weiter Glukose in die Zellen aufgenommen wird.

Die intrazelluläre Glukose wird dann nicht nur über die Glykolyse verstoffwechselt, sondern es kommt im Rahmen der dPNP zur Einbeziehung weiterer Stoffwechselwege.

Das Endprodukt der Glykolyse ist Pyruvat. Im Rahmen eines Substratüberschusses bzw. einer gesteigerten Glykolyse kommt es also auch zu einem Pyruvatüberschuss, der Neuronen über zwei Mechanismen schädigen kann: Einerseits interferiert das exzessiv anfallende Pyruvat unter aeroben Bedingungen mitochondrial mit den Komplexen der Atmungskette (vor allem Komplex I). Konsekutiv entstehen ROS, die zur Zellschädigung führen. Unter anaeroben Bedingungen kommt es zum Shift von Pyruvat zu Laktat. Dieser Stoffwechselweg ist eine Art „Sackgasse": Zum einen kommt es bei der inversen Reaktion von Laktat zur Pyruvat zur Erschöpfung von intrazellulären NAD-Spiegeln, was zu einer Hemmung der Glykolyse führt. Obwohl Nervenzellen in gewissem Ausmaß zur Verwertung von Laktat fähig sind, kann andererseits kumulierendes Laktat selber über die Ausbildung einer Laktatazidose zellschädigende Wirkungen ausüben.

❯ Verschiedene Zwischenprodukte der Glykolyse können über unterschiedliche Mechanismen zur Entwicklung der dPNP beitragen.

Im Rahmen einer gesteigerten Glykolyserate durch eine Hyperglykämie fällt ein Zwischenprodukt der Glykolyse, Glyceron-3-Phosphat (auch Dihydroxy-Aceton-Phosphat), vermehrt an, was wiederum in Diacylglycerol (DAG) umgewandelt werden kann (■ Abb. 6.3). DAG kann in verschiedenen Geweben (auch dem peripheren Nervensystem) kumulieren und aktiviert dort das Enzym Proteinkinase C. Insesondere die β-Isoform dieses Enzyms greift nachfolgend in verschiedene zelluläre Prozesse (Störung der Natrium/Kalium-ATPase, Vermittlung einer Insulinresistenz) ein und ist zudem über die Synthese verschiedener Zytokine wie dem „vascular endothelial growth factor", Nf-κB und dem „transforming growth factor β" an mikrovaskulären Veränderungen (Endothelproliferation, Verdickung der Basalmembran etc.) im Rahmen einer dPNP beteiligt.

6.1.2.2 Polyolstoffwechsel

Ein erhöhtes Substratangebot an Glukose (wie auch wahrscheinlich eine Hypoxie auf dem Boden einer kapillären Dysfunktion, s. oben) führt zu einer Aktivierung des „Polyolweges". Dieser Stoffwechselweg ermöglicht die Bildung von Fruktose aus Glukose und vice versa. Dabei entsteht in einem Teilschritt aus Glukose Sorbit (auch Sorbitol genannt). Katalysierendes Enzym dieser Reaktion ist die Aldose-Reduktase.

Erfolgt nun die Aktivierung des Polyolweges im Falle eines intrazellulären Glukoseüberschusses, kommt es zu einer vermehrten Bildung und sekundär zu einer kompensatorischen intrazellulären Anhäufung von Sorbitol (◘ Abb. 6.3). Dies führt zu einem osmotischen Ungleichgewicht der Zelle, da bestimmte Stoffe die Zelle kompensatorisch verlassen (z. B. Taurin und Myoinositol, wobei letzteres essenzieller Bestandteil der neuronalen Natrium/Kalium-ATPase ist und somit eine Störung dieses Ionentransportes entstehen kann). Die Folge sind eine intrazelluläre Natriumakkumulation und eine Zell-/Axonschwellung.

Eine Störung der Natrium/Kalium-ATPase ist mit einer verlangsamten Nervenleitgeschwindigkeit assoziiert. Daneben führt eine erhöhte Aktivität des Enzyms Aldose-Reduktase über verschiedene Zwischenschritte einerseits zur Bildung und Anhäufung von ROS, was letztlich für sich genommen zu einer Zellschädigung führt („metabolic-flux hypothesis") und andererseits zu einer verminderten Produktion des Vasodilatators NO.

Vor allem die verminderte NO-Freisetzung und die Tatsache, dass die Aldose-Reduktase in Endothelzellen perineuraler Gefäße exprimiert wird (aber nicht nur, sondern auch in Schwann-Zellen), führten zwischenzeitlich zur Vermutung, dass diese Prozesse für mikrovaskuläre Veränderungen im Rahmen einer dPNP verantwortlich sind. Darüber hinaus gibt es Hinweise, dass eine gesteigerte Aktivität der Aldose-Reduktase Einflüsse auf die intrazelluläre Konzentration bestimmter Botenstoffe (Neurotrophine) haben könnte.

Im Tierersuch konnten Inhibitoren der Aldose-Reduktase verschiedene Befunde einer dPNP bessern. Obgleich es bereits erhebliche Anstrengungen gab, ließ sich bis dato kein humanwirksamer/-verträglicher Aldose-Reduktase-Inhibitor entwickeln.

6.1.2.3 Hexosaminstoffwechsel

Eine gesteigerte Glykolyse kann auch zur Aktivierung des Hexosaminstoffwechselweges führen (◘ Abb. 6.3). Dieser Stoffwechselweg hat eine physiologische Rolle bei der Bildung von „Aminozuckern", die wiederum ein wichtiges Element in der Synthese von Glykoproteinen sind. Nachdem im Rahmen der Glykolyse aus Glukose zunächst Glukose-6-Phosphat und nachfolgend Fruktose-6-Phosphat entstanden ist, kann dieses Molekül im Hexosaminstoffwechselweg weiter abgebaut werden. Über verschiedene Zwischenschritte entsteht UDP-N-Acetyl-Glucosamin. Dieser Aminozucker kann an Serin-/Threonin-Reste von Transkriptionsfaktoren wie Sp-1 binden. Eine Glykosylierung von Sp-1 führt zu einer verstärkten Synthese bestimmter Proteine wie „transforming growth factor β1" und „plasminogen activator inhibitor-1", denen wiederum eine Rolle in der Entstehung mikrovaskulärer Pathologien zugeschrieben wird.

6.1.2.4 Bildung von „advanced glycation end products" (AGEs)

Eine Glykierung (oder Glykation) ist eine nichtenzymatische Reaktion von Kohlenhydraten mit verschiedenen Stoffen wie Proteinen oder Lipiden. In dieser Weise reagieren z. B. Carbonylgruppen von Kohlenhydraten wie Glukose mit Aminogruppen von Proteinen. Im Kontext eines Diabetes mellitus gilt dieses Prinzip auch bei der Bildung des HbA_{1c}. Über bestimmte (weitere) chemische Modifikationen kommt es zur Bildung von AGEs. AGEs haben häufig eine – im Vergleich zum Ausgangsstoff – veränderte Funktion, die in den normalen Zellstoffwechsel eingreift und diesen stört. Die physiologische Funktion von AGEs ist nicht genau bekannt.

AGEs binden an spezifische Rezeptoren (RAGE), über die verschiedene intrazelluläre Signalkaskaden (Aktivierung von NF-κB, s. unten) oder die Bildung von ROS getriggert werden. Die Folge dieser Aktivierung sind
- die Initiierung inflammatorischer Prozesse,
- eine defizitäre Versorgung der Axone (Störung neurotrophischer Faktoren),
- eine Störung in der Oxygenierung peripherer Nerven bis hin zur Induktion einer Apoptose (◘ Abb. 6.4).

In experimentellen Studien zur dPNP wurden RAGE in verschiedenen Strukturen, wie epidermalen Axonen, sensorischen Neuronen im Ganglion an der hinteren spinalen Wurzel und Schwann-Zellen exprimiert. Versuche einer pharmakologischen Inhibition der AGE-Bildung schlugen bislang fehl.

6.1.2.5 Lipidstoffwechsel

Störungen des Lipidstoffwechsels spielen sich maßgeblich in den Schwann-Zellen ab. Diese Zellen haben einen aktiven Lipidstoffwechsel, der durch die Aufnahme freier Fettsäuren mit Hilfe des „fatty acid binding protein" beschleunigt wird (eine Fettstoffwechselstörung tritt vor allem kombiniert mit einer Typ-2-Diabeteserkrankung auf). Die freien Fettsäuren werden in die Zelle aufgenommen und dienen im Rahmen der Beta-Oxidation der zellulären Energiegewinnung. Als Zwischenschritt kommt es dabei zur Bildung von Acylcarnitinen.

Bei einer Überlastung dieses Stoffwechselweges, z. B. durch einen Substratüberschuss, kommt es zu einer konsekutiven Anhäufung der Acylcarnitine in der Schwann-Zelle. Sie kumulieren zunächst und werden nachfolgend aus der Schwann-Zelle in das Axon transportiert. Dort triggern die eingeschleusten Acylcarnitine einen Einstrom von Kalziumionen, der wiederum eine Funktionsstörung axonaler Mitochondrien auslöst. Die Folge ist eine insuffiziente Energiegewinnung des Axons.

Auch weitere Mechanismen innerhalb des Lipidstoffwechsels scheinen in die Pathophysiologie der dPNP involviert zu sein: Vor allem bestimmte Lipoproteine, die „low density lipoproteins" (LDL), spielen eine Rolle. Im Tierversuch mit exzessiver Zufuhr fetthaltiger Nahrung kumulieren oxidierte LDLs im peripheren Nerven und führen zur Abnahme der Nervenleitgeschwindigkeiten und Ausbildung sensorischer Defizite. Daneben können auch LDLs eine Glykation (s. oben) durchlaufen und tragen über die Bindung an Toll-like-Rezeptoren und RAGE (im Wesentlichen exprimiert durch Schwann-Zellen) zu einer Entzündungsreaktion bei (s. unten).

In In-vitro-Untersuchungen hemmten hohe extrazelluläre Glukosekonzentrationen die Bildung von Phospholipiden in Schwann-Zellen. Diese Beobachtung wurde durch Aldose-Reduktase-Hemmer rückgängig gemacht, was auf eine mögliche Verbindung zwischen Polyolweg und Lipidstoffwechsel der Schwann-Zellen hinweist. Eine Fettstoffwechselstörung wird zudem mit der Entwicklung einer Insulinresistenz in Verbindung gebracht. So führen erhöhte Lipidspiegel im Blut zur Internalisierung von Insulinrezeptoren in verschiedenen Geweben.

> Auch andere vaskuläre Risikofaktoren wie eine Fettstoffwechselstörung können zur Genese der dPNP beitragen. Daher kommt der kommt der Behandlung aller vaskulären Risikofaktoren eine Bedeutung zu.

6.1.2.6 Oxidativer Stress und mitochondriale Dysfunktion

Während des physiologischen Ablaufs der Atmungskette und der oxidativen Phosphorylierung („ATP-Produktion") entstehen in geringem Umfang ROS, die durch Antioxidanzien wie Glutathion entsorgt werden. Im Vergleich zu Axonen besitzen SZ möglicherweise eine höhere Kompensationsfähigkeit gegenüber ROS – sie tragen durch die Bildung von ROS jedoch durchaus zur neuronalen Funktionsstörung bei.

Ein durch Substratexzess gesteigerter Glukose-/Fettstoffwechsel führt zu einem Überangebot der Elektronenüberträger (NADH, $FADH_2$) an die Komplexe der Atmungskette. Die Folge sind ein gestörter intramitochondrialer Protonengradient mit konsekutiv gestörter oxidativer Phosphorylierung, eine gestörte ATP-Synthese und eine vermehrte Bildung von ROS. ROS können multiple inflammatorische (s. unten) und apoptosefördernde Prozesse in Gang setzen.

Wichtige Quellen von ROS im Rahmen einer dPNP sind die (exzessive) Glykolyse, der Polyolweg, AGEs und die Aktivierung der Proteinkinase C, wobei daneben auch weitere zelluläre Mechanismen beteiligt sind (z. B. Aktivierung der Poly[ADP-Ribose]-Polymerase). Das Antioxidans α-Liponsäure ist als Substanz, die in diesen Pathomechanismus eingreift, bei einer dPNP zugelassen und kann symptomatisch bei einer schmerzhaften dPNP eingesetzt werden.

Zu einer Funktionsstörung und Schädigung der Mitochondrien kommt es nicht nur durch ROS. Wie bereits beschrieben induziert z. B. auch der Acylcarnitin-vermittelte Einstrom von Kalziumionen eine Mitochondriopathie. Geschädigte Mitochondrien können die Bildung eines Apoptosoms induzieren und werden letztlich in Autophagosomen eingeschlossen.

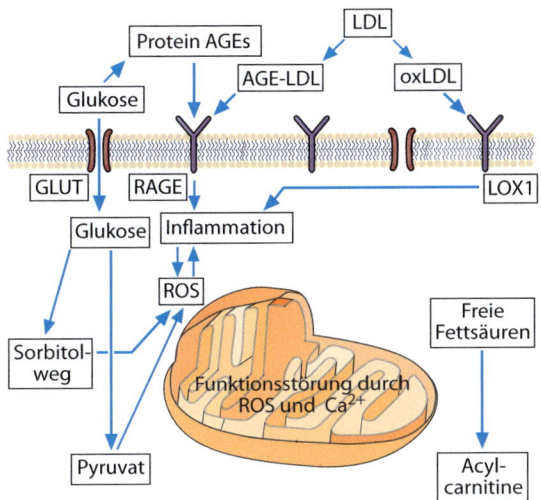

Abb. 6.4 Schematische Darstellung wichtiger pathophysiologischer Elemente in der Pathophysiologie der diabetischen PNP (weitere Details im Text; Abkürzungen: *GLUT* = Glukosetransporter, *AGE* = „advanced glycation endproduct", *RAGE* = „receptor for advanced glycation endproducts", *LDL* = „low density lipoprotein", *oxLDL* = oxidierte „low density lipoprotein", *ROS* = reaktive Sauerstoffspezies, *LOX*1 = Rezeptor für oxidiertes LDL), modifiziert nach Vincent, 2011.

6.1.2.7 Inflammation

Auch inflammatorische Prozesse nehmen Einfluss auf die Entwicklung einer dPNP, zumal sie häufig Teil der gemeinsamen Endstrecke der vorgestellten pathophysiologischen Mechanismen sind. Ein zentrales Element der Inflammation ist der Transkriptionsfaktor NF-κB, der durch verschiedene Stimuli wie eine Hyperglykämie bzw. AGEs, ROS oder proinflammatorische Zytokine aktiviert wird.

Die Aktivierung von NF-κB führt zu einer verstärkten Transkription proinflammatorischer Zytokine, Chemokine und von Entzündungsmediatoren wie den Interleukinen-1β, -2, -6 und -8, dem C-reaktiven Protein, TNF-α, Cox-2, CCL2 oder CXCL1, die wiederum einen fortlaufenden Entzündungsprozess mit sekundärer neuronaler Schädigung aufrechterhalten. Insbesondere triggern sie in einem Circulus vitiosus die Produktion von ROS (■ Abb. 6.4).
Zu einem nicht unwesentlichen Teil erfolgt die Produktion von proinflammatorischen Zytokinen in Schwann-Zellen (SZ) und wird hier durch AGE/RAGE-Interaktionen und oxidierte LDLs vermittelt (s. oben).

? Fragen zur Lernkontrolle
- Was ist der Polyolweg und welche Bedeutung hat er im Rahmen der diabetischen Polyneuropathie (dPNP)?
- Wie entstehen AGEs und welche Funktion haben sie?
- Was sind typische histologische Veränderungen von Axonen, Schwann-Zellen und Kapillaren im Rahmen einer dPNP?
- Welches sind die wichtigsten Quellen von reaktiven Sauerstoffspezies im Rahmen einer dPNP?

6.2 Guillain-Barré-Syndrom (GBS)/chronisch inflammatorische demyelinisierende Polyradikuloneuropathie (CIDP)

K. Pitarokoili

■■ Zum Einstieg

Das Guillain-Barré-Syndrom (GBS, auch akute inflammatorisch demyelinisierende Polyneuropathie, AIDP) ist die häufigste Ursache für eine akute bis subakute paralytische Polyradikuloneuritis mit einer Mortalität von 3–7% und einer jährlichen Inzidenz von 0,5–2/100.000. 50–70% der Fälle treten 1–2 Wochen nach einer Atemwegs- oder Magen-Darm-Infektion oder einem anderen Immunstimulus auf, der eine fehlgerichtete Autoimmunantwort gegen periphere Nerven und ihre Wurzeln hervorruft.

Die chronische inflammatorisch demyelinisierende Polyneuropathie (CIDP) ist die häufigste behandelbare chronische Polyneuroradikuloneuritis weltweit.

Beide Krankheiten sind pathophysiologisch durch eine Autoimmunreaktion charakterisiert, die gegen spezifische Komponenten des peripheren Myelins oder des Axons gerichtet ist. Im Falle eines GBS bleiben auch nach einer Behandlung mit intravenösen Immunglobulinen oder einer Plasmapherese bis zu 30% der Patienten dauerhaft körperlich behindert. Bei einer CIDP ist eine immunsuppressive Therapie bei zwei Dritteln der Patienten auch trotz möglicher schwerwiegender Nebenwirkungen vorteilhaft.

6

6.2.1   Autoimmunneuropathien

Die Autoimmunneuropathien werden ihrem Verlauf nach in zwei Gruppen eingeteilt. Die bekannteste akut verlaufende Neuropathie ist das Guillain-Barré-Syndrom (GBS). Die CIDP ist der häufigste Vertreter der chronisch verlaufenden Autoimmunneuropathien. Beide Erkrankungsgruppen zeigen eine autoimmunologisch bedingte entzündliche Schädigung des Myelins mit Infiltration von Makrophagen und Lymphozyten.

In diesem Beitrag soll beispielhaft auf die jeweils häufigsten Erkrankungen beider Verlaufsformen eingegangen werden. Die verschiedenen Subtypen (◘ Abb. 6.5) werden – wo nötig oder didaktisch sinnvoll – am Rande behandelt.

6.2.1.1 Guillain-Barré-Syndrom (GBS)

Guillain-Barré-Syndrom (GBS)
Ursache: 50–70% der Fälle treten 1–2 Wochen nach einer Atemwegs- oder einer Magen-Darm-Infektion oder einem anderen Immunstimulus auf.
Jährliche Inzidenz: 0,5–2/100.000. Die Inzidenzrate nimmt mit dem Alter zu. Männer sind etwa 1,5-mal häufiger betroffen als Frauen.
Klinik:
– Aufsteigende schlaffe Paresen über einen Zeitraum von bis zu 8 Wochen (maximale klinische Ausprägung innerhalb von 4 Wochen), ggf. Hirnnervenbeteiligung,
– Hypo- oder Areflexie (initial manchmal Normo- oder sogar Hyperreflexie).
– Nur milde (meistens vorrübergehende) sensorische Ausfälle oder Schmerzen.
– Autonome Dysfunktionen können zu Komplikationen wie Atemstillstand, Aspirationspneumonie, Herzrhythmusstörungen, Blutdruckschwankungen und Harnverhalt führen.
– **Wegweisende Diagnostik:**
  – Zytoalbuminäre Dissoziation im Liquor.
  – Elektrophysiogisch pathologische Befunde der F-Wellen, Verminderung der Nervenleitgeschwindigkeit, Nachweis von Leitungsblöcken.

– **Therapie:** Immunmodulatorische Behandlung:
  – intravenöse Immunglobuline,
  – Plasmapherese.

Mortalität: 3–7%.

Die erste Beschreibung einer „aufsteigenden Lähmung" wurde von Jean-Baptiste Octave Landry de Thézillat schon im Jahre 1859 dokumentiert. Das klinische Bild, einschließlich der charakteristischen Liquorbefunde, wurde von Georges Guillain, Jean-Alexandre Barré und André Strohl im Jahre 1916 festgelegt. Mittlerweile lassen sich verschiedene Verlaufsformen definieren, die sich insbesondere hinsichtlich ihrer histopathologischen Ausprägung unterscheiden. Die häufigsten Subtypen sind in ◘ Abb. 6.5 aufgeführt.

▪▪ Pathologie/Histopatologie

Eine Biopsie des N. suralis ist im Falle eines GBS nur selten notwendig, da die klinischen, laborchemischen und elektrophysiologischen Befunde zumeist für die Diagnosestellung ausreichend sind. Der bioptische Befund ähnelt histologisch dem einer CIDP (s. unten). Es zeigen sich Zeichen der segmentalen Demyelinisierung, selten auch axonale Schädigungen (bei einer akuten motorischen axonalen Neuropathie, AMAN oder einer akuten motorischen axonalen und sensiblen Neuropathie, AMSAN). Zeichen für die Entzündungsreaktion sind typischerweise ausgeprägte endoneurale und perikapilläre mononukleäre Infiltrate mit großen, runden (aktivierten) Makrophagen. Zeichen einer Regeneration wie beispielsweise eine „Zwiebelschalenformation" (s. unten) sind eher hinweisgebend auf ein chronisches Geschehen.

▪▪ Pathophysiologische Grundlagen

Pathophysiologisch zeigt sich bei der akuten Autoimmunneuropathie eine Infiltration peripherer Nerven durch Lymphozyten und vor allem Makrophagen, mit einer spezifischen Immunantwort gegen Bestandteile des Myelins oder des Axons. Diese entzündliche Infiltration führt zu einer Demyelinisierung und einem primären oder sekundären Schaden der Axone. Im Folgenden werden zunächst grundlegende immunologische Mechanismen der Erkrankung dargestellt und dann auf deren Bedeutung innerhalb einzelner

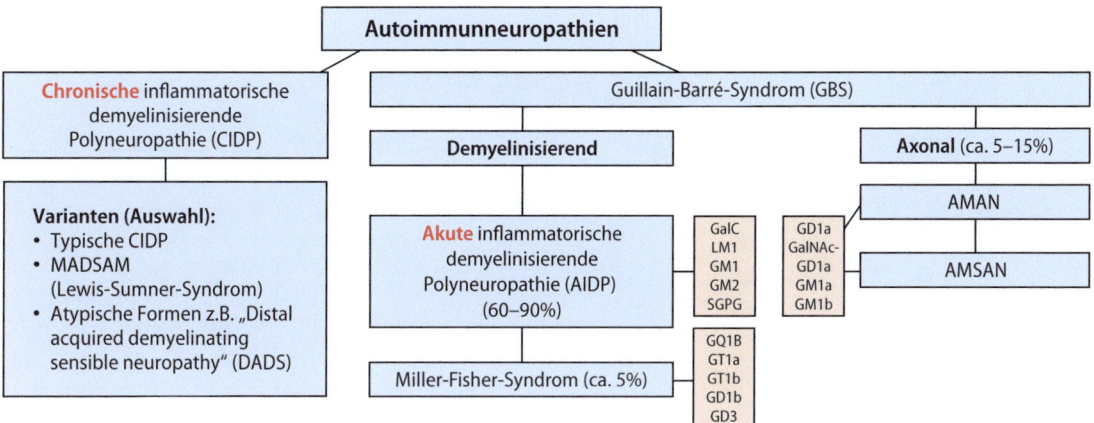

□ **Abb. 6.5**   Übersicht über die häufigen Autoimmunneuropathien mit jeweils typischen Antikörpern.

Krankheitsphasen eingegangen. Hierbei wird, u. a. aufgrund unterschiedlicher Therapieregimes, zwischen humoraler und zellulärer Immunpathogenese unterschieden.

■■ **Humorale Immunpathogenese**

Verschiedene Befunde deuten darauf hin, dass zirkulierende Serumfaktoren eine Hauptrolle in der Pathogenese des GBS spielen. Dies beruht auf folgender Datenlage (Dalakas et al. 2014):

- In Serum von GBS-Patienten wurden sowohl eine Vielzahl von Autoantikörpern gegen Myelin-Proteine oder Glykolipide (Ganglioside) als auch gegen aktivierte Komplementkomponenten nachgewiesen.
- Immunhistochemische Untersuchungen an peripheren Nerven von GBS-Patienten zeigten Ablagerungen von IgG- und IgM-Antikörpern sowie Membranangriffskomplexe (im Wesentlichen bestehend aus Faktoren des Komplementsystems).
- Serum von GBS-Patienten in der akuten Phase kann in experimentellen Tiermodellen eine Demyelinisierung an peripheren Nerven induzieren.
- Die intravenöse Gabe von Immunglobulinen sowie auch die Plasmapherese entfalten ihre therapeutische Wirkung vermutlich durch eine Hemmung (oder Entfernung) pathogener Antikörper bzw. anderer entzündlicher Mediatoren.

■■ **Die Rolle von Anti-Gangliosid-Antikörpern**

Bei bis zu zwei Drittel aller GBS-Patienten finden sich im Serum Antikörper gegen Ganglioside.

Ganglioside sind wichtige Bestandteile der Zellmembran. Ihr biochemischer Aufbau ähnelt dem der Glykolipide (Sphingolipide). Über ihren Lipidanteil sind sie in der Zellmembran verankert. Sie finden sich als sog. „lipid rafts" in speziellen Domänen der Zellmembran peripherer Nerven. Im Nervensystem spielen sie für die Strukturerhaltung und Informationsübertragung eine wichtige Rolle und können eine Immunantwort hervorrufen. Dies geschieht über „Signaturzuckerreste", die auf der extrazellulären Oberfläche exprimiert sind und ein oder mehrere Sialinsäuremoleküle tragen, wie z. B. Gangliosid GM1 mit einem, GD1a mit zweien, GT1a mit drei oder GQ1b mit vier Sialinsäuremolekülen. Es sind mehr als 60 unterschiedliche Ganglioside bekannt, die sich hinsichtlich der Anzahl und Position der Sialinsäurereste unterscheiden (□ Abb. 6.6).

❯ Ganglioside sind Teil der äußeren Zellmembran und haben insbesondere im Nervensystem eine wichtige Bedeutung. Ihr Lipidanteil ist in der Membran verankert, während eine verzweigte Oligosaccharidkette nach außen ragt und für die Zellerkennung oder neuronale Informationsübertragung wichtig ist. Im Rahmen einer Autoimmunneuropathie bilden sich spezifische Antikörper gegen diese Ganglioside.

Bestimmte Antikörper gegen Ganglioside sind spezifisch für die unterschiedlichen Subtypen eines GBS. Demnach kann man von einem pathophysiologischen Zusammenhang zwischen der Art der Gangliosidantikörper und der klinischen Symptomatik ausgehen. Auch verschiedene tierexperimentelle Studien geben Hinweise darauf.

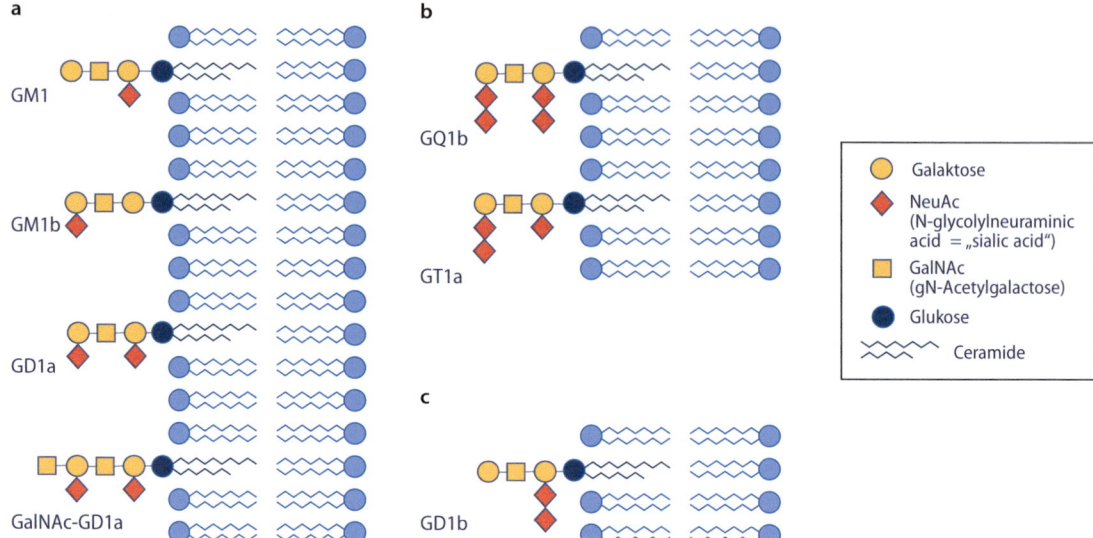

a GM1, GM1b, GD1a, GalNAc-GD1a
b GQ1b, GT1a
c GD1b

Legende:
- Galaktose
- NeuAc (N-glycolylneuraminic acid = „sialic acid")
- GalNAc (gN-Acetylgalactose)
- Glukose
- Ceramide

■ **Abb. 6.6a–c** Schematischer Aufbau einiger Ganglioside innerhalb der Zellmembran. **a** Ganglioside, deren Antikörper häufig bei AMAN/AMSAN gefunden werden. **b** Ganglioside, deren Antikörper häufig bei Miller-Fisher-Syndrom gefunden werden. **c** Ganglioside, deren Antikörper häufig bei einer akuten sensorischen Neuropathie gefunden werden.

Jedoch lassen sich bei einigen GBS-Patienten auch Antikörper gegen andere Glykoproteine oder verschiedene Myelinbestandteile nachweisen, was die Identifizierung der wesentlichen Zielstruktur der Autoimmunreaktion deutlich erschwert.

Das Miller-Fisher-Syndrom und der GQ1b-Antikörper
Das Miller-Fisher-Syndrom stellt einen seltenen Subtyp des GBS dar. Klinisch zeigt sich in typischen Fällen eine Symptomtrias aus Ophthalmoplegie, sensibler Ataxie und Areflexie. Anders als beim GBS sind Lähmungen der Extremitätenmuskulatur allenfalls nur gering ausgeprägt, und auch der Verlauf der Erkrankung gestaltet sich meist günstiger.
In über 90% der Fälle lassen sich im Patientenserum GQ1b-Antikörper nachweisen, was wegweisend für die Diagnosestellung sein kann. GQ1b-Antikörper finden sich auch bei postinfektiösen Opthalmoplegien und bei GBS-Patienten mit Ophthalmoplegie, nicht jedoch bei GBS-Patienten ohne Ophthalmoplegie. Dies beruht vermutlich auf der Tatsache, dass GQ1b auch in den paranodalen Regionen der okulomotorischen Nerven III, IV und VI exprimiert wird und die lokale Immunreaktion infolge der Antikörperbildung zu einer Störung der Hirnnerven führt. Man vermutet, dass die GQ1b-Antikörper die Impulsgeneration an den Ranvier'schen Schnürringen blockieren und so einen Leitungsblock hervorrufen.

Auch bei einem weiteren seltenen Subtyp des GBS, der AMAN finden sich häufig spezifische Antikörper gegen das Gangliosid GM1. Eine Erklärung könnte sein, dass dieses Gangliosid häufiger in ventralen als in dorsalen Wurzeln vorkommt, was die klinische Präsentation dieser überwiegend motorischen Neuropathie verständlich macht. Im Gegensatz dazu sind spezifische Gangliosidantikörper im häufigsten hierzulande auftretenden Subtyp dieser Erkrankung, der AIDP, seltener nachweisbar, und die Zielantigene und pathophysiologische Bedeutung sind noch nicht vollständig aufgeklärt.

■ ■ **Auslösende Faktoren: die Theorie der molekularen Mimikry**
Zwei Drittel der Patienten mit GBS berichten von einer grippeähnlichen Erkrankung oder den Symptomen einer Gastroenteritis, die der Entwicklung eines GBS um 1–3 Wochen vorausgingen.

Vorangegangene Infektionen mit viralen oder bakteriellen Erregern stehen im Verdacht, die immunologische Toleranz zu brechen und für die Autoimmunreaktion gegen körpereigenes Myelin verantwortlich zu sein. Grundlage für diese Annahme ist die Theorie des molekularen Mimikry, die davon ausgeht, dass immunogene Epitope zwischen Viren- bzw. Bakterien- und Myelinproteinen Ähnlichkeiten aufweisen und zu einer Aktivierung autoreaktiver T- oder B-Zellen führen.

Viren wie Herpes-simplex-Virus 1 und 2 (HSV1/2), Zytomegalovirus (CMV), Epstein-Barr-Virus (EBV), Hepatitis A und E, Influenza A, Enterovirus D68 oder HIV sowie Bakterien wie

Haemophilus influenzae, Mycoplasma pneumoniae und Campylobacter jejuni (C. jejuni) können einer GBS-Erkrankung vorausgehen. In seltenen Fällen wurde ein GBS im Zusammenhang mit Impfungen u. a. gegen Influenza A/H1N1 (im Jahre 1976/2009) beobachtet. Ein Auftreten nach Insekten- und Zeckenstichen und nach Operationen ist noch seltener (Dalakas et al. 2014).

Die Infektion mit **C. jejuni** zeigt beispielhaft die Theorie der molekularen Mimikry. C. jejuni ist eine der häufigsten Ursachen für Durchfallerkrankungen, sowohl in Deutschland, als auch weltweit. Mehr als 20 Spezies des gramnegativen, meist spiral- oder stäbchenförmigen Bakteriums sind inzwischen bekannt. Es ist jedoch ein bestimmter Serotyp, die *Penner D:19-Serogruppe*, die sich von den anderen enteritisverursachenden Subspezies unterscheidet: Sie enthält Gene für Enzyme, die GM1-, GD1a- oder GQ1b-ähnliche Sialinsäuren synthetisieren.

Hohe Titer von IgG- oder IgM-C. jejuni-spezifischen Antikörpern können bei der klassischen Form eines GBS auftreten, noch häufiger allerdings lassen sie sich bei axonalen Formen nachweisen (bei bis zu 30% der Patienten mit einer AMAN und 20% der Patienten mit einem Miller-Fisher-Syndrom). Daneben kann C. jejuni bereits früh aus dem Stuhl von Patienten, die an einem akuten GBS erkrankt sind, isoliert werden (Willison and Yuki 2002).

Eine Infektion mit C. jejuni, das ein GM1- oder GD1a-ähnliches Lipooligosaccharid trägt, kann demnach Antikörper gegen GM1 oder GD1a induzieren und auf diesem Weg den GBS-Subtyp einer AMAN verursachen. Im Gegensatz dazu kann die Infektion durch C. jejuni, das ein GQ1b-ähnliches Lipooligosaccharid trägt, das Miller-Fisher-Syndrom hervorrufen.

> Molekulares Mimikry bedeutet, dass Sequenzähnlichkeiten zwischen fremden und körpereigenen Peptiden ausreichen, um eine Kreuzaktivierung von autoreaktiven T- oder B-Zellen hervorzurufen.

■■ Zelluläre Immunpathogenese

Neben den humoralen Faktoren spielen zelluläre Mechanismen bei der Initiierung und dem Verlauf der Autoimmunantwort beim GBS eine ähnlich wichtige Rolle.

Neben den oben beschriebenen perivaskulären und endoneuralen entzündlichen Infiltraten der peripheren Nerven fand sich eine durch Makrophagen vermittelte segmentale Demyelinisierung. Ebenso wurden erhöhte Mengen von IL-2 und löslichen IL-2-Rezeptoren im Serum von Patienten während der akuten Phase eines GBS nachgewiesen, was auf eine (fortlaufende) T-Zell-Aktivierung hindeutet. In-vitro-Studien zeigten darüber hinaus, dass Lymphozyten von GBS-Patienten auf myelinisierte Axone toxisch-demyelinisierende Effekte ausüben (Hughes et al. 2005).

Die Beteiligung eines T-Zell-vermittelten Prozesses im Rahmen eines GBS wurde durch weitere Beobachtungen im tierexperimentellen Modell einer autoimmunen Neuritis (EAN) verstärkt. Die EAN kann durch aktive Immunisierung von genetisch anfälligen Tierstämmen mit verschiedenen Proteinbestandteilen des Myelins induziert werden.

Diese Tiere entwickeln klinisch und elektrophysiologisch Zeichen einer EAN mit segmentaler Demyelinisierung und mononuklearen Zellinfiltraten, bestehend aus Makrophagen und T-Zellen. Die peripheren T-Zellen dieser Tiere sind gegen Myelin sensibilisiert und können die Krankheit passiv auf gesunde Tiere übertragen.

Experimentelle autoimmune Neuritis (EAN)

Die experimentelle autoimmune Neuritis (EAN) ist ein etabliertes Tiermodell, das zahlreiche pathophysiologische Mechanismen sowohl des GBS als auch der CIDP widerspiegelt. Somit ist die EAN gut geeignet, um sowohl immunologische Grundlagen, als auch die folgende Demyelinisierung und axonale Degeneration im peripheren Nervensystem (PNS) zu untersuchen.

Eine EAN kann, im aktuell am besten etablierten Modell bei Ratten, auf zwei verschiedene Arten ausgelöst werden. In einem Fall erfolgt dieses durch eine aktive, subkutane Immunisierung mit einem peripheren Myelin-Antigen (z. B. P2 Protein, gereinigtes PNS-Myelin, rekombinantes humanes P2 Protein oder P2-Peptid) in einem niedrigdosierten Adjuvans in empfindlichen Rattenstämmen. Dabei kommt es im Anschluss an eine immunologische Induktionsphase zur Effektorphase und zum Auftreten typischer Symptome.

Neben dieser sogenannten „aktiv induzierten EAN" kann auch *nur* die Effektorphase der Erkrankung ausgelöst werden. Dies geschieht im Modell der „passiven EAN" nach Injektion enzephalitogener (z. B. P2-spezifischer) T-Zellen (passive bzw. *adaptive transfer* P2-EAN, AT-EAN). Die hierdurch entstandenen Antigen-spezifischen, autoaggressiven T-Zelllinien waren ein wichtiger Schritt für ein besseres Verständnis der EAN. Es konnte beispielsweise gezeigt werden, dass T-Zelllinien, die mit P0 oder P2-Protein oder einem weiteren Myelin-Antigen reagieren, die Krankheit übertragen können. Damit lieferte das Modell der AT-EAN grundlegende Befunde für die zentrale pathogene Rolle von T-Zellen bei einer EAN.

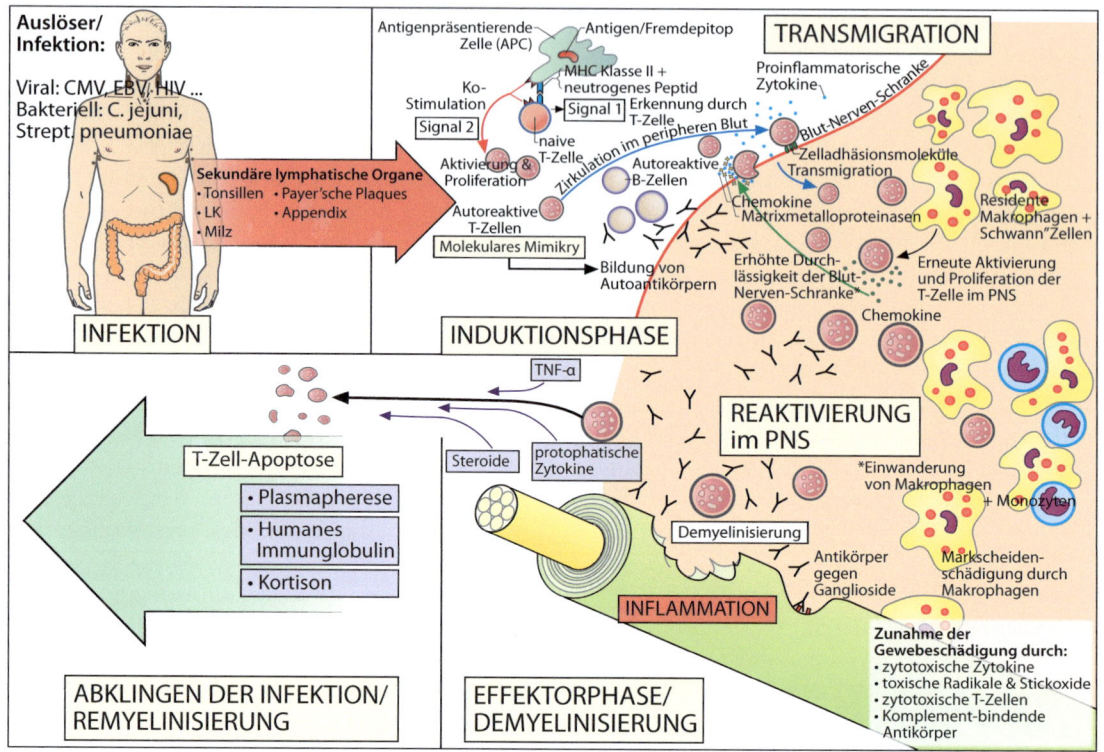

○ **Abb. 6.7**   Zeitlicher Ablauf eines Guillan-Barré-Syndroms (schematisch), wie im Text beschrieben.

EAN-Modelle konnten dazu beitragen, weitere neuritogene Autoantigene wie Myelin-basisches Protein (MBP), PMP 22 und oder Myelin-assoziiertes Glycoprotein zu identifizieren sowie die Effektivität von verschiedenen immunomodulatorischen Substanzen wie Laquinimod, Dimethylfumarat und Fingolimod zu untersuchen.

■ ■ **Zeitlicher Ablauf der pathophysiologischen Mechanismen**

Die vorgestellten Grundlagen sollen nun in einen Zusammenhang zum zeitlichen Ablauf eines GBS gesetzt werden. Der zeitliche Ablauf der Erkrankung kann wie folgt gegliedert werden (○ Abb. 6.7):
- Infektion,
- **Induktionsphase/Initiierung der Immunantwort,**
- **Transmigration der Immunzellen in das periphere Nervensystem (PNS),**
- **Reaktivierung der Immunzellen im PNS,**
- **Effektorphase/Demyelinisierung bzw. axonale Degeneration,**
- **Abklingen der Inflammation.**

Es ist nicht abschließend geklärt, welche Mechanismen der Autoimmunreaktion zugrunde liegen. Es ist jedoch wahrscheinlich, dass es sich um eine infektassoziierte Fehlreaktion des Immunsystems handelt, die in den peripheren lymphatischen Organen ihren Anfang nimmt.

Induktionsphase   Primär erfolgt die Präsentation der immunogenen Epitope durch Antigenpräsentierende Zellen (APC) an naive T-Zellen, die dadurch zur Aktivierung und klonalen Expansion angeregt werden. In diesem Rahmen wird das immunogene Peptid durch den Haupthistokompatibiliätskomplex (MHC) Klasse II der APC präsentiert, was von einem passenden T-Zell-Rezeptor (TCR) erkannt wird. Voraussetzung für die Aktivierung und Proliferation der T-Zelle ist ein paralleles Antigen-unabhängiges Signal, das durch die Verbindung von ko-stimulatorischen Molekülen auf der Oberfläche der APC (z. B. B7.1 und B7.2) und der T-Zelle (z. B. CD28) zustande kommt („immunologische Synapse" zwischen T-Zellen und APC).

Zudem entstehen autoreaktive B-Zellen in den sekundären lymphatischen Organen, wo die Antigene auf der Oberfläche der dendritischen Zellen präsentiert werden.

Polysaccharid-Antigene werden dabei wohl von B-Zellen erkannt und diese zur Antikörperproduktion angeregt. Peptid-Antigene werden zunächst von CD4+-T-Helfer-Zellen erkannt. Danach erfolgt die B-Zellen-vermittelte IgM- und später auch IgG-Produktion. Diese Antikörper binden an Fc-Rezeptoren auf Makrophagen, die zur Aktivierung des klassischen Komplementkaskade führen.

Transendotheliale Migration Die aktivierten, autoreaktiven T-Zellen zirkulieren im peripheren Blut und sind in der Lage, die Blut-Nerven-Schranke zu überwinden und im peripheren Nervensystem ihre Zielantigene zu finden. Die wesentliche Voraussetzung für ihre transendotheliale Migration ist der Kontakt mit Zelladhäsionsmolekülen (z. B. ICAM-1, LFA-1 auf Endothellzellen und VLA-4, L-Selectin auf Lymphozyten).

In-vitro- und In-vivo-Studien bei der EAN (s.oben) zeigten, dass aktivierte T-Zellen durch die Sekretion von proinflammatorischen Zytokinen (z. B. TNF-a), die Expression von Zelladhäsionsmolekülen hochregulieren können, während Chemokine und Matrix-Metalloproteinasen die Transmigration von aktivierten Zellen in das PNS weiter fördern.

Reaktivierung im PNS Im PNS werden die autoreaktiven T-Zellen durch die Erkennung des Autoantigens auf ortsständigen Makrophagen oder auf Schwann-Zellen im Kontext von MHC Klasse-II-Molekülen und ko-stimulatorischen Signalen erneut aktiviert. Anschließend kann diese angestoßene Immunreaktion im PNS durch die Produktion von Chemokinen die Durchlässigkeit der Blut-Nerven-Schranke erhöhen und weitere Immunzellen, vor allem Monozyten und Makrophagen, rekrutieren. Das Muster (axonal oder demyelinisierend) und der Schweregrad der Autoimmunantwort hängen von der Art (axonales Zielantigen oder Myelinkomponente) und Membranverteilung der Autoantigene ab. Durch die morphologischen Veränderungen an der Blut-Nerven-Schranke haben auch zytotoxische CD8+-T-Zellen und komplementbindende Antikörper Zutritt zum PNS.

Effektor-Phase Beim hierzulande häufigsten Subtyp des GBS ist der Demyelinisierungsprozess mit der Infiltration von Makrophagen, CD8+-zytotoxischen T-Zellen und CD4+-T-Helfer-Zellen in das PNS verbunden. Die anti-Myelin-IgG-Antikörper vermitteln die Zerstörung von Myelin über folgende Hauptmechanismen:

- (a) IgG-Antikörper-abhängige Zellzytotoxizität, vermittelt durch natürliche Killerzellen,
- (b) rezeptorvermittelte Phagozytose durch Opsonisierung mit IgG- oder Komplement-C3b-Proteinen und
- (c) Aktivierung der klassischen Komplementkaskade durch IgM und IgG und Bildung eines Membranangriffskomplexes.

Die Hauptvermittler des Angriffs gegen Myelin sind Makrophagen, die Fc-Rezeptoren für Antigen-gebundenes IgG und Rezeptoren für oberflächengebundenes C3b exprimieren. Eine weitere Förderung der makrophagenassoziierten Toxizität ist auch auf die Sekretion von proinflammatorischen Zytokinen aus CD4+-T-Helfer-Zellen zurückzuführen. Die daraus resultierende Zerstörung von Myelin durch Immunzellen und Membranangriffskomplexe führt zur klinischen Manifestation der klassischen, schnell fortschreitenden, akuten Polyneuropathie mit Leitungsblöcken.

Abklingen der Inflammation Die Immunreaktion wird durch die Apoptose autoaggressiver T-Zellen oder durch die Entfernung der humoralen autoreaktiven Faktoren beendet. Die zelluläre Apoptose kann durch exogen zugeführte Steroide oder selbstlimitierend durch die Produktion von TNF-α oder pro-apoptotische Faktoren (z. B. Fas/FasL, TRAIL) vermittelt werden.

Die Therapie mit humanen Immunglobulinen blockiert unspezifisch die meisten Schritte der Effektorphase (T-Zellen-Reaktivierung, Komplementbindung, Fc-Rezeptor-Bindung), während die Plasmapherese die humoralen Komponenten der Autoimmunreaktion (Autoantikörper, Komplement) entfernt. Dies führt zu einer relativ schnellen klinischen Erholung und einer Remyelinisierung. Im Gegensatz dazu ist die klinische Remission bei den akuten axonalen Formen durch eine langsamere Erholung aufgrund der langsamer voranschreitenden Regeneration und Neuaussprossung von Axonen gekennzeichnet. Das fehlende Ansprechen eines GBS auf Kortikosteroide ist am ehesten auf das Überwiegen humoraler Anteile der Immundysregulation zurückzuführen.

6.2.2 Chronische inflammatorisch demyelinisierende Poly-radikuloneuropathie (CIDP)

Chronische inflammatorisch demyelinisierende Polyradikuloneuropathie (CIDP)
- **Epidemiologie:** Je nach Region und Kriterienkatalog ca. 1–9/100.000. Der Verlauf kann chronisch-progredient (häufiger) oder schubförmig sein. Die Inzidenz nimmt mit dem Alter zu.
- **Klinik:**
  - Typisch (50%): Proximale und distale symmetrische Paresen sowie eine distal betonte sensible Störung, die sich über mindestens 8 Wochen entwickeln.
  - Atypisch (24–35%): z. B. distale sensomotorische Neuropathie.
  - Multifokale erworbene sensomotorische Neuropathi (MADSAM; 8–15% der Fälle).
- **Wegweisende Diagnostik:**
  - Zytoalbuminäre Dissoziation im Liquor,
  - elektrophysiologisch pathologische Befunde der F-Wellen,
  - Verminderung der Nervenleitgeschwindigkeit,
  - Nachweis von Leitungsblöcken.
- **Therapie:** Immunmodulatorische Behandlung:
  - Intravenöse Immunglobuline,
  - Kortikosteroide,
  - Plasmapherese,
  - Immunsuppression (Azathioprin, Ciclosporin A, Cyclophosphamid, Mycophenolat-Mofetil, Rituximab etc.).
- **Prognose:** 60–80% der Patienten verbessern sich unter einer der Therapien.

Die chronische entzündliche demyelinisierende Neuropathie (CIDP) wurde erstmals 1958 von Austin et al. bei zwei Patienten mit entzündlicher Neuropathie und Ansprechen auf Kortikosteroide berichtet. Die Einführung als eigene Krankheitsentität erfolgte erst Mitte der 1970-er Jahre nach der histologischen Charakterisierung von 53 CIDP-Patienten. Eine Besonderheit der CIDP sind ihre mannigfaltigen klinischen Varianten. Es

können führend sowohl sensible als auch motorische Nerven beteiligt sein. Auch das klinische Verteilungsmuster (distal/proximal) unterscheidet sich mitunter deutlich voneinander. Die CIDP kann im Rahmen unterschiedlichster immunologischer Erkrankungen oder einer iatrogenen Immunsuppression (z. B. nach einer Organ- oder Knochenmarktransplantation) auftreten.

Auch über die pathophysiologischen Mechanismen der CIDP ist wenig bekannt. Die pathophysiologische Relevanz der wenigen, bei CIDP-Patienten nachweisbaren, spezifischen Antikörper ist umstritten. Das kann einerseits an den komplizierteren humoralen Mechanismen liegen, andererseits daran, dass andere Immunmechanismen, wie z. B. die zelluläre Autoimmunität, im Vordergrund stehen.

6.2.2.1 Pathologie/Histopathologie

Auch bei der CIDP ist eine Nervenbiopsie nicht zwingend notwendig, kann aber zur Differenzierung bei untypischen Verläufen oder zur Abgrenzung gegenüber anderen Erkrankungen (z. B. Vaskulitis, Sarkoidose) hilfreich sein. Histologisch zeigt sich zumeist ein endoneurales Ödem mit Vermehrung endoneuraler T-Zellen oder T-Zell-Infiltraten um epi- oder perineurale Gefäße. Auffällig ist ein „clustering" – d. h. die Vermehrung und Vergrößerung endoneural liegender Makrophagen. Die Prozesse der De- und Remyelinisierung sind erkennbar durch unterschiedlich ausgeprägte Myelinscheiden sowie typische „Zwiebelschalenformationen". Diese entstehen durch eine Proliferation von Schwann-Zellen und deren Zellausläufer, die sich zwiebelschalenartig um die Axone legen. Sie können auch nach Abklingen der Erkrankung auf eine durchlaufene Demyelinisierung hinweisen (◘ Abb. 6.8).

6.2.2.2 Humorale Faktoren

Das schnelle Therapieansprechen von CIDP-Patienten, z. B. auf eine Plasmapherese, deutet auf einen zirkulierenden Faktor – vermutlich einen Antikörper – als Ursache für die Demyelinisierung hin. Zusätzlich wurden komplementfixierende IgG- und IgM-Ablagerungen auf der Myelinscheide der peripheren Nerven bei Patienten mit einer CIDP nachgewiesen. Im Gegensatz zu einigen GBS-Formen (s. oben) konnte bislang jedoch kein spezifischer Antikörper identifiziert werden.

Antikörper gegen die Ganglioside LM1, GM1 oder GD1b wurden bei einigen CIDP-Patienten

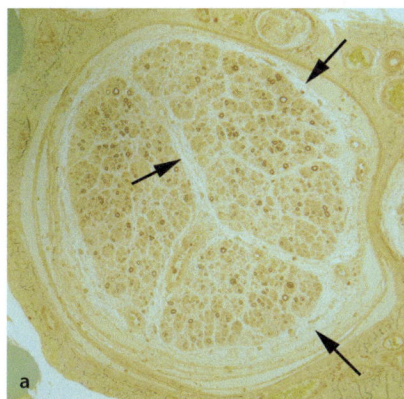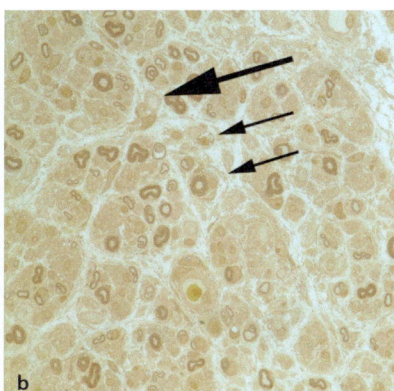

○ Abb. 6.8a, b Nervenbiopsie bei CIDP (Semidünn-
schnitte). **a** Es zeigt sich
ein ausgeprägtes endo- und
subperineurales Ödem
(Pfeile). **b** Es finden sich
nackte Fasern (großer Pfeil)
sowie Myelintrümmer in
Makrophagen als Zeichen
der Demyelinisierung (kleine
Pfeile). (Aus: Stangel und
Mäurer 2012)

nachgewiesen, allerdings deutlich seltener als bei einem GBS.

Im Gegensatz zum GBS, bei dem ein molekulares Mimikry mit bakteriellen oder viralen Antigenen die Krankheit wesentlich mit auszulösen scheint, gibt es keinen überzeugenden Beweis dafür, dass Infektionen eine CIDP auslösen können.

Insgesamt ist das in ○ Abb. 6.7 dargestellte pathophysiologische Schema, das die Rolle von T-Zellen, Zytokinen, B-Zellen und Autoantikörpern für das GBS zusammenfasst, auch für die CIDP relevant.

6.2.2.3 Zielantigene in den Knotenregionen

Jüngste Studien weisen darauf hin, dass insbesondere die Proteine innerhalb der Ranvier'schen Knoten-/Paranodalregionen und in den Schwann-Zellen Ziele des Immunangriffs sind. Dies könnte die rasche (positive) Veränderung der klinischen Symptomatik erklären, die sich nach Beginn einer Therapie mit Immunglobulinen oder einer Plasmapherese beobachten lässt. Ein Rückgang der klinischen Symptomatik tritt oftmals innerhalb weniger Tage nach Beginn der Behandlung ein und kann somit nicht durch eine strukturelle Remyelinisierung erklärt werden. Vielmehr ist eine funktionelle Blockierung, die durch humorale Faktoren gegen Proteine im Bereich der Ranvier'schen Knoten induziert wird, wahrscheinlich (Dalakas et al. 2014).

Einige der mutmaßlich pathophysiologisch relevanten Proteine in diesen Regionen sind (○ Abb. 6.9)

- Ranvier'scher Knoten:
  - Neurofascin (NF186),
  - Gliomedin,
  - Natriumkanäle,

  - Ankyrin G oder
  - Spektrin.
- Paranodal:
  - Neurofascin 155,
  - contactin/CASPR 1,
  - Connexin.
- Juxtaparanodal:
  - transiente axonale Glycoprotein-1 (TAG-1)/CASPR 2 und
  - Kaliumkanäle.

In gleicher Weise gilt, dass die häufig beobachtete klinische Verschlechterung der Patienten gegen Ende eines Behandlungszyklus am ehesten auf das Wiederauftreten einer funktionellen Blockade im Bereich der Ranvier'schen Knoten zurückzuführen ist. Elektronenmikroskopische Untersuchungen an Nervenbiopsaten von Patienten mit einer CIDP haben in den Schwann-Zellen im Vergleich zu gesunden Probanden mehrere Veränderungen in den Knoten- und Paranodalregionen gezeigt. So war z. B. die Verteilung von KCNQ2, einer Kaliumkanaluntereinheit, die in Knotenregionen vorhanden ist, in Nerven von CIDP-Patienten vermindert, während Paranodin (CASPR), ein an den Paranoden exprimiertes axonales Membranglykoprotein, entlang der Axone stärker nachweisbar war als bei gesunden Kontrollpersonen.

Ergebnisse kleinerer Studien an Mensch als auch Tieren lassen zudem vermuten, dass entweder der Verlust verschiedener Proteine bzw. das Auftreten von Antikörpern gegen bestimmte Proteine der Paranodalregion mit verschiedenen klinischen Phänotypen und einem unterschiedlichen Therapieansprechen assoziiert ist (Doppler et al. 2016).

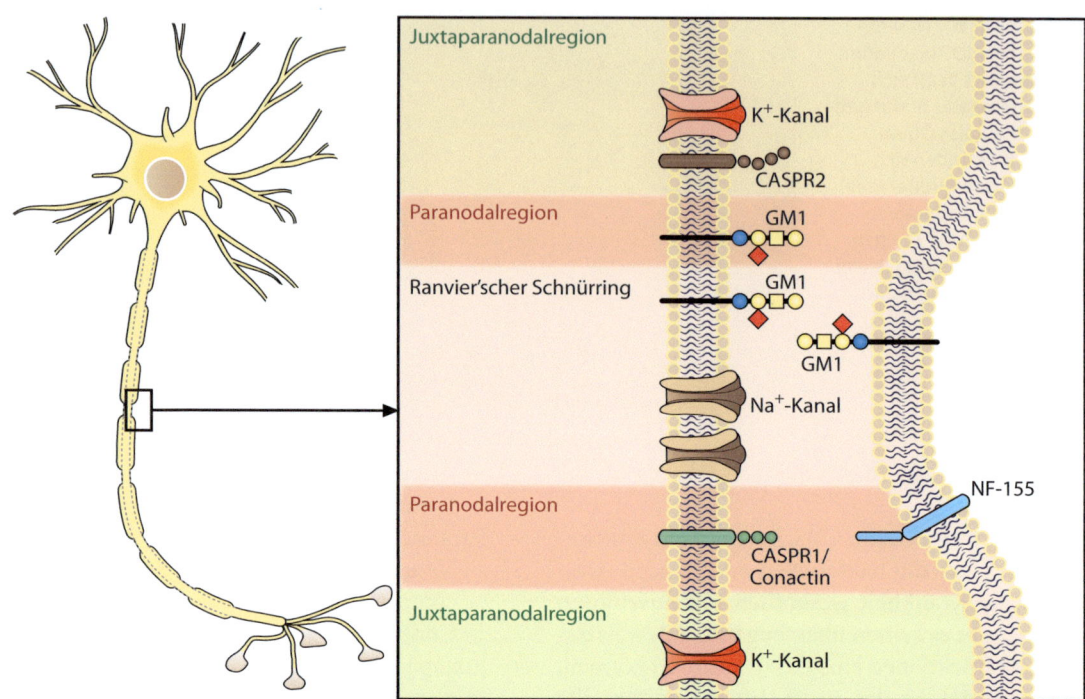

Juxtaparanodalregion

K⁺-Kanal

CASPR2

Paranodalregion

GM1

Ranvier'scher Schnürring

GM1

GM1

Na⁺-Kanal

NF-155

Paranodalregion

CASPR1/
Conactin

Juxtaparanodalregion

K⁺-Kanal

■ **Abb. 6.9**   Rolle der Paranodalregion in der Myelin-Axon-Interaktion. Die molekulare und zytoarchitektonische Struktur der Paranodalregion ist der Schlüssel zur räumlichen Trennung von K⁺- und Na⁺-Kanälen und zur Nervenleitung. GM1 ist an den Paranodien mit „lipid rafts" (Bereiche mit hohem Lipidgehalt) angereichert, wo es die Gliederung der Adhäsionsproteine NF-155 und Contactin/Caspr1 vermittelt.

6.2.2.4 Zelluläre Faktoren

■■ **Makrophagen**

Die zelluläre Immunantwort spielt wahrscheinlich ebenfalls eine wesentliche Rolle bei der CIDP. Biopsien des N. suralis bei CIDP-Patienten zeigen im Vergleich zu T-Zell-Infiltraten anteilig mehr Makrophagen, die gestreut oder in Clustern um endoneurale Gefäße herum lokalisiert sind (Vallat et al. 2010). Die Makrophagen werden am ehesten (ähnlich zum GBS) durch Zytokine sowie von autoreaktiven ortsständigen oder zirkulierenden T-Zellen aktiviert und sind Haupteffektorzellen der Erkrankung. Sie dringen in die Basalmembran der Schwann-Zellen ein, teilen die Myelinlamellen auf und führen zu einer fokalen Zerstörung der Myelinscheide (makrophagenvermittelte Demyelinisierung). Zusätzlich spielen die Makrophagen zusammen mit den Schwann-Zellen eine Rolle bei der lokalen Antigen-Präsentation.

■■ **T-Zellen**

Daten aus kleinen Studien zeigen, dass die wenigen endoneuralen CD8+- und CD4+-T-Zellen ein T-Zell-Rezeptor-Repertoire aufweisen, das mit dem von peripheren Blutlymphozyten der Patien-

ten übereinstimmt. Diese Beobachtung lässt eine Antigen-getriggerte T-Zell-Antwort gegen spezifische periphere Nervenantigene vermuten. Bemerkenswerterweise wird nach erfolgreicher Behandlung mit intravenösen Immunglobulinen dieses Repertoire modifiziert, was auf einen positiven Effekt dieser Therapie hinweist (Dalakas et al. 2014).

■■ **Pro-inflammatorisches – anti-inflammatorisches Gleichgewicht**

Bei CIDP-Patienten wird eine höhere Anzahl pro-inflammatorischer Th17-positiver Zellen (einer T-Zell-Subpopulation) zusammen mit einer erhöhten Konzentration von IL-17 beobachtet, wodurch der Autoimmunprozess weiter verstärkt wird. Diese Zellen (in Kombination mit einer Dysfunktion immunregulatorischer T-Zellen) könnten insofern eine Rolle spielen, als dass sie die lokale intraneurale entzündliche Mikroumgebung beeinflussen und die Immunantwort aufrechterhalten.

■■ **Immunologische Mechanismen der CIDP-Therapie**

Zelluläre Faktoren   Die entzündungshemmende Wirkung von Kortikosteroiden im Rahmen der

CIDP-Therapie wird am ehesten durch die direkte zytotoxische Wirkung auf entzündliche Immunzellpopulationen erklärt. Darüber hinaus wirken Immunsuppressiva hauptsächlich über die Modulation der zellulären Autoimmunität durch Lymphozyten-Aktivierungsfaktoren wie IL-2 (Ciclosporin A), über die Beeinflussung des Lymphozytenüberlebens (z. B. vermittelt durch den Antipurinmetaboliten Azathioprin oder die alkylierende Substanz Cyclophosphamid) und die Blockade der De-Novo-Purinsynthese für B- und T-Zellen (z. B. vermittelt durch die Substanz Mycophenolat-Mofetil) (Mahdi-Rogers et al. 2013).

Humorale Faktoren First-Line-Behandlungsmöglichkeiten mit Immunglobulinen und einer Plasmapherese üben nur eine indirekte Wirkung auf die Produktion und Funktion der Autoantikörper aus (Lünemann et al. 2015). B-Zell-spezifische Behandlungen – mit Ausnahme des monoklonalen Antikörpers gegen CD20+-B-Zellen, Rituximab – fehlen. Rituximab führte in unkontrollierten Studien, auch bei Patienten mit Antikörpern gegen paranodale Antigene, zu einer klinischen Besserung um 50%. Allerdings sprechen viele Patienten mit einer aggressiven Verlaufsform nicht auf eine anti-CD20-Behandlung an, was potenziell die Rolle von weiteren Subpopulationen der B-Zell-Reihe im Rahmen der Erkrankung nahe legt (Querol et al. 2015).

Weitere therapeutische Ansätze aus dem breiten Spektrum der Neuroimmunologie, z. B. Inhibitoren der Immunzellmigration, Modulatoren der ko-stimulatorischen Moleküle, Therapien zur Beeinflussung der B-Zell-Reihe, Komplementinhibitoren, oder Modulatoren der Makrophagenaktivität sind potenzielle therapeutische Strategien bei einer CIDP.

❓ Fragen zur Lernkontrolle
- In welche Phasen gliedert man den zeitlichen Ablauf der Immunantwort eines Guillain-Barré-Syndroms (GBS)?
- Was ist ein „molekulares Mimikry" und welche Bedeutung hat es für Immunneuropathien?
- Wie unterscheiden sich die AIDP und die CIDP voneinander?
- Welche Mechanismen erklären das schnelle Ansprechen einer CIDP-Therapie?

Literatur

Literatur zu ▶ Abschn. 6.1

Cameron NE, Eaton SEM, Cotter MA, Tesfaye S (2001) Vascular factors and metabolic interactions in the pathogenesis of diabetic neuropathy. Diabetologia 44 (11): 1973–1988

Feldman EL, Nave K-A, Jensen TS, Bennett DLH (2017) New Horizons in Diabetic Neuropathy: Mechanisms, Bioenergetics, and Pain. Neuron 93 (6): 1296–1313

Gonçalves NP, Vægter CB, Andersen H, Østergaard L, Calcutt NA, Jensen TS (2017) Schwann cell interactions with axons and microvessels in diabetic neuropathy. Nature Rev Neurol 13 (3): 135–147

Malik RA (2014) Pathology of human diabetic neuropathy. Handb Clin Neurol 126: 249–59. doi: 10.1016/B978-0-444-53480-4.00016-3. Review

Østergaard L, Finnerup NB, Terkelsen AJ, Olesen RA, Drasbek KR, Knudsen L et al. (2014) The effects of capillary dysfunction on oxygen and Glukose extraction in diabetic neuropathy. Diabetologia 58 (4): 666–677

Pop-Busui R, Ang L, Holmes C, Gallagher K, Feldman EL (2016) Inflammation as a Therapeutic Target for Diabetic Neuropathies. Curr Diabetes Rep 16 (3): 2285

Román-Pintos LM, Villegas-Rivera G, Rodríguez-Carrizalez AD, Miranda-Díaz AG, Cardona Muñoz EG (2016) Diabetic Polyneuropathy in Type 2 Diabetes Mellitus: Inflammation, Oxidative Stress, and Mitochondrial Function. J Diabetes Res 2016 (1): 1–16

Sango K, Mizukami H, Horie H, Yagihashi S (2017) Impaired Axonal Regeneration in Diabetes. Perspective on the Underlying Mechanism from In Vivo and In Vitro Experimental Studies. Frontiers Endocrinol 8 (Suppl 2): 668

Schreiber AK (2015) Diabetic neuropathic pain: Physiopathology and treatment. World J Diabetes 6 (3): 432–444

Vincent AM, Callaghan BC, Smith AL, Feldman EL (2011) Diabetic neuropathy: cellular mechanisms as therapeutic targets. Nature Rev Neurol 7 (10): 573–583

Vincent AM, Calabek B, Roberts L, Feldman EL (2013) Biology of diabetic neuropathy. Peripheral Nerve Disorders (Vol. 115, pp 591–606). Elsevier, Amsterdam

Zenker J, Ziegler D, Chrast R (2013) Novel pathogenic pathways in diabetic neuropathy. Trends in Neurosciences 36 (8): 439–449. http://doi.org/10.1016/j.tins.2013.04.008

Literatur zu ▶ Abschn. 6.2

Dalakas MC (2014) Mechanistic effects of IVIg in neuroinflammatory diseases: conclusions based on clinicopathologic correlations. J Clin Immunol 34 Suppl 1: 120–126

Dalakas MC (2015) Pathogenesis of immune-mediated neuropathies. Biochim Biophys Acta 1852 (4): 658–66

Doppler K, Appeltshauser L, Villmann C, Martin C, Peles E, Krämer HH, Haarmann A, Buttmann M, Sommer C (2016) Auto-antibodies to contactin-associated protein 1 (Caspr) in two patients with painful inflammatory neuropathy. Brain 139 (Pt 10): 2617–2630

Hughes RA, Cornblath DR (2005) Guillain-Barré syndrome. Lancet 5;366 (9497): 1653–66. Review

Joint Task Force of the EFNS and the PNS. European Federation of Neurological Societies/Peripheral Nerve Society Guideline on management of paraproteinemic demyelinating neuropathies. Report of a Joint Task Force of the European Federation of Neurological Societies and the Peripheral Nerve Society—first revision. J Peripher Nerv Syst 15 (3): 185–95

Kadlubowski M, Hughes RA (1979) Identification of the neuritogen for experimental allergic neuritis. Nature 277 (5692): 140–1

Kieseier BC, Tani M, Mahad D, Oka N, Ho T, Woodroofe N, Griffin JW, Toyka KV, Ransohoff RM, Hartung HP (2002) Chemokines and chemokine receptors in inflammatory demyelinating neuropathies: a central role for IP-10. Brain 125 (Pt 4): 823–34

Lünemann JD, Nimmerjahn F, Dalakas MC (2015) Intravenous immunoglobulin in neurology–mode of action and clinical efficacy. Nat Rev Neurol 11 (2): 80–9

Mahad DJ, Howell SJ, Woodroofe MN (2002) Expression of chemokines in the CSF and correlation with clinical disease activity in patients with multiple sclerosis. J Neurol Neurosurg Psychiatry. 72 (4): 498–502

Mahdi-Rogers M, van Doorn PA, Hughes RA (2013) Immunomodulatory treatment other than corticosteroids, immunoglobulin and plasma exchange for chronic inflammatory demyelinating polyradiculoneuropathy. Cochrane Database Syst Rev. (6): CD003280

Malkki H (2016) CNS infections: Zika virus infection could trigger Guillain-Barré syndrome. Nat Rev Neurol 12 (4): 187

Querol L, Nogales-Gadea G, Rojas-Garcia R, Martinez-Hernandez E, Diaz-Manera J, Suárez-Calvet X, Navas M, Araque J, Gallardo E, Illa I (2013) Antibodies to contactin-1 in chronic inflammatory demyelinating polyneuropathy. Ann Neurol 73 (3): 370–80

Stangel M, Mäurer M (Hrsg) (2012) Autoimmunerkrankungen in der Neurologie, 1. Aufl. Springer, Berlin Heidelberg New York, S 122

Vallat JM, Sommer C, Magy L (2010) Chronic inflammatory demyelinating polyradiculoneuropathy: diagnostic and therapeutic challenges for a treatable condition. Lancet Neurol 9 (4): 402–12

Willison HJ, Yuki N (2002) Peripheral neuropathies and anti-glycolipid antibodies. Brain 125 (Pt 12): 2591–625. Review

Yan WX, Archelos JJ, Hartung HP, Pollard JD (2001) P0 protein is a target antigen in chronic inflammatory demyelinating polyradiculoneuropathy. Ann Neurol 50 (3): 286–92

Yuki N, Hartung HP (2012) Guillain-Barré syndrome. N Engl J Med 14; 366 (24): 2294–304

Muskelerkrankungen

A. Biesalski

© Springer-Verlag GmbH Deutschland, ein Teil von Springer Nature 2019
D. Sturm et al. (Hrsg.), *Neurologische Pathophysiologie*
https://doi.org/10.1007/978-3-662-56784-5_7

7.1   Myasthenia gravis

■■ Zum Einstieg

Die Myasthenia gravis ist eine Erkrankung der neuromuskulären Endplatte mit Bildung von Autoantikörpern gegen nikotinerge ACh-Rezeptoren sowie unterschiedliche andere Antigene der postsynaptischen Membran (MuSK, LRP4, Agrin etc.). In einigen Fällen, wie einer paraneoplastisch bedingten Myasthenie, lassen sich Antikörper gegen Proteine der Muskulatur (z. B. Titin) oder, bei einem Lambert-Eaton-Myasthenie-Syndrom (LEMS), gegen präsynaptische spannungsgesteuerte Kalziumkanäle (VGCC) nachweisen.

Klinisch imponiert eine abnorme belastungsabhängige Ermüdbarkeit der Muskulatur, die entweder okulär oder generalisiert (mit teils okulärer oder bulbärer Betonung) auftreten kann. Akute myasthene Krisen können lebensbedrohlich sein und müssen intensivmedizinisch behandelt werden.

Im Folgenden werden die Grundlagen der neuromuskulären Transmission wiederholt. Anschließend wird auf die Ursachen und die Immunpathogenese sowie auf häufig beteiligte Antikörper eingegangen.

Myasthenia gravis
- Autoimmunologische Erkrankung der neuromuskulären Endplatte mit Bildung unterschiedlicher Antikörper, insbesondere gegen postsynaptische nikotinerge ACh-Rezeptoren. Eine myasthene Krise kann lebensgefährlich sein und muss intensivmedizinisch behandelt werden.
- **Inzidenz**: 0,25–2/100.000 Einwohner/Jahr, Prävalenz bis 78/100.000 Einwohner.
  - **Zwei Erkrankungsgipfel:**
    - ca. 20% der Fälle: ≤45 Jahre („early-onset"), Frauen häufiger betroffen, m:w = 1:3.
    - ca. 45% der Fälle: ≥45 Jahre („late-onset"), Männer häufiger betroffen, m:w = 5:1.
    - Die verbleibenden ca. 35% der Fälle verteilen sich auf unterschiedliche Subtypen der Myasthenia gravis bzw. andere myasthene Syndrome
- **Einteilung nach typischer Klinik:**
  - **Okuläre Myasthenie**: Meist im Tagesverlauf zunehmende oder fluktuie-
rende Schwäche der äußeren Augenmuskeln mit wechselnden Doppelbildern und/oder ein- oder beidseitiger Ptosis, zumeist Voranschreiten in eine generalisierte Myasthenie innerhalb von 2 Jahren.
  - **Generalisierte Myasthenie**: Proximalbetonte belastungsabhängige Schwäche der gesamten Skelettmuskulatur in unterschiedlicher Ausprägung, bei ausgeprägter Beteiligung der Schlund- und Atemmuskulatur erhöhte Gefahr für eine myasthene Krise.
  - **Paraneoplastische Myasthenie**: Auftreten myasthener Symptome infolge eines Thymoms (10–15% der Myasthenia-gravis-Patienten). Eine weitere Sonderform ist das Lambert-Eaton-Myasthenie-Syndrom (LEMS) mit Assoziation vor allem zu kleinzelligen Bronchialkarzinomen.
- **Modifizierte Klassifikation nach Schweregrad und Ausprägungsmuster** gemäß der amerikanischen Myasthenia-gravis-Gesellschaft (MGFA). Therapie- und Verlaufskontrolle mittels verschiedener Myasthenie-Scores (beispielsweise Besinger-Toyka-Score).
- **Therapie:**
  - Symptomatische Therapie mit dem ACh-Esterasehemmer Pyridostigmin (Mestinon/Kalymin), zusätzlich immunsuppressive Basistherapie (z. B. Kortikosteroide, Azathioprin oder andere steroidsparende Immunsuppressiva), ggf. Eskalationstherapien (Eculizumab, Rituximab, Cyclophosphamid).
  - Therapie der myasthenen Krise (Plasmapherese, IVIG, Immunadsorption), ggf. Thymektomie, ggf. Behandlung einer neoplastischen Grunderkrankung.

Die ersten klinischen Beschreibungen der Myasthenia gravis fanden sich bereits im 17. Jahrhundert. Bis zur Entdeckung der klassischen ACh-Rezeptor-Antikörper in den 1970-er Jahren vergingen jedoch mehr als 300 Jahre. Inzwischen konnte eine Vielzahl weiterer Antikörper identifiziert werden, die eine Myasthenia gravis oder andere myasthene Syndrome hervorrufen können. Für das Verständnis der Erkrankung und ihrer Therapie sind grundlegende Kenntnisse der Anatomie und Physiologie der neuromuskulären Endplatte unerlässlich – weshalb sie diesem Beitrag vorangestellt werden.

7.1.1 Anatomie und Funktion der neuromuskulären Endplatte

Die aus dem Vorderhorn des Rückenmarks austretenden Axone der α-Motoneurone verzweigen sich vielfältig in der Muskulatur und bilden neuromuskuläre Synapsen mit einzelnen Muskelfasern aus („motorische Einheit"). Bemerkenswert sind hierbei die Unterschiede zwischen verschiedenen Muskelgruppen. Während beispielsweise in der äußeren Augenmuskulatur jeweils eine motorische Nervenfaser weniger als 10 Muskelfasern innerviert, liegt dieses Verhältnis bei größeren Muskeln, wie dem M. triceps surae, bei ca. 1:2000. Dieses Verhältnis bestimmt die jeweilige Präzision und Kraftentfaltung eines Muskels.

> **Motorische Einheit**
>
> Die motorische Einheit stellt die kleinste funktionelle Einheit zur Steuerung der Muskulatur dar. Sie setzt sich zusammen aus einem Motoneuron sowie allen von ihm innervierten Muskelfasern.

Die neuromuskuläre Endplatte ist das klassische Beispiel einer chemischen Synapse. Sie setzt sich aus der Axonterminale des α-Motoneurons, die von spezialisierten, terminalen Schwann-Zellen umgeben ist, der präsynaptischen Membran, dem synaptischen Spalt sowie der postsynaptischen Muskelfasermembran zusammen. Insbesondere im Bereich der postsynaptischen Membran bestehen multiple Einfaltungen zur Vergrößerung der Kontaktoberfläche.

Als chemischer Transmitter dient Acetylcholin, das im Zytoplasma des präsynaptischen Axons synthetisiert, in synaptischen Vesikeln gespeichert und aus diesen mittels Exozytose in den synaptischen Spalt ausgeschüttet wird. Die Bindung von ACh an den nikotinischen ACh-Rezeptor löst das exzitatorische postsynaptische Potenzial (EPSP, auch Endplattenpotenzial EPP) aus, das letztlich zur Muskelkontraktion führt. Der physiologische

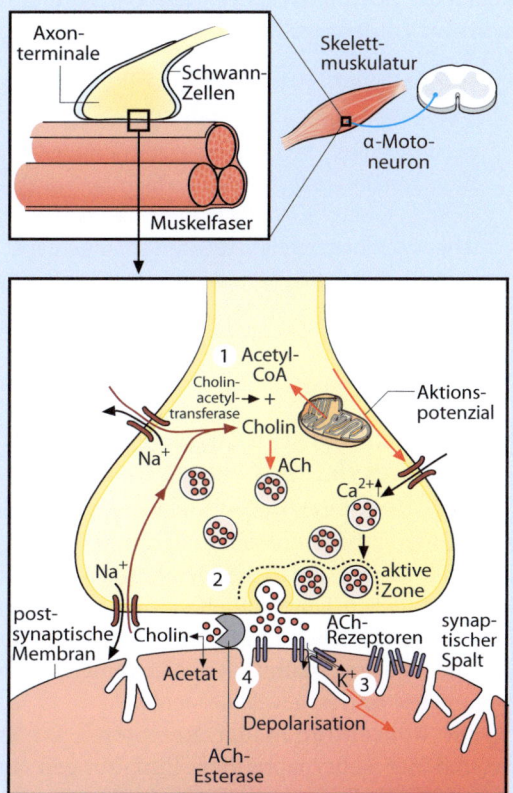

(1) Acetylcholin wird im Zytosol des terminalen Motoneurons aus AcetylCoA, das aus Mitochondrien stammt, und Cholin synthetisiert. Cholin stammt überwiegend aus der extrazellulären Flüssigkeit und stellt den limitierenden sowie geschwindigkeitsbestimmenden Faktor der ACh-Synthese dar.

(2) Die Aufnahme und Speicherung des ACh erfolgt in neurosekretorischen Speichervesikeln, die jeweils bis zu 10.000 Acetylcholinmoleküle enthalten. Durch ein eintreffendes Aktionspotenzial kommt es zum Kalziumanstieg in der präsynaptischen Endigung. Über die Bindung von Kalzium an Synaptotagmin sowie die Interaktion von Syntaxin und SNAP-25 in der präsynaptischen Membran und Synaptobrevin in der Vesikelmembran (hier nicht dargestellt) erfolgt die Exozytose von ACh in den synaptischen Spalt.

(3) Es binden jeweils zwei ACh-Moleküle an die nikotinischen ACh-Rezeptoren der postsynaptischen Membran (= N-Cholinozeptoren). Hierbei handelt es sich um ligandengekoppelte Ionenkanäle, die sich durch die ACh-Bindung kurzzeitig (ca. 1 ms) öffnen und den Kationeneinstrom insbesondere von Na+ gewährleisten. Die Offenwahrscheinlichkeit der nikotinischen ACh-Rezeptoren wird somit durch die ACh-Konzentration im synaptischen Spalt bestimmt. Durch den Natriumeinstrom kommt es zur Depolarisation der postsynaptischen Muskelzellmembran und somit zu einem Endplattenpotenzial, das sich über die ganze Muskelfaser ausbreitet und in dessen Folge der Kalziumeinstrom (über mehrere weitere Zwischenschritte) zu einer Muskelkontraktion führt.

(4) Bereits nach kurzer Zeit diffundieren die ACh-Moleküle wieder von ihren Bindungsstellen ab und werden im synaptischen Spalt mit Hilfe der Acetylcholinesterase in Acetat und Cholin gespalten. Das Cholin wird über einen Natrium-Cholin-Symporter wieder aus dem synaptischen Spalt aufgenommen und steht erneut für die ACh-Synthese zur Verfügung.

◻ **Abb. 7.1** Physiologische Vorgänge an der motorischen Endplatte

Ablauf der neuromuskulären Reizübertragung ist in 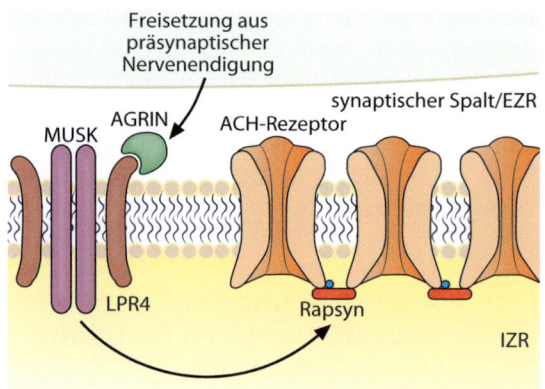 Abb. 7.1 dargestellt.

> **Endplattenpotenzial (EPP)**
>
> Als Endplattenpotenzial (EPP) wird das Potenzial bezeichnet, das infolge des Natriumeinstroms an der postsynaptischen Membran entsteht. Es breitet sich entlang der postsynaptischen Membran aus und aktiviert spannungsgesteuerte Na^+-Kanäle, die die Depolarisation verstärken und so eine Muskelkontraktion herbeiführen.

7.1.1.1 Struktur und Organisation der Acetylcholin-Rezeptoren

Die ACh-Rezeptoren stellen Ionenkanäle dar, die aus 5 Untereinheiten bestehen (2 α und je ein β-, γ-, und δ-Anteil) und in die Membran eingelagert sind. An beide α-Untereinheiten muss jeweils ein ACh-Molekül binden, um eine Öffnung des Ionenkanals und damit den Natriumein- und Kaliumausstrom zu gewährleisten.

Die **Konzentration** der Rezeptoren ist im Bereich der subsynaptischen Einfaltungen am höchsten. Die Dichte und **Organisation** der Rezeptoren folgt klaren biochemischen „Regeln", die als Rezeptor-Clustering bezeichnet werden. Am Beginn der komplexen Signalkaskade steht die muskelspezifische Tyrosinkinase (MuSK). **MuSK** wird durch das Enzym **Agrin**, das an ebenfalls membranständiges **LRP4** bindet, aktiviert und führt, über mehrere Zwischenschritte, zur Phosphorylierung der ACh-Rezeptoren (s. auch ▶ Abschn. 7.1.4). Hierdurch wird das rezeptorassoziierte Protein **Rapsyn** aktiv. Rapsyn enthält eine cAMP-abhängige Proteinkinase-Phosphorylierungsstelle, die es ihm ermöglicht, die ACh-Rezeptoren in ihrer Verankerung zu stabilisieren und untereinander sowie mit dem Zytoskelett der Postsynapse zu verbinden. Agrin seinerseits wird freigesetzt aus der präsynaptischen Nervenendigung; hierdurch kann das Axonterminal des Motoneurons quasi selbst Einfluss auf das Rezeptor-Clustering nehmen (Abb. 7.2).

Da diese Signalkaskade die Dichte, Funktion und Konformation der ACh-Rezeptoren an der postsynaptischen Membran reguliert, kann jede Störung dieses komplexen Ablaufes eine Muskelschwäche bis hin zur vollständigen Lähmung hervorrufen.

Abb. 7.2 Rezeptor-Clustering der ACh-Rezeptoren. Vereinfachte Darstellung (*MuSK* = muskelspezifische Tyrosin-Kinase, *LRP4* = „low density lipoprotein receptor-related protein 4")

> **ACh-Rezeptor-Clustering**
>
> Das ACh-Rezeptor-Clustering ist ein dynamischer Prozess im Bereich der postsynaptischen Membran, der die Dichte und Verankerung der ACh-Rezeptoren reguliert und so einen bedeutenden Einfluss auf die Muskelfunktion hat.

7.1.2 Grundsätzliche Pathomechanismen der Myasthenia gravis

Die Neurotransmission an der muskulären Endplatte kann auf unterschiedlichen Ebenen gestört werden und so eine muskuläre Schwäche hervorrufen (Abb. 7.6).

Im Falle der „klassischen" Myasthenia gravis führen zirkulierende Autoantikörper gegen Bestandteile der neuromuskulären Endplatte zu einer teilweisen oder vollständigen Blockade der Signalübertragung. In bis zu 90% der Fälle finden sich hierbei Antikörper gegen die ACh-Rezeptoren der postsynaptischen Membran. In den vergangenen Jahren konnten zudem Antikörper identifiziert werden, die sich gegen die muskelspezifische Rezeptor-Tyrosinkinase (MuSK), das „low-density lipoprotein receptor-related protein" (LRP4) oder das Protein Agrin richten und damit das Rezeptor-Clustering stören.

Im Rahmen von paraneoplastischen Myastheniesyndromen finden sich Antikörper gegen spannungsabhängige Kalziumkanäle vom P/Q-Typ

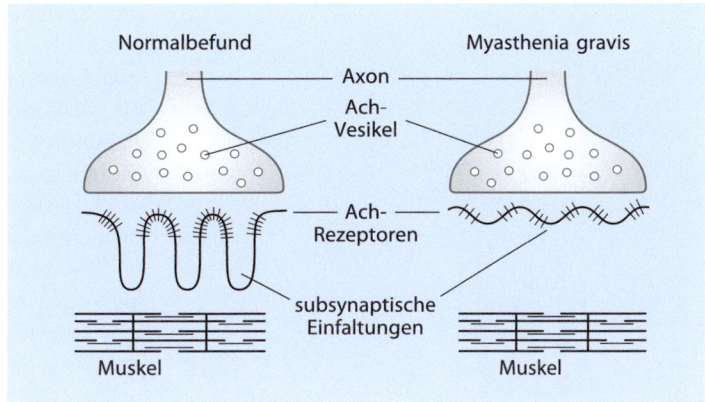

Abb. 7.3   Schematische Darstellung der neuromuskulären Übertragung bei Gesunden versus Patienten mit Myasthenia gravis. Deutlich sichtbar ist die Reduktion der Rezeptoren sowie der subsynaptischen Einfaltungen mit Abflachung der postsynaptischen Membran und Erweiterung des synaptischen Spaltes. (Aus: Berlit 2012)

(VGCC-Antikörper, beim kleinzelligen Bronchialkarzinom) oder gegen das Titinmolekül, ein Strukturprotein des Sarkomers (s. unten).

Folge der Antikörperbindung an die ACh-Rezeptoren ist weniger die direkte *Blockade* der betroffenen Rezeptoren, sondern insbesondere:

- eine **vermehrte Internalisierung** der Rezeptoren in das Zellinnere, wodurch sie für Acetylcholin unerreichbar werden,
- eine **Komplexbildung** („Kreuzvernetzung"/ „cross linking") benachbarter Rezeptormoleküle durch Bindung bivalenter Antikörper („Antigenmodulation") sowie
- eine **Komplementaktivierung** mit konsekutiver Schädigung der postsynaptischen Membran.

Letztlich wird durch diese strukturelle Veränderung der postsynaptischen Membran auch die Anzahl der ACh-Rezeptoren reduziert. Zusätzlich verändert sich die Morphologie der Membran: Die subsynaptischen Einfaltungen sind reduziert und flacher als bei Gesunden (**Abb. 7.3**).

> Infolge der Antikörperbindung kommt es in fast allen Fällen zu einer Komplementaktivierung, deren Endstrecke die lytische Zerstörung und/oder Internalisierung des Rezeptors ist und die eine Schädigung der postsynaptischen Membran mit Verbreiterung des synaptischen Spaltes nach sich zieht.

Die **okuläre Muskulatur** ist häufig früh und besonders ausgeprägt von der Muskelschwäche betroffen. Dies ist auf einige Besonderheiten im Aufbau ihrer neuromuskulären Endplatten zurückzuführen: In der okulären Muskulatur finden

sich weniger postsynaptische Einfaltungen und damit eine geringere Anzahl an ACh-Rezeptoren und spannungsgesteuerten Natriumkanälen. Zusätzlich handelt es sich um schnellzuckende Muskelfasern, die rasch ermüdbar sind. Zuletzt exprimieren sie weniger intrinsische Komplementregulatoren und sind hierdurch anfälliger für die Antikörper-vermittelte Komplementaktivierung und konsekutive Zelllyse (Conti-Fine et al. 2006).

■ ■ Elektrophysiologie

Eine wichtige Untersuchung bei myasthenen Syndromen stellt die elektrophysiologische Diagnostik dar. Insbesondere in der **elektroneurographischen Untersuchung (ENG)** mit **repetitiver supramaximaler Stimulation** (3/s) zeigt sich im Falle einer Myasthenia gravis, aber auch des LEMS das typische Bild eines Amplitudenabfalles – das sogenannte **Dekrement** (**Abb. 7.4**).

Unter physiologischen Umständen führt eine wiederholte Muskelstimulation zur immer gleichen Reizantwort, die sich graphisch stets mit derselben Amplitude darstellt. Dies erklärt sich folgendermaßen:

Nachdem ACh an den postsynpatischen ACh-Rezeptor gebunden hat, kommt es nach dem Natrium- und Kalziumeinstrom über die Ionenkanäle in die Postsynapse zu einer lokalen Depolarisation. Diese führt zu einem kurzen negativen Miniatur-Endplattenpotenzial (MEPP), das allein nicht fortgeleitet wird. Die Auslösung eines MEPP folgt dem Alles-oder-nichts-Prinzip und ist physiologisch nicht beeinflussbar. Die Gesamtheit aller spontanen MEPP kann in der Elektromyographie im ruhenden Muskel als „Endplattenrauschen" nachgewiesen werden. Erst durch

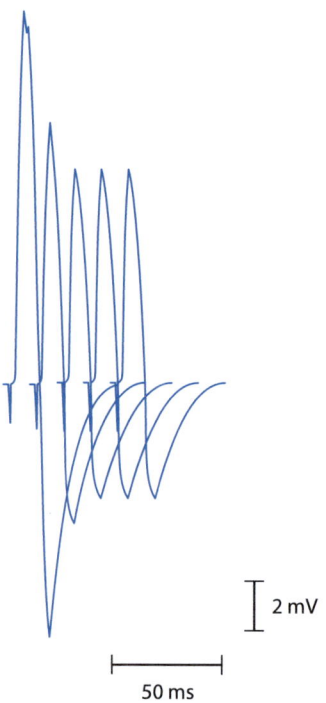

2 mV

50 ms

◻ **Abb. 7.4** Repetitive Reizung des N. accessorius mit Ableitung des muskulären Summenpotenzials am M. trapezius bei einem Patienten mit Myasthenia gravis. Es ist eine Abnahme von 40% vom 1. zum 5. Summenpotenzial nachweisbar. (Aus: Berlit 2012)

die zeitliche Synchronisation vieler MEPP entsteht ein Endplattenpotenzial (EPP), das letztlich fortgeleitet wird und zu einer Kontraktion der Muskelfaser führt. Durch die supramaximale elektrische Stimulation eines motorischen Nervs wird eine solche synchrone Entladung vieler MEPP hervorgerufen, die dann zu einem EPP führt. Für die Auslösung eines EPP ist somit nicht die Amplitude der einzelnen MEPP, sondern die zeitliche Summation vieler MEPP entscheidend.

ACh liegt in der Präsynapse in drei Speichern vor: der primäre ACh-Speicher befindet sich unmittelbar in Membrannähe und enthält ca. 1.000 ACh-Moleküle (◻ Abb. 7.1: „Aktive Zone"). Der sekundäre ACh-Speicher, auch Mobilitätsspeicher genannt, enthält ca. 10.000 ACh-Moleküle und dient der schnellen Wiederauffüllung des primären Speichers. Der tertiäre ACh-Speicher, auch Reservespeicher genannt, enthält große ACh-Reserven und befindet sich entfernt im Soma oder terminalen Axonen.

Durch eine hochfrequente („repetitive") Stimulation der Endplatte wird ACh aus dem tertiä-

ren Speicher mobilisiert, um die sekundären Speicher zu füllen. Hierdurch wird mehr ACh verfügbar und die cholinerge Transmission für ca. 1–2 Minuten verbessert (**posttetanische Potenzierung** oder **Fazilitierung**). Daraus resultiert eine Zunahme der aktivierten Muskelmasse, die sich als größere Fläche unter der Kurve des Muskelsummenaktionspotenzials (MSAP) darstellen lässt.

Die posttetanische Potenzierung kann Pathologien an der Postsynapse verwaschen; so kann sie eine verminderte Transmission bei der Myasthenia gravis durch die relative Zunahme der verfügbaren ACh-Moleküle maskieren. Nach der Phase der posttetanischen Potenzierung folgt die posttetanische Erschöpfung im Sinne einer relativen Verarmung an freisetzbaren ACh-Molekülen.

Neben der Ausschüttung von ACh kommt es auch zur Freisetzung von Noradrenalin, das die Na^+/K^+-Pumpe aktiviert und so zu einer Hyperpolarisation der postsynaptischen Membran führt. Dies hat eine bessere Synchronisation zur Folge. Hierdurch wird die Amplitude des MSAP erhöht und gleichzeitig die Potenzialdauer verkürzt. Bei diesem als **Pseudofazilitierung** bezeichneten Prozess ändert sich somit die Fläche unter dem MSAP nur gering im Vergleich zur echten Fazilitierung. Daher gilt das Flächendekrement als aussagekräftigerer Befund im Vergleich zum Amplitudendekrement.

◻ Abb. 7.5 stellt den Einfluss der repetitiven Stimulation auf die Muskelfaser dar und vergleicht Befunde beim Gesunden mit denen bei Myasthenia gravis.

Eine Besonderheit stellt das Lambert-Eaton-Myasthenie-Syndrom dar, da es sich hierbei um eine präsynaptische Störung handelt: Durch den defizienten Kalziumeinstrom in die Präsynapse ist die ACh-Freisetzung derart reduziert, dass nicht mehr alle ACh-Rezeptoren besetzt werden können. Durch die reduzierte Anzahl an MEPP kann sich ein EPP nur noch vereinzelt bilden, was zu einer Reduktion der Amplitude des MSAP schon bei einem Einzelreiz führt. Eine niedrigfrequente Stimulation kann somit zu einer weiteren Reduktion der ACh-Freisetzung führen, sodass sich ein Dekrement der MSAP bilden kann (s. oben).

Durch die frequenzabhängige präsynaptische Kalziummobilisation und die posttetanische Potenzierung kommt es bei einer höherfrequenten Stimulation zu einer Zunahme der ACh-Freisetzung, was als **Inkrement** der Amplitude des MSAP sichtbar wird.

7

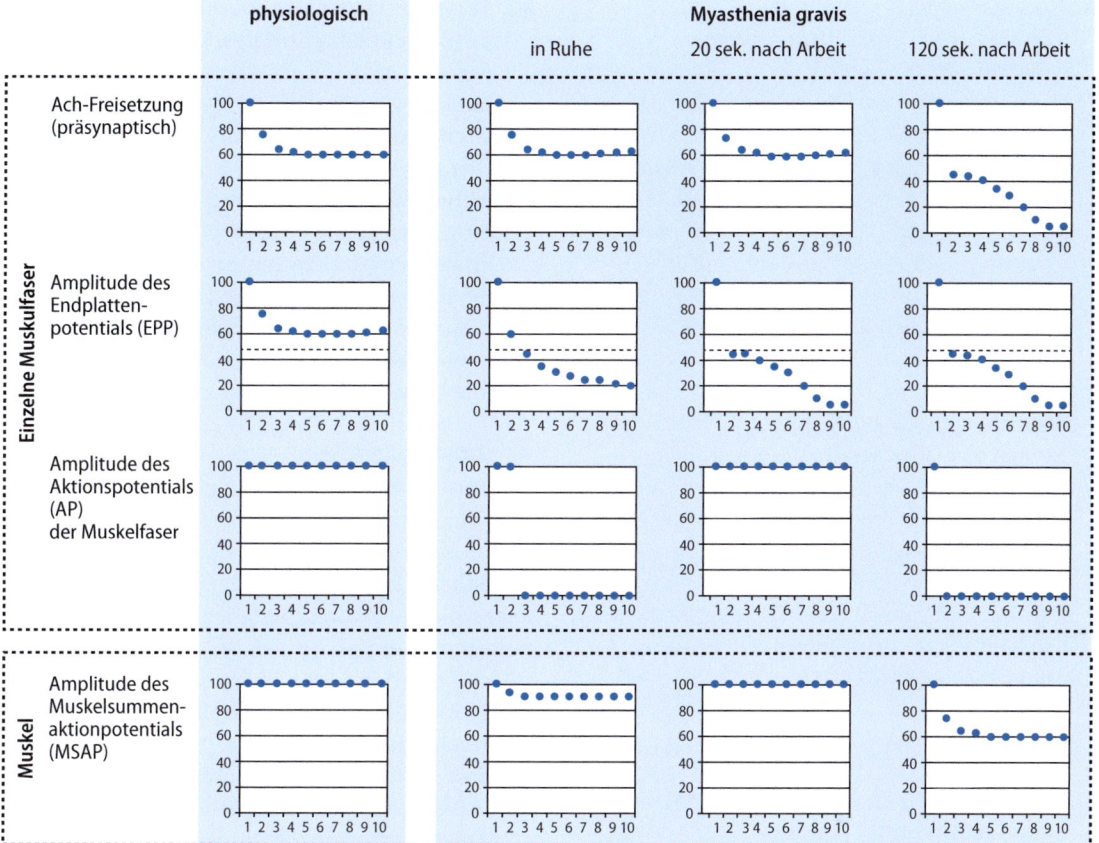

■ Abb. 7.5 Einfluss einer niederfrequenten Reizung (3 Hz) auf die Muskelfaser (ACh-Freisetzung aus der Prä-synapse, Amplitude des Endplattenpotenzials (EPP), Amplitude des Aktionspotenzials (AP) der Muskelfaser) und der mittels Oberflächenelektrode bei der Elektro-neurografie abgeleiteten Amplitude des Muskelsummen-aktionpotenzials (MSAP) (links physiologisch bei Gesun-den, rechts bei Patienten mit Myasthenia gravis).
Bei der niederfrequenten elektrischen Serienstimulation vermindert sich physiologisch zunächst die ACh-Aus-schüttung. Nach wenigen Stimuli wird ACh aus dem se-kundären Speicher gewonnen, sodass sich ein Gleich-gewicht zwischen Freisetzung und ACh-Vorrat bildet. Parallel reduziert sich die Amplitude des EPP, bleibt aber über der Schwelle zur Auslösung des MSAP. Somit führt nach dem Alles-oder-nichts-Gesetz jedes EPP zu einem AP der Muskelfaser. In der Gesamtheit werden alle Fasern erregt, sodass ein stabiles MSAP abgeleitet werden kann (linke Spalte in ■ Abb. 7.5).

Bei Patienten mit einer Myasthenia gravis ist die ACh-Freisetzung in Ruhe nicht beeinträchtigt, unterschreitet jedoch aufgrund der Antikörperblockade am post-synaptischen ACh-Rezeptor im Verlauf nicht mehr die Schwelle zur Auslösung eines AP. Da nicht alle Muskel-fasern betroffen sind, wird durch die Gesamtheit aller erregten Muskelfasern ein grenzwertiges Dekrement zu erkennen sein.
Bei der tetanischen Arbeitsbelastung wird der Patient aufgefordert, den zu untersuchenden Muskel 2 Minuten maximal isometrisch zu kontrahieren. Bei einer Testung 20 Sekunden nach der maximalen Kontraktion kann es durch die posttetanische Fazilitierung zu einem Verschwinden des Dekrements des MSAP kommen. Empfohlen wird daher die Serienstimulation 120 Sekun-den nach der Belastung. Hier führt die posttetanische Erschöpfung letztlich zu einem deutlichen Dekrement.

7

Einfluss von Temperatur auf die motorische Einheit

Die Temperatur hat sowohl einen Einfluss auf die spontane als auch auf die durch Willkürbewegung ausgelöste oder elektrisch induzierte ACh-Ausschüttung. Bei einer Temperatur von 20°C kommt es zu einer maximalen Ausschüttung der ACh-Moleküle, die sich bei Temperaturen von 10–20°C und 20–30°C deutlich reduzieren. Um 10°C ist die posttetanische Potenzierung am ausgeprägtesten.

Die Aktivität der ACh-Esterase wird ebenfalls durch das Absenken der Temperatur vermindert, was wiederum eine erhöhte Konzentration von ACh im synaptischen Spalt zur Folge hat. Zudem hat eine erniedrigte Temperatur auch eine längere Öffnung der Ionenkanäle an der Postsynapse zur Folge. Hierdurch lässt sich die kurzzeitige Symptomverbesserung beim **Eisbeuteltest** erklären.

7.1.2.1 Ursachen der Autoimmunreaktion

Die (klassische) Myasthenia gravis gilt als typisches Beispiel einer humoralen Autoimmunerkrankung. Dennoch kann die Erkrankung sowohl klinisch als auch pathophysiologisch in sehr unterschiedlichen Variationen auftreten. Genannt seien hier beispielsweise das breite Spektrum der klinischen Ausprägung, unterschiedliche Erkrankungsgipfel oder das variable Ansprechen auf die Therapie. Diagnostisch können zudem sehr unterschiedliche Antikörper von Bedeutung sein, deren Ursprung zumeist noch nicht vollständig verstanden ist (s. auch ▶ Abschn. 7.1.4).

Als Trigger für die Autoimmunreaktion werden unterschiedliche Faktoren verdächtigt:

■■ **Genetische Disposition**

In ca. 3–5% der autoimmunen Myasthenia-gravis-Fälle wird eine familiäre Häufung beschrieben. Zudem konnte ein erhöhtes Erkrankungsrisiko von rund 5% für Geschwister von an neuromuskulären Erkrankungen leidenden Menschen nachgewiesen werden (Hemminki et al. 2006), und das Auftreten verschiedener HLA-Antigene (u. a. HLA-B8, -DR3) auf Chromosom 6 ist mit Myasthenia gravis assoziiert.

❯ Abzugrenzen ist hier die sehr heterogene Gruppe der **kongenitalen Myastheniesyndrome** (CMS), die auf genetisch bedingte Defekte verschiedener Proteine der muskulären Endplatte zurückzuführen sind.
Hier treten die Symptome meist bereits im frühen Kindesalter auf und haben ein Ausprägungsspektrum vom schweren Floppy-infant-Syndrom bis hin zu leichter muskulärer Schwäche. Antikörper lassen sich in diesen Fällen nicht nachweisen, wohl aber konnten bereits einige ursächliche Genmutationen identifiziert werden.

■■ **Umwelteinflüsse**

In ca. 10% der Fälle wird von einem vorausgehenden Virusinfekt berichtet, der die Autoimmunreaktion zu triggern scheint, oder eine bestehende Myasthenie kann infolge unterschiedlicher Infekte exazerbieren. Zudem bestehen häufig zusätzliche autoimmunologische Erkrankungen wie Hypo- oder Hyperthyreose, Thyreoiditis, entzündliche Darmerkrankungen oder Krankheiten aus dem rheumatischen Formenkreis.

Eine besondere Rolle nimmt der Thymus ein, der in bis zu 80% der Fälle pathologische Veränderungen in Form einer Hyperplasie oder eines Thymoms aufzeigt. In ▶ Abschn. 7.1.5 wird näher auf diese Beobachtungen eingegangen.

Darüber hinaus gibt es Hinweise, die auf immunologische Kreuzreaktionen zwischen ACh-Rezeptor-Peptiden und viralen/mikrobiellen Proteinen hindeuten. Der Nachweis eines molekularen Mimikrys steht jedoch noch aus (Cavalcante et al. 2012).

7.1.3 Pathologie/Histopathologie

Aufgrund des typischen klinischen Bildes sowie wegweisender laborchemischer und elektrophysiologischer Befunde ist eine Muskelbiopsie nur selten erforderlich. **Histopathologisch** zeigen sich hierbei deutlich die in ◨ Abb. 7.3 schematisch dargestellte Abflachung der postsynaptischen Membran mit einem Verlust der typischen Einfaltungen. Die Muskelfasern weisen verschiedene Formen der Schädigung oder eine Atrophie auf, die vor allem bei AChR-Antikörper-positiver Myasthenie besonders ausgeprägt sein kann. Gelegentlich lassen sich herdförmige lymphozytäre Infiltrate („Lymphorrhagien") als Zeichen der Immunreak-

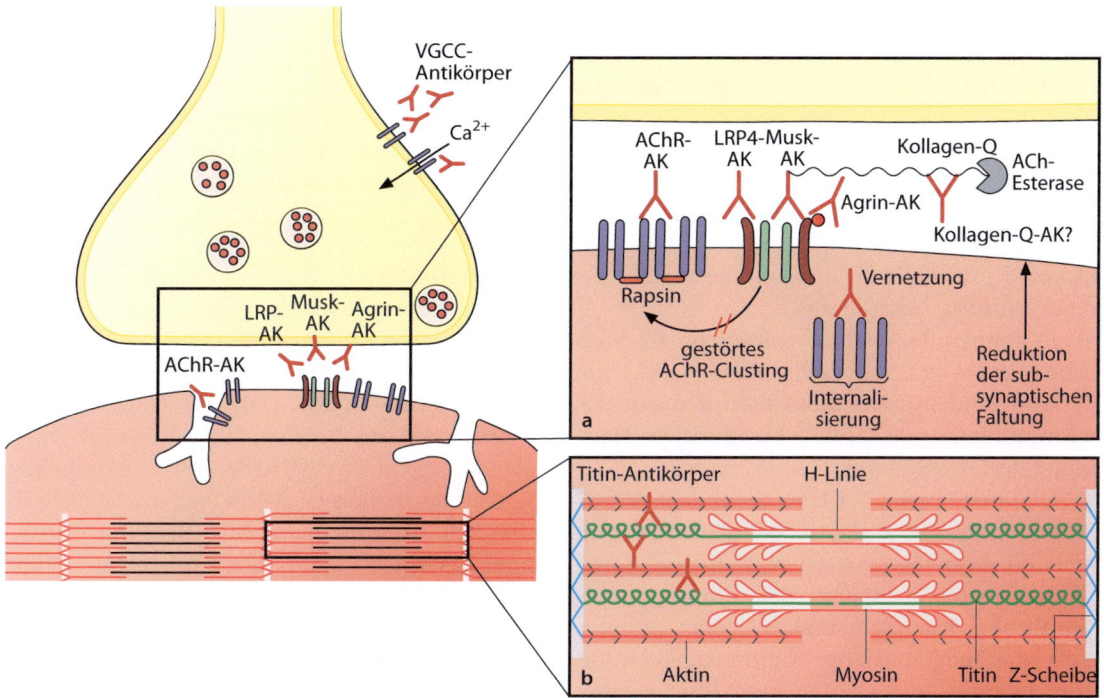

Abb. 7.6a, b Unterschiedliche Antikörper und ihre Antigene im Bereich der neuromuskulären Endplatte. **a** Schädigungsmechanismen an der postsynaptischen Membran. **b** Titinantikörper im Bereich des Sarkomers

tion nachweisen. Im Falle der MuSK-Antikörperpositiven Myasthenia gravis ließen sich Schädigungen der Mitochondrien nachweisen, wohingegen bei ACh-Rezeptor-Antikörper-positiver Myasthenie Zeichen der Muskelatrophie vorherrschend sind (Martignago et al. 2009).

7.1.4 Beteiligte Antikörper

Es konnten inzwischen mehrere unterschiedliche Antikörper identifiziert werden, die zu einer Störung der neuromuskulären Transmission führen und myasthene Syndrome hervorrufen können (**Abb. 7.6**). In der Mehrzahl der Fälle finden sich Antikörper gegen den **ACh-Rezeptor**. In den verbleibenden Fällen lassen sich am zweithäufigsten (40–70% der verbleibenden Myasthenien) Antikörper gegen **MuSK** nachweisen. Daneben fanden sich inzwischen ebenfalls Antikörper gegen **LRP4** sowie gegen **Agrin**.

Im Falle eines Thymoms können Antikörper gegen **Titin** richtungsweisend für die weitere Diagnostik sein.

Beim zumeist paraneoplastisch bedingten Lambert-Eaton-Syndrom hingegen finden sich Antikörper gegen spannungsabhängige Kalziumkanäle (**VGCC**) der *präsynaptischen* Membran.

Da in den vergangenen Jahren sowohl das Wissen über die molekularen Mechanismen immunologischer Erkrankungen deutlich gewachsen ist, als auch neue Methoden zur Antikörperdiagnostik entwickelt wurden, konnten multiple weitere – seltene – Antikörper untersucht werden. Da ihre klinische Bedeutung in vielen Fällen bislang nicht ausreichend geklärt ist, werden im Folgenden die häufigen und klinisch detektierbaren Antikörper besprochen.

> Die Kriterien für eine „seronegative" Myasthenia gravis werden in der Literatur unterschiedlich definiert. Es ist wahrscheinlich, dass auch bei Patienten ohne jeglichen Nachweis pathogener Immunfaktoren mit entsprechenden Testmethoden Antikörper nachgewiesen werden können. Finden sich trotz weitreichender Antikörperdiagnostik keine Antikörper, sollte ebenfalls eine kongenitale Myasthenie in Betracht gezogen werden, die sich auch noch im Erwachsenenalter manifestieren kann.

7.1.4.1 ACh-Rezeptor-Antikörper

In bis zu 90% der generalisierten und bei ca. 50% der okulären Myasthenia-gravis-Fälle finden sich Antikörper gegen die postsynaptischen ACh-Rezeptoren der motorischen Endplatte. Ihre Pathogenität konnte bereits früh nachgewiesen werden.

Bei den ACh-Rezeptor-Antikörpern handelt es sich insbesondere um IgG-Antikörper der Subklassen 1 und 3, die für ihre komplementaktivierende Wirkung bekannt sind.

Es konnten inzwischen mehrere unterschiedliche AChR-Antikörper nachgewiesen werden, die die ACh-Bindungsstelle **blockieren**, den Ionenkanal **modulieren** oder zu einer **kompetitiven Hemmung** der ACh-Bindung führen können.

Die in ▶ Abschn. 7.1.1 beschriebenen Pathomechanismen sind direkte Folgen der Antikörperreaktion an postsynaptischen ACh-Rezeptoren. Bemerkenswert ist zudem, dass durch die IgG-vermittelte Komplementaktivierung offenbar auch spannungsabhängige Natriumkanäle in der postsynaptischen Membran geschädigt werden. Hierdurch wird die Schwelle zum Auslösen eines Muskelpotenzials zusätzlich erhöht (Ruff und Lennon 2008).

Mehr als die Hälfte der bekannten ACh-Rezeptor-Antikörper binden an die extrazellulär gelegenen Bereiche der α-Untereinheiten („main immunogenic region", MIR). Diese, stellenweise auch als *MIR-Antikörper* bezeichneten, Immunglobuline hemmen die ACh-Bindung kompetitiv. Es ist bislang nicht bekannt, ob pro Rezeptor nur ein Antikörper bindet, oder ob möglicherweise mehrere MIR pro Rezeptor existieren (Masuda et al. 2012).

Zusätzlich konnte gezeigt werden, dass die Anzahl der an die MIR-bindenden ACh-Rezeptor-Antikörper mit der Ausprägung und Schwere der Myasthenia gravis korreliert (Masuda et al. 2012). Da sich diese Beobachtung jedoch auf hochspezifische Immundiagnostik bezieht und derartige Verfahren in der klinischen Diagnostik bislang nicht zur Anwendung kommen, kann man aus dem routinemäßig bestimmten Anti-AChR-Titer eines Patienten keine sichere Prognoseeinschätzung ableiten.

■ ■ **Antikörper gegen geclusterte ACh-Rezeptoren**

Zuletzt ließen sich auch bei bis zu 50% der AChR-Antikörper-negativen Patienten niedrig affine ACh-Rezeptor-Antikörper nachweisen, die insbe-sondere an geclusterte ACh-Rezeptoren binden (Cordts et al. 2017). Hierbei handelt es sich vor allem um Patienten im Kindes- oder Jugendalter mit vorherrschend okulären Symptomen und einem insgesamt milden Erkrankungsverlauf (Rodriguez Cruz et al. 2015).

7.1.4.2 MuSK-Antikörper

Bei etwa 40% der AChR-Antikörper-negativen (einfach seronegativen) Patienten finden sich Antikörper gegen die muskelspezifische Tyrosinkinase.

MuSK ist wie LRP4 ein Transmembranprotein. Es wird vom MUSK-Gen auf Chromosom 9 kodiert und im Bereich der postsynaptischen Membran gebildet. Als Teil der Agrin-vermittelten Signaltransduktion (s. ▶ Abschn. 7.1.1.1) spielt es eine Schlüsselrolle beim ACh-Rezeptor-Clustering. Zusätzlich trägt es durch Interaktionen mit Matrixproteinen wie Kollagen Q (ColQ), Perlecan und Biglycan zur Stabilisierung der neuromuskulären Synapsen bei (Evoli et al. 2018).

MuSK-Antikörper sind überwiegend Immunglobuline der Klasse 4. Sie wirken nicht komplementaktivierend, sondern verursachen eine direkte Hemmung der Proteinfunktion. Die Tatsache, dass es sich bei MuSK-Antikörpern um eine andere IgG-Subklasse handelt als bei AChR-Antikörpern, legt nahe, dass auch die Immunpathogenese der Erkrankung eine andere ist (Zhang et al. 2014). Hierfür spricht auch, dass sich MuSK-Antikörper-positive Myasthenien in ihrer Art und Ausprägung von anderen Myasthenien unterscheiden: Das Erkrankungsalter liegt eher in jüngeren Jahren mit einem Höhepunkt in der 3. Lebensdekade. Frauen sind häufiger von der Erkrankung betroffen. Klinisch zeigt sich primär eine generalisierte oder faziale/bulbäre Symptomatik. Okuläre Symptome sind selten voll ausgeprägt.

Die orale Therapie mit Acetylcholinesterasehemmern ist zumeist unwirksam und kann schwere Nebenwirkungen sowie eine Verschlechterung herbeiführen. Grund hierfür ist möglicherweise eine cholinerge Überempfindlichkeit der betroffenen Patienten (Evoli et al. 2017). Andererseits zeigen MuSK-Antikörper-positive Myasthenien – ebenso wie andere durch IgG4-vermittelte Erkrankungen – ein sehr gutes Ansprechen auf immunsuppressive Therapien wie hochdosierte Steroide, Plasmaaustausch oder Rituximab.

Veränderungen des Thymus im Sinne einer Hyperplasie oder eines Thymoms sind in der Regel nicht nachweisbar.

7.1.4.3 LRP4- und Agrin-Antikörper

Lassen sich im Falle einer Myasthenie weder gegen ACh-Rezeptoren noch gegen MuSK Antikörper nachweisen, spricht man klinisch zumeist von einer doppelt-seronegativen Myasthenie.

In diesen Fällen können Antikörper gegen LRP4 („low density lipoprotein receptor-related protein 4") und Agrin für die Symptomatik verantwortlich sein. Beides sind wichtige Proteine im ACh-Rezeptor-Clustering (s. ▶ Abschn. 7.1.1.1) und damit essenzielle Bestandteile der neuromuskulären Synapse.

LRP4 ist ein Single-pass-Transmembranprotein, das im Muskel exprimiert wird. Es wird auf Chromosom 11 kodiert und gilt als (MuSK-bindender) *Agrin-Rezeptor* im Skelettmuskel.

In unterschiedlichen Untersuchungen an doppelt-seronegativen Myastheniepatienten konnten in 2–50% der Fälle Antikörper gegen LRP4 nachgewiesen werden (die breite Streuung der Ergebnisse ist möglicherweise auf ethnische, geographische oder methodische Unterschiede zurückzuführen). Die Pathogenität der LRP4-Antikörper ist komplex. Hierfür sprechen unterschiedliche Beobachtungen (Shen et al. 2013):

In-vitro-Studien konnten zeigen, dass LRP4-Antikörper den Prozess der ACh-Rezeptor-Clusterbildung stören können, indem sie die Agrin-Bindung verhindern (Zhang et al. 2012). Zusätzlich waren morphologische Veränderungen der Postsynapse nachweisbar, die denen der AChR-Antikörper-vermittelten Myasthenie erheblich ähneln (Internalisierung der Rezeptoren, Verlust der Einfaltungen). Ebenso kommt es zur antikörpervermittelten Endozytose und reduzierten Oberflächenexpression von LRP4. Zuletzt handelt es sich auch bei den LRP4-Antikörpern überwiegend um Immunglobuline der IgG-Klasse 1, die eine komplementaktivierende Wirkung haben und so zur Schädigung der Postsynapse beitragen können.

LRP4-Antikörper-positive Patienten sind zu Beginn der Erkrankung durchschnittlich etwas älter (>45 Lebensjahre, „late-onset") und häufiger weiblichen Geschlechts. Eine klassische Therapie mit Acetylcholinesterasehemmern in Kombination mit unterschiedlichen Arten der Immuntherapie kann auch in diesen Fällen zu einer stabilen Remission führen (Pevzner et al. 2011).

Agrin ist ein Proteoglycan und gehört zur Gruppe der Heparansulfate. Im Nervensystem findet es sich in hohen Konzentrationen im synaptischen Spalt der neuromuskulären Endplatte.

Agrin-Antikörper lassen sich in ca. 10% der Fälle bei Myastheniepatienten nachweisen – unabhängig davon, ob sie grundsätzlich seronegativ sind oder bereits Antikörper gegen AChR, MuSK oder LRP4 detektiert werden konnten. Bisher liegen nur wenige Daten zur Pathogenität der Agrin-Antikörper vor, und es ist nicht klar, welchen Beitrag sie zu Pathogenese der Erkrankung leisten.

7.1.4.4 (Fakultativ) paraneoplastische Antikörper: Anti-Titin-Antikörper

Titin ist ein aus mehreren Filamenten bestehendes, fadenförmiges Protein, das Teil des Sarkomers ist (◘ Abb. 7.6). Als längstes bislang bekanntes Protein (>30.000 Aminosäuren) fixiert es das Myosinfilament in seiner Verankerung und wirkt – ähnlich einer Feder – der Dehnung des Muskels entgegen. Es spielt eine wichtige Rolle für die Stabilität und Elastizität der Muskulatur und hat einen Einfluss auf den Ruhetonus sowie die Kontraktionsgeschwindigkeit der Muskeln.

Antikörper gegen Titin finden sich bei der Myasthenia gravis **immer** zusammen mit AChR-Antikörpern. Zudem konnten sie bei über 40% der AChR-Antikörper-positiven Patienten nachgewiesen werden (Stergiou et al. 2016). Im Rahmen anderer Erkrankungen kommen sie praktisch nicht vor. Ihre pathophysiologische Rolle ist bisher nicht eindeutig geklärt, es ist am ehesten zu vermuten, dass sie aufgrund eines „Bystander-Effekts" vorliegen und selbst keinen Einfluss auf die Schwere der Erkrankung haben (Stergiou et al. 2016).

Die Titin-Antikörper haben einen hohen diagnostischen Wert: Sie lassen sich insbesondere bei jungen Patienten mit Thymom finden und können hierdurch Anlass zur weiteren (CT-) Diagnostik geben. In den vergangenen Jahren ließen sie sich jedoch immer häufiger auch bei spät einsetzender Myasthenie („late-onset") ohne Thymom nachweisen. Somit sind sie oberhalb des 50. Lebensjahres kein sicherer Marker für das Vorhandensein eines Thymoms (Szczudlik et al. 2014).

Neben Antikörpern gegen Titin ließen sich bei Myastheniepatienten auch Antikörper gegen andere Komponenten der quergestreiften Muskulatur (z. B. Aktin, Myosin, Ryanodin etc.) finden, deren pathogene Rolle jedoch weiterhin unbekannt ist.

7.1.4.5 VGCC-Antikörper und Lambert-Eaton-Myasthenie-Syndrom

Finden sich bei einer klinisch diagnostizierten Myasthenia gravis laborchemisch keine der oben beschriebenen Antikörper, sollte das Vorliegen von Antikörpern gegen den („voltage-gated calcium") VGCC-Kanal peripherer Nerven in Betracht gezogen werden. Sie sind pathognomonisch für das Vorliegen eines Lambert-Eaton-Myasthenie-Syndroms (LEMS), bei dem sie in 85% der Fälle nachweisbar sind.

Beim LEMS handelt es sich um eine seltene, paraneoplastisch verursachte (50–60% der Fälle) oder autoimmunvermittelte Erkrankung, die klinisch durch eine **Trias** aus proximal-betonter Muskelschwäche (meist ohne Beteiligung der bulbären oder okulären Muskulatur), Hyporeflexie und autonomen Störungen imponiert. Das autoimmunvermittelte LEMS (aiLEMS) ist häufig auch mit anderen Autoimmunerkrankungen assoziiert.

VGCC-Antikörper binden an die spannungsabhängigen Kalziumkanäle vom P/Q-Typ der Präsynapse und führen zu einem verminderten Kalziumeinstrom in die Zelle und somit zur reduzierten ACh-Ausschüttung in den synaptischen Spalt (◻ Abb. 7.6, oben).

Die ebenfalls auftretenden acholinergen autonomen Störungen (z. B. verminderter Tränen- und Speichelfluss, Akkomodationsstörungen, Miktions-/Erektionsstörungen, Obstipation) sind dadurch zu erklären, dass auch an muskarinergen Synapsen des autonomen Nervensystems die ACh-Ausschüttung beeinträchtigt ist.

Im Falle eines paraneoplastischen LEMS (pLEMS) ist der Primätumor zumeist ein kleinzelliges Bronchialkarzinom (SCLC), das VGCC exprimiert und so die Antikörperbildung stimuliert. Eine intensivierte Tumorsuche mittels Thorax-CT und ggf. ^{18}F-Fluorodeoxglukose (FDG)-PET/CT ist beim Nachweis von VGCC-Antikörpern deshalb obligat. Erfolgt diese Diagnostik in regelmäßigen Abständen von 3–6 Monaten, kann in 96% der Fälle innerhalb von 2 Jahren ein SCLC entdeckt und entsprechend therapiert werden.

7.1.4.6 Weitere seltene Antikörper

In kleineren Fallserien wurde vom Auftreten unterschiedlicher seltener Antikörper bei der Myasthenia gravis berichtet. Hierzu gehören Antikörper gegen Kollagen Q.

Kollagen Q ist ein Protein, das, vermutlich im Zusammenspiel mit MuSK und weiteren Proteinen, die Acetylcholinesterase im synaptischen Spalt verankert und so einen wichtigen Einfluss auf hre Funktion nimmt. Die Beeinträchtigung des Kollagen Q könnte zur erhöhten Überlebensdauer des ACh im synaptischen Spalt führen und so ein verstärktes Endplattenptotenzial (EPP) mit einer Endplattenmyopathie zur Folge haben, die mit einer Desensibilisierung der postsynaptischen ACh-Rezeptoren einhergeht (Zoltowska et al. 2014).

Wirkung von Medikamenten bei Myasthenia gravis
Es sind eine ganze Reihe unterschiedlicher Medikamente bekannt, die eine bestehende Myasthenie verschlechtern oder eine (zuvor subklinische) Myasthenia gravis auslösen können. Hierzu gehören unterschiedliche **Antibiotika** ebenso wie **Antikonvulsiva**, verschiedene **Antihypertensiva** und **Antiarrhythmika** oder **Neuroleptika**.
Eine besondere Rolle bei einer **Narkose** von Myasthenie-patienten nehmen die Muskelrelaxanzien ein, die im Rahmen einer Allgemeinanästhesie teilweise verwendet werden. Hierbei sollte insbesondere auf depolarisierende Muskelrelaxanzien wie Succinylcholin verzichtet werden. Nicht depolarisierende Muskelrelaxanzien (beispielsweise Rocoronium, Atracurium) sollten vorsichtig titriert werden. Eine Antagonisierung mittels Sugammadex (Bridion) ist möglich und sinnvoll.
Impfungen stellen generell einen Stimulus für das Immunsystem dar und können eine bestehende Myasthenie verstärken. Generell sind Impfungen mit Totimpfstoffen nach strenger Indikationsstellung und mit engmaschiger Überwachung möglich. Impfungen mit Lebendimpfstoffen hingegen sollten bei immunsupprimierten Patienten generell nicht durchgeführt werden.

7.1.5 Die Bedeutung des Thymus

Die pathologischen Thymusveränderungen spielen unbestritten eine zentrale Rolle in der Autoimmunpathogenese der Myasthenia gravis.

7.1.5.1 Immunologische Bedeutung des Thymus

Der Thymus gilt als primäres lymphatisches Organ und ist für die Differenzierung von T-Zellen verantwortlich. Innerhalb eines komplexen Reifungsprozesses entstehen aus Thymozyten zunächst T-Lymphozyten gegen unterschiedlichste Zielantigene. Durch einen mehrstufigen Selektionsprozess bilden sich reife, immunkompetente T-Zellen aus, die „ungefährlich" gegenüber körpereigenen Antigenen sind und in das Blut entlassen werden. Einen wichtigen Einfluss hat hierbei das Protein

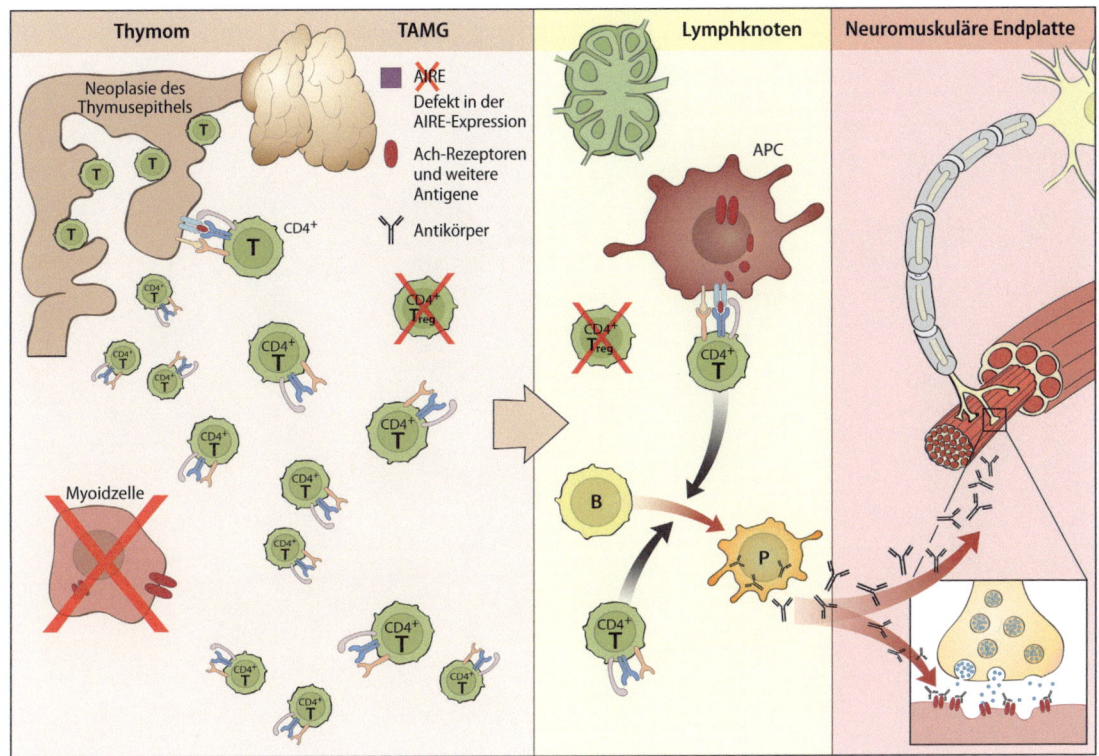

Neoplasie des
Thymusepithels

◼ AIRE
Defekt in der
AIRE-Expression

🔴 Ach-Rezeptoren
und weitere
Antigene

Y Antikörper

CD4⁺

Myoidzelle

APC

B

P

⬛ Abb. 7.7   Pathogenese der Antikörperbildung bei thymomassoziierter Myasthenia gravis (TAMG). (*T* =T-Lymphozyt, *Treg*=regulatorische T-Zelle, *B* =B-Lymphozyt, *P* =Plasmazelle, *APC* = Antigen-präsentierende Zelle). (Aus: Melzer et al. 2016)

Autoimmunregulator (AIRE) das eine Autoimmunität bei der B-Zell-Reifung verhindern soll. Es steht im Verdacht, an der Ausbildung der Myasthenie-Antikörper beteiligt zu sein. Die genauen Ursachen und Mechanismen der Autoimmunreaktion sind bislang jedoch nicht vollständig bekannt.

7.1.5.2 Immunpathogenese bei Thymusveränderungen

Bei bis zu 80% der AChR-positiven Myastheniepatienten lassen sich Thymusveränderungen nachweisen.

In bis zu 30% der Fälle finden sich (meist benigne epitheliale) **Thymome**. Bei einer Myasthenia gravis zeigen sie einige spezifische Merkmale auf:

- eine defekte AIRE-Expression, die eine Autoimmunreaktion begünstigt,
- eine reduzierte Anzahl oder vollständiges Fehlen thymischer Myoidzellen,
- neopastische Thymusepithelzellen exprimieren abnorme Neurofilamente, die gemeinsame Epitope von AChR-Untereinheiten und

Titin aufweisen und somit ein molekulares Mimikry darstellen könnten.

Durch diese unterschiedlichen Veränderungen werden T-Zellen falsch-positiv selektiert, aufgrund der mangelnden AIRE-Expression nicht erkannt und schließlich als autoreaktive T-Zellen in die Peripherie entlassen, wo sie aktiviert werden und die B-Zell-Antwort und damit Antikörperproduktion stimulieren (Melzer et al. 2016) (⬛ Abb. 7.7).

In ca. 70% der Fälle, insbesondere bei jungen Patienten, besteht eine **lymphofollikuläre Thymitis** (auch als Thymushyperplasie bezeichnet). Histologisch bestehen hierbei Lymphfollikel mit Keimzentren. Die Myoidzellen innerhalb des Thymus sind nicht erhöht, bilden aber Aggregate aus, innerhalb derer es zu einer APC-vermittelten Prozessierung von ACh-Rezeptoren an autoreaktive CD4⁺-T-Zellen kommt, die dann ihrerseits Autoantikörper produzierende B-Zellen aktivieren und ihre Differenzierung zu Plasmazellen einleiten (Melzer et al. 2016) (⬛ Abb. 7.8).

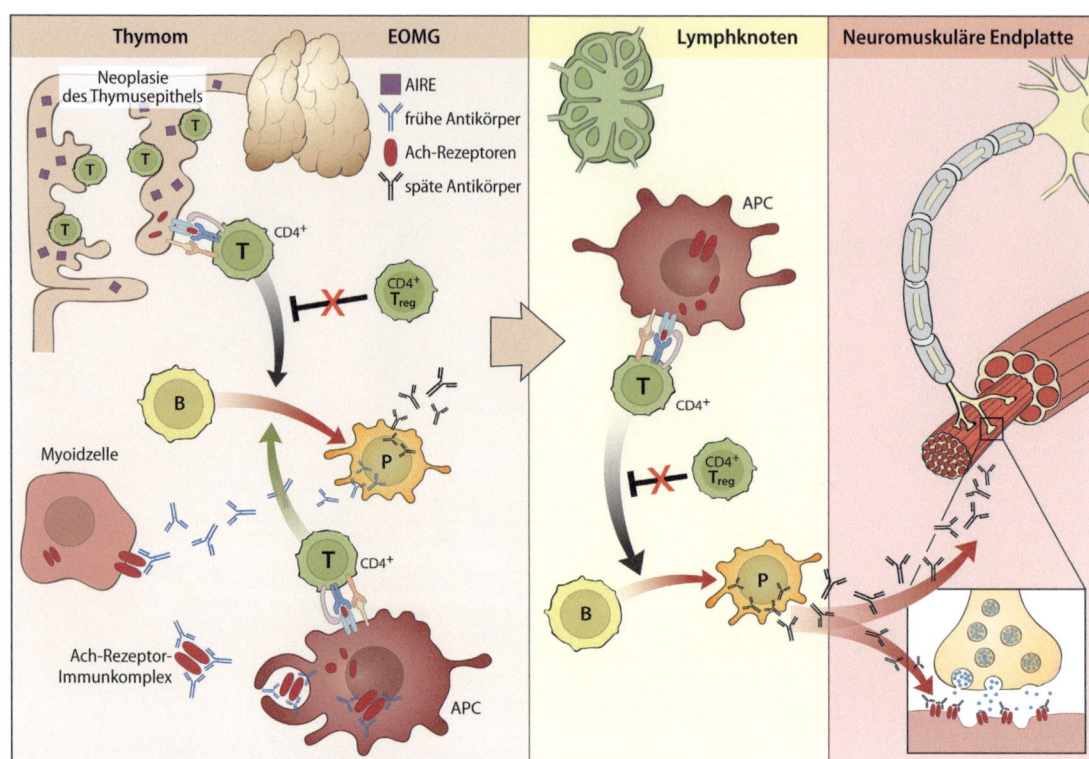

◘ Abb. 7.8 Pathogenese der Antikörperbildung bei Early-onset-Myasthenia gravis (EAMG) mit lymphofollikulärer Thymitis (*T* =T-Lymphozyt, *Treg*=regulatorische T-Zelle, *B* =B-Lymphozyt, *P* =Plasmazelle, *APC* = Antigen-präsentierende Zelle). (Aus: Melzer et al. 2016)

7.1.5.3 Nutzen einer Thymektomie bei Myasthenia gravis

Die Thymektomie als Therapieoption der Myasthenia gravis wird seit bald 80 Jahren durchgeführt und ebenso lang kontrovers diskutiert.

Im Falle eines nachgewiesenen Thymoms besteht eine klare Indikation zur Operation.

Daneben scheinen insbesondere junge Patienten (15.–50. Lebensjahr) mit generalisierter Myasthenie auch ohne Thymom deutlich von einer frühen Thymektomie (innerhalb der ersten 1–2 Jahre nach Diagnosestellung) zu profitieren. Eine stabile Remission der Erkrankung stellt sich häufig jedoch frühestens 2 Jahre nach operativer Entfernung des Thymus bzw. des Thymoms ein. Patienten ohne nachweisbare AChR-Antikörper oder mit MuSK-Antikörpern scheinen keinen Nutzen von einer Thymektomie zu haben.

Zur Klärung des Nutzens einer Thymektomie hat zuletzt die multizentrische, randomisierte *MGTX-Studie* beigetragen. Hierbei wurde das Outcome von Myastheniepatienten mit Prednisolon-Therapie gegenüber solchen mit Thymektomie plus Prednisolon-Therapie verglichen. Ein-

geschlossen wurden insgesamt 126 Patienten zwischen 18 und 65 Jahren mit generalisierter Myasthenia gravis ohne Nachweis eines Thymoms, mit einer Erkrankungsdauer von weniger als 5 Jahren und erhöhten AChR-Antikörper-Titern. Die Untersuchungen erfolgten über 3 Jahre hinweg und orientierten sich am quantitativen Myasthenia gravis-Score.

Die Ergebnisse zeigten signifikante Vorteile für Probanden mit Thymektomie: Sie hatten weniger stark ausgeprägte Myastheniesymptome, und ihre Prednisolon-Dosis lag niedriger als die der nicht thymektomierten Studienteilnehmer. Zusätzlich zeigten sich bei ihnen geringere Prednisolon-bezogene Nebenwirkungen sowie seltenere Exazerbationen der Erkrankung (Wolfe et al. 2016).

> Besondere Beachtung sollte in jedem Fall der Operationstechnik geschenkt werden – in mehreren Studien wurde nachgewiesen, dass Patienten von einer unvollständigen Thymektomie nicht profitieren. Eine Operation sollte generell nur im stabilen Intervall erfolgen.

Myasthene Krise

Eine myasthene Krise beschreibt eine akut auftretende, schwerwiegende Verschlechterung der myasthenen Grunderkrankung, die aufgrund einer Ateminsuffizienz sowie einer Dysphagie mit Aspirationsgefahr lebensbedrohlich sein kann. Eine sofortige, intensivmedizinische Behandlung mit Intubations-/Beatmungsbereitschaft sowie immunsuppressiver Therapie ist indiziert.

Auslösende Faktoren für eine myasthene Krise finden sich in ca. 70% der Fälle. Hierzu gehören Infektionen der oberen Luftwege, Operationen, Schwangerschaft, Einnahme verschiedener Medikamente (siehe S. 210) oder unterschiedliche Stressfaktoren sowie eine zuvor erfolgte unzureichende immunsuppressive Therapie.

Eine (selten beschriebene) durch die Patienten **eigenmächtig durchgeführte Erhöhung der Acetylcholinesterasehemmer** kann – durch die dauerhafte Depolarisation der Muskelfasern – zu einer generalisierten Muskelschwäche führen, die einer myasthenen Krise zunächst ähnlich sieht. Hierbei bestehen jedoch zusätzlich muskarinische Nebenwirkungen wie Miosis, Diarrhö, starkes Schwitzen, Speichel- und Tränenfluss sowie nikotinergische Nebenwirkungen in Form von generalisierten Faszikulationen der Muskulatur.

7.1.6 Therapeutische Optionen

Die Therapie einer klassischen (nicht paraneoplastischen) Myasthenia gravis setzt sich zusammen aus einer symptomatischen Therapie mit Acetylcholinesterasehemmern, einer immunmodulatorischen Therapie sowie ggf. einer Thymektomie. Die Therapie richtet sich dabei generell nach dem Schweregrad der Erkrankung, nicht nach dem Antikörpertiter.

7.1.6.1 Acetylcholinesterasehemmer

Hemmstoffe der Acetylcholinesterase (AChE) werden bereits seit den 1930-er Jahren zur Therapie der Myasthenia gravis eingesetzt. Die AChE-Hemmstoffe entfalten ihre Wirkung überwiegend als Carbaminsäureester. Sie binden zentral an die

AChE („Carbamylierung") und machen sie so unwirksam. Hierdurch steigt die ACh-Konzentration im synaptischen Spalt an, was vermutlich zu einer vollständigeren Aktivierung der noch vorhandenen ACh-Rezeptoren an der postsynaptischen Membran führt. Da sich die AChE schnell regenerieren kann, liegt die Wirkdauer der *reversiblen* AChE-Hemmer üblicherweise zwischen 2 und maximal 6 Stunden.

Da die ACh-Konzentration auch innerhalb des parasympathischen Nervensystems an muskarinergen Rezeptoren ansteigt, gehören Symptome wie Bradykardie, Blutdruckabfall oder Bronchokonstriktion mit der Gefahr eines Asthmaanfalles zu den gefährlichen Nebenwirkungen der Therapie mit Cholinesterasehemmern. Die Therapie muss deshalb sorgfältig angepasst und mehrmals täglich verabreicht werden.

Eine *irreversible* AChE-Hemmung wird beispielsweise in Pflanzenschutzmitteln eingesetzt oder als Nervengift missbräuchlich verwendet. Andere, überwiegend peripher wirkende AChE-Hemmer wie Neostigmin werden beispielsweise in der Anästhesie zur Antagonisierung nichtdepolarisierender Muskelrelaxanzien verwendet, wohingegen zentral wirkende AChE-Hemmer wie Donepezil als Antidementivum bei der Behandlung der Alzheimer-Erkrankung zum Einsatz kommen.

> Der Edrophonium-Test (früher Tensilon®-Test) kommt zur Diagnostik einer Myasthenia gravis zum Einsatz. Hierbei wird zumeist der schnellwirksame, reversible AChE-Hemmer Edrophonium intravenös verabreicht. Hierbei kann sich innerhalb weniger Minuten eine deutliche Besserung der myasthenen Symptome (z. B. Ptosis, Doppelbilder) zeigen. Aufgrund der vegetativen Nebenwirkungen sollten während des Tests ein Herz-Kreislauf-Monitoring erfolgen und Atropin sowie ein Notfallkoffer bereitstehen.

7.1.6.2 Immunmodulation

Als immunsuppressive Therapie sind Glukokortikosteroide und Azathioprin Mittel der ersten Wahl. In zweiter Linie können bei Therapieversagen oder Kontraindikationen auch Immunsuppressiva wie Ciclosporin A, Methotrexat, Mycophenolat-Mofetil oder Tacrolimus eingesetzt werden. Ziel dieser Therapie ist eine Immunsuppression und Verhinderung der Antikörper-bildung. In Einzelfällen kann zu Beginn einer Kortisontherapie insbesondere bei Patienten mit bulbären Symptomen eine passagere Verschlechterung auftreten, weshalb eine engmaschige klinische Kontrolle notwendig ist.

Als Eskalationstherapie, beispielsweise bei schwerer, therapierefraktärer Myasthenie, können monoklonale Antikörper wie Eculizumab, Rituximab oder das Zytostatikum Cyclophosphamid eingesetzt werden. Bei krisenhaften Verschlechterungen werden intravenöse Immunglobuline (IVIG) oder eine Plasmapherese bzw. Immunadsorption zur Therapie empfohlen.

❓ Fragen zur Lernkontrolle

— Was ist Rezeptor-Clustering und welche Bedeutung hat es bei Myasthenia gravis?
— Welche immunogenen Pathomechanismen tragen zur Antikörperbildung bei der Myasthenia gravis bei?
— An welchen Stellen finden sich bei den unterschiedlichen Mastheniesyndromen pathogene Antikörper und welche Auswirkungen haben sie?
— Welche Rolle spielt der Thymus bei der Entstehung einer Myasthenie?

Literatur

Berlit P (Hrsg) (2012) Klinische Neurologie, 3. Aufl. Springer, Berlin Heidelberg New York

Cavalcante P, Bernasconi P, Mantegazza R (2012) Autoimmune mechanisms in myasthenia gravis. Curr Opinion Neurol 25 (5): 621–629

Conti-Fine B, Milani M, Kaminski H (2006) Myasthenia gravis: past, present, and future. J Clin Invest 116 (11): 2843–2854

Cordts I, Bodart N, Hartmann K et al. (2017) Screening for lipoprotein receptor-related protein 4-, agrin-, and titin-antibodies and exploring the autoimmune spectrum in myasthenia gravis. J Neurol (2017) 264: 1193

Evoli A, Alboini PE, Damato V, Iorio R, Provenzano C, Bartoccioni E, Marino M (2017) Myasthenia gravis with antibodies to MuSK: an update. Ann NY Acad Sci USA 12 (1):82–89. doi: 10.1111/nyas.13518

Ghazanfari N, Fernandez KJ, Murata Y, Morsch M, Ngo ST, Reddel SW, Noakes PG, Phillips WD (2011) Muscle specific kinase: organiser of synaptic membrane domains. Int J Biochem Cell Biol 43 (3): 295–8

Helen C. Rountree HC (2005) Pocahontas, Powhatan, Opechancanough: Three Indian Lives Changed by Jamestown. University of Virginia Press, Charlottesville, ISBN 0–8139–2596–7

Hemminki K, Xinjun L et al. (2006) Familial risks for diseases of myoneural junction and muscle in siblings based on hospitalizations and deaths in Sweden. Twin Res Hum Genet 9 (4): 573–579

Martignago S, Fanin M, Albertini E, Pegoraro E, Angelini C (2009) Muscle histopathology in myasthenia gravis with antibodies against MuSK and AChR. Neuropathology and Applied Neurobiology 35: 103–110

Masuda T, Motomura M, Utsugisawa K et al. (2012) Antibodies against the main immunogenic region of the acetylcholine receptor correlate with disease severity in myasthenia gravis J Neurol Neurosurg Psychiat83: 935–940

Melzer N, Ruck T, Fuhr P et al. (2016) Clinical features, pathogenesis, and treatment of myasthenia gravis: a supplement to the Guidelines of the German Neurological Society. J Neurol 263: 1473–1494

Pevzner A, Schoser B, Peters K et al. (2012) Anti-LRP4 autoantibodies in AChR- and MuSK-antibody-negative myasthenia gravis. J Neurol 259: 427

Rodríguez Cruz PM, Belaya K, Basiri K et al. (2016) Clinical features of the myasthenic syndrome arising from mutations in GMPPB. J Neurol Neurosurg Psychiatry 87 (8): 802–9

Ruff RL, Lennon VA (2008) How Myasthenia Gravis Alters the Safety Factor for Neuromuscular Transmission. J Neuroimmunol. 2008 Sep 15; 201–202: 13–20

Shen C, Lu Y, Zhang B, Figueiredo D et al. (2013) Antibodies against low-density lipoprotein receptor-related protein 4 induce myasthenia gravis. J Clin Invest 123 (12): 5190–202

Skeie O (2000) Skeletal muscle titin: physiology and pathophysiology. CMLS, CellMolLifeSci 57 (2000) 1570–1576

Stergiou C, Lazaridis K, Zouvelou V, Tzartos J at al. (2014) Titin antibodies in „seronegative" myasthenia gravis – A new role for an old antigen. J Neuroimmunol 15; 292: 108–15

Szczudlik P, Szyluk B, Lipowska M, Ryniewicz B et al. (2014) Antititin antibody in Early- and Late-Onset Myasthenia Gravis. Acta Neurol Scand 130: 229–233

Wolfe GI, Kaminski HJ, Aban IB, Minisman G et al. (2016) Randomized Trial of Thymectomy in Myasthenia Gravis. N Engl J Med 375: 511–522

Zhang B, Shen C, Bealmear B, Ragheb S, Xiong WC et al. (2014) Autoantibodies to Agrin in Myasthenia Gravis Patients. PLoS ONE 9 (3): e91816

Zhang B, Tzartos JS, Belimezi M et al. (2012) Autoantibodies to Lipoprotein-Related Protein 4 in Patients With Double-Seronegative Myasthenia Gravis. Arch Neurol 69 (4): 445–451

Zoltowska Katarzyna M, Belaya K, Leite M, Patrick W, Vincent A, Beeson D (2014) Collagen Q – a potential target for autoantibodies in myasthenia gravis. J Neurol Sci 15;348 (1–2): 241–4

Schmerzen/Kopfschmerzen

A. Morschett, S. Nägel, D. Sturm, E. Enax-Krumova

© Springer-Verlag GmbH Deutschland, ein Teil von Springer Nature 2019
D. Sturm et al. (Hrsg.), *Neurologische Pathophysiologie*
https://doi.org/10.1007/978-3-662-56784-5_8

8.1   Migräne

A. Morschett, S. Nägel

■ ■ **Zum Einstieg**

Die Migräne ist die zweithäufigste Kopfschmerzer-krankung. Sie betrifft ca. 15–20% aller Menschen. Frauen sind häufiger betroffen als Männer. Das klinische Bild und der resultierende Leidensdruck können sehr variabel sein. Die Pathophysiologie ist trotz intensiver Forschung nicht vollständig verstanden. Der Beitrag gibt einen umfassenden Überblick über die involvierten neuroanatomi-schen Strukturen, genetische Faktoren und den aktuellen Wissensstand zur Pathophysiologie der Erkrankung.

8

> **Migräne**
> ▬ **Epidemiologie:**
>   – Zweithäufigste primäre Kopf-schmerzerkrankung.
>   – Frauen > Männer.
>   – Hauptmanifestationsalter 20.–40. Lebensjahr.
>   – Episodischer und chronischer Verlauf sind möglich.
> ▬ **Diagnosekriterien** der Internationalen Kopfschmerzgesellschaft (ICHD-3β):
>   – Mindestens 5 Attacken.
>   – Dauer der Kopfschmerzattacken 4–72 h.
>   – Klinische Charakteristika zur Diagnose-stellung (davon mindestens 2):
>   – einseitig,
>   – pochend/pulsierend,
>   – starke Intensität,
>   – Zunahme bei Aktivität.
>   – Begleitsymptome (davon mindes-tens 1)
>   – Übelkeit und/oder Erbrechen,
>   – Licht- und Lärmempfindlichkeit.
> ▬ **Varianten (Auswahl):** Migräne mit und ohne Migräneaura (ca. 25–30% der Fälle: typischerweise vor Beginn der Kopf-schmerzen, ca. 90% visuell mit Skotom, Fortifikationen), vestibuläre Migräne, familiäre/sporadische hemiplegische Migräne (FHM/SHM), menstruelle Migräne, Status migraenosus (Migräne >72 h anhaltend)

> ▬ **Akuttherapie** mit 5-HT1-Agonisten (Trip-tanen) oder anderen Schmerzmitteln (Acetylsalicylsäure, Ibuprofen, Naproxen).
> ▬ Nichtmedikamentöse **Prophylaxe** mit Ausdauersport und Entspannungsver-fahren bzw. medikamentöse Prophylaxe (Magnesium, Betablocker, Antidepressiva, Flunarizin, Antikonvulsiva)
> ▬ **Verlauf:** Phasenhaft während des Lebens, Verschlechterung z. B. durch Stress, Be-wegungsmangel, Lebensereignisse etc. Eine Besserung kann postmenopausal eintreten.

Die Migräne zählt aufgrund ihres häufigen Auftre-tens und des zum Teil erheblichen Leidensdrucks zu den Erkrankungen, mit denen Neurologen und Allgemeinmediziner regelmäßig konfrontiert sind. Erstaunlicherweise existiert trotz der hohen Prävalenz kein abschließendes Modell zur Patho-physiologie dieser Erkrankung. Der vorliegende Beitrag greift Aspekte aktueller Theorien auf und bündelt diese in einer integrativen Betrachtung.

8.1.1   Grundlagen der Pathophysiologie

8.1.1.1 Neuroanatomie

Für das Verständnis der Migräne ist die Kenntnis der involvierten neuroanatomischen Strukturen wichtig. Unter anderem sind z. B. schmerzsensible extra- und intrakranielle Strukturen wie die Dura mater oder intrakranielle Blutgefäße, die von den umgebenden Nervenfasern innerviert werden, be-teiligt. Diese Nervenfasern bestehen aus Aδ- und C-Fasern, also dünn- oder unmyelinisierten Fasern, und stammen überwiegend aus dem ers-ten Ast des N. trigeminus, dem N. ophthalmicus. Die Fasern beinhalten u. a. auch vasoaktive Neuropeptide, wie z. B. CGRP („calcitonin gene-related peptide") und Substanz P, deren Bedeu-tung in den nachfolgenden Abschnitten erläutert wird. Die erste Umschaltstelle der einlaufenden Afferenzen dieser Fasern ist der sogenannte **trige-minozervikale Komplex**, der aus dem Nucleus trigeminalis caudalis und Anteilen des oberen Zervikalmarks (C1–3) gebildet wird. Dieser Ver-bindung kommt klinisch eine zentrale Bedeutung zu, da durch die Konvergenz der Fasern ein die

Migräneattacke begleitender Nackenschmerz erklärlich wird.

Aus dem trigeminozervikalen Komplex projizieren die Verbindungen in den Hirnstamm, in den Nucleus raphe magnus, in den Locus coeruleus, in das periaquäduktale Grau, zum Hypothalamus und zum Thalamus. Thalamokortikale Neurone projizieren unter anderem dann in den insulären und in den somatosensorischen Kortex, wodurch sich die Wahrnehmung des eigentlichen Kopfschmerzes erklären lässt.

Darüber hinaus bestehen Verbindungen zu multiplen anderen kortikalen Arealen, die z. B. die häufigen Begleitsymptome der Migräne, wie Licht- und Lärmempfindlichkeit, die vegetativen Begleitsymptome (Übelkeit/Erbrechen), aber auch das Auftreten seltenerer Begleitsymptome, wie z. B. Schwindel erklären können (Edvinsson 2011; Noseda und Burstein 2013).

Insgesamt ist die kortikale Schmerzverarbeitung bisher nur unvollständig verstanden, und multiple Kortexareale sind an der Verarbeitung beteiligt. Prinzipiell kann man ein mediales und ein laterales schmerzverarbeitendes System unterscheiden. Der mediale Anteil (z. B. Inselrinde und cingulärer Kortex) ist für Verarbeitung der affektiven Schmerzkomponenten zuständig, der laterale Anteil (u. a. somatosensorischer Kortex) verarbeitet hingegen die „deskriptiven" Anteile (z. B. Intensität oder Lokalisation). Ältere Studien postulierten zudem einen „Migränegenerator" im Hirnstamm, neuere Daten vermuten hingegen, dass dem Hypothalamus eine wichtige Rolle als Generator der sogenannten Prodromalphase zukommt (s. unten). ◘ Abb. 8.1 fasst die wichtigsten neuroanatomischen Strukturen der Migräne zusammen.

8.1.1.2 Genetik

Insbesondere die Migräne mit Aura tritt familiär gehäuft auf und scheint – zumindest teilweise – genetisch determiniert zu sein. So haben Verwandte ersten Grades ein ca. 4-fach erhöhtes Risiko, ebenfalls an Migräne zu erkranken. Für die Migräne ohne Aura ist das Risiko etwa halb so groß.

Bislang sind 38 Genloci (Gormley et al. 2016) identifiziert, die mit einem erhöhten Migränerisiko einhergehen. Die Genetik spielt zudem bei einer sehr seltenen Sonderform, der monogenetisch, autosomal-dominant vererbten familiären hemiplegischen Migräne (FMH) eine Rolle. Für

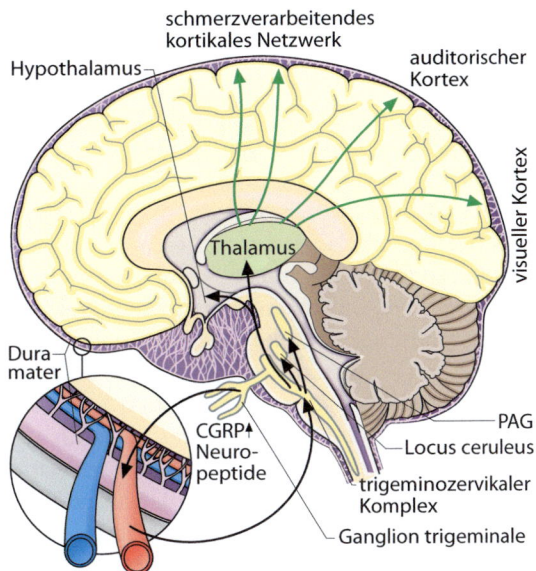

◘ **Abb. 8.1** Schematische Darstellung beteiligter neuroanatomischer Strukturen im Rahmen der Migräne. PAG = periaquäduktales Grau. (Adaptiert nach Tepper, 2017)

diese Sonderform wurden drei ursächliche Gene identifiziert, die für Ionenkanäle bzw. eine Na/K-ATPase kodieren (SCNA1A, ATP1A2 und CACNA1) (Gormley et al. 2016).

Zusammenfassend ist die Migräne zwar eine genetisch determinierte Erkrankung, sie ist in ihrer Ausprägung und Präsentation jedoch auch von variablen Einflussfaktoren wie Lebensstil, Stress, Schlafmangel oder hormonellen Schwankungen abhängig (Goadsby et al. 2017).

8.1.2 Hypothesen zur Pathophysiologie

Die Migräne ist eine intensiv erforschte Erkrankung. Im Laufe der letzten Jahrzehnte kam es zudem immer wieder zu neuen Erkenntnissen, weshalb die bestehenden Theorien modifiziert oder gar verworfen werden mussten. Der nachfolgende Abschnitt greift sowohl aktuelle als auch ältere Modellvorstellungen auf. Dabei wird zunächst auf Theorien eingegangen, die die Ursachen außerhalb des zentralen Nervensystems verorten, nachfolgend werden zentrale Mechanismen vorgestellt.

8.1.2.1 Migräne als Erkrankung des peripheren Nervensystems?

■■ Cephalgia vasomotorica

Eine frühe Theorie zur Pathophysiologie der Migräne postulierte, dass der Kopfschmerz durch eine Vasodilatation von extra- und intrakraniellen Gefäßen und die hierdurch entstehende mechanische Aktivierung der Nozizeptoren verursacht wird. Hierfür sprachen die klinisch sichtbare Pulsation und Dilatation extrakranieller Gefäße (z. B. der Temporalarterie) und die therapeutische Wirksamkeit vasokonstriktorischer Substanzen (z. B. von Ergotaminen). Weiter untermauert wurde die Theorie auch dadurch, dass vasodilatatorisch wirksame Substanzen wie Nitroglycerin den Kopfschmerz auslösen können (Tfelt-Hansen und Koehler 2008). Inzwischen konnte aber (u. a. durch dopplersonographische Untersuchungen) gezeigt werden, dass die eigentliche Vasodilatation erst nach dem Kopfschmerz beginnt (Olesen et al. 1990). Die beiden, nach neueren Erkenntnissen, pathophysiologisch relevanten Neuropeptide CGRP („calcitonin gene-related peptide") (Asghar et al. 2011) und PACAP (Amin et al. 2014) („pituitary adenylatcyclase activating polypeptide") zeigen allerdings bereits *während* der Migräneattacke eine vasodilatatorische Wirksamkeit.

Zusammenfassend scheint die Vasodilatation ein Begleitphänomen bzw. die Folge einer Mediatorausschüttung und nicht ursächlich für den Kopfschmerz zu sein. Möglicherweise verstärkt sie aber den Kopfschmerz und ist mitverantwortlich für den pulsierenden Schmerzcharakter.

■■ Periphere Sensibilisierung und Neuroinflammation

Eine weitere Hypothese existiert zur neurogenen Entzündung. Diese basiert darauf, dass perivaskulär freigesetzte inflammatorische Mediatoren meningeale sensorischen Fasern und deren Nozizeptoren sensibilisieren (sog. „periphere Sensibilisierung") und aktivieren. Dies führt zur neuronalen Ausschüttung weiterer inflammatorischer Mediatoren. Im Verlauf der Jahre wurden die verschiedenen und bereits beteiligten Substanzen wie z. B. CGRP, Substanz P, Neurokinin A oder NO identifiziert. Dieser Prozess führt zu einer weitergehenden Vasodilatation, Plasmaextravasation und Degranulation von Mastzellen mit konsekutiver Ausschüttung von z. B. Histamin und somit zur weiteren Verstärkung des Prozesses (Waeber und Moskowitz 2005). Die Plasmaextravasation

wurde auf Basis tierexperimenteller Ergebnisse zwischenzeitlich als zentraler Mechanismus bei der Migräne vermutet. In der Migräneattacke beim Menschen konnte die Relevanz dieses Mechanismus jedoch nicht zweifelsfrei nachgewiesen werden und ist insgesamt sehr umstritten.

Mehrere therapeutisch wirksame Substanzen greifen potenziell in die Neuroinflammation ein und unterstützen die Relevanz von Teilen dieser Migränetheorie. Triptane sind selektive 5-HT1-Agonisten und können den Prozess über verschiedene Serotoninrezeptoren hemmen (z. B. Hemmung der CGRP-Ausschüttung). Die beim Status migraenosus wirksamen Steroide wirken unspezifisch antiinflammatorisch, was die Relevanz eines entzündlichen Prozesses unterstreicht.

8.1.2.2 Migräne als Erkrankung des zentralen Nervensystems?

■■ Kontrolle des 1. und des 2. Neurons

Wie in den neuroanatomischen Grundlagen beschrieben, ist die zentrale Verarbeitung von Schmerzreizen komplex. Bereits die primäre glutamaterge Umschaltung vom peripheren auf das erste zentrale Neuron (im trigeminozervikalen Komplex) wird über multiple Substanzen (z. B. CGRP, Prostaglandine, Nitroxyl) moduliert. Die Neurone des trigeminozervikalen Komplexes (bzw. die trigeminothalamische Transmission) wird durch zwei Systeme im Sinne einer absteigenden Kontrolle durch z. B. opioiderge und cannabinoiderge Interneurone gehemmt und moduliert. Bei diesen Systemen handelt es sich (A) um das noradrenerge System des Locus coeruleus und (B) das serotonerge System des periaquäduktalen Graus (PAG) und der rostralen Medulla oblongata.

Es gibt Hinweise darauf, dass es interiktal zur schleichenden Schwächung dieser Systeme kommt, was dann zu einer übermäßigen trigeminothalamischen-Transmission und somit zur verstärkten (Schmerz-)Wahrnehmung, also zur Attacke führt. Die Erholung der Systeme im Verlauf einer Migräneattacke trägt wahrscheinlich zu ihrer Terminierung bei (◘ Abb. 8.2).

■■ Der trigeminovaskuläre Reflex

Aus dem trigeminozervikalen Komplex projizieren einige Fasern auch in den parasympathischen Nucleus salivatoris superior und von hieraus über das Ganglion sphenopalatinum weiter ins kranielle autonome Nervensystem. Hieraus erklärt sich die bei einigen Migränepatienten bestehende

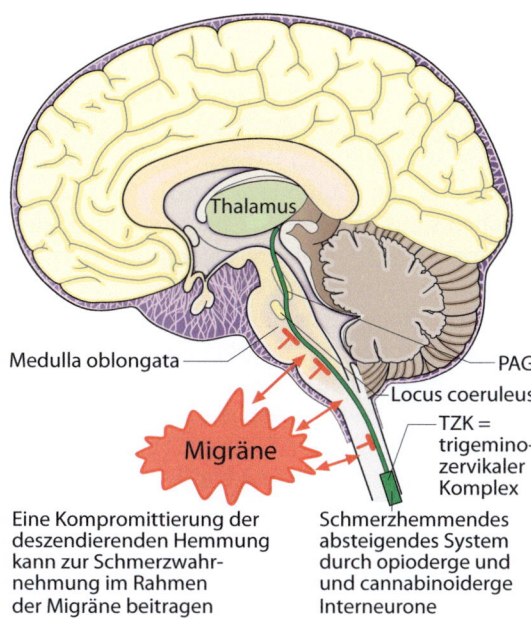

Medulla oblongata

Migräne

PAG

Locus coeruleus

TZK =
trigemino-
zervikaler
Komplex

Eine Kompromittierung der
deszendierenden Hemmung
kann zur Schmerzwahr-
nehmung im Rahmen
der Migräne beitragen
(weitere Details s. Text)

Schmerzhemmendes
absteigendes System
durch opioderge und
und cannabinoiderge
Interneurone

◪ **Abb. 8.2**   Vereinfachte Darstellung der deszendierenden Hemmung im Rahmen der Migräne (für weitere
Details s. Text).

trigemino-autonome Begleitsymptomatik (s. auch
► Abschn. 8.2), zum anderen kann aber auch eine
zentral vermittelte Vasodilatation erklärt werden.

▪▪ Kortikale Hyperexzitabilität

Bei Patienten mit Migräne ist die kortikale Erregbarkeit gesteigert, was z. B. die Entstehung von
Auren (s. unten) begünstigt (Lang et al. 2004;
Aurora et al. 1999). Wie dieser Mechanismus genau zur Entstehung der Migräneattacke beiträgt,
ist jedoch noch nicht vollständig geklärt. Es gilt
aber als wahrscheinlich, dass das trigeminovaskuläre System durch kortikofugale Projektionen
moduliert wird, die kortikale (Dys-)Aktivität die
trigeminale Transmission also beeinflusst.

▪▪ Der Migränegenerator … oder doch nicht?

Der dorsale Pons wurde aufgrund seiner Aktivierung während einer Migräneattacke in bildgebenden Studien über viele Jahre hinweg als der „Migränegenerator" angesehen (Weiller et al. 1995).
Letztlich wurde diese These im Verlauf kritisiert,
da diese Aktivierung auch einfach nur die Aktivität der dort lokalisierten schmerzmodulierenden
Systeme bedeuten könnte.

Neuere Studien sehen im Hypothalamus eine
Art „Migränegenerator" (Schulte und May 2016).
Dieser ist afferent und efferent mit verschiedenen

beteiligten Systemen des Stammhirns wie z. B.
dem spinalen Trigeminuskern verknüpft. Wie
auch beim Clusterkopfschmerz kann eine hypothalamische Beteiligung die zirkadiane Rhythmik
der Migräne erklären. Des Weiteren sind die Symptome der Prodromalphase wahrscheinlich hypo-
thalamisch gesteuert. Die Prodromalphase geht
dem Migränekopfschmerz voraus und ist u. a. gekennzeichnet durch das Auftreten von Heißhunger, Stimmungsschwankungen oder vermehrter
Müdigkeit. Die Autoren neuerer bildgebender
Studien bezeichnen den Hypothalamus bereits als
„neuen Migränegenerator".

❯ Letztlich bleibt es allerdings ungeklärt, ob
eine singuläre Struktur oder nicht eher das
„Aufschaukeln" eines komplexen Netzwerks
für die Entstehung einer Attacke verantwortlich ist.

8.1.2.3 CGRP als Schlüsselmolekül

Eine wesentliche Bedeutung bei der Entstehung
der Migräneattacke kommt vermehrt dem CGRP
zu. Dieses Molekül wirkt sowohl proinflammatorisch als auch vasoaktiv. In Studien konnte eine
erhöhte Konzentration der Substanz während
einer Migräneattacke im Jugularvenenblut nachgewiesen werden (Goadsby und Edvinsson 1993).
Bei Patienten mit chronischer Migräne sind
die Spiegel auch interiktal erhöht. Zudem kann
die intravenöse Gabe bei Migränepatienten eine
Attacke triggern (Lassen et al. 2002). Dabei wirkt
CGRP weder direkt schmerzauslösend noch werden CGRP-Rezeptoren auf nozizeptiven peripheren Axonen exprimiert (Levy et al. 2005). Vielmehr tragen arterielle Muskelzellen, Mastzellen,
Ganglien- und Gliazellen die entsprechenden
Rezeptoren. Die Substanz wird sowohl zentral
als auch peripher von aktivierten trigeminalen
Neuronen freigesetzt. Zentral scheint CGRP die
synaptische Übertragung zu verstärken. Peripher
kann es die Sensibilisierung, Neuroinflammation
und Vasodilatation beeinflussen.

CGRP hat möglicherweise auch therapeutisch
eine hohe Relevanz. Zunächst wurden CGRP-
Antagonisten als Therapeutika mit guter Wirksamkeit entwickelt (sog. Gepants). Da aber bei
regelmäßiger Einnahme Leberwerterhöhungen
beobachtet wurden, sind von dieser Stoffklasse
derzeit nur noch zwei Substanzen in klinischer
Prüfung. Im Folgenden wurden parenteral appli-
zierbare Antikörper gegen CGRP und dessen

Rezeptor entwickelt, die zur Migräneprophylaxe eingesetzt werden. Erste Substanzen dieser Medikamentenklasse wurden kürzlich zugelassen.

Interessanterweise ist weiterhin nicht vollständig geklärt, ob CGRP-Antagonisten zentral oder peripher wirken. CGRP selbst ist sicher nicht der biochemische „Migränegenerator", sondern viel mehr ein zentrales Molekül im komplexen Zusammenspiel verschiedener peripherer und zentraler Prozesse. Zudem scheint es einen Anteil an Patienten zu geben, bei denen CGRP von eher untergeordneter Funktion ist. Möglicherweise wird für diese Patienten PACAP (s. oben) zur Schlüsselsubstanz.

8.1.2.4 Aura und „Cortical Spreading Depolarisation" (CSD)

Eine Migräneaura geht bei ca. 25–30% aller Migränepatienten dem eigentlichen Migränekopfschmerz voraus (Weiller et al. 1995). Typischerweise dauert eine Aura zwischen 30 und 60 Minuten an und klingt dann vor oder mit dem Beginn der Kopfschmerzen ab (Rückentwicklung). Das isolierte Auftreten einer Aura (ohne nachfolgende Kopfschmerzen) oder prolongierte Auren sind möglich.

90% der Aurasymptome sind visuell und zeigen sich z. B. als Fortifikation und/oder Skotom. Warum gerade visuelle Auren überproportional häufig vorkommen, ist nicht abschließend geklärt. Weitere Aurasymptome sind z. B. Dysästhesien, selten Paresen oder dysphasische Störungen. Ob und wie häufig Auren in „stummen" Kortexarealen vorkommen, ist ungeklärt. Vorstellbar ist, dass z. B. frontale Auren zu kurzzeitigen Wesens- oder Stimmungsveränderungen führen können.

Das klinische Charakteristikum der Aura ist stets die langsame Entwicklung und Rückbildung, was die Differenzierung zum Schlaganfall meist sehr einfach macht. Ausgesprochen selten könne Auren auch Krampfanfälle auslösen, bei einigen Patienten kann dieses imposante Bild dann aber wiederholt/regelmäßig auftreten und wird von einigen Autoren als sog. „Migralepsie" beschrieben.

Pathophysiologisch liegt der Aura eine sogenannte „cortical spreading depolarisation" (CSD) oder „Streudepolarisation" zugrunde (Leao 1947). Hierbei handelt es sich um eine langsame kortikale Erregungswelle. Durch genetisch determinierte Dysfunktionen von Ionenkanälen (s. z. B. FHM) wird die Entwicklung einer CSD erleichtert. Im Gegensatz zur Epilepsie läuft diese Erregungsaus-

breitung aufgrund der relativen Stabilität der Exzitabilität geordneter ab. Während der CSD konnten in Studien begleitende Perfusionsveränderungen entlang des Kortex nachgewiesen werden; einer initialen Hyperperfusion folgt eine Hypoperfusion (Cutrer et al. 1998). Der konkrete Mechanismus, der zu einer nachfolgenden Aktivierung des trigeminalen Systems führt, ist jedoch noch nicht vollständig geklärt.

Wiederholte CSDs führen zur Reduktion der deszendierenden Schmerzhemmung (s. oben), was das Auslösen eine Migräneattacke begünstigt (Cutrer et al. 1998). ▯ Abb. 8.3 zeigt schematisch die Ausbreitung der CSD in Verknüpfung mit einer visuellen Aurasymptomatik.

Die Vorstellungen zur Pathophysiologie der Migräne fokussierten sich im Laufe der Zeit auf unterschiedliche Systeme und unterlagen einem großen Wandel.

Wie oben beschrieben nahmen erste Theorien der modernen Migräneforschung eine Vasodilatation als Hauptursache für die Kopfschmerzen an. Hierbei spielen vor allem die perivaskulären Schmerzfasern in aktuellen pathophysiologischen Modellen eine Rolle. Darauf folgend etablierte sich die „inflammatorische Migränetheorie" mit einer neurogenen Entzündungsreaktion und einer Sensibilisierung peripherer Neurone. Wie es zu dieser Entzündungsreaktion kommt, ist letztlich offen. Als alleinige Ursache einer Migräne kann dieser Mechanismus jedoch nicht herangezogen werden.

Nach heutigen Kenntnissen muss die Migräne als neurovaskuläre Erkrankung angesehen werden, bei der sowohl die periphere als auch die zentrale Sensibilisierung eine Rolle spielen. Zunächst ging man hierbei von einem peripheren Beginn der Attacke aus. Neuere Modelle berücksichtigen aber die bis zu 2 Tage vor dem Kopfschmerz beginnende Prodromalphase und postulieren eine zerebrale Dysfunktion, insbesondere im Dienzephalon (inkl. Hypothalamus) und Hirnstamm. Innerhalb des oben genannten komplexen Netzwerkes der Reizverarbeitung kommt es zur reduzierten Modulation und nachfolgend zu einer Filterstörung für multiple Reize inkl. der Nozizeption. Nach dieser Theorie kommt es sekundär (z. B. durch Ausschüttung von CGRP) zur peripheren Sensibilisierung. Vasodilatation und Neuroinflammation scheinen dabei zudem nur ein Begleitphänomen der zentralen Störung zu sein.

In dieser Theorie bleibt die Migräne mit Aura weitgehend nicht berücksichtigt, es ist aber durch-

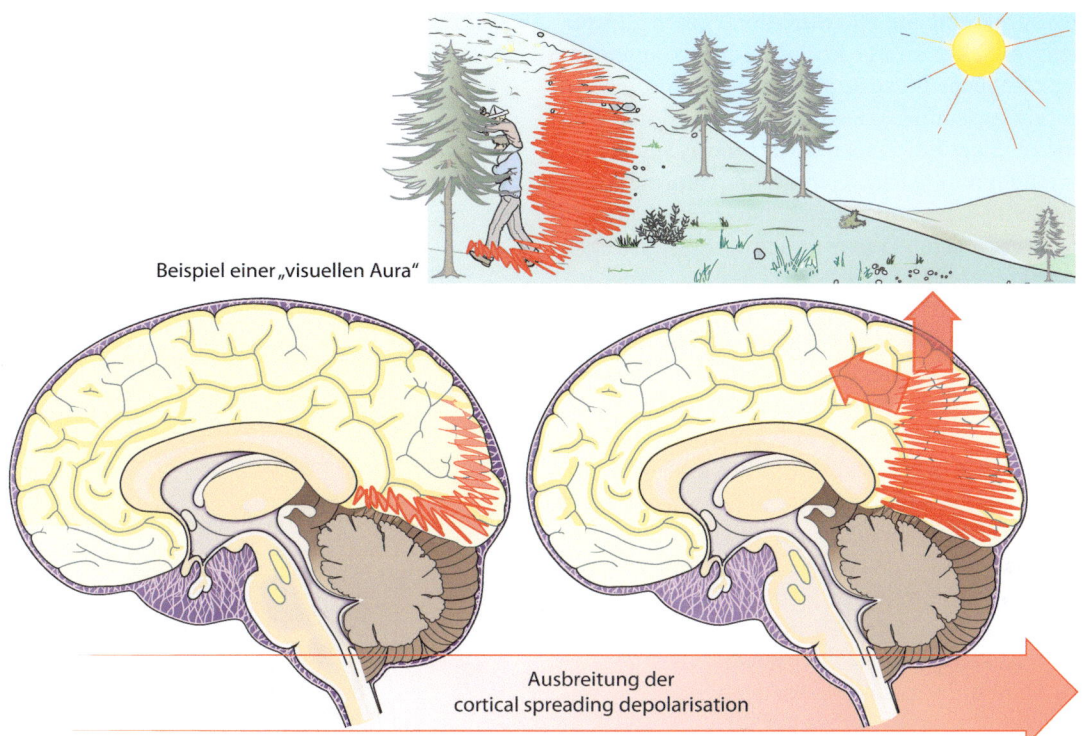

Beispiel einer „visuellen Aura"

Ausbreitung der
cortical spreading depolarisation

▶ **Abb. 8.3**   Schematische Darstellung einer CSD in Verbindung mit einer visuellen Aura.

aus plausibel, dass durch die veränderte kortikale und subkortikale Dysfunktion eine Aura angestoßen wird. Letztlich ist es aber ebenso gut denkbar, dass die Aura die Funktionsstörung in tieferen Hirnstrukturen beschleunigt.

■ ■ **Pathophysiologisches Modell für Patienten**
Kortikale Hyperexzitabilität, zentrale und periphere Sensibilisierung, neurogene Inflammation … All diese Begriffe helfen Patienten nicht ausreichend, ihre Erkrankung zu verstehen. Dennoch ist es wichtig, den Patienten ein gutes, wenn auch stark vereinfachtes Krankheitsmodell zu vermitteln. Hierzu gehören Grundkenntnisse über periphere Nozizeptoren und deren Nähe zu den Gefäßen, das Ganglion trigeminale, der trigemino-autonome Reflex und die Information über die Komplexität der zerebralen Verschaltung.

Für Betroffene ist es wichtig, etwas über die Prodromalphase zu erfahren. Nicht selten werden die Anzeichen zwar erkannt, jedoch falsch gedeutet. Wird dem Heißhunger auf Schokolade nachgegeben, ist die Schokolade (und somit der Patient selbst) „schuld" an der Attacke. Erkennt der Betroffene das Symptom aber als Prodrom, kann er besser damit umgehen und sich ggf. auf die drohende Attacke einstellen. Daneben sollte der Mechanismus der Aura mit bestehender kortikaler Übererregbarkeit und resultierenden CSD vermittelt werden – häufig führt dies bereits zur Beruhigung der Betroffenen und verbessert den Umgang mit der Erkrankung.

Zwei Dinge bereiten den Patienten und teilweise auch medizinischem Fachpersonal erfahrungsgemäß besondere Schwierigkeiten:

Migräne als Filterstörung   Migräne ist mehr als nur Kopfschmerz. Oft ist der Kopfschmerz das quälendste Symptom, aber auch die Begleitsymptome sind störend. Für den Behandler sind diese aber die beste Möglichkeit, die Migräne als Erkrankung des peripheren und zentralen Nervensystems zu erklären. Die komplexen pathophysiologischen Grundlagen sind aber für viele Patienten verständlicherweise nicht vollständig nachvollziehbar. Man kann vereinfacht erklären, dass bei Migränepatienten eine „Filterfunktionsstörung" vorliegt, durch die es neben dem Migränekopfschmerz auch zu den Begleitsymptomen kommt. Durch diese Störung werden die diversen Reize, Trigger und Impulse im peripheren und zentralen Nervensystem unzureichend „ausgefiltert". Bei gesunden Personen führen intakte Filterfunktionen zum Abwenden von Migräneattacken. Letztlich können die verschiedenen Prozesse durch eine *Filterfunktionsstörung* zusammengefasst werden. Hierdurch wird übermäßiges Empfinden für Schmerz, Sensibilität (= Allodynie), Licht, Geräusche, Informationen aus dem Magen- und Darmtrakt (= Übelkeit) und dem vestibulären System (= Schwindel/vestibuläre Migräne) verständlich.

Der trigeminozervikale Komplex – und der Nackenschmerz

Fast alle Migränepatienten schildern eine begleitende Verspannung des Nackens, oft beginnen die Attacken mit Nackenschmerzen. Der Nacken wird deswegen häufig als Ursache der Migräne fehlinterpretiert. Dies führt nicht selten zu überflüssigen und gefährlichen „Einrenkmanövern", die das Risiko für Verletzungen von Strukturen mit sich bringen. Die Erklärung, dass die Schmerzverarbeitung im Gehirn für Kopf und Nacken gemeinsam verschaltet ist, hilft, den Nackenschmerz als Symptom der Migräne zu verstehen.

❓ Fragen zur Lernkontrolle

- Was ist eine Migräneaura, wie macht sie sich bemerkbar? Beschreiben Sie das pathophysiologische Erklärungsmodell der Aura.
- Welche verschiedenen Migränetheorien kennen Sie?
- Nennen Sie in der Pathophysiologie wichtige Schlüsselmoleküle.
- Was sind Ansatzpunkte in aktuellen Therapiestudien zur Migräne?

8.2 Cluster-Kopfschmerz

D. Sturm

▪▪ Zum Einstieg

Der Cluster-Kopfschmerz wird zur Gruppe der trigemino-autonomen Kopfschmerzen gezählt. Klinisch äußert sich diese primäre Kopfschmerzform mit stärksten einseitigen Schmerzattacken im Gesichtsbereich, die von einer autonomen Symptomatik begleitet werden. Dieses typische klinische Muster legt die Beteiligung spezifischer neuroanatomischer Strukturen (trigeminales Nervensystem, vegetatives Nervensystem, Hypothalamus) nahe. Der Beitrag beleuchtet die aktuellen

Kenntnisse der Pathophysiologie unter funktionell-anatomischen Gesichtspunkten.

Cluster-Kopfschmerz
- Häufigste Kopfschmerzentität innerhalb der Gruppe von trigemino-autonomen Kopfschmerzen. Überwiegend episodisches Auftreten (ca. 85%, Episode, auch „bout" genannt), selten chronisch (ca. 15%).
- **Epidemiologie:**
  - Prävalenz ca. 0,1% der Gesamtbevölkerung.
  - Überwiegend Männer betroffen (m:w = ca. 3:1).
  - Erkrankungsbeginn häufig um das 30. Lebensjahr.
- **Klinik:**
  - Streng einseitige, stärkste periorbitale Schmerzen (in der Regel mit Bewegungsunruhe des Betroffenen). Begleitende autonome Symptome (z. B. ipsilaterale konjunktivale Injektion, ipsilaterales Horner-Syndrom, Lakrimation, nasale Kongestion, Flush).
  - Attackendauer: 15–180 Minuten, 1–8 Attacken pro Tag möglich.
- Die **Diagnose** erfolgt anhand der klinischen Symptomatik. Genaue Diagnosekriterien nach ICHD-3β.
- **Therapie:**
  - Akute Therapie (Beispiele): Sauerstoff, Triptane, (Ergotamin).
  - Prophylaxe: Verapamil, Lithium, Antikonvulsiva (Topimarat, Valproinsäure), Kortison, Methysergid, neurostimulatorische Verfahren.

Der Cluster-Kopfschmerz (CK) ist eine primäre Kopfschmerzerkrankung und wird den trigemino-autonomen Kopfschmerzen zugeordnet. Diese Kopfschmerzform zählt zu den heftigsten Schmerzen, die Menschen erleben können. Für Neurologen ist das klinische Bild überaus eindrücklich. Die Abgrenzungen zu anderen trigemino-autonomen Kopfschmerzen (z. B. der paroxysmalen Hemikranie oder dem „short-lasting unilateral neuralgiform headache with conjunctival injection and tearing" = SUNCT-Snydrom) erfolgt führend über die Attackendauer und Attackenfrequenz.

Das Verteilungsmuster der Symptomatik, das zeitliche Auftreten der CK-Attacken und die charakteristischen Begleitsymptome legen eine Beteiligung spezifischer neuroanatomischer Strukturen nahe. Das typischerweise periorbitale Schmerzmaximum deutet auf eine **Miteinbeziehung des trigeminalen (nozizeptiven) Systems** hin, die autonome Begleitsymptomatik auf eine **Beteiligung des vegetativen Nervensystems** und das chronologische Auftreten des CKs spricht für eine **hypothalamische Störung**. Einzelbefunde bestätigen die Beteiligung dieser Strukturen, wobei Verknüpfungen und Interaktionen zwischen diesen Systemen nur in Teilen verstanden sind und zum Teil auch Widersprüche zeigen.

Dieser Beitrag rekapituliert zunächst kursorisch die neuroanatomischen Grundlagen der genannten Strukturen und geht dann auf pathophysiologische Aspekte des Krankheitsbildes ein.

8.2.1 Neuroanatomische Grundlagen

8.2.1.1 Hypothalamus – Grundlagen

Der Hypothalamus ist Teil des Dienzephalons. Vereinfacht bildet ein Großteil der hypothalamischen Kerngebiete die Seitenwände des dritten Ventrikels. Orientierend lassen sich topologisch drei unterschiedliche Zonen des Hypothalamus einteilen. Von der Ventrikelwand nach außen gerichtet unterscheidet man
- eine periventrikuläre Zone,
- eine mediane Zone sowie
- eine laterale Zone.

Weitere, dem Hypothalamus zugeordnete Kerne sind z. B. die Corpora mamillaria und die Neurohypophyse. Funktionell dient der Hypothalamus als integratives Zentrum vegetativer Funktionen und hat damit zentrale Funktionen in vielen hormonellen Regelkreisen, dem Schlaf-/Wachverhalten (wichtig ist hier der Nucl. suprachiasmaticus als Regulator der „inneren Uhr"), aber auch in der Schmerzverarbeitung.

Der Hypothalamus verfügt über eine Vielzahl von Afferenzen und Efferenzen zu unterschiedlichen zerebralen Strukturen, insbesondere zum trigeminalen System, aber auch zu weiteren „schmerzrelevanten" Hirnregionen, die in der Wahrnehmung und Modulation von Schmerzen eine Rolle spielen (◘ Abb. 8.4).

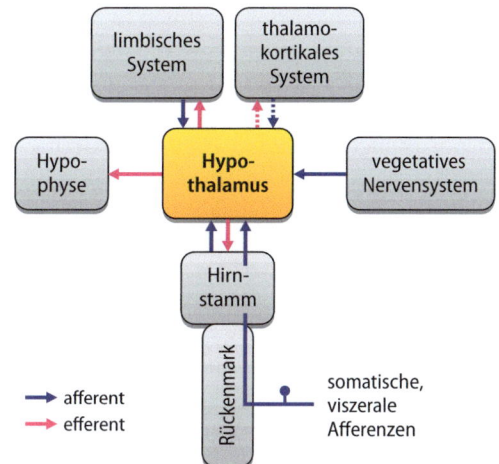

◘ **Abb. 8.4** Schematische Darstellung relevanter afferenter/efferenter Bahnsysteme des Hypothalamus. (Adaptiert nach Jänig 2006)

8.2.1.2 Trigeminales System

Dieser Abschnitt beschränkt sich auf die sensiblen Anteile des trigeminalen Systems. Die pseudounipolaren Neurone entstammen dem Ganglion trigeminale, das in räumlicher Nähe zur Felsenbeinpyramide liegt. Von dort aus formieren sich die drei Hauptstämme des N. trigeminus (V1–V3). Die nach peripher gerichteten Nervenzellfortsätze erreichen unter anderem auch die Dura mater und Gefäße im Kopfbereich (N. opthalmicus) und können dort – unter anderem – Schmerzreize registrieren (C-Fasern und Aδ-Fasern). Die nach zentral gerichteten Nervenfortsätze bündeln die sensiblen und nozizeptiven Informationen aus diesen Arealen und laufen zu den sensiblen Hirnnervenkernen, die vom Pons bis in das obere zervikale Myelon reichen. Dort konvergieren diese nozizeptiven Afferenzen und bilden mit Anteilen des zervikalen Myelons, den sog. trigeminozervikalen Komplex (s. auch ► Abschn. 8.1).

8.2.1.3 Vegetatives Nervensystem

Strukturen des vegetativen Nervensystems sind an der Innervation von Drüsen (Tränen-/Nasendrüsen) und Gefäßen im Kopf-Hals-Bereich sowie an der Regulation der Pupillomotorik beteiligt.

In Bezug auf die beim Cluster-Kopfschmerz vorliegende Symptomatik und auf die therapeutischen Optionen nimmt das Ganglion sphenopalatinum (SPG) eine wichtige Stellung ein. In diesem Ganglion erfolgt eine Umschaltung parasympathischer Neurone, die dann mit weiteren Ästen von

V1 und V2 zu ihren Erfolgsorganen (z. B. Tränendrüse, Nasendrüsen) ziehen. Sympathische Nervenfasern (eine Umschaltung auf das postganglionäre Neuron ist hier bereits im Ganglion cervicale superius erfolgt) und sensible Nervenfasern (V2) laufen durch das Ganglion unverschaltet hindurch.

8.2.2 Pathophysiologie des Cluster-Kopfschmerzes

Historische Konzepte zur Pathophysiologie des Cluster-Kopfschmerzes gingen von einer inflammatorischen Genese aus. Vermutet wurde ein entzündlicher Prozess in der Wand des Sinus cavernosus (in der Wand dieses Sinus verlaufen V1 und V2, und auch vegetative Nerven verlaufen durch den Sinus). Ein weiteres Konzept postulierte die intrakranielle Vasodilatation (ipsilateral zur betroffenen Seite) als relevantes pathophysiologisches (und schmerzauslösendes) Prinzip. Diese Vorstellung basierte unter anderem auf der Tatsache, dass Vasodilatatoren wie Alkohol oder Nitroglycerin prinzipiell innerhalb einer Episode in der Lage sind, die typischen CK-Attacken auszulösen. Der Umstand, dass dieses Phänomen jedoch nur innerhalb einer Episode möglich ist, schuf die bis heute gültige Idee eines „permissive state" („Freigabe-Status").

Analog zur Pathophysiologie der Migräne (s. auch ▶ Abschn. 8.1) wurden additive (inflammatorische) Phänomene wie eine Plasma-Extravasation für den CK angenommen. Auch diese Theorie ließ sich nicht erhärten, sodass aktuell eine Inflammation eine eher untergeordnet Rolle in pathophysiologischen Modellen zum CK spielt.

8.2.2.1 Genetik

Es besteht ein gesteigertes Risiko für Angehörige ersten Grades eines CK-Patienten, selber einen CK zu entwickeln, was eine hereditäre Komponente der Erkrankung nahelegt, wobei offenbar sowohl autosomal-dominante als auch autosomal-rezessive Vererbungsmuster möglich sind. Letztlich konnte jedoch bis heute keine genetische Mutation sicher mit dem Auftreten eines CK in Verbindung gebracht werden. Befunde, die mit hypothalamisch-neuropeptidergen Störungen (HCRTR2-Gen, das für den Hypocretin 2-Rezeptor kodiert, zur Rolle von Hypocretin s. unten) einhergingen, ließen sich nicht reproduzieren. Da Alkohol potenziell in der Lage ist, bei Betroffenen innerhalb einer

Episode eine CK-Attacke auszulösen, postulierten einige Autoren einen Zusammenhang zwischen einem nachgewiesenen Polymorphismus auf dem Gen der Alkoholdehydrogenase 4 und dem Auftreten eines CK, wobei auch dieser Befund sich in weiteren Studien nicht bestätigen ließ.

8.2.2.2 Rolle des trigeminalen Systems

Die Annahme einer Beteiligung des trigeminalen Systems im Rahmen des CK leitet sich aus dem typischen klinischen Verteilungsmuster der Schmerzen ab. Gestärkt wird diese Idee durch die Identifikation von Reflexbögen unter Miteinbeziehung trigeminaler Strukturen, die im nachfolgenden Abschnitt näher erläutert werden. Zudem wird der Effekt von Triptanen im Rahmen des CK mit dem trigeminalen System verknüpft (s. auch ▶ Abschn. 9.2.3).

Das Neuropeptid „calcitonin gene-related peptide" (CGRP, s. auch ▶ Abschn. 8.1) wird von Neuronen des trigeminalen Systems freigesetzt und spielt eine Rolle in der Prozessierung von Schmerzen. Für verschiedene Substanzen wird angenommen, dass ihre Wirksamkeit beim CK auf einer Reduktion von CGRP beruht. CGRP gilt als „Aktivitätsmarker" des trigeminalen Systems. Obwohl das typische klinische Bild und entsprechende paraklinische Befunde eine Rolle des trigeminalen Systems in der Pathophysiologie des CKs suggerieren, gibt es auch Fallberichte über Patienten mit einem CK, die Schmerzlokalisationen außerhalb des trigeminalen Systems aufwiesen. Auch symptomatische Ursachen für einen CK stehen nicht zwingend im Kontext zu trigeminalen Strukturen. Die Resektion des N. trigeminus schließt das Auftreten eines CKs zudem nicht aus.

8.2.2.3 Trigemino-autonomer Reflex

Wie oben beschrieben, innervieren trigeminale Strukturen unter anderem Gefäße im Kopfbereich („trigeminovaskuläres System"). Die Neurone bündeln ihre Information im trigeminozervikalen Komplex. Dort erfolgt nicht nur eine Weiterleitung der „sensiblen Afferenz" an zentrale Kerngebiete in verschiedenen Hirnaralen (Hirnstamm, Thalamus, Hypothalamus), sondern es kommt gleichzeitig zu einer Ko-Aktivierung des parasympathischen Nucleus salivatorius superior.

Die Neurone (des eigentlich dem N. facialis zugeordnetem Kern) verlaufen zunächst mit dem Hauptstamm des N. facialis. In Höhe des Ganglion

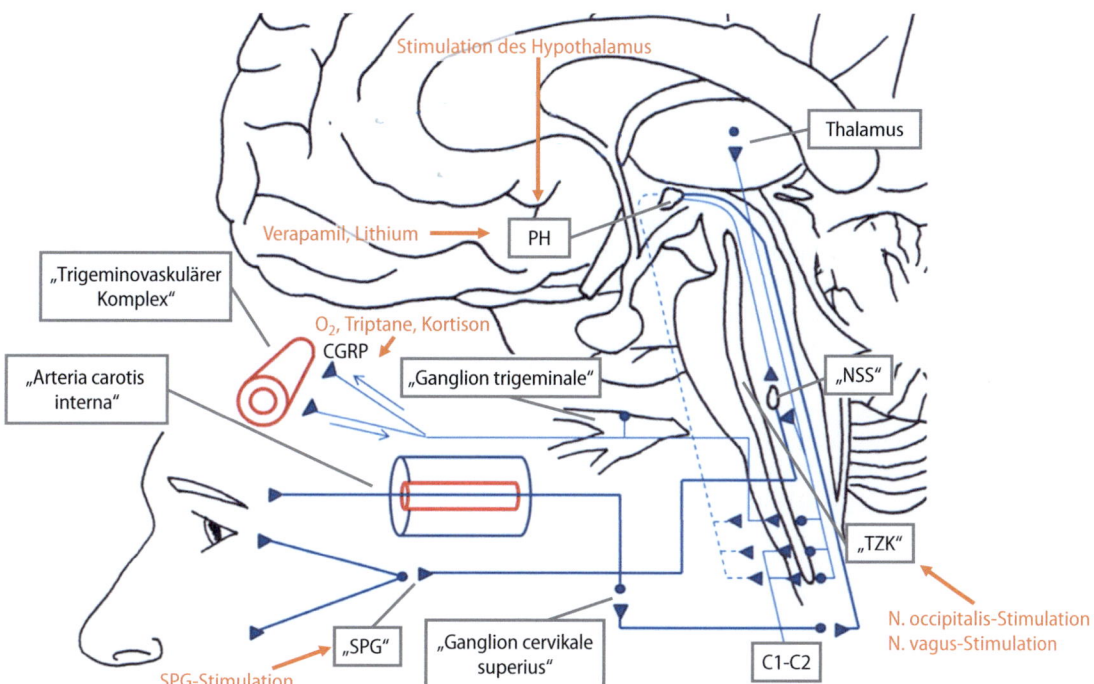

⬛ Abb. 8.5   Schematische Darstellung zur Pathophysiologie des Cluster-Kopfschmerzes. In orangefarbener Schrift: Mögliche Angriffspunkte/Wirkmechanismen verschiedener Therapeutika *(CGRP = „calcitonin gene-related* *peptide", TZK = trigeminozervikaler Komplex, NSS = Nucl. salivatorius sup., SPG = Ganglion sphenopalatinum).* (Adaptiert nach Costa et al. 2015; mit freundlicher Genehmigung)

geniculi trennen sich diese präganglionären parasympathischen Fasern jedoch vom N. facialis ab und ziehen als N. petrosus major in die Fossa pterygopalatinum, wo im SPG eine Umschaltung auf das zweite parasympathische Neuron erfolgt. Die Axone dieser Neurone lagern sich den trigeminalen Hauptstämmen N. opthalmicus (V1) und N. maxillaris (V2) an. Dadurch erfolgt nicht nur die Ansteuerung von Tränen-/Nasendrüsen, sondern auch eine Rückkopplung zu vaskulären Strukturen, was sich beispielsweise durch eine Flush-Symptomatik (Vasodilatation) bemerkbar macht. Als „Biomarker" dieses Reflexbogens gelten das CGRP für das trigeminale System und das vasoaktive intestinale Peptid (VIP), deren Konzentrationen während der Attacke in ipsilateral abgenommenem Jugularvenenblut erhöht waren (dieser Befund fand sich allerdings auch bei anderen primären Kopfschmerzformen, wie der Migräne). Somit wird für die autonome Symptomatik im Rahmen des CK eine gesteigerte parasympathische Aktivität angenommen.

Die auftretende Miosis wird hingegen eher durch eine sympathische „Untererregbarkeit" vermittelt (möglicherweise bedingt durch eine konse-

kutive Wandschwellung der A. carotis mit einer funktionell relevanten Kompression sympathischer Nervenfasern). Interessanterweise scheinen nur die Afferenzen aus dem Innervationsgebiet von V1 in der Lage zu sein, den Reflex zu triggern. Wesentliche Strukturen dieses Reflexbogens sind in ⬛ Abb. 8.5 dargestellt.

8.2.2.4 Rolle des Hypothalamus

Neben dem trigeminalen System wird dem Hypothalamus eine Schlüsselrolle in der Pathophysiologie des CK zugeschrieben. Mechanistisch deutete das zirkadiane (regelmäßiges Auftreten einer Attacke zu einer bestimmten Uhrzeit) bzw. zirkannuale (mit Schwerpunkten im Frühjahr und Herbst) Auftreten bereits früh auf eine hypothalamische Beteiligung hin.

Eine wesentliche physiologische Rolle des Hypothalamus ist die Steuerung hormoneller Regelkreise. Bei Patienten mit CK sind Veränderungen in verschiedenen Hormonsystemen (Wachstumshormone, Gonadotropine, Melatonin) bereits lange bekannt.

Im Verlauf zeigten dann funktionelle Bildgebungsstudien (zunächst mittels PET) eine Aktivierung des inferioren-posterioren Hypothalamus (ipsilateral zur Seite des Kopfschmerzes) bei experimentell ausgelöstem CK (May, 1998). Neben dem Befund im Hypothalamus fand sich jedoch auch eine Aktivierung weiterer Hirnareale (Thalamus, cingulärer Kortex, Inselrinde, Teile des Kleinhirns). Zudem wurde eine hypothalamische Aktivierung auch bei weiteren primären Kopfschmerzformen nachgewiesen.

Auch mittels MR-Spektroskopie ließen sich metabolische Veränderungen im Hypothalamus (aber auch in anderen Hirnarealen) nachweisen.

Voxel-morphometrische Untersuchungen einer Studie zeigten zudem eine Zunahme der grauen Substanz im Bereich des inferioren-posterioren Hypothalamus, mit Betonung dieses Befundes ipsilateral zur betroffenen Seite (May, 1999). Neuere Untersuchungen mit dieser Methode lieferten diesbezüglich differenziertere Ergebnisse, die darauf hindeuten, dass sich in Abhängigkeit der Erkrankungsphase des CK dynamische Veränderungen der grauen Substanz in verschiedenen Hirnarealen abbilden lassen.

Im Hypothalamus werden eine Vielzahl von Neuropeptiden synthetisiert, darunter auch Orexin A und Orexin B (auch Hypocretine; s. auch ▶ Abschn. 9.1). Orexine sind Neuropeptide, die unter anderem das Schlaf-/Wachverhalten modulieren, aber auch in der Schmerzprozessierung eine Rolle spielen. Die Injektion von Orexin B in den Hypothalamus war im Tierversuch in der Lage, das Entladungsverhalten von Neuronen des Nucleus trigeminalis caudalis zu steigern, allerdings ohne, dass es zum Auftreten vom Kopfschmerzen kam. Dennoch belegt dieser Befund eine direkte Verknüpfung zwischen Hypothalamus und trigeminalem System.

Neuroanatomisch erreichen sensorische Informationen aus dem Gesichtsbereich den Hypothalamus zudem über den trigemino-hypothalamischen Trakt. Darüber hinaus führte eine tiefe Hirnstimulation (THS) im Hypothalamus (s. unten) zu einem erhöhten Blutfluss in trigeminalen Strukturen, was die funktionelle Verbindung beider Strukturen unterstreicht.

Während der Hypothalamus zeitweise als Generator des CK angesehen wurde, schreibt man ihm durch seine Verknüpfungen (◻ Abb. 8.5) zu verschiedenen, für die Pathophysiologie des CK relevanten Strukturen, aktuell eher eine modulierende Rolle zu.

Schlaf und Cluster-Kopfschmerz

Ein Zusammenhang zwischen Schlafstörungen und Cluster-Kopfschmerz wurde bereits von Bing Mitte des letzten Jahrhunderts erkannt (CK = Bing-Horton-Syndrom). Die Zusammenhänge sind jedoch komplex und beschränken sich nicht ausschließlich auf die Rhythmizität (z. B. Attacken 1–2 Stunden nach dem Einschlafen) der Erkrankung. Patienten mit einem CK berichten über eine verminderte Schlafqualität, -dauer bzw. eine verlängerte Einschlafzeit. Im Extremfall können Patienten mit einem CK sogar eine Hypnophobie entwickeln. Polysomnographie-Befunde legen nahe, dass es einen Zusammenhang zwischen REM-Schlafphasen und dem Auftreten von CK-Attacken gibt. Ein monokausaler Zusammenhang ist jedoch nicht belegt. Interessanterweise führte die therapeutische Stimulation des Hypothalamus (neben der Reduktion der CK-Attacken) auch zu einer Normalisierung der Schlafarchitektur.

8.2.3 Aspekte zur Therapie des Cluster-Kopfschmerzes

Prinzipiell sind im Rahmen der Therapie des Cluster-Kopfschmerzes zwei unterschiedliche Behandlungsstrategien etabliert. Die *Akuttherapie* hat das Ziel, die einzelne Attacke zu kupieren; die *Prophylaxe* hat das Ziel, die Zahl der Attacken zu verringern. Daneben wurden in den letzten Jahren zunehmend interventionelle (neurostimulatorische) Therapieverfahren untersucht.

8.2.3.1 Akute Therapie
▪▪ Sauerstoffgabe

Die klinische Wirkung einer Sauerstoffgabe beim Cluster-Kopfschmerz ist unbestritten. Akute Attacken werden primär mit der Inhalation von Sauerstoff über eine Gesichtsmaske kupiert; dabei ist es wichtig, dass eine ausreichend hohe O_2-Flussrate (mindestens 7 l über 15 Minuten, 100% Sauerstoff) gewählt wird. Verschiedene Erklärungsansätze zur Wirksamkeit liegen vor: Neben einer Vasokonstriktion bzw. der Verringerung einer Proteinextravasation aus dem Plasma wird eine Modulierung der parasympathischen/trigeminalen Aktivität vermutet. Es ließ sich eine Verringerung der Konzentrationen von CGRP und VIP, die als „Biomarker" des trigemino-autonomen Reflexes gelten, durch Gabe von Sauerstoff nachweisen.

▪▪ Triptane

Triptane wirken aufgrund ihrer Eigenschaften als 5-HT_{1B}-Agonist vasokonstriktorisch und analgetisch. Die agonistische Wirkung auf 5-HT_{1D}-Rezeptoren verringert (möglichweise analog zur

O$_2$-Gabe) zudem die Freisetzung vasoaktiver Peptide wie CGRP. Obwohl Triptane nur schwer die Blut-Hirn-Schranke überwinden können, gibt es dennoch Hinweise für zentrale Wirkmechanismen dieser Substanzen: Die Stimulation von 5-HT-Rezeptoren im Hirnstamm führte zu einer verringerten Aktivität von Schmerzneuronen in trigeminalen Hirnnervenkernen.

▪▪ Glukokortikoide

Kortison stellt in der Therapie des CKs häufig eine „intermediäre" Therapie dar, die bis zur Wirkung der Phasenprophylaxe vorübergehend eingesetzt wird. Auch für Methylprednisolon konnte gezeigt werden, dass es die Plasmaspiegel von CGRP im Jugularvenenblut senken kann (Neeb, 2015).

8.2.3.2 Prophylaktische Therapie

Unter anderem werden der Kalziumantagonist Verapamil und Lithium zur Phasenprophylaxe in der Behandlung des CK verwendet. Zumindest für Lithium ist die ZNS-Gängigkeit aufgrund der breiten Anwendung in der Behandlung bipolarer Störungen prinzipiell gut belegt.

Mechanistisch wird für beide Substanzen eine Modulation verschiedener Transmittersysteme postuliert (unter anderem Modulation noradrenerger Neurone im Hypothalamus für Verapamil bzw. serotonerger Neurone für Lithium). Ob diese Prinzipien alleine für die Wirksamkeit im Rahmen des CK verantwortlich sind, ist jedoch keinesfalls sicher. Bei der Anwendung von Verapamil ist aufgrund potenzieller kardiovaskulärer Nebenwirkungen (Hypotonie, Bradykardie) ein Monitoring der Patienten mittels Blutdruck-/EKG-Kontrollen erforderlich.

▪▪ Neurostimulation

Neurostimulationen werden in der Regel bei Patienten mit chronischem Cluster-Kopfschmerz und erst **nach Versagen aller** medikamentösen Therapie eingesetzt.

Basierend auf den initialen bildgebenden Studien erfolgten Studien zur tiefen Hirnstimulation des posterioren Hypothalamus. Dabei ließ sich ein positiver Effekt auf die Attackenfrequenz nachweisen. Die Effekte der Stimulation treten jedoch erst nach einer Latenzzeit von einigen Wochen ein, was einen komplexeren Wirkmechanismus nahelegt. Nach der Stimulation wurde ein veränderter Stoffwechsel (zum Teil gesteigert, zum Teil vermindert) in verschiedenen Hirnarealen, die

mit der Verarbeitung von Schmerzen in Zusammenhang stehen, beobachtet. Aufgrund von (auch letalen) periprozeduralen Hirnblutungen spielt die hypothalamische Stimulation keine relevante Rolle unter den neurostimulatorischen Verfahren mehr.

Als relativ neuer Ansatz erfolgt eine Stimulation des SPGs durch einen chirurgisch implantierten Mikrostimulator. Als möglicher Wirkmechanismus wird eine Reduktion der „parasympathischen Aktivität" postuliert. Obwohl die Stimulation mit dieser Methode nur während der Attacke erfolgt, gibt es auch für diese Methode Hinweise auf einen präventiven Effekt.

Darüber hinaus gibt es Ansätze zur Stimulation anderer nervaler Strukturen wie des N. vagus und des N. occipitalis major. Für beide Methoden wird als ein mögliches Wirkprinzip ein schmerzmodulierender Einfluss auf den trigeminozervikalen Komplex angenommen.

❓ Fragen zur Lernkontrolle

— Was ist der trigeminovaskuläre Reflex und wie ist er verschaltet?

— Welche Rolle wird dem Hypothalamus im Rahmen des CK zugeschrieben?

— Welcher Mechanismus wird hinsichtlich der Wirkung von O$_2$ und Triptanen angenommen?

— Was sind „Aktivitätsmarker" des trigeminalen Systems?

8.3 Schmerzwahrnehmung und -verarbeitung sowie schmerzmechanismenbasierte Diagnostik- und Therapiekonzepte

E. Enax-Krumova

▪▪ Zum Einstieg

Schmerzen sind ein häufiges Symptom in der ärztlichen und insbesondere in der neurologischen Praxis. In Abhängigkeit von der Schmerzdauer wird zwischen akuten und chronischen Schmerzen unterschieden. Je nach Schädigungsart unterscheidet man zwischen nozizeptiven und neuropathischen Schmerzformen. Im Gegensatz zu nozizeptiven Schmerzen entstehen neuropathische Schmerzen infolge einer Erkrankung oder Läsion des somatosensorischen Systems. Die Analyse der sensorischen Veränderungen, die durch das gleichzeitige Auftreten von Plus- und Minus-Symptomen unabhängig von der Krankheitsätiologie charakterisiert sind, erlaubt Rückschlüsse auf die Mechanismen der Schmerzentstehung (periphere und zentrale Sensibilisierung, Störung der endogenen Schmerzhemmung). Zusätzlich spielen die genetische Veranlagung sowie psychologische Einflussfaktoren eine Rolle in der Schmerzentstehung und -chronifizierung. Die genaue Untersuchung der Schmerzmechanismen kann eine gezielte und effektivere Therapie ermöglichen.

> **Schmerz**
> - Schmerz ist ein unangenehmes Sinnes- oder Gefühlserlebnis, das mit aktueller oder potenzieller Schädigung verknüpft ist oder mit Begriffen einer solchen Schädigung beschrieben wird (**Definition** der International Association for the Study of Pain, IASP)
> - **Einteilung** in nozizeptive, neuropathische und gemischte Schmerzformen je nach zugrundeliegenden Mechanismen.
> - Schmerz als **sozioökonomisches Problem**: 28% der Deutschen leiden an ständigen oder häufig auftretenden Schmerzen. Malignombedingte Schmerzen machen hiervon nur einen geringen Teil aus (1,4%).
> - **Therapie:** Jeweils unterschiedliche pharmakologische Therapie bei nozizeptiven oder neuropathischen Schmerzen, Notwendigkeit einer multimodalen interdisziplinären Therapie bei chronischen Schmerzen.

8.3.1 Anatomie und Physiologie der Schmerzwahrnehmung und -verarbeitung

Die Wahrnehmung von Schmerzen beruht in der Regel auf einer Weiterleitung von Nervenimpulsen über afferente Fasern (sog. nozizeptive Afferenzen) in Richtung des zentralen Nervensystems (ZNS). Periphere Nerven bestehen aus unterschiedlichen Fasertypen. Fasern, die sensible Reize weiterleiten, lassen sich in drei Gruppen einteilen, die sich entsprechend ihrer Leitgeschwindigkeiten

unterscheiden – die **schnell leitenden dick-myelinisierten Aβ-Fasern** und die jeweils **langsamer leitenden dünn-myelinisierten Aδ-** und die **nicht myelinisierten C-Fasern**. Dabei ist zu beachten, dass die C-Fasern bei den meisten sensiblen Nerven die größte Untergruppe darstellen.

Die verschiedenen Afferenzen sind mit unterschiedlichen Arten von Rezeptoren ausgestattet (Mechanorezeptoren, Thermorezeptoren, Nozizeptoren) und bilden unterschiedliche Sinnesqualitäten ab (◘ Tab. 8.1).

Periphere nozizeptive Information werden im Rückenmark auf Neurone des ZNS umgeschaltet und nach Kreuzung der Fasern über den kontralateralen **Vorderseitenstrang** (Tractus spinoreticularis und spinothalamicus lateralis) weitergeleitet.

Kollateralen der afferenten Aβ-Fasern bilden die **Hinterstrangbahn** (sog. lemniskales System), die Informationen über die epikritische Sensibilität (Tastsinn, Propriozeption) zu den zentralen Schaltkreisen weiterleitet. Diese Bahn verläuft im Rückenmark zunächst ipsilateral, also ungekreuzt, nach kranial. Eine Kreuzung der Fasern erfolgt hier erst im Bereich der unteren Medulla oblongata.

Deszendierende schmerzmodulierende Bahnen, die aus Hirnstammbereichen (periventrikuläres Grau, Locus coeruleus, Raphekernen, Formatio reticularis) stammen, können die Hinterstrangneurone über serotonerge und opioiderge Transmission hemmen und sich somit auch auf die wahrgenommene Intensität von Schmerzreizen auswirken.

Im **Thalamus**, insbesondere in seinen lateralen Kerngebieten, erfolgt eine weitere Verschaltung von Afferenzen des Tractus spinothalamicus lateralis (und des Tractus trigeminothalamicus für Afferenzen aus dem Gesichtsbereich). Der Thalamus selbst ist Filter- und Verteilerstation für alle Sinnesqualitäten.

Die bewusste Erkennung und Lokalisation von Schmerzen erfolgt in der Großhirnrinde im **Gyrus postcentralis** (SI) und im parietalen Operculum (SII). Die Aktivierung des Gyrus cinguli, als Teil des limbischen Systems, ist mit emotional-affektiven Schmerzanteilen assoziiert.

Läsionen in verschiedenen Höhen des somatosensiblen Nervensystems können zu neuropathischen Schmerzsyndromen führen, die eine charakteristische neuroanatomische Ausbreitung haben (◘ Abb. 8.6).

□ Tab. 8.1 Reizstimuli, Nervenfasern und zentrale Bahnen

Reizstimulus	Physiologische Sensation	Peripherer Fasertyp	Zentrale Bahnen	Klinische Untersuchung
Mechanisch				
Stumpfe Reize (statisch)	Berührung	Aβ	Lemniskales System	Berührung, kalibrierte von-Frey-Filamente
Vibration	Vibration			Stimmgabel, Vibrameter
Stumpfe Reize (dynamisch)	Streicheln			Pinsel, Wattebausch
Spitze Reize (statisch)	Spitze Wahrnehmung, Schmerz	Aδ	Tractus spinoreticularis und spinothalamicus lateralis	Kalibrierte von Frey-Filamente, Pinprick-Stimulatoren
Thermisch				
Warm	Wärme	C	Tractus spinoreticularis und spinothalamicus lateralis	Gläserproben mit warmem/heißem Wasser Computergestützter Thermotester mit unter- bzw. überschwelligen Reizen
Kalt	Kälte	Aδ		
Schmerzhaft heiß	Hitzeschmerz	C, Aδ		
Schmerzhaft kalt	Kälteschmerz	Aδ		

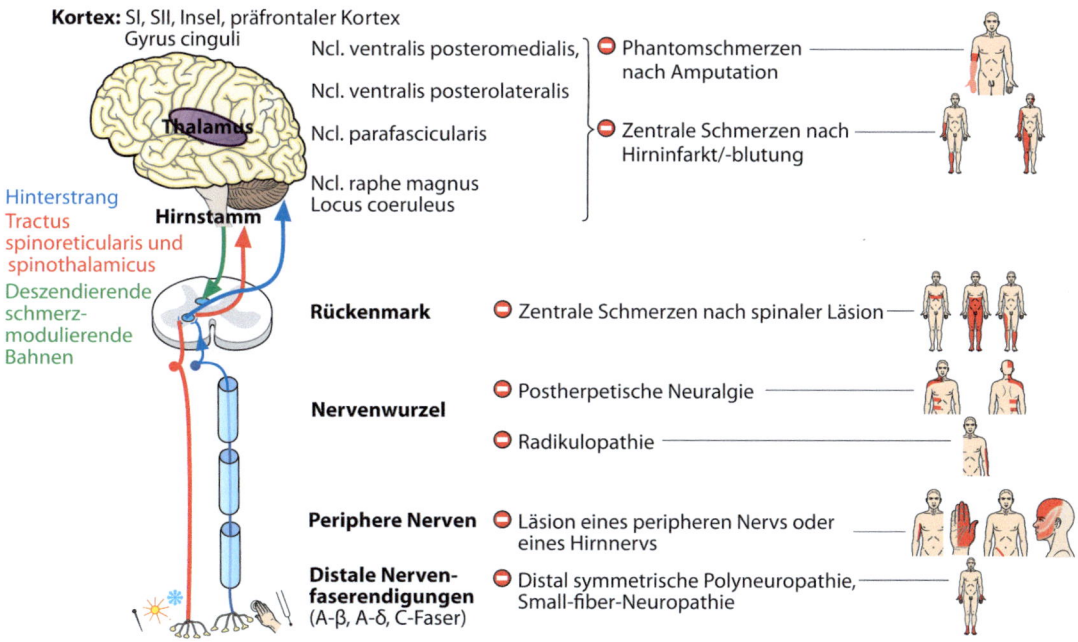

□ Abb. 8.6 Das somatosensible Nervensystem unter physiologischen Bedingungen – vom Rezeptor bis zum ZNS, sowie Beispiele für neuropathische Schmerzsyndrome bei entsprechender Läsion des somatosensiblen Nervensystems mit neuroanatomisch plausibler Ausbreitung der Sensibilitätsstörung und der angegebenen Schmerzen. (Adaptiert nach Finnerup et al. 2016)

8.3.2 Mechanismen der Entstehung und Unterhaltung neuropathischer Schmerzen

Um eine einheitliche Nomenklatur im Bereich der Schmerzmedizin zu nutzen, werden im Folgenden einige wichtige Begriffe, entsprechend der aktuell gültigen Definitionen der Internationalen Gesellschaft zum Studium des Schmerzes (IASP), vorgestellt (für die vollständige Liste s. online www.Iasp-pain.org/Taxonomy).

8.3.2.1 Begriffsbestimmung

Schmerz Ein unangenehmes Sinnes- und Gefühlserlebnis, das mit tatsächlicher oder potenzieller Gewebeschädigung verknüpft ist oder mit Begriffen einer solchen beschrieben wird.
- Neuropathischer Schmerz
  Schmerz, entstanden als direkte Folge einer Verletzung oder Erkrankung, die das somatosensorische Nervensystem betrifft.
- Nozizeptiver Schmerz
  Schmerz, der durch eine stattgehabte oder zu erwartende Schädigung von nicht neuronalem Gewebe durch thermische, chemische oder sonstige Noxen, z. B. bei Ischämie, Trauma, Infektion, ausgelöst wird und infolge von Erregung primär nozizeptiver Nervenendigungen entsteht (im Gegensatz zum neuropathischen Schmerz; s. unten).
- Evozierbarer Schmerz
  Durch mechanische oder thermische Reize ausgelöster Schmerz (Gegensatz: Spontanschmerz, Schmerz in Ruhe).

Nozizeption Neuraler Prozess der Übersetzung und Weiterverarbeitung eines noxischen Reizes im somatosensorischen System.

Hyperalgesie Verstärkte Schmerzempfindlichkeit als Antwort auf einen überschwelligen Schmerzreiz (◘ Abb. 8.7).

Allodynie Schmerzauslösung durch Reize, die beim Gesunden auch nach langer Applikation keine Schmerzen auslösen (◘ Abb. 8.7).

Hyperpathie Überholter, da zu unpräziser Begriff, sollte nicht mehr benutzt werden. Stattdessen sollte zwischen einer Hyperalgesie und einer Allodynie unterschieden werden (s. Definitionen von Hyperalgesie bzw. Allodynie).

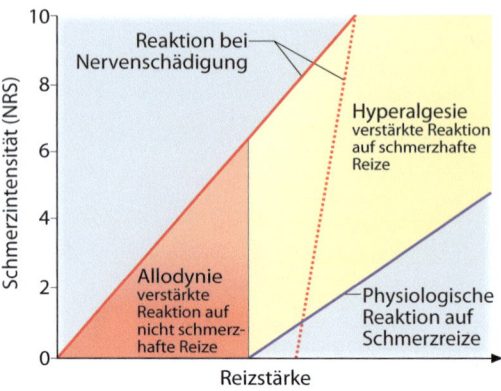

◘ **Abb. 8.7** Hyperalgesie vs. Allodynie. Die blaue Linie stellt die Reiz-Antwort-Kurve im Gesunden dar. Im pathologischen Zustand (rote Linien) ist die Reiz-Antwort-Kurve nach Applikation von schmerzhaften und nicht schmerzhaften Reizen verschoben. Bei weniger ausgeprägten sensorischen Defiziten kommt es zu einer Verschiebung der Reiz-Antwort-Kurve nach links (rote Linie). Die verstärkte Schmerzempfindlichkeit als Antwort auf einen schmerzhaften Reiz im Vergleich zur physiologischen Reaktion wird als Hyperalgesie bezeichnet. Als Allodynie bezeichnet man die verstärkte Empfindlichkeit für einen unter physiologischen Bedingungen nicht schmerzhafte Reiz, der dann als schmerzhaft wahrgenommen wird. Bei ausgeprägten sensorischen Defiziten (rote gestrichelte Linie) werden alle wahrgenommenen Reize übermäßig schmerzhaft empfunden. (Mod. nach Jensen und Finnerup 2014, mit freundlicher Genehmigung von Elsevier GmbH)

8.3.2.2 Periphere Sensibilisierung

> **Periphere Sensibilisierung**
>
> Gesteigerte Antwort und erniedrigte Antwortschwelle eines primären nozizeptiven Neurons nach Stimulation des rezeptiven Feldes der zugehörigen Nervenendigung.

Die **periphere Sensibilisierung** entsteht durch eine Übererregbarkeit des Neurons nach einer Nervenschädigung aufgrund einer veränderten Expression verschiedener Membranproteine.

Die veränderte Expression von **Natriumkanälen** sowohl lokal am Schädigungsort als auch im Spinalganglion kann zu einer erhöhten Spontanaktivität des Neurons und erhöhter Sensibilität gegenüber chemischen, thermischen und mechanischen Reizen führen, d. h. es kommt zu einer ektopen Aktivierung nozizeptiver Neurone mit Generierung von Aktionspotenzialen innerhalb der nozizeptiven Bahnen, ohne einen entsprechenden Stimulus an den peripheren Nervenendigungen. Unterstützt und aufrechterhalten wird die periphere Sensibilisierung durch verschiedene proinflammatorische Zytokine wie TNF-α und IL-1β. Dabei kommt es zusätzlich zu einer vermehrten Expression von Natriumkanälen, was die Zunahme der Erregbarkeit der Fasern begünstigt.

Klinische Bedeutung spannungsabhängiger Natriumkanäle

Die Bedeutung spannungsabhängiger Na^+-Kanäle bei der Entstehung neuropathischer Schmerzen wird anhand genetischer Erkrankungen deutlich: Punktmutationen im SCN9a-Gen können zu einer gesteigerten Funktion (sog. „gain-of-function") des Nav1.7-Kanals bei Patienten mit einer primären hereditären Erythromelalgie führen, was sich klinisch in dauerhaften, zumeist brennend-pochenden Schmerzen mit zudem paroxysmalen Schmerzattacken darstellt. Hingegen führen „loss-of-function"-Mutationen des SCN9a-Gens zur angeborenen Schmerzunempfindlichkeit. Mutationen in den kodierenden Genen für die Nav1.8 und Nav1.9-Kanäle können sich ebenfalls auf die Schmerzwahrnehmung auswirken. Die Medikamente Carbamazepin und Oxcarbazepin modulieren spannungsabhängige Na^+-Kanäle und werden u. a. in der Therapie neuropathischer Schmerzen eingesetzt.

Zusätzlich werden nach einer Nervenläsion vermehrt **nichtselektive Kationenkanäle der TRP-Familie** (TRP = „transient receptor potenztial") exprimiert. Sie spielen ebenfalls eine Rolle für die Signaltransduktion im Nervensystem. Der Vanilloid-Rezeptor 1 (TRPV1) wird normalerweise auf C-Fasern exprimiert und durch einen noxischen Hitzereiz aktiviert. Ein Ligand des TRPV1-Kanals ist das Capsaicin, das natürlicherweise in Pflanzen der Gattung Capsicum (z. B. Chili, Peperoni) vorkommt. Die topische Applikation von Capsaicin im Schmerzmodell führt zu einer Hitze- und mechanischer Hyperalgesie. Beim Essen Capsaicinhaltiger Pflanzen entsteht die Schärfe ebenfalls durch die Erregung der Nervenendigungen von C-Fasern in der Mundschleimhaut, die für die Wahrnehmung von Wärme und Schmerz zuständig sind. Des Weiteren wurde im Schmerzmodell gezeigt, dass die Sensibilisierung von kälte- und gleichzeitig Menthol-sensitiven TRP-Kanälen (TRPM8) zu einer Kältehyperalgesie führt. Dieser Mechanismus erklärt, warum Menthol eine kühle Wahrnehmung auslöst.

Nach traumatischen Nervenverletzungen sowie beim komplexen regionalen Schmerzsyndrom (CRPS) können auch α1- und α2-Adrenorezeptoren auf sensiblen Afferenzen nachgewiesen werden, die zu einer Sensibilisierung der Neurone für adrenerge Substanzen führen. Klinisch lässt sich bei einem Teil der Patienten mit neuropathischen Schmerzen nach Nervenläsionen oder CRPS ein sog. sympathisch unterhaltener Schmerz beobachten. Das bedeutet, Kälte induziert über die **Sympathikusaktivierung** eine Zunahme der Spontanschmerzen und der in der Regel vorbestehenden Hyperalgesie.

Daher können bei einem Teil der Patienten Sympathikusblockaden am Ganglion stellatum oder am thorakalen bzw. lumbalen Grenzstrang zu einer kurzzeitigen Schmerzlinderung führen, was diagnostisch eingesetzt wird, um das Vorliegen eines sympathisch unterhaltenen Schmerzes zu untersuchen, und ggf. auch therapeutisch genutzt werden kann.

8.3.2.3 Zentrale Sensibilisierung

> **Zentrale Sensibilisierung**
>
> Gesteigerte Antwort von nozizeptiven Neuronen im ZNS gegenüber normalem afferentem Input.

Die nozizeptiven Reize der afferenten Aδ- und C-Nervenfasern werden im Hinterhorn des Rückenmarks in Lamina I und II auf das zweite Neuron verschaltet. In Lamina V erfolgt die Reizweiterleitung über **Wide-dynamic-range-Neurone (WDR-Neurone)**, die neben nozizeptiven auch nicht nozizeptive Afferenzen von Aβ-Fasern besitzen. WDR-Neurone haben im Gegensatz zu den Neuronen in Lamina I und II ein großes rezeptives Feld. Zudem variiert ihre Entladungsrate je nach Intensität des afferenten Stimulus. Im krankhaften Zustand kann das zu Veränderungen der Reiz-Antwort-Funktion führen.

Vermehrter nozizeptiver Input führt zu sekundären Veränderungen im Hinterhorn des Rückenmarks, was eine gesteigerte Erregbarkeit zentraler nozizeptiver Neurone verursacht. Bei Gesunden werden Reize über den durch die primären Afferenzen freigesetzten exzitatorischen Neurotransmitter Glutamat nur über AMPA-Rezeptoren weitergeleitet. Im Gegensatz dazu führt im Schmerzzustand eine hochfrequente und wiederholte Aktivierung der Neurone im Hinterhorn zu einer andauernden Membrandepolarisierung. Dadurch bedingte Veränderungen der Magnesiumkonzentration sowie auch aus afferenten C-Fasern freigesetzte **„calcitonin gene-related peptide" (CGRP)** und **Substanz P** können eine Öffnung des NMDA-Rezeptor-Kanals bewirken.

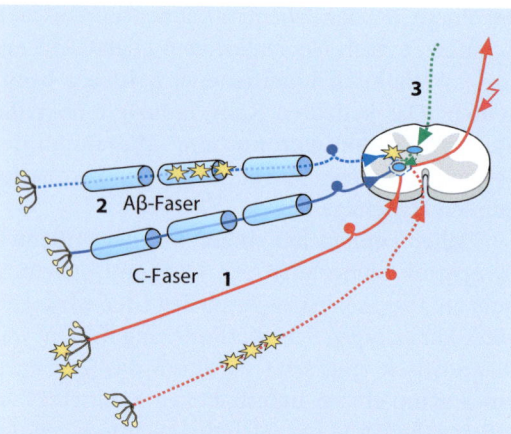

1– Sensibilisierte intakte C-Faser können eine gesteigerte
   Erregbarkeit von WDR-Neuronen im Rückenmark
   induzieren, die dann auch durch nicht toxische
   Stimulation von intakten Aβ-Fasern aktiviert werden.

2– Nach Nervenverletzung kann ein nicht noxischer
   Stimulus entweder über intakte oder über geschädigte
   Aβ-Fasern die sensibilisierten Hinterhornneurone
   aktivieren.

3– Eine verminderte deszendierende Inhibition kann eine
   Rolle spielen.

🔲 **Abb. 8.8** Pathomechanismen der Entstehung und
Unterhaltung von dynamisch-mechanischer Allodynie.
(Adaptiert nach Maier et al. 2016, mit freundlicher Geneh-
migung von Elsevier GmbH)

Über Kalzium- und cAMP-gesteuerte Proteinkinasen kommt es zu einer abnormen Erregbarkeit der zentralen nozizeptiven Neurone und zu
einer Vergrößerung der rezeptiven Felder. Somit
können die Neurone nicht nur von schmerzleiten-
den C- und Aδ-Fasern, sondern auch von normalerweise nicht nozizeptiven Aβ-Fasern aktiviert
werden. Klinisch äußern sich diese Veränderungen in einer Allodynie oder einer Hyperalgesie für
punktuelle Stimuli (🔲 Abb. 8.8).

8.3.2.4 Störung der endogenen Schmerzhemmung

Die Neurone des Hinterhorns unterliegen einer
Kontrolle durch die deszendierenden schmerzmodulierenden Bahnen, die ihren Ursprung im Hirnstamm haben und Serotonin und Noradrenalin als
Neurotransmitter nutzen. Diese deszendierenden
schmerzhemmenden Bahnen werden sowohl
durch zerebrale (Top-down-Effekt) als auch durch
spinale (Bottom-up-Effekt) Zentren moduliert.
Man vermutet, dass eine Funktionsminderung der
absteigenden hemmenden serotonergen und noradrenergen Bahnen zu einer weiteren zentralen

Sensibilisierung und einer Chronifizierung des
Schmerzes führt.

Störungen dieses Systems scheinen Phänomene wie die Generalisierung von Schmerzen, die
Entstehung sogenannter „funktioneller" Schmerzsyndrome (z. B. Fibromyalgie, Reizdarmsyndrom,
Migräne) zu begünstigen. Eine Funktionsminderung der endogenen Schmerzhemmung gilt auch
als ein Risikofaktor, postoperative Schmerzen mit
nozizeptiver und neuropathischer Komponente
nach einer Thorakotomie, einem Kaiserschnitt
und größeren Abdominaleingriffen zu entwickeln.

8.3.2.5 Genetische Veranlagung

Die genetische Veranlagung scheint eine große
Rolle für die Schmerzwahrnehmung zu spielen.
Diese Annahme wird gestützt durch die Identifizierung von spezifischen Genveränderungen, die
mit extremen Schmerzphänotypen (entweder mit
einer übermäßigen Schmerzempfindlichkeit oder
einer Schmerzunempfindlichkeit) assoziiert sind,
die jedoch mit einer Gesamtprävalenz von weniger als 1% der Bevölkerung geschätzt werden
(🔲 Tab. 8.2).

Polymorphismen für die Catechol-O-Methyl-
transferase (COMT), aber auch für Serotonin-
transporter (5-HTT), dopaminerge (D2 und D3)
und adrenerge Rezeptoren scheinen ebenfalls eine
Rolle für die individuelle Schmerzempfindlichkeit
zu spielen, insbesondere für generalisierte
Schmerzsyndrome wie die Fibromyalgie, Migräne
und das Reizdarmsyndrom.

8.3.2.6 Strukturelle Plastizität und kortikale Reorganisation

Mehrere Studien konnten Veränderungen in der
Repräsentation von sensorischen und motorischen
Arealen bei Patienten mit Phantomschmerzen,
CRPS und zentralen Schmerzen nach Querschnitt-
lähmung nachweisen, auch wenn die Diskussionen
über die genauen Pathomechanismen zum Teil
kontrovers sind. Hierbei ist noch nicht klar, ob die
dysfunktionalen kortikalen Veränderungen Ursache oder Folge der Schmerzchronifizierung sind.
Die Veränderungen scheinen mit der empfunde-
nen Schmerzstärke zu korrelieren. Die betroffen
Areale können nach bisherigen Kenntnissen unter
entsprechender Therapie, wie einer Spiegeltherapie, wieder aktiviert werden. Zudem wurde ein
Zusammenhang zwischen Reduktion der Schmerzen und Normalisierung der kortikalen Repräsentation festgestellt.

Gen	Genprodukt	Syndrom
■ Tab. 8.2 Beispiele für Genveränderungen, die zu extremen Schmerzphänotypen führen (Liste unvollständig)		
Hereditäre Schmerzunempfindlichkeit		
SCN9A	Na$_v$1.7 (spannungsabhängiger Natriumkanal, Typ IX, alpha-Untereinheit)	Kanalassoziierte Schmerzunempfindlichkeit
SPTLC1	Serinpalmitoyltransferase, lange Kette der Untereinheit 1	Hereditäre sensorische und autonome Neuropathie Typ IA
SPTLC2	Serinpalmitoyltransferase, lange Kette der Untereinheit 1	Hereditäre sensorische und autonome Neuropathie Typ IC
ATL1	Atlastin GTPase 1	Hereditäre sensorische und autonome Neuropathie Typ ID
WNK1	„WNK lysine deficient protein kinase 1"	Hereditäre sensorische und autonome Neuropathie Typ II
FAM134B	„Family with sequence similarity 134, member B"	Hereditäre sensorische und autonome Neuropathie Typ IIB
IKBKAP	„Inhibitor of kappa light polypeptide gene enhancer in B-cells", Kinasekomplex-assoziiertes Protein	Familiäre Dysautonomie (Riley-Day-Syndrom)
NTRK1	Neurotrophe Tyrosinkinaserezeptor Typ 1	Angeborene Schmerzunempfindlichkeit mit Anhidrose
NGFB	Nervenwachstumsfaktor (Beta-Polypeptid)	Hereditäre sensorische und autonome Neuropathie Typ V
Hereditäre Schmerüberempfindlichkeit		
SCN9A	Na$_v$1.7 (Spannungsabhängiger Natriumkanal, Typ IX, alpha-Untereinheit)	Paroxysmale extreme Schmerzstörung
		Primäre familiäre Erythromelalgie, Small-fiber-Neuropathie
GLA	Alpha-Galaktosidase	Morbus Fabry
CACNA1A	Spannungsabhängiger Kalziumkanal, Typ P/Q, alpha-1A-Untereinheit	Familiäre hemiplegische Migräne Typ 1
ATP1A2	Na$^+$/K$^+$ transportierende ATPase, alpha-2-Polypeptid	Familiäre hemiplegische Migräne Typ 2
SCN1A	Na$_v$1.1 (Spannungsabhängiger Natriumkanal, Typ I, alpha-Untereinheit)	Familiäre hemiplegische Migräne Typ 3

Spiegeltherapie

Die Spiegeltherapie zählt zu den Imaginationstherapien. Sie wird in der Behandlung von Phantomschmerzen nach Amputation einer Extremität angewandt. Dabei wird mit Hilfe von Spiegeln die gesunde Extremität so gespiegelt, sodass für den Patienten seine amputierte Extremität scheinbar wieder vorhanden ist. So kann z. B. der Phantomkörperteil aus einer imaginären schmerzhaften Position langsam wieder in Normalposition bewegt werden.

Zudem kann man die gesunde Extremität mit verschiedenen Texturen berühren, was vom Gehirn nach entsprechendem Training als Stimulation des amputierten Körperteils interpretiert wird. Bei Patienten mit Phantomschmerzen führt das zu einer Schmerzlinderung. Bei Patienten mit unilateralen Schmerzen anderer Genese, z. B. beim CRPS wurde dieses Verfahren auch eingesetzt, die Ergebnisse in Bezug auf die Schmerzlinderung sind jedoch widersprüchlich.

▶ Der Begriff des „Schmerzgedächtnisses" wird kontrovers diskutiert. Letztlich werden darunter verschiedene Mechanismen einer langandauernden gesteigerten synaptischen Übertragung nach wiederholten starken Schmerzreizen (sog. Langzeitpotenzierung, engl. „long-term potentiation", LTP) zusammengefasst, die zu einer Überempfindlichkeit der nozizeptiven Neurone führen und an der Schmerzchronifizierung beteiligt sind.

8.3.2.7 Psychologische Einfluss-faktoren/biopsychosoziale Aspekte

Das **biopsychosoziale Modell** chronischer Schmerzen impliziert, dass die Ursachen für die Schmerzchronifizierung multifaktoriell sind. Neben den biologischen Faktoren (s. oben) spielen auch mehrere psychologische und soziale Faktoren eine Rolle. Auf kognitiver Ebene (Gedanken, Einstellungen, Erwartungen) ist bekannt, dass Patienten mit chronischen Schmerzen eine dysfunktionale Stress- und Schmerzverarbeitung aufweisen. Auf emotionaler Ebene lösen die negativen Erwartungen bezüglich der eigenen Einflussmöglichkeiten auf den Schmerz Gefühle der Hilflosigkeit, gereizte Stimmung bis hin zu manifesten Depressionen aus.

Das nonverbale und verbale Schmerzverhalten führt zu einer vermehrten Aufmerksamkeit und Zuwendung seitens des Umfelds (Angehörige, medizinisches Personal), was einen Risikofaktor für die weitere Chronifizierung darstellt. Ebenso kann das Sozialverhalten von Patienten mit chronischen Schmerzen zu Vereinsamung und sozialer Isolation führen, oder es hat die Funktion, Personen an sich zu binden. Wirtschaftliche Aspekte können durch chronische Schmerzen sowohl negativ (Arbeitsplatzgefährdung oder -verlust) als auch positiv (Entschädigungen, Rentenansprüche) beeinflusst werden. In Fällen, in denen der Schmerz eine funktionelle Rolle (z. B. durch Zuwendung von Partner/Angehörigen, finanzielle Vorteile) gewonnen hat, spricht man von einem *Zielkonflikt*, der in der multimodalen Schmerztherapie besonders berücksichtigt werden muss.

Opioidinduzierte Hyperalgesie
Opioide sind stark analgetisch wirksame Substanzen. Ihr Einsatz kann jedoch in bestimmten Situationen durch die Entwicklung einer sog. opioidinduzierten Hyperalgesie kontraindiziert sein. Erste Beschreibungen der opioidinduzierten Hyperalgesie – der Zustand erhöhter Schmerzempfindlichkeit während einer Opioidtherapie – finden sich im 19. Jahrhundert. Obwohl die Studienlage nicht eindeutig ist, wurde das Phänomen sowohl bei früheren Opiatabhängigen während einer Methadon-Ersatztherapie als auch bei Patienten, die im Rahmen der perioperativen Analgesie kurzzeitig Opioide erhalten hatten, beobachtet. Auch bei gesunden Probanden, die im Rahmen von schmerzexperimentellen Untersuchungen kurzfristig Opioide erhielten und bei denen anschließend eine Untersuchung der Schmerztoleranz durchgeführt wurde, konnten entsprechende Befunde erhoben werden. Die klinische Bedeutung dieses Phänomens bei Patienten mit chronischen Schmerzen und einer langfristigen Opioidtherapie ist umstritten,

jedoch gibt es eine Vielzahl an Untersuchungen aus der Grundlagenforschung, die mögliche Mechanismen der opioidinduzierten Hyperalgesie diskutieren. Dabei scheinen mehrere Signalwege beteiligt zu sein: Eine veränderte Expression von spezifischen Isoformen des μ-Opioidrezeptors wurde als eine mögliche Ursache vorgeschlagen (die analgetische Wirkung von Opioiden wird über den μ-Opioidrezeptor 7TM vermittelt). Diese Hypothese wird durch eine unterschiedliche Wirkung von Opioiden bei Probanden mit unterschiedlichen Genvarianten unterstützt. Auch eine NMDA-vermittelte opioidinduzierte Apoptose von GABAergen Neuronen im Hinterhorn wurde diskutiert. Des Weiteren scheinen auch eine opioidinduzierte Langzeitpotenzierung auf zellulärer Ebene (s. oben) oder die Aktivierung von deszendierenden faszilitierenden Bahnen aus dem Hirnstamm möglich. Neben den genannten Mechanismen wurden jedoch viele weitere Modelle in tierexperimentellen Studien diskutiert. Verschiedene Opioide scheinen zudem ein unterschiedlich hohes Risiko für die Entwicklung einer opioidinduzierten Hyperalgesie in Abhängigkeit ihrer Pharmakokinetik, Darreichungsform und ihrer Metabolite zu haben.

In der Klinik sollte man an eine möglicherweise vorliegende opioidinduzierte Hyperalgesie denken, wenn Patienten von einer Schmerzzunahme berichten, die zu einer erhöhten Einnahme von Opioiden führt, die nicht durch die Gesamtsituation bzw. Grunderkrankung zu erklären ist. Therapeutisch ist oft ein komplexer Ansatz notwendig, der sowohl die medizinischen als auch die psychologischen Aspekte einschließt.

8.3.3 Mechanismenbasierte Diagnostik neuropathischer Schmerzen

Ziel der Diagnostik neuropathischer Schmerzen ist der Nachweis einer Läsion oder Erkrankung, die das somatosensible Nervensystem betreffen.

8.3.3.1 Klinische Untersuchung

In der klinischen Untersuchung ist ein besonderes Augenmerk auf die **Sensibilitätsprüfung** zu legen. Dabei ist auch insbesondere auf eine Beteiligung der kleinen dünn- und nicht myelinisierten Nervenfasern durch eine orientierende Untersuchung der Wahrnehmung thermischer Reize zu achten, da diese in der Schmerzweiterleitung eine besondere Rolle spielen (Tab. 8.1). Ferner sind evozierbare Phänomene wie Dysästhesien, Parästhesien oder eine Allodynie zu erfragen. Dabei ist auch die genaue Erfassung der Hautareale mit einer Sensibilitätsstörung enorm wichtig, da eine neuroanatomisch plausible Verteilung der Sensibilitätsstörungen und der Schmerzausbreitung gefordert wird, um ein neuropathisches Schmerzsyndrom zu diagnostizieren.

8.3.3.2 Quantitative sensorische Testung (QST)

Bei der QST wird neben der Funktion der Aβ-Fasern auch die der dünn myelinisierten Aδ- und der nicht myelinisierten C-Fasern und ihrer entsprechenden zentralen Bahnen durch standardisierte Applikation thermischer und mechanischer Stimuli mit unterschiedlicher Intensität und Qualität untersucht. Dabei kann sowohl ein Funktionsverlust als auch eine Funktionszunahme erfasst werden. Das sensorische Profil ist abhängig von Alter, Geschlecht und Untersuchungsareal. Validierte Normdaten existieren für den Hand- und Fußrücken, Gesicht, Rücken- und Thoraxbereich für erwachsene Männer und Frauen sowie Kinder und Jugendliche.

Die QST kann zum Verständnis zugrundeliegender Pathomechanismen neuropathischer Schmerzen beitragen. Bislang wurden drei große Cluster bei Patienten mit neuropathischen Schmerzen identifiziert:

- **Sensorischer Funktionsverlust** (am häufigsten): Hypästhesie für Berührung, thermische Reize und Hypalgesie für Schmerz, paradoxe Hitzeempfindungen (bei abwechselnder Applikation von Kalt-/Warmreizen wird durch eine Disinhibition der zentralen Bahnen Kälte als Hitze wahrgenommen), selten Allodynie.
Pathophysiologisch ist eine **Deafferenzierung** der dominierende Mechanismus. Dabei entsteht der Schmerz am ehesten durch ektope Nervenaktivität proximal der geschädigten Nozizeptoren, d. h. im Hinterhorn oder deafferenzierten, zentralen nozizeptiven Neuronen.
- **Thermische Hyperalgesie**: Hyperalgesie für Kälte und Hitze trotz unbeeinträchtigter Wahrnehmungsschwellen, selten Allodynie und paradoxe Hitzeempfindungen. Dominierender Pathomechanismus: **periphere Sensibilisierung** (s. oben).
- **Mechanische Hyperalgesie** (am seltensten): Verlust der thermischen Wahrnehmung bei gleichzeitiger Hyperalgesie für Druck und spitze Reize, häufig auch Allodynie. Dominierender Pathomechanismus: **zentrale Sensibilisierung** (s. oben).

8.3.3.3 Funktionsprüfung der endogenen Schmerzhemmung

Das Testparadigma der sog. **konditionierten Schmerzmodulation** (engl. „conditioned pain modulation", CPM) untersucht die Modulation eines mittelstark schmerzhaften Reizes (Testreiz, z. B. ein Hitzeschmerz) durch einen weiteren, anderenorts applizierten tonischen Schmerzreiz (Konditionierungsstimulus, z. B. Kältewasserbad oder langanhaltenden Druckschmerz). Bei Gesunden kommt es darunter zu einer kurz anhaltenden Schmerzreduktion des Testreizes von ca. 10–30%. Als der sogenannte CPM-Effekt wird die Differenz zwischen der Schmerzintensität des Testreizes während und vor (oder alternativ je nach Testprotokoll nach) dem Konditionierungsstimulus bezeichnet.

8.3.3.4 Hautbiopsie

Mittels Hautbiopsien können die kleinkalibrigen sensiblen Nervenfasern, d. h. die nicht myelinisierten intraepidermalen Nervenfasern, die myelinisierten dermalen Nervenfasern als auch die autonomen Nervenfasern nach standardisierten Protokollen mittels Antikörpern gegen das Protein-Genprodukt 9.5 (PGP 9.5) untersucht werden. Die Quantifizierung der intraepidermalen Nervenfaserdichte (IENFD) stellt eine anerkannte Technik zur Diagnostik der **Small-fiber-Neuropathie** dar. Zusätzlich können die axonale Schwellung und die Größe und Innervation der Schweißdrüsen mitbeurteilt werden, jedoch ist ihre diagnostische Relevanz in der klinischen Routine noch unklar.

8.3.3.5 Korneale konfokale Mikroskopie (CCM)

Die korneale konfokale Mikroskopie (CCM) ist eine Untersuchung des subbasalen kornealen Nervenplexus. Er besteht aus kleinen Nervenfasern, die Aδ- und C-Fasern mit niedrigschwelligen polymodalen Rezeptoren für nozizeptive, mechanische und Kältereize entsprechen. Die wichtigsten Parameter für die Auswertung der erfassten Bilder sind die korneale Nervenfaserlänge, die Nervenfaserdichte und die Anzahl der Verästelungspunkte der Nerven. Der diagnostische Nutzen der CCM für die frühe Detektion von Nervenschäden, insbesondere mit Beteiligung der kleinkalibrigen Nervenfasern, wurde für verschiedene Krankheitsentitäten demonstriert.

8.3.3.6 Nozizeptiv evozierte Potenziale

Nozizeptiv-evozierte Potenziale entstehen nach der Reizung nozizeptiver Nervenfasern und der Ableitung der kortikal evozierten Potenziale. Bei den **Laser-evozierten Potenzialen (LEP)** werden durch ein CO_2- oder Nd:YAG-Laser gleichzeitig oder selektiv Aδ- und/oder C-Fasern erregt. Bei gleichzeitiger Stimulation beider Fasersysteme entspricht das kortikal evozierte Potenzial jedoch hauptsächlich der primären Aδ-Aktivität.

Die **Kontakthitze-evozierten Potenziale („contact heat-evoked potentials", CHEPS)** werden durch wiederholte Gabe von Hitzereizen ausgelöst, sind mit einer Aktivierung von Aδ-Fasern und spätere Anteile mit einer Aktivierung von C-Fasern assoziiert. Die Amplitude dieses Potenzials korreliert mit der intraepidermalen Nervenfaserdichte.

Die **schmerzassoziierten elektrisch-evozierten Potenziale (PREPs)** erregen durch elektrische Reize mit niedriger Stromstärke bei hoher Stromdichte und speziellen Oberflächenelektroden bzw. durch die intradermale Platzierung von Nadelelektroden hauptsächlich in Aδ- und C-Fasern in den oberflächlichen Hautschichten, wobei das kortikal abgeleitete Potenzial hauptsächlich der primären Aδ-Aktivität entspricht.

8.3.3.7 Mikroneurographie

Dabei werden Mikroelektroden **in einen Nervenfaszikel in vivo** eingebracht und Aktionspotenziale einzelner sensorischer Nervenfasern am wachen Patienten aufgezeichnet, während der periphere Nerv durch elektrische Reize oder Berührungen stimuliert wird. Je nach Reizantwort können die Nozizeptoren dadurch klassifiziert werden (mechanosensibel oder nicht mechanosensibel).

Small-fiber-Neuropathie
Eine Small-fiber-Neuropathie kann mit verschiedenen Erkrankungen einhergehen. Neben idiopathischen Formen ohne erkennbare Ursache gibt es
- hereditäre Formen (z. B. im Rahmen eines Morbus Fabry),
- metabolisch bedingte Ursachen (z. B. diabetogene Stoffwechsellage, Vitamin B_{12}-Mangel),
- infektiöse Ursachen (z. B. HIV, Hepatitis),
- toxische Ursachen (z. B. alkoholtoxisch, chemotherapeindiziert),
- immunologisch vermittelte Formen (z. B. bei rheumatischen Erkrankungen, paraneoplastisch) oder
- ischämische Formen bei peripherer arterieller Verschlusskrankheit (pAVK, Fontaine-Stadium II–IV).

Die klinische Präsentation von Small-fiber-Neuropathien ist heterogen. Dabei unterscheidet man zwei große Gruppen:
- die distal-symmetrische, längenabhängige Polyneuropathie und
- die längenunabhängige Neuropathie mit zum Teil fleckförmiger Verteilung (Ganglionopathie oder monofokale bzw. multifokale Mononeuropathie).

Interessanterweise wurden Auffälligkeiten in den kleinen Nervenfasern sowohl mittels Hautbiopsien als auch durch eine korneale konfokale Mikroskopie auch bei einer Gruppe von Patienten mit einer Fibromyalgie bzw. bei Patienten mit amyotropher Lateralsklerose beschrieben.
Eine verminderte IENFD und (sogar noch rascher) Veränderungen des kornealen Nervenplexus in Folge der kausalen Therapie einer ätiologisch geklärten Neuropathie (z. B. Hormonsubstitution bei Hypothyreoidismus, Verbesserung der diabetogenen Stoffwechsellage, Behandlung einer Sarkoidose) können über Monate hinweg wieder regenerieren.

8.3.4 Mechanismenbasierte Therapie neuropathischer Schmerzen

Es gibt zunehmend Hinweise darauf, dass Patienten in Abhängigkeit von den zugrundeliegenden Schmerzmechanismen (Deafferenzierung, periphere oder zentrale Sensibilisierung des nozizeptiven Systems) unterschiedlich auf verschiedene Schmerzmedikamente ansprechen. ◻ Abb. 8.9 zeigt Angriffspunkte und Wirkmechanismen verschiedener Substanzen, die bei der Behandlung neuropathischer Schmerzen eingesetzt werden. Die häufig eingesetzten Medikamentengruppen werden im Folgenden im Hinblick auf die bisherigen Kenntnisse über ein unterschiedliches Therapieansprechen in Abhängigkeit von den zugrundeliegenden Schmerzmechanismen vorgestellt. Bezüglich der ausführlichen Pharmakotherapie bei neuropathischen Schmerzen wird auf die entsprechenden Lehrbücher für Schmerzmedizin verwiesen.

8.3.4.1 Antikonvulsiva

Antikonvulsiva wie Gabapentin und Pregabalin modulieren die α2-δ1-Untereinheit **spannungsabhängiger Kalziumkanäle**, die an der Entstehung und Aufrechterhaltung der zentralen Sensibilisierung insbesondere im Rückenmark beteiligt sind. Es wird angenommen, dass nach Bindung von Gabapentin/Pregabalin an die α2-δ1-Untereinheit spannungsabhängiger Kalziumkanäle diese internalisiert werden und so die Anzahl der bei neuropathischen Schmerzsyndromen vermehrt vorkommenden membranständigen Kalziumkanäle wieder reduziert wird.

Carbamazepin hingegen moduliert **spannungsabhängige Na^+-Kanäle**, die eine ektope Aktivität generieren (s. oben).

Lamotrigin führt möglicherweise durch **Hemmung der Glutamat-Freisetzung** zu einer indirekten **Hemmung von NMDA-Rezeptoren**.

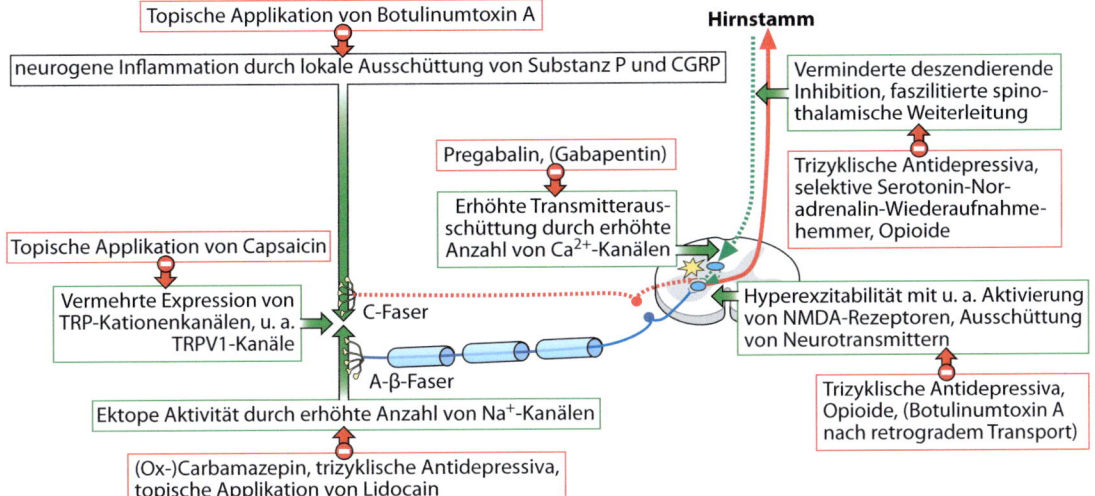

Topische Applikation von Botulinumtoxin A

Hirnstamm

neurogene Inflammation durch lokale Ausschüttung von Substanz P und CGRP

Verminderte deszendierende Inhibition, fasziliterte spino-thalamische Weiterleitung

Pregabalin, (Gabapentin)

Trizyklische Antidepressiva, selektive Serotonin-Nor-adrenalin-Wiederaufnahme-hemmer, Opioide

Erhöhte Transmitteraus-schüttung durch erhöhte Anzahl von Ca^{2+}-Kanälen

Topische Applikation von Capsaicin

Vermehrte Expression von TRP-Kationenkanälen, u. a. TRPV1-Kanäle

C-Faser

Hyperexzitabilität mit u. a. Aktivierung von NMDA-Rezeptoren, Ausschüttung von Neurotransmittern

A-β-Faser

Ektope Aktivität durch erhöhte Anzahl von Na^+-Kanälen

Trizyklische Antidepressiva, Opioide, (Botulinumtoxin A nach retrogradem Transport)

(Ox-)Carbamazepin, trizyklische Antidepressiva, topische Applikation von Lidocain

◘ **Abb. 8.9** Wirkungsmechanismen der in der Therapie neuropathischer Schmerzen eingesetzten Medikamente.

(Aus: Mainka et al. 2017, mit freundlicher Genehmigung von Georg Thieme-Verlag KG)

Der Na^+-Kanalblocker Oxcarbazepin scheint effizienter zur Behandlung neuropathischer Schmerzen bei Patienten mit Hinweisen auf eine Übererregbarkeit der Nozizeptoren bei erhaltener thermischer Wahrnehmung zu sein. Ähnliche Ergebnisse wurden auch für Pregabalin berichtet, wobei diesbezüglich prospektive randomisierte Studien noch fehlen.

8.3.4.2 Antidepressiva

Sowohl trizyklische Antidepressiva als auch selektive Serotonin- und Noradrenalin-Wiederaufnahmehemmer (SSNRI) wirken durch die **präsynaptische Wiederaufnahmehemmung von Noradrenalin und Serotonin**. Ihre analgetische Wirkung wird durch eine verstärkte Signalfortleitung der deszendierenden schmerzhemmenden Bahnen erklärt. Die pathophysiologischen Überlegungen, dass bei gestörter deszendierender Schmerzhemmung die Erhöhung der Konzentration von Serotonin/Noradrenalin zu einer Verbesserung der Antinozizeption und somit zu einer Schmerzlinderung führt, wurden im Rahmen einer Studie für den SSNRI Duloxetin bestätigt. Dagegen hatte die zusätzliche Einnahme von Duloxetin bei erhaltener Funktion der deszendierenden Schmerzhemmung keinen weiteren Effekt, da vermutlich die Schmerzen durch andere Mechanismen unterhalten werden.

8.3.4.3 Opioide

Opioide wirken **agonistisch am μ-Opioidrezeptor** im zentralen Nervensystem. Oxycodon hat zusätzlich eine anticholinerge Wirkung. Tramadol wirkt zusätzlich auch serotonerg am 5-HT-Rezeptor. Tapentadol bewirkt zudem eine Noradrenalin-Wiederaufnahmehemmung. Bei Gesunden wurde durch Oxycodon-Gabe die Latenz und Toleranz von Kälteschmerz deutlich erhöht. Zudem war die Hitzeschmerzschwelle prädiktiv für das Ausmaß der Schmerzreduktion nach Oxycodon-Gabes.

Bislang konnten diese Erkenntnisse in experimentellen Ansätzen nicht für den klinischen Alltag übertragen werden. Für Tapentadol konnte kein Parameter festgestellt werden, der den schmerzlindernden Effekt vorhersagen konnte.

8.3.4.4 Substanzen mit topischer Applikationen

Medikamente, die direkt am Nozizeptor angreifen, setzen die Existenz solcher (evtl. noch aktivierter) Nozizeptoren voraus. Ihr Einsatz ist dagegen vermutlich sinnlos, wenn diese Strukturen fehlen.

▪▪ Capsaicin 8%-Pflaster

Capsaicin kommt natürlicherweise in Pflanzen wie Chili und Peperoni vor und wirkt agonistisch am TRPV1-Rezeptorkanal (s. oben). Durch die übermäßige Aktivierung des TRPV1-Rezeptorkanals im Rahmen der topischen Behandlung (was mit einer vorübergehenden Schmerzverstärkung einhergeht) kommt es nach Aktivierung komplexer Signalkaskaden zu einer dauerhaften, aber reversiblen Degeneration afferenter Nervenfasern, die letztlich zu einer bis zu 12 Wochen anhaltenden Schmerzlinderung führt. Therapie-Responder waren durch eine Hyperalgesie für Kälte- und Pinprickreize vor Therapiebeginn, also eher durch Plus-Symptome, charakterisiert.

▪▪ Botulinumtoxin A subkutan

Die lokale, subkutane Applikation von Botulinumtoxin A scheint bei Patienten mit weniger thermischen Defiziten und stärkerer mechanischer Allodynie sowie auch mit höherer Anzahl intraepidermaler Nervenfasern vor Beginn der Therapie wirksamer zu sein. Als Grund dafür wird angenommen, dass Nervenfasern vorhanden sein müssen, um das Botulinumtoxin nach Aufnahme weiter retrograd ins zentrale Nervensystem zu transportieren, wo die analgetische Wirkung (zusätzlich zum peripheren Effekt) durch eine Hemmung der zentralen pro-nozizeptiven Neurotransmitterausschüttung vermutet wird.

▪▪ Lidocain 5%-Pflaster

Vor allem Patienten mit postherpetischer Neuralgie und Hinweisen auf eine Nozizeptordegeneration scheinen von einer Therapie mit dem Lidocain 5%-Pflaster zu profitieren (im Vergleich zu Patienten ohne diese Veränderung). Möglicherweise ist eine nur partielle Blockade der Nervenfasern durch Lidocain-Pflaster 5% der Grund dafür. Somit könnte der therapeutische Effekt bei den Patienten mit wenigen verbliebenen, aber mit vielen Nozizeptoren ausgestatteten „hyperaktiven" C-Fasern am höchsten sein.

❓ Fragen zur Lernkontrolle
- Welche Schmerzformen kennen Sie je nach Art der Schädigung?
- Was ist der Unterschied zwischen Allodynie und Hyperalgesie?
- Welche Pathomechanismen spielen eine Rolle in der Entwicklung und Unterhaltung von neuropathischen Schmerzen?
- Welche Membranproteine spielen eine Rolle in der Schmerzentstehung und können therapeutisch beeinflusst werden?

Literatur

Literatur zu ► Abschn. 8.1

Amin FM et al. (2014) Investigation of the pathophysiological mechanisms of migraine attacks induced by pituitary adenylate cyclase-activating polypeptide-38. Brain 137 (Pt 3): 779–94

Asghar MS et al. (2011) Evidence for a vascular factor in migraine. Ann Neurol 69 (4): 635–45

Aurora SK et al. (1999) The occipital cortex is hyperexcitable in migraine: experimental evidence. Headache,39 (7)469–76

Cutrer FM et al. (1998) Perfusion-weighted imaging defects during spontaneous migrainous aura. Ann Neurol 43 (1): 25–31

Edvinsson L (2011) Tracing neural connections to pain pathways with relevance to primary headaches. Cephalalgia 31: 737–747

Goadsby PJ, Edvinsson L (1993) The trigeminovascular system and migraine: studies characterizing cerebrovascular and neuropeptide changes seen in humans and cats. Ann Neurol 33 (1): 48–56

Goadsby PJ et al. (2017) Pathophysiology of Migraine: A Disorder of Sensory Processing. Physiol Rev 97 (2): 553–622

Gormley P et al. (2016) Migraine genetics: from genome-wide association studies to translational insights. Genome Med 8: 86

Lang E et al. (2004) Hyperexcitability of the primary somatosensory cortex in migraine – a magnetoencephalographic study. Brain (127): 2459–69

Lassen LH et al. (2002) CGRP may play a causative role in migraine. Cephalalgia 22 (1): 54–61

Leão AAP (1947) Further Observations on the Spreading Depression of Activity in the Cerebral Cortex. J Neurophysiol 10: 409–414

Levy D, Burstein R, Strassman AM (2005) Calcitonin gene-related peptide does not excite or sensitize meningeal nociceptors: implications for the pathophysiology of migraine. Ann Neurol 58 (5): 698–705

Noseda R, Burstein R (2013) Migraine pathophysiology: anatomy of the trigeminovascular pathway and associated neurological symptoms, CSD, sensitization and modulation of pain. Pain 154 Suppl 1

Olesen J et al. (1990) Timing and topography of cerebral blood flow, aura, and headache during migraine attacks. Ann Neurol28 (6): 791–8

Schulte LH, May A (2016) The migraine generator revisited: continuous scanning of the migraine cycle over 30 days and three spontaneous attacks. Brain 139: 1987–93

Tepper SJ (2017) Anatomy and Pthophysiology of migraine. In: Mehle ME (ed) Sinus headache, migraine, and the otolaryngologist. Springer, Berlin Heidelberg New York

Tfelt-Hansen PC, Koehler PJ (2008) History of the use of ergotamine and dihydroergotamine in migraine from 1906 and onward. Cephalalgia 28 (8): 877–86

Waeber C, Moskowitz MA (2005) Migraine as an inflammatory disorder. Neurology 64 (10 Suppl 2): 9–15

Weiller C et al. (1995) Brain stem activation in spontaneous human migraine attacks. Nat Med 1 (7): 658–60

Literatur zu ▶ Abschn. 8.2

Barloese MCJ (2017) The pathophysiology of the trigeminal autonomic cephalalgias, with clinical implications. Clin Autonomic Res 33: 629–10

Barloese M, Lund N, Jensen R (2014) Sleep in trigeminal autonomic cephalagias: A review. Cephalalgia 34: 813–822

Buture A, Gooriah R, Nimeri R, Ahmed F (2016) Current Understanding on Pain Mechanism in Migraine and Cluster Headache. Anesth Pain Med 6: e35190

Costa A, Antonaci F, Ramusino M, Nappi G (2015) the neuropharmacology of cluster headache and other trigeminal autonomic cephalalgias. Curr Neuropharmacol 13: 304–323

Hoffmann J, May A (2018) Diagnosis, pathophysiology, and management of cluster headache. Lancet Neurol 17: 75–83

Jänig W (2006) Vegetatives Nervensystem. In: Schmidt RF, Schaible H-G (Hrsg) Neuro- und Sinnesphysiologie, 5. Aufl. Springer, Berlin Heidelberg New York, Kap 6

Láinez MJ, Guillamón E (2016) Cluster headache and other TACs: Pathophysiology and neurostimulation options. Headache 57: 327–335

Leone M, Proietti Cecchini A (2016) Advances in the understanding of cluster headache. Expert Rev Neurother 17: 165–172

May A, Ashburner J, Büchel C, McGonigle DJ, Friston KJ, Frackowiak RS, Goadsby PJ (1999) Correlation between structural and functional changes in brain in an idiopathic headache syndrome. Nat Med 5(7): 836–838

May A, Goadsby PJ (1999) The Trigeminovascular System in Humans: Pathophysiologic Implications for Primary Headache Syndromes of the Neural Influences on the Cerebral Circulation. J Cereb Blood Flow Metab 19: 115–127

May A, Bahra A, Büchel C, Frackowiak RS, Goadsby PJ (1998) Hypothalamic activation in cluster headache attacks. Lancet 352: 275–278

Naegel S, Holle D, Obermann M (2014) Structural Imaging in Cluster Headache. CurrPain Headache Rep 18 (5): 415

Neeb L, Anders L, Euskirchen P et al. Corticosteroids alter CGRP and melatonin release in cluster headache episodes. (2015) Cephalalgia. 35 (4): 315–326

Literatur zu ▶ Abschn. 8.3

Backonja M, Attal N, Baron R, Bouhassira D, Drangholt M, Dyck PJ et al. (2013) Value of quantitative sensory testing in neurological and pain disorders: NeuPSIG consensus. Pain 154 (9): 1807–19

Bouhassira D, Attal N (2016) Translational neuropathic pain research: A clinical perspective. Neuroscience 3; 338: 27–35

Colloca L, Ludman T, Bouhassira D, Baron R, Dickenson AH, Yarnitsky D, Freeman R, Truini A, Attal N, Finnerup NB, Eccleston C, Kalso E, Bennett DL, Dworkin RH, Raja SN (2017) Neuropathic pain. Nat Rev Dis Primers 16; 3: 17002

Finnerup NB, Attal N, Haroutounian S, McNicol E, Baron R, Dworkin RH et al. (2015) Pharmacotherapy for neuropathic pain in adults: a systematic review and meta-analysis. Lancet Neurol 14 (2): 162–73

Finnerup NB, Haroutounian S, Kamerman P, Baron R, Bennett DL, Bouhassira D et al. (2016) Neuropathic pain: an updated grading system for research and clinical practice. Pain 157 (8): 1599–606

Jensen TS, Finnerup NB (2014) Allodynia and hyperalgesia in neuropathic pain: clinical manifestations and mechanisms. Lancet Neurol 13 (9): 924–935

Kuner R, Flor H (2016) Structural plasticity and reorganisation in chronic pain. NatRev Neurosci 18 (1): 20–30

Lötsch J, Doehring A, Mogil JS, Arndt T, Geisslinger G, Ultsch A (2013) Functional genomics of pain in analgesic drug development and therapy. Pharmacol Ther 139 (1): 60–70

Maier C, Baron R, Enax-Krumova E (2016) Pathophysiologie und allegemeine Diagnostik neuropathischer Schmerzen. In: Maier C, Bingel H-C, Diener U (Hrsg) Schmerzmedizin. Elsevier, Berlin, Kap 9, S 168–169

Mainka T, Maier C, Enax-Krumova EK (2017) Mechanismenbasierte Therapie neuropathischer Schmerzen. Nervenheilkunde 5: 303–406

Terkelsen AJ, Karlsson P, Lauria G, Freeman R, Finnerup NB, Jensen TS (2017) The diagnostic challenge of small fibre neuropathy: clinical presentations, evaluations, and causes. Lancet Neurol 16 (11): 934–944

Sonstige neurologische Erkrankungen

O. Höffken, L. Müller, M. Kitzrow, F. Hopfner

© Springer-Verlag GmbH Deutschland, ein Teil von Springer Nature 2019
D. Sturm et al. (Hrsg.), *Neurologische Pathophysiologie*
https://doi.org/10.1007/978-3-662-56784-5_9

9.1   Narkolepsie mit Kataplexie

O. Höffken

■■ **Zum Einstieg**

Die Narkolepsie ist eine seltene und aufgrund ihrer klinischen Symptomatik für den untersuchenden Arzt häufig beeindruckende Erkrankung, die mit einer Störung der Schlaf-Wach-Stabilität einhergeht.

Neben der exzessiven Tagesschläfrigkeit finden sich weitere Symptome wie Kataplexien, Halluzinationen beim Einschlafen und Schlaflähmungen. Ursächlich wird ein immunologisch vermittelter Untergang Hypocretin/Orexin-haltiger Neurone im dorsolateralen Hypothalamus auf dem Boden einer genetischen Prädisposition angenommen.

In diesem Beitrag wird die Pathogenese der Narkolepsie dargestellt und die Bedeutung des hypocretinergen/orexinergen Systems auf die Symptome der Narkolepsie beschrieben.

Narkolepsie mit Kataplexie
- **Epidemiologie:** Seltene Erkrankung mit einer Prävalenz von ca. 2,5–5 Betroffenen pro 100.000 Personen.
- 90–95% sporadisch, selten symptomatische und familiäre Formen.
- Erste Symptome überwiegend in der Jugend.
- **Klinik:** Schlaf-Wach-Störung mit im Vordergrund stehender exzessiver Tagesschläfrigkeit.
- **Weitere Symptome:**
  - Kataplexien: passagere, durch starke Emotionen ausgelöste Tonusverluste der quergestreiften Muskulatur bei erhaltenem Bewusstsein.
  - Schlaflähmungen: beim Übergang vom Wachen zum Schlafen (hypnagog) oder Schlafen zum Wachen (hypnopomp) auftretende Bewegungsunfähigkeit.
  - Hypnagoge Halluzinationen: visuell, im Wach-Schlaf-Übergang auftretend, häufig angstbesetzt.
  - Gestörter Nachtschlaf: lange nächtliche Wachliegezeiten, vermehrte Schlafstadienwechsel.
  - Automatisches Verhalten: bei Schläfrigkeit auftretend, häufig fehlerhaftete Fortsetzung automatisierter Tätigkeiten.
- Polysomnografisch lassen sich verkürzte Einschlaflatenzen, vorzeitiger REM-Schlaf (Sleep-Onset-REM) und ein gestörtes Schlafprofil nachweisen.
- **Therapie:**
  - Nichtmedikamentös: verhaltensmodifizierende Maßnahmen, Schlafhygiene, Coping-Strategien, individuell angepasste Tagschlafepisoden.
  - Medikamentös: Stimulanzien, Antidepressiva, Natriumoxybat, Histamin-Rezeptor-Modulatoren

Die erste wissenschaftliche Beschreibung der Narkolepsie geht auf Carl Friedrich Otto Westphal (1833–1890) zurück, der sie als „eigentümliche mit Einschlafen verbundene Anfälle" im Archiv für Psychiatrie und Nervenkrankheiten veröffentlichte.

Begriff „Narkolepsie" (Gélineau)   Der französische Arzt Jean-Baptiste-Edouard Gélineau prägte erstmals den Begriff „narcolepsie" (griechisch: nárkōsis = In-Schlaf-Versetzen, lêpsis = Anfall) in seiner Publikation „Von der Narkolepsie". 1960 erfolgte die medikamentöse Behandlung der Kataplexien mit trizyklischen Antidepressiva, und erst 1998, 120 Jahre nach der Erstbeschreibung, wurde Hypocretin bzw. Orexin als wesentliche pathogenetische Ursache der Narkolepsie entdeckt.

9.1.1   Die Bedeutung von Hypocretin/Orexin

Die größte Bedeutung für die Pathophysiologie der Narkolepsie hat die Entdeckung von Hypocretin bzw. Orexin. Das Neuropeptid Hypocretin oder Orexin wurde annähernd zeitgleich 1998 von zwei Forschergruppen beschrieben, sodass die Bezeichnung bis heute synonym genutzt wird. Im Folgenden wird aus didaktischen Gründen die Bezeichnung Hypocretin genutzt. Die im lateralen Hypothalamus gebildeten Peptide Hypocretin-1 und -2 werden aus demselben Vorläufer Präpro-Hypocretin gebildet und binden an die G-Protein-gekoppelten Hypocretin-Rezeptoren 1 und 2.

> ❯ **Hypocretin ist an verschiedenen neuronalen Prozessen wie der Stabilisierung von Schlaf- und Wachzuständen, neuroendokrinen Funktionen, Essverhalten und Energiehaushalt beteiligt.**

Hypocretin wird hauptsächlich im Wachsein ausgeschüttet, insbesondere bei starken Emotionen. Mehr als 90% der Patienten mit Narkolepsie und Kataplexie (Typ 1) weisen erniedrigte Hypocretin-Spiegel im Liquor (<110 pg/ml) auf, was in postmortalen Untersuchungen einem Verlust von über 90% der Hypocretin-exprimierenden Neurone im Hypothalamus entspricht (Dauvilliers 2014). Dieser Zusammenhang ist recht spezifisch, da ein begleitender Verlust anderer, benachbart gebildeter Hormone nicht nachgewiesen wurde. Eine ursächliche Veränderung des Hypocretin-Rezeptor-Gens konnte selbst bei einer familiären Häufung dieser Erkrankung nicht gefunden werden.

9.1.2   Pathogenese

Die Ätiologie der idiopathischen Narkolepsie ist bisher noch nicht vollständig geklärt. Am ehesten geht man von einer immunologischen Genese bei genetischer Prädisposition aus.

9.1.2.1 Genetische Faktoren
Die Narkolepsie tritt überwiegend sporadisch auf, aber eine familiäre Prädisposition wurde schon früh beschrieben. Das Risiko eines betroffenen Elternteils, ein ebenfalls betroffenes Kind zu haben, liegt bei 1–2%. Selbst bei einem monozygoten Zwilling liegt das Risiko für den anderen

Zwilling, eine Narkolepsie zu bekommen, bei nur 32% (Scammell 2015), was den Schluss zulässt, dass andere Faktoren an der Pathogenese beteiligt sind.

■ ■ **HLA-Assoziation**
Die Narkolepsie ist die Erkrankung mit der höchsten HLA (humanes Leukozyten-Antigen)-Assoziation. HLA ist eine Genregion, die den MHC („major histocompatibility complex") kodiert. Es ist auf Chromosom 6 lokalisiert und in drei Subregionen (Klasse I, II und III) unterteilt (◻ Abb. 9.1).

Spezifische Komponenten der HLA-Klasse II kodieren die HLA-DRB1-, DQA1- und DQB1-Haplotypen, die einen Zusammenhang mit Autoimmunerkrankungen wie rheumatoider Arthritis oder Typ-1-Diabetes haben. Der Haplotyp HLA DRB1*1501-DQB1*0602 findet sich bei ca. 90–98% der Patienten mit Narkolepsie und Kataplexien und bei ca. 40% bei Narkolepsie ohne Kataplexien; jedoch weisen auch ca. 20–25% der gesunden Bevölkerung diesen Haplotyp auf (Scammell 2015). Des Weiteren gibt es aber auch Haplotypen, die sich bei Narkolepsiepatienten nur extrem selten finden (HLA DQB1*0601, *0501, *0603 und DQA1*01), sodass sie als „protektive Gene" gelten (Hor 2010).

■ ■ **Weitere genetische Faktoren**
In einer Genom-weiten Analyse konnte zudem eine starke Assoziation zwischen dem Auftreten der Narkolepsie und einem Polymorphismus des T-Zell-Rezeptor-Alpha-Locus (TRC α) nachgewiesen werden (Hallmayer 2009). Darüber hinaus wurden Assoziationen mit dem P2RY11 („purinergic receptor subtype 2Y11")-Gen beschrieben. Dieser Rezeptor wird in zytotoxischen T-Lympho-

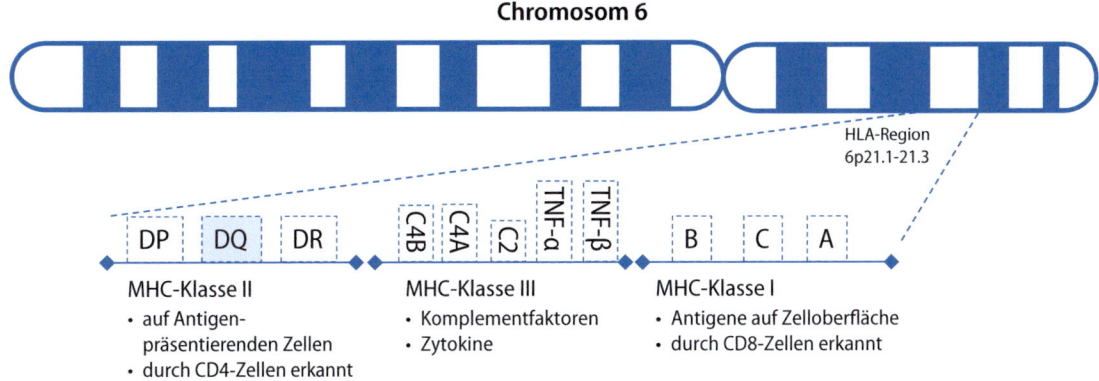

Chromosom 6

HLA-Region
6p21.1-21.3

| DP | DQ | DR | | C4B | C4A | C2 | TNF-α | TNF-β | | B | C | A |

MHC-Klasse II
- auf Antigenpräsentierenden Zellen
- durch CD4-Zellen erkannt

MHC-Klasse III
- Komplementfaktoren
- Zytokine

MHC-Klasse I
- Antigene auf Zelloberfläche
- durch CD8-Zellen erkannt

◻ **Abb. 9.1**   Die HLA-Region auf Chromosom 6 und die entsprechenden MHC-Klassen

zyten exprimiert und spielt eine wichtige Rolle in der Regulation der Zellmigration, der Zytokinausschüttung und für den Zelltod (Dye 2016).

Des Weiteren wurden bei der Narkolepsie eine Genmutation der DNMT 1 (DNA Methyltransferase; Bedeutung bei der Differenzierung von CD4+-Zellen in regulatorischen T-Zellen) (Winkelmann 2012) und die Suszeptibilitäts-Gene CTSH, TCRA, TCRB, P2RY11, EIF3G, ZNF365, IL10RB-IFNAR1, CTSH und TNFSF4 identifiziert (Scammell 2015).

Diese Assoziationen sprechen für eine immunologische Pathogenese der Narkolepsie. Der molekulargenetische Nachweis eines Gen-Ortes für die Narkolepsie gelang bisher nicht, wenn auch weitere genetische Polymorphismen angenommen werden.

9.1.2.2 Immunologische Faktoren

Viele Patienten berichten über das Auftreten erster Symptome einer Narkolepsie nach Infekten. In Studien konnte ein zeitlicher Zusammenhang mit einer Streptokokkeninfektion und dem Auftreten der Narkolepsie gezeigt werden. So fanden sich insbesondere in der Frühphase der Erkrankung erhöhte Titer von Anti-Streptolysin-O (ASO) und anti-DNAase B (ADB), die im Verlauf abfielen (Burgess 2012). Hierbei scheint auch der Zeitpunkt der Infektion eine Rolle zu spielen, wobei Infekte vor der Pubertät besonders relevant für die spätere Entwicklung einer Narkolepsie zu sein scheinen (Picchioni 2007). Als weiterer Faktor konnten bei Beginn der Erkrankung Antikörper gegen „tribbles homolog 2", ein Protein, das in vielen Neuronen und Gliazellen, aber auch in Hypocretin-produzierenden Zellen gefunden wird, im Serum nachgewiesen werden (Cvetkovic-Lopes 2010).

Nach Impfung gegen die pandemische H1N1-Influenza 2009/2010 (Schweinegrippe) wurde im August 2010 von der schwedischen Arzneimittelbehörde über Fälle einer Narkolepsie bei Kindern und Jugendlichen nach dieser Impfung berichtet, sodass ein Zusammenhang angenommen wird (Oberle 2017). Trotz unterschiedlicher Impfstoffe konnte die erhöhte Inzidenz an Narkolepsieerkrankungen vor allem bei dem mit dem Adjuvans AS03 versehenen Impfstoff (Pandemrix) nachgewiesen werden. Als ursächlich wird eine Homologie zwischen H1N1-Epitopen und einem Peptid, das in Hypocretin-produzierenden Zellen gebildet wird, angenommen.

Im Rahmen von In-vitro-Studien wurde eine Aktivierung der Transkription des Gens des Transkriptionsfaktors Nrf2 nach Zugabe von α-Tocopherol (oder Vitamin E; Bestandteil von AS03) zu humanen neuronalen Zellen angenommen (Masoudi 2014a, b). Die Nrf2-Aktivierung ging mit einer vermehrten Bildung von Hypocretin und einer Untereinheit des Proteasoms in diesen Zellen einher, zudem erhöhte sich die Sensitivität der α-Tocopherol-behandelten neuronalen Zellen gegenüber apoptoseverursachenden Stimuli (Paul-Ehrlich-Institut 2016). Inwiefern das Adjuvans AS03 jedoch die erhöhte Rate an Narkolepsieerkrankungen erklärt, bleibt offen; insbesondere, da in Kanada ebenfalls ca. 12 Millionen Menschen mit einem Vakzin behandelt wurden, das Adjuvans AS03 enthielt, und keine erhöhte Erkrankungsrate festgestellt wurde (Montplaisir 2014).

Ende Oktober 2016 meldete auch das Paul-Ehrlich-Institut in Deutschland 86 Narkolepsieverdachtsfälle nach der Pandemrix-Impfung. Betroffen waren 37 Kinder und Jugendliche im Alter von 7–17 Jahren und 48 Erwachsene (Paul-Ehrlich-Institut 2016).

Es gibt aber auch Beobachtungen, die gegen eine immunvermittelte Pathogenese der Narkolepsie sprechen. So konnten bisher kein narkolepsiespezifischer Antiköper nachgewiesen werden. Zudem fehlen Zeichen einer Infektion in der MR-tomographischen Bildgebung des zentralen Nervensystems, im Liquor und in Autopsien. Auch finden sich keine sonstigen immunvermittelten Erkrankungen bei Narkolepsiepatienten, und die Narkolepsie spricht nicht auf eine immunmodulierende Therapie mit Immunglobulinen oder Steroiden an (Dye 2016).

> **Zusammenfassend werden nach derzeitigem Kenntnisstand folgende autoimmunvermittelte Mechanismen vermutet: Streptokokken und virale Antigene können T-Zellen und B-Zellen über unterschiedliche Mechanismen aktivieren.**

■ ■ Molekulares Mimikry

Antigene vom H1N1-Virus oder von Streptokokken werden auf der Oberfläche von Antigen-präsentierenden Zellen in der Gegenwart des MHC DQA1*0102-DQB1*0602 präsentiert. T-Zellen werden über das Erkennen des Antigens über die T-Zell-Rezeptoren aktiviert. Im Verlauf migrieren sie in das zentrale Nervensystem, erkennen über

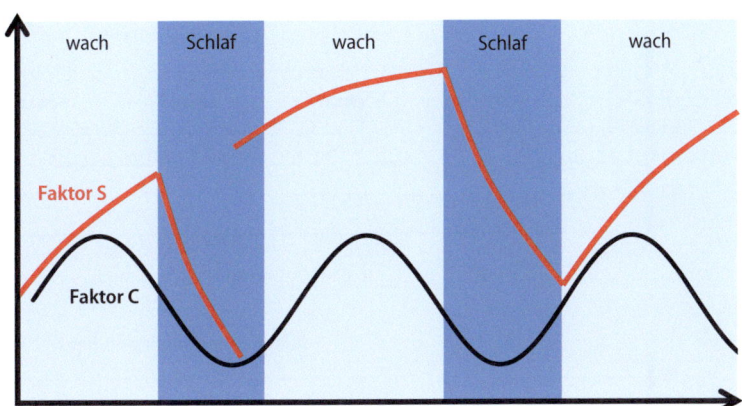

◻ Abb. 9.2 Zwei-Prozess-Modell von Borbély. Der rhythmische Faktor C (schwarze Kurve) entspricht der inneren Uhr und gibt die tageszeitliche Schwankung der Vigilanz und somit die optimale Zeit zum Schlafen an. Der homöostatische Faktor S (rote Kurve) stellt den Schlafbedarf bzw. die Tiefschlafbereitschaft dar. Sie wird durch Schlaf abgebaut.

eine Kreuz-Reaktivität das Hypocretin-Antigen und attackieren es.

■ ■ **Superantigen vermittelte T-Zell-Aktivierung**
Superantigene wie Streptokokken können Antigen-unabhängig T-Zellen aktivieren, in dem sie eine Vernetzung zwischen den T-Zell-Rezeptoren der T-Zellen und den MHC-II-Molekülen bilden und so wie Toxine wirken.

■ ■ **Bystander-Aktivierung**
Da Neurone nur geringe MHC-II-Moleküle exprimieren, ist eine T-Zell-Antwort über den üblichen Antigen-abhängigen Weg eher unwahrscheinlich. Autoreaktive CD4+-T-Zellen können jedoch auch durch eine generalisierte Immunaktivierung unabhängig von spezifischen Antigenen aktiviert werden (Bystander-Aktivierung).

9.1.3 Pathophysiologie der Symptome

9.1.3.1 Exzessive Tagesschläfrigkeit und Instabilität von Schlafen und Wachheit

Die physiologische Regulation von Schlaf und Wach unterliegt komplexen, sich gegenseitig beeinflussenden Systemen (Cajochem 2009):
– Ncl. suprachiasmaticus (SCN; ventraler Hypothalamus): „Endogener Schrittmacher", vermittelt zirkadiane Rhythmik an angrenzende Nuclei des anterioren Hypothalamus (Ncl. paraventricularis, Ncl. subparaventricularis, Nucleus dorsomedialis, mediales präoptisches Areal [MPOA]); diese haben Einfluss auf die Steuerung von Schlaf, der Körperkerntemperatur und endokriner Parameter. Der SCN erhält Feedback durch Melatonin aus der Epiphyse, welches bei Dunkelheit ausgeschüttet wird.
– Ventrolaterale präoptische Gegend (VLPO; Hypothalamus): „Initiator des Schlafs", erhält indirekt Informationen aus SCN, initiiert Schlaf durch Blockade cholinerger, adrenerger und serotonerger Arousal-Systeme im Hirnstamm und histaminerger Arousal-Systeme im posterioren Hypothalamus. VLPO wird durch während Wachheit abgebautes Adenosin angesteuert.
– Ultradianer Oszillator im Hirnstamm in der mesopontinen Kreuzung: Kontrolliert den regelmäßigen Wechsel zwischen NREM- und REM-Schlaf mittels cholinerger REM-on- und aminergen REM-off-Zellengruppen. Dieser bestimmt auch den chronobiologisch ultradianen Rhythmus mit zyklischem REM- und Non-REM-Wechsel im Schlaf

Zwei Prozesse bestimmen das zeitliche Auftreten, die Länge, die Intensität und die Struktur des Schlafes: ein homöostatischer und ein zirkadianer Prozess (Zwei-Prozess-Modell von Borbély; ◻ Abb. 9.2):
– Prozess Z (zirkadian) entspricht der zirkadianen Rhythmik und gibt den eigenen optimalen Zeitraum zum Wach und Schlaf wieder.
– Prozess S (homöostatisch) gibt den Schlafbedarf bzw. den Tiefschlafdruck an. Er baut sich während des Wachens auf und im Schlaf ab.

Als Ursache der Schläfrigkeit bei Narkolepsie werden sowohl gestörte zirkadiane Rhythmen als auch der gestörte Nachtschlaf selbst diskutiert

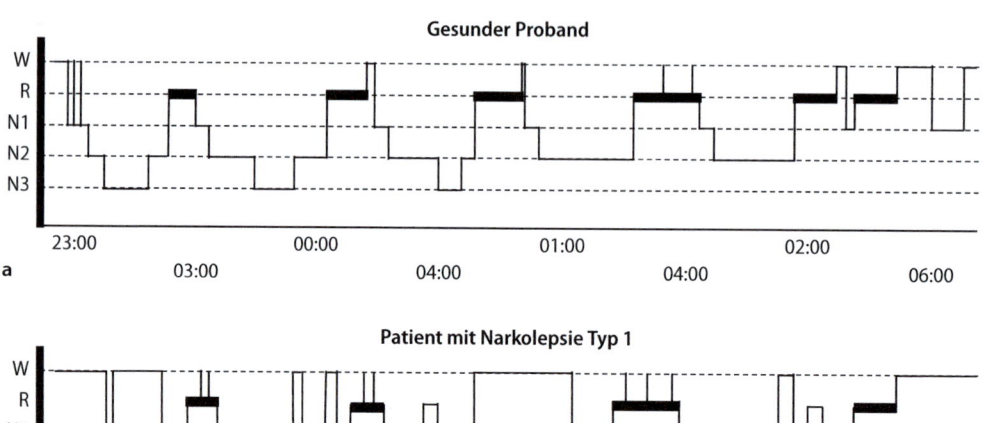

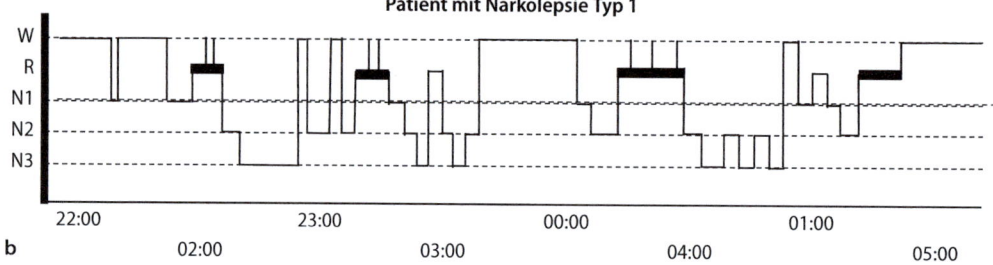

Abb. 9.3a, b Hypnogramme. **a** Hypnogramm eines gesunden Probanden mit 5-zyklischem Aufbau. **b** Hypno- gramm eines Patienten mit einer Narkolepsie Typ 1 mit vielen Wechseln der Schlafstadien und frühem REM-Schlaf

9

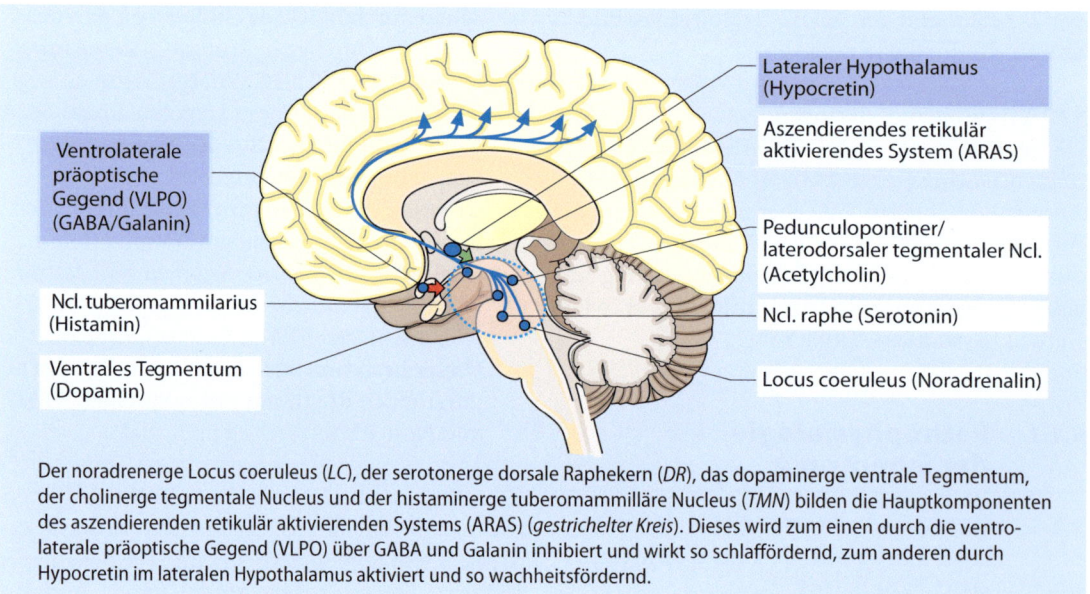

Der noradrenerge Locus coeruleus (*LC*), der serotonerge dorsale Raphekern (*DR*), das dopaminerge ventrale Tegmentum, der cholinerge tegmentale Nucleus und der histaminerge tuberomammilläre Nucleus (*TMN*) bilden die Hauptkomponenten des aszendierenden retikulär aktivierenden Systems (ARAS) (*gestrichelter Kreis*). Dieses wird zum einen durch die ventro- laterale präoptische Gegend (VLPO) über GABA und Galanin inhibiert und wirkt so schlaffördernd, zum anderen durch Hypocretin im lateralen Hypothalamus aktiviert und so wachheitsfördernd.

Abb. 9.4 Regulation von Schlaf und Wach

(**Abb. 9.3**). Jedoch wird die Nachtruhe trotz frag- mentiertem Nachtschlaf bei Narkolepsiepatienten häufig als erholsam charakterisiert, und die Tages- schläfrigkeit korreliert nicht mit der Beurteilung der Qualität des Nachtschlafes (Burgess 2012).

Neurophysiologisch kontrollieren zwei wich- tige Systeme die Hauptkomponenten des aszendie- renden retikulär aktivierenden Systems (ARAS):

- Der laterale Hypothalamus aktiviert das ARAS u. a. mittels Hypocretin und fördert so die Wachheit.
- Neurone in der ventrolateralen präoptischen Gegend (VLPO) inhibieren das ARAS mittels GABA/Galaninin und wirken somit schlaf- fördernd (**Abb. 9.4**).

Eine Störung von Komponenten dieser Systeme kann Störungen der Schlaf-Wach-Stabilität oder des zyklischen Ablaufes des Schlafes hervorrufen. Der Untergang des hypocretinergen Einflusses führt sowohl zu einer Instabilität des Wachseins als auch des Schlafes und konsekutiv zu einer niedrigen Schwelle für den Wach-Schlaf- und Schlaf-Wach-Übergang. Somit wird das Symptom des fragmentierten Nachtschlafes erklärbar (Scammel 2015).

9.1.4   Kataplexie

> **Kataplexie**
>
> Als Kataplexie wird ein kurzer, durch starke Emotionen getriggerter, unwillkürlicher, bilateraler Tonusverlust der quergestreiften Muskulatur bezeichnet, der bei erhaltenem Bewusstsein auftritt.

Nach der Kataplexie finden sich keine neurologischen Defizite oder eine Amnesie. Die Kataplexie ist pathognomonisch für die Narkolepsie. Kataplexieähnliche Symptome wurden auch für den Morbus Niemann-Pick beschrieben. Im Verlauf der Narkolepsie mit im Vordergrund stehender exzessiver Tagesschläfrigkeit folgen Symptome der Kataplexie häufig innerhalb eines Jahres, wenngleich sie auch erst Jahre später auftreten können. Kataplexien wurden auch bei Pferden, Hunden und Mäusen beschrieben.

Kataplexien sind manchmal schwierig zu diagnostizieren, da sie sich intra- und interindividuell unterscheiden können; sie reichen von einer partiellen Schwäche, zumeist der mimischen Muskulatur, bis zum vollständigen bilateralen Verlust des Tonus der quergestreiften Muskulatur, der sich zumeist von kranial nach kaudal ausbreitet.

> **Die Zwerchfellmuskulatur und die äußeren Augenmuskeln sind von einer Kataplexie nicht betroffen**

Häufig hat auch das Ausmaß des emotionalen Triggers Einfluss auf die Ausprägung der Kataplexie. Typisch sind eine Sprechstörung, eine Schwäche der mimischen Muskulatur und Zittern des Mundes und des Kopfes. 30% der betroffenen Narkolepsiepatienten weisen nur eine partielle Schwäche auf, 50% erfahren sowohl partielle als auch vollständige Paresen (Overeem 2011). Einige

Betroffene berichten über begleitende Halluzinationen oder ein Entfremdungsgefühl. Verletzungen treten eher selten auf, da eine bevorstehende Kataplexie häufig „erahnt" wird. Gefährdende Situationen können jedoch dennoch, z. B. beim Schwimmen, auftreten.

Die Dauer einer kataplektischen Episode variiert von einigen Sekunden bis zu einigen Minuten. Lang andauernde oder ständig wiederkehrende Kataplexien werden als **Status cataplecticus** bezeichnet und sind meist Folge des abrupten Absetzens einer antikataplektischen Medikation. Bei Kindern können sich Kataplexien völlig anders im Sinne „negativer" (Hypotonie) und „positiver" (Mundöffnen mit Herausstrecken der Zunge, Dyskinesien-Dystonien) Bewegungsauffälligkeiten präsentieren; nicht selten auch ohne erkennbaren emotionalen Trigger (Plazzi 2011).

Die Neigung zu Kataplexien dauert ein Leben lang an, die Frequenz kann sich jedoch im Alter vermindern. Die Frequenz der Kataplexien variiert intra- und interindividuell, von einmal pro Monat bis zu 100-mal am Tag. Eine entspannte Atmosphäre oder Müdigkeit können das Auftreten von Kataplexien fördern. Häufig vermögen es die Betroffenen, durch ein „Emotionsmanagement" auslösende Situationen zu vermeiden und entsprechende Emotionen nicht an sich heran zu lassen.

Physiologisch wird die Kataplexie häufig mit der REM-Schlaf-Atonie verglichen. Im REM-Schlaf ist nahezu die gesamte quergestreifte Muskulatur aton. Nicht betroffen sind, wie auch bei der Kataplexie, die äußeren Augenmuskeln, die glatte Muskulatur und die Zwerchfellmuskulatur. Kataplexien werden durch starke, zumeist positive Emotionen getriggert (Lachen, Stolz, Erstaunen oder Freude), aber auch negative Emotionen wie Frustration oder Ärger. Auch bei Gesunden kann es beim Lachen zu einer Muskelschwäche kommen, die vor allem die unteren Extremitäten betrifft („weiche Knie"). Elektrophysiologisch kann dieser Befund mit einer verminderten Auslösbarkeit des Hoffmann-Reflexes nachgewiesen werden.

Während einer Kataplexie finden sich in der Polysomnographie ein Mischbild aus Wach und REM sowie ein Verlust der EMG-Aktivität. Es wird vermutet, dass bei der Kataplexie die gleichen absteigenden pontomedullären Bahnen (Aktivierung von Nuclei im dorsalen Pons, laterodorsaler und pedunkulopontiner tegmentaler Nuclei) rekrutiert werden wie bei REM-Schlaf (◻ Abb. 9.5).

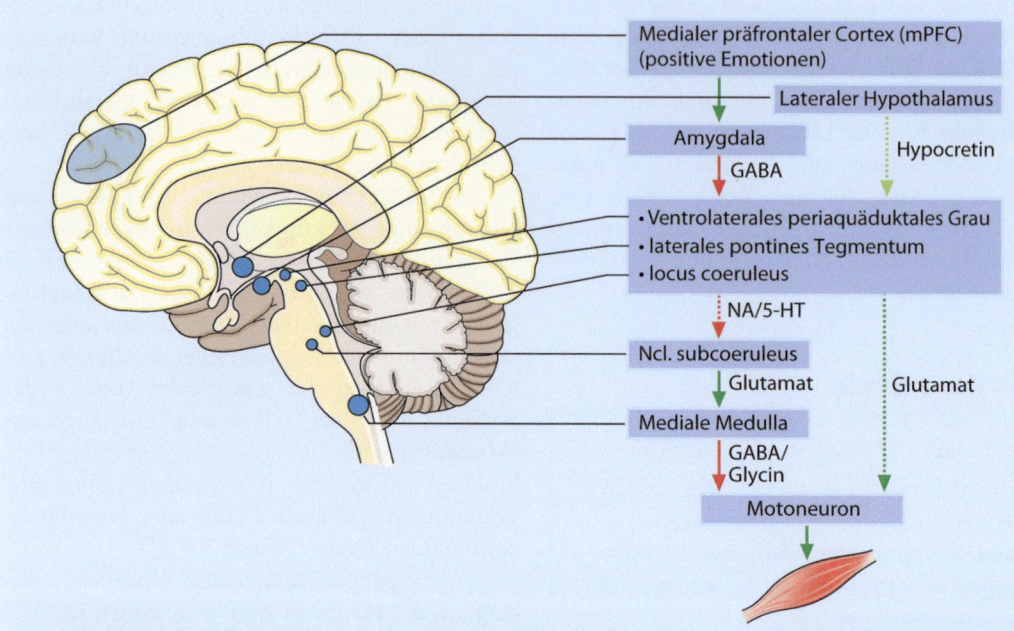

Die Atonie wird über Neurone im Ncl. subcaeruleus im Pons gesteuert. Diese aktivieren mittels Glutamat Neurone in der medialen Medulla, die wiederum über GABA und Glycin Motorneurone inhibieren. Die Atonie wird während Wachheit über verschiedene Signalwege unterdrückt. Während der Wachheit wird dieses System durch Neurone im ventrolateralen periaquäduktalen Grau/lateralen pontinen Tegmentum und durch monoaminerge Neurone gehemmt. Hypocretinerge Neurone im lateralen Hypothalamus sind bei Wachheit aktiv und aktivieren wiederum Neurone im ventrolateralen periaquäduktalem Grau/lateralen pontinen Tegmentum. Bei der Narkolepsie kommt es zum Fehlen der hypocretinergen Stimulation des ventrolateralen periaquäduktalen Graus/lateralen pontinen Tegmentums, sodass dieses nicht mehr hemmend auf den Ncl. subcaeruleus wirkt.

◻ **Abb. 9.5**   Regulation der Muskelatonie

9.1.5   Medikamentöse Therapie

Zur Behandlung der Tagesschläfrigkeit werden primär Stimulanzien eingensetzt, zur Behandlung von Kataplexien, Halluzinationen und Schlafparalysen werden Antidepressiva und γ-Hydroxybutyrat (GHB) genutzt (◻ Tab. 9.1).

❓ **Fragen zur Lernkontrolle**
- ▬ Was sind typische Symptome der Narkolepsie?
- ▬ Welche immunogenen Pathomechanismen werden als Grundlage des Untergangs hypocretinerger Neurone angenommen?
- ▬ Welchen Einfluss hat Hypocretin auf die Symptome der Narkolepsie?
- ▬ Welche beiden Systeme kontrollieren die Hauptkomponenten des aszendierenden retikulär aktivierenden Systems (ARAS)?

9.2   Normaldruckhydrozephalus (NPH)

L. Müller, M. Kitzrow

▪▪ **Zum Einstieg**

Der Normaldruckhydrozephalus („normal pressure hydrocephalus", NPH) ist eine chronische Erweiterung der inneren Liquorräume, die zumeist mit einem unauffälligen Liquordruck einhergeht. Es wird die idiopathische (primäre) Form von der sekundären Form – beispielsweise verursacht durch eine Resorptionsstörung des Liquor cerebrospinalis – unterschieden. Der idiopathische NPH entwickelt sich meist über Monate bis Jahre.

Klinisch zeigt sich häufig die sog. Hakim-Trias aus Gangstörung, Demenz und Harninkontinenz. Therapeutisch kommen wiederholte Entlastungspunktionen sowie eine operative Shunt-Anlage in Frage. Im vorliegenden Kapitel wird auf die bekannten pathophysiologischen Grundlagen einge-

◻ Tab. 9.1 Auswahl von Wirkstoffen, Dosierungen, Wirkstärke auf Tagesschläfrigkeit (TS), Kataplexien (K), Halluzinationen (H) und Schlafparalysen (SP) sowie deren Wirkmechanismus

Wirkstoff (Dosierung)	TS	K	H/P	Wirkmechanismus
Modafinil 100–400mg/d	✓	✗	≈	– adrenerge Stimulation – Inhibition Dopamin-Transporter – indirekte Erhöhung von Serotonin, Glutamat, Hypocretin Histamin – senkt GABA-Spiegel
Methylphenidat 10–60mg/d	✓	≈	✗	– indirekte Freisetzung von Dopamin – geringer ausgeprägte Effekte hat es auf Noradrenalin und Serotonin
Pitolisant max. 36mg/d	✓	✓		– kompetitiver Antagonismus/inverser Agonismus am H3-Rezeptor
γ-Hydroxybutyrat (GHB) 4,5–9 g/d	✓	✓	✓	– natürlicher Metabolit der γ-Aminobuttersäure (GABA) – wirkt am GHB- und GABA-Rezeptor – moduliert Dopamin-Aktivität
Clomipramin 10–150mg/d	✗	✓	✓	– unspezifische Momoamin- Wiederaufnahmehemmer, insbesondere von Noradrenalin, Serotonin und z. T. auch Dopamin
Venlafaxin 37,5–300mg/d	✓/≈	✓	✓	Serotonin- und Noradrenalin-Wiederaufnahmehemmer („off-label")

gangen und die Entwicklung der typischen Symptome beschrieben.

Normaldruckhydrozephalus

- **Epidemiologie:** Erkrankung vor allem in der älteren Bevölkerung mit einer Prävalenz von 0,2% bei 70- bis 79-Jährigen und 5,9% bei über 80-Jährigen (Jaraj et al. 2014).
- **Unterteilung:**
  - Primärer (idiopathischer) NPH: Entwicklung chronisch progredient über Monate bis Jahre.
  - Sekundärer NPH: infolge von Traumata, Infektionen u. a. m.; Entwicklung je nach Genese innerhalb von Tagen bis Wochen.
- **Klinik:** In ca. 50% der Fälle zeigt sich das Vollbild der Hakim-Trias mit **Inkontinenz** v. a. mit imperativem Harndrang, subkortikaler **Demenz** und einer **Gangstörung,** wobei letztere als obligates Kriterium angesehen wird (Hakim et al. 2001).
- **Bildgebung:** Überproportional weite Seitenventrikel mit periventrikulären Hypodensitäten und besonderer Betonung der Vorderhörner im CCT (Adams et al. 1965).

- **Therapie:** Druckentlastung: Zunächst Spinal-Tap-Test mit Entnahme von ca. 30–50 ml Liquor, bei Persistenz lumbale Liquordrainage für mehrere Tage sowie operative ventrikuloperitoneale Shunt-Versorgung

Der Normaldruckhydrozephalus („normal pressure hydrocephalus", NPH) ist eine chronische Erweiterung der inneren Liquorräume, die zumeist mit einem unauffälligen Liquordruck einhergeht. Man nimmt an, dass der NPH für ca. 1,5–5% der demenziellen Syndrome verantwortlich ist. In diesem Beitrag wird zunächst auf die Grundlagen der Liquorproduktion und -zirkulation eingegangen, anschließend werden die bislang bekannten Pathomechanismen der Erkrankung dargestellt.

9.2.1 Liquorproduktion und physiologische Liquorzirkulation

Die Bildung des **Liquor cerebrospinalis** erfolgt weitgehend im Bereich des inneren Liquorraums. Es handelt sich um eine zell- und eiweißarme

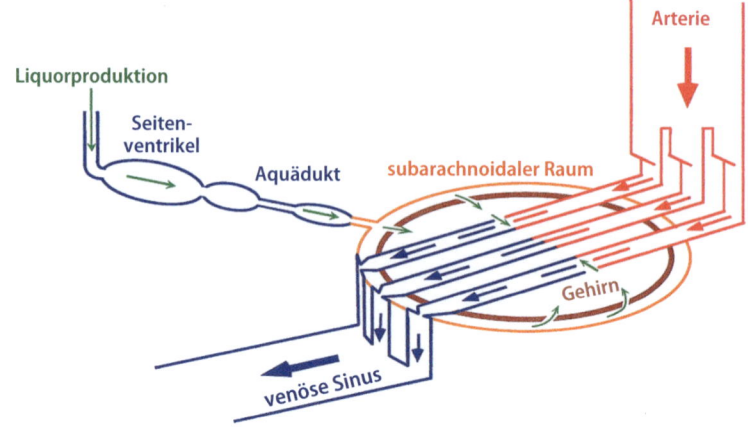

Abb. 9.6 Schematische Darstellung des unidirektionalen Liquorflusses, ausgehend vom Ort der Produktion im Ventrikelsystem bis zur Resorption im Bereich der Hirnkapillaren. (Aus: Greitz 2004)

klare Flüssigkeit. Der Hauptanteil (70–80%) wird von dem auf die vier Ventrikel verteilten **Plexus choroideus** gebildet. Speziell differenzierte Epithelzellen sezernieren in einem ATP-abhängigen Transport Na^+-, Cl^-- und HCO_3^--Ionen. Infolge des resultierenden osmotischen Gradienten kommt es dann zum Austritt von Wasser aus den Plexuskapillaren in den Ventrikelraum. Es besteht dabei eine direkte Assoziation von Liquorproduktion mit der Serumosmolarität und damit v. a. auch mit dem Hydratationszustand des Menschen. Eine Exsikkose kann vor diesem Hintergrund beispielsweise eine (moderate) intrakranielle Hypotension verursachen.

Die übrigen 20–30% des Liquors rekrutieren sich aus interstitieller Flüssigkeit, die wahrscheinlich über die Aquaporin-4-Kanäle der Ependymzellen, einem entsprechenden Konzentrationsgefälle folgend, in das Ventrikelsystem einströmt sowie aus dem Filtrat der Hirnkapillaren, dessen Produktion dem Starling-Prinzip folgt (Krishnamurthy und Li 2014).

Der Liquorfluss ist kraniokaudal ausgerichtet. Treibende Kraft des unidirektionalen „bulk flow" (Bewegung einer Flüssigkeit durch einen Druckgradienten) ist die vaskuläre Pulsation. Ausgehend von den beiden Seitenventrikeln setzt sich die Bewegung über das Foramen Monroi, den III. Ventrikel, das Aquädukt, den IV. Ventrikel und von da nach Passage der Foraminae Luschkae und des Foramen Magendii in den Subarachnoidalraum fort. Dort erfolgt die Resorption primär via den perivaskulären Raum der kortexnahen Arteriolen (und Venolen) schlussendlich über die Hirnkapillaren (☐ Abb. 9.6, ☐ Abb. 9.7). Dieser Prozess entspricht dem Flüssigkeits- und Proteinaustausch zwischen Interstitium und mikrovaskulärem Ge-

fäßbett, wie er auf identische Weise auch in allen übrigen Kompartimenten des Körpers stattfindet (Greitz 2002).

Insofern kommt den zerebralen Arteriolen und Kapillaren eine zentrale Bedeutung hinsichtlich der Regulation und Aufrechterhaltung der Flüssigkeitshomöostase des Gehirns zu, wobei unter physiologischen Bedingungen ein leicht positiver intrakranieller Druck (ICP) generiert wird.

Zu einem geringen Teil wird Liquor auch über die Perineuralscheiden der Spinal- und Hirnnerven, über das lymphatische System sowie unter entsprechenden Voraussetzungen vermutlich auch über das Ependym absorbiert. Ob zudem eine Drainage über die Pacchioni-Granulationen in den Sinus sagittalis und die Diploevenen erfolgt, ist umstritten, nicht zuletzt, da diese Arachnoidalzotten erst im Verlauf der juvenilen Ontogenese nach dem Verschluss der Fontanellen (3.–5. Lebensjahr) angelegt werden.

> **Die tägliche Liquorproduktion beträgt etwa 500 ml, sodass bei einem Gesamtvolumen des Ventrikelsystems und des Subarachnoidalraums von zusammen 120–150 ml innerhalb von 24 Stunden mehr als 3-mal ein kompletter Austausch erfolgt.**

Ein Passagehindernis innerhalb des Ventrikelsystems, einschließlich des Aquäduktes oder im Bereich der in die Cisterna magna drainierenden Foraminae Luschkae bzw. des Foramen Magendii, führt zur Ausbildung eines Hydrocephalus occlusus (= Hydrocephalus non communicans), weil Liquor zwar weitgehend ungehindert gebildet wird, jedoch nicht mehr (ausreichend) in den Intravasalraum abfließen kann. Mit der Zeit stellt

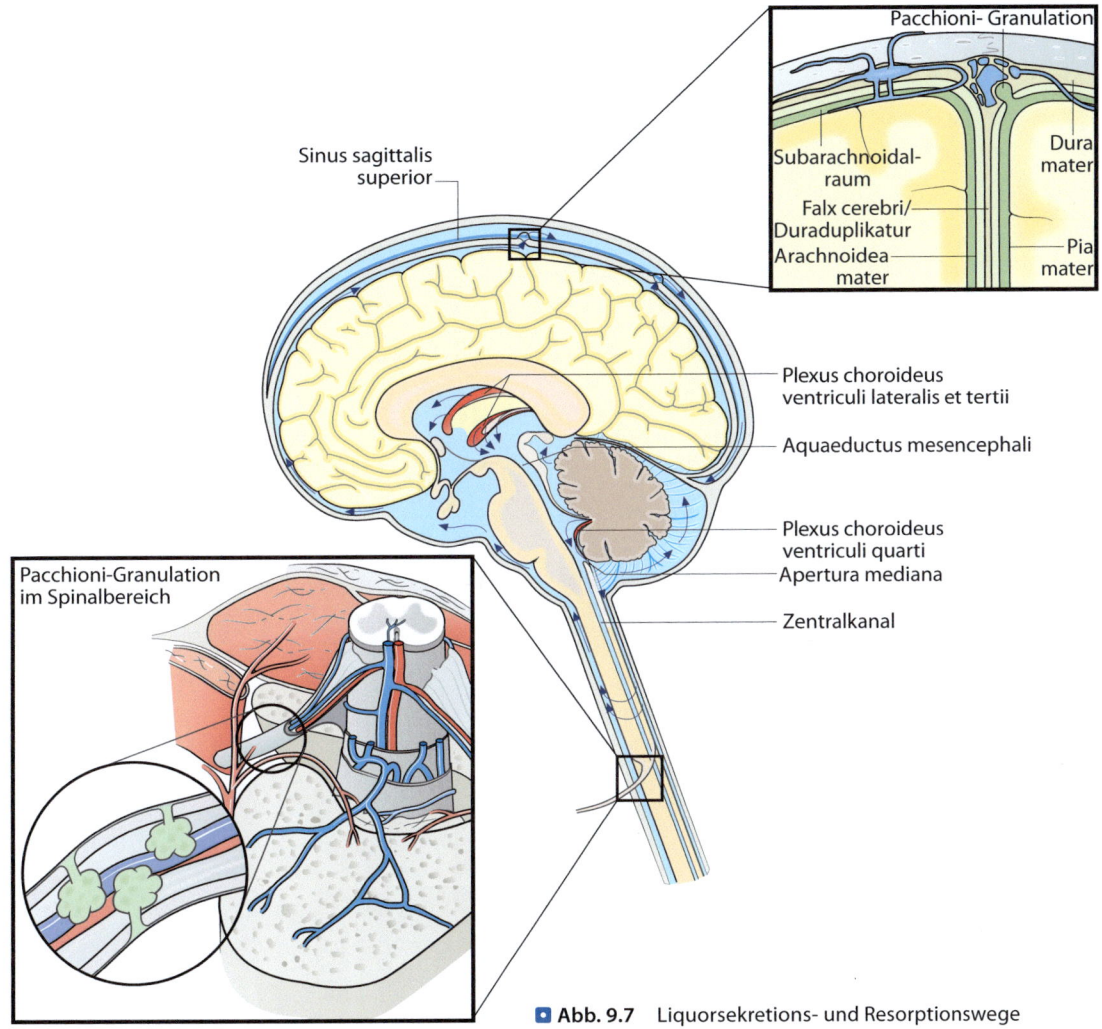

Sinus sagittalis superior

Pacchioni- Granulation

Subarachnoidal-raum

Falx cerebri/ Duraduplikatur

Arachnoidea mater

Dura mater

Pia mater

Plexus choroideus ventriculi lateralis et tertii

Aquaeductus mesencephali

Plexus choroideus ventriculi quarti

Apertura mediana

Zentralkanal

Pacchioni-Granulation im Spinalbereich

◻ **Abb. 9.7**   Liquorsekretions- und Resorptionswege

sich oft trotz eines weiterhin kompromittierten Liquorflusses ein neuer „steady state" mit einem nur gering oder gar nicht erhöhten ICP ein (Greitz 2004; Stephensen et al. 2002).

Ursächlich kann dem Hydrocephalus occlusus entweder eine intraventrikuläre Einblutung oder eine Kompression des Aquäduktes von außen zugrunde liegen.

Demgegenüber ist die genaue Entstehung eines Hydrocephalus communicans komplexer und noch nicht abschließend geklärt. Hierauf wird auch genauer in ▶ Abschn. 1.3 eingegangen. Allein ein Missverhältnis zwischen Liquorproduktion und -Resorption wird der Vielschichtigkeit des Krankheitsbildes keinesfalls gerecht und ist überdies nicht geeignet, die isolierte Dilatation des Ventrikelsystems zu begründen.

9.2.2   Pathogenese des primären (idiopathischen) Normal-druckhydrozephalus

Die Pathophysiologie des primären Normaldruck-hydrozephalus ist nicht abschließend geklärt. Es finden sich verschiedene pathophysiologische Veränderungen, die jedoch nicht immer unmittelbar in einem Zusammenhang stehen.

Neben dem im ▶ Abschn. 1.3. dargestellten Mechanismus existieren jedoch konkurrierende Modellvorstellungen zur Pathogenese der Erkrankung. Von einigen Autoren wird eine **reduzierte Resorptionsleistung** des Liquor cerebrospinalis als ursächlich gesehen. Diese kann u. a. durch einen reduzierten zerebralen Blutfluss – und damit auch verringerten venösen Abfluss – begründet

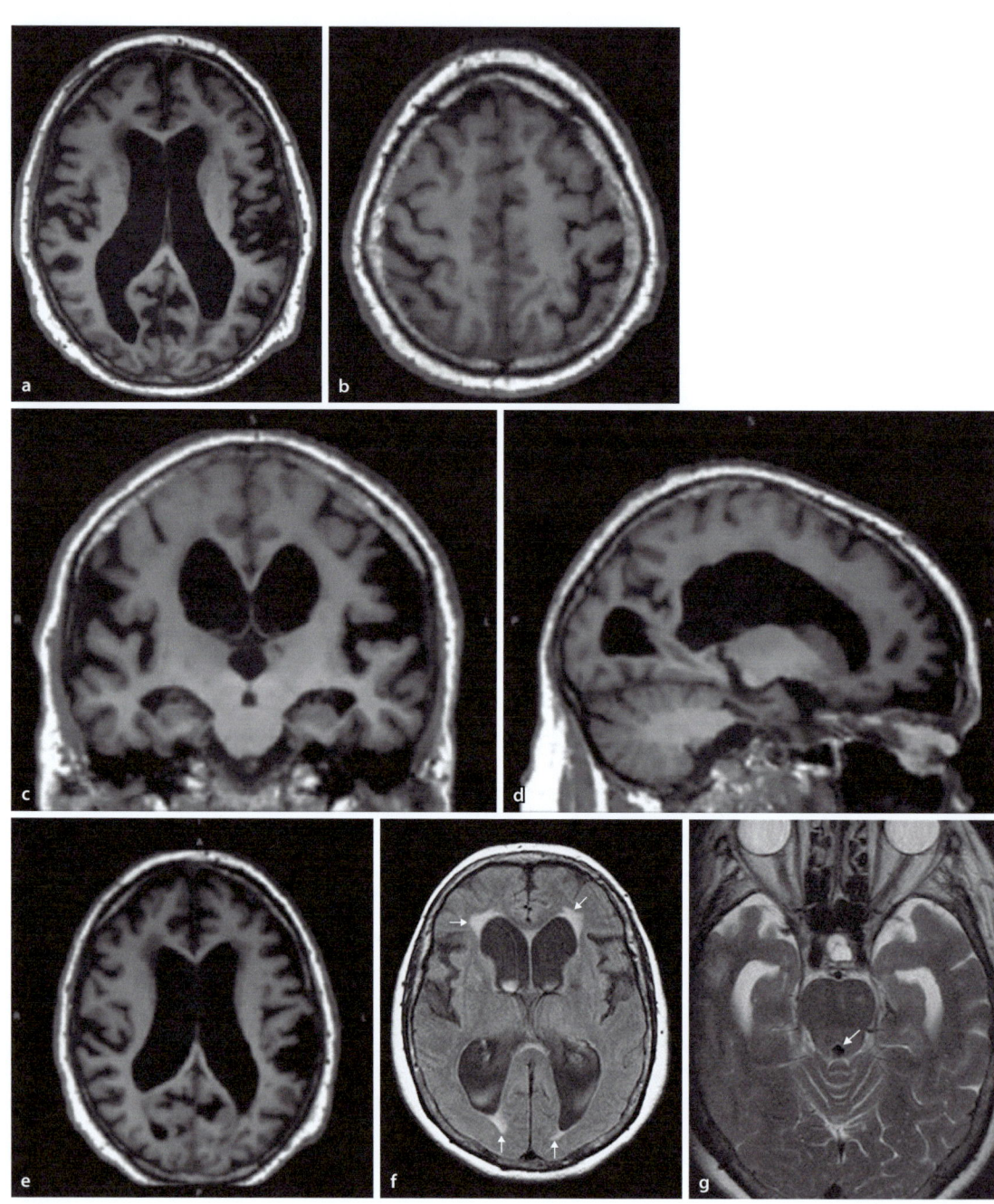

□ **Abb. 9.8a–g**   Weite innere und eher enge äußere Liquorräume bei einem Patienten mit NPH. **a, b** CT eines Patienten mit zusätzlicher Hirnatrophie. **c–e** MRT mit deutlich sichtbaren „Polkappen" (Pfeile in e), FLAIRw, kräftiges „flow void" im Aquädukt (Pfeil in g), T2w. (Aus: Berlit 2012 [a–e]; Linn et al. 2011 [f, g])

sein, in dessen Folge ebenso der transparenchymale Liquorabfluss gedrosselt ist (Bradley 2002). Dadurch kommt es zunächst zu einem diskreten passageren Liquordruckanstieg, der seinerseits zu einer Kompromittierung der Arachnoidalzotten führt. Hierauf folgt ein weiterer, meist nächtlicher Druckanstieg mit undulierendem Muster, wodurch sich wiederholte Phasen mit Normaldruckwerten erklären lassen.

Durch die intrakranielle Druckerhöhung kommt es zu einer allmählichen Aufweitung der Ventrikelwände (Levine 2008) (□ Abb. 9.8). Die größere Ventrikelfläche reduziert die Compliance des Gewebes, kann zur Ruptur des Ependyms führen und begünstigt die Liquordiapedese – das Nervenwasser wird gewissermaßen in das Hirnparenchym „hineingedrückt". Wahrscheinlich sind so auch die im Vergleich zum Gesunden erhöhten, pulsbedingten Liquordruckschwankungen zu erklären, die bei kontinuierlichen Messungen erhoben werden (Stephensen et al. 2002).

Des Weiteren scheinen **druckbedingte vaskuläre Veränderungen** (mit konsekutiver Abnahme der Compliance der Gefäße) Auswirkungen auf den zerebralen Blutfluss zu haben. Die pathologische Liquordiapedese, die zu einem erhöhten intraparenchymalen Druck führt, stört die Mikrozirkulation. So wird eine regionale Minderperfusion angenommen, die sich insbesondere im Bereich des periventrikulären Marklagers auswirkt (Owler und Pickard 2001). Es kommt zur axonalen Dysfunktion mit im Verlauf auftretender regionaler Schädigung der Marklagerfasern des Hirngewebes, die auch nach Druckentlastung persistiert. Dies kann ein Grund für den variablen Therapieerfolg sein.

> ❯ Infolge des erhöhten intrakraniellen Druckes kommt es zu einer Ausweitung der Liquorräume – wodurch sich der Hirndruck vorübergehend normalisiert – dieser undulierende Druckanstieg erklärt die vorherrschenden Phasen des „Normaldruckes".

■■ **B-Wellen**

Bei einer kontinuierlichen Liquordruckmessung über eine Ventrikelsonde oder indirekt über transkranielle Dopplersonografie oder Nahinfrarot-Spektroskopie können charakteristische Schwankungen – sogenannte B-Wellen – gemessen werden. Dies sind sinusoidale Druckschwankungen, die nach aktueller Definition in einem Zeitfenster von 0,33–3 Zyklen pro Minute auftreten (Spiegelberg et al. 2016). Sie spiegeln die vasogene Aktivität der zerebralen Autoregulation wider.

Als Ursprung werden neben einer sich rhythmisch ändernden CO_2-Konzentration mit konsekutiver Variation der Gefäßweite auch andere Mechanismen vermutet. Das Auftreten rampenförmiger B-Wellen (◻ Abb. 9.9) wird als hinweisend auf einen NPH angenommen und könnte die verminderte Compliance des Gewebes widerspiegeln.

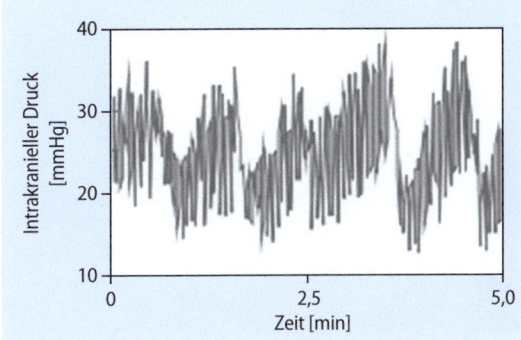

◻ **Abb. 9.9** Signal einer Hirndrucksonde mit Darstellung von rampenförmigen B-Wellen bei einem Patienten mit idiopathischem NPH. (Nach Elixmann und Steudel 2016)

9.2.2.1 Sekundärer Normaldruck-hydrozephalus

Ursachen für einen sekundären Hydrozephalus können vorangegangene Blutungen oder unterschiedliche Entzündungen des Hirnparenschyms und/oder der Meningen sowie Verlegungen des Liquorabflusses, z. B. durch einen Tumor, sein. Auf die Theorien zur Entstehung eines Hydrozephalus infolge einer **Subarachnoidalblutung** wird in ▶ Abschn. 1.3 ausführlich eingegangen.

> ❯ Bei einer generalisierten Störung des Liquorabflusses ohne Beeinträchtigung der Liquorzirkulation spricht man von einem kommunizierenden Hydrozephalus. Kommt es zu einer Unterbrechung der Liquorzirkulation (z. B. infolge einer tumorösen Verlegung des Aquäduktes), so handelt es sich um einen nicht-kommunizierenden Hydrozephalus.

9.2.3 Pathologische und histopathologische Veränderungen beim NPH

Zu den typischen **makroskopischen Veränderungen** beim Hydrozephalus zählen eine Abflachung der Gyri sowie das Verstreichen der Sulci vor allem nahe der Mittellinie sowie die Erweiterung der inneren Liquorräume – hier insbesondere der Vorder- und Hinterhörner aufgrund des geringeren Strukturwiderstandes der weißen Substanz gegenüber den zellreichen Stammganglien und Thalami. Im fortgeschrittenen, chronischen Stadium besteht eine Atrophie des Hirngewebes mit

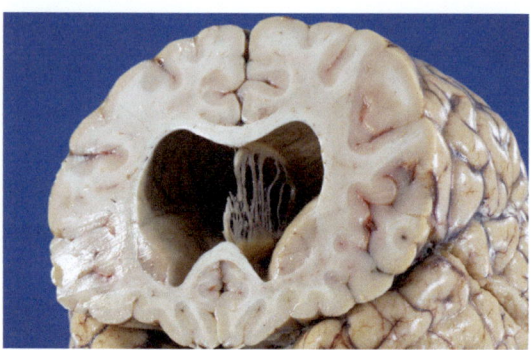

Abb. 9.10 Makroanatomisch sichtbare deutliche Veränderung bei idiopathischem Hydrocephalus mit Ausweitung der Ventrikelräume sowie Zerfaserung und teilweiser Destruktion des Septum pellucidum. (Aus: Paulus und Schröder 2012)

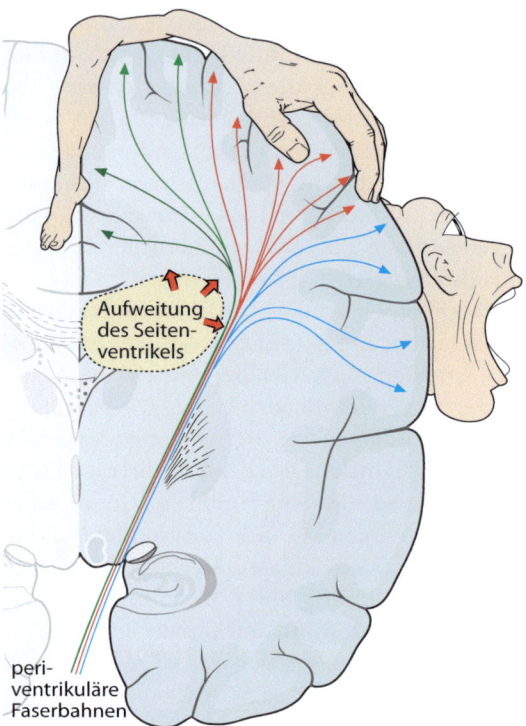

Abb. 9.11 Schematische Darstellung der periventrikulären Faserbahnen mit pathologischer Druckeinwirkung bei NPH.

Ausdünnung des Corpus callosum und Septum pellucidum (■ Abb. 9.10). Handelt es sich um einen nicht-kommunizierenden Hydrozephalus, können häufig ursächliche Aquäduktatresien oder -stenosen zur Darstellung kommen.

Histopathologisch zeigen sich insbesondere im Dach der Seitenventrikel Schädigungen des Ventrikelependyms. Es stellt sich abgeflacht dar mit einem Rückgang von Zilien und Mikrovilli. Im Falle eines längerbestehenden, chronischen Hydrozephalus entwickelt sich subependymal eine reaktive Gliose. Die Plexus choroidei zeigen ein atrophiertes Epithel und fibrosiertes Stroma. Die weiße Substanz des Marklagers ist insbesondere periventrikulär infolge des Liquordruckes ödematös geschwollen. Auch hier kann es zu einer reaktiven Astrogliose kommen.

9.2.4 Symptome des NPH und pathophysiologische Erklärungsansätze

Hakim und Adams beschrieben 1965 die noch heute gültige Symptomtrias des NPH (Adams et al. 1965).

9.2.4.1 Motorische Symptome

Der NPH manifestiert sich zumeist in Form einer Gangstörung unterschiedlichen Ausmaßes. Während es zu Beginn der Erkrankung zu einer leichten Gangunsicherheit kommt, folgt im Verlauf in aller Regel der „frontale Abasie/Astasietyp", der durch eine Hypokinesie der unteren Extremität mit breitbasigem „magnetischen Gang" sowie

einer erhöhten Wendeschrittzahl und einer Starthemmung gekennzeichnet ist.

Als mechanistischer Ansatz wird u. a. die Schädigung der periventrikulären Faserbahnen durch die oben genannte Ätiologie angenommen. Vor allem die Gangapraxie mit gesteigerten Reflexen der unteren Extremitäten wird durch den ventrikelnahen Verlauf der Pyramidenbahnaxone entlang der Frontalhörner erklärt, während die Faserbahnen zu den oberen Extremitäten weiter lateral verlaufen und dadurch weniger stark betroffen sind. Zudem wird angenommen, dass die pathologischen Veränderungen auch supplementärmotorische Areale involvieren, womit Projektionen zu den Basalganglien gestört werden (Lenfeldt et al. 2008) (■ Abb. 9.11).

9.2.4.2 Inkontinenz

Neben der Gangstörung besteht in ca. 40–50% der Fälle eine Harninkontinenz, während eine Stuhlinkontinenz selten und meist nur in fortgeschrittenen Stadien zu finden ist (De Mol 1986). Hierbei sind die frühen Zeichen der Inkontinenz am ehesten auf einen Verlust der willkürlichen supraspinalen Steuerung mit Störungen der Harnblasenfunktion zurückzuführen, die in einer Urge-Symptomatik resultiert. Die kortikalen Projektionen zu den Sphinkteren verlaufen ebenfalls periventrikulär und werden möglicherweise ähnlich wie die motorischen Bahnen geschädigt (Jurcoane et al. 2014). Im weiteren Verlauf sind zusätzliche Frontalhirnstörungen anzunehmen, die die Aufmerksamkeit und das Bewusstsein der Betroffenen einschränken und damit zur Zunahme der Inkontinenzproblematik führen.

9.2.4.3 Demenz

Kognitive Defizite zeigen sich in den testpsychologischen Verfahren außerordentlich häufig bei NPH-Patienten, während die Alltagskompetenz in sehr unterschiedlichem Ausmaß gestört ist. Durch vorwiegende Beeinträchtigung der Aufmerksamkeits- und Konzentrationsleistung wird die Demenz als subkortikal klassifiziert. Trotzdem zeigen sich auch Frontalhirn- und Gedächtnisstörungen. Nur selten können schwerwiegende demenzielle Symptome durch eine Liquorentlastungstherapie langfristig gebessert werden, was auf einen im Vergleich zu den vorgenannten Symptomen differenten Schädigungsmechanismus zumindest im Frühstadium hinweist. Es wird eine Störung mikrovaskulärer Prozesse z. B. durch den erhöhten intraparenchymalen Druck angenommen, was zu subkortikalen Läsionen führt. Diese könnten auch die apraktischen Erscheinungen v. a. beim Gehen erklären (Momjian et al. 2004).

9.2.4.4 Therapie des NPH

Ziel der klinischen Therapie ist die anhaltende Liquordrucksenkung, die durch wiederholte Liquorentlastungspunktionen erreicht werden kann. Sollte sich dies zwar initial als erfolgreich erweisen, jedoch keine langfristige Option darstellen, kann bei geeigneten Patienten mit entsprechend niedrigem perioperativem Risiko eine Shunt-Anlage erfolgen. Hierbei wird in einer Mehrzahl der Fälle ein Shunt zwischen einem Seitenventrikel und der Bauchhöhle (ventrikuloperitoneal) bzw. alternativ dem rechten Herzvorhof (ventrikuloatrial) mit zwischengeschaltetem Ventil zur Druckregulation eingebracht.

? **Fragen zur Lernkontrolle**
  - Auf welcher neuroanatomischen Grundlage lassen sich die klassischen Kardinalsymptome des idiopathischen Normaldruckhydrozephalus erklären?
  - Welches klinische Zeichen wird beim NPH als obligat für die Diagnosestellung eines NPH gefordert?
  - Was messen B-Wellen und wieso spielen sie bei der Diagnostik des NPH eine Rolle?
  - Was grenzt den sekundären vom primären NPH ab?

9.3 Essenzieller Tremor

F. Hopfner

■ ■ Zum Einstieg
Der essenzielle Tremor (ET) stellt nach dem Restless-Legs-Syndrom die zweithäufigste Bewegungsstörung dar. Der Tremor tritt in der Regel im Bereich der Arme und Hände auf, aber auch andere Köperteile wir Kopf, Stimme, Rumpf, Gesicht oder Beine können betroffen sein. Das mittlere Erkrankungsalter liegt bei ca. 40 Jahren.

Trotz einer starken erblichen Komponente und der Häufigkeit des ETs steht die genetische Forschung noch am Anfang. Es handelt sich um ein nicht neurodegeneratives Tremorsyndrom, das im zentralen Nervensystem entsteht – wahrscheinlich im Bereich des kortiko-olivo-zerebello-thalamischen Netzwerkes. Betablocker stellen die Therapie der Wahl des essenzielllen Tremors dar. Sollten diese im Laufe der Zeit an Wirksamkeit verlieren oder mit starken Nebenwirkungen einhergehen, steht als weitere Therapieoption die tiefe Hirnstimulation zur Verfügung.

Essenzieller Tremor (ET)
  - Zweithäufigste Bewegungsstörung nach dem Restless-Legs-Syndrom, familiäre Häufung.
  - An der Entstehung von Tremoroszillationen sind subkortikale (olivo-zerebelläre) Zentren und kortikale motorische Zentren beteiligt
  - **Klinik:** Bilateraler Tremor der Hände oder Unterarme mit überwiegendem Halte- und Aktionstremor bei Abwesenheit anderer neurologischer Zeichen (Ausnahme: Zahnradphänomen, Froment-Zeichen, leichte dysmetrische/ataktische Gangstörung).

- **Verlauf:** Zweigipflige Verteilung
  - Gruppe 1: junges Alter (ca. 20. Lebensjahr) bei Erkrankungsbeginn, langsamer Krankheitsprogress.
  - Gruppe 2: höheres Alter (50. Lebensjahr) bei Erkrankungsbeginn und schnelleres Voranschreiten der Erkrankung.
- **Medikamentöse Therapie:** Propranolol, Primidon (ggf. in Kombination), Topiramat, Gabapentin.
- **Operative Therapie:** Stereotaktische Therapie (tiefe Hirnstimulation; THS): Implantation von Elektroden in den Nucleus ventralis intermedius des Thalamus bzw. in die unmittelbar subthalamisch gelegene Region der Zona incerta, mit dauerhaft hochfrequenter Stimulation.

9

9.3.1 Einteilung

Ein Tremor tritt im Rahmen verschiedener neurologischer Erkrankungen oder isoliert, als eigenständige Erkrankung, auf. Man unterscheidet einen Ruhe- und einen Aktionstremor (◨ Abb. 9.12). Letzterer kann in den posturalen (Haltetremor) und den kinetischen Tremor (Tremor bei Bewegung) subklassifiziert werden. Der kinetische Tremor wird weiterhin in einen nicht zielgerichteten, einen zielgerichteten und einen positions- oder aufgabenspezifischen Tremor eingeteilt. Der essenzielle Tremor (ET) tritt zumeist als posturaler und/oder kinetischer Tremor auf.

9.3.2 Epidemiologie und Verlauf

Der essenzielle Tremor ist die häufigste Tremorform und nach dem Restless-Legs-Syndrom (RLS) die zweithäufigste Bewegungsstörung überhaupt. Die Angaben zur Prävalenz schwanken je nach untersuchter Population oder Methodik. Beide Geschlechter sind gleichermaßen betroffen. Inzidenz und Prävalenz nehmen mit dem Alter zu. Es ist anzunehmen, dass ca. 1% der Allgemeinbevölkerung und ca. 5% der über 65-Jährigen betroffen sind (Louis et al. 2010).

Der essenzielle Tremor ist dadurch gekennzeichnet, dass das Zittern beim Halten und Bewegen der Arme auftritt, wenn alltägliche Tätigkeiten wie Essen, Trinken oder Schreiben verrichtet werden. Auch der Kopf, die Stimme, der Rumpf, das Gesicht und die Beine können betroffen sein. Die Erkrankung geht nicht mit einer Neurodegeneration einher. Der Phänotyp des Tremors verändert sich mit zunehmendem Alter. Im Krankheitsverlauf lässt sich eine Abnahme der Frequenz des Tremors bei gleichzeitiger Zunahme der Amplitude beobachten. Gleichzeitig treten vermehrt zerebelläre Begleitsymptome wie ein Intentionstremor und eine leichte Gangataxie sowie eine Konversion des reinen posturalen Tremors in ein Tremor-Syndrom, bestehend aus sowohl posturaler als auch Ruhetremorkomponente, auf (Elble 2016). Bei Patienten, die bei Erkrankungsbeginn älter sind, kommt es deutlich schneller zu den genannten phänotypischen Veränderungen (Deuschl et al. 2015).

> Etwa 80% der Patienten mit einem ET leiden an der familiären Form. Je älter die Betroffenen zu Beginn der Erkrankung sind,

◨ **Abb. 9.12** Schematische Darstellung der phänotypischen Differenzierung von Tremores

desto schneller ist der Krankheitsprogress. Im Verlauf kann der essenzielle Tremor zunehmend eine zerebelläre Symptomatik aufweisen.

9.3.3 Genetik und Epigenetik des ET

Der ET ist häufig mit einer positiven Familienanamnese, meist einem autosomal-dominanten Erbgang folgend, und mit einem frühen Erkrankungsbeginn assoziiert (Bain et al. 1994). In 20% der ET-Fälle liegt die sporadische Form vor.

Obwohl bislang mehr als 70 Studien versuchten, die Genetik des essenziellen Tremors aufzuarbeiten, sind die Ergebnisse begrenzt (Kuhlenbaumer et al. 2014).

Aufgrund der Erblichkeit des ETs und einer hohen Konkordanz des Merkmals „essenzieller Tremor" bei monozygoten Zwillingen muss eine genetische Prädisposition für das Ausbilden des ETs angenommen werden (s. unten; ◘ Abb. 9.14).

Bisher wurden drei genomweite Assoziationsstudien (GWAS) zur Erforschung des genetisch komplexen ET durchgeführt. Die erste GWAS identifizierte eine Assoziation zwischen Polymorphismen im LINGO1-Gen und ET (Thier et al. 2012). In weiteren GWAS wurde ein Polymorphismus im SLC1A2-Gen, rs3794087, beschrieben (Kuhlenbaumer et al. 2014; Stefansson et al. 2009). SLC1A2 kodiert für den wichtigsten Glutamat-Wiederaufnahme-Transporter (EAAT2) im Gehirn. Der Nucleus olivaris inferior, dessen Neurone vor allem über den Pedunculus cerebellaris inferior auf die gegenseitige Hemisphäre des Cerebellums projizieren, exprimiert EAAT2 in einem starken Ausmaß (Berger et al. 1998). Die kürzlich identifizierten häufigen genetischen Varianten in den Genen *STK32B*, *PPARGC1A* und *CTNNA3* bedürfen weiterer Replikationen bzw. weiterer funktioneller Studien, die die möglichen molekularen Mechanismen der identifizierten Gene hinsichtlich der Ausprägung des Tremors näher beleuchten.

Mit der Methode der genomweiten Kopplungsstudien wurden drei chromosomale Loci für den essenziellen Tremor kartiert. Für keinen der drei Loci konnten ursächliche Mutationen identifiziert werden. Mittels der Next-generation-sequencing-Technologie konnten drei weitere Gene mit dem ET in Verbindung gebracht werden.

Es wurde eine Stop-Mutation im „Fused in Sarcoma"-Gen gefunden, die mit dem ET segregierte und in Kontrollen nicht vorkam (Merner et al. 2012). Seltene Varianten im Gen ANO3 wurden in Familien mit einer zervikalen Dystonie und einem Tremor, der phänotypisch einem ET gleicht, nachgewiesen. Des Weiteren konnte in einer großen türkischen Familie eine Variante im Gen HTRA2 mit essenziellem Tremor und Morbus Parkinson in Verbindung gebracht werden (Unal Gulunser et al. 2014).

Epigenetische Veränderungen wie die Histon-Modifikation, die Methylierung oder kleine nicht kodierende RNA Moleküle sind bisher beim essenziellen Tremor nicht untersucht.

❯ **Verschiedene klinische Aspekte des ET, wie der positive Effekt nach Alkoholkonsum und zerebelläre Symptome, scheinen auf eine Beteiligung der GABA$_A$-Rezeptoren zu deuten. Kausale genetische oder epigenetische Veränderungen sind bislang nicht identifiziert.**

9.3.4 Pathophysiologie

Rückkoppelungsschleifen oszillatorischer neuronaler Aktivität (Schwingungsgeber) im zentralen Nervensystem spielen eine Rolle bei der Kontrolle der Motorik. Man nimmt an, dass der physiologische Tremor ein Ausdruck dieser Schwingungen in der Peripherie ist. Pathologische Tremores gehen vermutlich auf eine Störung dieser Oszillatoren (Schwingungsgeber) zurück. Verschiedene Rückkoppelungsschleifen („feedforward/feedback loops") spielen dabei eine Rolle.

Einige pathologische Tremores resultieren vermutlich aus der Störung der zentralen oder peripheren Komponente des physiologischen Tremors, andere entstehen aus de novo pathologischen Oszillationen, wie der mit 2–5 Hz auftretende zerebelläre Tremor, der mit 4–7 Hz auftretende Parkinson-Tremor und der mit 5–8 Hz auftretende ET. Der ET wird durch ein Netzwerk von zentralen Oszillatoren in kortikalen und subkortikalen Zentren, die den Thalamus, das Zerebellum, den Nucleus olivaris inferior und Teile des Motorkortex einschließen, generiert.

Es wurden unterschiedliche Hypothesen zu den Entstehungsmechanismen des essenziellen Tremors formuliert, die im Folgenden kurz darge-

stellt werden sollen. Beim ET findet sich im Gegensatz zu neurodegenerativen Erkrankungen
(idiopathisches Parkinson-Syndrom, atypische
Parkinson-Syndrome oder zerebelläre Ataxie) in
der neuropathologischen Untersuchung kein
Korrelat für die klinische Symptomkonstellation.

9.3.4.1 Zerebelläre Pathologie

Mit Hilfe von EEG und MRT konnte gezeigt werden, dass neuronale Aktivität in einem Netzwerk
bestehend aus frontalem Kortex, Zerebellum,
Dienzephalon (mutmaßlich Thalamus) sowie
Hirnstamm (mutmaßlich Nucleus olivaris) mit
elektromyographisch nachweisbaren Tremoroszillationen einhergeht, sodass eine Veränderung auf
funktioneller Ebene angenommen werden muss.
Bildgebende Verfahren mittels fMRT, MR-Spektroskopie, PET-CT oder voxelbasierter Morpho-
metrie konnten eine erhöhte zerebelläre Aktivität
mit stoffwechselbedingten Veränderungen gegenüber Patienten mit einem physiologischen Tremor
feststellen (Jenkins et al. 1993; Fang et al. 2016).
Die funktionellen zerebellären Veränderungen
beim ET erklären die Ausbildung der oben genannten zerebellären Symptome im Verlauf der
Erkrankung.

Viele Patienten stellen eine vorübergehende Linderung
des Tremors nach Alkoholkonsum fest. Dies ist Ausdruck
der tremordämpfenden Wirkung von Alkohol auf das
zentrale Oszillatorennetzwerk. Durch die Aufnahme von
Alkohol lässt sich sowohl eine Funktionserhöhung der
inhibitorischen Neurotransmitter wie GABA und Neuromodulatoren nachweisen als auch eine Funktionsverringe-
rung der exzitatorischen Neurotransmitter wie Glutamat
und Aspartat.
Der Abbau von Alkohol im Körper führt physiologischerweise zu einer vorübergehenden überschießenden Aktivierung des zentralen Oszillatorennetzwerks. Ein Beispiel
hierfür ist der Tremor bei Alkoholentzug.

9.3.4.2 Erhöhte kortiko-olivo-zerebello-
thalamische Aktivität

Weitere bildgebende Studien, die die Vernetzung
verschiedener Hirnregionen untersuchten, zeigten, dass ET-Patienten eine erhöhte thalamokortikale funktionelle Konnektivität und eine
veränderte Konnektivität im zerebello-dentato-
thalamischen Trakt unter Ruhebedingungen aufweisen (Fang et al. 2016). Daher kann angenommen werden, dass der ET mit einer gesteigerten,
tremorbedingten Aktivität im kortiko-olivo-zerebello-thalamischen (KOCT) Kreislauf einhergeht
(◻ Abb. 9.13).

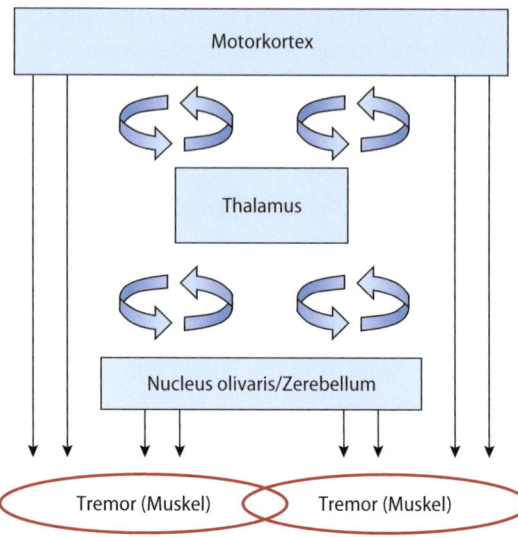

◻ **Abb. 9.13**   Zentrales Tremornetzwerk. Vereinfachte
schematische Darstellung des zentralen Oszillatorennetzwerks bei Tremor. Gerade Pfeile zeigen Interaktionen im
Netzwerk an, die zu Willkürbewegungen führen. Geboge-
ne Pfeile geben Interaktionen im Netzwerk wieder, die
sich intermittierend koppeln (symbolisiert durch unter-
brochene Pfeillinien, sog. „feedforward/feedback loops")
und Bewegungsschleifen bilden können, was zu unwill-
kürlicher Oszillation und zum Tremor führt. (Modifiziert
nach Raethjen und Deuschl 2012)

Bislang ist nicht geklärt, welche Mechanismen
Einfluss auf den Kreislauf haben und zur Entstehung des Tremors beitragen. Der Tremor kann
entweder aufgrund einer pathologischen oszillatorischen Aktivität im Thalamus und Teilen des
Motorkortex im Kreislauf entstehen oder aufgrund
mangelhafter „feedforward/feedback loops", die
den Kreislauf destabilisieren, was wiederum zu
Oszillationen im Kreislauf führt. Für Letzteres
spricht, dass der ET durch Willkürbewegungen
initiiert wird und, dass das Einsetzen der agonisti-
schen Bursts (Induktion repetitiver Spike-Aktivi-
tät beim Aktionspotenzial einer Zelle) während
der willkürlichen Aktivierung beim essenziellen
Tremor verändert ist.

9.3.4.3 Dysfunktion des Nucleus
olivaris inferior und des
Nucleus dentatus

Einen möglichen weiteren Oszillator im KOCT-
Kreislauf stellt der Nucleus olivaris inferior dar
(◻ Abb. 9.14). Der Nucleus olivaris inferior ist im
Harmalin-Mausmodell (Harmalin: psychoaktives
Indolalkaloid aus der Gruppe der Harman-Alka-
loide, Beta-Carboline) mit einem dem ET ähn-

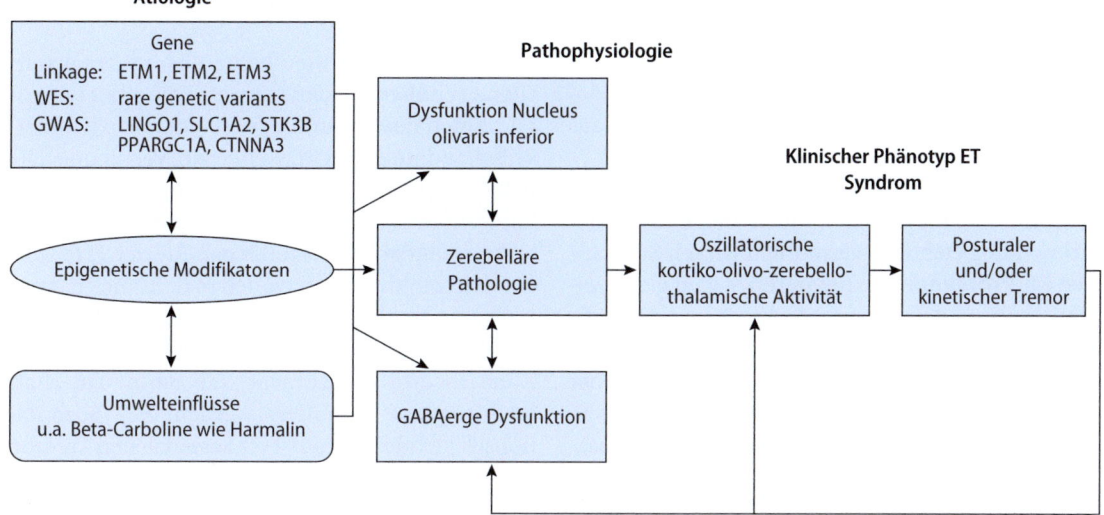

Ätiologie

Gene
Linkage: ETM1, ETM2, ETM3
WES: rare genetic variants
GWAS: LINGO1, SLC1A2, STK3B
          PPARGC1A, CTNNA3

Pathophysiologie

Dysfunktion Nucleus olivaris inferior

Klinischer Phänotyp ET Syndrom

Epigenetische Modifikatoren

Zerebelläre Pathologie

Oszillatorische kortiko-olivo-zerebello-thalamische Aktivität

Posturaler und/oder kinetischer Tremor

Umwelteinflüsse u.a. Beta-Carboline wie Harmalin

GABAerge Dysfunktion

◘ Abb. 9.14   Ätiologie und Pathophysiologie des essenziellen Tremors. Dieses hypothetische Schema verbindet genetische, epigenetische und Umweltfaktoren mit der GABAergen, olivaren und zerebellären Dysfunktion, die zur oszillären (Über-)Aktivität mit Rückkopplungsmechanismen im KOCT-Netzwerk führen kann und im Aktionstremorphänotyp resultiert

lichen Tremor assoziiert und zeigt eine hohe Expression von EAAT2, dem Haupt-Glutamat-Wiederaufnahme-Transporter, der auch im Rahmen einer genomweiten Assoziationsstudie beim essenziellen Tremor mit der Erkrankung assoziiert ist. Der Nucleus dentatus, der das größte Kerngebiet im Zerebellum darstellt, erscheint in der Literatur als weiterer möglicher Oszillator.

Elektrophysiologische Studien haben gezeigt, dass ein Tremor durch rhythmische Stimulation in verschiedenen Hirnarealen evoziert werden kann (Thalamus und Kleinhirn), was gegen das Vorhandensein nur eines Oszillators spricht. Dies unterstützt die Vermutung, dass die Oszillationen vielmehr von einem Netzwerk verschiedener Oszillatoren ausgehen; die genaue Dysfunktion des Netzwerkes (Oszillator, Instabilität oder beides) ist noch nicht geklärt.

9.3.4.4 Weitere Hypothesen

Neben der KOCT-Netzwerkhypothese existieren noch zwei weitere Theorien, die die Dysfunktion des KOCT Netzwerkes beim ET erklären könnten:
- die GABA-Hypothese und
- die Hypothese der zerebellären Degeneration (◘ Abb. 9.14).

Die Hypothese, dass der ET durch eine GABAerge Dysfunktion ausgelöst werden kann, wird von PET-Bildgebungsstudien, die eine veränderte Bindung von 11C-Flumazenil an $GABA_A$-Rezeptoren im ventralen Thalamus, dem Nucleus dentatus und prämotorischen Kortex gezeigt haben, unterstützt. Eine Studie an postmortalem Gewebe von ET-Patienten zeigte eine Reduktion von $GABA_A$-Rezeptoren (Reduktion um 35%) und $GABA_B$-Rezeptoren (Reduktion um 22–31%) im Nucleus dentatus. Auch in anderen Hirnarealen fanden sich postmortale Marker einer GABAergen Dysfunktion, so z. B. im Nucleus coeruleus und im Pons (Merner et al. 2012). Der GABAergen Dysfunktion wird eine Disinhibition des Nucleus dentatus zugeschrieben, die dann in oszillativer Aktivität resultiert, die wiederum auf das KOCT-Netzwerk einwirkt.

Wie oben beschrieben gibt es keine sicheren Hinweise auf eine Neurodegeneration beim ET. In Einzelarbeiten wurden strukturelle Veränderungen der Purkinje-Zellen und benachbarter neuronaler Zellen, eine geringere Dichte der Purkinje-Zellen, Veränderungen in den synaptischen Verschaltungen von Purkinje-Zellen und Purkinje-Zell-Heterotopien beschrieben. Eine Dysfunktion der zerebellären Purkinje-Zellen könnte ebenfalls zu einer Dysfunktion im KOCT Netzwerk führen, was wieder zu einer mangelhaften Inhibition des Nucleus dentatus und einem Beitrag zu Oszillationen und einer Instabilität innerhalb des KOCT-Netzwerks führen könnte und somit zu einer beeinträchtigten Koordination der willkürlichen Bewegungen beiträgt.

9.3.5   Therapie

9.3.5.1 Medikamentöse Therapie

Aufgrund der bislang nicht geklärten Ursache des essenziellen Tremors fehlen kausale Therapieansätze.

Seit langem sind nichtselektive Betablocker, insbesondere Propranolol, in der Behandlung der Erkrankung etabliert. Vermutlich wirken Substanzen wie **Propranolol** an mehreren Stellen gleichzeitig: Obgleich der genaue Mechanismus des antitremorigenen Effekts nicht vollständig verstanden ist und weitgehend Übereinstimmung darüber herrscht, dass der ET im *zentralen* Nervensystem generiert wird, ist eine Blockierung nicht kardioselektiver β_2-Adrenozeptoren in peripheren Muskelspindeln wohl größtenteils verantwortlich für die tremorreduzierende Wirkung von Propanolol. Eine Modulierung zentraler Tremoroszillatoren durch Blut-Hirn-Schranken-gängige β_2-Adrenozeptorblocker wird ebenfalls angenommen. Aufgrund dieser Wirkung verwenden unter anderem Sportschützen Betablocker missbräuchlich. Für bestimmte Sportarten stehen Betablocker daher auf der Doping-Liste.

Das Antikonvulsivum **Primidon** moduliert überwiegend zentrale Tremoroszillatoren, wobei es besonders bei Tremores mit starker Tremoramplitude Wirkung zeigt. Primidon wird im Körper zumindest teilweise zu Phenobarbital verstoffwechselt und wirkt über eine Verstärkung der GABAergen Hemmung an GABA$_A$-Rezeptoren. Die Begleiterscheinungen bei der Einnahme umfassen bei rund einem Viertel der Patienten Müdigkeit, Übelkeit und Schwindel.

Propranolol und Primidon alleine oder in Kombination sind Mittel der 1. Wahl zur Behandlung des ET. Insgesamt haben die eingesetzten Medikamente insbesondere einen Effekt auf die posturale Komponente des Hand- und Armtremors; der Intentionstremor sowie Kopf- und Stimmtremor sprechen häufig nur ungenügend an. Eine Behandlung mit **Botulinumtoxin A** in die kraniale Muskulatur des Halses erzielt in einigen Fällen in Kombination mit Propanolol einen zufriedenstellenden Effekt. Botulinumtoxin hemmt die Erregungsübertragung von den Nervenzellen zum Muskel, wodurch die Kontraktion des Muskels je nach Dosierung des Gifts schwächer wird oder ganz ausfällt.

9.3.5.2 Operativ-stereotaktische Therapie

Patienten, denen medikamentös nicht ausreichend geholfen werden kann und die unter alltagsrelevanten Einschränkungen leiden, stehen invasive Behandlungsmöglichkeiten zur Verfügung. Die tiefe Hirnstimulation (THS), die seit ca. 20 Jahren klinische Anwendung findet, stellt das etablierteste stereotaktische Verfahren dar. Bei der THS werden stereotaktisch Elektroden in den Nucleus ventralis intermedius (VIM) des Thalamus bzw. in die unmittelbar subthalamisch gelegene Region der Zona incerta eingebracht, die dann dauerhaft hochfrequent stimuliert werden. Die Stimulationselektroden werden beim essenziellen Tremor, der typischerweise beide Körperseiten betrifft, in der Regel bilateral implantiert.

Inzwischen ist ein meist über Jahre anhaltender Effekt der tiefen Hirnstimulation in verschiedenen Studien gut belegt und die THS in spezialisierten Zentren zur Routinebehandlung des ET geworden und der medikamentösen Therapie in ihrer Effektivität auch bei Kopf- und Intentionstremor deutlich überlegen (Rehncrona et al. 2003).

Neben der THS ist das Verfahren mit fokussiertem Ultraschall, bei dem eine gezielte Thermokoagulation der Zielregion im Thalamus mit konsekutiver Vernarbung erfolgt, in der klinischen Etablierung begriffen (Elias et al. 2016). Die Thalamotomie wurde jedoch bislang nur unilateral durchgeführt.

Der genaue Wirkmechanismus der tiefen Hirnstimulation auf die Tremorausprägung ist bislang nicht vollständig geklärt. Aus elektrophysiologischen Untersuchungen ist bekannt, dass das KOCT-Netzwerk (sowohl subkortikale als auch kortikale Regionen einschließend) maßgeblich an der Entstehung von Tremoroszillationen beteiligt ist. Der Thalamus stellt dabei wahrscheinlich eine Art „Flaschenhals" dar, über den die kortikalen und subkortikalen Anteile synchronisiert werden müssen, um das volle Ausmaß der oszillatorischen Aktivität in der Peripherie aufrechtzuerhalten. Dabei befinden sich im Thalamus große Neuronenpopulationen, die selbst in der Lage sind, solche oszillatorische Aktivität aufrechtzuerhalten und zu verstärken. Es erscheint somit plausibel, dass eine Ausschaltung (Thermokoagulation) oder Hemmung bzw. Desynchronisation (tiefe Hirnstimulation) dieser entscheidenden Schaltstelle im zentralen Tremornetzwerk zu einer erheblichen Reduktion der oszillatorischen Aktivität und damit des peripheren Tremors führt.

? Fragen zur Lernkontrolle

- ▬ Welche zerebellären Strukturen werden in der Pathophysiologie des essenziellen Tremors (ET) vermutet?
- ▬ Warum kann Alkohol eine Reduktion der Tremorsymptomatik bewirken?
- ▬ Was sind Oszillatoren und wo werden sie beim ET vermutet?

Literatur

Literatur zu ▶ Abschn. 9.1

Borbely AA, Achermann P (1999) Sleep homeostasis and models of sleep regulation. J Biol Rhythms 14 (6): 557–568

Burgess CR, Scammell TE (2012) Narcolepsy: neural mechanisms of sleepiness and cataplexy. J Neurosci 32 (36): 12305–12311

Cajochem C (2009) Schlafregulation. Somnologie 13: 64–71

Cvetkovic-Lopes V, Bayer L, Dorsaz S, Maret S, Pradervand S, Dauvilliers Y, Lecendreux M, Lammers GJ, Donjacour CE, Du Pasquier RA et al. (2010) Elevated Tribbles homolog 2-specific antibody levels in narcolepsy patients . J Clin Invest 120 (3): 713–719

Dauvilliers Y, Siegel JM, Lopez R, Torontali ZA, Peever JH (2014) Cataplexy–clinical aspects, pathophysiology and management strategy. Nat Rev Neurol 10 (7): 386–395

Dye TJ, Gurbani N, Simakajornboon N (2016) Epidemiology and Pathophysiology of Childhood Narcolepsy. Paediatr Respir Rev 25: 14–18

Elixmann I, Steudel WI (2016) In: Leonhardt S, Walter M (Hrsg) Analyse und Regelung des Hirndrucks beim Hydrozephalus. In: Medizintechnische Systeme. Springer, Berlin Heidelberg New York, S 400, Abb. 12.33

Hallmayer J, Faraco J, Lin L, Hesselson S, Winkelmann J, Kawashima M, Mayer G, Plazzi G, Nevsimalova S, Bourgin P et al. (2009) Narcolepsy is strongly associated with the T-cell receptor alpha locus. Nat Genet 41 (6): 708–711

Hor H, Kutalik Z, Dauvilliers Y, Valsesia A, Lammers GJ, Donjacour CE, Iranzo A, Santamaria J, Peraita Adrados R, Vicario JL et al. (2010) Genome-wide association study identifies new HLA class II haplotypes strongly protective against narcolepsy. Nat Genet 42 (9): 786–789

Masoudi S, Ploen D, Kunz K, Hildt E (2014a) The adjuvant component alpha-tocopherol triggers via modulation of Nrf2 the expression and turnover of hypocretin in vitro and its implication to the pandemic influenza vaccine in Quebec. PLoS One 9 (9): e108489

Masoudi S et al. (2014b) The adjuvant component α-tocopherol triggers via modulation of Nrf2 the expression and turnover of hypocretin in vitro and its implication to the development of narcolepsy. Vaccine 2014; 32 (25): 2980–2988

Montplaisir J, Petit D, Quinn MJ, Ouakki M, Deceuninck G, Desautels A, Mignot E, De Wals P (2015) Risk of narcolepsy associated with inactivated adjuvanted (AS03) A/H1N1 (2009) Scammell TE: Narcolepsy. N Engl J Med 373 (27): 2654–2662

Oberle D, Pavel J, Mayer G, Geisler P, Keller-Stanislawski B, German Narcolepsy Study Group (2017) Retrospective multicenter matched case-control study on the risk factors for narcolepsy with special focus on vaccinations (including pandemic influenza vaccination) and infections in Germany. Sleep Med 34: 71–83

Overeem S, van Nues SJ, van der Zande WL, Donjacour CE, van Mierlo P, Lammers GJ (2011) The clinical features of cataplexy: a questionnaire study in narcolepsy patients with and without hypocretin-1deficiency. Sleep Med 12 (1): 12–18

Paul-Ehrlich-Institut (2016) Aktuelle Informationen zu Narkolepsie im zeitlichen Zusammenhang mit A/H1N1 Influenzaimpfung. https://www.pei.de/DE/arzneimit-telsicherheit-vigilanz/archiv-sicherheitsinformationen/narkolepsie/narkolepsie-studien-europa.html

Picchioni D, Hope CR, Harsh JR (2007) A case-control study of the environmental risk factors for narcolepsy . Neuroepidemiology 2007; 29 (3–4): 185–192

Plazzi G, Pizza F, Palaia V, Franceschini C, Poli F, Moghadam KK, Cortelli P, Nobili L, Bruni O, Dauvilliers Y et al. (2011) Complex movement disorders at disease onset in childhood narcolepsy with cataplexy. Brain 134 (Pt 12): 3477–3489

Winkelmann J, Lin L, Schormair B, Kornum BR, Faraco J, Plazzi G, Melberg A, Cornelio F, Urban AE, Pizza F et al. (2012) Mutations in DNMT1 cause autosomal dominant cerebellar ataxia, deafness and narcolepsy. Hum Mol Genet 21 (10): 2205–2210

Literatur zu ▶ Abschn. 9.2

Adams RD, Fisher CM, Hakim S, Ojemann RG, Sweet WH (1965) Symptomatic Occult Hydrocephalus with Normal Cerebrospinal-Fluid Pressure. New Engl J Med 273 (3): 117–126

Bateman GA (2008) The Pathophysiology of Idiopathic Normal Pressure Hydrocephalus: Cerebral Ischemia or Altered Venous Hemodynamics? AJNR Am J Neuroradiol 29 (1): 198–203

Berlit P (Hrsg) (2012) Klinische Neurologie, 3. Aufl. Springer, Berlin Heidelberg New York, S 794

Bradley WG (2002) Cerebrospinal fluid dynamics and shunt responsiveness in patients with normal-pressure hydrocephalus. Mayo Clinic Proceedings 77 (6)507–8

De Mol J (1986) Neuropsychological symptomatology in normal pressure hydrocephalus. Schweizer Arch Neurol Psychiat (Zürich, Switzerland; 1985),137 (4): 33–45

Greitz D (2002) On the active vascular absorption of plasma proteins from tissue: rethinking the role of the lymphatic system. Med Hypoth 59: 696–702

Greitz D (2004) Radiological assessment of hydrocephalus: new theories and implications for therapy. Neurosurg Rev 27: 145–165

Hakim CA Hakim R, Hakim S (2001) Normal-pressure hydrocephalus. Neurosurgery Clinics of North America 12 (4): 761–73

Jaraj D, Rabiei K, Marlow T, Jensen C, Skoog I, Wikkelsø C (2014) Prevalence of idiopathic normal-pressure hydrocephalus. Neurology 82 (16): 1449–54

Jurcoane A, Keil F, Szelenyi A, Pfeilschifter W, Singer OC, Hattingen E (2014) Directional diffusion of corticospinal tract supports therapy decisions in idiopathic normal-pressure hydrocephalus. Neuroradiology 56 (1): 5–13

Lenfeldt N, Larsson A, Nyberg, L et al. (2008). Idiopathic normal pressure hydrocephalus: increased supplementary motor activity accounts for improvement after CSF drainage. Brain 131 (11): 2904–2912

Krishnamurthy S, Li J (2014) New concepts in the pathogenesis of hydrocephalus. Transl Pediatr 3 (3): 185–194

Levine DN (2008) Intracranial pressure and ventricular expansion in hydrocephalus: Have we been asking the wrong question? J Neurol Sci 269 (1–2): 1–11

Linn J, Wiesmann M, Brückmann H (Hrsg) (2011) Atlas der klinischen Neuroradiologie des Gehirns. Springer, Berlin Heidelberg New York

Momjian S, Owler BK, Czosnyka Z, Czosnyka M, Pena A, Pickard JD (2004) Pattern of white matter regional cerebral blood flow and autoregulation in normal pressure hydrocephalus. Brain 127 (5): 965–972

OwlerBK, Pickard JD (2001) Normal pressure hydrocephalus and cerebral blood flow: a review. Acta Neurologica Scandinavica104 (6): 325–342

Paulus W, Schröder JM (2012) Neuropathologie. In: Klöppel G, Kreipe HH, Remmele W (Hrsg) Springer, Berlin Heidelberg New York

Sakka L, Coll G, Chazal J (2011) Anatomy and physiology of cerebrospinal fluid. European Annals of Otorhinolaryngology, Head and Neck Diseases 128 (6): 309–316

Spiegelberg A, Preuß M, Kurtcuoglu V (2016) B-waves revisited. Interdisciplinary Neurosurgery 6: 13–17

Stephensen H, Tisell M, Wikkelsö C (2002) There is no transmantle pressure gradient in communicating or non-communicating hydrocephalus. Neurosurgery 50 (4): 763–771

Literatur zu ▶ Abschn. 9.3

Bain PG, Findley LJ, Thompson PD et al. (1994) A study of hereditary essential tremor. Brain 117 (Pt 4): 805–824

Berger UV, Hediger MA (1998) Comparative analysis of glutamate transporter expression in rat brain using differential double in situ hybridization. Anat Embryol 198: 13–30

Deuschl G, Petersen I, Lorenz D, Christensen K (2015) Tremor in the elderly: Essential and aging-related tremor. Mov Disord 30: 1327–1334

Elble RJ (2016)The essential tremor syndromes. Curr Opin Neurol 29: 507–512

Elias WJ, Lipsman N, Ondo WG et al. (2016) A Randomized Trial of Focused Ultrasound Thalamotomy for Essential Tremor. N Engl J Med 375: 730–739

Fang W, Chen H, Wang H et al. (2016) Essential tremor is associated with disruption of functional connectivity in the ventral intermediate Nucleus–Motor Cortex–Cerebellum circuit. Hum Brain Mapp 37: 165–178

Jenkins IH, Bain PG, Colebatch JG et al. (1993) A positron emission tomography study of essential tremor: evidence for overactivity of cerebellar connections. Ann Neurol 34: 82–90

Kuhlenbaumer G, Hopfner F, Deuschl G (2014) Genetics of essential tremor: meta-analysis and review. Neurology 82: 1000–1007

Louis ED, Ferreira JJ (2010) How common is the most common adult movement disorder? Update on the worldwide prevalence of essential tremor. Mov Disord 25: 534–541

Merner ND, Girard SL, Catoire H et al. (2012) Exome sequencing identifies FUS mutations as a cause of essential tremor. Am J Hum Genet 91: 313–319

Raethjen J, Deuschl G (2012) The oscillating central network of essential tremor. Clin Neurophysiol 123: 61–64

Rehncrona S, Johnels B, Widner H, Tornqvist AL, Hariz M, Sydow O (2003) Long-term efficacy of thalamic deep brain stimulation for tremor: double-blind assessments. Mov Disord 18: 163–170

Stefansson H, Steinberg S, Petursson H et al. (2009) Variant in the sequence of the LINGO1 gene confers risk of essential tremor. Nat Genet 41: 277–279

Thier S, Lorenz D, Nothnagel M et al. (2012)Polymorphisms in the glial glutamate transporter SLC1A2 are associated with essential tremor. Neurology 79: 243–248

Unal Gulsuner H, Gulsuner S, Mercan FN et al. (2014) Mitochondrial serine protease HTRA2 p.G399S in a kindred with essential tremor and Parkinson disease. Proc Natl Acad Sci USA 111 (51): 18285–90. doi: 10.1073/pnas

9

Serviceteil

© Springer-Verlag GmbH Deutschland, ein Teil von Springer Nature 2019
D. Sturm et al. (Hrsg.), *Neurologische Pathophysiologie*
https://doi.org/10.1007/978-3-662-56784-5

Glossar

ADC ADC steht für „apparent diffusion coefficient". Hierbei handelt es sich um eine MRT-Darstellung, die im Rahmen der Ischämiediagostik angewendet wird. Beim akuten ischämischen Schlaganfall wird eine diffusionsgewichtete Sequenz genutzt, um den akuten Infarkt darzustellen. Durch die wiederholte Durchführung der DWI-Sequenz mit unterschiedlich gewichteten Diffusionsmessungen lässt sich der Diffusionskoeffizient („apparent diffusion coefficient" = ADC) errechnen.

Alien-limb-Phänomen Das Alien-limb-Phänomen beschreibt das Fremdheitserleben einer Extremität. Patienten empfinden hierbei einen Körperteil (z. B. den eigenen Arm oder das Bein) als nicht zum Körper gehörend. Das Symptom tritt typischerweise im Rahmen der kortikobasalen Degeneration auf, hier jedoch auch nur in ca. 20–30% der Fälle.

Amyloidosen Amyloidosen sind eine Gruppe unterschiedlicher Erkrankungen mit pathologischen Amyloidablagerungen im Extra- und Intrazellulärraum. Amyloide sind abnorm gefaltete Proteine, die zumeist in starrer Fibrillenstruktur auftreten und histochemisch mittels Kongorot-Färbung darstellbar sind. Amyloidosen können beinahe jedes Organ betreffen und zu einer entsprechenden Funktionseinschränkung führen.

Antigenmodulation Antigenmodulation ist die Fähigkeit eines Antikörpers, zwei Antigenmoleküle so miteinander zu vernetzen, dass es zur beschleunigten Endozytose und dem Abbau der vernetzten Antigene kommt.

Atmungskette Die Atmungskette ist ein zentrales Element des zellulären Energiestoffwechsels und besteht aus mehreren chemischen Reaktionskomplexen in der Mitochondrienmembran. Ein mehrstufiger Transfer elektrisch geladener Teilchen ist Vorrausetzung für die Synthese von ATP.

Beriberi Beriberi ist eine durch einen Mangel an Thiamin (Vitamin B1) hervorgerufene Erkrankung, die insbesondere zu Schäden der peripheren Nerven- und (Herz-)Muskelzellen führen kann. Besonders vulnerabel sind Zellen mit einem hohen Glukoseumsatz.

Besinger-Score (auch Besinger-Toyka-Score) Der Besinger-Score (auch Besinger-Toyka-Score) wird zur klinischen Beurteilung des Schweregrades einer Myasthenia gravis genutzt. Hierbei werden Punktwerte (von 0 = „normal" bis 3 = „schwer") für bis zu 8 Einzelitems erhoben. Der Punktwert wird durch die Anzahl der Einzelitems geteilt.

Beta-Faltblattstruktur Die Beta-Faltblattstruktur ist eine Sekundärstruktur von Proteinen, wobei die Anordnung der Polypeptidketten flächenhaft einer Ziehharmonika ähnelt.

Betz-Pyramidenzellen Betz-Pyramidenzellen kommen als Zelltyp im primär motorischen Kortex (Area 4 des Gyrus praecentralis) vor. Sie besitzen einen großen dreieckigen Zellkörper und entsprechen funktionell dem ersten Motoneuron. Ihre stark myelinisierten, schnell leitenden Axone stellen die wichtigste Efferenz der Pyramidenbahn dar und bilden über Kollateralen glutamaterge exzitatorische Synapsen mit den motorischen Vorderhornzellen.

Bridging-Moleküle Bridging-Moleküle können an der Interaktion zwischen mikrobiellen Adhäsinen und Rezeptoren der Endothelzelle beteiligt sein.

Bystander-Effekt Als Bystander-Effekt wird eine Antigenunabhängige Aktivierung autoreaktiver T-Zellen in einem „entzündlichen Milieu" bezeichnet. Zu dieser Aktivierung kommt es wahrscheinlich unter anderem durch Zytokine oder durch sog. ko-stimulatorische Moleküle.

Caspasen Caspasen (Cysteine-dependent Aspartate-specific Protease) sind intrazelluläre Proteasen, die eine Peptidbindung hinter Aspartatresten spalten. Sie sind bei der Einleitung der Apoptose beteiligt. Eine Einteilung in Effektor- und Adaptercaspasen ist möglich.

„coiled bodies" „Coiled bodies" sind komma- oder 6-förmig konfigurierte Einschlüsse, die sich typischerweise in Oligodendrozyten finden. Sie bestehen aus hyperphosphoryliertem Tau-Protein und haben eine wichtige Bedeutung bei unterschiedlichen neurodegenerativen Erkrankungen wie atypischen Parkinson-Syndromen (z. B. MSA oder PSP) oder beim Morbus Alzheimer.

Kollagen Q Kollagen Q (ColQ) ist ein Protein mit einer Tripel-Helix-Struktur, das an der Verankerung von Acetylcholinesterase an der synaptischen Basallamina beteiligt ist.

Cowdry-Körper Cowdry-Körper sind eosinophile Kerneinschlüsse, die aus Nukleinsäure und Protein bestehen. Sie finden sich in Zellen, die mit Herpes-simplex-Virus, Varicella-zoster-Virus und Zytomegalievirus infiziert sind. Sie sind nach Edmund Cowdry benannt.

Cytochrome Cytochrome sind Hämoproteine, die in Mitochondrien vorkommen und als partikelgebundene Redoxkatalysatoren bei der Zellatmung fungieren.

eNOS-Entkoppelung Die endotheliale Stickstoffmonoxidsynthase (eNOS) katalysiert die Bildung von Stickstoffmonoxid (NO) aus der Aminosäure L-Arginin und hat u. a. Bedeutung für die Blutdruckregulation und Entwicklung einer Artherosklerose. Die eNOS-Entkoppelung beschreibt die von der katalytischen Reaktion von Arginin entkoppelte Produktion von Superoxid anstatt Stickstoffmonoxid. Superoxid und Stickstoffmonoxid reagieren gemeinsam zu Peroxynitrit. Dieses wiederum erhöht den oxidativen Stress in den Blutgefäßen und spielt eine wichtige Rolle bei der Entstehung von Herz-Kreislauf-Erkrankungen.

ektope Aktivierung Eine ektope Aktivierung ist eine spontane Erregungsbildung im Neuron ohne adäquaten Stimulus.

Erythromelalgie Erythromelalgie ist eine seltene, vererbte oder sekundär erworbene Erkrankung (z. B. im Rahmen eines arteriellen Hypertonus oder einer Polycythaemia vera), die sich durch eine anfallsartige, meist durch Wärmeexposition ausgelöste Rötung und Schmerzen an den Extremitäten präsentiert.

Exzitotoxizität Als Exzitotoxizität wird der schädigende Einfluss einer dauerhaften Stimulation auf eine Nervenzelle bezeichnet.

Founder-Effekt Founder-Effekt bezeichnet eine verminderte geno- und phänotypische Variabilität bei isolierten Populationen. Bedingt durch die geringere Anzahl an Allelen können sich Erbkrankheiten verstärkt darstellen.

„Gain of function" Eine Mutation führt zu einer Verstärkung der Genaktivität oder zu einer neuen Funktion des Gens.

Gangliosidosen Gangliosidosen sind Lipidspeichererkrankungen, die durch Akkumulation von Gangliosiden (wasserunlösliche Lipide) entstehen (GM1-, GM2- und GM3-Gangliosidose). Die abnorme Speicherung der Ganglioside in Neuronen kann zu Schädigungen des peripheren und zentralen Nervensystems führen.

Hexanukleotid-Repeat-Expansionen Als Hexanukleotid-Repeat-Expansionen werden Expansionen von Einheiten aus 6 Basen, z. B. GGGCCC, bezeichnet. Wie andere Repeat-Expansionen (z. B. Expansionen von Basentriplets) können diese Expansionen zu vererbbaren Erkrankungen führen. Diese Erkrankungen werden danach unterschieden, ob es sich um für Aminosäuren kodierende (z. B. Chorea Huntington, spinozerebelläre Ataxie Typ 1, 2, 6, 7, 17 etc.) oder nicht kodierende Repeat-Expansionen (Friedreich-Ataxie, myotone Dystrophie Typ 1 und 2, spinozerebelläre Ataxie Typ 8, 10, 12 etc.) handelt.

Hot-cross-bun-Zeichen, Semmel-Zeichen Als Hot-cross-bun-Zeichen oder Semmel-Zeichen wird eine kreuzförmige Signalsteigerung im Pons in der Fluid-attenuated-inversion-recovery- (FLAIR-) und T2-Wichtung bezeichnet, die sich häufig bei der Multisystematrophie findet. Es ist Ausdruck der Degeneration der pontinen Neurone und transversalen Bahnen im Brückenfuß.

Immunadsorption Die Immunadsorption ist ein Verfahren zur extrakorporalen Depletion von Antikörpern aus dem Plasma.

Integrine Integrine sind in der Zellmembran verankerte Proteine, die zur Signalübertragung eine essenzielle Verbindung zwischen zwei Zellen oder zwischen einer Zelle und der Extrazellulärmatrix herstellen.

Kainat-Rezeptor Der Kainat-Rezeptor gehört wie der AMPA-Rezeptor und der NMDA-Rezeptor zu den ionotropen Glutamatrezeptoren. Er ist ein tetramerer Ionenkanal und primär für Natrium und Kalium leitfähig, gering auch für Kalzium.

Kolibri-Zeichen Auch „Hummingbird-Zeichen": Im Rahmen einer PSP häufig im Sagittalschnitt des CT erkennbare morphologische Auffälligkeit des Hirnstamms, wobei das atrophe Mesenzephalon an den Kopf (Schnabel zum Chiasma opticum) und der unbeeinträchtigte Pons an den Körper eines Kolibris erinnert.

Komplementsystem Das Komplementsystem besteht aus über 20 Proteinen und ist Teil des humoralen Immunsystems. Nach einer kaskadenartigen Aktivierung bedeckt es die Oberfläche von Erregern und hilft bei der Phagozytose.

Konjugatimpfstoff Ein Konjugatimpfstoff oder auch konjugierter („vereinigter") Impfstoff besteht zum einen aus dem die eigentliche Antikörperbildung auslösenden Antigen, zum anderen aus einem Protein, an dem es gebunden ist. Konjugatimpfstoffe werden meist aufgrund der nur geringen Wirkung des Antigens allein insbesondere bei der Impfung von Kindern eingesetzt.

Korsakow-Syndrom Das Korsakow-Syndrom ist eine durch eine ausgeprägte anterograde und retrograde Amnesie gekennzeichnete Erkrankung. Es tritt häufig im Verlauf einer Wernicke-Enzephalopathie im Rahmen eines Thiaminmangels auf und wird als chronische Phase der Erkrankung aufgefasst. Zur Klinik gehören typischerweise Desorientierung, Sekundengedächtnis und Konfabulationen, die die Gedächtnislücken füllen.

Laplace-Gesetz Das Laplace-Gesetz beschreibt in Bezug auf Gefäße den Zusammenhang zwischen Wandspannung, einwirkendem Druck und Wanddicke. Hierbei wird das Gefäß idealisiert als Zylinder betrachtet: $K = P_{tm} \times r/d$ (K = Wandspannung; P_{tm} = transmuraler Druck; r = Gefäßinnenradius; d = Wanddicke).

Lipidperoxidation Lipidperoxidation ist die oxidative Degradation von Lipiden, wobei Lipide Elektronen an reaktive Radikale abgeben. Kommt es zur Kettenreaktion, können lipidhaltige Zellmembranen geschädigt werden.

„Loss of function" Eine Mutation führt zu einem Verlust der Genaktivität.

Lymphorrhagie Häufig herdförmige, lymphozytäre Infiltrate im Muskel als Zeichen einer Immunreaktion.

Morbus Gaucher Morbus Gaucher ist eine autosomal-rezessiv vererbte lysosomale Speicherkrankheit. Durch eine verminderte Aktivität des Enzyms Beta-Glucocerebrosidase reichern sich Glucocerebroside in Makrophagen und Monozyten an, was letztlich zu multiplen Organschädigungen führen kann.

Morbus Niemann-Pick Morbus Niemann-Pick ist eine durch einen Defekt der Sphingomyelinase gekennzeichnete, vererbte Sphingomyelinlipidose, die zu einer Schädigung verschiedener Organe führen kann.

„Metabolic-flux hypothesis" Die Metabolic-flux-Hypothese ist eine Hypothese, die die pathogenetische Bedeutung von oxidativem Stress für die Zellschädigung durch einen erhöhten metabolischen Umsatz infolge einer verstärkten Aktivität der Aldosereduktase beinhaltet.

MHC Der MHC („major histocompatibility complex") beschreibt einen Komplex an Genen, der auf dem kurzen Arm von Chromosom 6 lokalisiert sind. Die Proteine der kodierenden Gene haben eine Bedeutung für die Wechselwirkung zwischen T-Lymphozyten und Antigen-präsentierenden Zellen (APC) im Rahmen der Immunantwort. Es werden 3 MHC-Klasse-Komplexe unterschieden: MHC I: extrazelluläre Proteinkomplexe auf der Oberfläche von Zellen, die der Antigenpräsentation für zytotoxische T-Zellen dienen; MHC II: von Antigen-präsentierenden Zellen (APC) präsentiert und von T-Helferzellen (CD4+-T-Zellen) erkannt; MHC III: Komplementfaktoren und verschiedene Zytokine.

Mikrogliaknötchen Mikrogliaknötchen sind knötchenförmige Ansammlungen von Mikrogliazellen, die im Rahmen unterschiedlicher Erkrankungen wie virusinduzierten Enzephalitiden, aber auch bei Sepsis oder bei chronisch entzündlichen ZNS-Erkrankungen im Hirnparenchym (zumeist in HE-Färbung) nachgewiesen werden können.

Mitochondriopathien Mitochondriopathien sind Erkrankungen, die auf einer fehlerhaften Funktion oder Schädigung von Mitochondrien basieren. Die Folge sind zumeist Multisystemerkrankungen mit variabler Symptomausprägung.

Mollaret-Meningitis Die Mollaret-Meningitis ist eine zumeist viral ausgelöste, aseptische Hirnhautentzündung mit gutartigem Verlauf. Erreger ist häufig das Herpes-simplex-Virus Typ 2, die Erkrankung kann jedoch auch infolge einer Infektion mit VZV oder CMV auftreten.

Nanotunnel Nanotunnel können bei Stress in die Zellmembran eingebaut werden und können den Übertritt pathologischer Substrate von einer Zelle zur nächsten ermöglichen.

Neprilysin Ein zu den membrangebundenen Metalloproteasen gehörendes Enzym, das für den extrazellulären Abbau zahlreicher Peptidhormone verantwortlich ist und eine große Bedeutung für den Amyloidstoffwechsel hat.

Neurofibrilläre Tangles Neurofibrilläre Tangles sind pathologische Aggregate aus hyperphosphoryliertem Tau-Protein.

Neuropil Neuropil besteht aus den nichtmyelinisierten Dendriten benachbarter Zellen und Gliazellfortsätzen und dient vermutlich der Verknüpfung der Zellen untereinander und der Verbesserung der Informationsverarbeitung.

Neurovaskuläre Einheit Die neurovaskuläre Einheit ist ein Komplex aus Neuronen, Astrozyten, Perizyten, Gliazellen, glatten Muskelzellen und den Endothelzellen der Blut-Hirn-Schranke.

Next Generation Sequencing Next Generation Sequencing ist ein in der Humangenetik angewandtes Verfahren zur beschleunigten, parallelen Sequenzierung von DNA-Fragmenten in einem Sequenzierlauf.

Pascal'sches Gesetz Das Pascal'sche Gesetz berechnet den hydrostatischen Druck für Flüssigkeiten in einem homogenen Schwerefeld: $p(h)=pgh+p_0$ ($p(h)$ = hydrostatischer Druck in Abhängigkeit von der Höhe des Flüssigkeitsspiegels; p = Dichte für Wasser; g = Erdbeschleunigung; h = Höhe des Wasserspiegels; p_0 = Luftdruck.

Pentosephosphatweg Der Pentosephosphatweg ist ein alternativer Stoffwechselweg zum Abbau von Glukose, der von der Glykolyse abzweigt.

Perizyten Perizyten sind der Außenwand von Kapillargefäßen anliegende Zellen, die die Kapillarstruktur stabilisieren und eine wichtige Rolle bei der Neubildung von Blutgefäßen spielen.

Pinprick-Reize Pinprick-Reize sind schmerzhafte mechanische Reize, die als piekend wahrgenommen werden und über Aδ-Afferenzen vermittelt werden.

Plasmapherese Plasmapherese beschreibt die extrakorporale Abtrennung der Plasmafraktion vom restlichen Blut, um diese therapeutisch durch eine Substitutionslösung zu ersetzen.

Putamen-Randzeichen Als Putamen-Randzeichen wird ein hypointenses Putamen mit hyperintensem Randsaum in der T2-gewichteten MR-Darstellung bezeichnet, das sich häufig bei Multisystematrophien findet.

Sarkomer Das Sarkomer ist die kleinste funktionelle Einheit der Muskelfibrille und besteht aus kontraktilen Elementen (Aktin und Myosin), Verankerungsproteinen (Titin, Desmin, Aktinin etc.) und Regulatorproteinen (Troponin, Tropomyosin).

Satellitose Als Satellitose bezeichnet man die *perineuronale* Zunahme von Zellen, vorwiegend von Oligodendrozyten, die infolge einer neuronalen Schädigung oder mit zunehmendem Alter auftreten kann.

Segregieren Segregieren bedeutet, dass das klinische Merkmal (in dem Fall essenzieller Tremor) mit dem genetischen Merkmal (= Basenveränderung) von einer an die nächste Generation weitergegeben wird. Das kann entweder autosomal-dominant oder rezessiv oder geschlechtsgebunden sein.

Starling-Prinzip Das Starling-Prinzip (auch: Frank-Star-ling-Mechanismus) beschreibt die Kraft-Spannungs-Be-ziehung am Herzen. Mit zunehmender Ventrikelspannung nimmt das Schlagvolumen zu. Die Starling-Gleichung be-schreibt den durch hydrostatische und onkotische Kräfte verursachten Nettofluss über einer kapillären Membran.

Suszeptibilitätsgene Suszeptibilitätsgene sind Gene, die die Empfänglichkeit für eine genetische Schädigung und damit verbundenen Erkrankungen erhöhen.

Tufts Tufts sind büschelartige Aggregate von abnorm phosphoryliertem Tau-Protein in Astrozyten.

Zitratzyklus Der Zitratzyklus dient, als Abbauweg des Kohlenhydrat-, Protein- und Fettstoffwechsels durch das Oxidieren von Acetyl-CoA, der Gewinnung von Elektronen für die Atmungskette.

Sachverzeichnis

R

Radikale, freie 7
RAGE 185
Ranvier'scher Knoten 195
Raphekernen 228
Rekurrenz 79
Remak-Bündel 182
REM-Schlaf
– Cluster-Kopfschmerz 226
– Störung 154
Remyelinisierung 194
Replikation 78
Reservekapazität, zerebrale 3
Response-to-Injury-Hypothese 12
Retroviren, humane endogene 56
rezeptives Feld 231
Rezeptor-Clustering 202, 208
rheumatoide Arthritis 243
Riluzol 125
Ruhemembranpotenzial 103

S

Sarkomer 209, 266
Satellitenzellen 122
Satellitose 80, 266
Schaumzellen 12
Schlaf 154
– Kataplexsie 242, 247
– Narkolepsie 242, 247
– NREM-Schlaf 245
– REM-Schlaf 245, 247
Schlaganfall 2
– Immunsuppressionsyndrom, schlaganfallbedingtes 9
Schmerzen
– Allodynie 230
– biopsychosoziales Modell 234
– Cluster-Kopfschmerz 222
– Definition 228, 230
– evozierbarer 230
– Hyperalgesie 230
  – opioidinduzierte 234
– Hyperpathie 230
– komplexes regionales Schmerz-syndrom 231
– Langzeitpotenzierung, 233
– Migräne 216
– neuropathische 230, 234
– Nozizeption 230
– nozizeptiver 230
– Phantomschmerzen 233
– Schmerzgedächtnis 233
– Schmerzmodulation, konditionierte 235
– Schmerzsyndrom, funktionelles 232
– Schmerzverarbeitung 228
– Schmerzwahrnehmung 228
Schock, septischer 76
Schwann-Zellen 181, 195, 196

SCN9a-Gen 231
Segregation 266
Sekretase
– Amyloid-β (Aβ)40 25
– Amyloid-β (Aβ)42 27
– α-Sekretase 25
– β-Sekretase 25
Semmel-Zeichen 265
Sensibilisierung
– periphere 230, 235
– zentrale 181, 231, 235
Sensibilitätsprüfung 234
Septikämie 76
SIADH 76
Sialinsäure 191
Signalkaskade Rho/ROCK 181
Single-pass-Transmembranprotein 209
Sinusitis 76
Small-fiber-Neuropathie 235, 236
SOD-Aggregate 122
Sorbit 185
Sorbitol 185
Spastik 54
Sphingolipide 189
Spiegeltherapie 233
Spike-Wave-Komplex 100
Splicing 139
spongiform 126
spreading depression 5
Starling-Prinzip 250, 267
Status cataplecticus 247
Status epilepticus 100, 113
Stimulation, repetitive supramaximale 203, 211
Stop-Mutation 257
Streptokokken 244
– Streptococcus pneumoniae 67, 73, 75, 76
Stress, oxidativer 41
Striatum 125, 145
Subarachnoidalblutung 29
Subarachnoidalraum 75, 77
Subiculum 87
subkortikale arteriosklerotische Enzephalopathie (SAE) 16
Substantia nigra 145, 150
Substanz P 231
Succinyl-CoA 167
Superoxiddismutase (SOD1) 118
Suszeptibilitätsgen 133, 267
Synapse, immunologische 192
Synukleinopathie 144, 155
Synzytien 83

T

tandem repeat 139
TARDBP 120
Tau-Aggregate 129, 159
Tauopathie 138, 144, 155, 157

Tau-Protein 135, 157
TBK1 120
TDP-43 124, 129, 139
Tensilontest 213
Thalamus 145, 168, 228
Thermorezeptor 228
Thiamin 166
Thiaminpyrophosphat 167
Thrombusformation 13
Thymidinkinase 85
Thymitis 211
Thymus 210
Thymushyperplasie 211
tiefe Hirnstimulation 260
tight junctions 69, 73
tissue at risk 10
Titin 209
T-Lymphozyten 210
TOAST-Klassifikation 10
Todd'sche Parese 104
Toll-like-Rezeptor 82, 186
Toxine, assoziiert mit Parkinson-Syndrom 160
Transcobalamin II 172
Transfer
– parazellulärer 73
– transzellulärer 72
Transketolase 167, 168
Transmission, transsynaptische 150
Transport
– anterograder 150
– axonaler 78, 82, 124
Tremor
– Aktionstremor 256
– essenzieller 255
– Haltetremor 256
– Intentionstremor 256
– kinetischer 256
– multiple Sklerose 54
– Parkinson-Syndrom 143
– physiologischen 258
– posturaler 256
– Ruhetremor 256
– Tremor-Syndrom 256
trigemino-hypothalamischer Trakt 226
trigeminovaskuläres System 224
trigeminozervikaler Komplex 216, 218, 222, 223, 224
Trigger-Mechanismus 73
Triptane 226
Trojanisches-Pferd-Prinzip 73
Tuft 158, 267
Tumorabwehr 88
Tumornekrosefaktor alpha (TNF-α) 176
Tunica media 27, 30
T-Zellen 210
– CD4+ 60, 61
– CD8+ 60, 61
– Rezeptoren 60